Linux
信息安全和渗透测试

蔡 冰／著

U0286199

清华大学出版社

北京

内 容 简 介

本书详细阐述Linux下的信息安全和网络渗透技术，内容涵盖各大主流加解密算法的原理，用Linux C/C++语言自主实现这些技术的方法，以及Linux内核开发技术和IPSec VPN的系统实现，这些都是以后打造自己信息安全工具所需的基本知识。最后介绍网络渗透技术Kail Linux，通过该环境可以了解常用的现成工具。本书共11章，内容包括Linux基础和网络优化、搭建Linux C和C++安全开发环境、对称密码算法、杂凑函数和HMAC、非对称算法RSA的加解密、身份认证和PKI、实战PKI、IPSec VPN基础知识、VPN实战、SSL-TLS编程、内核和文件系统、Kali Linux的渗透测试研究、DPDK开发环境的搭建等。

本书适合Linux信息安全工程师或开发者阅读，也适合高等院校和培训机构相关专业的师生作为教学参考书。

图书在版编目（CIP）数据

Linux 信息安全和渗透测试/蔡冰著. —北京：清华大学出版社，2023.7
ISBN 978-7-302-64107-0

Ⅰ. ①L… Ⅱ. ①蔡… Ⅲ. ①Linux 操作系统—安全技术 Ⅳ. ①TP316.89

中国国家版本馆 CIP 数据核字（2023）第 131359 号

责任编辑：赵　军
封面设计：王　翔
责任校对：闫秀华
责任印制：曹婉颖

出版发行：清华大学出版社
　　　　网　　　址：http://www.tup.com.cn，http://www.wqbook.com
　　　　地　　　址：北京清华大学学研大厦 A 座　　　　　　邮　　编：100084
　　　　社 总 机：010-83470000　　　　　　　　　　　　邮　　购：010-62786544
　　　　投稿与读者服务：010-62776969，c-service@tup.tsinghua.edu.cn
　　　　质量反馈：010-62772015，zhiliang@tup.tsinghua.edu.cn
印 装 者：天津安泰印刷有限公司
经　　销：全国新华书店
开　　本：190mm×260mm　　　　　　印　　张：31　　　　　字　　数：836 千字
版　　次：2023 年 9 月第 1 版　　　　　　　　　　　　　　印　　次：2023 年 9 月第 1 次印刷
定　　价：129.00 元

产品编号：100783-01

前　言

笔者时常思考，如何才能让学生学到真正的信息安全技术，并且在毕业后可以为国家的网络信息安全出一份力。

笔者注意到，市面上有很多以"信息安全"和"网络安全"为主题的书籍，但这些书籍大多只关注对现有漏洞的补丁和现成网络防御工具的使用。这些现成的工具通常来自国外，技术深度和隐私保护不足。也就是说，你能学会这些工具，别人同样也能学会。试问，拿着攻击方已知的武器来防御，防御效果会有多好呢？攻击方可以轻易绕过这些防御措施，因为这些防御武器大家都了如指掌。因此，传统的操作系统加固和现成网络工具的使用都只是最初级的网络安全防御措施。

没有信息安全，就没有国防安全。2022 年，某大学遭受到了国外的网络攻击。攻击方使用的是专用的网络武器"饮茶"（NSA 命名为 suctionchar），分析结果表明，该网络武器为嗅探窃密类武器，主要针对 UNIX/Linux 平台，其主要功能是对目标主机上的远程访问账号和密码进行窃取。试问，这个"饮茶"工具网上能下载到吗？能买到吗？都不能。所以现有的网络防御手段能防住吗？答案是很难。因为对方在开发这个工具的时候，肯定会绕过现有 Linux 系统及其现成防御工具的所有手段。

既然攻击方使用的是专用的攻击工具，那么我们也需要开发出专门的防御工具，采用针对性的防御手段来应对。比如，加密技术、内核安全技术、文件数字签名技术等。因此，笔者认为有必要撰写一本专注于 Linux 的信息安全实践的图书，从原理讲起，逐步实现最终程序和系统。只有完全打造自己特有的专门工具，才能有效防御网络攻击。

本书以 Linux 安全为主线，强调实践。实践出真知，笔者鼓励读者在阅读本书的过程中多动手在测试机上进行验证，然后把这些技术应用到实际环境中。

本书以广泛适用的信息安全基本原则为指导，聚焦 Linux 安全，强调实战。本书适合的读者对象包括：信息安全开发者、网络安全工程师、Linux 运维工程师、Linux 运维架构师、Linux 开发工程师、软件架构师、大中专院校计算机系的学生等。

为了方便读者学习本书，本书还提供了源代码，扫描下述二维码即可下载源代码。

如果读者在学习和下载本书的过程中遇到问题，可以发送邮件至booksaga@126.com，邮件主题写"Linux 信息安全和渗透测试"。

尽管笔者努力确保书中不存在明显的技术错误，但由于技术水平和能力有限，难免出现疏漏，也有可能存在某项技术不适用于读者特定环境的情况。在此，笔者恳请读者不吝指正。

编　者

2023 年 6 月

目 录

第 1 章　搭建 Linux 安全开发环境 ··· 1

  1.1　准备虚拟机环境 ··· 1

    1.1.1　在 VMware 下安装 Linux ··· 1

    1.1.2　开启登录时的 root 账号 ·· 4

    1.1.3　解决 Ubuntu 上的 vi 方向键问题 ··· 5

    1.1.4　关闭防火墙 ··· 6

    1.1.5　配置安装源 ··· 6

    1.1.6　安装网络工具包 ··· 6

    1.1.7　安装基本开发工具 ··· 7

    1.1.8　启用 SSH ·· 7

    1.1.9　创建一个快照 ··· 8

    1.1.10　连接虚拟机 Linux ··· 9

    1.1.11　通过终端工具连接 Linux 虚拟机 ··· 18

    1.1.12　与虚拟机互传文件 ··· 20

    1.1.13　支持图形软件的终端工具 MobaXterm ·································· 21

  1.2　搭建 Samba 网络文件共享服务 ·· 22

  1.3　在 VMware 中添加一块硬盘 ··· 24

  1.4　在 Linux 下搭建 C/C++开发环境 ·· 27

  1.5　在 Windows 下搭建 Linux C/C++开发环境 ·· 28

    1.5.1　Windows 下非集成式的 Linux C/C++开发环境 ····················· 28

    1.5.2　Windows 下集成式的 Linux C/C++开发环境 ························· 32

  1.6　安全密码库 OpenSSL ·· 35

    1.6.1　OpenSSL 源代码模块结构 ·· 36

    1.6.2　OpenSSL 加密库调用方式 ·· 37

    1.6.3　OpenSSL 支持的对称加密算法 ·· 37

    1.6.4　OpenSSL 支持的非对称加密算法 ··· 38

    1.6.5　OpenSSL 支持的信息摘要算法 ·· 38

    1.6.6　OpenSSL 密钥和证书管理 ·· 38

    1.6.7　面向对象与 OpenSSL ·· 38

    1.6.8　BIO 接口 ·· 40

    1.6.9　EVP 接口 ·· 41

    1.6.10　在 Linux 下编译安装 OpenSSL 1.0.2 ···································· 42

　　　1.6.11　使用 OpenSSL 命令并查看版本号 ·· 51

　1.7　国产密码函数库 GmSSL ·· 51

　　　1.7.1　GmSSL 的特点 ·· 52

　　　1.7.2　GmSSL 的一些历史 ·· 52

　　　1.7.3　什么是国密算法 ·· 52

　　　1.7.4　GmSSL 的下载 ·· 53

　　　1.7.5　在 Linux 下编译安装 GmSSL ·· 53

　　　1.7.6　默认编译安装 GmSSL ·· 57

　　　1.7.7　在旧版本的 Linux 下编译和安装 GmSSL ···································· 60

第 2 章　对称密码算法 ·· 64

　2.1　基本概念 ·· 64

　2.2　流加密算法 ·· 65

　　　2.2.1　基本概念 ·· 65

　　　2.2.2　流密码和分组密码的比较 ·· 66

　　　2.2.3　RC4 算法 ·· 66

　2.3　分组加密算法 ·· 76

　　　2.3.1　工作模式 ·· 76

　　　2.3.2　短块加密 ·· 84

　　　2.3.3　DES 和 3DES 算法 ·· 84

　　　2.3.4　SM4 算法 ·· 102

　2.4　利用 OpenSSL 进行对称加解密 ·· 119

　　　2.4.1　基本概念 ·· 119

　　　2.4.2　对称加解密相关函数 ·· 119

第 3 章　杂凑函数和 HMAC ·· 128

　3.1　杂凑函数概述 ·· 128

　　　3.1.1　什么是杂凑函数 ·· 128

　　　3.1.2　密码学和杂凑函数 ·· 129

　　　3.1.3　杂凑函数的发展 ·· 129

　　　3.1.4　杂凑函数的设计 ·· 130

　　　3.1.5　杂凑函数的分类 ·· 130

　　　3.1.6　杂凑函数的碰撞 ·· 130

　3.2　SM3 杂凑算法 ·· 131

　　　3.2.1　常量和函数 ·· 131

　　　3.2.2　填充 ·· 131

　　　3.2.3　迭代压缩 ·· 132

　　　3.2.4　杂凑值 ·· 133

3.2.5 一段式 SM3 算法的实现 ·· 133

3.2.6 三段式 SM3 算法的实现 ·· 138

3.2.7 GmSSL 实现 SM3 算法 ·· 145

3.3 HMAC ·· 148

3.3.1 什么是 HMAC ·· 148

3.3.2 产生背景 ·· 148

3.3.3 设计目标 ·· 149

3.3.4 算法描述 ·· 149

3.3.5 独立自主实现 HMAC-SM3 ·· 150

3.4 SHA 系列杂凑算法 ·· 152

3.4.1 SHA 算法概述 ·· 152

3.4.2 SHA 的发展史 ·· 153

3.4.3 SHA 系列算法的核心思想 ·· 153

3.4.4 单向性 ·· 153

3.4.5 主要用途 ·· 153

3.4.6 SHA256 算法原理解析 ·· 153

3.4.7 SHA384 和 SHA512 算法 ·· 168

3.5 更通用的基于 OpenSSL 的哈希运算 ·· 192

3.5.1 获取摘要算法的函数 EVP_get_digestbyname ··························· 192

3.5.2 创建结构体并初始化的函数 EVP_MD_CTX_create ······················· 192

3.5.3 销毁摘要上下文结构体的函数 EVP_MD_CTX_destroy ···················· 193

3.5.4 摘要初始化的函数 EVP_DigestInit_ex ······························· 193

3.5.5 摘要 Update 的函数 EVP_DigestUpdate ······························· 194

3.5.6 摘要 Final 的函数 EVP_Digest_Final_ex ······························· 194

3.5.7 单包摘要计算的函数 EVP_Digest ······························· 194

第 4 章 非对称算法 RSA 的加解密 ·· 197

4.1 非对称密码体制概述 ·· 197

4.2 RSA 概述 ·· 199

4.3 RSA 的数学基础 ·· 199

4.3.1 素数 ·· 199

4.3.2 素性检测 ·· 199

4.3.3 倍数 ·· 200

4.3.4 约数 ·· 200

4.3.5 互质数 ·· 200

4.3.6 质因子 ·· 200

4.3.7 强素数 ·· 201

4.3.8 因子 ·· 201

4.3.9　模运算 ……………………………………………………………… 201

4.3.10　模运算的操作与性质 ……………………………………………… 202

4.3.11　单向函数 …………………………………………………………… 202

4.3.12　费马定理和欧拉定理 ……………………………………………… 203

4.3.13　幂 …………………………………………………………………… 203

4.3.14　模幂运算 …………………………………………………………… 204

4.3.15　同余符号≡ ………………………………………………………… 204

4.3.16　欧拉函数 …………………………………………………………… 204

4.3.17　最大公约数 ………………………………………………………… 204

4.3.18　实现欧几里得算法 ………………………………………………… 205

4.3.19　扩展欧几里得算法 ………………………………………………… 207

4.4　RSA 算法描述 ……………………………………………………………… 214

4.5　RSA 算法实例 ……………………………………………………………… 215

4.5.1　查找法计算私钥 d …………………………………………………… 216

4.5.2　简便法计算私钥 d …………………………………………………… 218

4.5.3　扩展欧几里得算法计算私钥 d ……………………………………… 220

4.5.4　加密字母 ……………………………………………………………… 221

4.5.5　分组加密字符串 ……………………………………………………… 221

4.6　实战前的几个重要问题 …………………………………………………… 225

4.6.1　明文的值不能大于模值 N …………………………………………… 225

4.6.2　明文的长度 …………………………………………………………… 226

4.6.3　密钥长度 ……………………………………………………………… 227

4.6.4　密文长度 ……………………………………………………………… 227

4.7　熟悉 PKCS#1 ……………………………………………………………… 227

4.7.1　PKCS#1 填充 ………………………………………………………… 228

4.7.2　OpenSSL 中的 RSA 填充 …………………………………………… 230

4.7.3　PKCS#1 中的 RSA 私钥语法 ……………………………………… 232

4.8　在 OpenSSL 命令中使用 RSA …………………………………………… 233

4.8.1　生成 RSA 公私钥 …………………………………………………… 233

4.8.2　提取私钥的各个参数 ………………………………………………… 234

4.8.3　使用 RSA 公钥加密一个文件 ……………………………………… 236

4.8.4　使用私钥解密一个文件 ……………………………………………… 237

4.9　基于 OpenSSL 库的 RSA 编程 …………………………………………… 237

4.9.1　OpenSSL 的 RSA 实现 ……………………………………………… 238

4.9.2　主要数据结构 ………………………………………………………… 239

4.9.3　主要函数 ……………………………………………………………… 240

4.10　随机大素数的生成 ………………………………………………………… 248

4.11　RSA 算法的攻击及分析 ………………………………………………… 248

4.11.1　因子分解攻击 ··· 248

4.11.2　选择密文攻击 ··· 249

4.11.3　公共模数攻击 ··· 249

4.11.4　小指数攻击 ·· 249

第 5 章　身份认证和 PKI ·· 250

5.1　身份认证概述 ·· 250

5.1.1　网络安全与身份认证 ·· 250

5.1.2　网络环境下身份认证所面临的威胁 ·································· 251

5.1.3　网络身份认证体系的发展现状 ·· 252

5.2　身份认证技术基础 ·· 254

5.2.1　用户名/密码认证 ··· 254

5.2.2　智能卡认证 ··· 254

5.2.3　生物特征认证 ··· 255

5.2.4　动态口令 ·· 255

5.2.5　USB Key 认证 ··· 255

5.2.6　基于冲击响应的认证模式 ·· 255

5.2.7　基于 PKI 体系的认证模式 ··· 256

5.3　PKI 概述 ·· 256

5.3.1　PKI 的国内外应用状态 ··· 257

5.3.2　PKI 的应用前景 ·· 258

5.3.3　PKI 存在的问题及发展趋势 ·· 258

5.4　基于 X.509 证书的 PKI 认证体系 ·· 260

5.4.1　数字证书 ·· 261

5.4.2　数字信封 ·· 264

5.4.3　PKI 体系结构 ··· 264

5.4.4　基于 X.509 证书的身份认证 ··· 269

第 6 章　实战 PKI ·· 271

6.1　只有密码算法是不够的 ··· 271

6.2　利用 OpenSSL 实现 CA 的搭建 ·· 273

6.2.1　准备实验环境 ··· 273

6.2.2　熟悉 CA 环境 ··· 274

6.2.3　创建所需要的文件 ··· 276

6.2.4　CA 自签名证书（构造根 CA） ·· 276

6.2.5　根 CA 为子 CA 颁发证书 ·· 278

6.2.6　普通用户向子 CA 申请证书 ··· 281

6.3　基于 OpenSSL 的证书编程 ·· 283

6.3.1　把 DER 编码转换为内部结构体的 d2i_X509 函数 ················ 284

6.3.2　获得证书版本的 X509_get_version 函数 ················ 285

6.3.3　获得证书序列号的 X509_get_serialNumber 函数 ················ 285

6.3.4　获得证书颁发者信息的 X509_get_issuer_name 函数 ················ 285

6.3.5　获得证书拥有者信息的 X509_get_subject_name 函数 ················ 286

6.3.6　获得证书有效期的起始日期的 X509_get_notBefore 函数 ················ 286

6.3.7　获得证书有效期的终止日期的 X509_get_notAfter 函数 ················ 286

6.3.8　获得证书公钥的 X509_get_pubkey 函数 ················ 286

6.3.9　创建证书存储区上下文环境的 X509_STORE_CTX 函数 ················ 286

6.3.10　释放证书存储区上下文环境的 X509_STORE_CTX_free 函数 ················ 287

6.3.11　初始化证书存储区上下文环境的 X509_STORE_CTX_init 函数 ················ 287

6.3.12　验证证书的 X509_verify_cert 函数 ················ 287

6.3.13　创建证书存储区的 X509_STORE_new 函数 ················ 287

6.3.14　释放证书存储区的 X509_STORE_free 函数 ················ 288

6.3.15　向证书存储区添加证书的 X509_STORE_add_cert 函数 ················ 288

6.3.16　向证书存储区添加证书吊销列表的 X509_STORE_add_crl 函数 ················ 288

6.3.17　释放 X.509 结构体的 X509_free 函数 ················ 288

6.4　证书编程实战 ················ 289

第 7 章　IPSec VPN 基础知识 ················ 295

7.1　概述 ················ 295

7.1.1　IPSec VPN 技术现状 ················ 296

7.1.2　国密 VPN 现状 ················ 296

7.2　IPSec 协议研究 ················ 297

7.2.1　IPSec 体系结构 ················ 297

7.2.2　传输模式和隧道模式 ················ 299

7.2.3　AH 协议概述 ················ 299

7.2.4　AH 数据包封装 ················ 300

7.2.5　ESP 协议概述 ················ 301

7.2.6　ESP 数据包封装 ················ 302

7.2.7　安全联盟 ················ 304

7.2.8　安全策略数据库和安全联盟数据库 ················ 305

7.3　IKE 协议 ················ 306

7.3.1　IKE 概述 ················ 306

7.3.2　IKE 的安全机制 ················ 307

7.3.3　ISAKMP ················ 308

7.4　IKEv1 协议 ················ 309

7.4.1　第一阶段 ················ 310

　　　7.4.2　第二阶段 ··· 312

　　　7.4.3　主模式和快速模式的 9 个包分析 ······························ 312

　7.5　IKEv2 协议 ·· 320

　　　7.5.1　IKEv2 概述 ·· 320

　　　7.5.2　初始交换 ·· 321

　　　7.5.3　创建子 SA 交换 ·· 326

　　　7.5.4　通知交换 ·· 326

　7.6　IKEv1 与 IKEv2 的区别 ··· 326

　7.7　IKEv2 的优点 ·· 327

第 8 章　VPN 实战 ·· 328

　8.1　准备网络环境 ·· 328

　8.2　strongSwan 实战 ··· 333

　　　8.2.1　编译安装 strongSwan ·· 333

　　　8.2.2　常用程序概述 ··· 339

　　　8.2.3　配置文件概述 ··· 342

　　　8.2.4　使用 ipsec.conf 文件 ··· 343

　　　8.2.5　使用 swanctl.conf ··· 353

　　　8.2.6　strongSwan 签发证书 ·· 357

　8.3　OpenSwan 实战 ·· 364

　　　8.3.1　OpenSwan 概述 ·· 364

　　　8.3.2　OpenSwan 的整体架构 ··· 364

　　　8.3.3　OpenSwan 的下载和编译 ·· 365

　　　8.3.4　OpenSwan 连接方式 ··· 367

　　　8.3.5　OpenSwan 的认证方式 ··· 367

　　　8.3.6　配置文件 ipsec.conf ··· 367

第 9 章　SSL-TLS 编程 ··· 378

　9.1　SSL 协议规范 ·· 378

　　　9.1.1　SSL 协议的优点 ·· 378

　　　9.1.2　SSL 协议的发展 ·· 378

　　　9.1.3　SSLv3/TLS 提供的服务 ·· 379

　　　9.1.4　SSL 协议层次结构模型 ··· 380

　　　9.1.5　SSL 记录协议层 ·· 380

　　　9.1.6　SSL 握手协议层 ·· 382

　9.2　OpenSSL 中的 SSL 编程 ··· 385

　9.3　SSL 函数 ·· 386

　　　9.3.1　初始化 SSL 算法库的函数 SSL_library_init ···················· 386

9.3.2　初始化 SSL 上下文环境变量的函数 SSL_CTX_new ················· 386

9.3.3　释放 SSL 上下文环境变量的函数 SSL_CTX_free ················· 387

9.3.4　以文件形式设置 SSL 证书的函数 SSL_CTX_use_certificate_file ········· 387

9.3.5　以结构体方式设置 SSL 证书的函数 SSL_CTX_use_certificate ········· 387

9.3.6　以文件形式设置 SSL 私钥的函数 SSL_CTX_use_PrivateKey_file ········· 387

9.3.7　以结构体方式设置 SSL 私钥的函数 SSL_CTX_use_PrivateKey ········· 387

9.3.8　检查 SSL 私钥和证书是否匹配的函数 SSL_CTX_check_private_key ········· 388

9.3.9　创建 SSL 结构的函数 SSL_new ····················· 388

9.3.10　释放 SSL 套接字结构体的函数 SSL_free ················· 388

9.3.11　设置读写套接字的函数 SSL_set_fd ··················· 388

9.3.12　设置只读套接字的函数 SSL_set_rfd ··················· 388

9.3.13　设置只写套接字的函数 SSL_set_wfd ·················· 389

9.3.14　启动 TLS/SSL 握手的函数 SSL_connect ················· 389

9.3.15　接受 SSL 连接的函数 SSL_accept ···················· 389

9.3.16　获取对方的 X.509 证书的函数 SSL_get_peer_certificate ··········· 389

9.3.17　向 TLS/SSL 连接写数据的函数 SSL_write ················· 390

9.3.18　从 TLS/SSL 连接上读取数据的函数 SSL_Read ··············· 390

9.4　准备 SSL 通信所需的证书 ························· 390

9.4.1　准备实验环境 ···························· 390

9.4.2　熟悉 CA 环境 ···························· 391

9.4.3　创建根 CA 的证书 ·························· 391

9.4.4　生成服务端的证书请求文件 ······················ 393

9.4.5　签发服务端证书 ··························· 393

9.4.6　生成客户端的证书请求文件 ······················ 394

9.4.7　签发客户端证书 ··························· 395

9.5　实战 SSL 网络编程 ··························· 396

第 10 章　内核和文件系统 ····························· 404

10.1　认识 QEMU ····························· 405

10.1.1　QEMU 的两种执行模式 ······················· 405

10.1.2　QEMU 的用途 ·························· 406

10.1.3　使用 QEMU 虚拟机的几种选择 ···················· 406

10.2　安装 Linux 版的 QEMU ························· 407

10.3　下载和编译内核 ··························· 410

10.4　制作简易的文件系统 ·························· 413

10.4.1　BusyBox 简介 ························· 414

10.4.2　编译和安装 BusyBox ······················· 415

10.4.3　制作根文件系统的映像文件 ···················· 417

10.5 非嵌入式方式启动内核 ……………………………………………………………… 419
   10.5.1 BusyBox 启动过程简要分析 ……………………………………………… 423
   10.5.2 在新内核系统中运行 C 程序 ……………………………………………… 425
10.6 基本功能的完善 …………………………………………………………………… 426
   10.6.1 挂载 proc 支持 ifconfig ………………………………………………… 426
   10.6.2 挂载 sysfs 支持 lspci …………………………………………………… 428
   10.6.3 实现文件系统可写 ……………………………………………………… 433
10.7 QEMU 的用户网络模式 …………………………………………………………… 433
   10.7.1 不使用-net 选项 ………………………………………………………… 434
   10.7.2 使用-net 选项 …………………………………………………………… 437
10.8 QEMU 桥接网络模式 ……………………………………………………………… 438
   10.8.1 网桥的概念 ……………………………………………………………… 439
   10.8.2 TUN/TAP 的工作原理 …………………………………………………… 439
   10.8.3 带 TAP 的 QEMU 系统架构 …………………………………………… 440
   10.8.4 brctl 命令的简单用法 …………………………………………………… 442
   10.8.5 3 个网络配置选项 ……………………………………………………… 444
   10.8.6 实战桥接模式网络 ……………………………………………………… 445
   10.8.7 手工命令创建 TAP 网卡 ………………………………………………… 450
   10.8.8 使用 qemu-ifup …………………………………………………………… 452
10.9 QEMU 运行国产操作系统 ………………………………………………………… 453
   10.9.1 安装 Windows 版的 QEMU ……………………………………………… 454
   10.9.2 UEFI 固件下载 ………………………………………………………… 454
   10.9.3 安装麒麟操作系统 ……………………………………………………… 455
   10.9.4 运行麒麟系统 …………………………………………………………… 457
10.10 开发一个内核模块 ………………………………………………………………… 458

第 11 章 Kali Linux 的渗透测试研究 ………………………………………………………461

11.1 渗透测试的概念 …………………………………………………………………… 461
11.2 渗透测试的分类 …………………………………………………………………… 464
   11.2.1 基于信息量的测试 ……………………………………………………… 464
   11.2.2 基于攻击强度的测试 …………………………………………………… 465
   11.2.3 基于范围的测试 ………………………………………………………… 465
   11.2.4 基于方法的测试 ………………………………………………………… 466
   11.2.5 基于技术的测试 ………………………………………………………… 466
   11.2.6 基于初始攻击点的测试 ………………………………………………… 467
11.3 渗透测试的局限性 ………………………………………………………………… 467
11.4 渗透测试方法 ……………………………………………………………………… 468
   11.4.1 开源安全测试方法手册 ………………………………………………… 468

　　11.4.2　信息系统安全评估框架 ·· 469

　　11.4.3　信息安全测试与评估技术指南 ·· 469

　　11.4.4　开放式 Web 应用程序安全项目 ·· 469

　　11.4.5　渗透测试执行标准 ··· 469

11.5　渗透测试过程 ··· 470

　　11.5.1　计划与准备阶段 ·· 470

　　11.5.2　发现阶段 ·· 471

　　11.5.3　评估阶段 ·· 472

　　11.5.4　攻击阶段 ·· 472

　　11.5.5　报告阶段 ·· 473

11.6　渗透测试平台与工具 ·· 473

　　11.6.1　Kali Linux ·· 473

　　11.6.2　Metasploit ·· 474

　　11.6.3　Nmap ·· 475

　　11.6.4　OpenVAS ··· 476

　　11.6.5　VMware Workstation ··· 477

　　11.6.6　VirtualBox ·· 478

11.7　实验平台的设计 ··· 478

11.8　实验过程设计 ·· 480

第 1 章

搭建Linux安全开发环境

本书从一开始就进入实践。俗话说，实践出真知，可见实践的重要性。为了让初学者更易于理解，笔者尽可能详细讲解。

1.1　准备虚拟机环境

1.1.1　在VMware下安装Linux

要开发Linux程序，必须先安装一个Linux操作系统。通常在公司开发项目都会有一台专门的Linux服务器供员工使用，而我们自己学习不需要这样，可以使用虚拟机软件（比如VMware）在虚拟机中安装Linux操作系统。

VMware是一款大名鼎鼎的虚拟机软件，通常分为两个版本：工作站版本（VMware Workstation）和服务器客户机版本（VMware vSphere）。这两个版本都支持安装操作系统作为虚拟机操作系统。个人用户更常用的是VMware Workstation，适合单个人在本机使用；VMware vSphere通常用于企业环境，供多个用户远程使用。通常，我们把在真实计算机上安装的操作系统称为宿主机系统，把在VMware中安装的操作系统称为虚拟机系统。

VMware Workstation可以在网上下载，它是一款Windows软件，安装非常简单，这里不浪费笔墨了。笔者使用的版本是15.5，其他版本也应该可以。虽然现在VMware Workstation 16已经发布，但由于笔者的Windows操作系统是Windows 7，无法使用VMware Workstation 16，因为VMware Workstation 16不支持Windows 7，必须在Windows 8及以上版本上安装。

通常情况下，我们在开发Linux程序时，会先在虚拟机中安装Linux操作系统，然后在Linux系统中进行编程和调试，或在宿主机系统（比如Windows）中进行编辑，然后将代码传到Linux系统中进行编译。使用虚拟机的Linux系统，开发方式非常灵活。实际上，不少一线开发工程师都是在Windows系统下阅读和编辑代码，然后将代码传到Linux环境中编译和运行，这种方式居然效率高并且非常常见。

在这里，我们采用的虚拟机软件是VMware Workstation 15.5，它是最后一个能安装在Windows 7的版本，当然使用Windows 10的朋友可以直接用VMware Workstation 16，它们两个的操作类似。在安装Linux之前，我们要准备Linux映像文件（ISO文件），可以直接从网上下载Linux操作系统的ISO文件，也可以通过UltraISO等软件从Linux系统光盘制作一个ISO文件。制作方法是选择"工具"→"制作光盘映像文件"菜单。

建议直接从官方网站下载一个ISO文件，笔者就从Ubuntu官方网站上下载了一个64位的Ubuntu 20.04，下载下来的文件名是Ubuntu-20.04.1-desktop-amd64.iso。当然，也可以选择其他发行版本，如Red Hat、Debian、Ubuntu、Fedora等作为学习开发环境，但建议用较新的版本。

准备好ISO文件之后，就可以通过VMware来安装Linux了。打开VMware Workstation，然后按照以下步骤即可。

（1）在VMware上选择"文件"→"新建虚拟机"菜单，会出现"新建虚拟机向导"对话框，如图1-1所示。

（2）单击"下一步"按钮，出现"安装客户机操作系统"对话框。VMware Workstation 15 默认提供Ubuntu的简易安装选项，但简易安装可能会导致某些软件安装不全，因此我们选择"稍后安装操作系统"，如图1-2所示。

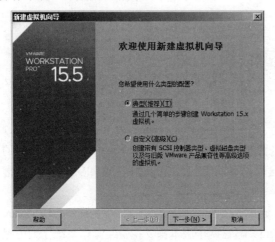

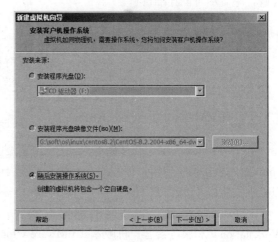

图 1-1　　　　　　　　　　　　　　　　　　　图 1-2

（3）单击"下一步"按钮，此时出现"选择客户机操作系统"对话框，我们选择Linux和"Ubuntu 64位"，如图1-3所示。

（4）单击"下一步"按钮，此时出现"命名虚拟机"对话框，我们将虚拟机名称设置为Ubuntu20.04，然后选择一个空闲空间较多的磁盘路径（这里选择的是g:\vm\Ubuntu20.04）。接着，单击"下一步"按钮，此时出现"指定磁盘容量"对话框。保持默认的20GB即可，也可以分配更多空间。其他设置保持默认。继续单击"下一步"按钮，此时出现"已准备好创建虚拟机"对话框，这一步只是让我们查看前面设置的配置列表，直接单击"完成"按钮即可。此时在VMware主界面上可以看到一个名为Ubuntu20.04的虚拟机，如图1-4所示。

（5）虚拟机现在还是空的，启动不了，因为还未真正安装Ubuntu操作系统。单击"编辑虚拟机设置"，此时出现"虚拟机设置"对话框，在硬件列表中选中CD/DVD（SATA），在右边选中"使用ISO镜像文件"单选按钮，并单击"浏览"按钮，选择我们下载的Ubuntu-20.04.1-desktop-amd64.iso文件，如图1-5所示。

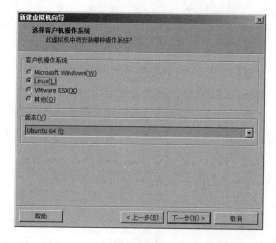

图 1-3

图 1-4

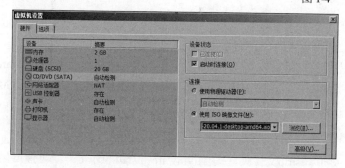

图 1-5

（6）在这里，我们将虚拟机Ubuntu使用的内存设置为2GB。接着单击下方的"确定"按钮，关闭"虚拟机设置"对话框。此时返回主界面，单击"开启此虚拟机"，稍等片刻，会出现Ubuntu20.04的安装界面，如图1-6所示。

图 1-6

（7）在左边选择语言为"中文（简体）"，然后在右边单击"安装Ubuntu"按钮。安装过程很简单，保持默认设置即可。另外要注意的是，安装时需要保持主机处于联网状态，因为很多软件需要下载。

（8）稍等片刻，虚拟机Ubuntu20.04安装完毕。在下一节中，我们将进行一些设置，使其使用起来更加方便。

1.1.2　开启登录时的root账号

我们在安装Ubuntu的时候会新建一个普通用户，该用户的权限有限。开发者一般需要使用root账户，这样操作和配置起来比较方便。Ubuntu默认是不开启root账户的，所以需要手工来打开，步骤如下：

（1）设置root用户密码。

先以普通账户登录Ubuntu，然后在桌面上右击，从弹出的快捷菜单中选择"在终端中打开"命令，打开终端模拟器，并输入命令：

```
sudo passwd root
```

然后输入设置的密码并重复输入一次，以确认密码。这样就可以成功设置root用户密码了。为了方便记忆，我们把密码设置为123456。

接着通过su命令切换到root账户，此时可以安装一个VMware提供的VMware-Tools，单击"虚拟机"→VMware Tools菜单。然后在Ubuntu中打开根目录，可以看到VMwareTools-10.3.22-15902021.tar.gz文件，把它复制到/home/bush下，并且在/home/bush下解压该文件：

```
tar zxvf VMwareTools-10.3.22-15902021.tar.gz
```

再进入vmware-tools-distrib文件夹，执行./vmware-install.pl即可开始"傻瓜化"安装。在安装过程中出现提示时，保持默认选项即可。需要注意的事，安装VMwareTools需要root权限。我们安装这个工具主要目的是可以在Windows和Ubuntu之间复制与粘贴命令，省去手动输入的麻烦。另外，也可以在Windows和Ubuntu之间传递文件，只需要使用鼠标拖动即可。

安装完毕后，重启Ubuntu，然后依旧以普通账号登录，再打开Ubuntu中的终端窗口，就会发现可以粘贴从Windows中复制的内容了。

（2）修改50-ubuntu.conf。

执行sudo gedit /usr/share/lightdm/lightdm.conf.d/50-ubuntu.conf把配置修改如下：

```
[Seat:*]
user-session=ubuntu
greeter-show-manual-login=true
all-guest=false
```

保存后关闭编辑器。

（3）修改gdm-autologin和gdm-password。

执行sudo gedit /etc/pam.d/gdm-autologin，然后注释掉auth required pam_succeed_if.so user != root quiet_success这一行（大概在第3行），其他保持不变，修改后如下：

```
#%PAM-1.0
auth    requisite       pam_nologin.so
#auth   required        pam_succeed_if.so user != root quiet_success
```

保存后关闭编辑器。

再执行sudo gedit /etc/pam.d/gdm-password注释掉auth required pam_succeed_if.so user != root quiet_success这一行（大概在第3行），修改后如下：

```
#%PAM-1.0
auth    requisite       pam_nologin.so
#auth   required        pam_succeed_if.so user != root quiet_success
```

保存后关闭编辑器。

（4）修改/root/.profile文件。

执行sudo gedit /root/.profile，将文件末尾的mesg n 2> /dev/null || true这一行修改如下：

```
tty -s&&mesg n || true
```

（5）修改/etc/gdm3/custom.conf。

如果需要每次自动登录root账户，那么可以执行sudo gedit /etc/gdm3/custom.conf，修改后如下：

```
# Enabling automatic login
AutomaticLoginEnable = true
AutomaticLogin = root
# Enabling timed login
TimedLoginEnable = true
TimedLogin = root
TimedLoginDelay = 5
```

但通常不需要每次自动登录root账户，这取决于个人喜好。

（6）重启系统使其生效。

准备重启Ubuntu，执行reboot命令。如果执行了第（5）步，重启则会自动登录root账户，否则可以在登录界面单击"未列出"，此时出现用户名和密码输入框，我们输入用户名（root）和密码（123456）后，就可以登录系统了。以root账户登录后，最好创建一个快照，以备不时之需。单击"虚拟机"→"快照"→"拍摄快照"菜单即可创建快照。如果在设置过程中出现错误，可以恢复到创建快照时的系统状态。

1.1.3　解决Ubuntu上的vi方向键问题

其实，Ubuntu真不算是个好系统，至少在人性化方面。先不说好多常用的软件都不预装，就是一个vi编辑命令也让人恼火！CentOS多好，系统安装好，很多软件就有了。

在Ubuntu下，初始使用vi的时候有点问题，就是在编辑模式下使用方向键的时候，并不会使光标移动，而是在命令行中出现[A、[B、[C、[D之类的字母，而且在出现编辑错误时，就连退格键（Backspace键）都使用不了，只能用Delete键来删除，很麻烦。

在图形界面的终端窗口中输入命令：

```
gedit ~/.vimrc
```

添加：

```
set nocompatible
```

```
set backspace=2
```

保存后退出。然后用vi编辑文档时，就可以用方向键了。

1.1.4 关闭防火墙

为了以后联网方便，最好一开始就把防火墙关闭，输入命令如下：

```
root@myub:~#ufw disable
防火墙在系统启动时自动禁用
root@myub:~#ufw status
状态：不活动
```

其中ufw disable命令表示关闭防火墙，并且系统启动时会自动关闭。ufw status命令用于查询当前防火墙是否在运行，"不活动"表示防火墙未启动。如果以后要开启防火墙，则使用ufw enable命令开启即可。

1.1.5 配置安装源

在Ubuntu中下载安装软件时需要配置镜像源，否则会提示无法定位软件包。比如，安装apt install net-tools时可能会出现"E：无法定位软件包 net-tools"。这是因为本地没有该资源，或者用户更换了源且未更新。因此，只需要更新一下本地资源就可以解决。所以，我们在安装完系统后一定要记得配置镜像源，而镜像源就在sources.list文件中配置。

在图形界面的虚拟机Ubuntu中，切换到/etc/apt/路径下，可以看到sources.list文件。我们要将这个sources.list替换掉，即在官方网站源https://mirrors.ustc.edu.cn/repogen/下载对应版本最新的源。在虚拟机Ubuntu中，打开火狐浏览器，输入网址https://mirrors.ustc.edu.cn/repogen/，打开网页后，找到Ubuntu那一行，笔者的Ubuntu版本是20.04，所以在Download按钮左边的下拉框中选择focal(20.04)，如图1-7所示。

图 1-7

单击Download按钮，会下载sources.list，我们将其复制到路径/etc/apt/下，然后就可以开始更新源了，输入以下命令：

```
apt-get update
```

稍等片刻，更新完成，还可以执行以下命令：

```
apt --fix-broken install
```

1.1.6 安装网络工具包

刚安装完Ubuntu后，居然连ifconfig都不能用，因为系统网络工具的相关组件没有安装，所以只能自己手工在线安装。在命令行下输入以下命令：

```
apt install net-tools
```

稍等片刻，安装完成后，再输入ifconfig，就可以查询到当前IP了：

```
root@myub:/etc/apt# ifconfig
ens33: flags=4163<UP,BROADCAST,RUNNING,MULTICAST>  mtu 1500
       inet 192.168.11.129  netmask 255.255.255.0  broadcast 192.168.11.255
       inet6 fe80::4b29:6a3e:18f4:ad4c  prefixlen 64  scopeid 0x20<link>
       ether 00:0c:29:c6:4a:d3  txqueuelen 1000  (以太网)
       RX packets 69491  bytes 58109114 (58.1 MB)
       RX errors 0  dropped 0  overruns 0  frame 0
       TX packets 35975  bytes 2230337 (2.2 MB)
       TX errors 0  dropped 0 overruns 0  carrier 0  collisions 0
```

可以看到，网卡ens33的IP是192.168.11.129，这是系统自动分配的（采用DHCP方式）。当前，Ubuntu虚拟机和宿主机采用的网络连接模式是NAT方式，这也是刚安装好的系统默认的方式。只要宿主机Windows能上网，虚拟机也可以上网。

> ❀➕注意　不同的虚拟机动态配置的IP可能不同。

1.1.7　安装基本开发工具

默认情况下，Ubuntu不会自动安装gcc或g++，所以我们需要先在线安装，确保虚拟机Ubuntu能上网。在命令行下输入以下命令进行在线安装：

```
apt-get install build-essential
```

稍等片刻，便会把gcc/g++/gdb等安装在Ubuntu上。

1.1.8　启用SSH

使用Linux不会经常在Linux自带的图形界面上操作，而是在Windows下通过Windows的终端工具（比如SecureCRT等）连接到Linux，然后使用命令操作Linux。这是因为Linux所处的机器通常不配置显示器，或者位于远程，我们只能通过网络和远程Linux相连接。Windows上的终端工具一般通过SSH（Secure Shell）协议和远程Linux相连接，该协议可以保证网络上传输数据的机密性。

SSH是用于客户端和服务器之间安全连接的网络协议。服务器与客户端之间的每次交互均被加密。启用SSH将允许用户远程连接到系统并执行管理任务。用户还可以通过SCP和SFTP安全地传输文件。启用SSH后，我们可以在Windows上使用一些终端软件（比如SecureCRT）远程操作Linux，也可以用文件传输工具（比如SecureFX）在Windows和Linux之间相互传文件。

Ubuntu默认不安装SSH，因此我们需要手动安装并启用。

安装和配置的步骤如下：

（1）安装SSH服务器。

在Ubuntu 20.04的终端下输入如下命令：

```
apt install openssh-server
```

稍等片刻，安装完成。

（2）修改配置文件。

在命令行下输入：

```
gedit /etc/ssh/sshd_config
```

此时将打开SSH服务器配置文件sshd_config，我们搜索并定位PermitRootLogin，接着把下列3行：

```
#LoginGraceTime 2m
#PermitRootLogin prohibit-password
#StrictModes yes
```

改为：

```
LoginGraceTime 2m
PermitRootLogin yes
StrictModes yes
```

然后保存并退出编辑器Gedit。

（3）重启SSH，使配置生效。

在命令行下输入：

```
service ssh restart
```

再用systemctl status ssh命令查看是否正在运行：

```
root@myub:/etc/apt# systemctl status ssh
● ssh.service - OpenBSD Secure Shell server
    Loaded: loaded (/lib/systemd/system/ssh.service; enabled; vendor preset:
enabled)
    Active: active (running) since Thu 2022-09-15 10:58:07 CST; 10s ago
     Docs: man:sshd(8)
           man:sshd_config(5)
   Process: 5029 ExecStartPre=/usr/sbin/sshd -t (code=exited, status=0/SUCCESS)
  Main PID: 5038 (sshd)
     Tasks: 1 (limit: 4624)
    Memory: 1.4M
    CGroup: /system.slice/ssh.service
            └─5038 sshd: /usr/sbin/sshd -D [listener] 0 of 10-100 startups
```

可以发现现在的状态是active (running)，说明SSH服务器程序正在运行。稍后，我们就可以在Windows下使用终端工具连接虚拟机Ubuntu了。下一节，我们来创建一个快照，以保存前面辛苦做的工作。

1.1.9　创建一个快照

VMware的快照功能可以把当前虚拟机的状态保存下来。如果虚拟机操作系统出错了，可以恢复到快照时的系统状态。制作快照很简单，选择VMware主菜单"虚拟机"→"快照"→"拍摄快照"，然后会出现"拍摄快照"对话框，如图1-8所示。

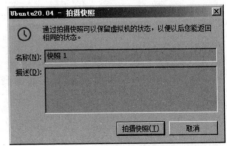

图 1-8

我们可以增加一些描述，比如刚刚安装好之类的话，然后单击"拍摄快照"按钮，正式制作快照。在VMware左下角的任务栏上会显示百分比进度条，在达到100%之前，最好不要对VMware进行操作，否则可能会影响快照的制作，到100%时表示快照制作完毕。

1.1.10　连接虚拟机Linux

在前面，我们已经准备好了虚拟机Linux。本小节，我们将在物理机上的Windows操作系统（简称宿主机）中连接VMware中的虚拟机Linux（简称虚拟机），以便传送文件、远程控制、编译和运行。基本上，只要两个系统能相互ping通，就算连接成功了。别小看这一步，有时也蛮费劲的。下面简单介绍VMware的三种网络模式，以便连接失败时尝试进行修复。

VMware虚拟机的网络模式指的是虚拟机操作系统和宿主机操作系统之间的网络拓扑关系，通常有三种方式：桥接模式、主机模式、NAT模式。这三种网络模式都通过一台虚拟交换机和主机通信。默认情况下，桥接模式下使用的虚拟交换机是VMnet0，主机模式下使用的虚拟交换机是VMnet1，NAT模式下使用的虚拟交换机是VMnet8。如果需要查看、修改或添加其他虚拟交换机，可以打开VMware，然后选择主菜单"编辑"→"虚拟网络编辑器"，此时会出现"虚拟网络编辑器"对话框，如图1-9所示。

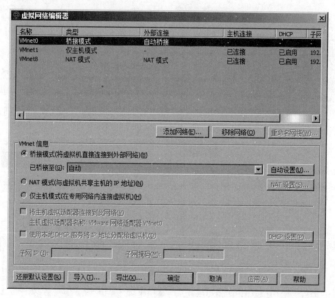

图 1-9

默认情况下，VMware会为宿主机操作系统（笔者使用的是Windows 7）安装两块虚拟网卡，分别是VMware Virtual Ethernet Adapter for VMnet1和VMware Virtual Ethernet Adapter for VMnet8。从名字可以看出，前者用于连接虚拟交换机VMnet1，后者用于连接VMnet8。我们可以在宿主机Windows 7系统的"控制面板"→"网络和Internet"→"网络和共享中心"→"更改适配器设置"下看到这两块网卡，如图1-10所示。

有读者可能会问，为什么宿主机系统中没有虚拟网卡连接虚拟交换机VMnet0呢？实际上，VMnet0这个虚拟交换机所建立的网络模式是桥接网络（桥接模式中的虚拟机操作系统相当于宿主机所在的网络中的一台独立主机），所以主机直接用物理网卡去连接VMnet0。

图 1-10

值得注意的是，这三种虚拟交换机都是默认就有的，我们也可以自己添加更多的虚拟交换机（图1-9中的"添加网络"按钮就有这样的作用）。如果添加的虚拟交换机的网络模式是主机模式或NAT模式，那么VMware也会自动为主机系统添加相应的虚拟网卡。本书在开发程序时一般以桥接模式连接，如果要在虚拟机中上网，则可以使用NAT模式。接下来，我们将详细介绍在这两种模式下如何相互ping通。读者了解主机模式即可，因为不太常用。

1. 桥接模式

桥接模式是指宿主机操作系统的物理网卡和虚拟机操作系统的网卡通过VMnet0虚拟交换机进行桥接，物理网卡和虚拟网卡在拓扑图上处于同等地位。桥接模式下的网络拓扑如图1-11所示。

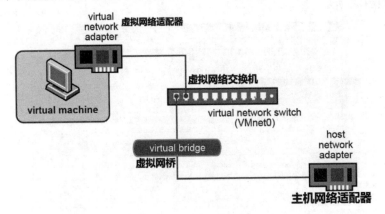

图 1-11

知道原理后，我们现在来具体设置桥接模式，使得宿主机和虚拟机相互ping通。操作过程如下：

（1）打开VMware，单击Ubuntu20.04的"编辑虚拟机设置"，如图1-12所示。

图 1-12

要注意此时虚拟机Ubuntu20.04必须处于关机状态，即"编辑虚拟机设置"上面的文字是"开启此虚拟机"，说明虚拟机是关机状态。通常情况下，对虚拟机进行设置最好是在虚拟机的关机状态，比如更改内存大小等。不过，如果只是配置网卡信息，也可以在开启虚拟机后进行设置。

（2）单击"编辑虚拟机设置"后，将弹出"虚拟机设置"对话框，在该对话框上，我们在左边选中"网络适配器"选项，在右边选择"桥接模式"单选按钮，并选中"复制物理网络连接状态"复选框，如图1-13所示。

然后单击"确定"按钮。接着，开启此虚拟机，并以root身份登录Ubuntu。

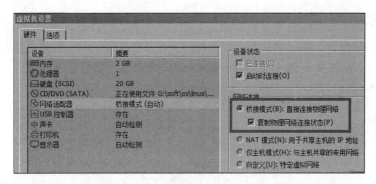

图 1-13

（3）设置了桥接模式后，VMware的虚拟机操作系统就像是局域网中的一台独立的主机，相当于物理局域网中的一台主机，它可以访问网内任何一台机器。在桥接模式下，VMware的虚拟机操作系统的IP地址、子网掩码可以手工设置，还需要和宿主机处于同一网段，这样虚拟机操作系统才能和宿主机进行通信。如果要上互联网，还需要自己设置DNS地址。当然，更方便的方法是从DHCP服务器处获得IP、DNS地址（我们的家庭路由器通常包含DHCP服务器，所以可以从那里自动获取IP和DNS等信息）。

在桌面上右击，在右键菜单中选择"在终端中打开"来打开终端窗口，然后在终端窗口中输入查看网卡信息的命令ifconfig，如图1-14所示。

```
root@tom-virtual-machine:~/桌面# ifconfig
ens33: flags=4163<UP,BROADCAST,RUNNING,MULTICAST>  mtu 1500
        inet 192.168.0.118  netmask 255.255.255.0  broadcast 192.168.0.255
        inet6 fe80::9114:9321:9e11:c73d  prefixlen 64  scopeid 0x20<link>
        ether 00:0c:29:1f:a1:18  txqueuelen 1000  (以太网)
        RX packets 1568  bytes 1443794 (1.4 MB)
        RX errors 0  dropped 79  overruns 0  frame 0
        TX packets 1249  bytes 125961 (125.9 KB)
        TX errors 0  dropped 0  overruns 0  carrier 0  collisions 0
```

图 1-14

其中ens33是当前虚拟机Linux中的一块网卡名称，我们可以看到它已经有一个IP地址192.168.0.118（注意：由于是从路由器上动态分配而得到的IP，因此读者系统的IP可能不一定是这个，它是根据读者的路由器而定的）。这个IP地址是笔者宿主机Windows 7的一块上网网卡所连接的路由器动态分配而来的，说明路由器分配的网段是192.168.0，这个网段是在路由器中设置好的。我们可以到宿主机Windows 7下查看当前上网网卡的IP，打开Windows 7命令行窗口，输入ipconfig命令，如图1-15所示。

```
C:\Users\Administrator>ipconfig

Windows IP 配置

以太网适配器 本地连接:

   连接特定的 DNS 后缀 . . . . . . . . :
   本地链接 IPv6 地址. . . . . . . . . : fe80::dc18:8aab:8
   IPv4 地址 . . . . . . . . . . . . : 192.168.0.162
   子网掩码  . . . . . . . . . . . . : 255.255.255.0
   默认网关. . . . . . . . . . . . . : 192.168.0.1
```

图 1-15

可以看到，这个上网网卡的IP是192.168.0.162，这个IP也是路由器分配的，而且和虚拟机Linux中的网卡处于同一网段。为了证明IP是动态分配的，我们可以打开Windows 7下该网卡的"属性"窗口，如图1-16所示。

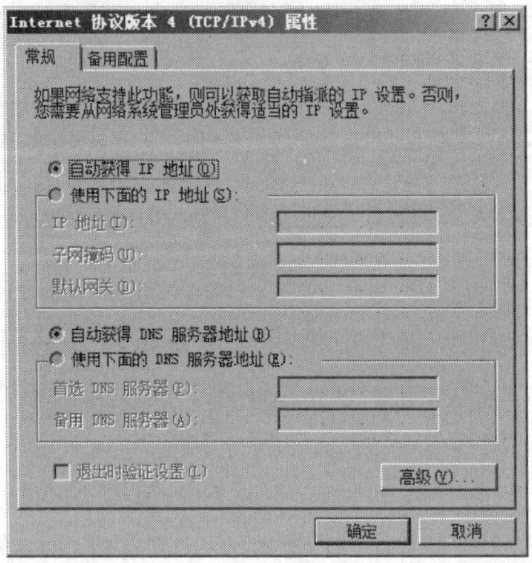

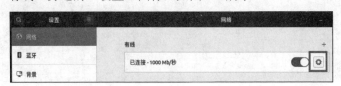

图 1-16

看到了吧，可以自动获取IP地址。怎么证明虚拟机Linux网卡的IP是动态分配的呢？我们可以到Ubuntu下去看看它的网卡配置文件，单击Ubuntu桌面左下角的9个小白点图标，然后会在桌面上显示一个"设置"图标，单击"设置"图标，出现"设置"对话框，在该对话框左上方选择"网络"，在右边单击"有线"旁边的"设置"图标，如图1-17所示。

图 1-17

此时出现"有线"对话框，我们选择IPv4，就可以看到当前IPv4方式是"自动（DHCP）"了，如图1-18所示。

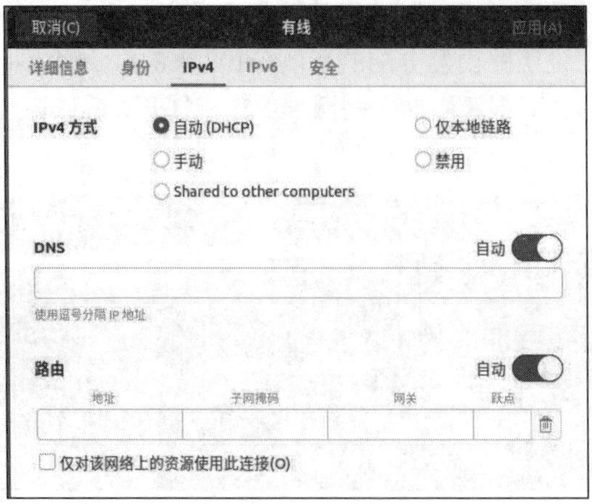

图 1-18

如果要设置静态IP，可以选择"手动"，并设置IP。至此，虚拟机Linux和宿主机Windows 7都通过DHCP方式从路由器那里得到了IP地址，我们可以让它们相互ping一下。先从虚拟机Linux中ping 宿主机Windows 7，可以发现能ping通（注意Windows 7的防火墙要先关闭），如图1-19所示。

```
root@tom-virtual-machine:/etc/netplan# ping 192.168.0.162
PING 192.168.0.162 (192.168.0.162) 56(84) bytes of data.
64 bytes from 192.168.0.162: icmp_seq=1 ttl=64 time=0.174 ms
64 bytes from 192.168.0.162: icmp_seq=2 ttl=64 time=0.122 ms
64 bytes from 192.168.0.162: icmp_seq=3 ttl=64 time=0.144 ms
```

图 1-19

再从宿主机Windows 7中ping虚拟机Linux，也可以ping通（注意Ubuntu的防火墙要先关闭），如图1-20所示。

```
C:\Users\Administrator>ping 192.168.0.118

正在 Ping 192.168.0.118 具有 32 字节的数据:
来自 192.168.0.118 的回复: 字节=32 时间<1ms TTL=64
来自 192.168.0.118 的回复: 字节=32 时间<1ms TTL=64
来自 192.168.0.118 的回复: 字节=32 时间<1ms TTL=64
来自 192.168.0.118 的回复: 字节=32 时间<1ms TTL=64
```

图 1-20

至此，在桥接模式的DHCP方式下，宿主机和虚拟机能相互ping通了，而且现在在虚拟机Ubuntu下可以上网（当然前提是宿主机也能上网），比如用Firefox浏览器打开网页，如图1-21所示。

下面再来看在静态方式下相互ping通。静态方式的网络环境比较单纯，是笔者喜欢的方式，更重要的是静态方式是手动设置IP地址，这样可以和读者的IP地址保持一致，读者学习起来更加方便。因此，本书很多网络场景都会使用桥接模式的静态方式。

图 1-21

首先，设置宿主机Windows 7的IP地址为120.4.2.200，再设置虚拟机Ubuntu的IP地址为120.4.2.8，如图1-22所示。

图 1-22

单击右上角的"应用"按钮后重启即可生效,然后就能相互ping通了,如图1-23所示。

```
root@tom-virtual-machine:~/桌面# ping 120.4.2.200
PING 120.4.2.200 (120.4.2.200) 56(84) bytes of data.
64 bytes from 120.4.2.200: icmp_seq=1 ttl=64 time=0.134 ms
64 bytes from 120.4.2.200: icmp_seq=2 ttl=64 time=0.129 ms
64 bytes from 120.4.2.200: icmp_seq=3 ttl=64 time=0.134 ms
64 bytes from 120.4.2.200: icmp_seq=4 ttl=64 time=0.131 ms
```
```
C:\Users\Administrator>
C:\Users\Administrator>
C:\Users\Administrator>ping 120.4.2.8

正在 Ping 120.4.2.8 具有 32 字节的数据:
来自 120.4.2.8 的回复: 字节=32 时间<1ms TTL=64
来自 120.4.2.8 的回复: 字节=32 时间<1ms TTL=64
来自 120.4.2.8 的回复: 字节=32 时间<1ms TTL=64
来自 120.4.2.8 的回复: 字节=32 时间<1ms TTL=64
```

图 1-23

至此,在桥接模式的静态方式下相互ping成功了。如果想要重新恢复DHCP动态方式,则只要在图1-22中选择IPv4方式为"自动(DHCP)",并单击右上角的"应用"按钮,然后在终端窗口使用以下命令重启网络服务即可:

```
root@tom-virtual-machine:~/桌面# nmcli networking off
root@tom-virtual-machine:~/桌面# nmcli networking on
```

然后查看IP,可以发现IP改变了,如图1-24所示。

```
root@tom-virtual-machine:~/桌面# ifconfig
ens33: flags=4163<UP,BROADCAST,RUNNING,MULTICAST>  mtu 1500
        inet 192.168.0.118  netmask 255.255.255.0  broadcast 192.168.0.255
        inet6 fe80::9114:9321:9e11:c73d  prefixlen 64  scopeid 0x20<link>
        ether 00:0c:29:1f:a1:18  txqueuelen 1000  (以太网)
```

图 1-24

笔者比较喜欢桥接模式的动态方式,因为不会影响主机上网,同时虚拟机Linux也可以通过该方式上网。

2. 主机模式

VMware的Host-Only就是主机模式。默认情况下,物理主机和虚拟机都连在虚拟交换机VMnet1上,VMware为主机创建的虚拟网卡是VMware Virtual Ethernet Adapter for VMnet1,主机通过该虚拟网卡和VMnet1相连。在主机模式下，将虚拟机与外网隔开，使得虚拟机成为一个独立的系统，只能与主机相互通信。当然，在主机模式下也可以让虚拟机连接互联网，方法是将主机网卡共享给VMware Network Adapter for VMnet1网卡，从而实现让虚拟机联网的目的。但一般主机模式都是为了和物理主机的网络隔开，仅让虚拟机和主机通信。因为用得不多，这里不再展开。

3. NAT 模式

如果虚拟机的Linux系统要连接互联网，那么使用NAT（Network Address Translation，网络地址转换）模式是最方便的。NAT模式是VMware创建虚拟机的默认网络连接模式。使用NAT模式连接网络时，VMware会在宿主机上建立单独的专用网络，用于主机和虚拟机之间相互通信。虚拟机向外部网络发送的请求数据将被"包裹"，然后交由NAT网络适配器加上"特殊标记"并以主机的名义转发出去。外部网络返回的响应数据将被拆"包裹"，也是先由主机接收，然后交由NAT网络适配器根据"特殊标记"进行识别并转发给对应的虚拟机。因此，虚拟机在外部网络中不必具备自己的IP地址。从外部网络来看，虚拟机和主机共享一个IP地址。默认情况下，外部网络终端也无法访问虚拟机。

此外，在一台宿主机上只允许有一个NAT模式的虚拟网络。因此，同一台宿主机上的多个采用NAT模式进行网络连接的虚拟机可以相互访问。

在NAT模式下设置虚拟机的过程如下：

（1）在"虚拟机设置"对话框，将网卡的网络连接模式设置为NAT模式，如图1-25所示。

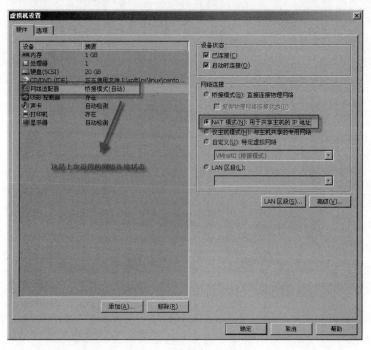

图1-25

然后单击"确定"按钮。

（2）编辑网卡配置文件，设置以DHCP方式获取IP，即修改ifcfg-ens33文件中的字段BOOTPROTO为dhcp。具体命令如下：

```
[root@localhost ~]# cd /etc/sysconfig/network-scripts/
[root@localhost network-scripts]# ls
ifcfg-ens33
[root@localhost network-scripts]# gedit ifcfg-ens33
[root@localhost network-scripts]# vi ifcfg-ens33
```

然后编辑网卡配置文件ifcfg-ens33，内容如下：

```
TYPE=Ethernet
PROXY_METHOD=none
BROWSER_ONLY=no
BOOTPROTO=dhcp
DEFROUTE=yes
IPV4_FAILURE_FATAL=no
IPV6INIT=yes
IPV6_AUTOCONF=yes
IPV6_DEFROUTE=yes
IPV6_FAILURE_FATAL=no
IPV6_ADDR_GEN_MODE=stable-privacy
NAME=ens33
UUID=e816b1b3-1bb9-459b-a641-09d0285377f6
DEVICE=ens33
ONBOOT=yes
```

保存修改并退出编辑器后，需要重启网络服务以使新的配置生效：

```
[root@localhost network-scripts]# nmcli c reload
[root@localhost network-scripts]# nmcli c up ens33
连接已成功激活（D-Bus 活动路径：/org/freedesktop/NetworkManager/ActiveConnection/4）
```

此时查看网卡ens的IP，发现已经是新的IP地址了，如图1-26所示。

图 1-26

可以看到网卡ens33的IP地址已经变为了192.168.11.128。值得注意的是，由于采用了DHCP动态分配IP地址的方式，实际分配的IP地址可能并不是这个。为什么虚拟机的IP地址在192.168.11网段呢？这是因为VMware为VMnet8默认分配的网段就是192.168.11网段。可以通过单击"编辑" → "虚拟网络编辑器"菜单来打开"虚拟网络编辑器"对话框，如图1-27所示。

当然，我们也可以将VMnet8的IP地址修改为其他网段，只需要在图1-27中重新编辑192.168.11.0即可。这里就先不更改了，保持默认即可。至此，虚拟机Linux中的IP已经知道了，那么宿主机Windows 7的IP是多少呢？只要查看"控制面板"→"网络和Internet"→"网络连接"下的VMware Network Adapter VMnet8这块虚拟网卡的IP即可，这个IP也是自动分配的，如图1-28所示。

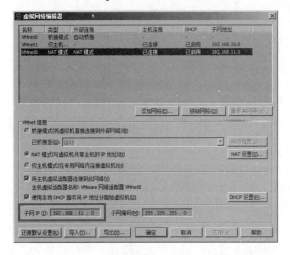

图 1-27

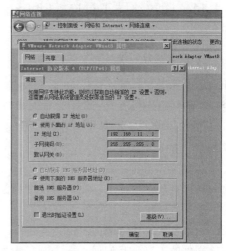

图 1-28

192.168.11.1是由VMware自动分配的。此时，就可以和宿主机相互ping通了（如果ping Windows没有通，那么可能是Windows中的防火墙开着，可以把它关闭），如图1-29所示。

在虚拟机Linux下也可以ping通Windows 7，如图1-30所示。

图 1-29

图 1-30

最后，在确保宿主机Windows 7能够上网的情况下，可以在虚拟机Linux下浏览网页，如图1-31所示。

图 1-31

在虚拟机Linux下上网也非常重要，因为在安装软件时，很多时候都需要在线安装。

1.1.11 通过终端工具连接Linux虚拟机

在安装完虚拟机的Linux操作系统后，我们就可以使用它了。通常情况下，我们使用Windows下的终端工具（比如SecureCRT或smarTTY）来操作Linux。这里我们使用SecureCRT（下面简称crt）这个终端工具来连接Linux，然后在crt窗口下以命令行的方式使用Linux。该工具既可以通过安全加密的网络连接方式（SSH）来连接Linux，也可以通过串口的方式来连接Linux。前者需要知道Linux的IP地址，后者需要知道串口号。除此之外，还可以通过Telnet等方式来连接Linux，读者可以在实践中慢慢体会。

虽然操作界面也是命令行方式，但是相比Linux自带的字符界面，使用SecureCRT更加方便，比如可以打开多个终端窗口，可以使用鼠标等等。SecureCRT是Windows下的软件，可以在网上免费下载。下载和安装过程就不赘述了，不过强烈建议使用比较新的版本，笔者使用的版本是64位的SecureCRT 8.5和SecureFX 8.5，其中SecureCRT表示终端工具本身，SecureFX表示配套的用于相互传输文件的工具。我们通过一个例子来说明如何连接虚拟机Linux，网络模式采用桥接模式，假设虚拟机Linux的IP为192.168.11.129（其他模式类似，只是要连接的虚拟机Linux的IP不同而已）。

使用SecureCRT连接虚拟机Linux的步骤如下：

（1）打开SecureCRT 8.5或以上版本，在左侧Session Manager工具栏上单击第3个按钮，这个按钮表示New Session，即创建一个新的连接，如图1-32所示。

图 1-32

此时出现New Session Wizard对话框，如图1-33所示。

在该对话框上，选择SecureCRT®protocol为SSH2，然后单击"下一步"按钮。

（2）在向导的第二个对话框中输入Hostname为192.168.11.129，Username为root。这个IP就是我们前面安装的虚拟机Linux的IP，root是Linux的超级用户账户。输入完毕后如图1-34所示。

图 1-33

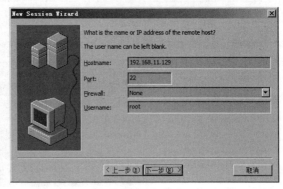

图 1-34

再单击"下一步"按钮。

（3）在向导的第3个对话框中保持默认配置即可，即保持SecureFX协议为SFTP。SecureFX是宿主机和虚拟机之间传输文件的软件，采用的协议可以是SFTP（安全的FTP传输协议）、FTP、SCP等，如图1-35所示。

再单击"下一步"按钮。

（4）在向导的最后一个对话框中，重命名会话的名称，也可以保持默认配置，即用IP作为会话名称，这里保持默认配置，如图1-36所示。

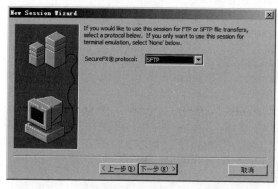

图 1-35

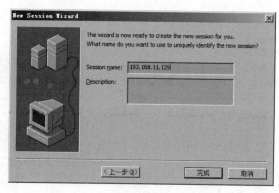

图 1-36

最后单击"完成"按钮。此时我们可以看到在左侧的Session Manager中，出现了我们刚才建立的新会话，如图1-37所示。

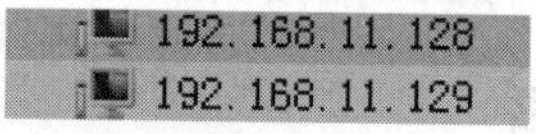

双击192.168.11.129开始连接，但不幸报错了，如图1-38所示。

图 1-37

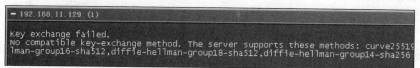

图 1-38

前面我们讲到SecureCRT是安全保密的连接，需要安全算法，Ubuntu 20.04的SSH所要求的安全算法，SecureCRT默认没有支持，所以报错了。我们可以在SecureCRT主界面上，选择菜单Options/Session Options...，打开Session Options对话框。在该对话框的左边选择SSH2，然后在右边的Key exchange下勾选最后几个算法，即确保所有算法都勾选上，如图1-39所示。

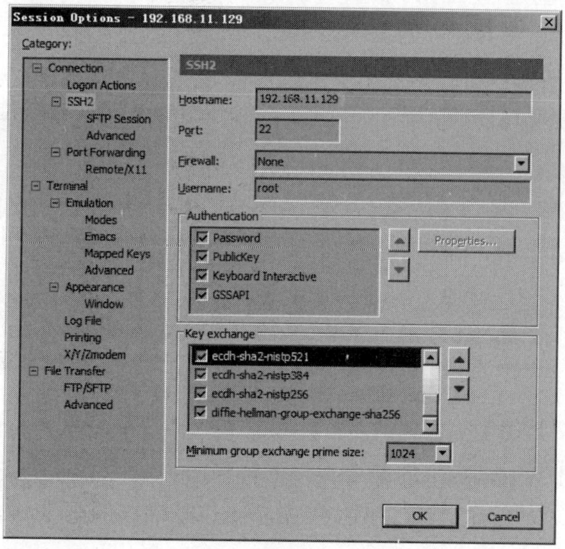

图 1-39

最后单击OK按钮关闭该对话框。接着回到SecureCRT主界面，再次双击左边Session Manager中的192.168.11.129，尝试再次连接，这次成功了，出现登录框，如图1-40所示。

输入root的Password为123456，并勾选Save password复选框，这样就不用每次都输入密码了。输入完毕后，单击OK按钮，我们就到了熟悉的Linux命令提示符下了，如图1-41所示。

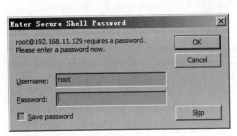

图 1-40   图 1-41

这样，在NAT模式下SecureCRT连接虚拟机Linux成功，以后可以通过命令来使用Linux了。如果是桥接模式，那么只需把前面步骤中的目的IP地址改为相应的IP地址即可，这里不再赘述。

1.1.12   与虚拟机互传文件

由于笔者喜欢在Windows下编辑代码，然后把文件传到Linux下进行编译和运行，所以经常需要在宿主机Windows和虚拟机Linux之间传送文件。把文件从Windows传到Linux的方式有很多，既有命令行的sz/rz，也有FTP客户端，还有SecureCRT自带的SecureFX等图形化工具。读者可以根据习惯和实际情况选择合适的工具。本书使用的是图形化工具SecureFX。

首先我们用SecureCRT连接Linux，然后单击右上角工具栏的SecureFX按钮，如图1-42所示。

图 1-42

启动SecureFX程序后，会自动打开Windows和Linux的文件浏览窗口，界面如图1-43所示。

图 1-43

在图1-43中，左边是本地Windows的文件浏览窗口，右边是IP为120.4.2.80的虚拟机Linux的文件浏览窗口。如果需要把Windows中的某个文件上传到Linux，只需要在左边选中该文件，然后拖动到右边的Linux窗口中。从Linux下载文件到Windows也是这样的操作，非常简单，相信读者都是Windows高手，实践几下即可上手。

1.1.13　支持图形软件的终端工具MobaXterm

现今软件市场上有很多终端工具可供选择，比如SecureCRT、Putty、Telnet等。SecureCRT是一款非常强大的终端工具，笔者也使用过它很长时间。但是，它毕竟是收费软件，而且有时候所有会话连接会突然消失（原因未知，未深究），这是直接导致笔者放弃它的原因。就像某天早上，突然某个会话记录不见了，那种感觉非常糟糕。

Putty非常小巧，而且是免费的，笔者所在的公司也大量使用。但是笔者不太喜欢它，原因是它真的不好用，不支持标签，开多个会话就需要开多个窗口，窗口切换也很不方便，因此笔者使用一两个月后就放弃它了。当然，还有其他终端工具，比如XShell，由于没使用过，就不做评价了。

这里，笔者还要隆重介绍一款全能型终端神器——MobaXterm。这款神器是笔者曾经的一个领导介绍给笔者的。笔者第一次使用它时，就深深爱上它了，真的是相见恨晚，自己的计算机和公司的计算机都安装上了这款神器。

这款神器的优点如下：

（1）功能十分强大，支持SSH、FTP、串口、VNC、X Server等功能。
（2）支持标签，切换也十分方便。
（3）众多快捷键，操作方便。
（4）有丰富的插件，可以进一步增强功能。
（5）虽然有收费版，但免费版已经可以使用。
（6）支持图形化界面的软件（这是重点）。

当然，优点、功能远不止这些，更多闪光点期待读者去发掘。MobaXterm的主界面如图1-44所示。

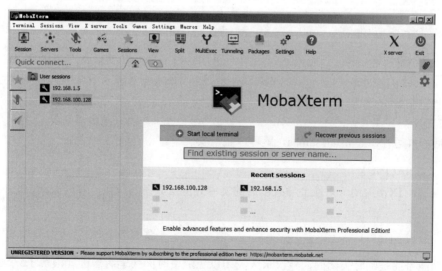

图 1-44

MobaXterm的使用方法和SecureCRT类似，这里不再赘述。不过，这里要介绍其中最厉害的一个功能——能够打开带有图形界面的软件，比如在命令行下输入gedit命令，就会出现Gedit这个图形界面编辑器。

如果要在Windows和Linux之间互传文件，还可以使用免费软件WinSCP。使用方法也很简单，这里就不再赘述了。该软件可以到WinSCP官方网站下载。

1.2　搭建 Samba 网络文件共享服务

Samba最初是一个能让Linux系统应用Microsoft网络通信协议的软件，而SMB（Server Message Block，服务器消息块）主要是作为Microsoft的网络通信协议。后来，Samba将SMB通信协议应用到了Linux系统上，形成了现在的Samba软件。后来，微软又把SMB改名为CIFS（Common Internet File System，公共Internet文件系统），并且加入了许多新的功能。这样一来，使得Samba具有了更强大的功能。

Samba最强大的功能就是可以直接用于Linux与windows系统的文件共享和打印共享。Samba既可以用于Windows与Linux之间的文件共享，也可以用于Linux与Linux之间的资源共享，由于NFS（Network File System，网络文件系统）可以很好地完成Linux与Linux之间的数据共享，因而Samba较多地用在了Linux与Windows之间的数据共享上面。使用Samba和Windows共享文件的时候，请确保Windows的NetBIOS（就是网上邻居功能）开启了。

在CentOS下使用Samba的步骤如下：

（1）安装Samba。

```
yum install samba
```

如果在CentOS中报出错误提示信息：Could not retrieve mirrorlist…，其原因是没有正确配置resolv.conf文件。

```
vi /etc/resolv.conf
```

输入如下内容：

```
nameserver 8.8.8.8
nameserver 8.8.4.4
search localdomain
```

保存后，再运行yum install samba，就可以正常安装了。

（2）关闭SELINUX。

如果SELINUX不关闭，可能会导致以后的文件夹无法具备写权限。临时关闭SELINUX的命令如下：

```
# setenforce 0
```

这个功能目前是临时关闭的，建议永久关闭以免浪费时间（笔者曾因此浪费了5个小时）。永久关闭的方法如下：执行命令vi/etc/selinux/config，打开config文件，将SELINUX项的值改为disabled，保存文件并退出即可。

（3）创建自定义的文件夹，比如/home/ext，并修改权限为777，命令如下：

```
mkdir /home/ext
chmod 777 /home/ext
```

（4）添加smb用户。

直接把root用户加入Samba服务的用户列表中并设置一个密码（该密码可以与系统root密码不一样）：

```
smbpasswd -a root
```

这里输入的密码就是以后在Windows下访问时提示输入的密码。通过以下命令检查Samba用户是否添加成功：

```
pdbedit -L
```

（5）修改Samba配置文件，实现无需账号和密码直接访问共享文件夹，可以使用以下命令进行编辑：

```
vi /etc/samba/smb.conf
```

在最后加入以下信息：

```
[myshare]
    valid user = @root
    write list = @root
    path=/home/ext
    public=yes
    browseable=yes
    writable=yes
    create mask=0777
    directory mask=0777
```

myshare是以后会在Windows显示的共享文件夹的别名。通过valid user和write list可以让一部分人只能浏览不能写，另一部分人既可读又可写，write list后面的用户表示有写权限。也可以根据需要在配置文件中添加多个共享文件夹，比如：

```
[myfm]
    valid user = @root
    write list = @root
    path=/home/tt
    public=yes
    browseable=yes
    writable=yes
    create mask=0777
    directory mask=0777
```

在以上字段中，也就是path有区别，其他保持不变。

（6）启动smbd服务，命令如下：

```
systemctl enable smb
systemctl restart smb
```

systemctl enable smb的意思是开机就启动。systemctl restart smb的意思是立即重启smb服务。

（7）开启Windows的SMB服务支持。

打开"控制面板"→"程序"→"程序和功能"→"启用或关闭Windows功能"，勾选"SMB 1.0/CIFS文件共享支持"复选框，如图1-45所示。

图 1-45

重启计算机即可。

（8）准备访问。

在Windows中，单击"此电脑"或者"计算机"，在地址栏填写CentOS服务器的IP地址，比如\\192.168.0.102（根据实际情况填写），随后即可看到共享文件夹，如图1-46所示。

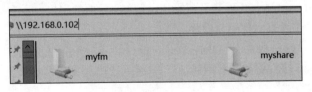

图 1-46

双击myshare，可以在该文件夹下新建文件。

1.3　在 VMware 中添加一块硬盘

有时，在VMware中会多次编译Linux内核，但由于生成的文件比较多，因此需要添加一块硬盘。添加步骤如下：

（1）在"虚拟机设置"对话框上，切换到"硬件"页，单击下方的"添加"按钮，此时会出现"添加硬件向导"对话框，如图1-47所示。

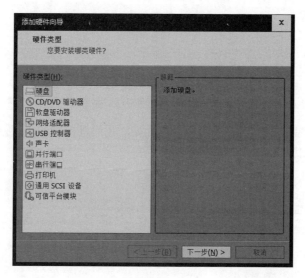

图 1-47

在硬件类型列表中选中"硬盘"，然后单击"下一步"按钮，后续保持默认配置，直至完成。向导完成后，我们可以在"虚拟机设置"对话框中看到多了一个 20GB 的"新硬盘"，如图 1-48 所示。

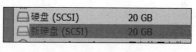

图 1-48

单击"确定"按钮关闭"虚拟机设置"对话框。

（2）在虚拟机 Linux 中准备挂载新添加的虚拟硬盘。启动虚拟机，使用 fdisk -l 的命令查看当前系统的分区：

```
Disk /dev/sda: 20 GiB, 21474836480字节, 41943040个扇区
Disk model: VMware Virtual S
单元：扇区/ 1 * 512 = 512字节
扇区大小（逻辑/物理）：512 字节/512 字节
I/O大小（最小/最佳）：512 字节/512 字节
磁盘标签类型：dos
磁盘标识符：0xb62d9dc4


设备          启动       起点      末尾      扇区      大小     Id   类型
/dev/sda1     *        2048    1050623  1048576   512M    b W95 FAT32
/dev/sda2           1052670  41940991 40888322   19.5G    5 扩展
/dev/sda5           1052672  41940991 40888320   19.5G   83 Linux

Disk /dev/sdb: 20 GiB, 21474836480字节, 41943040个扇区
Disk model: VMware Virtual S
单元：扇区 / 1 * 512 = 512 字节
扇区大小（逻辑/物理）：512字节/512字节
I/O大小（最小/最佳）：512字节/512字节
```

其中，sda 表示 SCSI 硬盘的第一个磁盘设备，sdb 表示 SCSI 硬盘的第二个磁盘设备（也就是我们刚才新添加的硬盘）。其中 sd 代表的就是 SCSI 硬盘，每个 SCSI 硬盘上的分区通过在磁盘名后面加上一个十进制数字来表示，例如 sda1 和 sda2 表示系统中第一个 SCSI 磁盘驱动器的第一个和第二个分区。

对新建的磁盘进行分区和格式化：

```
fdisk /dev/sdb
```

出现提示：

```
命令（输入m获取帮助）：
```

如果需要看帮助信息，可以输入m命令。在此处，我们直接输入n命令，它的意思是添加新分区。此时会出现如下的提示：

```
分区类型
   p   主分区（0个主分区，0个扩展分区，4空闲）
   e   扩展分区（逻辑分区容器）
选择（默认p）：
```

输入p，出现提示：

```
分区号（1-4, 默认1）：
```

输入1来创建一个新的分区。接下来的两步可以保持默认配置，直接按回车键即可。完成后，会提示创建新分区成功：

```
建了一个新分区 1，类型为"Linux"，大小为 20 GiB
```

最后输入w命令保存并退出。再次使用命令"fdisk -l"查看，可以发现已经出现了"/dev/sdb1"，说明分区工作已经完成。这里的sdb1代表第一个分区，由于我们刚才按1只分出了一个磁盘区，因此只有sdb1，如下所示：

```
设备           启动    起点       末尾         扇区       大小 Id 类型
/dev/sdb1            2048 41943039 41940992    20G 83 Linux
```

（3）对新建的分区进行格式化。在分区之前，我们先来看sda的文件系统，输入命令：

```
df -T
```

在命令结果中找到sda5：

```
/dev/sda5      ext4     19947120 14045800 4862728    75% /
```

可以看到，该分区格式为ext4，已经使用了75%的容量。我们可以使用如下命令把sdb1格式化为ext4文件系统：

```
mkfs -t ext4 /dev/sdb1
```

（4）对分好区的/dev/sdb1这个分区进行挂载及访问。先手动挂载：

```
mkdir /data && mount /dev/sdb1 /data
```

目录/data是挂载目录，也可以自定义挂载目录。再次查看分区文件系统：

```
df -h
```

可以在结果中发现：

```
/dev/sdb1      ext4     20465232      24 19400300    1% /data
```

/dev/sdb1分区的文件系统是ext4，已经使用了1%的容量。该分区被挂载到了/data目录下，以后写入/data目录的数据都会存储到新添加的硬盘中。但是，由于是手动挂载的，重启后不会自动挂载/dev/sdb1，因此需要将其配置为自动挂载。磁盘被手动挂载之后必须把挂载信息写入/etc/fstab这个文件中，否则下次开机启动时需要重新挂载。系统开机时会主动读取/etc/fstab这个文件中的内容，根据文件中的配置挂载磁盘。这样我们只需要将磁盘的挂载信息写入这个文件中，就不需要每次开机启动之后都手动进行挂载了。使用vi打开文件/etc/fstab，添加下面的一行文字即可：

```
/dev/sdb1    /data  ext4 defaults  0  1
```

然后保存。此时如果重启系统，可以发现/dev/sdb1自动挂载了，也可以直接访问目录/data了。

1.4　在 Linux 下搭建 C/C++开发环境

由于我们安装Ubuntu的时候自带了图形界面，因此也可以直接在Ubuntu下用其自带的编辑器，比如用Gedit来编辑源代码文件，然后在命令行下进行编译，这种方式对于小规模程序也挺方便的。本节的内容比较简单，主要目的是用来测试各种编译工具是否能正确工作，所以希望读者认真做一遍下面的小范例程序。在开始第一个范例之前，我们先检查一下编译工具是否准备就绪，命令如下：

```
gcc -v
```

如果显示出版本信息，那么说明已经安装了。注意：默认情况下，Ubuntu不会自动安装gcc或g++，所以我们先要在线安装。确保虚拟机Ubuntu能上网，然后在命令行下输入以下命令进行在线安装：

```
apt-get install build-essential
```

下面开始我们的第一个C程序。程序代码很简单，主要用来测试我们的环境是否支持C语言编译。

【例1.1】　第一个C程序

（1）在Ubuntu下打开终端窗口，然后在命令行下输入gedit命令来打开文本编辑器。接下来，在编辑器中输入以下代码：

```
#include <stdio.h>
void main()
{
  printf("Hello world\n");
}
```

然后将文件保存到某个路径（比如/root/ex，ex是自己建立的文件夹），文件名是test.c，并关闭Gedit编辑器。

（2）在终端窗口中，进入test.c所在的路径，并输入编译命令：

```
gcc test.c -o test
```

其中选项-o表示生成目标文件，即可执行程序，此处为test。此时，在同一路径下会生成一个名为test的程序，我们可以运行它：

```
./test
Hello world
```

至此，我们的第一个C程序编译并运行成功，这表明C语言开发环境已经搭建好了。如果需要调试，可以使用gdb命令。关于该命令的使用，读者可以参考清华大学出版社出版的《Linux C与C++一线开发实践》一书。此外，该书还详述了在Linux下用图形开发工具进行C语言开发的过程，这里不再赘述，因为笔者喜欢在Windows下工作。有读者会问，既然喜欢在Windows下开发，为什么还要介绍Linux下的开发环境呢，直接进入Windows下开发不就行了？笔者认为，这是有原因的，本节的小程序是为了验证我们的编译环境是否正常，如果这个小程序能够运行，就说明Linux下的编译环境已经没有问题。如果以后在Windows下开发遇到问题，至少可以排除掉Linux本身的原因。因此，笔者每做一步都是有原因的，都是在为后续的内容做铺垫。

1.5 在 Windows 下搭建 Linux C/C++开发环境

1.5.1 Windows下非集成式的Linux C/C++开发环境

由于很多程序员习惯使用Windows，因此我们采用在Windows下开发Linux程序的方式。基本步骤是先在Windows下使用自己熟悉的编辑器编写源代码，然后通过网络连接到Linux主机，把源代码文件（.c或.cpp文件）上传到远程的Linux主机，在Linux主机上对源代码进行编译、调试和运行。当然，编译和调试所需要的命令也可以在终端工具（比如SecureCRT）中输入。这样，从编辑到编译、调试、运行，都可以在Windows下完成的输入，而真正的编译、调试和运行工作实际上都是在Linux主机上完成的。

在Windows下，选择什么编辑器呢？Windows下的编辑器多如牛毛，读者可以根据自己的习惯来选择使用。常用的编辑器有VS Code、Source Insight、Ultraedit（简称UE），它们都很小巧，功能也很多，具有语法高亮、函数列表显示等编写代码所需的常用功能，用于普通的小程序开发，它们的功能绰绰有余。但笔者推荐使用VS Code，因为它免费，并且功能更强大，而后两者都是要收费的。

在使用编辑器编完源代码后，可以通过网络将源文件上传到Linux主机或虚拟机Linux中。把文件从Windows传到Linux的方式很多，既有命令行的sz/rz、也有FTP客户端，还有SecureFX等图形化的工具，读者可以根据自己的习惯和实际情况选择合适的工具。如果使用VS Code，则可以自动上传到Linux主机，这样更加方便。在后续的非集成式开发中，笔者使用的编辑器也都是VS Code。

把源代码文件上传到Linux下后，就可以进行编译了，编译工具可以使用gcc或g++，两者都可以编译C/C++文件。在编译过程中，如果需要调试，则可以使用命令行调试工具gdb，这将在后面会详细阐述。接下来，我们来看一下在Windows下开发Linux程序的过程。关于gcc、g++和gdb的详细用法，这里就不赘述了，读者可以参考《Linux C与C++一线开发实践》一书。

【例1.2】　第一个VSCode开发的Linux C++程序

（1）到官方网站下载VS Code，然后安装，这个过程很简单。

（2）如果是第一次使用VS Code，则需要先安装两个和C/C++编程有关的插件。单击左侧边栏上的Extensions图标，或者直接按快捷键Ctrl+Shift+X切换到Extensions页面。该页面用于搜索和安装（扩展）插件。在搜索框中搜索C++，然后安装两个C/C++插件，如图1-49所示。

分别单击Install按钮开始安装，安装完毕后，代码的语法高亮显示，并具备函数定义跳转功能。接着安装一个插件，该插件能实现在VS Code中上传文件到远程Linux主机上，这样省得切换软件窗口了。在搜索框搜索sftp，然后安装第一个插件就行，如图1-50所示。

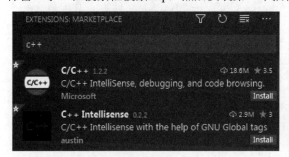 

图 1-49　　　　　　　　　　　　　　　　　图 1-50

单击Install按钮，然后重启VS Code。

（3）在Windows本地新建一个存放源代码文件的文件夹，比如E:\ex\test\。打开VS Code，单击File→New Folder菜单，此时将在左边显示Explorer视图，在视图的右上方单击New File图标，如图1-51所示。

图 1-51

然后会在下方出现一行编辑框，用于输入新建文件的文件名，我们输入test.cpp，然后按回车键，此时会在VS Code中间出现一个编辑框，这就是我们输入代码的地方，输入如下代码：

```cpp
#include <iostream>
using namespace std;
int main(int argc, char *argv[])
{
    char sz[] = "Hello, World!";
    cout << sz << endl;
    return 0;
}
```

代码很简单，无需过多解释。如果前面两个C/C++插件正确安装，可以看到代码的颜色是丰富多彩的，这就是语法高亮显示的结果。如果把鼠标停留在某个变量、函数或对象（比如cout）上，还会出现更加完整的定义和说明。

另外，如果不准备新建文件，而是要添加已经存在的文件，可以把文件放到当前目录下，然后在VS Code的Explorer视图中就能看到该文件。

（4）把源文件上传到虚拟机Linux。

使用SecureCRT自带的文件传输工具SecureFX手动把test.cpp上传到虚拟机Linux的某个目录下。SecureFX的用法前面已经介绍过了，这里不再赘述。虽然这种方法有些烦琐。但是，在VS Code中，我们可以下载插件SFTP，实现在VS Code中同步本地文件和服务器端文件。在使用SFTP插件之前，我们需要进行一些简单的设置，告诉SFTP远程的Linux主机的IP、用户名和口令等信息。按快捷键Ctrl+Shift+P后，会进入VS Code的命令输入模式，然后在上方的Search settings框中输入sftp:config命令。这将在当前文件夹（这里是E:\ex\test\）生成一个.vscode文件夹，其中包含一个sftp.json文件。我们需要在该文件中配置远程服务器地址。VS Code会自动打开这个文件，然后我们输入以下内容：

```
{
    "name": "My Server",
    "host": "192.168.11.129",
    "protocol": "sftp",
    "port": 22,
    "username": "root",
    "password": "123456",
    "remotePath": "/root/ex/3.2/",
    "uploadOnSave": true
}
```

输入完毕后，按快捷键Alt+F+S保存。其中，/root/ex/3.2/是虚拟机Ubuntu上的一个路径（可以不必预先建立，VS Code会自动帮我们建立），我们上传的文件将会存放到该路径下。host表示远程Linux主机的IP或域名，注意这个IP地址必须和Windows主机的IP地址相互ping通。protocol表示使用的传输协议，这里使用SFTP，即安全的FTP协议。username表示远程Linux主机的用户名。password表示远程Linux主机的用户名对应的口令。remotePath表示远程文件夹地址，默认是根目录/。uploadOnSave表示本地更新文件会自动保存并同步到远程文件（不会同步重命名的文件和已删除的文件）。另外，如果源码在本地其他路径中，也可以通过context设置本地文件夹地址，默认为VS Code工作区根目录。

在Explorer空白处右击，选择快捷菜单中的Sync Local→Remote，如果没有问题，可以在Output视图上看到如图1-52所示的提示。

图 1-52

这表明上传成功了。如果没有出现Output视图，可以单击左下方状态栏上的SFTP小图标，如图1-53所示。

图 1-53

此时，如果在虚拟机Ubuntu上查看，会发现在/root/ex/3.2/下有一个test.cpp文件：

```
root@tom-virtual-machine:~/ex/3.2# ls
test.cpp
```

感觉VS Code很强大吧？其实编译工作也可以在VS Code中完成，但为了体现出我们也懂Linux，建议留一些工作在Linux下完成，至少要会输入gcc/g++代码。

（5）编译源文件。

现在源文件已经在Linux的某个目录（本例是/root/ex/3.2/）下了，我们可以在命令行下对其进行编译。在Linux下编译C++源程序通常有两种命令：一种是利用g++命令，另一种是利用gcc命令。它们都是根据源文件的后缀名来判断是C程序还是C++程序。编译也是仕SecureCRT的窗口下用命令进行的。首先打开SecureCRT并连接远程的Linux，然后定位到源文件所在的文件夹，并输入g++编译命令：

```
root@tom-virtual-machine:~/ex/3.2# g++ test.cpp -o test
root@tom-virtual-machine:~/ex/3.2# ls
test  test.cpp
root@tom-virtual-machine:~/ex/3.2# ./test
Hello, World!
```

-o表示输出，后面加的test表示最终输出的可执行程序的名字是test。

如果要用gcc来编译，需要注意gcc是编译C语言的，默认情况下，直接编译C++程序会报错。我们可以通过增加参数-lstdc++来编译C++程序。结果如下：

```
root@tom-virtual-machine:~/ex/3.2# gcc -o test test.cpp -lstdc++
root@tom-virtual-machine:~/ex/3.2# ls
test  test.cpp
root@tom-virtual-machine:~/ex/3.2# ./test
Hello, World!
```

其中-o表示输出，后面加的test表示最终输出的可执行程序名字是test；-l表示要链接到某个库，stdc++表示C++标准库，因此-lstdc++表示链接到标准C++库。

这个例子到这里就结束了吗？并不是。现在是时候见证VS Code的神奇功能了。前面我们上传文件需要通过右击菜单来实现，有些烦琐。现在我们在VS Code中打开test.cpp，稍微修改一下代码，比如将sz的定义改成"char sz[] = "Hello, World!--------;"，然后保存（快捷键是Alt+F+S）test.cpp，此时VS Code会自动上传到远程Linux上，Output视图中也会有新的提示，如图1-54所示。

```
[04-01 15:34:38] [info] [file-save] e:\ex\test\test.cpp
[04-01 15:34:38] [info] local → remote e:\ex\test\test.cpp
```

图 1-54

其中，file-save表示文件保存，local→remote表示上传到远程主机。是不是很方便，很快捷？只要保存源码文件，VS Code就会自动帮我们上传。此时再来编译，会发现结果已经变了：

```
root@tom-virtual-machine:~/ex/3.2# gcc -o test test.cpp -lstdc++
root@tom-virtual-machine:~/ex/3.2# ./test
Hello, World!--------
```

顺便提一句，代码后退的快捷键是Alt+向左箭头。再次为VS Code打个公益广告，该编辑器免费、跨平台、跨语言、插件多，背景还很强悍（微软公司出品）。而UE和SI编辑器居然还要收费。

VS Code是跨平台软件，因此也可以在Linux下使用，用法和在Windows下一样。我们可以到官方网站下载支持64位的Linux版本，如图1-55所示。

图 1-55

下载下来的分别是.deb和.rpm两个安装包文件，按照对应的软件安装方式进行安装即可。比如，.deb文件可以使用dpkg命令进行安装：

```
dpkg -i code_1.77.1-1680651665_amd64.deb
```

而.rpm文件的安装命令如下：

```
rpm -ivh code-1.77.1-1680651749.el7.x86_64.rpm
```

值得注意的是，安装后，root用户无法启动VS Code，接下来介绍解决此问题的方法。

（6）编辑~/.bashrc，输入命令：

```
vi ~/.bashrc
```

然后添加一行：

```
alias code='/usr/share/code/code . --no-sandbox --unity-launch'
```

保存后退出vi。再输入生效命令：

```
source ~/.bashrc
```

重启计算机，就能够以root用户启动VS Code了。

1.5.2　Windows下集成式的Linux C/C++开发环境

习惯了Windows下集成开发环境（Integrated Development Environment，IDE）的程序员，可能会对非集成式开发环境感到不适。例如，VB、VC、.NET和Delphi等优秀的基础开发环境不仅提高了开发效率，也让程序员变得更"懒"了。所谓集成式，简单来讲就是代码编辑、编译、调试等都在一个软件（窗口）中做完，不需要在不同的窗口之间切换，也不需要手动把文件从一个系统（Windows）传到另一个系统（Linux），传输文件也可以让同一个软件来完成。这样的开发环境被称为集成开发环境。

在Windows下，有能支持Linux开发的集成开发环境吗？当然是有的。微软在Visual C++ 2017上全面支持Linux的开发。Visual C++ 2017简称VC 2017，是当前Windows平台上主流的集成式可视化开发软件，功能异常强大。关于VC系列工具的界面和简单使用说明，读者可以参考清华大学出版社出版的《Visual C++ 2017从入门到精通》一书。

在VC 2017中，可以编译、调试和运行Linux可执行程序，还可以生成Linux静态库（.a库）和动态库（也称共享库，即.so库）。前提是我们安装VC 2017时勾选了支持Linux开发的组件，该组件默认不会被安装。打开VC 2017的安装程序，在"工作负载"页面的右下角勾选"使用C++的Linux开发"，如图1-56所示。

然后继续安装VC 2017。安装完毕后，在新建工程时就可以看到有一个Linux工程选项了。下面我们通过一个例子来生成可执行程序。

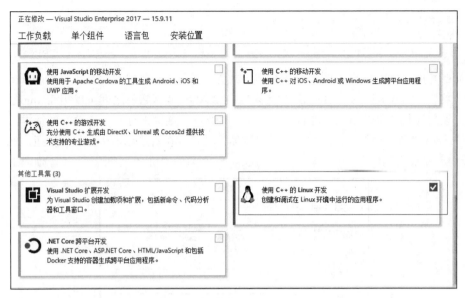

图 1-56

【例1.3】　第一个VC++开发的Linux可执行程序

（1）打开 VC 2017，单击"文件"→"新建"→"项目"菜单或者直接按快捷键 Ctrl+Shift+N，打开"新建项目"对话框。在"新建项目"对话框中，展开左侧的"Visual C++"→ "跨平台"节点，选中Linux选项。此时右侧会显示项目类型，我们可以选择"控制台应用程序（Linux）"，并在对话框下方输入名称（比如test）和位置（比如e:\ex\），如图1-57所示。

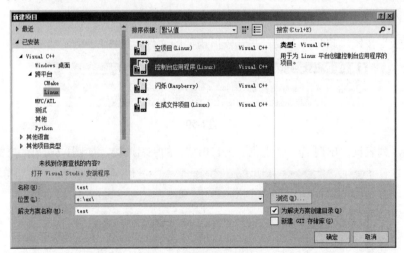

图 1-57

单击"确定"按钮，这样一个Linux项目就创建好了。我们可以看到已经建立了一个 main.cpp，内容如下：

```
#include <cstdio>

int main()
{
```

```
    printf("hello from test!\n");
    return 0;
}
```

（2）打开虚拟机Ubuntu20.04，使用桥接模式并设置静态IP地址，将虚拟机Ubuntu的IP地址为120.4.2.8，将宿主机Windows 7的IP地址设置为120.4.2.200，确保它们之间可以相互ping通。

（3）设置连接。单击VC 2017的"工具"→"选项"菜单来打开"选项"对话框，在该对话框的左下方展开"跨平台"，并选中"连接管理器"节点，在右边单击"添加"按钮，然后在出现的"连接到远程系统"对话框中，输入虚拟机Ubuntu20.04的主机名、密码等信息，如图1-58所示。

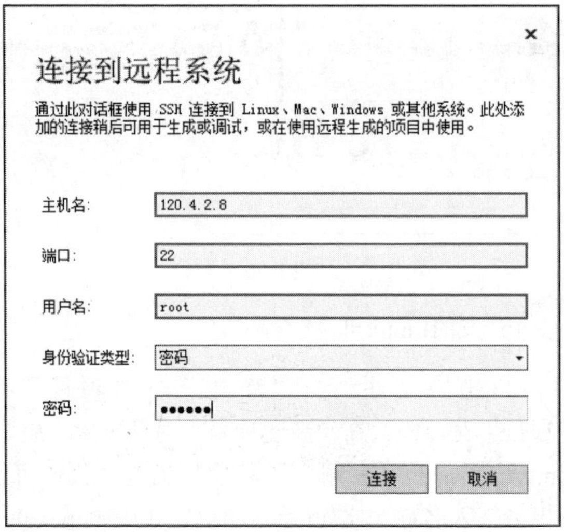

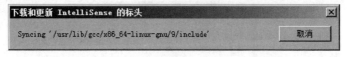

图 1-58

单击"连接"按钮，此时将下载一些开发所需的文件，如图1-59所示。

图 1-59

稍等片刻，列表框内出现另一个主机名为120.4.2.8的SSH连接，如图1-60所示。

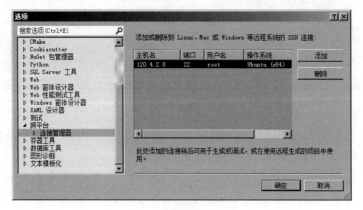

图 1-60

这表明添加连接成功，单击"确定"按钮。

（4）编译运行，按F7键生成程序，如果没有错误，将在"输出"窗口中输出编译结果，如图1-61所示。

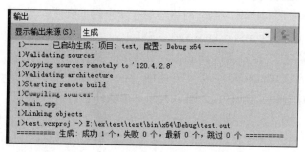

图 1-61

此时可以单击VC 2017工具栏上的绿色三角形图标来准备运行程序，如图1-62所示。

开始调试和运行，稍等片刻，运行完毕后，可以单击"调试"→"Linux控制台"菜单来打开"Linux控制台窗口"，并且可以看到程序的运行结果，如图1-63所示。

图 1-62

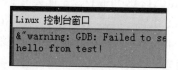

图 1-63

这表明我们的Linux程序运行成功了。因为这是我们再VC 2017中开发的第一个Linux应用程序，所以我们的讲解比较详细，后面的内容将不会详述了。另外，为了在VC 2017中显示详细的编译出错信息，我们可以单击"工具"→"选项"→"项目和解决方案"→"生成并运行"菜单，将"MSBuild项目生成输出详细级别"和"MSBuild项目生成日志文件详细级别"设置调整为"普通"。这样，在编译Linux程序时，如果出现错误，就可以看到详细的错误信息了。

到目前为止，我们已经建立了一个Linux开发环境。由于Windows下集成开发Linux C/C++最为方便，因此笔者采用了这种开发环境。

1.6 安全密码库 OpenSSL

网络安全和密码算法密不可分，或者说，网络安全的安全防护主要依赖于各种密码算法的保护。比如两个人在网络上聊天通信，肯定需要使用密码算法来认证对方的身份，并加密聊天内容，以确保通信的安全性。

OpenSSL提供了强大的功能，不但提供了编程用的API函数，还提供了命令行工具，可以通过命令来进行常用的加解密、签名验签、证书操作等。虽然OpenSSL是用C语言编写的，但在C++程序中使用也完全没有问题，此外，OpenSSL很多地方都利用了面向对象的设计方法与多态来支持多种加密算法。因此，学好OpenSSL，甚至分析其源码，对提高我们的面向对象的设计能力大有帮助。很多著名的开源软件，比如内核XFRM框架、VPN软件strongSwan等都是用C语言来实现面向对象设计的。因此，我们会对OpenSSL叙述得更为详细一些，因为在一线实践开发中，经常会碰到这个库的使用（很多C#开发的软件，底层的安全连接也会用VC封装OpenSSL为控件后供C#界面使用，更不要说Linux的一线开发了），希望读者能预先掌握好。

随着Internet的迅速发展和广泛应用，网络与信息安全的重要性和紧迫性日益突出。Netscape公司提出了安全套接层协议（Secure Socket Layer，SSL），该协议基于公开密钥技术，可保证两个实体间通信的保密性和可靠性，是目前Internet上保密通信的工业标准。

Eric A.Young和Tim J. Hudson自1995年开始编写后来具有巨大影响的OpenSSL软件包，这是一个没有太多限制的开放源代码的软件包，可以利用这个软件包做很多事情。1998年，OpenSSL项目组接过了OpenSSL的开发工作，并推出了OpenSSL的0.9.1版。到目前为止，OpenSSL的算法已经非常完善，支持SSL 2.0、SSL 3.0以及TLS 1.0。截至本书编写时，OpenSSL的最新版本是1.1.1版。

OpenSSL采用C语言作为开发语言，这使得OpenSSL具有优秀的跨平台性能，可以在不同的平台使用。OpenSSL支持Linux、Windows、BSD、macOS等平台，具有广泛的适用性。OpenSSL实现了8种对称加密算法，包括AES、DES、Blowfish、CAST、IDEA、RC2、RC4、RC5，实现了4种非对称加密算法，包括DH、RSA、DSA和ECC，实现了5种信息摘要算法，包括MD2、MD5、MDC2、SHA1和RIPEMD，并且实现了密钥及证书管理。

OpenSSL的许可证（License）是SSLeay License和OpenSSL License的结合，这两种许可证实际上都是BSD类型的许可证。根据许可证的规定，OpenSSL可以被用于各种商业和非商业的用途，但是需要遵守一些协定。这些协定旨在保护自由软件作者及其作品的权利。

1.6.1　OpenSSL源代码模块结构

OpenSSL的整个软件包主要可以分成3个主要的功能部分：密码算法库、SSL协议库和应用程序。OpenSSL的目录结构也是围绕这3个功能部分进行规划的，具体如表1-1所示。

表 1-1　OpenSSL 的目录及其功能

目　录　名	功能描述
Crypto	该目录存放所有加密算法源码文件和相关标准（如X.509源码文件），是OpenSSL中最重要的目录之一，包含OpenSSL密码算法库的所有内容
SSL	该目录存放OpenSSL中SSL协议各个版本和TLS 1.0协议的源码文件，包含OpenSSL协议库的所有内容
Apps	该目录存放OpenSSL中所有应用程序的源码文件，如CA、X.509等应用程序的源文件
Docs	该目录存放OpenSSL中所有的使用说明文档，包含3部分：应用程序说明文档、加密算法库API说明文档以及SSL协议API说明文档
Demos	该目录存放一些基于OpenSSL的应用程序例子，这些例子一般都很简单，例如演示怎么使用OpenSSL中的一个具体功能
Include	该目录存放使用OpenSSL的库时需要的头文件
Test	该目录存放OpenSSL自身功能测试程序的源码文件

OpenSSL的算法目录Crypto目录包含OpenSSL密码算法库的所有源代码文件，是OpenSSL中最重要的目录之一。OpenSSL的密码算法库包含OpenSSL中所有密码算法、密钥管理和证书管理相关标准的实现。

1.6.2　OpenSSL加密库调用方式

OpenSSL是一个全开放的、开源的工具包，可以实现安全套接层协议（SSLv2/v3）和传输层安全协议（TLSv1），并且形成一个功能完整的、通用的加密库SSLeay。应用程序可通过3种方式调用SSLeay，如图1-64所示。

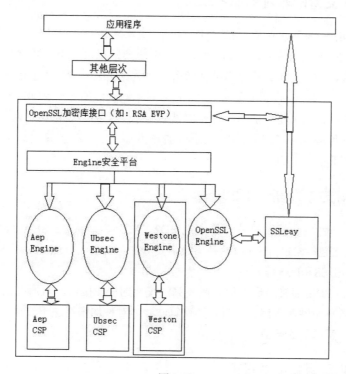

图 1-64

一是直接调用，二是通过OpenSSL加密库接口调用，三是通过Engine平台和OpenSSL对象调用。除了SSLeay外，用户还可通过Engine安全平台访问CSP。

使用Engine技术的OpenSSL已经不仅是一个密码算法库，而是一个提供通用加解密接口的安全框架。在使用时，只需加载用户的Engine模块，应用程序中所调用的OpenSSL加解密函数就会自动调用用户自己开发的加解密函数来完成实际的加解密工作。这种方法将底层硬件的复杂多样性与上层应用分隔开，大大降低了应用开发的难度。

1.6.3　OpenSSL支持的对称加密算法

OpenSSL提供了8种对称加密算法，其中7种是分组加密算法，仅有一种流加密算法，即RC4。这7种分组加密算法分别是AES、DES、Blowfish、CAST、IDEA、RC2、RC5，都支持电子密码本模式（ECB）、加密分组链接模式（CBC）、加密反馈模式（CFB）和输出反馈模式（OFB）4种常用的分组密码加密模式。其中，AES使用的加密反馈模式（CFB）和输出反馈模式（OFB）分组长度是128位，其他算法使用的则是64位。DES算法是众多对称加密算法的基础，很多算法都是基于该算法演变而来的。

除了DES算法，还有3DES算法（也称为DESSede算法），DES算法、3DES算法和DESSede算法统称DES系列算法，是对称加密算法领域的经典加密算法。3DES算法使用3次迭代增加算法安全性。OpenSSL还使用EVP封装了所有的对称加密算法，使得各种对称加密算法能够使用统一的API接口EVP_Encrypt和EVP_Decrypt进行数据的加密和解密，大大提高了代码的可重用性。

1.6.4　OpenSSL支持的非对称加密算法

OpenSSL一共实现了4种非对称加密算法，包括DH算法、RSA算法、DSA算法和ECC算法。DH算法一般用于密钥交换。RSA算法既可以用于密钥交换，也可以用于数字签名，当然，如果能够忍受其缓慢的速度，那么也可以用于数据加解密。DSA算法则一般只用于数字签名。

与对称加密算法相似，OpenSSL也使用EVP技术对不同功能的非对称加密算法进行封装，并且提供了统一的API接口。如果使用非对称加密算法进行密钥交换或者密钥加密，则使用EVPSeal和EVPOpen进行加密和解密；如果使用非对称加密算法进行数字签名，则使用EVP_Sign和EVP_Verify进行签名和验证。

1.6.5　OpenSSL支持的信息摘要算法

OpenSSL实现了5种信息摘要算法，分别是MD2、MD5、MDC2、SHA（SHA1）和RIPEMD-160。SHA算法事实上包括SHA和SHA1两种信息摘要算法，此外，OpenSSL还实现了DSS标准规定的两种信息摘要算法DSS和DSS1。

OpenSSL采用EVPDigest接口作为信息摘要算法统一的EVP接口，对所有信息摘要算法进行封装，提高了代码的可重用性。当然，与对称加密算法和非对称加密算法不一样，信息摘要算法是不可逆的，不需要一个解密的逆函数。

1.6.6　OpenSSL密钥和证书管理

OpenSSL实现了ASN.1的证书和密钥相关标准，提供了对证书、公钥、私钥、证书请求以及CRL等数据对象的DER、PEM和Base64的编解码功能。OpenSSL提供了产生各种公开密钥对和对称密钥的方法、函数和应用程序，同时提供了对公钥和私钥的DER编解码功能，并且实现了私钥的PKCS#12和PKCS#8的编解码功能。OpenSSL在标准中提供了对私钥的加密保护功能，使得密钥可以安全地进行存储和分发。

在此基础上，OpenSSL实现了对证书的X.509标准编解码、PKCS#12格式的编解码以及PKCS#7的编解码功能，并提供了一种文本数据库，支持证书的管理功能，包括证书密钥产生、请求产生、证书签发、吊销和验证等功能。

事实上，OpenSSL提供的CA应用程序就是一个小型的证书管理中心（Certificate Authority，CA），实现了证书签发的整个流程和证书管理的大部分机制。

1.6.7　面向对象与OpenSSL

OpenSSL支持常见的密码算法，并成功地运用了面向对象的方法与技术，使得它能支持众多算法并实现SSL协议。OpenSSL的可贵之处在于它利用面向过程的C语言实现了面向对象的思想。

　　面向对象方法是一种运用对象、类、继承、封装、聚合、消息传递、多态等概念来构造系统的软件开发方法。

　　面向对象方法与技术起源于面向对象的编程语言（Object Oriented Programming Language，OOPL）。但是，面向对象不仅是一些具体的软件开发技术与策略，而且是一整套关于如何看待软件系统与现实世界的关系，以什么观点来研究问题并进行求解，以及如何进行系统构造的软件方法学。概括地说，面向对象方法的基本思想是，从现实世界中客观存在的事物（对象）出发来构造软件系统，并在系统构造中尽可能运用人类的自然思维方式。面向对象方法强调直接以问题域（现实世界）中的事物为中心来思考问题、认识问题，并根据这些事物的本质特征，把它们抽象地表示为系统中的对象，作为系统的基本构成单位。这可以使系统直接地映射问题域，保持问题域中事物及其互相关系的本来面貌。

　　结构化方法采用了许多符合人类思维习惯的原则与策略，如自顶向下、逐步求精。而面向对象方法则更加强调运用人类日常逻辑思维中的思想方法与原则，例如抽象、分类、继承、聚合、封装等。这使得软件开发者能更有效地思考问题，并以其他人也能理解的方式表达自己的认识。

　　具体地讲，面向对象方法的主要特点如下：

　　（1）从问题域中客观存在的事物出发来构造软件系统，用对象作为这些事物的抽象表示，并以此作为系统的基本构成单位。

　　（2）事物的静态特征（可以用一些数据来表达的特征）用对象的属性表示，事物的动态特征（事物的行为）用对象的方法表示。

　　（3）对象的属性与方法结合成一体，成为一个独立的实体，对外屏蔽其内部细节（称作封装）。

　　（4）对事物进行分类。把具有相同属性和相同方法的对象归为一类，类是这些对象的抽象描述，每个对象是它的类的一个实例。

　　（5）通过在不同程度上运用抽象的原则（较多或较少地忽略事物之间的差异），可以得到较一般的类和较特殊的类。子类继承超类的属性与方法，面向对象方法支持对这种继承关系的描述与实现，从而简化系统的构造过程及其文档。

　　（6）复杂的对象可以用简单的对象作为其构成部分（称作聚合）。

　　（7）对象之间通过消息进行通信，以实现对象之间的动态联系。

　　（8）通过关联表达对象之间的静态关系。

　　综上所述，在用面向对象方法开发的系统中，以类的形式进行描述并通过对类的引用而创建的对象是系统的基本构成单位。这些对象对应着问题域中的各个事物，它们内部的属性与服务刻画了事物的静态特征和动态特征。对象类之间的继承关系、聚合关系、消息和关联如实地表达了问题域中事物之间实际存在的各种关系。因此，无论是系统的构成成分，还是通过这些成分之间的关系而体现的系统结构，都可以直接地映射问题域。

　　面向对象方法代表了一种贴近自然的思维方式，它强调运用人类在日常的逻辑思维中经常采用的思想方法与原则。面向对象方法中的抽象、分类、继承、聚合、封装等思维方法和分析手段能有效地反映客观世界中事物的特点和相互的关系。而面向对象方法中的继承、多态等特点可以提高过程模型的灵活性和可重用性。因此，应用面向对象的方法将降低工作流分析和建模的复杂性，并使工作流模型具有较好的灵活性，可以较好地反映客观事物。

　　在OpenSSL源代码中，将文件及网络操作封装成BIO。BIO几乎封装了除证书处理外的

OpenSSL的所有功能，包括加密库以及SSL/TLS协议。当然，它们都是在OpenSSL其他功能之上封装搭建起来的，但却方便了不少。OpenSSL对各种加密算法进行了封装，这使得可以使用相同的代码但采用不同的加密算法进行数据的加密和解密。

1.6.8 BIO接口

在OpenSSL源代码中，I/O操作主要有网络操作和磁盘操作两种。为了方便调用者实现I/O操作，OpenSSL源代码将所有的与I/O操作有关的函数进行统一封装，即无论是网络操作还是磁盘操作，其接口都是一样的。对于函数调用者来说，能够以统一的接口函数来实现其真正的I/O操作。

为了达到此目的，OpenSSL采用BIO抽象接口。BIO是在底层覆盖了许多类型I/O接口细节的一种应用接口，如果在程序中使用BIO，就可以和SSL连接、非加密的网络连接以及文件I/O进行透明的连接。BIO接口的定义如下：

```
struct bio_st
{
...
BIO_METHOD *method;
...
};
```

在BIO抽象接口中，BIO_METHOD结构体是各种函数的接口定义。如果是文件操作，此结构体如下：

```
static BIO_METHOD methods_filep=
{
BIO_TYPE_FILE,
"FILE pointer",
file_write,
file_read,
file_puts,
file_gets,
file_ctrl,
file_new,
file_free,
NULL,
};
```

以上定义了7个文件操作的接口函数的入口。这7个文件操作函数的具体实体与操作系统提供的API有关。如果BIO_METHOD结构体用于网络操作，其结构体如下：

```
static BIO_METHOD methods_sockp=
{
BIO_TYPE_SOCKET,
"socket",
sock_write,
sock_read,
sock_puts,
sock_ctrl,
sock_new,
```

```
sock_free,
NULL,
};
```

网络类型的BIO在实现的操作上基本与文件类型的BIO在实现的操作相同，只不过前缀名和类型字段的名称不同。其实在像Linux这样的系统中，Socket类型和文件描述符fd类型是通用的。但是，为什么要分开来实现呢？那是因为有些系统（如Windows系统）的Socket和文件描述符是不相同的。因此，为了实现跨平台兼容性，OpenSSL将这两个类型的BIO分开实现。

1.6.9　EVP接口

EVP系列的函数定义包含在evp.h头文件中，这是一系列封装了OpenSSL加密库中所有算法的函数。通过这种统一的封装，只需要在初始化参数时进行很少的改变，就可以使用相同的代码但采用不同的加密算法对数据进行加密和解密。

EVP系列函数主要封装了5种类型的算法，包括公开密钥算法、数字签名算法、对称加密算法、信息摘要算法和信息编码算法。要支持所有这些算法，需要先调用OpenSSL_add_all_algorithms函数。

1. 公开密钥算法

函数名称：EVPSeal*…*，EVPOpen*…*。
功能描述：该系列函数封装了公开密钥算法的加密和解密功能，实现了电子信封的功能。
相关文件：p_seal、p_open.c。

2. 数字签名算法

函数名称：EVP_Sign*…*，EVP_Verify*…*。
功能描述：该系列函数封装了数字签名算法和功能。
相关文件：p_sign.c、p_verify.c。

3. 对称加密算法

函数名称：EVP_Encrypt*…*。
功能描述：该系列函数封装了对称加密算法的功能。
相关文件：evp_enc.c、p_enc.c、p_dec.c、e_*.c。

4. 信息摘要算法

函数名称：EVPDigest*…*。
功能描述：该系列函数封装了多种信息摘要算法。
相关文件：digest.c、m_*.c。

5. 信息编码算法

函数名称：EVPEncode*…*。
功能描述：该系列函数封装了ASCII码与二进制码之间的转换函数和功能。

1.6.10　在Linux下编译安装OpenSSL 1.0.2

前面讲述了不少理论知识，虽然比较枯燥，但可以从宏观层面上对OpenSSL进行了解，这样以后走迷宫的时候不至于迷路。下面我们即将进入实战环节。首先，打开OpenSSL官方网站下载安装文件。这里使用的版本是1.0.2m，不求最新，但求稳定，这是一线开发者的原则。另外需要注意的是，OpenSSL官方已停止对0.9.8和1.0.0两个版本的升级维护。下载得到的是一个压缩文件：openssl-1.0.2m.tar。

Ubuntu在默认情况下没有预先安装OpenSSL，而CentOS系统则预先安装了。为了让读者学习如何卸载现有版本，这里特意选择CentOS进行演示说明。当然，其他系统的编译和安装步骤与Ubuntu和CentOS相比区别不大。这里所用的是CentOS 7.6系统。

1. 卸载当前已有的版本

刚下载下来的安装文件不能马上安装，先要检查当前操作系统是否已经安装了OpenSSL，可以用以下命令进行查看：

```
[root@localhost ~]# rpm -ql openssl
```

或者直接查询OpenSSL版本：

```
[root@localhost ~]# openssl version
openssl 1.0.2k-fips  26 Jan 2017
```

可以看出，在笔者的CentOS 7.6中，已经预先安装了OpenSSL 1.0.2k这个版本。如果要查看更详细的信息，可以执行以下命令：

```
[root@localhost ~]# openssl version -a
openssl 1.0.2k-fips  26 Jan 2017
built on: reproducible build, date unspecified
platform: linux-x86_64
options:  bn(64,64) md2(int) rc4(16x,int) des(idx,cisc,16,int) idea(int)
blowfish(idx)
compiler: gcc -I. -I.. -I../include -fPIC -DOPENSSL_PIC -DZLIB -
DOPENSSL_THREADS -D_REENTRANT -DDSO_DLFCN -DHAVE_DLFCN_H -DKRB5_MIT -m64 -DL_ENDIAN -
Wall -O2 -g -pipe -Wall -Wp,-D_FORTIFY_SOURCE=2 -fexceptions -fstack-protector-
strong --param=ssp-buffer-size=4 -grecord-gcc-switches   -m64 -mtune=generic -Wa,--
noexecstack -DPURIFY -DOPENSSL_IA32_SSE2 -DOPENSSL_BN_ASM_MONT -DOPENSSL_BN_ASM_MONT5
-DOPENSSL_BN_ASM_GF2m -DRC4_ASM -DSHA1_ASM -DSHA256_ASM -DSHA512_ASM -DMD5_ASM -
DAES_ASM -DVPAES_ASM -DBSAES_ASM -DWHIRLPOOL_ASM -DGHASH_ASM -DECP_NISTZ256_ASM
OPENSSLDIR: "/etc/pki/tls"
engines:  rdrand dynamic
```

实际上，执行的是带有-a选项的openssl命令。如果要查看OpenSSL所在的路径，可以执行whereis openssl命令，比如：

```
[root@localhost bin]# whereis openssl
openssl: /usr/bin/ openssl /usr/lib64/openssl /usr/include/openssl
/usr/share/man/man1/openssl.1ssl.gz
```

　　其中，/usr/bin/下的OpenSSL文件是一个可执行程序；/usr/lib64/openssl是一个目录，里面存放的事OpenSSL库文件；/usr/include/openssl也是一个目录，里面存放的是开发所用的头文件。

　　因为我们要用OpenSSL 1.0.2m，所以要先卸载系统自带的旧版本，卸载命令如下：

```
[root@localhost soft]# rpm -e --nodeps openssl
```

　　然后再次查看：

```
[root@localhost soft]# rpm -qa openssl
[root@localhost soft]#
```

　　或者再次查看其版本：

```
[root@localhost 桌面]# openssl version
bash: /usr/bin/openssl: 没有那个文件或目录
```

　　可以看到/usr/bin下的OpenSSL文件没有了，说明卸载成功了。但需要注意的是，并非所有相关目录都被删除了。我们可以再次执行whereis命令查看一下：

```
[root@localhost openssl-1.0.2m]# whereis openssl
openssl: /usr/lib64/openssl /usr/include/openssl
```

　　我们可以进入/usr/include/openssl/目录下查看，发现头文件存在。当我们用ll命令查看时，发现这些文件是2015年生成的：

```
[root@localhost openssl]# cd /usr/include/openssl
[root@localhost openssl]# ll
总用量 1580
-rw-r--r--. 1 root root   5507 6月  29 2015 aes.h
-rw-r--r--. 1 root root  52252 6月  29 2015 asn1.h
-rw-r--r--. 1 root root  19143 6月  29 2015 asn1_mac.h
-rw-r--r--. 1 root root  30092 6月  29 2015 asn1t.h
-rw-r--r--. 1 root root  32987 6月  29 2015 bio.h
...
```

　　注意，我们在安装新版的OpenSSL时，新的安装文件不会自动覆盖这些旧文件。另外，/usr/lib64目录下的共享库文件依旧存在，包括libCrypto.so.1.0.1e：

```
[root@localhost lib64]# cd /usr/lib64/
[root@localhost lib64]# ll libcry*
-rwxr-xr-x. 1 root root   40816 11月 20 2015 libcrypt-2.17.so
lrwxrwxrwx. 1 root root      19 10月 16 2018 libcrypto.so -> libcrypto.so.1.0.1e
lrwxrwxrwx. 1 root root      19 10月 16 2018 libcrypto.so.10 ->
libcrypto.so.1.0.1e
-rwxr-xr-x. 1 root root 2012880 6月  29 2015 libcrypto.so.1.0.1e
lrwxrwxrwx. 1 root root      22 10月 16 2018 libcryptsetup.so.4 ->
libcryptsetup.so.4.7.0
-rwxr-xr-x. 1 root root  166640 11月 21 2015 libcryptsetup.so.4.7.0
lrwxrwxrwx. 1 root root      25 10月 16 2018 libcrypt.so -
> ../../lib64/libcrypt.so.1
lrwxrwxrwx. 1 root root      16 10月 16 2018 libcrypt.so.1 -> libcrypt-2.17.so
```

　　在这里，我们可以直接删除目录/usr/include/openssl、动态库文件/usr/lib64/libCrypto.so.1.0.1e和

符号链接文件/usr/lib64/libCrypto.so。当然，在安装新版本OpenSSL时，这些文件都需要手工替换成新版本OpenSSL对应的内容。为了避免读者遗忘，这里先不删除，等到安装新版本之后再删除也可以。

当然，这里用到1.0.2m版本的例子，其实使用1.0.1e版本也是可以的。主要目的是为了让读者学会如何卸载和重新安装OpenSSL。

2. 不指定安装目录安装 OpenSSL

假设旧版本已经卸载，把下载的压缩文件放到Linux系统中，这里存放的路径是/root/soft。当然，读者可以自定义路径，进入该路径后解压缩文件：

```
[root@localhost ~]# cd /root/soft
[root@localhost soft]# tar zxf openssl-1.0.2m.tar.gz
```

进入解压后的文件夹，开始配置、编译和安装：

```
[root@localhost soft]# cd openssl-1.0.2m/
[root@localhost openssl-1.0.2m]# ./config shared zlib
```

在上述命令中，选项shared表示除了生成静态库外，还要生成共享库。如果只想生成静态库，可以不用这个选项，或者用no-shared选项；选项zlib表示在编译时使用zlib这个压缩库。要了解更多配置选项，可以参考源码目录下的configure文件。

下面开始编译：

```
[root@localhost openssl-1.0.2m]# make
```

稍等片刻，编译结束。在编译完成后，新文件不会自动复制到默认目录下。我们可以使用whereis命令查看一下：

```
[root@localhost openssl-1.0.2m]# whereis openssl
openssl: /usr/lib64/openssl /usr/include/openssl
```

依旧是这两个目录，进入/usr/include/openssl/查看里面的文件有没有被更新：

```
[root@localhost openssl-1.0.2m]# cd /usr/include/openssl/
[root@localhost openssl]# ll
总用量 1580
-rw-r--r--. 1 root root   5507 6月  29 2015 aes.h
-rw-r--r--. 1 root root  52252 6月  29 2015 asn1.h
-rw-r--r--. 1 root root  19143 6月  29 2015 asn1_mac.h
```

可以看出，目录没有被更新。即使我们用make install安装新版本的OpenSSL后，也不会被更新，这一点要注意，在开发时不要去引用这个目录下的旧版本头文件。

```
[root@localhost openssl-1.0.2m]# make install
```

稍等片刻，安装过程就完成了。通过查看make install的过程，我们可以发现它新建了几个目录，如图1-65所示。

从图1-65中可以看出，安装程序创建了目录/usr/local/ssl。这个目录是在没有指定安装目录时，安装程序所采用的默认安装目录。我们可以进入这个目录查看一下：

```
[root@localhost openssl]# cd /usr/local/ssl
[root@localhost ssl]# ls
bin certs include lib man misc openssl.cnf private
```

其中，子目录bin存放OpenSSL程序，该程序可以在命令行下使用OpenSSL的功能；include子目录存放开发所需的头文件；lib子目录存放开发所需的静态库和共享库。对此感兴趣的读者可以进入这个目录看看。值得注意的是，在/usr/include/openssl/目录中的头文件依然是旧版本的，如图1-66所示。

图 1-65

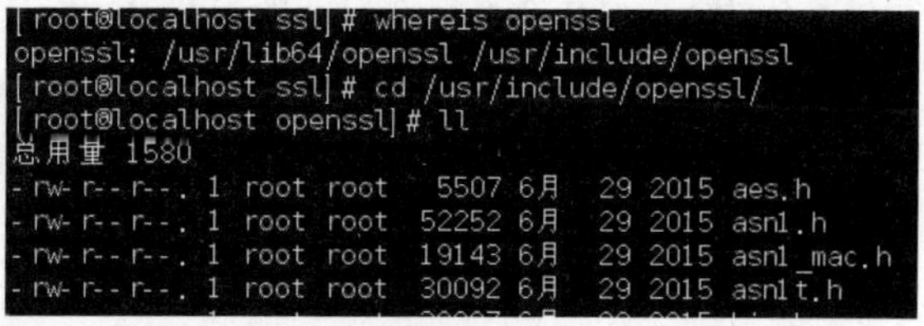

图 1-66

注意，/usr/lib64/中依然有libCrypto.so.1.0.1e：

```
[root@localhost openssl-1.0.2m]# find / -name  libcrypto.so.1.0.1e
/usr/lib64/libcrypto.so.1.0.1e
```

我们开发的时候不要引用这个目录下的旧版本头文件，而应该引用/usr/local/ssl/include目录下的头文件。为了防止以后误用，我们可以直接删除存放旧版本的头文件目录/usr/include/openssl/：

```
[root@localhost include]# rm -Rf /usr/include/openssl/
```

再创建新版本的头文件目录的软链接：

```
ln -s /usr/local/ssl/include/openssl /usr/include/openssl
```

下面再创建可执行文件的软链接，这样就可以在命令行下执行openssl命令了：

```
ln -s /usr/local/ssl/bin/openssl /usr/bin/openssl
```

这样执行/usr/bin目录下的OpenSSL实际上就是执行/usr/local/ssl/bin目录下的OpenSSL程序，引用/usr/include/openssl目录下的头文件就是引用/usr/local/ssl/include/openssl目录下的头文件。不放心的话，我们可以到/usr/include/openssl目录下查看：

```
[root@localhost openssl]# ll
总用量 1856
-rw-r--r--. 1 root root  6146 1月  1 20:41 aes.h
-rw-r--r--. 1 root root 63142 1月  1 20:41 asn1.h
-rw-r--r--. 1 root root 24435 1月  1 20:41 asn1_mac.h
-rw-r--r--. 1 root root 34475 1月  1 20:41 asn1t.h
-rw-r--r--. 1 root root 38742 1月  1 20:41 bio.h
...
```

可以看到，文件的日期已经不是2015年的了，而当天正是2023年1月1日。最后，我们需要把动态库路径添加到动态库配置文件中并进行更新：

```
echo "/usr/local/ssl/lib" >> /etc/ld.so.conf
ldconfig -v
```

至此，升级和安装工作就完成了。我们可以看一下新安装的OpenSSL的版本号：

```
[root@localhost bin]# openssl version
openssl 1.0.2m  2 Nov 2017
```

版本升级成功了。如果要以命令方式使用OpenSSL，可以在终端下输入OpenSSL，然后就会出现OpenSSL提示，如图1-67所示。

图 1-67

具体的OpenSSL命令会在后面的章节讲述，这里暂且不详细说明。

值得注意的是，/usr/local/ssl/bin/目录下的OpenSSL程序依赖于共享库libCrypto.so.1.0.0，可以把/usr/local/ssl/lib目录重新命名，再运行OpenSSL进行测试，会发现出错了：

```
[root@localhost libbk]# openssl
openssl: error while loading shared libraries: libssl.so.1.0.0: cannot open
shared object file: No such file or directory
```

这说明OpenSSL程序和/usr/lib64/libCrypto.so.1.0.1e没什么关系。但我们仍然需要删除/usr/lib64/libCrypto.so.1.0.1e，因为在编译自己编写的C/C++程序时，需要用到/usr/lib64目录下的libCrypto.so共享库，在/usr/lib64/目录下有一个libCrypto.so是软链接，它实际上指向的是/usr/lib64/libCrypto.so.1.0.1e这个共享库，这样在编译我们的程序时，使用的是旧版的共享库/usr/lib64/libCrypto.so.1.0.1e，而不是新版的OpenSSL的共享库。

为了让自己的C/C++程序能链接到新版OpenSSL的共享库libCrypto.so.1.0.0，我们需要重新创建一个软链接。首先需要删除旧的共享库/usr/lib64/libCrypto.so.1.0.1e：

```
rm -f /usr/lib64/libcrypto.so.1.0.1e
```

接下来，我们编写一个C++程序。

【例1.4】 第一个OpenSSL的C++程序

（1）在Windows下打开VS Code或其他编辑软件，输入如下代码：

```
#include <iostream>
using namespace std;
#include "openssl/evp.h"  //包含相关OpenSSL头文件，实际位于/usr/local/ssl/include
/openssl/evp.h
int main(int argc, char *argv[])
{
    char sz[] = "Hello, OpenSSL!";
    cout << sz << endl;
    OpenSSL_add_all_algorithms();  //载入所有SSL算法，这个函数是OpenSSL库中的函数
    return 0;
}
```

这段代码很简单，只调用了一个OpenSSL库函数OpenSSL_add_all_algorithms，该函数的作用是载入所有SSL算法，我们只是测试一下看看能否调用成功。

evp.h的路径是/usr/local/ssl/include/OpenSSL/evp.h，它包含常用密码算法的声明。

（2）保存为test.cpp，上传到Linux，在命令行下编译运行：

```
g++ test.cpp -o test  -lcrypto
```

会发现报错了：

```
[root@localhost ex]# g++ test.cpp -o test -lcrypto
/usr/bin/ld: cannot find -lcrypto
collect2: 错误: ld 返回 1
```

这说明即使我们删除了旧版共享库，软链接依然存在，还是无法编译成功。下面我们需要把/usr/lib64/目录下的软链接libCrypto.so指向新版OpenSSL的共享库/usr/local/ssl/lib/libCrypto.so.1.0.0。因为原来已经有软链接，所以需要先删除，然后再创建：

```
[root@localhost lib64]# ln -s /usr/local/ssl/lib/libcrypto.so.1.0.0 /usr/lib64/libcrypto.so
ln: 无法创建符号链接"/usr/lib64/libcrypto.so"：文件已存在
[root@localhost lib64]# rm /usr/lib64/libcrypto.so
rm: 是否删除符号链接 "/usr/lib64/libcrypto.so"？y
[root@localhost lib64]# ln -s /usr/local/ssl/lib/libcrypto.so.1.0.0 /usr/lib64/libcrypto.so
```

此时再编译我们的程序，会发现可以编译了，但运行时会报错：

```
[root@localhost ex]# g++ test.cpp -o test -lcrypto
[root@localhost ex]# ./test
./test: error while loading shared libraries: libcrypto.so.1.0.0: cannot open shared object file: No such file or directory
```

我们需要把libCrypto.so.1.0.0复制一份到/usr/lib64/目录：

```
[root@localhost ex]# cp /usr/local/ssl/lib/libcrypto.so.1.0.0 /usr/lib64
```

此时如果运行test，会发现可以正常运行了：

```
[root@localhost ex]# ./test
Hello, openssl!
```

有人可能会问，既然在/usr/lib64目录下已经有了libCrypto.so.1.0.0，那么可以让符号链接libCrypto.so指向同目录下的libCrypto.so.1.0.0吗？完全可以，而且做法和旧版本的情况是一样的，旧版本的libCrypto.so也指向同一目录下的libCrypto.so.1.0.1e。下面需要先删除符号链接，然后再新建一个：

```
[root@localhost ex]# cd /usr/lib64
[root@localhost lib64]# rm -f libcrypto.so
[root@localhost lib64]# ln -s libcrypto.so.1.0.0 libcrypto.so
```

此时编译test.cpp，然后运行：

```
[root@localhost ex]# g++ test.cpp -o test -lcrypto
[root@localhost ex]# ./test
Hello, openssl!
```

一气呵成！此时链接的动态库是新的OpenSSL的动态库，可以用ldd命令查看一下：

```
[root@localhost ex]# ldd test
    linux-vdso.so.1 =>  (0x00007ffdaa7b8000)
    libcrypto.so.1.0.0 => /lib64/libcrypto.so.1.0.0 (0x00007f3862796000)
```

```
libstdc++.so.6 => /lib64/libstdc++.so.6 (0x00007f386248e000)
libm.so.6 => /lib64/libm.so.6 (0x00007f386218b000)
libgcc_s.so.1 => /lib64/libgcc_s.so.1 (0x00007f3861f75000)
libc.so.6 => /lib64/libc.so.6 (0x00007f3861bb4000)
libdl.so.2 => /lib64/libdl.so.2 (0x00007f38619af000)
libz.so.1 => /lib64/libz.so.1 (0x00007f3861799000)
/lib64/ld-linux-x86-64.so.2 (0x00007f3862c0d000)
```

可以看到粗体部分就是新的共享库。

是不是感觉有点麻烦？升级就是这样的，不彻底把旧版本的文件删除，以后使用时可能用的还是旧版的共享库。

顺便讲一下，不想复制共享库也可以，只要在/usr/lib64/目录下创建一个符号链接，并让该符号链接指向/usr/local/ssl/lib/libCrypto.so.1.0.0即可，命令如下：

```
ln -s /usr/local/ssl/lib/libcrypto.so.1.0.0 /usr/lib64/
```

这样也可以运行test。总之，/usr/lib64目录下要有libCrypto.so和libCrypto.so.1.0.0两个文件，无论是符号链接还是真正的共享库都可以。其中，ln是Linux中又一个非常重要的命令，它的功能是为某个文件在另一个位置建立一个同步的链接。当我们需要在不同的目录使用相同的文件时，不需要在每一个需要的目录下都放置一个相同的文件，只需要在某个固定的目录中放置该文件，然后在其他的目录中使用ln命令链接即可，无需重复占用磁盘空间。

浪费这么多笔墨讲这些，就是为了让读者知道运行以下例子背后的故事，以防编译运行的还是旧版的共享库。下面详细说明我们自己的OpenSSL程序建立的过程。

现在运行成功了。需要再次强调的是，我们链接了OpenSSL的动态库Crypto，该库文件位于/usr/lib64/libCrypto.so，它实际上是一个符号链接，我们前面让它指向了/usr/local/ssl/lib下的共享库/usr/local/ssl/lib/libCrypto.so.1.0.0。

有读者或许会问，evp.h的路径是/usr/local/ssl/include/openssl/evp.h，为什么在编译时不用-I指定头文件的路径呢？答案是，在使用双引号包含头文件时，如果当前工作目录中没有找到所需的头文件，编译器会到-I参数所指定的路径下查找，如果编译时没有指定-I参数，就会到/usr/local/include下查找，如果/usr/local/include下也没有，就再到/usr/include下去查找，再找不到就会报错。而/usr/include下是有OpenSSL的，因为前面我们创建了软链接。软链接指向的实际目录是/usr/local/ssl/include/ openssl/，因此我们使用的evp.h就是/usr/local/ssl/include/openssl/evp.h。

3. 指定安装目录安装 OpenSSL

接下来讲解安装步骤。

（1）卸载旧版的OpenSSL。

这一步在前面的章节中已经讲过，这里不再赘述。

（2）解压和编译。

把下载下来的压缩文件放到Linux中，这里存放的路径是/root/soft，读者也可以自定义路径，然后进入这个路径并解压缩文件：

```
[root@localhost ~]# cd /root/soft
[root@localhost soft]# tar zxf openssl-1.0.2m.tar.gz
```

进入解压后的文件夹，开始配置、编译和安装：

```
[root@localhost soft]# cd openssl-1.0.2m/
[root@localhost openssl-1.0.2m]#./config --prefix=/usr/local/openssl shared
```

其中--prefix表示将软件包安装到指定的目录中，这里指定的目录是/usr/local/openssl，这个目录不需要手动预先创建，安装（make install）的过程会自动创建该目录；选项shared表示除了生成静态库外，还要生成共享库，如果只想生成静态库，可以不使用这个选项，或者使用no-shared选项。

下面开始编译：

```
[root@localhost openssl-1.0.2m]# make
```

此时，如果到/usr/local下查看，可能会发现并没有OpenSSL文件夹，这说明还没有创建，而且/usr/include/openssl下的头文件依旧是旧版本OpenSSL遗留下来的，可能是因为新版本的头文件没有正确安装。可以尝试手动将新版本的头文件复制到该目录中，或者在编译时指定新版本的头文件路径。

（3）安装OpenSSL。

```
[root@localhost openssl-1.0.2m]# make install
```

细心的读者可以查看一下安装过程，如图1-68所示。

```
make[1]: 对 "all"无需做任何事。
make[1]: 离开目录 `/root/soft/openssl-1.0.2m/tools'
created directory `/usr/local/openssl'
created directory `/usr/local/openssl/ssl'
created directory `/usr/local/openssl/ssl/man'
created directory `/usr/local/openssl/ssl/man/man1'
created directory `/usr/local/openssl/ssl/man/man3'
created directory `/usr/local/openssl/ssl/man/man5'
created directory `/usr/local/openssl/ssl/man/man7'
installing man1/asn1parse.1
openssl-asn1parse.1 => asn1parse.1
installing man1/CA.pl.1
installing man1/ca.1
```

图 1-68

created directory表示目录创建完成，即/usr/local/openssl创建好了。

稍等片刻，安装完成。此时如果到/usr/local下查看，会发现有OpenSSL文件夹了，而且在该目录下可以看到其子文件夹，如图1-69所示。

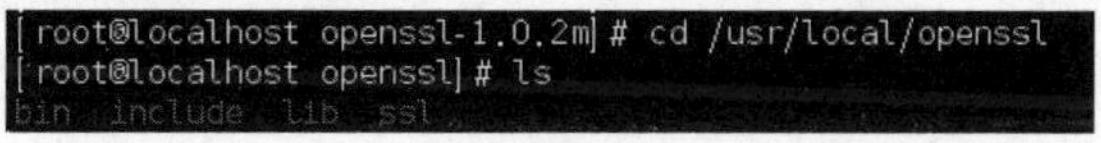

```
[root@localhost openssl-1.0.2m]# cd /usr/local/openssl
[root@localhost openssl]# ls
bin include lib ssl
```

图 1-69

其中，bin目录下存放的是OpenSSL命令程序，include目录下存放的是开发所需的头文件，lib目录下存放的是静态库文件，ssl目录下存放的是配置文件等。

（4）更新头文件包含的目录和命令程序。

删除旧版本的头文件包含的目录/usr/include/openssl/：

```
[root@localhost include]# rm -Rf /usr/include/openssl/openssl
```

再创建新版本的头文件包含的目录的软链接：

```
ln -s /usr/local/openssl/include/openssl /usr/include/openssl
```

下面再创建可执行文件的软链接，这样就可以在命令行下执行openssl命令了：

```
ln -s /usr/local/openssl/bin/openssl /usr/bin/openssl
```

这样执行/usr/bin下的openssl命令实际上就是执行/usr/local/openssl/bin下的OpenSSL程序，引用/usr/include/openssl下的头文件就是引用/usr/local/openssl/include/openssl下的头文件。此时我们可以在任意目录下运行openssl命令。要查看现在OpenSSL的版本号，可执行以下的命令：

```
[root@localhost bin]# openssl version
openssl 1.0.2m  2 Nov 2017
```

如果要在命令行方式使用OpenSSL，可以在终端中输入OpenSSL命令，然后就会出现OpenSSL命令提示符，如图1-70所示。

图 1-70

（5）更新共享库。

删除旧版本的共享库/usr/lib64/libCrypto.so.1.0.1e：

```
rm -f /usr/lib64/libcrypto.so.1.0.1e
```

我们需要把libCrypto.so.1.0.0复制一份到/usr/lib64/，可以执行下面的命令：

```
[root@localhost ex]# cp /usr/local/openssl/lib/libcrypto.so.1.0.0 /usr/lib64
```

（6）更新符号链接。

删除旧的符号链接才能创建新的符号链接：

```
[root@localhost lib64]# rm -f /usr/lib64/libcrypto.so
[root@localhost lib64]# ln -s /usr/local/openssl/lib/libcrypto.so.1.0.0
/usr/lib64/libcrypto.so
```

（7）验证。

对上例的test.cpp进行编译，然后运行：

```
[root@localhost ex]# g++ test.cpp -o test  -lcrypto
[root@localhost ex]# ./test
Hello, openssl!
```

一气呵成！而且此时链接的动态库是新版本的OpenSSL的动态库，可以用ldd命令查看一下：

```
[root@localhost ex]# ldd test
    linux-vdso.so.1 =>  (0x00007ffdaa7b8000)
    libcrypto.so.1.0.0 => /lib64/libcrypto.so.1.0.0 (0x00007f3862796000)
    libstdc++.so.6 => /lib64/libstdc++.so.6 (0x00007f386248e000)
    libm.so.6 => /lib64/libm.so.6 (0x00007f386218b000)
    libgcc_s.so.1 => /lib64/libgcc_s.so.1 (0x00007f3861f75000)
    libc.so.6 => /lib64/libc.so.6 (0x00007f3861bb4000)
    libdl.so.2 => /lib64/libdl.so.2 (0x00007f38619af000)
    libz.so.1 => /lib64/libz.so.1 (0x00007f3861799000)
    /lib64/ld-linux-x86-64.so.2 (0x00007f3862c0d000)
```

可以看到粗体部分就是新版本的共享库。

1.6.11　使用OpenSSL命令并查看版本号

在命令行下输入openssl后按回车键，将出现OpenSSL提示符，然后可以在该提示符下输入OpenSSL自带的命令，比如：

```
# openssl
OpenSSL> version
OpenSSL 1.0.2m  2 Nov 2017
```

当然，也可以把这两步合为一步。把OpenSSL和自带的命令放一起，比如：

```
# OpenSSL version
OpenSSL 1.0.2m  2 Nov 2017
```

其中，version用来查看OpenSSL的版本号。通过使用该命令，我们可以确认新版本的OpenSSL安装成功了。

1.7　国产密码函数库 GmSSL

GmSSL是一个基于OpenSSL并支持国产密码算法的开源库。随着我国科技的发展，现在我们自己也拥有了包含多个国内标准算法的密码开发库，即GmSSL。作为后起之秀，GmSSL丝毫不逊于国际密码算法库，而且更加适合开发国产密码应用系统，因为它对于国密算法支持得更完善。如果以后要在国内开发密码应用系统，建议一定要学学GmSSL。现在国内很多密码应用系统都在进行国产密码算法的改造，也就是把原来的国际加密算法替换为国产加密算法，比如VPN、密码机等都要支持和优先使用国产加密算法。因此，学习国产密码函数库是必须的。

GmSSL是一个开源的密码工具箱，支持SM2/SM3/SM4/SM9/ZUC等国密算法、SM2国密数字证书及基于SM2证书的SSL/TLS安全通信协议，支持国密硬件密码设备，提供符合国密规范的编程接口与命令行工具，可以用于构建PKI/CA、安全通信、数据加密等符合国密标准的安全应用。GmSSL项目是OpenSSL项目的分支，并与OpenSSL保持接口兼容。因此，GmSSL可以替代应用中的OpenSSL组件，并使应用自动具备基于国密的安全能力。GmSSL项目采用对商业应用友好的类BSD开源许可证，开源且可以用于闭源的商业应用。

GmSSL项目由北京大学关志副研究员的密码学研究组开发维护，项目源码托管于GitHub。自2014年发布以来，GmSSL已经在多个项目和产品中获得部署与应用，并获得了2015年度"一铭杯"中国Linux软件大赛二等奖（年度最高奖项）与开源中国密码类推荐项目。GmSSL项目的核心目标是通过开源的密码技术推动国内网络空间的安全建设。

1.7.1　GmSSL的特点

作为我国自主研发的密码算法库，GmSSL在功能和性能上具有自己的特点，主要包括：

（1）支持SM2/SM3/SM4/SM9/ZUC等全部已公开的国密算法。

（2）支持国密SM2双证书SSL套件和国密SM9标识密码套件。

（3）高效实现，在主流处理器上可完成4.5万次SM2签名。

（4）支持动态接入具备SKF/SDF接口的硬件密码模块（SKF是USBKEY/TF卡的应用接口规范，SDF是密码设备的应用接口规范）。

（5）支持门限签名、秘密共享和白盒密码等高级安全特性。

（6）支持Java、Go、PHP等多语言接口绑定和REST服务接口。

1.7.2　GmSSL的一些历史

2017年1月18日，第一次发布。

2017年2月12日，支持完整的密码库Java语言封装GmSSL-Java-Wrapper。

2017年3月2日，GmSSL项目注册了OID {iso(1) identified-organization(3) dod(6) internet(1) private(4) enterprise(1) GmSSL(49549)}。

2017年4月30日，增加了GmSSL Go语言API。

2017年5月15日，发布GmSSL-1.3.0二进制包下载（5.4 MB）。

2017年11月11日，中国可信云计算社区暨中国开源云联盟安全论坛在北京大学举办。

2018年3月13日，增加了GmSSL PHP语言API。

2018年3月21日，IESG工作组批准TLS 1.3协议作为建议标准。

2018年5月27日，GmSSL增加了SM4算法的Bitslice实现。

2018年6月27日，密码行业标准化技术委员会公布了所有密码行业标准文本。

2018年10月13日，GmSSL-2.4.0发布，支持国密256位Barreto-Naehrig曲线参数（sm9bn256v1）上的SM9算法。

2018年12月18日，GmSSL已部署Travis和AppVeyor 持续集成工具，用以测试Linux和Windows环境下的编译和安装。

1.7.3　什么是国密算法

GmSSL最大的特点是对国密算法的强大支持，可以说它是为国密算法而生的。什么是国密算法呢？国密算法是国家商用密码算法的简称。自2012年以来，国家密码管理局以《中华人民共和国密码行业标准》的方式，陆续公布了SM2/SM3/SM4等密码算法标准及其应用规范。其中，SM代表"商密"，即商用的、不涉及国家秘密的密码技术。其中，SM2为基于椭圆曲线密码的公钥密码算法标准，包含数字签名、密钥交换和公钥加密，用于替换RSA/Diffie-Hellman/ECDSA/ECDH等国际算法；SM3为密码哈希算法，用于替代MD5/SHA-1/SHA-256等国际算法；SM4为分组密码，用于替代DES/AES等国际算法；SM9为基于身份的密码算法，可以替代基于数字证书的PKI/CA体系。通过部署国密算法，可以降低由弱密码和错误实现带来的安全风险，并减少部署PKI/CA带来的开销。

由于密码在国民经济中的敏感性，因此涉密的系统采用国密算法是大势所趋。学习和使用国密算法也是每个密码行业开发者的基本功。

1.7.4　GmSSL的下载

我们可以到GitHub网站下载GmSSL的源码。打开网页后，单击GmSSL-v2，如图1-71所示。

单击右方的Clone or download按钮，然后单击Download ZIP按钮，就可以下载了，如图1-72所示。

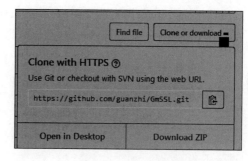

图 1-71　　　　　　　　　　　　　　　　　图 1-72

下载下来的是一个ZIP文件，文件名是GmSSL-GmSSL-v2.zip。如果不想下载，也可以直接到somesofts目录下找到GmSSL-GmSSL-v2.zip，笔者不喜欢带有版本号的文件名，所以把它重命名为GmSSL-master.zip。

1.7.5　在Linux下编译安装GmSSL

这里使用的是CentOS 7操作系统（也可以使用其他版本的Linux，比如Ubuntu）。以root账户登录Linux，把GmSSL源码压缩包GmSSL-master.zip放到Linux系统中，然后解压缩：

```
unzip GmSSL-master.zip
```

接着进入GmSSL-master文件夹，开始配置：

```
[root@localhost soft]# cd GmSSL-master/
[root@localhost GmSSL-master]# ./config --prefix=/usr/local/mygmssl
```

其中，--prefix参数用于指定安装目录。如果不使用—prefix参数，则采用默认路径，即命令程序会安装到/usr/local/bin目录下，头文件会安装到/usr/local/include目录下，库文件会安装到/usr/local/lib目录下。为了安装后目录简洁，我们可以使用—prefix参数，将可执行程序、头文件和库文件分别安装到mygmssl目录下的bin、include和lib子目录中。mygmssl目录会自动创建，不需要预先手动创建。

配置完毕后，开始漫长的编译过程：

```
[root@localhost GmSSL-master]# make
```

这个过程时间有点长，读者可以去泡壶茶。编译完毕后，开始安装：

```
[root@localhost GmSSL-master]# make install
```

这个过程时间也稍长，可以喝会儿茶等待一下。安装完毕后，进入/usr/local/mygmssl目录，可以使用ls命令查看目录内容，可以发现所有文件和目录都已经安装完毕：

```
[root@localhost local]# cd mygmssl/
[root@localhost mygmssl]# ls
bin  include  lib  share  ssl
[root@localhost mygmssl]#
```

其中，bin目录存放命令工具程序，include目录存放头文件，lib目录存放库文件，这些都是开发所需的。而/usr/local/bin、/usr/local/include和/usr/local/lib目录依旧是为空的：

```
[root@localhost /]# cd /usr/local/lib
[root@localhost lib]# ls
[root@localhost lib]# cd ../include
[root@localhost include]# ls
[root@localhost include]# cd ../bin
[root@localhost bin]# ls
[root@localhost bin]#
```

如果我们不指定安装目录，采用默认的安装目录，那么这3个目录下都不会是空的，读者不妨自己试一下。

1. 验证命令行工具

安装完毕后，可以先验证一下是否能正常工作。由于我们指定了安装目录，因此运行命令程序GmSSL的时候，需要到/usr/local/mygmssl/bin目录下去执行，这样会稍有不便。如果采用默认安装，则GmSSL命令会存放到/usr/locl/bin目录下，这样就可以在任意目录运行GmSSL命令了。现在怎么办呢？创建一个链接就可以了：

```
[root@localhost bin]# ln -s /usr/local/mygmssl/bin/gmssl /usr/local/bin/gmssl
```

这样，/usr/local/bin/目录下有个软链接gmssl指向/usr/local/mygmssl/bin下的程序gmssl。此后就可以在任意目录下执行gmssl了，一顿操作猛如虎，但失败了：

```
[root@localhost ~]# gmssl
gmssl: error while loading shared libraries: libssl.so.1.1: cannot open shared
object file: No such file or directory
```

GmSSL运行需要动态库libssl.so.1.1，但没找到它。通过搜索发现，该库位于/usr/local/mygmssl/lib/下：

```
[root@localhost GmSSL-master]# find / -name libssl.so.1.1
/usr/local/mygmssl/lib/libssl.so.1.1
```

再查看一下其大小：

```
[root@localhost GmSSL-master]# du /usr/local/mygmssl/lib/libssl.so.1.1
548    /usr/local/mygmssl/lib/libssl.so.1.1
```

有548字节，确实是一个文件，而不是链接。du是查看该文件大小的命令。

如何让GmSSL找到libssl.so.1.1呢？我们知道，在CentOS 7下，可执行程序会自动到系统路径（比如/usr/lib64/下）去搜索所需的库。我们把libssl.so.1.1放到/usr/lib64下不就可以了？其实不需要实际把库文件复制过去，只需要创建一个软链接，即在/usr/lib64/下新建一个软链接，使其指向/usr/local/mygmssl/lib/libssl.so.1.1即可，这样可以节省磁盘空间。在命令行下输入：

```
[root@localhost GmSSL-master]# ln -s /usr/local/mygmssl/lib/libssl.so.1.1
/usr/lib64/libssl.so.1.1
```

再次运行GmSSL：

```
[root@localhost GmSSL-master]# gmssl
gmssl: error while loading shared libraries: libcrypto.so.1.1: cannot open
shared object file: No such file or directory
```

可以发现错误提示变了，找不到另一个共享库libCrypto.so.1.1，这说明找到libssl.so.1.1了。我们继续搜索libCrypto.so.1.1，凭经验，应该也在/usr/local/mygmssl/lib/下。果然：

```
[root@localhost GmSSL-master]# cd /usr/local/mygmssl/lib/
[root@localhost lib]# ls
engines-1.1 libcrypto.a libcrypto.so libcrypto.so.1.1 libssl.a libssl.so
libssl.so.1.1 pkgconfig
```

找到就好办了，继续在/usr/lib64/下创建软链接指向/usr/local/mygmssl/lib/libCrypto.so.1.1：

```
[root@localhost lib]# ln -s /usr/local/mygmssl/lib/libcrypto.so.1.1
/usr/lib64/libcrypto.so.1.1
```

再次运行GmSSL，发现出现提示符了，说明终于成功了：

```
[root@localhost lib]# gmssl
GmSSL>
```

我们可以输入version和help命令来测试一下：

```
GmSSL> version
GmSSL 2.5.4 - openssl 1.1.0d  3 Sep 2019
GmSSL> help

Standard commands
asn1parse         ca               ciphers            cms
crl               crl2pkcs7        dgst               dhparam
dsa               dsaparam          ec                ecparam
...
```

发现都成功了。下面准备运算abc的SM3哈希值，在/root下用vi新建一个文件my.txt，输入abc三个字符，然后保存。再回到GmSSL>下，输入一个sm3运算命令：

```
GmSSL> sm3 /root/my.txt
SM3(/root/my.txt)=
12d4e804e1fcfdc181ed383aa07ba76cc69d8aedcbb7742d6e28ff4fb7776c34
```

经过测试，可以发现正确输出SM3哈希值了。但是，细心的读者可能会发现，为什么同样是内容为abc的文本文件，在Linux和Windows下计算出的SM3哈希值不同呢？这是因为Linux所有的文件都会自动加上一个文件结束符0a，即LF，这样会导致my.txt的实际内容（十六进制）是6162630a，我们可以用xxd命令查看一下：

```
[root@localhost ~]# xxd my.txt
0000000: 6162 630a                                  abc.
```

xxd命令以十六进制显示文件内容。因此，这里的sm3其实是对4个字符进行SM3运算，而Windows下的sm3是对3个字符进行运算，结果自然不同了。

此外，也可以不在GmSSL提示符下测试sm3，而在普通Linux命令行下直接测试sm3：

```
[root@localhost test]# echo -n "abc" | gmssl sm3
(stdin)= 66c7f0f462eeedd9d1f2d46bdc10e4e24167c4875cf2f7a2297da02b8f4ba8e0
```

至此，sm3命令测试成功。下面进入代码程序测试验证阶段。

2. 程序验证 GmSSL

GmSSL提供了EVP（Envelop的简称）系列API供开发者使用。EVP API是GmSSL密码服务接口，它屏蔽了具体算法的细节，为上层应用提供统一、抽象的接口。该接口的头文件为openssl/evp.h，所对应的函数库为libCrypto。

【例1.5】 在CentOS 7下使用代码验证GmSSL

（1）在Windows下打开UE（或其他编辑器），然后输入如下代码：

```
#include <openssl/conf.h>
#include <openssl/evp.h>
#include <openssl/err.h>

int main(int arc, char *argv[])
{
    /* Load the human readable error strings for libcrypto */
    ERR_load_crypto_strings();

    /* Load all digest and cipher algorithms */
    openssl_add_all_algorithms();

    /* Load config file, and other important initialisation */
    OPENSSL_config(NULL);

    /* ... Do some crypto stuff here ... */
    printf("Under Linux,call GmSSL lib ok\n");
    /* Clean up */

    /* Removes all digests and ciphers */
    EVP_cleanup();

    /* if you omit the next, a small leak may be left when you make use of the
BIO (low level API) for e.g. base64 transformations */
    CRYPTO_cleanup_all_ex_data();

    /* Remove error strings */
```

```
        ERR_free_strings();

        return 0;
}
```

（2）保存代码为test.cpp，上传到CentOS 7下，在命令行下编译并运行：

```
[root@localhost test]# g++ test.cpp -o test -I/usr/local/mygmssl/include -
L/usr/local/mygmssl/lib -lcrypto
[root@localhost test]# ./test
Under Linux,call GmSSL lib ok
```

至此，在Linux下使用代码验证GmSSL成功。

1.7.6　默认编译安装GmSSL

考虑到不少朋友或许更喜欢在默认路径下安装GmSSL，下面我们来试着使用默认配置编译和安装。这里使用的是CentOS 7（也可以使用其他版本的Linux）。以root账户登录Linux系统，把下载好的GmSSL压缩包GmSSL-master.zip放到Linux系统中，然后解压：

```
unzip GmSSL-master.zip
```

接着进入GmSSL-master文件夹，开始配置：

```
[root@localhost soft]# cd GmSSL-master/
[root@localhost GmSSL-master]# ./config
Operating system: x86_64-whatever-linux2
Configuring for linux-x86_64
Configuring GmSSL version 2.5.4 (0x1010004fL)
  no-asan          [default]  OPENSSL_NO_ASAN
  no-crypto-mdebug [default]  OPENSSL_NO_CRYPTO_MDEBUG
  no-crypto-mdebug-backtrace [default]  OPENSSL_NO_CRYPTO_MDEBUG_BACKTRACE
  no-ec_nistp_64_gcc_128 [default]  OPENSSL_NO_EC_NISTP_64_GCC_128
  no-egd           [default]  OPENSSL_NO_EGD
  no-fuzz-afl      [default]  OPENSSL_NO_FUZZ_AFL
  no-fuzz-libfuzzer [default]  OPENSSL_NO_FUZZ_LIBFUZZER
  no-gmieng        [default]  OPENSSL_NO_GMIENG
  no-heartbeats    [default]  OPENSSL_NO_HEARTBEATS
  no-md2           [default]  OPENSSL_NO_MD2 (skip dir)
  no-msan          [default]  OPENSSL_NO_MSAN
  no-rc5           [default]  OPENSSL_NO_RC5 (skip dir)
  no-sctp          [default]  OPENSSL_NO_SCTP
  no-sdfeng        [default]  OPENSSL_NO_SDFENG
  no-skfeng        [default]  OPENSSL_NO_SKFENG
  no-ssl-trace     [default]  OPENSSL_NO_SSL_TRACE
  no-ssl3          [default]  OPENSSL_NO_SSL3
  no-ssl3-method   [default]  OPENSSL_NO_SSL3_METHOD
  no-ubsan         [default]  OPENSSL_NO_UBSAN
  no-unit-test     [default]  OPENSSL_NO_UNIT_TEST
  no-weak-ssl-ciphers [default]  OPENSSL_NO_WEAK_SSL_CIPHERS
  no-zlib          [default]
  no-zlib-dynamic [default]
```

```
Configuring for linux-x86_64
CC            =gcc
CFLAG         =-Wall -O3 -pthread -m64 -DL_ENDIAN  -Wa,--noexecstack
SHARED_CFLAG  =-fPIC -DOPENSSL_USE_NODELETE
DEFINES       =DSO_DLFCN HAVE_DLFCN_H NDEBUG OPENSSL_THREADS
OPENSSL_NO_STATIC_ENGINE OPENSSL_PIC OPENSSL_IA32_SSE2 OPENSSL_BN_ASM_MONT
OPENSSL_BN_ASM_MONT5 OPENSSL_BN_ASM_GF2m SHA1_ASM SHA256_ASM SHA512_ASM RC4_ASM
MD5_ASM AES_ASM VPAES_ASM BSAES_ASM GHASH_ASM ECP_NISTZ256_ASM PADLOCK_ASM GMI_ASM
POLY1305_ASM
    LFLAG         =
    PLIB_LFLAG    =
    EX_LIBS       =-ldl
    APPS_OBJ      =
    CPUID_OBJ     =x86_64cpuid.o
    UPLINK_OBJ    =
    BN_ASM        =asm/x86_64-gcc.o x86_64-mont.o x86_64-mont5.o x86_64-gf2m.o
rsaz_exp.o rsaz-x86_64.o rsaz-avx2.o
    EC_ASM        =ecp_nistz256.o ecp_nistz256-x86_64.o ecp_sm2z256.o ecp_sm2z256-
x86_64.o
    DES_ENC       =des_enc.o fcrypt_b.o
    AES_ENC       =aes-x86_64.o vpaes-x86_64.o bsaes-x86_64.o aesni-x86_64.o aesni-
sha1-x86_64.o aesni-sha256-x86_64.o aesni-mb-x86_64.o
    BF_ENC        =bf_enc.o
    CAST_ENC      =c_enc.o
    RC4_ENC       =rc4-x86_64.o rc4-md5-x86_64.o
    RC5_ENC       =rc5_enc.o
    MD5_OBJ_ASM   =md5-x86_64.o
    SHA1_OBJ_ASM  =sha1-x86_64.o sha256-x86_64.o sha512-x86_64.o sha1-mb-x86_64.o
sha256-mb-x86_64.o
    RMD160_OBJ_ASM=
    CMLL_ENC      =cmll-x86_64.o cmll_misc.o
    MODES_OBJ     =ghash-x86_64.o aesni-gcm-x86_64.o
    PADLOCK_OBJ   =e_padlock-x86_64.o
    GMI_OBJ       =e_gmi-x86_64.o
    CHACHA_ENC    =chacha-x86_64.o
    POLY1305_OBJ  =poly1305-x86_64.o
    BLAKE2_OBJ    =
    PROCESSOR     =
    RANLIB        =ranlib
    ARFLAGS       =
    PERL          =/usr/bin/perl

SIXTY_FOUR_BIT_LONG mode
```

配置完毕后，开始漫长的编译过程：

```
[root@localhost GmSSL-master]# make
```

这个过程时间有点长，读者可以去泡壶茶。编译完毕后，开始安装：

```
[root@localhost GmSSL-master]# make install
```

这个过程时间也稍长，可以喝会儿茶等待一下。安装完毕后，进入/usr/local/include目录，使用ls命令查看，可以发现多了OpenSSL目录，在/usr/local/lib64/目录下也多了静态库（libCrypto.a和libssl.a）和共享库（libCrypto.soh和libssl.so），如图1-73所示。

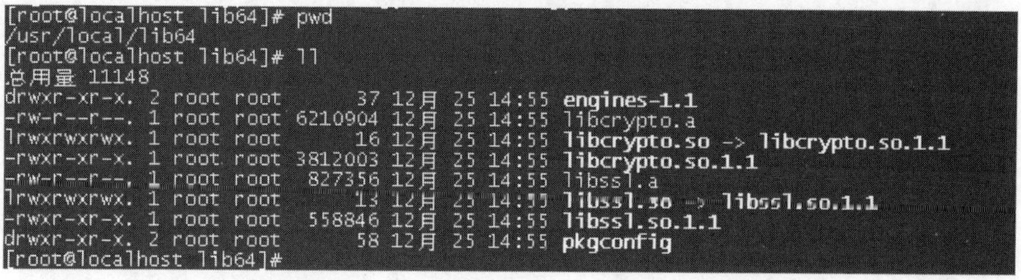

```
[root@localhost lib64]# pwd
/usr/local/lib64
[root@localhost lib64]# ll
总用量 11148
drwxr-xr-x. 2 root root        37 12月 25 14:55 engines-1.1
-rw-r--r--. 1 root root   6210904 12月 25 14:55 libcrypto.a
lrwxrwxrwx. 1 root root        16 12月 25 14:55 libcrypto.so -> libcrypto.so.1.1
-rwxr-xr-x. 1 root root   3812003 12月 25 14:55 libcrypto.so.1.1
-rw-r--r--. 1 root root    827356 12月 25 14:55 libssl.a
lrwxrwxrwx. 1 root root        13 12月 25 14:55 libssl.so -> libssl.so.1.1
-rwxr-xr-x. 1 root root    558846 12月 25 14:55 libssl.so.1.1
drwxr-xr-x. 2 root root        58 12月 25 14:55 pkgconfig
[root@localhost lib64]#
```

图 1-73

下面创建两个软链接，让GmSSL程序可以找到libCrypto.so.1.1.和libssl.so.1.1：

```
    [root@localhost local]#  ln -s /usr/local/lib64/libcrypto.so.1.1
/usr/lib64/libcrypto.so.1.1
    [root@localhost local]#  ln -s /usr/local/lib64/libssl.so.1.1
/usr/lib64/libssl.so.1.1
```

ln是创建软链接的命令，用法为"ln [参数][源文件或目录][目标文件或目录]"年。
再执行gmssl，发现可以运行了：

```
[root@localhost local]# gmssl
GmSSL> version
GmSSL 2.5.4 - openssl 1.1.0d  3 Sep 2019
GmSSL> quit
[root@localhost local]#
```

下面我们可以在普通Linux命令行下直接测试SM3：

```
[root@localhost test]# echo -n "abc" | gmssl sm3
(stdin)= 66c7f0f462eeedd9d1f2d46bdc10e4e24167c4875cf2f7a2297da02b8f4ba8e0
```

至此，命令行验证结束，下面再用程序来验证。

【例1.6】　在CentOS 7下使用代码验证默认安装的GmSSL

（1）在Windows下打开UE（或其他编辑器），然后输入如下代码：

```
#include <openssl/conf.h>
#include <openssl/evp.h>
#include <openssl/err.h>


int main(int arc, char *argv[])
{
    /* Load the human readable error strings for libcrypto */
    ERR_load_crypto_strings();

    /* Load all digest and cipher algorithms */
    openssl_add_all_algorithms();
```

```
    /* Load config file, and other important initialisation */
    OPENSSL_config(NULL);

    /* ... Do some crypto stuff here ... */
    printf("Under Linux,call GmSSL lib ok\n");
    /* Clean up */

    /* Removes all digests and ciphers */
    EVP_cleanup();

    /* if you omit the next, a small leak may be left when you make use of the
BIO (low level API) for e.g. base64 transformations */
    CRYPTO_cleanup_all_ex_data();

    /* Remove error strings */
    ERR_free_strings();

    return 0;
}
```

（2）保存代码为test.cpp，上传到CentOS 7下，在命令行下编译并运行：

```
[root@localhost test]# g++ test.cpp -o test -I/usr/local/include -
L/usr/local/lib64/ -lcrypto
[root@localhost test]# ./test
Under Linux,call GmSSL lib ok
```

至此，在Linux下使用代码验证默认安装的GmSSL成功。

1.7.7　在旧版本的Linux下编译和安装GmSSL

考虑到一些旧项目所在的平台使用的是内核较旧的Linux系统，但仍需使用GmSSL，因此我们对内核版本为2.6的Linux操作系统进行了编译、安装和测试GmSSL。

1. 编译和安装 Perl

这里使用的是内核版本为2.6的旧版Linux系统，安装GmSSL时可能会提示缺少了Perl组件：

```
[root@localhost GmSSL-master]# ./config
Operating system: x86_64-whatever-linux2
Perl v5.10.0 required--this is only v5.8.8, stopped at ./Configure line 13.
Perl v5.10.0 required--this is only v5.8.8, stopped at ./Configure line 13.
This system (linux-x86_64) is not supported. See file INSTALL for details.
```

提示当前系统中只安装了Perl 5.8.8版本，而GmSSL需要5.10.0版本以上的Perl。因此，需要先装5.10.0版本的Perl。

我们可以通过perl -v命令来查看当前系统中已安装的Perl版本：

```
[root@localhost perl-5.10.0]# perl -v

This is perl, v5.8.8 built for x86_64-linux-thread-multi

Copyright 1987-2006, Larry Wall
```

```
Perl may be copied only under the terms of either the Artistic License or the
GNU General Public License, which may be found in the Perl 5 source kit.

Complete documentation for Perl, including FAQ lists, should be found on
this system using "man perl" or "perldoc perl".  If you have access to the
Internet, point your browser at http://www.perl.org/, the Perl Home Page.
```

系统自带的Perl程序位于/usr/bin/目录下，可以用ll命令查看一下：

```
[root@localhost perl-5.10.0]# ll /usr/bin/perl
-rwxr-xr-x 2 root root 19360 2007-10-19 01:35 /usr/bin/perl
```

下面开始编译安装Perl 5.10，并将旧版本替换掉。首先进行配置：

```
[root@localhost perl-5.10.0]# ./Configure -des -Dprefix=/usr/local/perl
```

参数-Dprefix指定安装目录为/usr/local/perl。

然后就是make和make install：

```
[root@localhost perl-5.10.0]#make
```

稍等片刻，编译完毕。开始安装：

```
[root@localhost perl-5.10.0]#make install
```

如果安装过程没有出现错误，那么恭喜你已经成功安装了Perl 5.10.0版本。是不是很简单？接下来替换系统原有的Perl，这样就可以使用最新版本的Perl了。

```
#mv /usr/bin/perl /usr/bin/perl.bak
#ln -s /usr/local/perl/bin/perl /usr/bin/perl
```

此时，如果使用perl -v命令查看版本，对于一些旧系统会提示没有这个文件，必须重启操作系统，重启之后就可以看到新版本的提示了：

```
[root@localhost ~]# perl -v

This is perl, v5.10.0 built for x86_64-linux

Copyright 1987-2007, Larry Wall

Perl may be copied only under the terms of either the Artistic License or the
GNU General Public License, which may be found in the Perl 5 source kit.

Complete documentation for Perl, including FAQ lists, should be found on
this system using "man perl" or "perldoc perl".  If you have access to the
Internet, point your browser at http://www.perl.org/, the Perl Home Page.
```

2. 编译和安装 GmSSL

Perl 5.10.0安装升级成功后，就可以开始安装GmSSL。安装GmSSL的步骤和前面一样，最好先设置目录下的所有文件为最高权限：

```
chmod -R 777 GmSSL-master
```

其中-R表示递归应用到目录里的所有子目录和文件，777表示所有用户都拥有最高权限（可自定权限码）。

然后进入GmSSL-master，开始三部曲：config、make和make install：

```
[root@localhost GmSSL-master]# ./config
[root@localhost GmSSL-master]# ./make
[root@localhost GmSSL-master]# ./make install
```

稍等片刻，安装完毕后，将在/usr/local/lib64/目录下生成库文件：

```
[root@localhost lib64]# ls
engines-1.1 libcrypto.a libcrypto.so libcrypto.so.1.1 libssl.a libssl.so
libssl.so.1.1 pkgconfig
[root@localhost lib64]# pwd
/usr/local/lib64
```

并且，将在/usr/local/include/目录下生成头文件所在的目录OpenSSL：

```
[root@localhost include]# ls
ansidecl.h bfd.h bfdlink.h dis-asm.h gdb openssl plugin-api.h symcat.h
[root@localhost include]# pwd
/usr/local/include
```

此时，若执行GmSSL程序，会发现执行不了，提示少了库。下面创建两个软链接，让GmSSL程序可以找到libCrypto.so.1.1和libssl.so.1.1：

```
    [root@localhost local]# ln -s /usr/local/lib64/libcrypto.so.1.1
/usr/lib64/libcrypto.so.1.1
    [root@localhost local]# ln -s /usr/local/lib64/libssl.so.1.1
/usr/lib64/libssl.so.1.1
```

ln是创建软链接的命令，用法为"ln [参数][源文件或目录][目标文件或目录]"。

再执行gmssl，发现可以运行了：

```
[root@localhost include]# gmssl
GmSSL> version
GmSSL 2.5.4 - openssl 1.1.0d  3 Sep 2019
GmSSL>
```

老规矩，最后用代码验证一下。

【例1.7】　在CentOS 7下使用代码验证默认安装的GmSSL

（1）在Windows下打开UE（或其他编辑器），然后输入如下代码：

```
#include <openssl/conf.h>
#include <openssl/evp.h>
#include <openssl/err.h>

int main(int arc, char *argv[])
{
    /* Load the human readable error strings for libcrypto */
    ERR_load_crypto_strings();

    /* Load all digest and cipher algorithms */
    openssl_add_all_algorithms();

    /* Load config file, and other important initialisation */
    OPENSSL_config(NULL);
```

```
    /* ... Do some crypto stuff here ... */
    printf("Under Linux,call GmSSL lib ok\n");
    /* Clean up */

    /* Removes all digests and ciphers */
    EVP_cleanup();

    /* if you omit the next, a small leak may be left when you make use of the
BIO (low level API) for e.g. base64 transformations */
    CRYPTO_cleanup_all_ex_data();

    /* Remove error strings */
    ERR_free_strings();

    return 0;
}
```

（2）保存代码为test.cpp，上传到CentOS 7下，在命令行下编译并运行：

```
[root@localhost test]# g++ test.cpp -o test -I/usr/local/include -
L/usr/local/lib64/ -lcrypto
[root@localhost test]# ./test
Under Linux,call GmSSL lib ok
```

至此，在旧版本的Linux下使用代码验证默认安装的GmSSL成功。

第 **2** 章

对称密码算法

按照现代密码学的观点，密码体制可以分为两大类：对称密码体制和非对称密码体制。本章讲述对称加解密算法，也就是对称算法。

2.1　基　本　概　念

加密和解密使用相同密钥的密码算法叫做对称加解密算法，简称对称算法。由于对称算法速度快，因此通常在需要加密大量数据时使用。所谓对称，就是采用这种密码方法的双方使用同样的密钥进行加密和解密。

对称算法的优点是算法公开、计算量小、加密速度快、加密效率高。对称算法的缺点是产生的密钥过多，密钥管理困难以及密钥分发需要确保安全性。

常用的对称算法有DES、3DES、TDEA、Blowfish、RC2、RC4、RC5、IDEA、SKIPJACK、AES以及国家密码局颁布的SM1和SM4等算法。虽然我们不必精通每个算法，但建议要掌握好SM1和SM4这两个算法，因为它们在实际应用中使用频率较高。其他算法了解即可，需要用到时再学习和掌握。

下面我们图解对称算法，如图2-1所示。

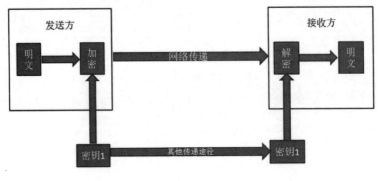

图 2-1

在图2-1中，发送方是加密的一方，接收方是解密的一方，双方使用的密钥是相同的，都是图2-1所示的"密钥1"。发送方用密钥1对明文进行加密，生成密文，然后通过网络将密文传递到接收方，接收方使用相同的密钥1解开密文得到明文。这就是对称加密算法的基本使用过程。

从图2-1可以发现，双方使用相同的密钥（密钥1），密钥1如何安全、高效地传递给双方，这是一个很重要的问题，规模小或许问题不大，一旦规模大了，对称算法的密钥分发就是一个大问题了。

对称算法可以分为流加密算法和分组加密算法，分组加密算法又称为块加密算法。

2.2　流加密算法

2.2.1　基本概念

流加密（Stream Cipher）又称序列加密，是对称算法的一种。加密和解密双方使用相同的伪随机数据流（Pseudo-Randomstream）作为密钥，因此该密钥也称为伪随机密钥流，简称密钥流。明文数据每次与密钥数据流顺次对应加密，得到密文数据流。实践中数据通常是一个位（bit）并用异或（XOR）操作加密。

最早出现的类流密码形式是Veram密码。直到1949年，信息论创始人Shannon发表的两篇划时代论文《通信的数学理论》和《保密系统的信息理论》证明了只有一次一密的密码体制才是理论上不可破译的、绝对安全的，由此奠定了流密码技术的发展基石。流密码的长度可灵活变化，且具有运算速度快、密文传输中没有差错或只有有限的错误传播等优点。目前，流密码成为国际密码应用的主流，基于伪随机序列的流密码也成为当今通用的密码系统，流密码的算法也成为各种系统广泛采用的加密算法。目前，比较常见的流加密算法包括RC4算法、B-M算法、A5算法、SEAL算法等。

在流加密中，密钥的长度和明文的长度是一致的。假设明文的长度是n比特，那么密钥也为n比特。流密码的关键技术在于设计一个良好的密钥流生成器，即由种子密钥通过密钥流生成器生成伪随机流。通信双方交换种子密钥即可（已拥有相同的密钥流生成器），具体如图2-2所示。

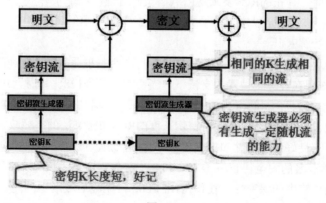

图 2-2

伪随机密钥流（Pseudo-Random-Keystream）由一个随机的种子（Seed）通过伪随机数生成器（Pseudo-Random Generator，PRG）得到，k作为种子，而G(k)作为实际使用的密钥进行加密解密工作。为了保证流加密的安全性，PRG必须是不可预测的。

设计流密码的一个重要目标就是设计密钥流生成器，使得密钥流生成器输出的密钥流具有类似"掷骰子"一样的完全随机特性。但实际上密钥流不可能是完全随机的，通常主要从周期性、随机统计性和不可预测性等角度来衡量一个密钥流的安全性。

鉴于流密码在军事和外交保密通信中有重要价值，因此流密码算法多关系到国家的安全，而作为各国核心要害部门使用的流密码，都是在各国封闭地进行算法的标准化、规范化的，情况都不公开，所以通常各国政府会把流密码算法的出口作为军事产品的出口加以限制。允许出口的加密产品，对其他国家来说已不再安全。这使得学术界对于流密码的研究成果远远落后于各个政府的密码机构，从而限制了流密码技术的发展速度。幸运的是，虽然目前还没有制定流密码的标准，但是流密码的标准化、规范化、芯片化问题已经引起政府和密码学家的高度重视并开始着手改善这个问题，以便能为赢得高技术条件下的竞争提供信息安全保障。像目前公开的对称算法更多的是分组算法，比如SM1和SM4等。

2.2.2　流密码和分组密码的比较

在通常的流密码中，解密用的密钥序列是由密钥流生成器用确定性算法产生的，因而密钥流序列可认为是伪随机序列。流密码与分组密码相比较，具有加解密速度更快、没有或只有有限的错误传播、实时性更好、更易于软硬件实现等优点。因此，流密码算法的设计与分析正逐步成为各国学者研究的热点。

2.2.3　RC4算法

1. RC4 算法概述

著名的流加密算法要属RC4算法了。RC4算法是大名鼎鼎的RSA三人组中的头号人物Ron Rivest在1987年设计的一种流密码算法。当时，该算法作为RSA公司的商业机密并没有公开，直到1994年9月，RC4算法才通过Cypherpunks匿名邮件列表匿名地公开在Internet上。泄露出来的RC4算法通常称为ARC4（Assumed RC4），虽然它的功能经证实等价于RC4，但RSA从未正式承认泄露的算法就是RC4。目前，真正的RC4要求从RSA购买许可证，但基于开放源代码的RC4产品使用的是当初泄露的ARC4算法。它是以字节流的方式依次加密明文中的每字节的。解密的时候也是依次对密文中的每字节进行解密。

RC4算法的特点是算法简单、执行速度快，并且密钥长度是可变的，可变范围为1~256字节（8~2048比特）。在现在计算机技术的支持下，当密钥长度为128比特时，用暴力法搜索密钥已经比较吃力了，所以能够预见RC4的密钥范围依然能够在今后相当长的时间里抵御暴力搜索密钥的攻击。实际上，现在也没有找到对于128比特密钥长度的RC4加密算法的有效攻击方法。

由于RC4算法具有良好的随机性和抵抗各种分析的能力，该算法在众多领域的安全模块得到了广泛的应用。在国际著名的安全协议标准SSL/TLS（安全套接字协议/传输层安全协议）中，利用RC4算法保护互联网传输中的保密性。在作为IEEE802.11无线局域网标准的WEP中，利用RC4算法进行数据间的加密。同时，RC4算法也被集成于Microsoft Windows、Lotus Notes、Apple AOCE、Oracle Secure SQL、Adobe Acrobat等应用软件中，还包括TLS（传输层协议），其他很多应用领域也使用该算法。可以说，RC4算法是流算法门派中的一哥。

2. RC4 算法的原理

前面提过，流密码是使用较短的一串数字（称为密钥）来生成无限长的伪随机密钥流（事实上，只需要生成和明文长度一样的密码流就够了），然后将密钥流和明文进行异或运算就得到密文了，解密就是将这个密钥流和密文进行异或运算。

用较短的密钥产生无限长的密码流的方法非常多，其中有一种就叫作RC4。RC4是面向字节的序列密码算法，一个明文的字节（8比特）与一个密钥的字节进行异或运算就生成了一个密文的字节。

RC4算法的关键是依据密钥生成相应的密钥流，密钥流的长度和明文的长度是相对应的。也就是说，假如明文的长度是500字节，那么密钥流也是500字节。当然，加密生成的密文也是500字节。密文第i字节=明文第i字节^密钥流第i字节，^是异或运算的意思。

RC4生成密钥流的步骤如下：

（1）初始化向量S，S也称S盒，也就是一个数组S[256]。指定一个短的密钥，存储在key[MAX]数组中，令S[i]=i。

```
for i from 0 to 255  //初始化
  S[i] := i
endfor
```

（2）排列S盒。利用密钥数组key来对数组S做一个置换，也就是对数组S中的数重新排列，排列算法的伪代码如下：

```
j := 0
for i from 0 to 255  //排列S
  j := (j + S[i] + key[i mod keylength]) mod 256    //keylength是密钥长度
  swap values of S[i] and S[j]
endfor
```

（3）产生密钥流。利用上面重新排列的数组S来产生任意长度的密钥流，算法如下：

```
for r=0 to plainlen do  // plainlen为明文长度
{
  i=(i+1) mod 256;
  j=(j+S[i])mod 256;
  swap(S[i],S[j]);
  t=(S[i]+S[j])mod 256;
  k[r]=S[t];
}
```

一次产生一字符长度（8比特）的密钥流数据，一直循环，直到密码流和明文长度一样为止。数组S通常称为状态向量，长度为256，其每一个单元都是一字节。算法不论执行到什么时候，S都包含0～255的8比特数的排列组合，只是值的位置发生了变换。

产生密钥流之后，对信息进行加密和解密就只是做了个异或运算。下面我们分别用C语言和C++语言来实现RC4算法。

3. 实现 RC4 算法

我们将分别用C语言、C++语言和OpenSSL库来实现RC4算法。

【例2.1】   RC4算法的实现（C语言版）

（1）新建文件main.cpp，打开main.cpp，并输入如下代码：

```c
#include <cstdio>
#include <string.h>

//RC4算法对数据的加密和解密
#include <stdio.h>
#define MAX_CHAR_LEN 10000

void produceKeystream(int textlength, unsigned char key[],
    int keylength, unsigned char keystream[])
{
    unsigned int S[256];
    int i, j = 0, k;
    unsigned char tmp;

    for (i = 0; i < 256; i++)
        S[i] = i;
    for (i = 0; i < 256; i++) {
        j = (j + S[i] + key[i % keylength]) % 256;
        tmp = S[i];
        S[i] = S[j];
        S[j] = tmp;
    }

    i = j = k = 0;
    while (k < textlength) {
        i = (i + 1) % 256;
        j = (j + S[i]) % 256;
        tmp = S[i];
        S[i] = S[j];
        S[j] = tmp;
        keystream[k++] = S[(S[i] + S[j]) % 256];
    }
}
//该函数既可以进行加密也可以进行解密
void rc4encdec(int textlength, unsigned char plaintext[],
    unsigned char keystream[],
    unsigned char ciphertext[])
{
    int i;
    for (i = 0; i < textlength; i++)
        ciphertext[i] = keystream[i] ^ plaintext[i];
}


int main(int argc, char *argv[])
{
```

```
    unsigned char plaintext[MAX_CHAR_LEN];         //存放源明文
    unsigned char chktext[MAX_CHAR_LEN];           //存放解密后的明文，用于验证
    unsigned char key[32];                         //存放用户输入的密钥
    unsigned char keystream[MAX_CHAR_LEN];         //存放生成的密钥流
    unsigned char ciphertext[MAX_CHAR_LEN];        //存放加密后的密文
    unsigned c;
    int i = 0, textlength, keylength;
    FILE *fp;

    if ((fp = fopen("plain.txt", "r")) == NULL) {
        printf("file plaint.txt not found!\n");
        return 0;
    }

    while ((c = getc(fp)) != EOF)
        plaintext[i++] = c;
    textlength = i;
    fclose(fp);

    /* 输入密码 */
    printf("passwd: ");
    for (i = 0; (c = getchar()) != '\n'; i++)
        key[i] = c;
    key[i] = '\0';
    keylength = i;

    /*使用密钥生成密钥流*/
    produceKeystream(textlength, key, keylength, keystream);

    /*使用密钥流和明文生成密文*/
    rc4encdec(textlength, plaintext, keystream, ciphertext);//明文作为输入来加密

    fp = fopen("cipher.txt", "w");
    for (int i = 0; i < textlength; i++)
        putc(ciphertext[i], fp);
    fclose(fp);

    rc4encdec(textlength, ciphertext, keystream, chktext);  //再把密文作为输入来解密
    if (memcmp(chktext, plaintext, textlength) == 0)
        puts("memcpm ok.\n");

    fp = fopen("check.txt", "w");
    for (int i = 0; i < textlength; i++)
        putc(chktext[i], fp);
    fclose(fp);

    return 0;
}
```

　　文件plain.txt存放明文字符串，这个文件和可执行文件放在同一个目录。然后把加密结果存放到cipher.txt中。最后把密文作为输入来解密，解密结果存放在check.txt中。

（2）上传main.cpp到Linux下，并在同一个目录下新建plain.txt，并输入一些内容，作为明文。然后执行以下命令：

```
g++ main.cpp -o main
```

此时，生成可执行文件main，运行结果如下：

```
passwd: 123
memcpm ok.
```

下面再来看一个C++版本的RC4算法的实现，稍微不同的是密钥key是程序随机生成的，然后把生成的密钥流保存在文件中，以供解密时使用，这样加密和解密就可以使用同一个密钥流了。

【例2.2】 RC4算法的实现（C++版）

（1）打开VC 2017，新建一个Linux控制台工程，工程名是test。
（2）在工程中，新建一个rc4.h文件，该文件定义RC4算法的加密类和解密类，输入如下代码：

```
#pragma once

#include <time.h>
#include <iostream>
#include <fstream>
#include<vector>
using namespace std;

// 加密类
class RC4Enc{
public:
    // 构造函数，参数为密钥长度
    RC4Enc(int kl) :keylen(kl) {
        srand((unsigned)time(NULL));
        for (int i = 0; i < kl; ++i) {   // 随机生产长度为keylen字节的密钥
            int tmp = rand() % 256;
            K.push_back(char(tmp));
        }
    }
    // 由明文产生密文
    int encryption(const string &, const string &, const string &);

private:
    unsigned char S[256];            // 状态向量，共256字节
    unsigned char T[256];            // 临时向量，共256字节
    int keylen;                      // 密钥长度，keylen字节，取值范围为1~256
    vector<char> K;                  // 可变长度密钥
    vector<char> k;                  // 密钥流


    // 初始化状态向量S和临时向量T，供keyStream方法调用
    void initial() {
        for (int i = 0; i < 256; ++i) {
            S[i] = i;
```

```
            T[i] = K[i%keylen];         // 为了让代码更整洁，我们把K[i%keylen]存在T[i]中
        }
    }

    // 初始排列状态向量S，供keyStream方法调用
    void rangeS() {
        int j = 0;
        for (int i = 0; i < 256; ++i) {
            j = (j + S[i] + T[i]) % 256;
            S[i] = S[i] + S[j];
            S[j] = S[i] - S[j];
            S[i] = S[i] - S[j];
        }
    }
    /*
        生成密钥流
        len:明文为len字节
    */
    void keyStream(int len);

};


// 解密类
class RC4Dec {
public:
    // 构造函数，参数为密钥流文件和密文文件
    RC4Dec(const string ks, const string ct) :keystream(ks), ciphertext(ct) {}

    // 解密方法，参数为解密文件名
    void decryption(const string &);

private:
    string ciphertext, keystream;//
};
```

再在工程中新建一个文件rc4.cpp，然后输入如下代码：

```cpp
#include "rc4.h"
#include <time.h>
#include <iostream>
#include <string>
using namespace std;

void RC4Enc::keyStream(int len) {
    initial();
    rangeS();

    int i = 0, j = 0, t;
    while (len--) {
        i = (i + 1) % 256;
```

```
        j = (j + S[i]) % 256;

        S[i] = S[i] + S[j];
        S[j] = S[i] - S[j];
        S[i] = S[i] - S[j];

        t = (S[i] + S[j]) % 256;
        k.push_back(S[t]);
    }
}
int RC4Enc::encryption(const string &plaintext, const string &ks, const string
&ciphertext) {
    ifstream in;
    ofstream out, outks;

    in.open(plaintext);
    if (!in)
    {
        cout<<plaintext<<" was not be created.\n";
        return -1;
    }

    // 获取输入流的长度
    in.seekg(0, ios::end);
    int lenFile = in.tellg();
    in.seekg(0, ios::beg);

    // 生成密钥流
    keyStream(lenFile);
    outks.open(ks);
    for (int i = 0; i < lenFile; ++i) {
        outks << (k[i]);
    }
    outks.close();

    // 明文内容读入bits中
    unsigned char *bits = new unsigned char[lenFile];
    in.read((char *)bits, lenFile);
    in.close();

    out.open(ciphertext);
    // 将明文按字节依次与密钥流进行异或运算后输出到密文文件中
    for (int i = 0; i < lenFile; ++i) {
        out << (unsigned char)(bits[i] ^ k[i]);
    }
    out.close();

    delete[]bits;
    return 0;
}
```

```
void RC4Dec::decryption(const string &res) //res是保存解密后的明文所存文件的文件名
{
    ifstream inks, incp;
    ofstream out;

    inks.open(keystream);
    incp.open(ciphertext);

    // 计算密文长度
    inks.seekg(0, ios::end);
    const int lenFile = inks.tellg();
    inks.seekg(0, ios::beg);
    // 读入密钥流
    unsigned char *bitKey = new unsigned char[lenFile];
    inks.read((char *)bitKey, lenFile);
    inks.close();
    // 读入密文
    unsigned char *bitCip = new unsigned char[lenFile];
    incp.read((char *)bitCip, lenFile);
    incp.close();

    // 解密后结果输出到解密文件
    out.open(res);
    for (int i = 0; i < lenFile; ++i)
        out << (unsigned char)(bitKey[i] ^ bitCip[i]);

    out.close();
}
```

　　RC4Enc类的成员函数encryption用于RC4算法的加密，加密的时候，需要一个文本文件作为数据源的输入，生成的密钥流和密文都会存放在该文件中。RC4Dec类的成员函数decryption用于RC4算法的解密，解密的时候，会把生成的解密后的明文保存在文件中。至此，RC4算法的加密和解密类实现完毕。下面开始使用该类。

　　（3）在文件main.cpp输入如下代码：

```
#include "rc4.h"

int main()
{
    RC4Enc rc4enc(16); //密钥长16字节
    if (rc4enc.encryption("plain.txt", "keystream.dat", "cipher.txt"))
        return -1;

    RC4Dec  rc4dec("keystream.txt", "cipher.dat");//密钥流导入,加密和解密密钥流必须一样
    rc4dec.decryption("check.txt");

    cout << "rc4 ok\n";
}
```

　　注意要在文件开头包含头文件rc4.h。在main函数中，我们定义了加密类RC4Enc的对象rc4enc

和解密类RC4Dec的对象rc4dec。另外，在运行程序前，需要在可执行程序同一目录下新建文本文件plain.txt，可以随便输入一些文本数据。

（4）保存工程并按Ctrl+Alt+F7快捷键来重新生成工程，再到Linux的可执行文件目录下执行可执行程序，运行结果如下：

```
# ./test.out
rc4 ok
```

并且在同一目录下可以看到生成的流密码文件keystream.dat和密文文件cipher.dat：

```
# ls
check.txt  cipher.dat  keystream.dat  plain.txt  test.out
```

值得注意的是，keystream.dat和cipher.dat都是二进制文件，直接打开都是乱码的，如果要查看详细数据，可以使用xxd命令打开并查看。注意，我们的密钥是随机生成的（见RC4Enc的构造函数），因此密文结果每次都不同。

至此，我们亲自实现了RC4算法，但在实际开发中，有时没必要重复造轮子，因为已经有现成的轮子可供使用，比如OpenSSL库中提供了RC4算法的调用。通过OpenSSL来使用RC4算法非常简单，通常有以下几步：

（1）定义密钥流结构体RC4_KEY。

（2）生成密钥流。

通过RC4_set_key函数来生成密钥流，RC4_set_key函数声明如下：

```
void RC4_set_key(RC4_KEY *key, int len, const unsigned char *data);
```

其中，key是输出参数，用来保存生成的密钥流；len是输入参数，表示data的长度；data是输入参数，表示用户设置的密钥。

（3）加密或解密。

通过RC4函数来实现加密或解密，该函数声明如下：

```
void RC4(RC4_KEY *key, unsigned long len, const unsigned char *indata,unsigned
char *outdata);
```

其中，输入参数key表示密钥流；输入参数len表示indata的长度；输入参数indata表示输入的数据，当加密时，表示明文数据，当解密时，表示密文数据；输出参数outdata存放加密或解密的结果。

【例2.3】　RC4算法的实现（OpenSSL版）

（1）打开编辑器，输入如下代码：

```
#include <stdlib.h>
#include <stdio.h>
#include <string.h>
#include <openssl/rc4.h>

void PrintBuf(int len, unsigned char * out_text)
{
    int i;
```

```
        printf("len=%d\n", len);
        for (i = 0;i < len; i++)
        {
            printf("%02X", out_text[i]);
        }
        printf("\n");
        return;
}
int main(int argc, char* argv [])
{
    RC4_KEY key;                                            //定义密钥流结构体
    const char *data = "Hello,World!!";                     //用户指定的密钥
    int length = strlen(data);
    RC4_set_key(&key, length, (unsigned char*)data);        //通过密钥生成密钥流
    const char *indata = "This is plain text !!!!";
    int inlen = strlen(indata);
    printf("strlen(indata)=%d\n", inlen);
    unsigned char *outdata=(unsigned char *)malloc(inlen + 1);
    memset(outdata, 0, inlen + 1);                          //初始为0
    printf("indata=%s\n", indata);
    RC4(&key, strlen(indata), (unsigned char*)indata, outdata);   //加密
    puts("after encrypt:");
    PrintBuf(inlen,outdata);
    unsigned char *plain;                                   //指向解密结果
    plain = (unsigned char *)malloc((inlen + 1));
    memset(plain, 0, inlen + 1);//初始化为0
    RC4_set_key(&key, length, (unsigned char*)data);        //重新设置密钥
    RC4(&key, strlen(outdata), (unsigned char*)outdata, (unsigned char*)plain);
//解密密文
    printf("after decrypt:\n", plain);
    puts(plain);
    return 0;
}
```

其中，indata指向明文数据，outdata指向加密结果数据，plain指向解密结果数据。函数PrintBuf以十六进制方式输出数据。

（2）保存文件为test.c，并上传test.c到Linux，然后在命令行下编译：

```
gcc -o test test.c -lcrypto
```

此时生成可执行程序test，运行结果如下：

```
strlen(indata)=23
indata=This is plain text !!!!
after encrypt:
len=23
F1E23D49232D293215869EEB14E1320EFC85A853D2F08B
after decrypt:
This is plain text !!!!
```

2.3　分组加密算法

分组加密（Block Cipher）算法又称块加密算法，顾名思义，是一组一组进行加解密的。它将明文分成多个等长的块（Block，或称分组），使用确定的算法和对称密钥对每组数据分别进行加密和解密。通俗地讲，就是一组一组地进行加解密，而且每组数据的长度相同。

分组加密算法只能加密固定长度的分组，但是我们需要加密的明文总长度可能会超过分组密码的分组长度，这时就需要对分组加密算法进行迭代，也就是循环加解密所有分组，以便将一段很长的明文全部加密，而迭代的方法就成为分组密码的模式。常见的分组加密算法有DES/3DES、AES、SM4等，其中前两者是国际算法，SM4是国产算法。

2.3.1　工作模式

有人或许会想，既然是一组一组加解密的，程序是否可以设计成并行加解密？比如多核计算机上开n个线程同时对n个分组进行加解密。这个想法不完全正确。因为分组和分组之间可能存在关联。这就引出了分组算法的工作模式。分组算法的工作模式就是用来确定分组之间是否有关联以及如何关联的问题。不同的工作模式（也称加密模式）使得每个加密区块（分组）之间的关系不同。

通常，分组算法有5种工作模式，如表2-1所示。

表 2-1　分组算法的工作模式及特点

工作模式	特　点
ECB（Electronic Code Book，电子密码本）模式	分组之间没关联，简单快速，可并行计算
CBC（Cipher Block Chaining，密码分组链接）模式	仅解密支持并行计算
CFB（Cipher Feedback，加密反馈）模式	仅解密支持并行计算
OFB（Output Feedback，输出反馈）模式	不支持并行计算
CTR（Counter，计数器）模式	支持并行计算
GCM（Galois/Counter Mode，伽罗瓦/计数器模式）	带有完整性校验

1. ECB 模式

ECB模式是最早采用的和最简单的模式，它将加密的数据分成若干组，每组的大小跟加密密钥的长度相同，然后每组都用相同的密钥（Key）进行加密。相同的明文（Plaintext）会产生相同的密文（Ciphertext）。其缺点是：ECB模式用一个密钥加密消息的所有块，如果原消息中有重复的明文块，则加密消息中的相应密文块也会重复。因此，ECB模式适用于加密短消息。ECB模式的具体过程如图2-3所示。

图2-3中，每个分组的运算（加密或解密）都是独立的，每个分组加密（Block Cipher Encryption）只需要密钥和该明文分组即可，每个分组解密（Block Cipher Decryption）也只需要密钥和该密文分组即可。这就产生了一个问题，即加密时相同内容的明文块将得到相同的密文块（密钥又是相同，输入都是相同的，得到的结果也就相同了），这样就难以抵抗统计分析攻击了。当然，ECB模式每组没关系也是其优点，比如有利于并行计算、误差不会被传送、运算简单不需要初始向量（Initialization Vector，IV）。

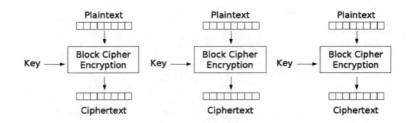

Electronic Codebook (ECB) mode encryption 加密

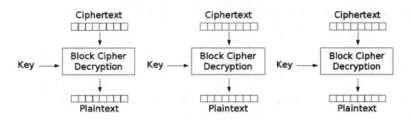

Electronic Codebook (ECB) mode decryption 解密

图 2-3

该模式的特点是简单、快速，加密和解密过程支持并行计算；明文中的重复排列会反映在密文中；通过删除、替换密文分组可以对明文进行操作（可攻击），无法抵御重放攻击；对包含某些比特（bit）错误的密文进行解密时，对应的分组会出错。

2. CBC 模式

首先认识一下初始向量。初始向量或称初向量，是一个固定长度的比特串。一般在使用时会要求它是随机数或伪随机数（Pseudorandom）。使用随机数产生的初始向量使得同一个密钥加密的结果每次都不同，这样攻击者难以对同一把密钥的密文进行破解。

CBC模式由IBM于1976年发明。加密时，第一个明文块和初始向量进行异或运算后，再用密钥进行加密，以后每个明文块与前一个分组结果（密文）块进行异或后，再用密钥进行加密。解密时，第一个密文块先用密钥解密，得到的中间结果再与初始向量进行异或得到第一个明文分组（第一个分组的最终明文结果），后面每个密文块也是先用密钥解密，得到的中间结果再与前一个密文分组（注意是解密之前的密文分组）进行异或运算后得到本次明文分组。在这种方法中，每个分组的结果都依赖于它前面的分组。同时，第一个分组也依赖于初始向量，初始向量的长度和分组相同。但要注意的是，加密时初始向量和解密时的初始向量必须相同。

CBC模式需要初始向量（长度与分组大小相同）参与计算第一组密文，第一组密文当作向量与第二组数据一起计算后，再进行加密产生第二组密文，后面以此类推，如图2-4所示。

CBC模式是常用的工作模式。它的主要缺点在于加密过程是串行的，无法被并行化（因为后一个运算要等到前一个运算的结果才能开始）。另外，明文中的微小改变也会导致其后的全部密文块发生改变，这是CBC模式的又一个缺点：加密时可能会有误差传递。

而在解密时，因为是把前一个密文分组作为当前向量，因此不必等前一个分组运算完毕，所以解密时可以并行化，解密时密文中一位的改变只会导致其对应的明文块以及下一个明文块中的对应位（因为是异或运算）发生改变，不会影响其他明文的内容，所以解密时不会有误差传递。

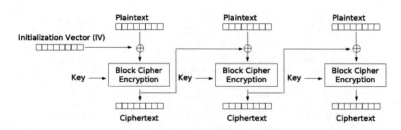

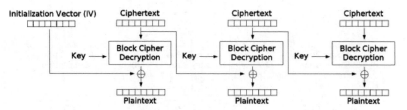

图 2-4

CBC模式的特点：明文的重复排列不会反映在密文中；只有解密过程可以并行计算，加密过程由于需要前一个密文组，因此无法进行并行计算；对解密任意密文分组；对包含某些错误比特的密文进行解密，第一个分组的全部比特（全部比特是由于密文参与了解密算法）和后一个分组的相应比特会出错（相应比特是由于出错的密文在后一组中只参与了异或运算）；填充提示攻击。

3. CFB 模式

CFB模式和CBC模式类似，也需要初始向量。加密第一个分组时，先对初始向量进行加密，得到的中间结果与第一个明文分组进行异或得到第一个密文分组；加密后面的分组时，把前一个密文分组作为向量先加密，得到的中间结果再和当前明文分组进行异或得到密文分组。解密时，解密第一个分组时，先对初始向量进行加密运算（注意用的是加密算法），得到的中间结果再与第一个密文分组进行异或得到明文分组；解密后面的分组时，把上一个密文分组当作向量进行加密运算（注意用的还是加密算法），得到的中间结果再和本次的密文分组进行异或运算得到本次的明文分组，如图2-5所示。

与CBC模式一样，加密时因为要等前一次的结果，所以只能串行，无法进行并行计算。解密时因为不用等前一次的结果，所以可以进行并行计算。

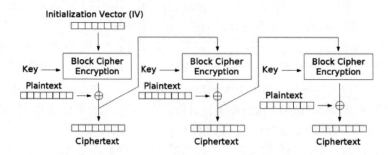

图 2-5

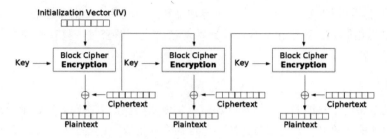

Cipher Feedback (CFB) mode decryption

图 2-5（续）

CBC模式的特点：不需要填充；仅解密过程支持并行计算，加密过程由于需要前一个密文组参与，因此无法进行并行计算；能够解密任意密文分组；对包含某些错误比特的密文进行解密，第一个分组的部分比特和后一个分组的全部比特会出错；不能抵御重放攻击。

4. OFB 模式

OFB模式也需要初始向量。加密第一个分组时，先对初始向量进行加密，得到中间的结果与第一个明文分组进行异或运算得到第一个密文分组；加密后面的分组时，把前一个中间结果（前一个分组向量的密文）作为向量先加密，得到的中间结果再和当前明文分组进行异或运算得到密文分组。解密时，解密第一个分组时，先对初始向量进行加密运算（注意用的是加密算法），得到的中间结果再与第一个密文分组进行异或运算得到明文分组；解密后面的分组时，把上一个中间结果（前一个分组向量的密文，因为用的依然是加密算法）当作向量进行加密运算（注意是用的是加密算法），得到的中间结果再和本次的密文分组进行异或运算得到本次的明文分组，如图2-6所示。

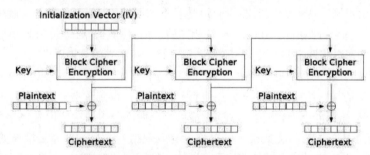

Output Feedback (OFB) mode encryption

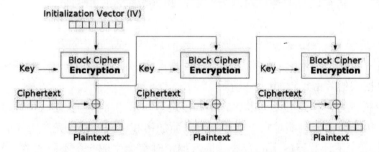

Output Feedback (OFB) mode decryption

图 2-6

OFB模式的特点：不需要填充；可事先进行加密和解密准备；加密和解密使用相同的结构（加密和解密算法过程相同）；对包含某些错误比特的密文进行解密时，只有明文中的相应比特会出错；不支持并行计算。

5. CTR 模式

CTR模式通过将逐次累加的计数器进行加密来生成密钥流的流密码。在CTR模式中，每个分组对应一个逐次累加的计数器，并通过对计数器进行加密来生成密钥流。也就是说，最终的密文分组是通过将计数器得到的比特序列与明文分组进行异或运算得到的。

CTR模式加密是对一系列输入数据块（称为计数）进行加密，产生一系列输出块，输出块与明文进行异或运算得到密文。CTR模式的加密原理如图2-7所示。

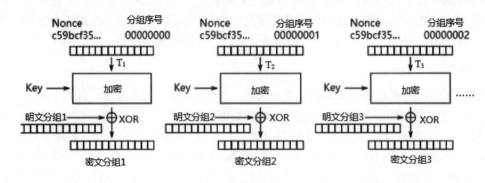

图 2-7

对于加密输入的明文、密钥Key和初始值Nonce，初始值Nonce和分组序号共同组成了计数器T_i，由于分组序号值不同，因此计数器的值应该是互不相同的。Nonce是加密前就生成的一个随机数，也称初始向量，每个分组所使用的Nonce是相同的，而且加解密必须使用同一个Nonce值。Key是加密T_i的密钥，加密时将明文按每组128比特进行分组，每组首先对T_i用密钥Key进行加密，计算器的值为一个秘密的128位的数（通过秘密方式与解密方共享），$T_1, T_2, \cdots, T_n$依次增大1，n为明文分组的组数。计数器的加密结果再和明文分组进行异或运算，得到密文分组。对于最后一个明文分组，其有效数据长度len可能小于128位，注意：最后一个明文分组长度依旧是16字节，但里面可能包括两部分：一部分是真正的明文数据（可以称为有效数据），另一部分是填充的数据。将这len位作为最高有效位与中间值进行异或运算，得到len长的最后一组密文，丢弃余下的128−len位（也就是填充的数据）。值得注意的是，对应分组加密和解密时，使用的是同一个密钥Key和同一个T_i（同一个Nonce+Counter）。

解密输入的是密文、密钥Key和初始值Nonce，过程与加密工作过程一致。对于每组的中间值（也就是T_i的加密结果），无论是加密还是解密都是一样的，可见CTR模式的加解密过程只需实现一个即可。CTR模式的解密过程如图2-8所示。

总之，CTR模式是一种先对逐次累加的计数器进行加密，再与明文进行异或运算的加密方式。在CTR模式中，每个数据分组都对应一个计数值，而加密和解密流程是完全一样的。

下面我们来看一下计数器的生成方法。每次加密时都会生成一个不同的值（Nonce）来作为计数器的初始值。当分组长度为128比特（16字节）时，计数器的初始值可能如图2-9所示，前8字节是NONCE，后8字节是分组序号。

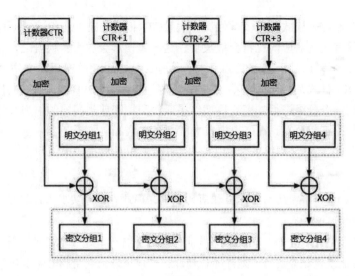

图 2-8

66 1F 98 CD 37 A3 8B 4B 00 00 00 00 00 00 00 01
————— NONCE —————

图 2-9

其中前8字节为Nonce，这个值在每次加密时必须是不同的。后8字节为分组序号，这部分会逐次累加。在加密过程中，计数器的值会产生变化，如图2-10所示。

66 1F 98 CD 37 A3 8B 4B 00 00 00 00 00 00 00 01	明文分组1的计数器（初始值）
66 1F 98 CD 37 A3 8B 4B 00 00 00 00 00 00 00 02	明文分组2的计数器
66 1F 98 CD 37 A3 8B 4B 00 00 00 00 00 00 00 03	明文分组3的计数器
66 1F 98 CD 37 A3 8B 4B 00 00 00 00 00 00 00 04	明文分组4的计数器

图 2-10

按照上述生成方法，可以保证计数器的值每次都不同。由于计数器的值每次都不同，因此每个分组中对计数器进行加密所得到的密钥流也是不同的。也就是说，这种方法就是用分组密码来模拟生成随机的比特序列。

下面来看OFB模式与CTR模式的对比。CTR模式和OFB模式一样，都属于流密码。如果我们将单个的分组加密过程拿出来，那么OFB模式和CTR模式之间的差异还是很容易理解的。OFB模式是将加密的输出反馈到输入，而CTR模式是将计数器的值用作输入，如图2-11所示（图中XOR表示异或运算）。

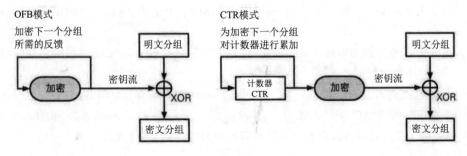

图 2-11

CTR模式也具备和OFB模式差不多的性质。假设CTR模式的密文分组有一个比特反转了，则解密后的明文分组中只有与之对应的比特会被反转，这一错误不会放大。换言之，在CTR模式下，主动攻击者（Mallory）可以通过反转密文分组中的某些比特，引起解密后明文中的相应比特也发生反转。这一弱点和OFB模式是相同的。不过CTR模式具备一个比OFB模式要好的性质。在OFB模式中，如果对密钥流的一个分组进行加密，后期结果碰巧和加密前是相同的，那么这一分组之后的密钥流就会变成同一值的不断反复。在CTR模式中就不存在这一问题。

CTR模式被广泛用于ATM网络安全和IPSec应用中，相对于其他模式而言，CTR模式具有如下特点：

- CTR模式的加密和解密使用了完全相同的结构，因此在程序实现上比较容易。这一特点和同为流密码的OFB模式是一样的。
- 能够以任意顺序处理分组，这就意味着能够实现并行计算。在职场并行计算的系统中，CTR模式的处理速度是非常快的。允许并行计算，可以很好地利用CPU流水线等并行技术。
- 预处理：算法和加密盒的输出不依靠明文和密文的输入，因此如果有足够的可以保证安全的存储器，加密算法将只是一系列异或运算，这将极大地提高吞吐量。
- 随机访问：第i块密文的解密不依赖于第i-1块密文，提供很高的随机访问能力。
- 可证明的安全性：能够证明CTR模式至少和其他模式一样安全（如CBC、CFB、OFB等模式）。
- 简单性：与其他模式不同，CTR模式仅要求实现加密算法，不要求实现解密算法。对于AES等加/解密本质上不同的算法来说，这种简化是巨大的。
- 无填充，可以高效地作为流式加密使用。

6. GCM 模式

在以前介绍的基本工作模式中，ECB、CFB、OFB三种模式可以弥补ECB模式中相同明文生成相同密文的缺陷，CTR又可以在此基础上提供多分组并行加密特性，但是它们都不能提供密文消息完整性校验功能，所以就有了GCM模式。在CTR模式的基础上增加"认证"功能的模式称为GCM模式，这一模式能够在CTR模式生成密文的同时生成用于认证的信息，从而判断"密文是否通过合法的加密过程"。通过这一机制，即便主动攻击者发送伪造的密文，我们也能够识别出"这个密文是伪造的"。

在讲解GCM模式之前，我们先讲一下MAC和GMAC。MAC（Message Authentication Code，消息认证码）是一串由密钥和密文生成的固定值，有时也称Auth Tag。MAC的使用流程如下：

（1）发送方（Sender）和接收方（Receiver）共享同一个密钥（Key），约定一个MAC计算算法（Algorithm）。

（2）发送方把要传递的消息（Message）通过密钥和算法计算出MAC，将消息和MAC发送给接收方。

（3）接收方收到消息和MAC后，将消息通过约定的密钥和算法计算出MAC_1，对比MAC和MAC_1是否相等，若MAC == MAC_1，则说明消息无篡改且是发送方发布的；若MAC !=MAC_1，则说明消息有篡改或者根本不是发送方发布的，也就是有问题。

MAC跟哈希有点像，但比哈希要复杂，因为MAC的生成和验证过程都是需要密钥的。消息认证码是密码学家工具箱中的六大工具之一，这六大工具包括对称密码、公钥密码、单向散列函数、消息认证码、数字签名和伪随机数生成器。

GMAC（Galois Message Authentication Code，伽罗瓦消息验证码）就是利用伽罗华域（Galois Field，GF，也称有限域）乘法运算来计算消息的MAC值。

对于GCM（Galois/Counter Mode，伽罗瓦/计数器模式）可以看出G是指GMAC，C是指CTR。它在CTR加密的基础上增加了GMAC的特性，解决了CTR不能对加密消息进行完整性校验的问题。GCM加密所需的数据：明文（P）、加密密钥（Key）、初始向量（IV）、附加消息（F）。

GCM加密的步骤如下：

（1）将明文P分为P1, P2, …, Pn，Px长度≤128。

（2）生成累加计数器c0, c1, c2, …, cn，由密钥Key计算出密钥H。

（3）将IV、c0进行运算（连接、加和、异或等）得到IV_c0，用Key加密IV_c0得到IVC0。

（4）将IV、c1进行运算（连接、加和、异或等）得到IV_c1，用Key加密IV_c1得到IVC1，将IVC1、P1做异或运算得到C1，用密钥H通过GMAC算法将附加消息F计算出F1，F1与C1做异或运算得到FC1。

（5）将IV、c2进行运算（连接、加和、异或等）得到IV_c2，用Key加密IV_c2得到IVC2，将IVC2、P2做异或运算得到C2，用密钥H通过GMAC算法将附加消息FC1计算出F2，F2与C2做异或运算得到FC2。

（6）以此类推，将IV、Cn进行运算（连接、加和、异或等）得到IV_cn，用Key加密IV_cn得到IVCn，将IVCn、Pn做异或运算得到Cn，用密钥H通过GMAC算法将附加消息FC(n-1)计算出Fn，Fn与Cn做异或运算得到FCn。

（7）拼接C1, …, Cn得到密文C，用密钥H通过GMAC算法结合FCn和IVC0最终计算出MAC。

需要注意的是，GCM模式的IV（初始向量）分为Random IV（随机初始向量）和Nonce IV（一次性初始向量）。前者需要完全随机，后者只要每次加密询问时不重复即可，所以也称为Nonce。Nonce的意思是临时造的，只使用一次的，在密码学中Nonce是一个只被使用一次的任意或非重复的随机数值。另外，IV的默认长度是12字节，如果IV的长度是非标准长度，那就要看算法具体实现方式，有些类库会自己补齐或截断，也有些会直接报错，不同语言的具体实现是不相同的。

也就是说，加密过程有4个输入：明文P、密钥K、初始向量IV和附加数据A。每个输入均为比特串。具体说明如下：

（1）明文P表示所要保护的敏感信息，长度范围是$0 \sim 2^{39}-256$比特。

（2）密钥K的长度与所采用的加密算法匹配，本文采用128比特的密钥。

（3）初始向量IV的长度范围是$1 \sim 2^{64}$比特，通常推荐96比特的初始向量，因为96比特的IV处理更有效。IV可以随机生成，对于不同密钥的多次加密，每次IV的值都要不同，IV需要进行认证操作。

（4）附加数据A，长度范围是$0 \sim 2^{64}$比特，附加数据可被认证，但是不参与加密，当AES-GCM用于保护网络数据时，附加数据一般包括端口号、地址、协议版本号等信息。

加密输出有两个：密文C和认证标签T。密文C的长度和输入明文的长度一致，认证标签T的长度t在64～128比特，但一般限制为128比特，这样安全性更好。虽然算法的输入和输出以比特串的形式表示，但是一般将它们的长度限制为8比特的倍数，以方便操作。

2.3.2　短块加密

分组密码一次只能对一个固定长度的明文（密文）块进行加（解）密。当最后一次要处理的数据小于分组长度时，我们就要进行特殊处理。这里，把长度小于分组长度的数据称为短块。短块因为不足一个分组，因此不能直接进行加解密，必须采用合适的技术手段解决短块加解密问题。比如，要加密33字节的数据，前面32字节是16的整数倍，可以直接加密，剩下的1字节就不能直接加密了，因为不足一个分组长度。

对于短块的处理，通常有3种方法，下面详细介绍。

1. 填充技术

填充技术就是使用无用的数据填充短块，使之成为标准块（长度为一个分组的数据块）。填充的方式可以自定义，比如填0、填填充的数据的长度值、填随机数等。严格来讲，为了确保加密强度，填充的数据应是随机数。但是收信者如何知道哪些数字是填充的呢？这就需要增加指示信息，通常用最后8位作为填充指示符，比如最后一字节存放填充的数据的长度。

值得注意的是，填充可能引起存储器溢出，因而可能不适合进行文件和数据块加密。填充加密后，密文长度跟明文长度不一样。

2. 密文挪用技术

这种技术不需要引入新数据，只需把短块和前面分组的部分密文组成一个分组后进行加密。密文挪用法也需要指示挪用位数的指示符，否则收信者不知道挪用了多少位，从而不能正确解密。密文挪用法的优点是不会引起数据扩展，也就是密文长度与明文长度是一致的；缺点是控制稍复杂。

3. 序列加密

对于最后一块短块数据，直接使用密钥K与短块数据模2相加。序列加密技术的优点是简单，但是如果短块太短，则加密强度不高。

2.3.3　DES和3DES算法

1. 概述

DES（Data Encryption Standard，数据加密标准）是由IBM公司研制的一种对称算法，它使用同一个密钥进行加密和解密数据，并且加密和解密使用的是同一种算法。美国国家标准局于1977年把DES定为非机要部门使用的数据加密标准。DES是一种分组加密算法，每次处理固定长度的数据段，称为分组。DES分组的大小是64位（8字节），如果要加密的数据长度不是64位的倍数，则可以根据某种具体的规则来填充位。DES算法的保密性依赖于密钥，因此保护密钥的机密性至关重要。

DES加密技术的算法公开，加密强度大，运算速度快，在各行业甚至军事领域得到了广泛的应用。自1977年DES算法被公布以来已经有将近30年的历史，虽然有些人对它的加密强度持怀疑态度，但目前还没有发现实际可用的破译DES算法的方法。此外，在应用中人们不断提出新的方法增强DES算法的加密强度，如3重DES算法、带有交换S盒的DES算法等。因此，DES算法在信息安全领域仍有广泛的应用。

2. DES 算法的密钥

严格来讲，DES算法的密钥长度为56位，但通常用一个64位的数来表示密钥，然后经过转换得到56位的密钥，而第8、16、24、32、40、48、56、64位是校验位，不参与DES加解密运算，所以这些位上的数值不能算密钥。为了方便区分，我们把64位的数称为从用户处取得的用户密钥，而56位的数称为初始密钥、工作密钥或有效输入密钥。

DES的安全性首先取决于密钥的长度。密钥越长，破译者利用穷举法搜索密钥的难度就越大。目前，根据当今计算机的处理速度和能力，56位长度的密钥已经能够被破解，而128位的密钥则被认为是安全的，但随着时间的推移，这个数字迟早会被突破。

在具体进行加解密运算前，DES算法的密钥还要通过等分、移位、选取、迭代形成16个子密钥，分别供每一轮运算使用，每个子密钥长48比特。计算出子密钥是进行DES加密的前提条件。

下面介绍生成子密钥的基本步骤。

1）等分

等分密钥就是从用户处取得一个64位长的初始密钥变为56位的工作密钥。方法很简单，根据一个固定"站位表"让64位初始密钥中的对应位置的值出列，并"站"到表中去。如图2-12所示的表格中的数字表示初始密钥的每一位的位置，比如57表示初始密钥中的第57位的比特值要站到该表的第1个位置上（初始密钥的第57位成为新密钥的第1位），49表示初始密钥中的第49位的比特值要站到该表的第2个位置上（初始密钥的第49位变换为新密钥的第2位），从左到右、从上到下依次进行，直到初始密钥的第4位成为新密钥的最后一位。

57	49	41	33	25	17	9
1	58	50	42	34	26	18
10	2	59	51	43	35	27
19	11	3	60	52	44	36
63	55	47	39	31	23	15
7	62	54	46	38	30	22
14	6	61	53	45	37	29
21	13	5	28	20	12	4

图 2-12

比如，现在有一个64位的初始密钥：K=133457799BBCDFF1，转换为二进制：

```
K = 00010011 00110100 01010111 01111001 10011011 10111100 11011111 11110001
```

根据图2-12，我们将得到56位的工作密钥：

```
Kw = 1111000 0110011 0010101 0101111 0101010 1011001 1001111 0001111
```

K_w一共56位。细心的朋友会发现，图2-12中没有数字8、16、24、32、40、48、56、64，的确如此，这些位置被淘汰掉了，所以工作密钥K_w是56位了。至此，等分工作结束，进入下一步。

2）移位

我们通过上一步的等分工作，得到了一个工作密钥：

```
Kw = 1111000 0110011 0010101 0101111 0101010 1011001 1001111 0001111
```

将这个密钥拆分为左右两部分：C_0和D_0，每半边都有28位。比如，对于K_w，得到：

```
C0 = 1111000 0110011 0010101 0101111
D0 = 0101010 1011001 1001111 0001111
```

对相同定义的C_0和D_0，现在创建16个块C_n和D_n，$1 \leqslant n \leqslant 16$。每一对$C_n$和$D_n$都是由前一对$C_{n-1}$和$D_{n-1}$移位而来的。具体说来，对于n=1, 2, …, 16，在前一轮移位的结果上，使用图2-13进行一些次数的左移操作。什么叫左移？左移指的是将除第一位外的所有位往左移一位，将第一位移动至最后一位。

也就是说，C_3和D_3是C_2和D_2移位而来的，C_{16}和D_{16}则是由C_{15}和D_{15}通过一次左移得到的。在所有情况下，一次左移就是将所有比特往左移动一位，使得移位后的比特的位置相较于变换前成为2, 3, …, 28, 1。比如，对于原始子密钥C_0和D_0，得到：

```
C0  = 1111000011001100101010101111
D0  = 0101010101100110011110001111
C1  = 1110000110011001010101011111
D1  = 1010101011001100111100011110
C2  = 1100001100110010101010111111
D2  = 0101010110011001111000111101
C3  = 0000110011001010101011111111
D3  = 0101011001110001111010101
C4  = 0011001100101010101111111100
D4  = 0101100110011110001111010101
C5  = 1100110010101010111111110000
D5  = 0110011001111000111101010101
C6  = 0011001010101011111111000011
D6  = 1001100111100011110101010101
C7  = 1100101010101111111100001100
D7  = 0110011110001111010101010110
C8  = 0010101010111111110000110011
D8  = 1001111000111101010101011001
C9  = 0101010101111111100001100110
D9  = 0011110001110101010101100011
C10 = 0101010111111110000110011001
D10 = 1111000111101010101011001100
C11 = 0101011111111000011001100101
D11 = 1100011110101010101100110011
C12 = 0101111111100001100110010101
D12 = 0001110101010101100110011111
C13 = 0111111110000110011001010101
D13 = 0111010101010110011001111100
C14 = 1111111000011001100101010101
D14 = 1110101010101100110011110001
C15 = 1111100001100110010101010111
D15 = 1010101010110011001111000111
C16 = 1111000011001100101010101111
D16 = 0101010101100110011110001111
```

现在就可以得到第n轮的新密钥K_n（$1 \leqslant n \leqslant 16$）了。具体做法是，对每对拼合后的临时子密钥$C_n D_n$，按图2-13执行变换。

14	17	11	24	1	5
3	28	15	6	21	10
23	19	12	4	26	8
16	7	27	20	13	2
41	52	31	37	47	55
30	40	51	45	33	48
44	49	39	56	34	53
46	42	50	36	29	32

图 2-13

每对临时子密钥有56位，但图2-13只使用其中的48位。图2-13中的数字同样表示位置，让每对临时子密钥相应位置上的比特值站到表格中去，从而形成新的子密钥。于是，第n轮的新子密钥K_n的第1位来自组合的临时子密钥C_nD_n的第14位，第2位来自第17位，以此类推，直到新密钥的第48位来自组合密钥的第32位。比如，对于第1轮组合的临时子密钥，我们有：

```
C1D1 = 1110000 1100110 0101010 1011111 1010101 0110011 0011110 0011110
```

通过图2-13的变换后，得到：

```
K1 = 000110 110000 001011 101111 111111 000111 000001 110010
```

通过图2-13，我们就可以让56位的密钥变为48位了。同理，对于其他密钥得到：

```
K2  = 011110 011010 111011 011001 110110 111100 100111 100101
K3  = 010101 011111 110010 001010 010000 101100 111110 011001
K4  = 011100 101010 110111 010110 110110 110011 010100 011101
K5  = 011111 001110 110000 000111 111010 110101 001110 101000
K6  = 011000 111010 010100 111110 010100 000111 101100 101111
K7  = 111011 001000 010010 110111 111101 100001 100010 111100
K8  = 111101 111000 101000 111010 110000 010011 101111 111011
K9  = 111000 001101 101111 101011 111011 011110 011110 000001
K10 = 101100 011111 001101 000111 101110 100100 011001 001111
K11 = 001000 010101 111111 010011 110111 101101 001110 000110
K12 = 011101 011111 000111 110101 100101 000110 011111 101001
K13 = 100101 111100 010010 010111 110011 111101 101001 000001
K14 = 010111 110100 001110 110111 111011 101110 011110 111010
K15 = 101111 111001 000110 001101 001111 010011 111100 001010
K16 = 110010 110011 110110 001011 000011 100001 011111 110101
```

至此，16组子密钥全部生成完毕，它们整装待发，可以进入实际加解密运算了。为了更形象地展示上述子密钥的生成过程，我们画了一张图来帮助读者理解，如图2-14所示。

左旋1位的意思就是循环左移1位。

3. DES 算法的原理

前面16个子密钥已经全部生成完毕，下面可以正式进行加解密了。DES算法是分组算法，每组8字节，加密时一组一组进行加密，解密时也是一组一组进行解密。

要加密一组明文，每个子密钥按照顺序（1→16）以一系列的位操作施加于数据上，每个子密钥一次，一共重复16次。每一次迭代称为一轮。要对密文进行解密，可以采用同样的步骤，只是子密钥是按照逆向的顺序（16→1）对密文进行处理。

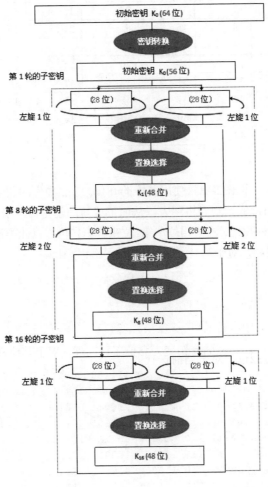

图 2-14

我们先来看加密，首先对某个明文分组M初始变换IP（Initial Permutation），变换依然是通过一张表格，让明文出列站到表格上，如表2-2所示。

表 2-2　让明文出列站到表格上

58	50	42	34	26	18	10	2
60	52	44	36	28	20	12	4
62	54	46	38	30	22	14	6
64	56	48	40	32	24	16	8
57	49	41	33	25	17	9	1
59	51	43	35	27	19	11	3
61	53	45	37	29	21	13	5
63	55	47	39	31	23	15	7

表格的下标对应新数据的下标，表格的数值x表示新数据的这一位来自旧数据的第x位。参照表2-2，M的第58位成为IP的第1位，M的第50位成为IP的第2位，M的第7位成为IP的最后一位。比如，假设明文分组M的数据为：

```
M = 0000 0001 0010 0011 0100 0101 0110 0111 1000 1001 1010 1011 1100 1101 1110
1111
```

对M的区块执行初始变换，得到新数据：

```
IP = 1100 1100 0000 0000 1100 1100 1111 1111 1111 0000 1010 1010 1111 0000 1010
1010
```

这里M的第58位是1，变成了IP的第1位。M的第50位是1，变成了IP的第2位。M的第7位是0，变成了IP的最后一位。至此，初始变换完成。

接着把初始变换后的新数据IP分为32位的左半边L_0和32位的右半边R_0：

```
L0 = 1100 1100 0000 0000 1100 1100 1111 1111
R0 = 1111 0000 1010 1010 1111 0000 1010 1010
```

接着执行16个迭代，迭代过程是：对于$1 \leq n \leq 16$，使用一个函数f，函数f输入两个区块，即一个32位的数据区块和一个48位的密钥区块K_n，输出一个32位的区块。定义符号 $\oplus$ 表示异或运算。让n从1循环到16，我们计算：

```
Lₙ = Rₙ₋₁
Rₙ = Lₙ₋₁ ⊕ f(Rₙ₋₁,Kₙ)
```

这样就得到了最终区块，也就是n=16的$L_{16}R_{16}$。这个过程实际上就是拿前一个迭代的结果的右边32位作为当前迭代的左边32位。对于当前迭代的右边32位，将它和上一个迭代的函数f的输出执行异或（XOR）运算。

比如，对于n = 1，我们有：

```
K₁ = 000110 110000 001011 101111 111111 000111 000001 110010
L₁ = R₀ = 1111 0000 1010 1010 1111 0000 1010 1010
R₁ = L₀ ⊕ f(R₀,K₁)
```

剩下的就是函数f的工作了。为了计算函数f，首先拓展每个R_{n-1}，将其从32位拓展到48位。这是通过使用一张表来重复R_{n-1}中的一些位来实现的。这张表如表2-3所示。

表 2-3 使用一张表来重复 R_{n-1} 中的一些位来实现

32	1	2	3	4	5
4	5	6	7	8	9
8	9	10	11	12	13
12	13	14	15	16	17
16	17	18	19	20	21
20	21	22	23	24	25
24	25	26	27	28	29
28	29	30	31	32	1

我们称这个过程为函数E。也就是说函数E(R_{n-1})输入32位，输出48位。比如，给定R_0，我们可以计算出E(R_0)：

```
R₀ = 1111 0000 1010 1010 1111 0000 1010 1010
E(R₀) = 011110 100001 010101 010101 011110 100001 010101 010101
```

注意输入的每4位一个分组被拓展为输出的每6位一个分组。接着在函数f中，对输出$E(R_{n-1})$和密钥K_n执行异或运算：

```
Kn⊕E(R_{n-1})
```

比如，对于$K_1 \oplus E(R_0)$，我们有：

```
K_1 = 000110 110000 001011 101111 111111 000111 000001 110010
E(R_0) = 011110 100001 010101 010101 011110 100001 010101 010101
K_1⊕E(R_0) = 011000 010001 011110 111010 100001 100110 010100 100111
```

到这里，还没有完成函数f的运算，我们只是使用一张表将R_{n-1}从32位拓展为48位，并且对这个结果和密钥K_n执行了异或运算。现在有了48位的结果，或者说8组6比特的数据，要对每组6比特的数据执行一些奇怪的操作：我们将它作为一张被称为"S盒"的表格的地址。每组6比特的数据都将给我们一个位于不同的S盒中的地址。在那个地址里存放着一个4比特的数据。这个4比特的数据将会替换掉原来的6比特的数据。最终结果就是，8组6比特的数据被转换为8组4比特（一共32位）的数据。

将上一步的48位结果写成如下形式：

```
K_n ⊕ E(R_{n-1}) =B1B2B3B4B5B6B7B8
```

每个B_i都是一个6比特的分组。现在计算$S_1(B_1)S_2(B_2)S_3(B_3)S_4(B_4)S_5(B_5)S_6(B_6)S_7(B_7)S_8(B_8)$，其中$S_i(B_i)$指的是第i个S盒的输出。为了计算每个S函数$S_1$，$S_2$，…，$S_8$，取一个6位的区块作为输入，输出一个4位的区块。决定S_1的表格如图2-15所示。

行\列	0	1	2	3	4	5	6	7	8	9	10	11	12	13	14	15
0	14	4	13	1	2	15	11	8	3	10	6	12	5	9	0	7
1	0	15	7	4	14	2	13	1	10	6	12	11	9	5	3	8
2	4	1	14	8	13	6	2	11	15	12	9	7	3	10	5	0
3	15	12	8	2	4	9	1	7	5	11	3	14	10	0	6	13

图 2-15

如果S_1是定义在这张表上的函数，B是一个6位的块，那么计算$S_1(B)$的方法是：B的第一位和最后一位组合起来的二进制数决定一个介于0～3的十进制数（或者二进制数00～11）。设这个数为i。B的中间4位二进制数代表一个介于0～15的十进制数（或者二进制数0000～1111）。设这个数为j。查表找到第i行第j列的那个数，这是一个介于0～15的数，并且它能由一个唯一的4位区块表示。这个区块就是函数S_1输入B得到的输出$S_1(B)$。比如，对于输入B = 011011，第一位是0，最后一位是1，决定了行号是01，也就是十进制的1。中间4位是1101，也就是十进制的13，所以列号是13。查表第1行第13列得到数字5。这决定了输出，5是二进制的0101，所以输出就是0101，即$S_1(011011) = 0101$。

同理，定义这8个函数S_1，…，S_8的表格如图2-16所示。

对于第一轮，得到这8个S盒的输出：

```
K_1 + E(R_0) = 011000 010001 011110 111010 100001 100110 010100 100111.
S1(B1)S2(B2)S3(B3)S4(B4)S5(B5)S6(B6)S7(B7)S8(B8) = 0101 1100 1000 0010 1011 0101
1001 0111
```

	列	0	1	2	3	4	5	6	7	8	9	10	11	12	13	14	15
	行																
S1	0	14	4	13	1	2	15	11	8	3	10	6	12	5	9	0	7
	1	0	15	7	4	14	2	13	1	10	6	12	11	9	5	3	8
	2	4	1	14	8	13	6	2	11	15	12	9	7	3	10	5	0
	3	15	12	8	2	4	9	1	7	5	11	3	14	10	0	6	13
S2	0	15	1	8	14	6	11	3	4	9	7	2	13	12	0	5	10
	1	3	13	4	7	15	2	8	14	12	0	1	10	6	9	11	5
	2	0	14	7	11	10	4	13	1	5	8	12	6	9	3	2	15
	3	13	8	10	1	3	15	4	2	11	6	7	12	0	5	14	9
S3	0	10	0	9	14	6	3	15	5	1	13	12	7	11	4	2	8
	1	13	7	0	9	3	4	6	10	2	8	5	14	12	11	15	1
	2	13	6	4	9	8	15	3	0	11	1	2	12	5	10	14	7
	3	1	10	13	0	6	9	8	7	4	15	14	3	11	5	2	12
S4	0	7	13	14	3	0	6	9	10	1	2	8	5	11	12	4	15
	1	13	8	11	5	6	15	0	3	4	7	2	12	1	10	14	9
	2	10	6	9	0	12	11	7	13	15	1	3	14	5	2	8	4
	3	3	15	0	6	10	1	13	8	9	4	5	11	12	7	2	14
S5	0	2	12	4	1	7	10	11	6	8	5	3	15	13	0	14	9
	1	14	11	2	12	4	7	13	1	5	0	15	10	3	9	8	6
	2	4	2	1	11	10	13	7	8	15	9	12	5	6	3	0	14
	3	11	8	12	7	1	14	2	13	6	15	0	9	10	4	5	3
S6	0	12	1	10	15	9	2	6	8	0	13	3	4	14	7	5	11
	1	10	15	4	2	7	12	9	5	6	1	13	14	0	11	3	8
	2	9	14	15	5	2	8	12	3	7	0	4	10	1	13	11	6
	3	4	3	2	12	9	5	15	10	11	14	1	7	6	0	8	13
S7	0	4	11	2	14	15	0	8	13	3	12	9	7	5	10	6	1
	1	13	0	11	7	4	9	1	10	14	3	5	12	2	15	8	6
	2	1	4	11	13	12	3	7	14	10	15	6	8	0	5	9	2
	3	6	11	13	8	1	4	10	7	9	5	0	15	14	2	3	12
S8	0	13	2	8	4	6	15	11	1	10	9	3	14	5	0	12	7
	1	1	15	13	8	10	3	7	4	12	5	6	11	0	14	9	2
	2	7	11	4	1	9	12	14	2	0	6	10	13	15	3	5	8
	3	2	1	14	7	4	10	8	13	15	12	9	0	3	5	6	11

图 2-16

函数 f 的最后一步是对 S 盒的输出进行一个变换来产生最终值：

```
f = P(S1(B1)S2(B2)…S8(B8))
```

其中，变换 P 由表 2-4 定义。P 输入 32 位数据，通过下标产生 32 位输出。

表 2-4　变换 P

16	7	20	21
29	12	28	17
1	15	23	26
5	18	31	10
2	8	24	14
32	27	3	9
19	13	30	6
22	11	4	25

比如，对于8个S盒的输出：

```
S1(B1)S2(B2)S3(B3)S4(B4)S5(B5)S6(B6)S7(B7)S8(B8) = 0101 1100 1000 0010 1011 0101
1001 0111
```

我们得到：

```
f = 0010 0011 0100 1010 1010 1001 1011 1011
```

那么：

```
R₁ = L0 ⊕ f(R₀ , K₁)
   = 1100 1100 0000 0000 1100 1100 1111 1111 ⊕ 0010 0011 0100 1010 1010 1001 1011
1011
   = 1110 1111 0100 1010 0110 0101 0100 0100
```

在下一轮迭代中，$L_2 = R_1$，这就是刚刚计算的结果。之后必须计算$R_2 = L_1 + f(R_1, K_2)$，一直完成16个迭代。在第16个迭代之后，我们有了区块L_{16}和R_{16}。接着逆转这两个区块的顺序得到一个64位的区块：$R_{16}L_{16}$，然后对其执行一个最终的变换IP-1，其定义如表2-5所示。

表2-5　最终的变换 IP-1

40	8	48	16	56	24	64	32
39	7	47	15	55	23	63	31
38	6	46	14	54	22	62	30
37	5	45	13	53	21	61	29
36	4	44	12	52	20	60	28
35	3	43	11	51	19	59	27
34	2	42	10	50	18	58	26
33	1	41	9	49	17	57	25

也就是说，该变换的输出的第1位是输入的第40位，第2位是输入的第8位，一直到将输入的第25位作为输出的最后一位。

比如，如果使用上述方法得到了第16轮的左右两个区块：

```
L₁₆ = 0100 0011 0100 0010 0011 0010 0011 0100
R₁₆ = 0000 1010 0100 1100 1101 1001 1001 0101
```

我们将这两个区块调换位置，然后执行最终变换：

```
R₁₆L₁₆ = 00001010 01001100 11011001 10010101 01000011 01000010 00110010 00110100
IP-1 = 10000101 11101000 00010011 01010100 00001111 00001010 10110100 00000101
```

写成十六进制得到85E813540F0AB405，这就是明文M = 0123456789ABCDEF的加密形式C = 85E813540F0AB405。

解密就是加密的反过程，执行上述步骤，只不过在那16轮迭代中，调转左右子密钥的位置而已。

4. 3DES

DES是一个经典的对称算法，但缺陷也很明显，即56位的密钥安全性不足，已被证实可以在短时间内被破解。为解决此问题，出现了3DES（也称Triple DES），3DES为DES向AES过渡的加密算法，它使用3个56位的密钥对数据进行3次加解密。为了兼容普通的DES，3DES加密并没有直接使用"加密

→加密→加密"的方式，而是采用"加密→解密→加密"的方式。当3重密钥均相同时，前两步相互抵消，相当于仅实现了一次加密，因此可实现对普通DES加密算法的兼容。

3DES解密过程与加密过程相反，即逆序使用密钥，以密钥3、密钥2、密钥1的顺序执行"解密→加密→解密"。

设Ek()和Dk()代表DES算法的加密和解密过程，k_1、k_2、k_3代表DES算法使用的密钥，P代表明文，C代表密文，这样，3DES加密过程为：$C=Ek_3(Dk_2(Ek_1(P)))$，即先用密钥k_1做DES加密，再用k_2做DES解密，再用k_3做DES加密。3DES解密过程为：$P=Dk_1((Ek_2(Dk_3(C)))$，即先用k_3做DES加密，再用k_2做DES加密，再用k_1做DES解密。这里可以让$k_1=k_3$，但不能让$k_1=k_2=k_3$（如果相等的话，就成了DES算法，因为3次里面有两次DES使用相同的key进行加解密，从而抵消掉了，等于没做，只有最后一次DES加密起了作用）。3DES算法如图2-17所示。

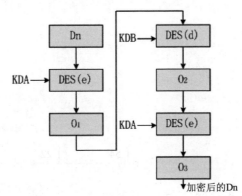

图例：
DES(e) = 数据加密算法（加密模式）　　　　　　D = 数据块
DES(d) = 数据加密算法（解密模式）　　　　　　KDA = 数据加密过程密钥A
O = 输出　　　　　　　　　　　　　　　　　　KDB = 数据加密过程密钥B

图 2-17

这里，我们给出3DES加密的伪代码：

```
void 3DES_ENCRYPT()
{
        DES(Out, In, &SubKey[0], ENCRYPT);        //DES加密
        DES(Out, Out, &SubKey[1], DECRYPT);       //DES解密
        DES(Out, Out, &SubKey[0], ENCRYPT);       //DES加密
}
```

其中，SubKey是16圈子密钥，全局定义如下：

```
bool SubKey[2][16][48];
```

3DES的解密伪代码如下：

```
void 3DES_DECRYPT ()
{
        DES(Out, In, &SubKey[0], DECRYPT);        //DES解密
        DES(Out, Out, &SubKey[1], ENCRYPT);       //DES加密
        DES(Out, Out, &SubKey[0], DECRYPT);       //DES解密
}
```

具体实现稍后会给出实例。相比DES，3DES因密钥长度变长，安全性有所提高，但其处理速度不快。因此，又出现了AES加密算法，AES较于3DES速度更快、安全性更高。

至此，我们对DES和3DES算法的原理阐述完毕，下面进入实战。

5. DES 和 3DES 算法的实现

纸上得来终觉浅，绝知此事要躬行。前面讲了不少DES算法的原理，现在我们将在Linux下实现。代码稍微有点长，但笔者对关键代码都做了注释，结合前面的原理来看，相信读者能看得懂。

【例2.4】　实现DES算法（C语言版）

（1）打开编辑器，输入如下代码：

```c
#include <stdio.h>
#include <memory.h>
#include <string.h>

typedef bool(*PSubKey)[16][48];
enum { ENCRYPT, DECRYPT };                              //选择：加密，解密
static bool SubKey[2][16][48];                          //16圈子密钥
static bool Is3DES;                                     //3次DES标志
static char Tmp[256], deskey[16];                       //暂存字符串，密钥串

static void DES(char Out[8], char In[8], const PSubKey pSubKey, bool Type);//标
准DES加/解密
static void SetKey(const char* Key, int len);              // 设置密钥
static void SetSubKey(PSubKey pSubKey, const char Key[8]);   // 设置子密钥
static void F_func(bool In[32], const bool Ki[48]);       // f 函数
static void S_func(bool Out[32], const bool In[48]);       // S 盒代替
static void Transform(bool *Out, bool *In, const char *Table, int len);  // 变换
static void Xor(bool *InA, const bool *InB, int len);      // 异或
static void RotateL(bool *In, int len, int loop);         // 循环左移
static void ByteToBit(bool *Out, const char *In, int bits);  // 字节组转换成位组
static void BitToByte(char *Out, const bool *In, int bits);  // 位组转换成字节组

void PrintBuf(int len, unsigned char * out_text)             //以十六进制形式输出数据
{
    int i;
    printf("len=%d\n", len);
    for (i = 0;i < len; i++)
    {
        printf("%02X", out_text[i]);
    }
    printf("\n");
}
//Type（选择）——ENCRYPT:加密, DECRYPT:解密
//输出缓冲区（Out）的长度≥((datalen+7)/8)*8，即比datalen大且是8的倍数的最小正整数
//In 可以等于Out，此时加/解密后将覆盖输入缓冲区（In）的内容
//当keylen>8时，系统自动使用3次DES加/解密，否则使用标准DES加/解密
//超过16字节后只取前16字节
```

```
//声明加密和解密函数
bool DES_Act(char *Out, char *In, long datalen, const char *Key, int keylen,
bool Type);

int main() //主函数
{
    char plain_text[100] = {0};                          // 设置明文

    char key[100] = {0};                                 // 密钥设置
    printf("请输入明文：\n");
    gets(plain text);
    int datalen = strlen(plain_text);
    printf("请输入密钥：\n");
    gets(key);
    char encrypt_text[255]="";                           // 密文
    char decrypt_text[255]="";                           // 解密文
    //memset(a,b,c)函数，从a的地址开始到c的长度的字节都初始化为b

    memset(encrypt_text, 0, sizeof(encrypt_text));
    memset(decrypt_text, 0, sizeof(decrypt_text));
    // 进行DES加密
    DES_Act(encrypt_text, plain_text,datalen, key, sizeof(key), ENCRYPT);
    printf("DES加密后的密文:\n");
    int outlen = ((datalen+7)/8)*8;                      //outlen是加密结果的数据长度
    PrintBuf(outlen,encrypt_text);
    // 进行DES解密
    DES_Act(decrypt_text, encrypt_text, sizeof(plain_text), key, sizeof(key),
DECRYPT);
    printf("解密后的输出:\n");
    printf("%s", decrypt_text);

    return 0;
}
// 下面是DES算法中用到的各种表
// 初始置换IP表
const static char IP_Table[64] =
{
    58, 50, 42, 34, 26, 18, 10, 2, 60, 52, 44, 36, 28, 20, 12, 4,
    62, 54, 46, 38, 30, 22, 14, 6, 64, 56, 48, 40, 32, 24, 16, 8,
    57, 49, 41, 33, 25, 17, 9, 1, 59, 51, 43, 35, 27, 19, 11, 3,
    61, 53, 45, 37, 29, 21, 13, 5, 63, 55, 47, 39, 31, 23, 15, 7
};
// 逆初始置换IP1表
const static char IP1_Table[64] =
{
    40, 8, 48, 16, 56, 24, 64, 32, 39, 7, 47, 15, 55, 23, 63, 31,
    38, 6, 46, 14, 54, 22, 62, 30, 37, 5, 45, 13, 53, 21, 61, 29,
    36, 4, 44, 12, 52, 20, 60, 28, 35, 3, 43, 11, 51, 19, 59, 27,
    34, 2, 42, 10, 50, 18, 58, 26, 33, 1, 41, 9, 49, 17, 57, 25
};
// 扩展置换E表
static const char Extension_Table[48] =
{
```

```
    32,  1,  2,  3,  4,  5,  4,  5,  6,  7,  8,  9,
     8,  9, 10, 11, 12, 13, 12, 13, 14, 15, 16, 17,
    16, 17, 18, 19, 20, 21, 20, 21, 22, 23, 24, 25,
    24, 25, 26, 27, 28, 29, 28, 29, 30, 31, 32,  1
};
// P盒置换表
const static char P_Table[32] =
{
    16,  7, 20, 21, 29, 12, 28, 17,  1, 15, 23, 26,  5, 18, 31, 10,
     2,  8, 24, 14, 32, 27,  3,  9, 19, 13, 30,  6, 22, 11,  4, 25
};
// 密钥置换表
const static char PC1_Table[56] =
{
    57, 49, 41, 33, 25, 17,  9,  1, 58, 50, 42, 34, 26, 18,
    10,  2, 59, 51, 43, 35, 27, 19, 11,  3, 60, 52, 44, 36,
    63, 55, 47, 39, 31, 23, 15,  7, 62, 54, 46, 38, 30, 22,
    14,  6, 61, 53, 45, 37, 29, 21, 13,  5, 28, 20, 12,  4
};
// 压缩置换表
const static char PC2_Table[48] =
{
    14, 17, 11, 24,  1,  5,  3, 28, 15,  6, 21, 10,
    23, 19, 12,  4, 26,  8, 16,  7, 27, 20, 13,  2,
    41, 52, 31, 37, 47, 55, 30, 40, 51, 45, 33, 48,
    44, 49, 39, 56, 34, 53, 46, 42, 50, 36, 29, 32
};
// 每轮移动的位数
const static char LOOP_Table[16] =
{
    1,1,2,2,2,2,2,2,1,2,2,2,2,2,2,1
};
// S盒设计
const static char S_Box[8][4][16] =
{
    // S盒1
    14,  4, 13,  1,  2, 15, 11,  8,  3, 10,  6, 12,  5,  9,  0,  7,
     0, 15,  7,  4, 14,  2, 13,  1, 10,  6, 12, 11,  9,  5,  3,  8,
     4,  1, 14,  8, 13,  6,  2, 11, 15, 12,  9,  7,  3, 10,  5,  0,
    15, 12,  8,  2,  4,  9,  1,  7,  5, 11,  3, 14, 10,  0,  6, 13,
    // S盒2
    15,  1,  8, 14,  6, 11,  3,  4,  9,  7,  2, 13, 12,  0,  5, 10,
     3, 13,  4,  7, 15,  2,  8, 14, 12,  0,  1, 10,  6,  9, 11,  5,
     0, 14,  7, 11, 10,  4, 13,  1,  5,  8, 12,  6,  9,  3,  2, 15,
    13,  8, 10,  1,  3, 15,  4,  2, 11,  6,  7, 12,  0,  5, 14,  9,
    // S盒3
    10,  0,  9, 14,  6,  3, 15,  5,  1, 13, 12,  7, 11,  4,  2,  8,
    13,  7,  0,  9,  3,  4,  6, 10,  2,  8,  5, 14, 12, 11, 15,  1,
    13,  6,  4,  9,  8, 15,  3,  0, 11,  1,  2, 12,  5, 10, 14,  7,
     1, 10, 13,  0,  6,  9,  8,  7,  4, 15, 14,  3, 11,  5,  2, 12,
    // S盒4
```

```
    7,  13,  14,   3,   0,   6,   9,  10,   1,   2,   8,   5,  11,  12,   4,  15,
   13,   8,  11,   5,   6,  15,   0,   3,   4,   7,   2,  12,   1,  10,  14,   9,
   10,   6,   9,   0,  12,  11,   7,  13,  15,   1,   3,  14,   5,   2,   8,   4,
    3,  15,   0,   6,  10,   1,  13,   8,   9,   4,   5,  11,  12,   7,   2,  14,
    // S盒5
    2,  12,   4,   1,   7,  10,  11,   6,   8,   5,   3,  15,  13,   0,  14,   9,
   14,  11,   2,  12,   4,   7,  13,   1,   5,   0,  15,  10,   3,   9,   8,   6,
    4,   2,   1,  11,  10,  13,   7,   8,  15,   9,  12,   5,   6,   3,   0,  14,
   11,   8,  12,   7,   1,  14,   2,  13,   6,  15,   0,   9,  10,   4,   5,   3,
    // S盒6
   12,   1,  10,  15,   9,   2,   6,   8,   0,  13,   3,   4,  14,   7,   5,  11,
   10,  15,   4,   2,   7,  12,   9,   5,   6,   1,  13,  14,   0,  11,   3,   8,
    9,  14,  15,   5,   2,   8,  12,   3,   7,   0,   4,  10,   1,  13,  11,   6,
    4,   3,   2,  12,   9,   5,  15,  10,  11,  14,   1,   7,   6,   0,   8,  13,
    // S盒7
    4,  11,   2,  14,  15,   0,   8,  13,   3,  12,   9,   7,   5,  10,   6,   1,
   13,   0,  11,   7,   4,   9,   1,  10,  14,   3,   5,  12,   2,  15,   8,   6,
    1,   4,  11,  13,  12,   3,   7,  14,  10,  15,   6,   8,   0,   5,   9,   2,
    6,  11,  13,   8,   1,   4,  10,   7,   9,   5,   0,  15,  14,   2,   3,  12,
    // S盒8
   13,   2,   8,   4,   6,  15,  11,   1,  10,   9,   3,  14,   5,   0,  12,   7,
    1,  15,  13,   8,  10,   3,   7,   4,  12,   5,   6,  11,   0,  14,   9,   2,
    7,  11,   4,   1,   9,  12,  14,   2,   0,   6,  10,  13,  15,   3,   5,   8,
    2,   1,  14,   7,   4,  10,   8,  13,  15,  12,   9,   0,   3,   5,   6,  11
};
// 下面是DES算法中调用的函数
// 字节转换函数
void ByteToBit(bool *Out, const char *In, int bits)
{
    for (int i = 0; i < bits; ++i)
        Out[i] = (In[i >> 3] >> (i & 7)) & 1;// In[i/8] 的作用是取出1字节: i=0～7的
时候就取In[0]，i=8～15的时候就取In[1]……
    // In[i/8] >> (i%8) 是把取出来的1字节右移0～7位，也就是依次取出该字节的每一bit
    // 整个函数的作用是：把In里面的每字节依次转换为8位（比特），最后的结果存到Out里面
}

// 比特转换函数
void BitToByte(char *Out, const bool *In, int bits)
{
    memset(Out, 0, bits >> 3);                // 把每字节都初始化为0
    for (int i = 0; i < bits; ++i)
        Out[i >> 3] |= In[i] << (i & 7); // i>>3位运算，按位右移三位等于i除以8，i&7按
位与运算等于i求余8
}

// 变换函数
void Transform(bool *Out, bool *In, const char *Table, int len)
{
    for (int i = 0; i < len; ++i)
        Tmp[i] = In[Table[i] - 1];
    memcpy(Out, Tmp, len);
```

```
}
// 异或函数的实现
void Xor(bool *InA, const bool *InB, int len)
{
    for (int i = 0; i < len; ++i)
        InA[i] ^= InB[i];                          // 异或运算，相同为0，不同为1
}

// 轮转函数
void RotateL(bool *In, int len, int loop)
{
    memcpy(Tmp, In, loop);                         // Tmp接受左移除的loop字节
    memcpy(In, In + loop, len - loop);             // In更新，即剩下的字节向前移动loop字节
    memcpy(In + len - loop, Tmp, loop);            // 左移除的字节添加到In的len-loop位置
}

// S函数的实现
void S_func(bool Out[32], const bool In[48])  // 将8组、每组6 bits的串转化为8组、每组
4 bits的串
{
    for (char i = 0, j, k; i < 8; ++i, In += 6, Out += 4)
    {
        j = (In[0] << 1) + In[5];// 取第一位和第六位组成的二进制数为S盒的纵坐标
        k = (In[1] << 3) + (In[2] << 2) + (In[3] << 1) + In[4];//取第二、三、四、五
位组成的二进制数为S盒的横坐标
        ByteToBit(Out, &S_Box[i][j][k], 4);
    }
}

// F函数的实现
void F_func(bool In[32], const bool Ki[48])
{
    static bool MR[48];
    Transform(MR, In, Extension_Table, 48);        // 先进行 E 扩展
    Xor(MR, Ki, 48);                               // 再异或
    S_func(In, MR);                                // 各组字符串分别经过各自的 S 盒
    Transform(In, In, P_Table, 32);                // 最后进行P变换
}

// 设置子密钥
void SetSubKey(PSubKey pSubKey, const char Key[8])
{
    static bool K[64], *KL = &K[0], *KR = &K[28]; // 将64位密钥串去掉8位奇偶位后，分
成两份
    ByteToBit(K, Key, 64);                         // 转换格式
    Transform(K, K, PC1_Table, 56);

    for (int i = 0; i < 16; ++i)                   // 由56位密钥产生48位子密钥
    {
        RotateL(KL, 28, LOOP_Table[i]);            // 两份子密钥分别进行左移转换
        RotateL(KR, 28, LOOP_Table[i]);
        Transform((*pSubKey)[i], K, PC2_Table, 48);
    }
```

```
    }
    // 设置密钥
    void SetKey(const char* Key, int len)
    {
        memset(deskey, 0, 16);
        memcpy(deskey, Key, len > 16 ? 16 : len); // memcpy(a,b,c)函数，将从b地址开始到
c长度的字节的内容复制到a
        SetSubKey(&SubKey[0], &deskey[0]);           // 设置子密钥
        Is3DES = len > 0 ? (SetSubKey(&SubKey[1], &deskey[8]), true) : false;
    }

    // DES加解密函数
    void DES(char Out[8], char In[8], const PSubKey pSubKey, bool Type)
    {
        static bool M[64], tmp[32], *Li = &M[0], *Ri = &M[32];  //64 bits明文经过IP置
换后，分成左右两份
        ByteToBit(M, In, 64);
        Transform(M, M, IP_Table, 64);
        if (Type == ENCRYPT)                          // 加密
        {
            for (int i = 0; i < 16; ++i)              // 加密时：子密钥 K0~K15
            {
                memcpy(tmp, Ri, 32);
                F_func(Ri, (*pSubKey)[i]);            // 调用F函数
                Xor(Ri, Li, 32);                      // Li与Ri异或
                memcpy(Li, tmp, 32);
            }
        }
        else                                          // 解密
        {
            for (int i = 15; i >= 0; --i)             // 解密时：Ki的顺序与加密相反
            {
                memcpy(tmp, Li, 32);
                F_func(Li, (*pSubKey)[i]);
                Xor(Li, Ri, 32);
                memcpy(Ri, tmp, 32);
            }
        }
        Transform(M, M, IP1_Table, 64);               // 最后经过逆初始置换IP-1，得到密文/明文
        BitToByte(Out, M, 64);
    }

    // DES和3DES加解密函数（可以对长明文分段加密，并且支持DES和3DES）
    bool DES_Act(char *Out, char *In, long datalen, const char *Key, int keylen,
bool Type)
    {
        if (!(Out && In && Key && (datalen = (datalen + 7) & 0xfffffff8)))
            return false;
        SetKey(Key, keylen);
        if (!Is3DES)                    // 全局bool类型的变量，用于标记是否使用3DES算法
        {                               // 1次DES
```

```
        for (long i = 0, j = datalen >> 3; i < j; ++i, Out += 8, In += 8)
            DES(Out, In, &SubKey[0], Type);
    }
    else
    {   // 3次DES 加密:加(key0)-解(key1)-加(key0)解密:解(key0)-加(key1)-解(key0)
        for (long i = 0, j = datalen >> 3; i < j; ++i, Out += 8, In += 8) {
            DES(Out, In, &SubKey[0], Type);
            DES(Out, Out, &SubKey[1], !Type);
            DES(Out, Out, &SubKey[0], Type);
        }
    }
    return true;
}
```

DES是常用的分组对称算法，其分组长度为64位，密钥长度为56位。在DES算法中，如果明文数据很长，则DES将数据分成多个分组（也称块），每组长度为8字节。因此，加密结果的长度 outlen = ((datalen+7)/8)*8。

（2）保存文件为test.c，并上传到Linux中，然后在命令行下编译：

```
gcc test.c -o test -std=c99
```

此时生成可执行程序test，运行结果如下：

```
请输入明文:
abc
请输入密钥:
123
DES加密后的密文:
len=8
1B921F8D044BE87F
解密后的输出:
abc
```

以上是我们从零开始，全手工实现的DES算法，这对学习理解来讲是非常重要的过程。但在一线工作中，很多时候是不需要"重复造轮子"的，比如可以使用现成的库。

下面我们用OpenSSL来实现DES算法，在该例中，我们用ECB工作模式，所以不需要初始向量。OpenSSL提供了DES_ecb_encrypt函数来实现ECB模式的DES算法，该函数声明如下：

```
void DES_ecb_encrypt(const_DES_cblock *input, DES_cblock *output,
                DES_key_schedule *ks, int enc);
```

其中参数input指向输入缓冲区，加密时表示明文，解密时表示密文；output表示输出缓冲区，加密时表示密文，解密时表示明文；ks指向密钥缓冲区；enc用于表示加密还是解密。

这个密钥结构ks看起来有点怪，其实它是通过其他函数转换而来的，比如下面的代码片段：

```
    DES_cblock key;                          //DES密钥结构体
    DES_random_key(&key);                    //生成随机密钥
    DES_key_schedule schedule;
    DES_set_key_checked(&key, &schedule);    //转换成schedule
```

下面我们来看具体的例子。

【例2.5】　实现DES算法（OpenSSL版）

（1）打开编辑器，输入如下代码：

```c
#include <stdio.h>
#include <openssl/des.h>

int main(int argc, char **argv)
{
    DES_cblock key;
puts("We use random key.");
DES_random_key(&key);   // 随机密钥

    DES_key_schedule schedule;
    //转换成schedule
    DES_set_key_checked(&key, &schedule);

    const_DES_cblock input = "abc";
    DES_cblock output;

    printf("cleartext: %s\n", input);

    //加密
    DES_ecb_encrypt(&input, &output, &schedule, DES_ENCRYPT);
    printf("Encrypted!\n");

    printf("ciphertext: ");
    int i;
    for (i = 0; i < sizeof(input); i++)
        printf("%02x", output[i]);
    printf("\n");

    //解密
    DES_ecb_encrypt(&output, &input, &schedule, DES_DECRYPT);
    printf("Decrypted!\n");
    printf("cleartext:%s\n", input);

    return 0;
}
```

在上述代码中，通过库函数DES_random_key得到随机密钥，然后对明文"abc"进行加密，再解密。

（2）保存文件为test.c，然后上传到Linux并编译：

```
gcc test.c -o test -lcrypto
```

此时生成可执行文件test，运行结果如下：

```
We use random key.
cleartext: abc
Encrypted!
ciphertext: 813f94f636e8d7b1
```

```
Decrypted!
cleartext:abc
```

2.3.4　SM4算法

1. 概述

随着密码标准的制定活动在国际上热烈开展，我国对密码算法的设计与分析也越来越关注。为此，国家密码管理局公布了国密算法SM4。SM4算法的全称为SM4分组密码算法，是国家密码管理局于2012年3月发布的第23号公告中公布的密码行业标准。该算法适用于无线局域网的安全领域。SM4算法的优点是软件和硬件实现容易，运算速度快。

SM4算法采用非平衡Feistel结构，其明文分组长度为128比特，密钥长度也为128比特。这里需要解释一下分组长度和密钥长度。分组长度是指一个信息分组的比特位数，而密钥长度是密钥的比特位数。可以看出，这两个长度都是以比特位数为单位。当然，我们通常也会使用字节（Byte）作为单位，例如16字节。但如果看到分组长度是128，没有带单位，那么应该知道默认的单位是比特。

SM4算法与密钥扩展算法均采用32轮非线性迭代结构，以字（32位）为单位进行加密运算，每轮迭代运算均使用变换函数F。SM4算法的加解密算法的结构相同，只是使用的轮密钥相反，其中解密轮密钥是加密轮密钥的逆序。

SM4算法在使用上表现出了安全高效的特点，与其他分组密码算法相比有以下优势：

（1）算法资源利用率高，表现为密钥扩展算法与加密算法可共用。

（2）加密算法流程和解密算法流程一样，只是轮密钥顺序相反，因此无论是软件实现还是硬件实现都非常方便。

（3）算法中包含异或运算、数据的输入输出、线性置换等模块，这些模块都是按8 位来进行运算的，现有的处理器完全能处理。

SM4算法主要包括加密算法、解密算法以及密钥的扩展算法三个部分，其基本算法结构如图2-18所示。

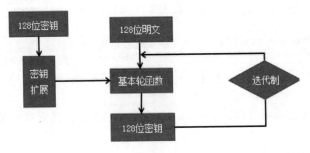

图 2-18

可见，其最初输入的128位密钥还要进行扩展，变成轮密钥后才能用于算法（轮函数）。

2. 密钥及密钥参量

SM4算法中的加密密钥和解密密钥的长度相同，一般为128比特，即16字节，在算法中表示为$MK=(MK_0, MK_1, MK_2, MK_3)$，其中$MK_i(i=0, 1, 2, 3)$为32比特。而算法中的轮密钥是由加密算法的密钥生成的，主要表示为$(rk_0, rk_1, \cdots, rk_{31})$，其中$rk_i(i=0, 1, \cdots, 31)$为32比特。

FK=(FK$_1$, FK$_2$, FK$_3$, FK$_4$)为系统参数，CK=(CK$_0$, CK$_1$, $\cdots$, CK$_{31}$)为固定参数，这两个参数主要在密钥扩展算法中使用，其中FK$_i$(i=0, 1, $\cdots$, 31)和CK$_i$(i=0, 1, $\cdots$, 31)均为32比特，也就是说一个FK$_i$和一个CK$_i$都是4个字节。

3. 密钥扩展算法

SM4算法使用128位的加密密钥，加密算法与密钥扩展算法都采用32轮非线性迭代结构，每一轮加密使用一个32位的轮密钥，共使用32个轮密钥。因此，需要使用密钥扩展算法，就需要从加密密钥产生出32个轮密钥。轮密钥由加密密钥通过密钥扩展算法生成。

轮密钥生成方法：设输入的加密密钥为MK=(MK$_0$, MK$_1$, MK$_2$, MK$_3$)，其中MK$_i$(i=0, 1, 2, 3)为32比特，也就是一个MK$_i$有4字节。输出的轮密钥为(rk$_0$, rk$_1$, $\cdots$, rk$_{31}$)，其中rk$_i$(i=0, 1, $\cdots$, 31)为32比特，也就是一个rk$_i$有4字节。中间数据为K$_i$(i=0, 1, $\cdots$, 34, 35)。密钥扩展算法可描述如下：

第一步，计算K$_0$, K$_1$, K$_2$, K$_3$：

```
K₀=MK₀⊕FK₀
```

```
K₁= MK₁⊕FK₁：
```

```
K₂=  MK₂⊕FK₂
K₃=  MK₃⊕FK₃
```

也就是加密密钥分量和固定参数分量进行异或运算。

第二步，计算后续K$_i$和每个轮密钥rk$_i$：

```
for(i=0;i<31;i++)
{
    K_{i+4}= K_i⊕T'(K_{i+1}⊕K_{i+2}⊕K_{i+3}⊕K_i)；//计算后续K_i
rk_i = K_{i+4}；//得到轮密钥
}
```

说明：

（1）T'变换与加密算法轮函数（后面会讲到）中的T基本相同，只是将其中的线性变换L修改为以下的L'。

```
L'(B)=B⊕(B<<13)⊕(B<<23)
```

（2）系统参数FK的取值为：

```
FK0=(A3B1BAC6)，FK1=(56AA3350)，FK2=(677D9197)，FK3=(B27022DC)
```

（3）固定参数CK的取值为：设ck$_{i,j}$为CK$_i$的第j字节(i=0, 1, $\cdots$, 31; j=0, 1, 2, 3)，即CK$_i$=(ck$_{i,0}$, ck$_{i,1}$, ck$_{i,2}$, ck$_{i,3}$)，则ck$_{i,j}$=(4i+j)×7(mod 256)。

固定参数CK$_i$(i=0, 1, 2, $\cdots$, 31)的具体值为：

```
00070E15, 1C232A31, 383F464D, 545B6269,
70777E85, 8C939AA1, A8AFB6BD, C4CBD2D9,
E0E7EEF5, FC030A11, 181F262D, 343B4249,
50575E65, 6C737A81, 888F969D, A4ABB2B9,
C0C7CED5, DCE3EAF1, F8FF060D, 141B2229,
30373E45,, 4C535A61, 686F767D, 848B9299,
```

```
A0A7AEB5，BCC3CAD1，D8DFE6ED，F4FB0209，
10171E25，2C333A41，484F565D，646B7279。
```

4．轮函数

在具体介绍SM4算法之前，先介绍一下轮函数，也就是加密算法中每轮所使用的函数。

设输入为 $(X_0, X_1, X_2, X_3) \in (Z_2^{32})^4$，$(Z_2^{32})^4$ 表示所属数据是二进制形式的，每部分是32位，一共4部分。轮密钥为 $rk \in Z_2^{32}$，则轮函数F为：

```
F(X₀, X₁, X₂, X₃, rk)= X₀⊕T(X₁⊕X₂⊕X₃⊕rk)
```

这就是轮函数的结构，其中T叫作合成置换，它是可逆变换（T：$Z_2^{32} \to Z_2^{32}$），由非线性变换τ和线性变换L复合而成，即T(·)=L(τ(·))。我们分别来看一下τ和L。

1）非线性变换 τ

非线性变换τ由4个S盒并行组成。假设输入的内容为 $A = (a_0, a_1, a_2, a_3) \in (Z_2^8)^4$，通过非线性变换，最后算法的输出结果为 $B = (b_0, b_1, b_2, b_3) \in (Z_2^8)^4$，即：

```
B=(b0,b1,b2,b3) = τ(A) = (Sbox(a₀),Sbox(a₁),Sbox(a₂),Sbox(a₃))
```

其中，Sbox数据定义如下：

```
unsigned int Sbox[16][16] =
{
    0xd6, 0x90, 0xe9, 0xfe, 0xcc, 0xe1, 0x3d, 0xb7, 0x16, 0xb6, 0x14, 0xc2, 0x28,
0xfb, 0x2c, 0x05,
        0x2b, 0x67, 0x9a, 0x76, 0x2a, 0xbe, 0x04, 0xc3, 0xaa, 0x44, 0x13, 0x26,
0x49, 0x86, 0x06, 0x99,
        0x9c, 0x42, 0x50, 0xf4, 0x91, 0xef, 0x98, 0x7a, 0x33, 0x54, 0x0b, 0x43,
0xed, 0xcf, 0xac, 0x62,
        0xe4, 0xb3, 0x1c, 0xa9, 0xc9, 0x08, 0xe8, 0x95, 0x80, 0xdf, 0x94, 0xfa,
0x75, 0x8f, 0x3f, 0xa6,
        0x47, 0x07, 0xa7, 0xfc, 0xf3, 0x73, 0x17, 0xba, 0x83, 0x59, 0x3c, 0x19,
0xe6, 0x85, 0x4f, 0xa8,
        0x68, 0x6b, 0x81, 0xb2, 0x71, 0x64, 0xda, 0x8b, 0xf8, 0xeb, 0x0f, 0x4b,
0x70, 0x56, 0x9d, 0x35,
        0x1e, 0x24, 0x0e, 0x5e, 0x63, 0x58, 0xd1, 0xa2, 0x25, 0x22, 0x7c, 0x3b,
0x01, 0x21, 0x78, 0x87,
        0xd4, 0x00, 0x46, 0x57, 0x9f, 0xd3, 0x27, 0x52, 0x4c, 0x36, 0x02, 0xe7,
0xa0, 0xc4, 0xc8, 0x9e,
        0xea, 0xbf, 0x8a, 0xd2, 0x40, 0xc7, 0x38, 0xb5, 0xa3, 0xf7, 0xf2, 0xce,
0xf9, 0x61, 0x15, 0xa1,
        0xe0, 0xae, 0x5d, 0xa4, 0x9b, 0x34, 0x1a, 0x55, 0xad, 0x93, 0x32, 0x30,
0xf5, 0x8c, 0xb1, 0xe3,
        0x1d, 0xf6, 0xe2, 0x2e, 0x82, 0x66, 0xca, 0x60, 0xc0, 0x29, 0x23, 0xab,
0x0d, 0x53, 0x4e, 0x6f,
        0xd5, 0xdb, 0x37, 0x45, 0xde, 0xfd, 0x8e, 0x2f, 0x03, 0xff, 0x6a, 0x72,
0x6d, 0x6c, 0x5b, 0x51,
        0x8d, 0x1b, 0xaf, 0x92, 0xbb, 0xdd, 0xbc, 0x7f, 0x11, 0xd9, 0x5c, 0x41,
0x1f, 0x10, 0x5a, 0xd8,
        0x0a, 0xc1, 0x31, 0x88, 0xa5, 0xcd, 0x7b, 0xbd, 0x2d, 0x74, 0xd0, 0x12,
0xb8, 0xe5, 0xb4, 0xb0,
```

```
            0x89, 0x69, 0x97, 0x4a, 0x0c, 0x96, 0x77, 0x7e, 0x65, 0xb9, 0xf1, 0x09,
0xc5, 0x6e, 0xc6, 0x84,
            0x18, 0xf0, 0x7d, 0xec, 0x3a, 0xdc, 0x4d, 0x20, 0x79, 0xee, 0x5f, 0x3e,
0xd7, 0xcb, 0x39, 0x48
    };
```

一共256个数据，也可以定义为int s[256];。若输入EF，则经S盒后的值为第E行和第F列的值，Sbox[0xE][0xF]=84。

2）线性变换L

非线性变换τ的输出是线性变换L的输入。设输入为$B \in z^2$（这里的B就是上面1）中的B），输出为$C \in Z2$，则L的计算如下：

C=L(B)=B ⊕ (B<<<2) ⊕ (B<<<10) ⊕ (B<<<18) ⊕ (B<<<24)

⊕表示异或，<<<表示循环左移。至此，轮函数F已经计算完成。

5. 加密算法

SM4算法的加密算法流程包含32次迭代运算和1次反序变换R。

假设明文输入为$(X_0, X_1, X_2, X_3) \in (Z_2^{32})^4$，$(Z_2^{32})^4$表示所属数据是二进制形式的，每部分是32位，一共4部分。密文输出为$(Y_0, Y_1, Y_2, Y_3) \in (Z_2^{32})^4$，轮密钥为$rk_i \in (Z_2^{32})^4$，$i = 0, 1, \cdots, 31$。

加密算法的运算过程如下：

（1）32次迭代运算：$X_{i+4} = F(X_i, X_{i+1}, X_{i+2}, X_{i+3}, rk_i)$，$i = 0, 1, \cdots, 31$。其中，F就是轮函数，前面介绍过了。

（2）反序变换：$(Y_0, Y_1, Y_2, Y_3) = R(X_{32}, X_{33}, X_{34}, X_{35}) = (X_{35}, X_{34}, X_{33}, X_{32})$。对最后一轮数据进行反序变换并得到密文输出。

SM4算法的整体结构如图2-19所示。

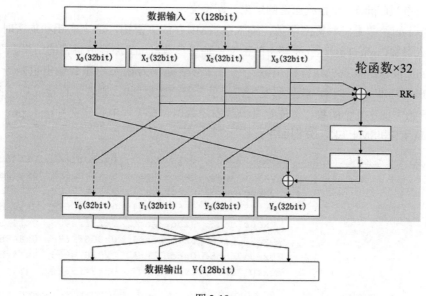

图 2-19

6. 解密算法

SM4算法的解密算法和加密算法一致，不同的仅是轮密钥的使用顺序。在解密算法中，所使用的轮密钥为$(rk_{31}, rk_{30}, \cdots, rk_0)$。

7. SM4 算法的实现

前面讲述了SM4算法的理论知识，现在我们要上机实现它了。

【例2.6】　实现SM4算法（16字节版）

（1）为什么叫16字节版呢？这是因为本例只能对16字节的数据进行加解密。为什么不直接给出能对任意长度的数据进行加解密的版本呢？这是因为任意长度加解密的版本也是以16字节版为基础的。别忘记了，SM4算法的分组长度是16字节，SM4算法是分组加解密的，任何长度的明文都会划分为16字节一组，然后一组一组地进行加解密。下例将演示任意长度的版本。

（2）声明几个函数。新建一个文件sm4.h，并输入如下代码：

```
#pragma once

void SM4_KeySchedule(unsigned char MK[], unsigned int rk[]);//生成轮密钥
void SM4_Encrypt(unsigned char MK[], unsigned char PlainText[], unsigned char
CipherText[]);
void SM4_Decrypt(unsigned char MK[], unsigned char CipherText[], unsigned char
PlainText[]);
int SM4_SelfCheck();
```

其中，#pragma once是一个比较常用的C/C++预处理指令，只要在头文件的最开始加入这条预处理指令，就能够保证头文件只被编译一次。

SM4_KeySchedule函数用来生成轮密钥，参数MK是输入参数，存放主密钥（也就是加密密钥）；rk是输出参数，存放生成的轮密钥。

SM4_Encrypt函数是SM4加密函数，输入参数MK存放主密钥；输入参数PlainText存放要加密的明文；输出参数CipherText存放加密的结果，即密文。

SM4_Decrypt函数是SM4解密函数，输入参数MK存放主密钥，这个密钥和加密时的主密钥必须一样；输入参数CipherText存放要解密的密文；输出参数PlainText存放解密的结果，即明文。

SM4_SelfCheck函数是SM4自检函数，它用标准数据作为输入，那么输出也是一个标准的结果，如果输出和标准结果不同，就说明发生错误了。若函数返回0，则表示自检成功，否则失败。

（3）开始实现这几个函数。首先定义一些固定数据。在工程中新建文件sm4.cpp，并定义两个全局数组SM4_CK和SM4_FK，分别如下：

```
unsigned int SM4_CK[32] = { 0x00070e15, 0x1c232a31, 0x383f464d, 0x545b6269,
                            0x70777e85, 0x8c939aa1, 0xa8afb6bd, 0xc4cbd2d9,
                            0xe0e7eef5, 0xfc030a11, 0x181f262d, 0x343b4249,
                            0x50575e65, 0x6c737a81, 0x888f969d, 0xa4abb2b9,
                            0xc0c7ced5, 0xdce3eaf1, 0xf8ff060d, 0x141b2229,
                            0x30373e45, 0x4c535a61, 0x686f767d, 0x848b9299,
                            0xa0a7aeb5, 0xbcc3cad1, 0xd8dfe6ed, 0xf4fb0209,
                            0x10171e25, 0x2c333a41, 0x484f565d, 0x646b7279 };

unsigned int SM4_FK[4] = { 0xA3B1BAC6, 0x56AA3350, 0x677D9197, 0xB27022DC };
```

其中SM4_CK用来存放固定参数，SM4_FK用来存放系统参数，这两个参数都用于密钥扩展算法，也就是在SM4_KeySchedule中会用到。

然后添加一个全局数组作为S盒：

```c
unsigned char SM4_Sbox[256] =
{0xd6,0x90,0xe9,0xfe,0xcc,0xe1,0x3d,0xb7,0x16,0xb6,0x14,0xc2,0x28,0xfb,0x2c,0x05,
0x2b,0x67,0x9a,0x76,0x2a,0xbe,0x04,0xc3,0xaa,0x44,0x13,0x26,0x49,0x86,0x06,0x99,
0x9c,0x42,0x50,0xf4,0x91,0xef,0x98,0x7a,0x33,0x54,0x0b,0x43,0xed,0xcf,0xac,0x62,
0xe4,0xb3,0x1c,0xa9,0xc9,0x08,0xe8,0x95,0x80,0xdf,0x94,0xfa,0x75,0x8f,0x3f,0xa6,
0x47,0x07,0xa7,0xfc,0xf3,0x73,0x17,0xba,0x83,0x59,0x3c,0x19,0xe6,0x85,0x4f,0xa8,
0x68,0x6b,0x81,0xb2,0x71,0x64,0xda,0x8b,0xf8,0xeb,0x0f,0x4b,0x70,0x56,0x9d,0x35,
0x1e,0x24,0x0e,0x5e,0x63,0x58,0xd1,0xa2,0x25,0x22,0x7c,0x3b,0x01,0x21,0x78,0x87,
0xd4,0x00,0x46,0x57,0x9f,0xd3,0x27,0x52,0x4c,0x36,0x02,0xe7,0xa0,0xc4,0xc8,0x9e,
0xea,0xbf,0x8a,0xd2,0x40,0xc7,0x38,0xb5,0xa3,0xf7,0xf2,0xce,0xf9,0x61,0x15,0xa1,
0xe0,0xae,0x5d,0xa4,0x9b,0x34,0x1a,0x55,0xad,0x93,0x32,0x30,0xf5,0x8c,0xb1,0xe3,
0x1d,0xf6,0xe2,0x2e,0x82,0x66,0xca,0x60,0xc0,0x29,0x23,0xab,0x0d,0x53,0x4e,0x6f,
0xd5,0xdb,0x37,0x45,0xde,0xfd,0x8e,0x2f,0x03,0xff,0x6a,0x72,0x6d,0x6c,0x5b,0x51,
0x8d,0x1b,0xaf,0x92,0xbb,0xdd,0xbc,0x7f,0x11,0xd9,0x5c,0x41,0x1f,0x10,0x5a,0xd8,
0x0a,0xc1,0x31,0x88,0xa5,0xcd,0x7b,0xbd,0x2d,0x74,0xd0,0x12,0xb8,0xe5,0xb4,0xb0,
0x89,0x69,0x97,0x4a,0x0c,0x96,0x77,0x7e,0x65,0xb9,0xf1,0x09,0xc5,0x6e,0xc6,0x84,
0x18,0xf0,0x7d,0xec,0x3a,0xdc,0x4d,0x20,0x79,0xee,0x5f,0x3e,0xd7,0xcb,0x39,0x48};
```

至此，全局变量添加完毕。下面开始添加函数定义，首先添加生成轮密钥的函数：

```c
void SM4_KeySchedule(unsigned char MK[], unsigned int rk[])
{
    unsigned int tmp, buf, K[36];
    int i;

    //第一步，计算K0、K1、K2、K3
    for (i = 0; i < 4; i++)
    {
        K[i] = SM4_FK[i] ^ ((MK[4 * i] << 24) | (MK[4 * i + 1] << 16)
            | (MK[4 * i + 2] << 8) | (MK[4 * i + 3]));
    }

    //第二步，计算后续Ki和每个轮密钥rki
    for (i = 0; i < 32; i++)
    {
        tmp = K[i + 1] ^ K[i + 2] ^ K[i + 3] ^ SM4_CK[i];
        //nonlinear operation，即非线性运算
        buf = (SM4_Sbox[(tmp >> 24) & 0xFF]) << 24
            | (SM4_Sbox[(tmp >> 16) & 0xFF]) << 16
            | (SM4_Sbox[(tmp >> 8) & 0xFF]) << 8
            | (SM4_Sbox[tmp & 0xFF]);
        //linear operation，即线性运算
        K[i + 4] = K[i] ^ ((buf) ^ (SM4_Rotl32((buf), 13)) ^ (SM4_Rotl32((buf),
23)));
        rk[i] = K[i + 4];
    }
}
```

该函数输入加密密钥，输出轮密钥。函数实现过程和前面密钥扩展算法的描述完全一致，对照着看完全能看懂。总的来看，就是两步：第一步，计算K_0、K_1、K_2、K_3；第二步，计算后续K_i和每个轮密钥rk_i。

下面添加SM4加密函数：

```
void SM4_Encrypt(unsigned char MK[], unsigned char PlainText[], unsigned char
CipherText[])
{
    unsigned int rk[32], X[36], tmp, buf;
    int i, j;
    SM4_KeySchedule(MK, rk); //通过加密密钥计算轮密钥
    for (j = 0; j < 4; j++)  //把明文字节数组转换成字形式
    {
        X[j] = (PlainText[j * 4] << 24) | (PlainText[j * 4 + 1] << 16)
            | (PlainText[j * 4 + 2] << 8) | (PlainText[j * 4 + 3]);
    }
    for (i = 0; i < 32; i++) //32次迭代运算
    {
        tmp = X[i + 1] ^ X[i + 2] ^ X[i + 3] ^ rk[i];
        //nonlinear operation, 即非线性运算
        buf = (SM4_Sbox[(tmp >> 24) & 0xFF]) << 24
            | (SM4_Sbox[(tmp >> 16) & 0xFF]) << 16
            | (SM4_Sbox[(tmp >> 8) & 0xFF]) << 8
            | (SM4_Sbox[tmp & 0xFF]);
        //linear operation, 即线性运算
        X[i + 4] = X[i] ^ (buf^SM4_Rotl32((buf), 2) ^ SM4_Rotl32((buf), 10)
            ^ SM4_Rotl32((buf), 18) ^ SM4_Rotl32((buf), 24));
    }
    for (j = 0; j < 4; j++)  //对最后一轮数据进行反序变换并得到密文输出
    {
        CipherText[4 * j] = (X[35 - j] >> 24) & 0xFF;
        CipherText[4 * j + 1] = (X[35 - j] >> 16) & 0xFF;
        CipherText[4 * j + 2] = (X[35 - j] >> 8) & 0xFF;
        CipherText[4 * j + 3] = (X[35 - j]) & 0xFF;
    }
}
```

该函数传入16字节的加密密钥MK和16字节的明文PlainText，得到16字节的密文CipherText。在该函数中，首先调用SM4_KeySchedule来生成轮密钥，然后做32次迭代运算，最后一个for循环就是对最后一轮数据进行反序变换并得到密文输出。

下面添加SM4解密函数：

```
void SM4_Decrypt(unsigned char MK[], unsigned char CipherText[], unsigned char
PlainText[])
{
    unsigned int rk[32], X[36], tmp, buf;
    int i, j;
    SM4_KeySchedule(MK, rk); //通过加密密钥计算轮密钥
    for (j = 0; j < 4; j++)  //把密文字节数组存入int变量，大端模式
    {
```

```
        X[j] = (CipherText[j * 4] << 24) | (CipherText[j * 4 + 1] << 16) |
            (CipherText[j * 4 + 2] << 8) | (CipherText[j * 4 + 3]);
    }
    for (i = 0; i < 32; i++)  //32次迭代运算
    {
        tmp = X[i + 1] ^ X[i + 2] ^ X[i + 3] ^ rk[31 - i];  //这里和加密不同，轮密钥
开始倒着用

        //nonlinear operation，即非线性运算
        buf = (SM4_Sbox[(tmp >> 24) & 0xFF]) << 24
            | (SM4_Sbox[(tmp >> 16) & 0xFF]) << 16
            | (SM4_Sbox[(tmp >> 8) & 0xFF]) << 8
            | (SM4_Sbox[tmp & 0xFF]);
        //linear operation，即线性运算
        X[i + 4] = X[i] ^ (buf^SM4_Rotl32((buf), 2) ^ SM4_Rotl32((buf), 10)
            ^ SM4_Rotl32((buf), 18) ^ SM4_Rotl32((buf), 24));
    }
    for (j = 0; j < 4; j++)  //对最后一轮数据进行反序变换并得到明文输出
    {
        PlainText[4 * j] = (X[35 - j] >> 24) & 0xFF;
        PlainText[4 * j + 1] = (X[35 - j] >> 16) & 0xFF;
        PlainText[4 * j + 2] = (X[35 - j] >> 8) & 0xFF;
        PlainText[4 * j + 3] = (X[35 - j]) & 0xFF;
    }
}
```

　　该函数传入16字节的加密密钥MK和16字节的密文CipherText，得到16字节的明文PlainText。我们可以看出，解密过程和加密过程几乎一样，区别就在于在32次迭代运算中，轮密钥开始倒着用。

　　下面添加SM4自检函数：

```
int SM4_SelfCheck()
{
    int i;
    //Standard data，即标准数据
    unsigned char key[16] = { 0x01,0x23,0x45,0x67,0x89,0xab,0xcd,0xef,0xfe,0xdc,
0xba,0x98,0x76,0x54,0x32,0x10 };
    unsigned char plain[16] = { 0x01,0x23,0x45,0x67,0x89,0xab,0xcd,0xef,0xfe,
0xdc,0xba,0x98,0x76,0x54,0x32,0x10 };
    unsigned char cipher[16] = { 0x68,0x1e,0xdf,0x34,0xd2,0x06,0x96,0x5e,0x86,
0xb3,0xe9,0x4f,0x53,0x6e,0x42,0x46 };
    unsigned char En_output[16];
    unsigned char De_output[16];
    SM4_Encrypt(key, plain, En_output);
    SM4_Decrypt(key, cipher, De_output);
    //进行判断
    for (i = 0; i < 16; i++)
    {
    //第一个判断是判断加密结果是否和标准密文数据相同，第二个判断是判断解密结果是否和明文相同
        if ((En_output[i] != cipher[i]) | (De_output[i] != plain[i]))
        {
            printf("Self-check error");
            return 1;
```

```
        }
    }
    printf("Self-check success");
    return 0;
}
```

自检函数通常用标准明文数据、标准加密密钥数据作为输入，然后看运算结果是否和标准密文数据一致，如果一致，就说明算法过程是正确的，否则表示出错了。

最后新建test.c源文件，添加main函数，代码如下：

```
#include "sm4.h"
int main()
{
    SM4_SelfCheck();
}
```

把sm4.c、sm4.h和test.c上传到Linux，然后编译：

```
gcc *.c -o test
```

此时生成可执行文件test，运行结果如下：

```
sm4(16 Bytes)self test OK.
```

至此，16字节的SM4加解密函数实现成功了。但该例无法用于一线实战，纯粹是为了教学，因为在一线开发中，不可能只有16字节的数据需要处理。下面来实现一个支持任意长度的SM4加解密函数，并且实现4个分组模式（ECB、CBC、CFB和OFB），分组模式的概念已经介绍过了，这里不再赘述。

【例2.7】 实现SM4-ECB/CBC/CFB/OFB算法（大数据版）

（1）在上例的基础上增加内容使得本例能支持大数据的加解密。

（2）新建sm4.h头文件，添加3个宏定义：

```
#define SM4_ENCRYPT   1          //表示要进行加密运算的标记
#define SM4_DECRYPT   0          //表示要进行解密运算的标记
#define SM4_BLOCK_SIZE 16        //表示每个分组的字节大小
```

再新建sm4.c源文件，添加ECB模式的SM4算法，代码如下：

```
    void sm4ecb( unsigned char *in, unsigned char *out, unsigned int length,
unsigned char *key,  unsigned int enc)
    {
        unsigned int n,len = length;

        // 判断参数是否为空，以及长度是否为16的倍数
        if ((in == NULL) || (out == NULL) || (key == NULL)||(length%
SM4_BLOCK_SIZE!=0))
            return;

        if ((SM4_ENCRYPT != enc) && (SM4_DECRYPT != enc))  //判断是要进行加密还是解密
            return;

        //判断数据长度是否大于分组大小（16字节），如果是，则一组一组运算
```

```
    while (len >= SM4_BLOCK_SIZE)
{
        if (SM4_ENCRYPT == enc)
            SM4_Encrypt(key,in, out);
        else
            SM4_Decrypt(key,in, out);

        len -= SM4_BLOCK_SIZE;       //每处理完一个分组，长度就要减去16
        in += SM4_BLOCK_SIZE;        //原文数据指针偏移16字节，即指向新的未处理的数据
        out += SM4_BLOCK_SIZE;       //结果数据指针也要偏移16字节
    }
}
```

SM4加解密的分组大小为128比特，故对消息进行加解密时，若消息长度过长，则需要进行循环分组加解密。代码清楚明了，而且对代码进行了注释，相信读者能看懂。

再在sm4.c中添加CBC模式的SM4算法，代码如下：

```
    void sm4cbc( unsigned char *in, unsigned char *out,unsigned int length,
unsigned char *key,unsigned char *ivec,  unsigned int enc)
    {
        unsigned int n;
        unsigned int len = length;
        unsigned char tmp[SM4_BLOCK_SIZE];
        const unsigned char *iv = ivec;
        unsigned char iv_tmp[SM4_BLOCK_SIZE];

        //判断参数是否为空以及长度是否为16的倍数
        if ((in == NULL) || (out == NULL) || (key == NULL) || (ivec ==
NULL)||(length% SM4_BLOCK_SIZE!=0))
            return;

        if ((SM4_ENCRYPT != enc) && (SM4_DECRYPT != enc))       //判断是要进行加密还是解密
            return;

        if (SM4_ENCRYPT == enc)                       //如果是加密
        {
            while (len >= SM4_BLOCK_SIZE)             //对大于16字节的数据进行循环分组运算
            {
                //加密时，第一个明文块和初始向量（IV）进行异或运算后，再用key进行加密
                //以后每个明文块与前一个分组结果（密文）块进行异或运算后，再用key进行加密
                //前一个分组结果（密文）块当作本次IV
                for (n = 0; n < SM4_BLOCK_SIZE; ++n)
                    out[n] = in[n] ^ iv[n];
                SM4_Encrypt(key,out, out);    //用key进行加密
                iv = out;                     //保存当前结果，以便在下一个循环中和明文进行异或运算
                len -= SM4_BLOCK_SIZE;        //减去已经完成的字节数
                in += SM4_BLOCK_SIZE;         //偏移明文数据指针，指向还未加密的数据开头
                out += SM4_BLOCK_SIZE;        //偏移密文数据指针，以便存放新的结果
            }
        }
        else if (in != out)                       //in和out指向不同的缓冲区
```

```
{
        while (len >= SM4_BLOCK_SIZE)        //开始循环进行分组处理
        {
            SM4_Decrypt(key,in, out);
            for (n = 0; n < SM4_BLOCK_SIZE; ++n)
                out[n] ^= iv[n];
            iv = in;
            len -= SM4_BLOCK_SIZE;       //减去已经完成的字节数
            in += SM4_BLOCK_SIZE;        //偏移原文（密文）数据指针，指向还未解密的数据开头
            out += SM4_BLOCK_SIZE;       //偏移结果（明文）数据指针，以便存放新的结果
        }
    }
    else                                     //当in和out指向同一缓冲区
    {
        memcpy(iv_tmp, ivec, SM4_BLOCK_SIZE);
        while (len >= SM4_BLOCK_SIZE)
        {
            memcpy(tmp, in, SM4_BLOCK_SIZE);//暂存本次分组密文，因为in要存放结果明文了
            SM4_Decrypt(key,in, out);
            for (n = 0; n < SM4_BLOCK_SIZE; ++n)
                out[n] ^= iv_tmp[n];
            memcpy(iv_tmp, tmp, SM4_BLOCK_SIZE);
            len -= SM4_BLOCK_SIZE;
            in += SM4_BLOCK_SIZE;
            out += SM4_BLOCK_SIZE;
        }
    }
}
```

这个算法支持in和out指向同一个缓冲区（称为原地加解密），根据CBC模式的原理，加密时不必区分in和out是否相同，而解密时需要区分。在解密时，第一个密文块先用key解密，得到的中间结果再与初始向量（IV）进行异或运算得到第一个明文分组（第一个分组的最终明文结果），后面每个密文块也是先用key解密，得到的中间结果再与前一个密文分组（注意是解密之前的密文分组）进行异或运算后得到本次明文分组。

再在sm4.c中添加CFB模式的SM4算法，代码如下：

```
    void sm4cfb(const unsigned char *in, unsigned char *out,const unsigned int
length,  unsigned char *key,
    const unsigned char *ivec, const unsigned int enc)
    {
    unsigned int n = 0;
    unsigned int l = length;
    unsigned char c;
    unsigned char iv[SM4_BLOCK_SIZE];

    if ((in == NULL) || (out == NULL) || (key == NULL) || (ivec == NULL))
        return;

    if ((SM4_ENCRYPT != enc) && (SM4_DECRYPT != enc))
        return;
```

```
    memcpy(iv, ivec, SM4_BLOCK_SIZE);

    if (enc == SM4_ENCRYPT)
    {
        while (l--)
        {
            if (n == 0)
            {
                SM4_Encrypt(key,iv, iv);
            }
            iv[n] = *(out++) = *(in++) ^ iv[n];
            n = (n + 1) % SM4_BLOCK_SIZE;
        }
    }
    else
    {
        while (l--)
        {
            if (n == 0)
            {
                SM4_Encrypt(key,iv, iv);
            }
            c = *(in);
            *(out++) = *(in++) ^ iv[n];
            iv[n] = c;
            n = (n + 1) % SM4_BLOCK_SIZE;
        }
    }
}
```

CFB模式和CBC模式类似，也需要初始向量。加密第一个分组时，先对初始向量进行加密，得到的中间结果与第一个明文分组进行异或运算得到第一个密文分组；加密后面的分组时，把前一个密文分组作为向量先加密，得到的中间结果再和当前明文分组进行异或运算得到密文分组。在解密时，解密第一个分组时，先对初始向量进行加密运算（注意用的是加密算法），得到的中间结果再与第一个密文分组进行异或运算得到明文分组；解密后面的分组时，把上一个密文分组当作向量进行加密运算（注意用的还是加密算法），得到的中间结果再和本次的密文分组进行异或运算得到本次的明文分组。

再在sm4.c中添加OFB模式的SM4算法，代码如下：

```
void sm4ofb(const unsigned char *in, unsigned char *out,const unsigned int
length,  unsigned char *key,const unsigned char *ivec)
{
    unsigned int n = 0;
    unsigned int l = length;
    unsigned char iv[SM4_BLOCK_SIZE];

    if ((in == NULL) || (out == NULL) || (key == NULL) || (ivec == NULL))
        return;
```

```
    memcpy(iv, ivec, SM4_BLOCK_SIZE);

    while (l--)
    {
        if (n == 0)
        {
            SM4_Encrypt(key,iv, iv);
        }
        *(out++) = *(in++) ^ iv[n];
        n = (n + 1) % SM4_BLOCK_SIZE;
    }
}
```

OFB模式也需要初始向量。加密第一个分组时,先对初始向量进行加密,得到的中间结果与第一个明文分组进行异或运算得到第一个密文分组;加密后面的分组时,把前一个中间结果(前一个分组的向量的密文)作为向量先加密,得到的中间结果再和当前明文分组进行异或运算得到密文分组。在解密时,解密第一个分组时,先对初始向量进行加密运算(注意用的是加密算法),得到的中间结果再与第一个密文分组进行异或运算得到明文分组;解密后面的分组时,把上一个中间结果(前一个分组的向量的密文,因为用的依然是加密算法)当作向量进行加密运算(注意用的是加密算法),得到的中间结果再和本次的密文分组进行异或运算得到本次的明文分组。OFB模式的加密和解密是一致的。

至此,4个工作模式的SM4算法实现完毕。为了让其他函数调用,我们在sm4.h中添加这4个函数的声明:

```
    void sm4ecb(unsigned char *in, unsigned char *out, unsigned int length, unsigned
char *key, unsigned int enc);
    void sm4cbc(unsigned char *in, unsigned char *out, unsigned int length, unsigned
char *key, unsigned char *ivec, unsigned int enc);
    void sm4cfb(const unsigned char *in, unsigned char *out, const unsigned int
length, unsigned char *key, const unsigned char *ivec, const unsigned int enc);
    void sm4ofb(const unsigned char *in, unsigned char *out, const unsigned int
length, unsigned char *key, const unsigned char *ivec);
```

(3)在工程中新建一个C源文件sm4check.c,我们将在该文件中添加SM4的检测函数,也就是调用前面实现的SM4加解密函数。首先添加sm4ecbcheck函数,代码如下:

```
    int sm4ecbcheck()
    {
    int i,len,ret = 0;
    unsigned char key[16] = { 0x01,0x23,0x45,0x67,0x89,0xab,0xcd,0xef,0xfe,0xdc,
0xba,0x98,0x76,0x54,0x32,0x10 };
    unsigned char plain[16] = { 0x01,0x23,0x45,0x67,0x89,0xab,0xcd,0xef,0xfe,
0xdc,0xba,0x98,0x76,0x54,0x32,0x10 };
    unsigned char cipher[16] = { 0x68,0x1e,0xdf,0x34,0xd2,0x06,0x96,0x5e,0x86,
0xb3,0xe9,0x4f,0x53,0x6e,0x42,0x46 };
    unsigned char En_output[16];
    unsigned char De_output[16];
    unsigned char in[4096], out[4096], chk[4096];
```

```
        sm4ecb(plain, En_output, 16, key, SM4_ENCRYPT);
        if (memcmp(En_output, cipher, 16)) puts("ecb enc(len=16) memcmp failed");
        else puts("ecb enc(len=16) memcmp ok");

        sm4ecb(cipher, De_output, SM4_BLOCK_SIZE, key, SM4_DECRYPT);
        if (memcmp(De_output, plain, SM4_BLOCK_SIZE)) puts("ecb dec(len=16) memcmp
failed");
        else puts("ecb dec(len=16) memcmp ok");

        len = 32;
        for (i = 0; i < 8; i++)
        {
            memset(in, i, len);
            sm4ecb(in, out, len, key, SM4_ENCRYPT);
            sm4ecb(out, chk, len, key, SM4_DECRYPT);
            if (memcmp(in, chk, len))  printf("ecb enc/dec(len=%d) memcmp failed\n",
len);
            else printf("ecb enc/dec(len=%d) memcmp ok\n", len);
            len = 2 * len;
        }
        return 0;
    }
```

在代码中，首先用16字节的标准数据来测试sm4ecb，标准数据分别定义在key、plain和cipher中，key表示输入的加解密密钥，plain表示要加密的明文，cipher表示加密后的密文。我们通过调用sm4ecb加密后，把输出的加密结果和标准数据cipher进行比较，如果一致，那么说明加密正确。在16字节验证无误后，我们又用长度为32、64、128、256、512、1024、2048和4096的数据进行了加解密测试，先加密，再解密，然后比较解密结果和明文是否一致。

再在sm4check.c中添加CBC模式的检测函数，代码如下：

```
    int sm4cbccheck()
    {
        int i, len, ret = 0;
        unsigned char key[16] = { 0x01,0x23,0x45,0x67,0x89,0xab,0xcd,0xef,0xfe,0xdc,
0xba,0x98,0x76,0x54,0x32,0x10};          //密钥
        unsigned char iv[16] =
{ 0xeb,0xee,0xc5,0x68,0x58,0xe6,0x04,0xd8,0x32,0x7b,0x9b,
0x3c,0x10,0xc9,0x0c,0xa7 };          //初始化向量
        unsigned char plain[32] =
{ 0x01,0x23,0x45,0x67,0x89,0xab,0xcd,0xef,0xfe,0xdc,
0xba,0x98,0x76,0x54,0x32,0x10,0x29,0xbe,0xe1,0xd6,0x52,0x49,0xf1,0xe9,0xb3,0xdb,0x87,
0x3e,0x24,0x0d,0x06,0x47 };          //明文
        unsigned char cipher[32] = { 0x3f,0x1e,0x73,0xc3,0xdf,0xd5,0xa1,0x32,0x88,
0x2f,0xe6,0x9d,0x99,0x6c,0xde,0x93,0x54,0x99,0x09,0x5d,0xde,0x68,0x99,0x5b,0x4d,0x70,
0xf2,0x30,0x9f,0x2e,0xf1,0xb7 };          //密文

        unsigned char En_output[32];
        unsigned char De_output[32];
        unsigned char in[4096], out[4096], chk[4096];
```

```
    sm4cbc(plain, En_output, sizeof(plain), key,iv, SM4_ENCRYPT);
    if (memcmp(En_output, cipher, 16)) puts("cbc enc(len=32) memcmp failed");
    else puts("cbc enc(len=32) memcmp ok");

    sm4cbc(cipher, De_output, SM4_BLOCK_SIZE, key,iv, SM4_DECRYPT);
    if (memcmp(De_output, plain, SM4_BLOCK_SIZE)) puts("cbc dec(len=32) memcmp
failed");
    else puts("cbc dec(len=32) memcmp ok");



    len = 32;
    for (i = 0; i < 8; i++)
    {
        memset(in, i, len);
        sm4cbc(in, out, len, key,iv, SM4_ENCRYPT);
        sm4cbc(out, chk, len, key,iv, SM4_DECRYPT);
        if (memcmp(in, chk, len)) printf("cbc enc/dec(len=%d) memcmp failed\n",
len);
        else printf("cbc enc/dec(len=%d) memcmp ok\n", len);
        len = 2 * len;
    }
    return 0;
}
```

在代码中，先用32字节的标准数据进行测试，标准数据分别定义在key、plain和cipher中，key 表示输入的加解密密钥，plain表示要加密的明文，cipher表示加密后的密文。我们通过调用sm4cbc 加密后，把输出的加密结果和标准数据cipher进行比较，如果一致，那么说明加密正确。在32字节 的标准数据验证无误后，我们又用长度为32、64、128、256、512、1024、2048和4096的数据进行 了加解密测试，先加密，再解密，然后比较解密结果和明文是否一致。

再在sm4check.cpp中添加CBC模式的检测函数，代码如下：

```
    int sm4cfbcheck()
    {
        int i, len, ret = 0;
        unsigned char key[16] = { 0x01,0x23,0x45,0x67,0x89,0xab,0xcd,0xef,0xfe,0xdc,
0xba,0x98,0x76,0x54,0x32,0x10 }; //密钥
        unsigned char iv[16] =
{ 0xeb,0xee,0xc5,0x68,0x58,0xe6,0x04,0xd8,0x32,0x7b,0x9b,
0x3c,0x10,0xc9,0x0c,0xa7 };         //初始化向量
        unsigned char in[4096], out[4096], chk[4096];
        len = 16;
        for (i = 0; i < 9; i++)
        {
            memset(in, i, len);
            sm4cfb(in, out, len, key, iv, SM4_ENCRYPT);
            sm4cfb(out, chk, len, key, iv, SM4_DECRYPT);
            if (memcmp(in, chk, len)) printf("cfb enc/dec(len=%d) memcmp failed\n",
len);
            else printf("cfb enc/dec(len=%d) memcmp ok\n", len);
            len = 2 * len;
```

```
    }
    return 0;
}
```

我们用长度为16、32、64、128、256、512、1024、2048和4096的数据进行了CFB模式的加解密测试，先加密，再解密，然后比较解密结果和明文是否一致。

再在sm4check.cpp中添加CBC模式的检测函数，代码如下：

```
int sm4ofbcheck()
{
    int i, len, ret = 0;
    unsigned char key[16] = { 0x01,0x23,0x45,0x67,0x89,0xab,0xcd,0xef,0xfe,0xdc,
0xba,0x98,0x76,0x54,0x32,0x10 }; // 密钥
    unsigned char iv[16] =
{ 0xeb,0xee,0xc5,0x68,0x58,0xe6,0x04,0xd8,0x32,0x7b,0x9b,
0x3c,0x10,0xc9,0x0c,0xa7 };          // 初始化向量
    unsigned char in[4096], out[4096], chk[4096];
    len = 16;
    for (i = 0; i < 9; i++)
    {
        memset(in, i, len);
        sm4ofb(in, out, len, key, iv);
        sm4ofb(out, chk, len, key, iv);
        if (memcmp(in, chk, len))  printf("ofb enc/dec(len=%d) memcmp failed\n",
len);
        else printf("ofb enc/dec(len=%d) memcmp ok\n", len);
        len = 2 * len;
    }
    return 0;
}
```

我们用长度为16、32、64、128、256、512、1024、2048和4096的数据进行了OFB模式的加解密测试，先加密，再解密，然后比较解密结果和明文是否一致。

至此，加解密的检测函数添加完毕。接下来可以在main函数中直接调用它们了。

（4）新建test.c源文件，添加检测函数声明，代码如下：

```
extern int sm4ecbcheck();
extern int sm4cbccheck();
extern int sm4cfbcheck();
extern int sm4ofbcheck();
```

然后在main函数中添加调用代码：

```
int main()
{
    sm4ecbcheck();
    sm4cbccheck();
    sm4cfbcheck();
    sm4ofbcheck();
}
```

把sm4.h、sm4.c、sm4check.c和test.c上传到Linux，然后编译：

```
gcc *.c -o test
```

此时将生成可执行文件test，运行结果如下：

```
ecb enc(len=16) memcmp ok
ecb dec(len=16) memcmp ok
ecb enc/dec(len=32) memcmp ok
ecb enc/dec(len=64) memcmp ok
ecb enc/dec(len=128) memcmp ok
ecb enc/dec(len=256) memcmp ok
ecb enc/dec(len=512) memcmp ok
ecb enc/dec(len=1024) memcmp ok
ecb enc/dec(len=2048) memcmp ok
ecb enc/dec(len=4096) memcmp ok
cbc enc(len=32) memcmp ok
cbc dec(len=32) memcmp ok
cbc enc/dec(len=32) memcmp ok
cbc enc/dec(len=64) memcmp ok
cbc enc/dec(len=128) memcmp ok
cbc enc/dec(len=256) memcmp ok
cbc enc/dec(len=512) memcmp ok
cbc enc/dec(len=1024) memcmp ok
cbc enc/dec(len=2048) memcmp ok
cbc enc/dec(len=4096) memcmp ok
cfb enc/dec(len=16) memcmp ok
cfb enc/dec(len=32) memcmp ok
cfb enc/dec(len=64) memcmp ok
cfb enc/dec(len=128) memcmp ok
cfb enc/dec(len=256) memcmp ok
cfb enc/dec(len=512) memcmp ok
cfb enc/dec(len=1024) memcmp ok
cfb enc/dec(len=2048) memcmp ok
cfb enc/dec(len=4096) memcmp ok
ofb enc/dec(len=16) memcmp ok
ofb enc/dec(len=32) memcmp ok
ofb enc/dec(len=64) memcmp ok
ofb enc/dec(len=128) memcmp ok
ofb enc/dec(len=256) memcmp ok
ofb enc/dec(len=512) memcmp ok
ofb enc/dec(len=1024) memcmp ok
ofb enc/dec(len=2048) memcmp ok
ofb enc/dec(len=4096) memcmp ok
```

有没有发现上面的SM4加解密函数输入的数据长度要求是16的倍数，如果不是16的倍数，该如何处理呢？这涉及短块加密的问题，短块加密我们前面介绍过了，限于篇幅，这里就不再实现了。

2.4　利用 OpenSSL 进行对称加解密

　　加密技术是常用的安全保密手段，利用技术手段把重要的数据变为乱码（加密）传送，到达目的地后再用相同或不同的手段还原（解密）。

　　加密技术可以分为两类，即对称加密技术和非对称加密技术。对称加密技术的加密密钥和解密密钥相同，常见的对称加密算法有DES、AES、SM1、SM4等；非对称加密技术又称为公开密钥加密技术，它使用一对密钥分别进行加密和解密操作，其中一个是公开密钥（Public-Key），另一个是由用户自己保存（不能公开）的私有密钥（Private-Key），通常以RSA、ECC算法为代表。OpenSSL对这两种加密技术都支持。这里先介绍对称加密技术。

2.4.1　基本概念

　　这部分主要用到了EVP_CIPHER和EVP_CIPHER_CTX两个数据结构。其中，EVP_CIPHER包含用到的加密算法标识、密钥长度、初始向量（IV）长度和算法的函数指针等信息，EVP_CIPHER_CTX则包含一个EVP_CIPHER指针、使用的ENGINE以及需要操作的数据等信息。

　　EVP_CIPHER是一个算法结构，它在evp.h中定义，用于定义EVP_系列函数应该采用什么算法进行数据处理。通过定义一个指向这个结构的指针，用户就可以在链接程序的时候只链接自己使用的算法，而不必链接所有算法的代码；如果用户使用一个整数来指定算法，就会导致所有算法的代码都被链接到当前程序代码中。通过这个结构，用户还可以增加新的算法。

2.4.2　对称加解密相关函数

1. 上下文初始化的函数 EVP_CLPHER_CTX_init

　　该函数用于初始化密码算法的上下文结构体，即EVP_CIPHER_CTX结构体，只有经过初始化的EVP_CIPHER_CTX结构体才能在后续函数中使用。该函数声明如下：

```
void EVP_CIPHER_CTX_init(EVP_CIPHER_CTX *a);
```

【参数说明】

　　a：是要初始化的密码算法的上下文结构体指针。

　　EVP_CIPHER_CTX结构体定义如下：

```
struct evp_cipher_ctx_st {
  const EVP_CIPHER *cipher;                    //密码算法的上下结构体指针
  ENGINE *engine;                              //密码算法引擎
  int encrypt;                                 //标记加密或解密
  int buf_len;                                 //运算剩余的数据长度
  unsigned char oiv[EVP_MAX_IV_LENGTH];        //初始iv
  unsigned char iv[EVP_MAX_IV_LENGTH];         //运算中的iv，即当前iv
  unsigned char buf[EVP_MAX_BLOCK_LENGTH];     /*保存的部分块 */
  int num;                                     /* 该变量用于 cfb/ofb/ctr 模式 */
```

```
    void *app_data;
    int key_len;                                       /* 密钥长度 */
    unsigned long flags;                               /* 各种标记 */
    void *cipher_data;                                 /* 每种 EVP 数据 */
    int final_used;
    int block_mask;
    unsigned char final[EVP_MAX_BLOCK_LENGTH];         /*可能的最后一块 */
} /* EVP_CIPHER_CTX */ ;
```

2. 加密初始化的函数 EVP_EncryptInit_ex

该函数用于加密初始化，设置具体的加密算法、加密引擎、密钥、初始向量等参数。该函数
声明如下：

```
int EVP_EncryptInit_ex(EVP_CIPHER_CTX *ctx, const EVP_CIPHER *cipher, ENGINE
*impl,
         const unsigned char *key, const unsigned char *iv)
```

【参数说明】

- ctx：[in] 是已经被函数EVP_CIPHER_CTX_init初始化过的算法上下文结构体指针。
- cipher：[in] 表示具体的加密函数，它是一个指向EVP_CIPHER结构体的指针，指向一个
  EVP_CIPHER*类型的函数，在OpenSSL中，对称加密算法的格式都以函数形式提供，其实该
  函数返回一个该算法的结构体，其形式一般如下：

```
    EVP_CIPHER*   EVP_*(void)
```

常用的加密算法如表2-6所示。

表 2-6　常用的加密算法

函　　数	说　　明
NULL算法函数	
const EVP_CIPHER * EVP_enc_null(void);	该算法不做任何事情，也就是没有进行加密处理
DES算法函数	
const EVP_CIPHER * EVP_des_cbc(void);	CBC方式的DES算法
const EVP_CIPHER * EVP_des_ecb(void);	ECB方式的DES算法
const EVP_CIPHER * EVP_des_cfb(void);	CFB方式的DES算法
const EVP_CIPHER * EVP_des_ofb(void);	OFB方式的DES算法
使用两个密钥的3DES算法	
const EVP_CIPHER *EVP_des_ede_cbc(void);	CBC方式的3DES算法，该算法的第一个密钥和最后一个密钥相同，这样实际上就只需要两个密钥
const EVP_CIPHER *EVP_des_ede(void);	ECB方式的3DES算法，该算法的第一个密钥和最后一个密钥相同，这样实际上就只需要两个密钥
const EVP_CIPHER * EVP_des_ede_ofb(void);	OFB方式的3DES算法，该算法的第一个密钥和最后一个密钥相同，这样实际上就只需要两个密钥
const EVP_CIPHER * EVP_des_ede_cfb(void);	CFB方式的3DES算法，该算法的第一个密钥和最后一个密钥相同，这样实际上就只需要两个密钥

（续表）

函　　数	说　　明
使用3个密钥的3DES算法	
const EVP_CIPHER * EVP_des_ede3_cbc(void);	CBC方式的3DES算法，该算法的3个密钥都不相同
const EVP_CIPHER * EVP_des_ede3(void);	ECB方式的3DES算法，该算法的3个密钥都不相同
const EVP_CIPHER * EVP_des_ede3_ofb(void);	OFB方式的3DES算法，该算法的3个密钥都不相同
const EVP_CIPHER * EVP_des_ede3_cfb(void);	CFB方式的3DES算法，该算法的3个密钥都不相同
DESX算法	
const EVP_CIPHER * EVP_desx_cbc(void);	CBC方式DESX算法
RC4算法	
const EVP_CIPHER * EVP_rc4(void);	RC4流加密算法。该算法的密钥长度可以改变，默认是128位
40位RC4算法	
const EVP_CIPHER * EVP_rc4_40(void);	密钥长度为40位的RC4流加密算法。该函数可以使用EVP_rc4和EVP_CIPHER_CTX_set_key_length函数代替
IDEA算法	
const EVP_CIPHER * EVP_idea_cbc(void);	CBC方式的IDEA算法
const EVP_CIPHER * EVP_idea_ecb(void);	ECB方式的IDEA算法
const EVP_CIPHER * EVP_idea_cfb(void);	CFB方式的IDEA算法
const EVP_CIPHER * EVP_idea_ofb(void);	OFB方式的IDEA算法
RC2算法	
const EVP_CIPHER * EVP_rc2_cbc(void);	CBC方式的RC2算法，该算法的密钥长度是可变的，可以通过设置有效密钥长度或有效密钥位来改变，默认是128位
const EVP_CIPHER * EVP_rc2_ecb(void);	ECB方式的RC2算法，该算法的密钥长度是可变的，可以通过设置有效密钥长度或有效密钥位来改变，默认是128位
const EVP_CIPHER * EVP_rc2_cfb(void);	CFB方式的RC2算法，该算法的密钥长度是可变的，可以通过设置有效密钥长度或有效密钥位来改变，默认是128位
const EVP_CIPHER * EVP_rc2_ofb(void);	OFB方式的RC2算法，该算法的密钥长度是可变的，可以通过设置有效密钥长度或有效密钥位来改变，默认是128位
定长的两种RC2算法	
const EVP_CIPHER * EVP_rc2_40_cbc(void);	40位CBC模式的RC2算法
const EVP_CIPHER * EVP_rc2_64_cbc(void);	64位CBC模式的RC2算法
Blowfish算法	
const EVP_CIPHER * EVP_bf_cbc(void);	CBC方式的Blowfish算法，该算法的密钥长度是可变的
const EVP_CIPHER * EVP_bf_ecb(void);	ECB方式的Blowfish算法，该算法的密钥长度是可变的
const EVP_CIPHER * EVP_bf_cfb(void);	CFB方式的Blowfish算法，该算法的密钥长度是可变的
const EVP_CIPHER * EVP_bf_ofb(void);	OFB方式的Blowfish算法，该算法的密钥长度是可变的

（续表）

函　　数	说　　明
CAST算法	
const EVP_CIPHER *EVP_cast5_cbc(void);	CBC方式的CAST算法，该算法的密钥长度是可变的
const EVP_CIPHER *EVP_cast5_ecb(void);	ECB方式的CAST算法，该算法的密钥长度是可变的
const EVP_CIPHER *EVP_cast5_cfb(void);	CFB方式的CAST算法，该算法的密钥长度是可变的
const EVP_CIPHER *EVP_cast5_ofb(void);	OFB方式的CAST算法，该算法的密钥长度是可变的
RC5算法	
const EVP_CIPHER *EVP_rc5_32_12_16_cbc(void);	CBC方式的RC5算法，该算法的密钥长度可以根据参数number of rounds（算法中一个数据块被加密的次数）来设置，默认是128位密钥，加密次数为12次。目前来说，由于RC5算法本身实现代码的限制，加密次数只能设置为8、12或16
const EVP_CIPHER *EVP_rc5_32_12_16_ecb(void);	ECB方式的RC5算法，该算法的密钥长度可以根据参数number of rounds（算法中一个数据块被加密的次数）来设置，默认是128位密钥，加密次数为12次。目前来说，由于RC5算法本身实现代码的限制，加密次数只能设置为8、12或16
const EVP_CIPHER *EVP_rc5_32_12_16_cfb(void);	CFB方式的RC5算法，该算法的密钥长度可以根据参数number of rounds（算法中一个数据块被加密的次数）来设置，默认是128位密钥，加密次数为12次。目前来说，由于RC5算法本身实现代码的限制，加密次数只能设置为8、12或16
const EVP_CIPHER *EVP_rc5_32_12_16_ofb(void);	OFB方式的RC5算法，该算法的密钥长度可以根据参数number of rounds（算法中一个数据块被加密的次数）来设置，默认是128位密钥，加密次6570为12次。目前来说，由于RC5算法本身实现代码的限制，加密次数只能设置为8、12或16
128位AES算法	
const EVP_CIPHER *EVP_aes_128_cbc(void);	CBC方式的128位AES算法
const EVP_CIPHER *EVP_aes_128_ecb(void);	ECB方式的128位AES算法
const EVP_CIPHER *EVP_aes_128_cfb(void);	CFB方式的128位AES算法
const EVP_CIPHER *EVP_aes_128_ofb(void);	OFB方式的128位AES算法
192位AES算法	
const EVP_CIPHER *EVP_aes_192_cbc(void);	CBC方式的192位AES算法
const EVP_CIPHER *EVP_aes_192_ecb(void);	ECB方式的192位AES算法
const EVP_CIPHER *EVP_aes_192_cfb(void);	CFB方式的192位AES算法
const EVP_CIPHER *EVP_aes_192_ofb(void);	OFB方式的192位AES算法
256位AES算法	
const EVP_CIPHER *EVP_aes_256_cbc(void);	CBC方式的256位AES算法

（续表）

函　　数	说　　明
const EVP_CIPHER *EVP_aes_256_ecb(void);	ECB方式的256位AES算法
const EVP_CIPHER *EVP_aes_256_cfb(void);	CFB方式的256位AES算法
const EVP_CIPHER *EVP_aes_256_ofb(void);	OFB方式的256位AES算法

- cipher可以使用上述函数的名称作为值。
- impl：[in]指向ENGINE结构体的指针，表示加密算法的引擎。可以理解为加密算法的提供者，比如是硬件加密卡的提供者、软件算法的提供者等。如果取值为NULL，则使用默认引擎。key表示加密密钥，长度根据不同的加密算法而定。iv为初始向量，只有cipher所指的算法为CBC模式的算法才有效，因为CBC模式需要初始向量的输入，长度是对称算法的分组长度。
- 返回值：如果函数成功则返回1，否则返回0。

值得注意的是，key和iv的长度都是根据不同的算法而有默认值的，比如DES算法的key和iv都是8字节长度；3DES算法的key的长度是24字节，iv是8字节；128位的AES算法的key和iv都是16字节。使用时要先根据算法分配好key和iv的长度空间。

3. 加密 update 的函数 EVP_EncryptUpdate

该函数执行对数据的加密。该函数从参数in输入长度为inl的数据，并将加密好的数据写入参数out中，可以通过反复调用该函数来处理一个连续的数据块（也就是所谓的分组加密，一组一组地加密）。写入out的数据的数量是由已经加密的数据的对齐关系决定的。理论上来说，从0到(inl+cipher_block_size-1)的任何一个数字都有可能被写入out中（单位是字节），所以输出的参数out要有足够的空间来存储数据。该函数声明如下：

```
int EVP_EncryptUpdate(EVP_CIPHER_CTX *ctx, unsigned char *out, int *outl,
        const unsigned char *in, int inl);
```

【参数说明】

- ctx：[in]指向EVP_CIPHER_CTX的指针，应该已经初始化过了。
- out：[out]指向存放输出密文的缓冲区指针。
- outl：[out]输出密文的长度。
- in：[in]指向存放明文的缓冲区指针。
- inl：[in]要加密的明文长度。
- 返回值：若函数执行成功，则返回1，否则返回0。

4. 加密结束的函数 EVP_EncryptFinal_ex

EVP_EncryptFinal_ex函数用于结束数据加密，并输出最后剩余的密文。由于分组对称算法是对数据块（分组）操作的，原文数据（明文）的长度不一定为分组长度的倍数，因此需要进行数据补齐（就是要在原文数据的基础上进行填充，填充到整个数据长度为分组的倍数），最后输出的密文就是最后补齐后的分组密文。比如使用DES算法加密10字节长度的数据，由于DES算法的分组长度是8字节，因此原文将补齐到16字节。当调用EVP_EncryptUpdate函数时返回8字节密文，EVP_EncryptFinal_ex函数返回最后剩余的8字节密文。EVP_EncryptFinal_ex函数声明如下：

```
int EVP_EncryptFinal_ex(EVP_CIPHER_CTX *ctx, unsigned char *out, int *outl);
```

【参数说明】

- ctx：[in] EVP_CIPHER_CTX结构体。
- out：[out]指向输出密文缓冲区的指针。
- outl：[out]指向一个整型变量，该变量存储输出的密文数据长度。
- 返回值：若函数执行成功，则返回1，否则返回0。

5. 解密初始化的函数 EVP_DecryptInit_ex

和加密一样，解密时也要先初始化，作用是设置密码算法、加密引擎、密钥、初始向量等参数。EVP_DecryptInit_ex函数声明如下：

```
int EVP_DecryptInit_ex(EVP_CIPHER_CTX *ctx,const EVP_CIPHER *cipher,ENGINE
*impl,const unsigned char *key,const unsigned char *iv);
```

【参数说明】

- ctx：[in] EVP_CIPHER_CTX结构体。
- cipher：[in]指向EVP_CIPHER，表示要使用的解密算法。
- impl：[in]指向ENGINE，表示解密算法使用的加密引擎。应用程序可以使用自定义的加密引擎，如硬件加密算法等。如果取值为NULL，则使用默认引擎。
- key：[in] 解密密钥，其长度根据解密算法的不同而不同。
- iv为初始向量，根据算法的模式确定是否需要，比如CBC模式是需要iv，长度与分组长度。
- 返回值：若函数执行成功，则返回1，否则返回0。

6. 解密 update 的函数 EVP_DecryptUpdate

该函数执行对数据的解密。该函数声明如下：

```
int EVP_DecryptUpdate(EVP_CIPHER_CTX *ctx,unsigned char *out,int *outl,const
unsigned char *in,int inl);
```

【参数说明】

- ctx：[in] EVP_CIPHER_CTX结构体。
- out：[out]指向解密后存放明文的缓冲区。
- outl：[out]指向存放明文长度的整型变量。
- in：[in]指向存放密文的缓冲区的指针。
- inl：[in]指向存放密文的整型变量。
- 返回值：若函数成功，则返回1，否则返回0。

7. 解密结束的函数 EVP_DecryptFinal_ex

该函数用于结束解密，输出最后剩余的明文。该函数声明如下：

```
int EVP_DecryptFinal_ex(EVP_CIPHER_CTX *ctx,unsigned char *outm,int *outl);
```

【参数说明】

- ctx：[in] EVP_CIPHER_CTX结构体。
- out：[out]指向输出的明文缓冲区指针。
- outl：[out]指向存储明文长度的整型变量。

这些函数的原型可以在evp.h中找到。此外，还有一套没有_ex结尾的加解密函数，如EVP_EncryptInit、EVP_DecryptInit等函数，它们是旧版本OpenSSL的函数，现在已经不推荐使用了，而使用上述以_ex结尾的函数。旧版的函数不支持外部加密引擎，使用的都是默认的算法。EVP_EncryptInit就相当于EVP_EncryptInit_ex第3个参数为NULL。

上面讲述了EVP的加解密函数，具体使用的时候，一般按照以下流程进行：

（1）EVP_CIPHER_CTX_init：初始化对称算法的上下文。

（2）EVP_des_ede3_ecb：返回一个EVP_CIPHER，假设现在使用DES算法。

（3）EVP_EncryptInit_ex：加密初始化函数，本函数调用具体算法的init回调函数，将外送密钥key转换为内部密钥形式，将初始化向量（IV）复制到CTX结构中。

（4）EVP_EncryptUpdate：加密函数，用于多次计算，它调用了具体算法的do_cipher回调函数。

（5）EVP_EncryptFinal_ex：获取加密结果，函数可能涉及填充，它调用了具体算法的do_cipher回调函数。

（6）EVP_DecryptInit_ex：解密初始化函数。

（7）EVP_DecryptUpdate：解密函数，用于多次计算，它调用了具体算法的do_cipher回调函数。

（8）EVP_DecryptFinal和EVP_DecryptFinal_ex：获取解密结果，该函数可能涉及填充，它调用了具体算法的do_cipher回调函数。

（9）EVP_CIPHER_CTX_cleanup：清除对称算法的上下文数据，它调用用户提供的销毁函数清除内存中的内部密钥以及其他数据。

下面我们来看一个加解密实例。

【例2.8】　对称加解密的综合实例

（1）新建test.c源文件，输入如下代码：

```c
#include <openssl/evp.h>
#include <string.h>
#define FAILURE -1
#define SUCCESS 0

int do_encrypt(const EVP_CIPHER *type, const char *ctype)
{
    unsigned char outbuf[1024];
    int outlen, tmplen;
    unsigned char key[] = { 0, 1, 2, 3, 4, 5, 6, 7, 8, 9, 10, 11, 12, 13, 14,
15, 16, 17, 18, 19, 20, 21, 22, 23 };
```

```
        unsigned char iv[] = { 1, 2, 3, 4, 5, 6, 7, 8 };
        char intext[] = "Helloworld";
        EVP_CIPHER_CTX ctx;
        FILE *out;
        EVP_CIPHER_CTX_init(&ctx);
        EVP_EncryptInit_ex(&ctx, type, NULL, key, iv);

        if (!EVP_EncryptUpdate(&ctx, outbuf, &outlen, (unsigned char*)intext,
(int)strlen(intext))) {
            printf("EVP_EncryptUpdate\n");
            return FAILURE;
        }

        if (!EVP_EncryptFinal_ex(&ctx, outbuf + outlen, &tmplen)) {
            printf("EVP_EncryptFinal_ex\n");
            return FAILURE;
        }

        outlen += tmplen;
        EVP_CIPHER_CTX_cleanup(&ctx);

        out = fopen("./cipher.dat", "wb+");
        fwrite(outbuf, 1, outlen, out);
        fflush(out);
        fclose(out);
        return SUCCESS;
    }

    int do_decrypt(const EVP_CIPHER *type, const char *ctype)
    {
        unsigned char inbuf[1024] = { 0 };
        unsigned char outbuf[1024] = { 0 };
        int outlen, inlen, tmplen;
        unsigned char key[] = { 0, 1, 2, 3, 4, 5, 6, 7, 8, 9, 10, 11, 12, 13, 14, 15,
16, 17, 18, 19, 20, 21, 22, 23 };
        unsigned char iv[] = { 1, 2, 3, 4, 5, 6, 7, 8 };

        EVP_CIPHER_CTX ctx;
        FILE *in = NULL;
        EVP_CIPHER_CTX_init(&ctx);
        EVP_DecryptInit_ex(&ctx, type, NULL, key, iv);

        in = fopen("cipher.dat", "r");
        inlen = fread(inbuf, 1, sizeof(inbuf), in);
        fclose(in);

        printf("Readlen: %d\n", inlen);
        if (!EVP_DecryptUpdate(&ctx, outbuf, &outlen, inbuf, inlen)) {
            printf("EVP_DecryptUpdate\n");
            return FAILURE;
        }
```

```
        if (!EVP_DecryptFinal_ex(&ctx, outbuf + outlen, &tmplen)) {
            printf("EVP_DecryptFinal_ex\n");
            return FAILURE;
        }

        outlen += tmplen;
        EVP_CIPHER_CTX_cleanup(&ctx);
        printf("Result: %s\n", outbuf);

        return SUCCESS;
}

int main(int argc, char *argv[])
{
        do_encrypt(EVP_des_cbc(), "des-cbc");
        do_decrypt(EVP_des_cbc(), "des-cbc");

        do_encrypt(EVP_des_ede_cbc(), "des-ede-cbc");
        do_decrypt(EVP_des_ede_cbc(), "des-ede-cbc");

        do_encrypt(EVP_des_ede3_cbc(), "des-ede3-cbc");
        do_decrypt(EVP_des_ede3_cbc(), "des-ede3-cbc");

        return 0;
}
```

在上述代码中，使用 DES 和 3DES 算法的 CBC 模式进行加密和解密。我们把字符串 "Helloworld" 进行加密后存入文件cipher.dat，解密时从该文件中读取密文并解密，然后输出明文。

（2）把test.c上传到Linux，然后编译：

```
gcc test.c -o test -lcrypto
```

此时生成可执行文件test和一个密文文件cipher.dat，运行结果如下：

```
Readlen: 16
Result: Helloworld
Readlen: 16
Result: Helloworld
Readlen: 16
Result: Helloworld
```

也可以查看密文文件cipher.dat：

```
[root@localhost test]# hexdump cipher.dat
0000000 0fb5 170d 41e5 5888 3b43 fac2 99d1 5b47
0000010
```

这个例子使用DES算法，对于其他算法，使用步骤类似，这就是使用现成密码算法库的方便之处。而且，本例和前面直接使用DES算法还不同，本例的调用方法更加通用，相当于在具体算法上面又封装了一层接口，这也是OpenSSL的优秀之处，通用性更好。

第 3 章

杂凑函数和HMAC

杂凑函数H作用于任意长的消息M，得到一个固定长度的杂凑值h，即h=H(M)。它的目的是生成数字文件、消息的"指纹"，是安全、高效地实现数字签名和认证的重要工具。

HMAC（Hash-based Message Authentication Code，哈希运算消息认证码）是由H.Krawezyk、M.Bellare和R.Canetti于1996年提出的一种基于Hash函数和密钥进行消息认证的方法，并于1997年作为RFC2104被公布，它可以与任何迭代散列函数捆绑使用，在IPSec和其他网络协议（如SSL）中得以广泛应用，现在已经成为事实上的Internet安全标准。

3.1 杂凑函数概述

3.1.1 什么是杂凑函数

杂凑函数（又叫哈希函数、消息摘要函数、散列函数）是一种把任意长的输入消息串映射为固定长度输出串的一种函数。杂凑函数是信息安全中一个非常重要的工具，它对一个任意长度的消息M施加运算，返回一个固定长度的杂凑值h，即h=H(M)。杂凑函数H是公开的，对处理过程不用保密。杂凑值也被称为哈希（Hash）值、散列值、消息摘要等。

杂凑函数的过程是单向的，逆向操作难以完成，而且碰撞（两个不同的输入产生相同的杂凑值）发生的概率非常小。杂凑函数的消息输入中单个比特的变化将会导致输出比特串中大约一半的比特发生变化。

一个安全的杂凑函数应该至少满足以下几个条件：

（1）输入长度是任意的。

（2）输出长度是固定的，根据目前的计算技术应至少取128比特长，以便抵抗生日攻击。

（3）对于每一个给定的输入，计算输出（杂凑值）是很容易的。

（4）给定杂凑函数的描述，找到两个不同的输入消息杂凑到同一个值在计算上是不可行的，或给定杂凑函数的描述和一个随机选择的消息，找到另一个与该消息不同的消息，使得它们杂凑到同一个值在计算上是不可行的。

杂凑函数主要用于完整性校验和提高数字签名的有效性，目前已有很多方案。杂凑函数最初是为了保证消息的认证性。但是在合理的假设下，杂凑函数还有很多其他的应用，比如保护口令的安全，构造有效的数字签名方案，构造更加安全、高效的加密算法等。

3.1.2　密码学和杂凑函数

随着信息化的发展，信息技术在社会发展的各个领域发挥着越来越重要的作用，不断推动着人类文明的进步。然而，当信息技术的不断发展，人们的日常生活变得越来越方便的同时，信息安全问题也变得日益突出，各种针对消息保密性和数据完整性的攻击日益频繁。特别是在开放式的网络环境中，保障消息的完整性和不可否认性已逐渐成为网络通信不可或缺的一部分。因此，如何防止消息篡改和身份假冒成为信息安全的重要研究内容。

密码技术是一门古老的技术，早期的密码技术主要用于军事、政治、外交等重要领域，使得在密码领域的研究成果难以公开发表。随着计算机和网络通信技术的迅猛发展，大量敏感信息通过公共通信设施或计算机网络进行交换，特别是Internet的广泛应用、电子商务和电子政务的发展，越来越多的个人信息需要严格地保密。由此，密码学揭去了神秘的面纱，逐渐走进公众的日常生活。

1949年，Shannon发表了"保密系统的信息理论"，为现代密码学的研究与发展奠定了理论基础，把已有数千年历史的密码技术推上了科学的轨道，使密码学成为一门真正的科学。

1977年，美国国家标准局正式公布实施了美国的数据加密标准（DES），标志着密码学理论与技术划时代的革命性变革，同时也宣告了近代密码学的开始。更具有意义的是，DES算法开创了公开全部密码算法的先例，大大推动了分组密码理论的发展和技术的应用。

另一个具有里程碑意义的事件是20世纪70年代中期公钥密码体制的出现。1976年，著名的密码学家Diffie和Hellman在"密码学的新方向"中，首次提出了公钥密码体制的概念和设计思想。1978年，Rivest、Shamir和Adleman提出了第一个较完善的公钥密码体制——RSA算法，成为公钥密码的杰出代表。公钥密码体制为信息认证提供了一种解决途径。但由于RSA算法使用的是模幂运算，对文件签名的执行效率难以恭维，因此必须提出一种有效的方案来提高签名的效率。杂凑函数在这个方面的优越特性为这一问题提供了很好的解决方案。

杂凑函数于20世纪70年代末被引入密码学，早期的杂凑函数主要被用于消息认证。杂凑函数具有压缩性、简易性、单向性、抗原根、抗第二原根、抗碰撞等性质，在信息安全和密码学领域的应用非常广泛。它是数据完整性检测、构造数字签名和认证方案等不可缺少的工具。比如，杂凑函数的重要用途之一是用于数字签名，通常用公钥密码算法进行数字签名时，一般不是直接对消息进行签名，而是对消息的杂凑值进行签名，这样既可以减少计算量、提高效率，也可以不破坏数字签名算法的某些代数结构。因此，杂凑函数在现代信息安全领域具有非常高的使用价值和研究价值。

常见的杂凑函数有MD4、MD5、SHA-1、SHA-256和国产的SM1、SM3等。近些年来，出现了许多对这些标准的杂凑算法的攻击方法，因此总结杂凑函数的攻击方法、设计新型的杂凑函数已成为当前密码学研究的热点课题。

3.1.3　杂凑函数的发展

杂凑函数是现代密码学中相对较新的研究领域。最初的杂凑函数并非用于密码学，直到20世纪70年代末，杂凑函数才被引入密码学。从这个时期开始，杂凑函数的研究就成了密码学一个十分重要的部分。

3.1.4　杂凑函数的设计

目前，杂凑函数主要有基于分组密码算法的杂凑函数和直接构造的杂凑函数，并且它们都是迭代型的杂凑函数。其中，基于分组密码构造的杂凑函数最早由Rabin提出，它是通过对分组密码的输入输出模式进行组合构造杂凑函数的。本章主要介绍基于分组密码算法的杂凑函数，也就是分组迭代单向杂凑算法。

要想将不限定长度的输入数据压缩成定长输出的杂凑值，不可能设计一种逻辑电路使其一次完成。在实际应用中，一般是先将输入数字串划分成固定长的段，如m比特段，而后将每个m比特段映射成n比特，此映射函数被称为迭代函数。采用类似于分组密文反馈模式的方式，对一段m比特输入进行映射，直到全部输入数字串完全映射完，以最后的输出值作为整个输入的杂凑值。与分组密码类似，当输入数字串不是m的整数倍时，可采用填充等方法进行处理。

目前很多杂凑算法都是迭代型杂凑算法，比如SM3。

3.1.5　杂凑函数的分类

杂凑函数可以按其是否有密钥参与运算分为两大类：不带密钥的杂凑函数和带密钥的杂凑函数。

1. 不带密钥的杂凑函数

不带密钥的杂凑函数在运算过程中没有密钥参与。不带密钥的杂凑函数的杂凑值只是消息输入的函数，无须密钥就可以计算。因此，这种类型的杂凑函数不具有身份认证功能，仅提供数据完整性检验，如篡改检测码（Manipulation Detection Code，MDC）。按照所具有的性质，MDC又可分为弱单向杂凑函数（OWHF）和强单向杂凑函数（CRHF）。例如，SM3就是一种不带密钥的杂凑函数。

2. 带密钥的杂凑函数

带密钥的杂凑函数在消息运算过程中需要密钥参与。这类杂凑函数需要满足各种安全性要求，其杂凑值同时与密钥和消息输入相关，只有拥有密钥的人才能计算出相应的杂凑值。不带密钥的杂凑函数不仅能够检验数据的完整性，还提供身份认证功能，被称为消息认证码（Message Authentication Code，MAC）。消息认证码的性质保证了只有拥有带密钥的杂凑函数的人才能产生正确的消息认证码：MAC对。后面的3.3节将重点阐述。

3.1.6　杂凑函数的碰撞

杂凑算法的一个重要功能是产生独特的散列值，若两个不同的值或文件可以产生相同的散列值，就称为碰撞。保证数字签名的安全性必须在不发生碰撞的情况下进行。碰撞对于哈希算法来说是极其危险的，因为碰撞允许两个文件产生相同的签名。当计算机检查签名时，即使该文件未真正签署，也会被计算机识别为有效的。

若一个哈希位有0和1两个可能的值，则每个独立的哈希值有2^{256}种组合（对于SHA-256而言），这是一个巨大的数值。哈希值越大，碰撞的概率就越小。每个散列算法（包括安全算法）都可能发生碰撞，而SHA-1的碰撞概率相对较高，所以SHA-1被认为是不安全的。

3.2　SM3 杂凑算法

SM3杂凑算法是中国国家密码管理局2010年公布的中国商用密码杂凑算法标准。该算法由王小云等人设计，消息分组512比特，输出杂凑值256比特（32字节），采用Merkle-Damgard结构。SM3杂凑算法的压缩函数与SHA-256的压缩函数具有相似的结构，但是SM3杂凑算法的压缩函数的结构和消息拓展过程的设计都更加复杂，比如压缩函数的每一轮都使用两个消息字，消息拓展过程的每一轮都使用5个消息字等。

对长度为L（L<2^{64}）比特的消息m，SM3杂凑算法经过填充和迭代压缩，生成杂凑值，杂凑值长度为256比特（32字节）。

3.2.1　常量和函数

下面介绍的常量和函数都是算法中要用到的，我们在此对它们进行统一定义。

1. 初始值

IV =7380166f 4914b2b9 172442d7 da8a0600 a96f30bc 163138aa e38dee4d b0fb0e4e

2. 常量

$$T_j = \begin{cases} 79cc4519 & 0 \leqslant j \leqslant 15 \\ 7a879d8a & 16 \leqslant j \leqslant 63 \end{cases}$$

3. 布尔函数

$$FF_j(X, Y, Z) = \begin{cases} X \oplus Y \oplus Z & 0 \leqslant j \leqslant 15 \\ (X \wedge Y) \vee (X \wedge Z) \vee (Y \wedge Z) & 16 \leqslant j \leqslant 63 \end{cases}$$

$$GG_j(X, Y, Z) = \begin{cases} X \oplus Y \oplus Z & 0 \leqslant j \leqslant 15 \\ (X \wedge Y) \vee (\neg X \wedge Z) & 16 \leqslant j \leqslant 63 \end{cases}$$

其中，X、Y、Z为字。字就是长度为32字节的比特串。

4. 置换函数

$$P_0(X) = X \oplus (X \lll 9) \oplus (X \lll 17)$$
$$P_1(X) = X \oplus (X \lll 15) \oplus (X \lll 23)$$

其中，X为字。

3.2.2　填充

假设消息m的长度为L比特。首先将比特1添加到消息的末尾，再添加k个0，k是满足L+1+k≡448 mod 512的最小的非负整数。然后添加一个64位比特串，该比特串是长度L的二进制表示。填充后的消息m'的比特长度为512的倍数。其中，L + 1 + k≡448 mod 512中的≡表示同余的意思，表示（L + 1 + k）mod 512=448，相当于（L + 1 + k）被512整除，余数等于448。

例如，对于消息01100001 01100010 01100011，其长度L=24，经填充得到的比特串如图3-1所示。

$$01100001\,01100010\,01100011\ 1\overbrace{00\cdots00}^{423\text{比特}}\,\underbrace{\overbrace{00\cdots011000}^{64\text{比特}}}_{L\text{的二进制表示}}$$

图3-1

3.2.3 迭代压缩

1. 迭代过程

将填充后的消息m′按512比特进行分组：$m'=B^{(0)}B^{(1)}\cdots B^{(n-1)}$。

其中n=（L+k+65）/512。

对m′按下列方式迭代：

$$\begin{aligned}&\text{FOR } i=0 \text{ TO } n-1\\&V^{(i+1)}=CF(V^{(i)},\ B^{(i)})\\&\text{ENDFOR}\end{aligned}$$

其中CF是压缩函数，$V^{(0)}$为256比特的初始值IV，$B^{(i)}$为填充后的消息分组，迭代压缩的结果为$V^{(n)}$。

初始值IV是一个常数，其值如下：

IV =7380166f 4914b2b9 172442d7 da8a0600 a96f30bc 163138aa e38dee4d b0fb0e4e

2. 消息扩展

将消息分组$B^{(i)}$按以下方法扩展生成132个字$W_0,W_1,\cdots,W_{67},W_0'$，$W_1',\cdots,W_{63}'$，用于压缩函数CF：

（1）将消息分组$B^{(i)}$划分为16个字$W_0,W_1,\cdots,W_{15}$。

（2）计算：

$$\begin{aligned}&\text{FOR } j=16 \text{ TO } 67\\&\quad W_j\leftarrow P_1(W_{j-16}\oplus W_{j-9}\oplus(W_{j-3}\lll 15))\oplus(W_{j-13}\lll 7)\oplus W_{j-6}\\&\text{ENDFOR}\end{aligned}$$

（3）计算：

$$\begin{aligned}&\text{FOR } j=0 \text{ TO } 63\\&\quad W_j'=W_j\oplus W_{j+4}\\&\text{ENDFOR}\end{aligned}$$

注意　字的意思是长度为32字节的比特串。

3. 压缩函数

令A、B、C、D、E、F、G、H为字寄存器，SS1、SS2、TT1、TT2为中间变量，压缩函数$V^{i+1}=CF(V^{(i)};B^{(i)})$，$0\leqslant i\leqslant n-1$。计算过程描述如图3-2所示。

$$\text{ABCDEFGH} \leftarrow V^{(i)}$$
$$\text{FOR } j = 0 \text{ TO } 63$$
$$\text{SS1} \leftarrow ((A <<< 12) + E + (T_j <<< j)) <<< 7$$
$$\text{SS2} \leftarrow \text{SS1} \oplus (A <<< 12)$$
$$\text{TT1} \leftarrow FF_j(A,B,C) + D + \text{SS2} + W_j'$$
$$\text{TT2} \leftarrow GG_j(E,F,G) + H + \text{SS2} + W_j$$
$$D \leftarrow C$$
$$C \leftarrow B <<< 9$$
$$B \leftarrow A$$
$$A \leftarrow \text{TT1}$$
$$H \leftarrow G$$
$$G \leftarrow F <<< 19$$
$$F \leftarrow E$$
$$E \leftarrow P_0(\text{TT2})$$
$$\text{ENDFOR}$$
$$V^{(i+1)} \leftarrow \text{ABCDEFGH} \oplus V^{(i)}$$

图 3-2

其中，字的存储为大端（Big-Endian）格式。所谓大端，是数据在内存中的一种表示格式，规定左边为高有效位，右边为低有效位。数的高阶字节放在存储器的低地址，数的低阶字节放在存储器的高地址。

3.2.4　杂凑值

$$\text{ABCDEFGH} \leftarrow V^{(n)}$$

输出256比特的杂凑值 $y = \text{ABCDEFGH}$。

3.2.5　一段式SM3算法的实现

算法原理阐述完毕后，相信读者已经有了一定的理解，但要真正掌握算法，还需要上机实践。下面我们按照前面的算法描述过程，用代码实现算法。我们尽可能对SM3杂凑算法进行原汁原味的实现。函数和变量名称都尽量使用算法描述中的名称，遵循算法描述的原始步骤，不使用算法技巧进行处理，以便初学者理解。

一段式SM3算法只向外提供一个函数，输入全部消息，将得到全部消息的哈希值。

【例3.1】　实现SM3算法

（1）打开编辑器，新建test.cpp源文件，然后输入如下代码：

```
#include <stdio.h>
#include <memory>
#include "string.h"
unsigned char IV[256 / 8] = { 0x73,0x80,0x16,0x6f,0x49,0x14,0xb2,0xb9,0x17,0x24,
0x42,0xd7,0xda,0x8a,0x06,0x00,0xa9,0x6f,0x30,0xbc,0x16,0x31,0x38,0xaa,0xe3,0x8d,0xee,
```

```
0x4d,0xb0,0xfb,0x0e,0x4e };
    // 循环左移
    unsigned long SL(unsigned long X, int n)
    {
        unsigned long long x = X;
        x = x << (n % 32);
        unsigned long l = (unsigned long)(x >> 32);
        return x | l;
    }

    unsigned long Tj(int j)
    {
        if (j <= 15)
        {
            return 0x79cc4519;
        }
        else
        {
            return 0x7a879d8a;
        }
    }

    unsigned long FFj(int j, unsigned long X, unsigned long Y, unsigned long Z)
    {
        if (j <= 15)
        {
            return X ^ Y ^ Z;
        }
        else
        {
            return (X & Y) | (X & Z) | (Y & Z);
        }
    }

    unsigned long GGj(int j, unsigned long X, unsigned long Y, unsigned long Z)
    {
        if (j <= 15)
        {
            return X ^ Y ^ Z;
        }
        else
        {
            return (X & Y) | (~X & Z);
        }
    }

    unsigned long P0(unsigned long X)
    {
        return X ^ SL(X, 9) ^ SL(X, 17);
    }

    unsigned long P1(unsigned long X)
    {
```

```
        return X ^ SL(X, 15) ^ SL(X, 23);
    }

    // 扩展
    void EB(unsigned char Bi[512 / 8], unsigned long W[68], unsigned long W1[64])
    {
        // Bi分为W0~W15
        for (int i = 0; i < 16; ++i)
        {
            W[i] = Bi[i * 4] << 24 | Bi[i * 4 + 1] << 16 | Bi[i * 4 + 2] << 8 | Bi[i
* 4 + 3];
        }

        for (int j = 16; j <= 67; ++j)
        {
            W[j] = P1(W[j - 16] ^ W[j - 9] ^ SL(W[j - 3], 15)) ^ SL(W[j - 13], 7) ^
W[j - 6];
        }

        for (int j = 0; j <= 63; ++j)
        {
            W1[j] = W[j] ^ W[j + 4];
        }
    }

    // 压缩函数
    void CF(unsigned char Vi[256 / 8], unsigned char Bi[512 / 8], unsigned char
Vi1[256 / 8])
    {
        // Bi扩展为132个字
        unsigned long W[68] = { 0 };
        unsigned long W1[64] = { 0 };

        EB(Bi, W, W1);

        // 串联 ABCDEFGH = Vi
        unsigned long R[8] = { 0 };
        for (int i = 0; i < 8; ++i)
        {
            R[i] = ((unsigned long)Vi[i * 4]) << 24 | ((unsigned long)Vi[i * 4 + 1])
<< 16 | ((unsigned long)Vi[i * 4 + 2]) << 8 | ((unsigned long)Vi[i * 4 + 3]);
        }

        unsigned long A = R[0], B = R[1], C = R[2], D = R[3], E = R[4], F = R[5], G
= R[6], H = R[7];

        unsigned long SS1, SS2, TT1, TT2;
        for (int j = 0; j <= 63; ++j)
        {
            SS1 = SL(SL(A, 12) + E + SL(Tj(j), j), 7);
            SS2 = SS1 ^ SL(A, 12);
            TT1 = FFj(j, A, B, C) + D + SS2 + W1[j];
            TT2 = GGj(j, E, F, G) + H + SS1 + W[j];
            D = C;
            C = SL(B, 9);
```

```
            B = A;
            A = TT1;
            H = G;
            G = SL(F, 19);
            F = E;
            E = P0(TT2);
        }

        // Vi1 = ABCDEFGH 串联
        R[0] = A, R[1] = B, R[2] = C, R[3] = D, R[4] = E, R[5] = F, R[6] = G, R[7] =
H;
        for (int i = 0; i < 8; ++i)
        {
            Vi1[i * 4] = (R[i] >> 24) & 0xFF;
            Vi1[i * 4 + 1] = (R[i] >> 16) & 0xFF;
            Vi1[i * 4 + 2] = (R[i] >> 8) & 0xFF;
            Vi1[i * 4 + 3] = (R[i]) & 0xFF;
        }
        // Vi1 = ABCDEFGH ^ Vi
        for (int i = 0; i < 256 / 8; ++i)
        {
            Vi1[i] ^= Vi[i];
        }
    }

// 参数m是原始数据，ml是数据长度，r是输出参数，存放哈希结果
void SM3Hash(unsigned char* m, int ml, unsigned char r[32])
{
    int l = ml * 8;
    int k = 448 - 1 - l % 512;// 添加k个0，k是满足 l + 1 + k≡448 mod 512的最小的非负
整数
    if (k <= 0)
    {
        k += 512;
    }

    int n = (l + k + 65) / 512;

    int mll = n * 512 / 8; // 填充后的长度，512位的倍数
    unsigned char* m1 = new unsigned char[mll];
    memset(m1, 0, mll);
    memcpy(m1, m, l / 8);

    m1[l / 8] = 0x80; // 消息后补1

    // 再添加一个64位比特串，该比特串是长度l的二进制表示
    unsigned long ll = l;
    for (int i = 0; i < 64 / 8 && ll > 0; ++i)
    {
        m1[mll - 1 - i] = ll & 0xFF;
        ll = ll >> 8;
    }

    // 将填充后的消息m'按512比特进行分组：m' = B(0)B(1)…B(n-1)，其中n=(1+k+65)/512
```

```cpp
    unsigned char** B = new unsigned char*[n];
    for (int i = 0; i < n; ++i)
    {
        B[i] = new unsigned char[512 / 8];
        memcpy(B[i], m1 + (512 / 8)*i, 512 / 8);
    }

    delete[] m1;

    unsigned char** V = new unsigned char*[n + 1];
    for (int i = 0; i <= n; ++i)
    {
        V[i] = new unsigned char[256 / 8];
        memset(V[i], 0, 256 / 8);
    }

    // 初始化 V0 = VI
    memcpy(V[0], IV, 256 / 8);

    // 压缩函数，V 与扩展的B
    for (int i = 0; i < n; ++i)
    {
        CF(V[i], B[i], V[i + 1]);
    }

    for (int i = 0; i < n; ++i)
    {
        delete[] B[i];
    }
    delete[] B;

    // V[n]是结果
    memcpy(r, V[n], 32);

    for (int i = 0; i < n + 1; ++i)
    {
        delete[] V[i];
    }
    delete[] V;
}


void dumpbuf(unsigned char* buf, int len)
{
    int i, line = 32;
    printf("len=%d\n", len);
    for (i = 0; i < len; i++) {
        printf("%02x ", buf[i]);
        if (i>0&&(1+i) % 16 == 0)
            putchar('\n');
    }
    return;
}

int main()
```

```
{
    unsigned char  data[] = "abc",r[32];
    printf("消息: %s\nHash结果: \n", data);
    SM3Hash(data, 3, r);

    dumpbuf(r, 32);
    return 0;
}
```

（2）把test.cpp上传到Linux系统，然后编译：

```
g++ test.cpp -o test -lcrypto
```

此时生成可执行文件test，运行结果如下：

```
消息: abc
Hash结果:
len=32
02 f1 cf ea 2d 3b c7 e3 a8 fa ee 95 07 f1 fb e0
04 a3 7c 94 cf 08 5a 52 56 7b 87 ea 0d 06 a1 f1
```

3.2.6　三段式SM3算法的实现

在实际应用中，比如Linux内核的IPsec处理，有时需要对消息原文进行杂凑运算，而这些消息原文不会一次性得到，通常会先给出一部分，再给出另一部分。实际场合也没有足够大的存储空间来缓存所有消息原文，等到全部凑齐再进行杂凑运算。因此，通常需要先对部分消息原文进行杂凑运算，得到一个中间值，等到下一次消息原文到来后，再和上次运算的中间值一起参与运算，如此反复，直到最后一次消息原文到来后，再进行最后一次运算。再比如，A、B、C三方通信，A通过B这个中点站向C发送大文件，B无法缓存全部文件数据后再调用hash函数，只能分段计算整个文件的哈希值。针对这些场景，人们设计了三段式杂凑函数，即提供3个函数：一个初始化函数（Init），一个中间函数（Update），以及一个结束函数（Final），其中中间函数可以多次调用。三段式杂凑形式也可以实现单包的效果，因此实用性更好。

【例3.2】　手工实现三段式SM3算法

（1）打开编辑器，新建sm3.h头文件，该文件用来声明SM3算法，输入如下代码：

```
#ifndef __SM3_HEADER__
#define __SM3_HEADER__

#ifdef __cplusplus
extern "C" {
#endif

#define  SM3_LBLOCK         16
#define  SM3_CBLOCK         64
#define  SM3_DIGEST_LENGTH  32
#define  SM3_LAST_BLOCK     56

#ifdef WIN32
#define  ulong              unsigned long
#else
```

```
#define   ulong              unsigned int
#endif

typedef struct SM3state_st
{
    ulong h[8];
    ulong Nl,Nh;
    ulong data[SM3_LBLOCK];
    unsigned int  num;
} SM3_CTX;

unsigned char *sm3(const unsigned char *d, unsigned int n, unsigned char *md);
/*
d: data
n: byte length
md: 32 bytes digest
*/
void SM3_Init (SM3_CTX *ctx);
void SM3_Update(SM3_CTX *ctx, const void *data, unsigned int len);
void SM3_Final(unsigned char *md, SM3_CTX *ctx);
#ifdef   __cplusplus
}
#endif /* __cplusplus */

#endif/* __SM3_H__ */
```

除了三段式的3个函数外，我们还声明了一个用于对磁盘文件进行哈希运算的函数sm3_file，方便读者在今后的工程中直接使用。接着在工程中添加文件sm3.cpp，该文件用于实现SM3算法，代码如下：

```
#include <string.h>
#include <stdlib.h>
#include <stdio.h>
#include <time.h>
#include "sm3.h"

#define nl2c(l,c)    (*((c)++) = (unsigned char)(((l) >> 24) & 0xff), \
                      *((c)++) = (unsigned char)(((l) >> 16) & 0xff), \
                      *((c)++) = (unsigned char)(((l) >> 8)  & 0xff), \
                      *((c)++) = (unsigned char)(((l)     )  & 0xff))

#define c_2_nl(c)    ((*(c) << 24) | (*(c+1) << 16) | (*(c+2) << 8) | *(c+3))
#define ROTATE(X, C) (((X) << (C)) | ((X) >> (32 - (C))))

#define TH 0x79cc4519
#define TL 0x7a879d8a
#define FFH(X, Y, Z) ((X) ^ (Y) ^ (Z))
#define FFL(X, Y, Z) (((X) & (Y)) | ((X) & (Z)) | ((Y) & (Z)))
#define GGH(X, Y, Z) ((X) ^ (Y) ^ (Z))
#define GGL(X, Y, Z) (((X) & (Y)) | ((~X) & (Z)))
#define P0(X) ((X) ^ (((X) << 9) | ((X) >> 23)) ^ (((X) << 17) | ((X) >> 15)))
#define P1(X) ((X) ^ (((X) << 15) | ((X) >> 17)) ^ (((X) << 23) | ((X) >> 9)))

unsigned char sm2_par_dig[128] = {
```

```
0xFF,0xFF,0xFF,0xFE,0xFF,0xFF,0xFF,0xFF,0xFF,0xFF,0xFF,0xFF,0xFF,0xFF,0xFF,0xFF,
0xFF,0xFF,0xFF,0xFF,0x00,0x00,0x00,0x00,0xFF,0xFF,0xFF,0xFF,0xFF,0xFF,0xFF,0xFC,
0x28,0xE9,0xFA,0x9E,0x9D,0x9F,0x5E,0x34,0x4D,0x5A,0x9E,0x4B,0xCF,0x65,0x09,0xA7,
0xF3,0x97,0x89,0xF5,0x15,0xAB,0x8F,0x92,0xDD,0xBC,0xBD,0x41,0x4D,0x94,0x0E,0x93,
0x32,0xC4,0xAE,0x2C,0x1F,0x19,0x81,0x19,0x5F,0x99,0x04,0x46,0x6A,0x39,0xC9,0x94,
0x8F,0xE3,0x0B,0xBF,0xF2,0x66,0x0B,0xE1,0x71,0x5A,0x45,0x89,0x33,0x4C,0x74,0xC7,
0xBC,0x37,0x36,0xA2,0xF4,0xF6,0x77,0x9C,0x59,0xBD,0xCE,0xE3,0x6B,0x69,0x21,0x53,
0xD0,0xA9,0x87,0x7C,0xC6,0x2A,0x47,0x40,0x02,0xDF,0x32,0xE5,0x21,0x39,0xF0,0xA0,
};
void sm3_block(SM3_CTX *ctx)
{
    register int j, k;
    register ulong t;
    register ulong ss1, ss2, tt1, tt2;
    register ulong a, b, c, d, e, f, g, h;
    ulong w[132];

    for(j = 0; j < 16; j++)
        w[j] = ctx->data[j];

    for(j = 16; j < 68; j++)
    {
        t = w[j-16] ^ w[j-9] ^ ROTATE(w[j-3], 15);
        w[j] = P1(t) ^ ROTATE(w[j-13], 7) ^ w[j-6];
    }

    for(j = 0, k = 68; j < 64; j++, k++)
    {
        w[k] = w[j] ^ w[j+4];
    }

    a = ctx->h[0];
    b = ctx->h[1];
    c = ctx->h[2];
    d = ctx->h[3];
    e = ctx->h[4];
    f = ctx->h[5];
    g = ctx->h[6];
    h = ctx->h[7];

    for(j = 0; j < 16; j++)
    {
        ss1 = ROTATE(ROTATE(a, 12) + e + ROTATE(TH, j), 7);
        ss2 = ss1 ^ ROTATE(a, 12);
        tt1 = FFH(a, b, c) + d + ss2 + w[68 + j];
        tt2 = GGH(e, f, g) + h + ss1 + w[j];

        d = c;
        c = ROTATE(b, 9);
        b = a;
        a = tt1;
```

```
        h = g;
        g = ROTATE(f, 19);
        f = e;
        e = P0(tt2);
    }

    for(j = 16; j < 33; j++)
    {
        ss1 = ROTATE(ROTATE(a, 12) +  e + ROTATE(TL, j), 7);
        ss2 = ss1 ^ ROTATE(a, 12);
        tt1 = FFL(a, b, c) + d + ss2 + w[68 + j];
        tt2 = GGL(e, f, g) + h + ss1 + w[j];

        d = c;
        c = ROTATE(b, 9);
        b = a;
        a = tt1;

        h = g;
        g = ROTATE(f, 19);
        f = e;
        e = P0(tt2);
    }

    for(j = 33; j < 64; j++)
    {
        ss1 = ROTATE(ROTATE(a, 12) +  e + ROTATE(TL, (j-32)), 7);
        ss2 = ss1 ^ ROTATE(a, 12);
        tt1 = FFL(a, b, c) + d + ss2 + w[68 + j];
        tt2 = GGL(e, f, g) + h + ss1 + w[j];

        d = c;
        c = ROTATE(b, 9);
        b = a;
        a = tt1;

        h = g;
        g = ROTATE(f, 19);
        f = e;
        e = P0(tt2);
    }

    ctx->h[0]  ^=  a ;
    ctx->h[1]  ^=  b ;
    ctx->h[2]  ^=  c ;
    ctx->h[3]  ^=  d ;
    ctx->h[4]  ^=  e ;
    ctx->h[5]  ^=  f ;
    ctx->h[6]  ^=  g ;
    ctx->h[7]  ^=  h ;

}
```

```
void SM3_Init (SM3_CTX *ctx)
{
    ctx->h[0] = 0x7380166fUL;
    ctx->h[1] = 0x4914b2b9UL;
    ctx->h[2] = 0x172442d7UL;
    ctx->h[3] = 0xda8a0600UL;
    ctx->h[4] = 0xa96f30bcUL;
    ctx->h[5] = 0x163138aaUL;
    ctx->h[6] = 0xe38dee4dUL;
    ctx->h[7] = 0xb0fb0e4eUL;
    ctx->Nl  = 0;
    ctx->Nh  = 0;
    ctx->num = 0;
}

void SM3_Update(SM3_CTX *ctx, const void *data, unsigned int len)
{
    unsigned char *d;
    ulong l;
    int i, sw, sc;

    if (len == 0)
        return;

    l = (ctx->Nl + (len << 3)) & 0xffffffffL;
    if (l < ctx->Nl) /* overflow */
        ctx->Nh++;
    ctx->Nh += (len >> 29);
    ctx->Nl = l;

    d = (unsigned char *)data;
    while (len >= SM3_CBLOCK)
    {
        ctx->data[0] = c_2_nl(d);
        d += 4;
        ctx->data[1] = c_2_nl(d);
        d += 4;
        ctx->data[2] = c_2_nl(d);
        d += 4;
        ctx->data[3] = c_2_nl(d);
        d += 4;
        ctx->data[4] = c_2_nl(d);
        d += 4;
        ctx->data[5] = c_2_nl(d);
        d += 4;
        ctx->data[6] = c_2_nl(d);
        d += 4;
        ctx->data[7] = c_2_nl(d);
        d += 4;
        ctx->data[8] = c_2_nl(d);
        d += 4;
```

```
            ctx->data[9] = c_2_nl(d);
            d += 4;
            ctx->data[10] = c_2_nl(d);
            d += 4;
            ctx->data[11] = c_2_nl(d);
            d += 4;
            ctx->data[12] = c_2_nl(d);
            d += 4;
            ctx->data[13] = c_2_nl(d);
            d += 4;
            ctx->data[14] = c_2_nl(d);
            d += 4;
            ctx->data[15] = c_2_nl(d);
            d += 4;

            sm3_block(ctx);
            len -= SM3_CBLOCK;
        }

    if(len > 0)
    {
        memset(ctx->data, 0, 64);
        ctx->num = len + 1;
        sw = len >> 2;
        sc = len & 0x3;

        for(i = 0; i < sw; i++)
        {
            ctx->data[i] = c_2_nl(d);
            d += 4;
        }

        switch(sc)
        {
            case 0:
                ctx->data[i] = 0x80000000;
                break;
            case 1:
                ctx->data[i] = (d[0] << 24) | 0x800000;
                break;
            case 2:
                ctx->data[i] = (d[0] << 24) | (d[1] << 16) | 0x8000;
                break;
            case 3:
                ctx->data[i] = (d[0] << 24) | (d[1] << 16) | (d[2] << 8) | 0x80;
                break;
        }

    }

}

void SM3_Final(unsigned char *md, SM3_CTX *ctx)
{
```

```
        if(ctx->num == 0)
        {
            memset(ctx->data, 0, 64);
            ctx->data[0] = 0x80000000;
            ctx->data[14] = ctx->Nh;
            ctx->data[15] = ctx->Nl;
        }
        else
        {
            if(ctx->num <= SM3_LAST_BLOCK)
            {
                ctx->data[14] = ctx->Nh;
                ctx->data[15] = ctx->Nl;
            }
            else
            {
                sm3_block(ctx);
                memset(ctx->data, 0, 56);
                ctx->data[14] = ctx->Nh;
                ctx->data[15] = ctx->Nl;
            }
        }

    sm3_block(ctx);

    nl2c(ctx->h[0], md);
    nl2c(ctx->h[1], md);
    nl2c(ctx->h[2], md);
    nl2c(ctx->h[3], md);
    nl2c(ctx->h[4], md);
    nl2c(ctx->h[5], md);
    nl2c(ctx->h[6], md);
    nl2c(ctx->h[7], md);
}
unsigned char *sm3(const unsigned char *d, unsigned int n, unsigned char *md)
{
    SM3_CTX ctx;

    SM3_Init(&ctx);
    SM3_Update(&ctx, d, n);
    SM3_Final(md, &ctx);
    memset(&ctx, 0, sizeof(ctx));

    return(md);
}
```

至此，三段式SM3算法就完成了。下面加入代码测试，打开test.cpp文件，输入如下代码：

```
#include <string.h>
#include <stdio.h>
#include "sm3.h"
```

```
    void PrintBuf(unsigned char *buf, int buflen)
    {
        int i;
        printf("\n");
        printf("len = %d\n", buflen);
        for(i=0; i<buflen; i++) {
            if (i % 32 != 31)
                printf("%02x", buf[i]);
            else
                printf("%02x\n", buf[i]);
        }
    }
    int main()
    {
        unsigned char data[] = "abc";
        /*66c7f0f4 62eeedd9 d1f2d46b dc10e4e2 4167c487 5cf2f7a2 297da02b 8f4ba8e0*/
        unsigned char data1[] =
"abcdabcdabcdabcdabcdabcdabcdabcdabcdabcdabcdabcdabcdabcdabcdabcd";
        /*debe9ff9 2275b8a1 38604889 c18e5a4d 6fdb70e5 387e5765 293dcba3 9c0c5732*/
        unsigned char md[SM3_DIGEST_LENGTH];

        memset(md, 0, sizeof(md));
        sm3(data, 3, md);
        PrintBuf(md, 32);

        SM3_CTX ctx;
        SM3_Init(&ctx);
        SM3_Update(&ctx, data1, 64);
        SM3_Final(md, &ctx);
        PrintBuf(md, 32);

        return 0;
    }
```

（2）把sm3.cpp、sm3.h和test.cpp上传到Linux系统后编译：

```
 g++ *.cpp -o test
```

此时生成可执行文件test，运行结果如下：

```
len = 32
66c7f0f462eeedd9d1f2d46bdc10e4e24167c4875cf2f7a2297da02b8f4ba8e0

len = 32
debe9ff92275b8a138604889c18e5a4d6fdb70e5387e5765293dcba39c0c5732
```

3.2.7　GmSSL实现SM3算法

前面我们从零开始实现了SM3算法，但在实际开发中，我们也可以基于现有的密码算法库来实现，这样可以避免重复造轮子。目前，最新版的GmSSL库已经提供了SM3算法，因此可以通过调用GmSSL库函数来实现SM3算法，这个过程简单得多。

【例3.3】 GmSSL实现SM3算法

（1）打开编辑器，新建文件sm3hash.cpp，然后输入如下代码：

```
#include "openssl/evp.h"
#include "sm3hash.h"

int sm3_hash(const unsigned char *message, size_t len, unsigned char *hash,
unsigned int *hash_len)
{
    EVP_MD_CTX *md_ctx;
    const EVP_MD *md;

    md = EVP_sm3();
    md_ctx = EVP_MD_CTX_new();
    EVP_DigestInit_ex(md_ctx, md, NULL);
    EVP_DigestUpdate(md_ctx, message, len);
    EVP_DigestFinal_ex(md_ctx, hash, hash_len);
    EVP_MD_CTX_free(md_ctx);
    return 0;
}
```

我们定义了一个函数sm3_hash，其中参数message是要进行哈希运算的源数据，len是源数据长度，这两个参数都是输入参数。参数hash是输出参数，用于存放哈希运算的结果。对于SM3算法，哈希结果是32字节，因此参数hash应该指向一个32字节的缓冲区，hash_len也是输出参数，用于存放哈希运算结果的长度。

GmSSL并没有提供单独的函数来计算SM3杂凑值。如果要计算各种杂凑函数，可以调用EVP相关函数来完成。其中，函数EVP_sm3表示要使用的哈希算法是SM3。我们使用函数EVP_MD_CTX_new来分配SM3算法所需的上下文数据结构的空间，并让指针md_ctx指向这块内存区域。接着，我们就可以用哈希算法的三部曲来完成哈希运算了，这三部曲和我们之前实现的SM3算法一样，也是init-update-final，其中update可以多次调用，以实现多包hash功能。GmSSL封装得非常好。最后，调用函数EVP_MD_CTX_free释放空间。

接着，在工程中新建一个头文件sm3hash.h，然后输入如下代码：

```
#ifndef HEADER_C_FILE_SM3_HASH_H
#define HEADER_C_FILE_SM3_HASH_H

#ifdef __cplusplus
extern "C" {
#endif
    int sm3_hash(const unsigned char *message, size_t len, unsigned char *hash,
unsigned int *hash_len);
#ifdef __cplusplus
}
#endif
#endif
```

在该文件中，我们声明了一个函数sm3_hash，以便其他程序可以调用。

（2）编写测试代码来具体调用sm3_hash函数。打开test.cpp源文件，在其中输入如下代码：

```c
#include <stdio.h>
#include <string.h>
#include "sm3hash.h"

int main(void)
{
    const unsigned char sample1[] = { 'a', 'b', 'c', 0 };
    unsigned int sample1_len = strlen((char *)sample1);
    const unsigned char sample2[] = { 0x61, 0x62, 0x63, 0x64, 0x61, 0x62, 0x63,
                                       0x64, 0x61, 0x62, 0x63, 0x64, 0x61, 0x62,
                                       0x63, 0x64, 0x61, 0x62, 0x63, 0x64, 0x61,
                                       0x62, 0x63, 0x64, 0x61, 0x62, 0x63, 0x64,
                                       0x61, 0x62, 0x63, 0x64, 0x61, 0x62, 0x63,
                                       0x64, 0x61, 0x62, 0x63, 0x64, 0x61, 0x62,
                                       0x63, 0x64, 0x61, 0x62, 0x63, 0x64, 0x61,
                                       0x62, 0x63, 0x64, 0x61, 0x62, 0x63, 0x64,
                                       0x61, 0x62, 0x63, 0x64, 0x61, 0x62, 0x63,
                                       0x64};
    unsigned int sample2_len = sizeof(sample2);
    unsigned char hash_value[64];
    unsigned int i, hash_len;

    sm3_hash(sample1, sample1_len, hash_value, &hash_len);
    printf("raw data: %s\n", sample1);
    printf("hash length: %d bytes.\n", hash_len);
    printf("hash value:\n");
    for (i = 0; i < hash_len; i++)
    {
        printf("%x", hash_value[i]);
    }
    printf("\n\n");

    sm3_hash(sample2, sample2_len, hash_value, &hash_len);
    printf("raw data:\n");
    for (i = 0; i < sample2_len; i++)
    {
        printf("%c", sample2[i]);
    }
    printf("\n");
    printf("hash length: %d bytes.\n", hash_len);
    printf("hash value:\n");
    for (i = 0; i < hash_len; i++)
    {
        printf("%x", hash_value[i]);
    }
    printf("\n");

    return 0;
}
```

在上述代码中，我们分别对字节数组sample1和sample2进行了sm3_hash运算，并把结果打印出来。

（3）把sm3hash.cpp、sm3hash.h和test.cpp上传到Linux系统进行编译：

```
g++ *.cpp -o test -I/usr/local/mygmssl/include -L/usr/local/mygmssl/lib -lcrypto
```

此时链接的Crypto库是/usr/local/mygmssl/lib/目录下的libCrypto.so.1.1，我们可以给它创建一个软链接：

```
ln -s /usr/local/mygmssl/lib/libcrypto.so.1.1  /usr/lib64/libcrypto.so.1.1
```

生成的程序是test，运行结果如下：

```
raw data: abc
hash length: 32 bytes.
hash value:
66c7f0f462eeedd9d1f2d46bdc10e4e24167c4875cf2f7a2297da02b8f4ba8e0

raw data:
abcdabcdabcdabcdabcdabcdabcdabcdabcdabcdabcdabcdabcdabcdabcdabcd
hash length: 32 bytes.
hash value:
debe9ff92275b8a138604889c18e5a4d6fdb70e5387e5765293dcba39cc5732
```

3.3 HMAC

3.3.1 什么是HMAC

　　HMAC是一种使用单向散列函数来构造消息认证码的方法，其中HMAC中的H就是Hash的意思。
　　HMAC中所使用的单向散列函数并不仅限于一种，任何高强度的单向散列函数都可以用于HMAC。如果将来设计出了新的单向散列函数，同样可以使用。使用SM3-HMAC、SHA-1、SHA-224、SHA-256、SHA-384、SHA-512所构造的HMAC分别称为HMAC-SM3、HMAC-SHA1、HMAC-SHA-224、HMAC-SHA-384、HMAC-SHA-512。

3.3.2 产生背景

　　随着Internet的不断发展，网络安全问题日益突出。为了确保接收方接收到的报文数据的完整性，人们采用消息认证来验证数据的完整性。目前，对消息进行认证的主要方式有3种：消息认证码、散列函数和消息加密。

- 消息认证码是一个需要密钥的算法，可以对可变长度的消息进行认证，并把输出的结果作为认证符。
- 散列函数是一种将任意长度的消息映射成为定长散列值的函数，以该散列值消息摘要作为认证符。
- 消息加密将整个消息的密文作为认证符。

近年来，人们对利用散列函数来设计MAC越来越感兴趣，原因有两个：

（1）通常情况下，散列函数的软件执行速度比分组密码的软件执行速度要快。

（2）密码散列函数的库代码来源广泛。

因此，HMAC应运而生，HMAC是一种利用密码学中的散列函数来进行消息认证的一种机制，能够提供两方面的消息认证：

（1）消息完整性认证：能够证明消息内容在传送过程中没有被修改。

（2）信源身份认证：因为通信双方共享了认证的密钥，所以接收方能够认证发送该数据的信源与所宣称的一致，即能够可靠地确认按收的消息与发送的一致。

HMAC是当前许多安全协议所选用的提供认证服务的方式，应用十分广泛，并且经受住了多种形式攻击的考验。

3.3.3　设计目标

在HMAC规划之初，就有以下设计目标：

（1）不必修改而直接套用已知的散列函数，并且很容易得到软件上执行速度较快的散列函数及其代码。

（2）若找到或需要更快或更安全的散列函数，则很容易代替原来嵌入的散列函数。

（3）应保持散列函数原来的性能，不能因为嵌入HMAC中而过分降低其性能。

（4）对密钥的使用和处理比较简单。

（5）如果已知嵌入的散列函数的强度，那么完全可以推断出认证机制抵抗密码分析的强度。

3.3.4　算法描述

HMAC算法本身并不复杂，它需要有一个哈希函数，记为H。同时还需要有一个密钥，记为K。每种信息摘要函数都对信息进行分组，每个信息块的长度是固定的，记为B（如SHA1为512位，即64字节；SM3也是以64字节为分组大小）。每种信息摘要算法都会输出一个固定长度的信息摘要，我们将信息摘要的长度记为L（如MD5为16字节，SHA-1为20个字节）。为了保证安全强度，K的长度理论上是任意的，一般选取不小于L的长度。

HMAC算法其实就是利用密钥和明文进行两轮哈希运算，以公式表示如下：

$$HMAC(K, M) = H(K \oplus opad \mid H(K \oplus ipad \mid M))$$

其中，ipad为0x36重复B次，opad为0x5c重复B次，M代表一个消息输入。

根据上面的算法表示公式，可知HMAC算法的运算步骤如下：

（1）检查密钥K的长度。如果K的长度大于B，则先使用摘要算法计算出一个长度为L的新密钥。如果K的长度小于B，则在其后面追加0来使其长度达到B。

（2）将第（1）步生成的B字长的密钥字符串与ipad做异或运算。

（3）将需要处理的数据流text填充至第（2）步的结果字符串中。

（4）使用哈希函数H计算第（3）步中生成的数据流的信息摘要值。

（5）将第（1）步生成的B字长密钥字符串与opad做异或运算。

（6）再将第（4）步得到的结果填充到第（5）步的结果之后。

（7）使用哈希函数H计算第（6）步生成的数据流的信息摘要值，输出结果就是最终的HMAC值。

由上述描述过程，我们知道HMAC算法的计算过程实际上是对原文做了两次类似于加盐处理的哈希过程。在应用中，出于安全和数据的保密性的考虑，有时为了让加密的结果更加难以预测一些，常常会给被加密的数据加点"盐"。简单来说，盐就是一串数字，完全是自己定义的。

3.3.5　独立自主实现HMAC-SM3

在了解了HMAC算法的描述后，读者可能会实际应用感到困惑。下面我们通过代码实现来加深对HMAC算法的理解。

【例3.4】 　实现HMAC-SM3算法

（1）把例3.2的sm3.cpp文件复制一份，在文件末尾处添加以下函数代码：

```cpp
unsigned char *sm3_hmac(unsigned char *key, int keylen, unsigned char *text, int
textlen, unsigned char *hmac)
{
    unsigned char keypaded[64];
    unsigned char *p;
    int i;

    //#1
    memset(keypaded, 0, sizeof(keypaded));
    if(keylen > 64)
    {
        sm3(key, keylen, keypaded);
    }
    else
    {
        memcpy(keypaded, key, keylen);
    }
    //#2
    p = (unsigned char *)malloc(64 + textlen + 32);
    if( NULL == p)
        return NULL;

    for(i = 0; i < 64; i++)
        p[i] = keypaded[i] ^ 0x36;
    //#3
    memcpy(p + 64, text, textlen);
    //#4
    sm3(p, 64 + textlen, hmac);
    //#5
    for(i = 0; i < 64; i++)
        p[i] = keypaded[i] ^ 0x5C;
    //#6
    memcpy(p + 64, hmac, 32);
    //#7
    sm3(p, 64 + 32, hmac);
    free(p);
```

```
    return hmac;
}
```

使用HMAC时，消息通信的双方通过验证消息中加入的鉴别密钥K来鉴别消息的真伪。HMAC还引入了一个散列函数H对消息进行加密，以进一步确保消息鉴别的安全性和有效性。HMAC的定义如下：

- H：用于加密的散列函数（在此例中为SM3）。
- K：密钥（在此例中为32字节的种子密钥）。
- B：数据块的字长（在SM3算法中，数据块的长度为64字节）。
- L：散列函数输出的数据字节长度（在SM3中，L=32）。
- Text：输入的消息（在此例中为当前时间除以步长得到的结果，或者当前时间除以步长）。

密钥K的长度可以是小于或等于数据块字长的正整数值。若K的长度比B大，则首先使用散列函数H对其进行处理，然后用H输出的L长度的字符串作为在HMAC中实际使用的密钥。一般情况下，推荐的最小密钥K的长度是L个字长（与H的输出数据长度相等）。在HMAC中还定义了两个固定且不同的字符串ipad和opad（'i'和'o'标志内部和外部）：

```
ipad =值为0x36的B个bytes
opad =值为0x5C的B个bytes
```

计算'text'的HMAC：

```
HMAC(K,Text)=H( K XOR opad, H(K XOR ipad, Text))
```

详细的算法过程如下：

① 在密钥K后面添加0来创建一个字长为B的字符串（例如，如果K的字长是32字节，B为64字节，则K后会加入32个0x00）。
② 将第①步生成的B字长的字符串与ipad做异或运算。
③ 将数据流text填充至第②步的结果字符串中。
④ 用H作用于第③步生成的数据流。
⑤ 将第①步生成的B字长字符串与opad做异或运算。
⑥ 将第④步的结果填充进第⑤步的结果中。
⑦ 用H作用于第⑥步生成的数据流，并输出最终结果。

然后在sm3.h头文件中添加函数声明：

```
unsigned char *sm3_hmac(unsigned char *key, int keylen, unsigned char *text, int
textlen, unsigned char *hmac);
```

（2）在test.cpp源文件中替换代码如下：

```
#include <string.h>
#include <stdio.h>
#include "sm3.h"
int main()
{
    unsigned char data[] = "abc";
```

```
    unsigned char md[SM3_DIGEST_LENGTH];
    unsigned char key[]=
"0123456789abcdef0123456789abcdef0123456789abcdef0123456789abcdef0123456789abcdef012
3456789abcdef";

    sm3_hmac(key, 65, data, strlen((char*)data), md);
    PrintBuf(md, 32);
    return 0;
}
```

（3）把sm3.cpp、sm3.h和test.cpp上传到Linux系统，然后编译：

```
gcc *.cpp -o test
```

此时生成可执行文件test，运行结果如下：

```
len = 32
9ed24af296a47137fd80fc7c599fba4b9a73281ffcbc17fb7047ebea53c1ff3c
```

3.4　SHA 系列杂凑算法

3.4.1　SHA算法概述

SHA（Security Hash Algorithm，安全哈希算法）是美国国家标准与技术研究院（National Institute of Standards and Technology，NIST）和美国国家安全局（National Security Agency，NSA）设计的一种标准的哈希算法，是一种安全性很高的哈希算法。经过密码学专家多年来的发展和改进，SHA已日益完善，现在已成为公认的最安全的散列算法之一，并被广泛使用。

SHA是一系列的哈希算法，包括SHA-1、SHA-2、SHA-3三大类，其中SHA-1已经被破解，SHA-3应用较少。SHA-1是第一代SHA标准，后来的SHA-224、SHA-256、SHA-384和SHA-512被统称为SHA-2。目前应用广泛且相对安全的是SHA-2。

SHA是联邦信息处理标准（Federal Information Processing Standards，FIPS）认证的安全哈希算法。与SM3算法类似，SHA能够对输入的消息计算出长度固定的字符串（又称消息摘要）。各种SHA的数据比较如表3-1所示，其中长度单位均为比特位。

表 3-1　SHA 的数据比较

类　　别	SHA-1	SHA-224	SHA-256	SHA-384	SHA-512
消息摘要长度	160	224	256	384	512
消息长度	小于2^{64}位	小于2^{64}位	小于2^{64}位	小于2^{128}位	小于2^{128}位
分组长度	512	512	512	1024	1024
计算字长度	32	32	32	64	64
计算步骤数	80	64	64	80	80

从表3-1不难发现，SHA-224和SHA-256、SHA-384和SHA-512在消息长度、分组长度、计算字长以及计算步骤等方面都是一致的。因此，通常认为SHA-224是SHA-256的缩减版，而SHA-384是SHA-512的缩减版。

3.4.2　SHA的发展史

SHA由美国国家标准与技术研究院设计并于1993年发表，该版本称为SHA-0，由于很快被发现存在安全隐患，因此在1995年发布了SHA-1。

2002年，美国国家标准与技术研究院分别发布了SHA-256、SHA-384、SHA-512，这些算法统称为SHA-2。2008年又新增了SHA-224。

由于SHA-1已经不太安全，因此目前SHA-2各版本已成为主流。

3.4.3　SHA系列算法的核心思想

SHA系列算法的核心思想是接收一段明文，然后以一种不可逆的方式将它转换成一段密文，也可以简单地理解为取一串输入码，并把它转化为长度较短、位数固定的输出序列（散列值）的过程。

3.4.4　单向性

单向散列函数的安全性在于其产生散列值的过程具有较强的单向性。如果在输入序列中嵌入密码，那么除非知道密码，否则任何人都不能产生正确的散列值，从而保证了其安全性。

3.4.5　主要用途

通过散列算法可实现数字签名，数字签名的原理是将要传送的明文通过一种函数运算（Hash）转换成报文摘要，报文摘要加密后与明文一起传送给接收方，接收方通过接收的明文产生新的报文摘要，并与发送方发来的报文摘要进行比较，若比较结果一致，则表示明文未被改动，若比较结果不一致，则表示明文已被篡改。

3.4.6　SHA256算法原理解析

为了更好地理解SHA256算法的原理，这里首先对算法中可以单独抽出的模块（包括常量的初始化、信息预处理、使用到的逻辑运算）进行介绍，然后一起来探索SHA256算法的主体部分，即消息摘要是如何计算的。

1. 常量的初始化

常量的作用是和数据源进行计算，以增加数据的加密性。读者可以想一下，如果常量是1、2、3等简单的整数，那么就没有加密性可言了，所以常量需要复杂的、难以预测的值。生成的规则是：对自然数中前8个（或64个）质数（2、3、5、7、11、13、17、19）的平方根的小数部分取前32比特（在后面映射的过程中会用到这些常量）。

SHA256中用到两种常量：8个哈希初值和64个哈希常量。

1）8个哈希初值

SHA256算法的8个哈希初值如下：

```
h0 := 0x6a09e667
h1 := 0xbb67ae85
```

```
h2 := 0x3c6ef372
h3 := 0xa54ff53a
h4 := 0x510e527f
h5 := 0x9b05688c
h6 := 0x1f83d9ab
h7 := 0x5be0cd19
```

这些初值是对自然数中前8个质数（2、3、5、7、11、13、17、19）的平方根的小数部分取前32比特而来的。2的平方根的小数部分约为0.414213562373095048，0.414213562373095048 ≈ 6×16^−1+a×16^−2+0×16^−3+⋯。

所以质数2的平方根的小数部分取前32比特就得到0x6a09e667。

2）64 个哈希常量

在SHA256算法中，用到的64个常量如下：

```
428a2f98 71374491 b5c0fbcf e9b5dba5
3956c25b 59f111f1 923f82a4 ab1c5ed5
d807aa98 12835b01 243185be 550c7dc3
72be5d74 80deb1fe 9bdc06a7 c19bf174
e49b69c1 efbe4786 0fc19dc6 240ca1cc
2de92c6f 4a7484aa 5cb0a9dc 76f988da
983e5152 a831c66d b00327c8 bf597fc7
c6e00bf3 d5a79147 06ca6351 14292967
27b70a85 2e1b2138 4d2c6dfc 53380d13
650a7354 766a0abb 81c2c92e 92722c85
a2bfe8a1 a81a664b c24b8b70 c76c51a3
d192e819 d6990624 f40e3585 106aa070
19a4c116 1e376c08 2748774c 34b0bcb5
391c0cb3 4ed8aa4a 5b9cca4f 682e6ff3
748f82ee 78a5636f 84c87814 8cc70208
90befffa a4506ceb bef9a3f7 c67178f2
```

和8个哈希初值类似，这些常量是对自然数中前64个质数（2、3、5、7、11、13、17、19、23、29、31、37、41、43、47、53、59、61、67、71、73、79、83、89、97⋯）的立方根的小数部分取前32比特而来的。

2. 信息预处理

预处理分为两部分：第一部分是附加填充比特，第二部分是附加长度，目的是让整个消息满足指定的结构，从而处理起来可以统一化、格式化，这个也是计算机的基本思维方式，也就是把复杂的数据转换为特定的格式，化繁为简，"去伪存真"。

1）附加填充比特

在报文末尾进行填充，使报文长度在对512取模以后的余数是448。具体是：先补第一个比特为1，然后都补0，直到长度满足对512取模后余数是448。需要注意，即使长度已经满足对512取模后余数是448，补位也必须进行，这时要填充512比特。所以，填充至少补一位，最多补512位。例如，abc补位的过程如下：

（1）a、b、c对应的ASCII码分别是97、98、99。

（2）对应的二进制编码为01100001 01100010 01100011。

（3）补一个1：0110000101100010 01100011 1。

（4）补423个0：01100001 01100010 01100011 10000000 00000000 … 00000000，补位完成后的数据如下：

```
61626380 00000000 00000000 00000000
00000000 00000000 00000000 00000000
00000000 00000000 00000000 00000000
00000000 00000000
```

为什么是448？因为在第（1）步的预处理后，第（2）步会再附加上一个64比特的数据，用来表示原始报文的长度信息。而448+64=512，正好拼成了一个完整的结构。

2）附加长度值

是将原始数据的长度信息补到已经进行了填充操作的消息后面（就是第（1）步预处理后的信息），SHA256用一个64位的数据来表示原始消息的长度，所以SHA256加密的原始信息长度最大是2^{64}。

用上面的消息abc来操作，3个字符，占用24比特，在进行了补长度的操作以后，整个消息就变成：

```
61626380 00000000 00000000 00000000 00000000 00000000 00000000 00000000
00000000 00000000 00000000 00000000 00000000 00000000 00000000 00000018
```

3. 逻辑运算

SHA256散列函数中涉及的操作全部是逻辑的位运算，包括以下逻辑函数：

```
Ch(x,y,z)=(x∧y) ⊕ (¬x∧z)
Ma(x,y,z)=(x∧y) ⊕ (x∧z) ⊕ (y∧z) Ma(x,y,z)=(x∧y) ⊕ (x∧z) ⊕ (y∧z)
Σ0(x)=S2(x) ⊕S13(x) ⊕S22(x)Σ0(x)=S2(x) ⊕S13(x) ⊕S22(x)
Σ1(x)=S6(x) ⊕S11(x) ⊕S25(x)Σ1(x)=S6(x) ⊕S11(x) ⊕S25(x)
σ0(x)=S7(x) ⊕S18(x) ⊕R3(x)σ0(x)=S7(x) ⊕S18(x) ⊕R3(x)
σ1(x)=S17(x) ⊕S19(x) ⊕R10(x)σ1(x)=S17(x) ⊕S19(x) ⊕R10(x)
```

其中，∧表示按位与，¬表示按位补，⊕表示按位异或，Sn表示循环右移n比特，Rn表示右移n比特。

4. SHA256 算法的核心思想

现在来介绍SHA256算法的主体部分，即消息摘要是如何计算的。

首先将消息分解成512比特大小的块，如图3-3所示。

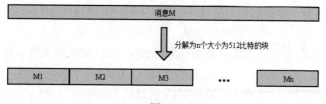

图 3-3

假设消息M可以被分解为n个块，于是整个算法需要完成n次迭代，n次迭代的结果就是最终的哈希值，即256位的数字摘要。

一个256比特的摘要的初始值H0，经过第一个数据块进行运算后，得到H1，即完成了第一次选代。H1经过第二个数据块得到H2，以此类推，最后得到Hn，Hn即为最终的256比特消息摘要。将每次迭代进行的映射用$ Map(H_{i-1}) = H_{i} $表示，于是迭代可以更形象地展示，如图3-4所示。

图中256比特的Hi被描述为8个小块，这是因为SHA256算法中的最小运算单元称为字（Word），一个字是32位。

此外，第一次迭代中，映射的初值设置为前面介绍的8个哈希初值，如图3-5所示。

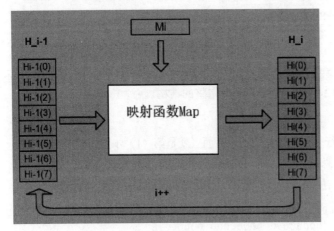

图 3-4

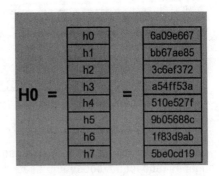

图 3-5

下面介绍每一次迭代的内容，即映射$ Map(H_{i-1}) = H_{i} $的具体算法。

1）构造 64 个字

对于每一块，将块分解为16个32比特的大端的字，记为w[0]，…，w[15]。也就是说，前16个字直接由消息的第i个块分解得到。其余的字由如下迭代公式得到：

```
Wt=σ1(Wt-2)+Wt-7+σ0(Wt-15)+Wt-16
Wt=σ1(Wt-2)+Wt-7+σ0(Wt-15)+Wt-16
```

2）进行 64 次循环

映射$ Map(H_{i-1}) = H_{i} $包含64次加密循环，即进行64次加密循环即可完成一次迭代。每次加密循环如图3-6所示。

图3-6中，A, B, C, D, E, F, G, H这8个字按照一定的规则进行更新，其中深蓝色方块是事先定义好的非线性逻辑函数，前面已经做过铺垫。红色田字方块代表 mod $ 2^{32} $ addition，即将两个数字加在一起，如果结果大于$ 2^{32} $，那么必须除以2^{32} $并找到余数。

A, B, C, D, E, F, G, H一开始的初始值分别为$ H_{i-1}(0), H_{i-1}(1), …, H_{i-1}(7) $。

K_t是第t个密钥，对应上文提到的64个常量。

W_t是本区块产生的第t个字。原消息被切成固定长度为512比特的区块，对于每一个区块，产生64个字，通过重复运行，循环n次，对A, B, C, D, E, F, G, H这8个字循环加密。

最后一次循环所产生的8个字合起来就是第i个块对应的散列字符串$ H_{i} $。

由此便完成了SHA256算法的所有介绍。

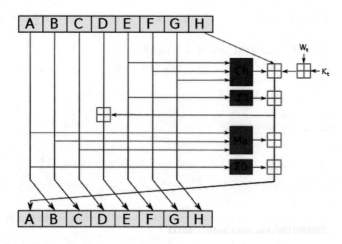

图 3-6

5. SHA256 算法的伪代码

下面结合SHA256算法的伪代码，对前面介绍的所有步骤进行梳理整合。

```
Note: All variables are unsigned 32 bits and wrap modulo 232 when calculating
Initialize variables
(first 32 bits of the fractional parts of the square roots of the first 8 primes
2..19):
h0 := 0x6a09e667
h1 := 0xbb67ae85
h2 := 0x3c6ef372
h3 := 0xa54ff53a
h4 := 0x510e527f
h5 := 0x9b05688c
h6 := 0x1f83d9ab
h7 := 0x5be0cd19


Initialize table of round constants
(first 32 bits of the fractional parts of the cube roots of the first 64 primes
2..311):
k[0..63] :=
  0x428a2f98, 0x71374491, 0xb5c0fbcf, 0xe9b5dba5, 0x3956c25b, 0x59f111f1,
  0x923f82a4, 0xab1c5ed5, 0xd807aa98, 0x12835b01, 0x243185be, 0x550c7dc3,
  0x72be5d74, 0x80deb1fe, 0x9bdc06a7, 0xc19bf174, 0xe49b69c1, 0xefbe4786,
  0x0fc19dc6, 0x240ca1cc, 0x2de92c6f, 0x4a7484aa, 0x5cb0a9dc, 0x76f988da,
  0x983e5152, 0xa831c66d, 0xb00327c8, 0xbf597fc7, 0xc6e00bf3, 0xd5a79147,
  0x06ca6351, 0x14292967, 0x27b70a85, 0x2e1b2138, 0x4d2c6dfc, 0x53380d13,
  0x650a7354, 0x766a0abb, 0x81c2c92e, 0x92722c85,0xa2bfe8a1, 0xa81a664b,
  0xc24b8b70, 0xc76c51a3, 0xd192e819, 0xd6990624, 0xf40e3585, 0x106aa070,
  0x19a4c116, 0x1e376c08, 0x2748774c, 0x34b0bcb5, 0x391c0cb3, 0x4ed8aa4a,
  0x5b9cca4f, 0x682e6ff3, 0x748f82ee, 0x78a5636f, 0x84c87814, 0x8cc70208,
  0x90befffa, 0xa4506ceb, 0xbef9a3f7, 0xc67178f2


Pre-processing:
append the bit '1' to the message
```

```
    append k bits '0', where k is the minimum number >= 0 such that the resulting
message
      length (in bits) is congruent to 448(mod 512)
    append length of message (before pre-processing), in bits, as 64-bit big-endian
integer


    Process the message in successive 512-bit chunks:
    break message into 512-bit chunks
    for each chunk
      break chunk into sixteen 32-bit big-endian words w[0..15]

    Extend the sixteen 32-bit words into sixty-four 32-bit words:
    for i from 16 to 63
        s0 := (w[i-15] rightrotate 7) xor (w[i-15] rightrotate 18) xor(w[i-15]
rightshift 3)
        s1 := (w[i-2] rightrotate 17) xor (w[i-2] rightrotate 19) xor(w[i-2]
rightshift 10)
        w[i] := w[i-16] + s0 + w[i-7] + s1

    Initialize hash value for this chunk:
    a := h0
    b := h1
    c := h2
    d := h3
    e := h4
    f := h5
    g := h6
    h := h7

    Main loop:
    for i from 0 to 63
        s0 := (a rightrotate 2) xor (a rightrotate 13) xor(a rightrotate 22)
        maj := (a and b) xor (a and c) xor(b and c)
        t2 := s0 + maj
        s1 := (e rightrotate 6) xor (e rightrotate 11) xor(e rightrotate 25)
        ch := (e and f) xor ((not e) and g)
        t1 := h + s1 + ch + k[i] + w[i]
        h := g
        g := f
        f := e
        e := d + t1
        d := c
        c := b
        b := a
        a := t1 + t2

    Add this chunk's hash to result so far:
    h0 := h0 + a
    h1 := h1 + b
    h2 := h2 + c
    h3 := h3 + d
    h4 := h4 + e
    h5 := h5 + f
```

```
    h6 := h6 + g
    h7 := h7 + h

Produce the final hash value (big-endian):
digest = hash = h0 append h1 append h2 append h3 append h4 append h5 append h6
append h7
```

6. 温故知新：大端和小端

整型、长整型等数据类型都存在字节排列的高低位顺序问题。

大端认为第一字节是最高位字节（按照从低地址到高地址的顺序存放数据的高位字节到低位字节）；小端则相反，它认为第一字节是最低位字节（按照从低地址到高地址的顺序存放数据的低位字节到高位字节）。

例如，从内存地址0x0000开始有如表3-2所示的数据。

表 3-2　从内存地址 0x0000 开始保存的数据

地　　址	数　　据
…	…
0x0000	0x12
0x0001	0x34
0x0002	0xab
0x0003	0xcd
…	…

假设读取一个地址为0x0000的4字节变量，若字节序为大端，则读出的结果为0x1234abcd；若字节序为小端，则读出的结果为0xcdab3412。

如果我们将0x1234abcd写入以0x0000开始的内存，则大端和小端模式的存放结果如表3-3所示。

表 3-3　大端和小端模式的存放结果

地址	0x0000	0x0001	0x0002
大端	0x12	0x34	0xab
小端	0xcd	0xab	0x34

7. SHA256 算法的实现

算法原理阐述完毕后，相信读者已经有了一定的理解，但要真正掌握算法，读者还需要上机实践。下面我们将按照前面的算法描述过程，用代码实现SM3算法。为了使读者更容易理解代码，我们尽可能原汁原味地实现SM3算法。代码中的函数名、变量名都尽量使用算法描述中的名称，并尽量遵循算法描述的原始步骤，不使用算法技巧进行处理。

老规矩，这里的实现既有基于原来的从零开始的"手工蛋糕"，也有基于算法库（OpenSSL）的"机器蛋糕"。

【例3.5】　手工实现SHA256算法

（1）打开编辑器，新建头文件sha256.h，并输入如下代码：

```
#ifndef SHA256_H
#define SHA256_H
```

```
/************************** HEADER FILES **************************/
#include <stddef.h>

/************************** MACROS **************************/
#define SHA256_BLOCK_SIZE 32          // SHA256算法输出的摘要是32字节

/************************** DATA TYPES **************************/
typedef unsigned char BYTE;           // 定义BYTE类型
typedef unsigned int  WORD;           // 定义32位的WORD类型
typedef struct {
    BYTE data[64];                    // 当前512位的消息数据块，就像缓冲区一样
    WORD datalen;                     // 对当前区块的数据长度进行签名
    unsigned long long bitlen;        // 总消息的位长度
    WORD state[8];                    // 存储hash抽象的中间状态
} SHA256_CTX;

/******************** FUNCTION DECLARATIONS ********************/
void sha256_init(SHA256_CTX *ctx);
void sha256_update(SHA256_CTX *ctx, const BYTE data[], size_t len);
void sha256_final(SHA256_CTX *ctx, BYTE hash[]);

#endif   // SHA256_H
```

同SM3算法一样，SHA256算法也有一个上下文结构体SHA256_CTX，这样可以支持三段式的函数接口，分别是sha256_init、sha256_update和sha256_final，其中sha256_init用于初始化SHA256_CTX结构体，必须在计算消息摘要之前调用，而且只能调用一次。其次是调用sha256_update用于更新SHA256_CTX结构体中的状态信息，可以一次或多次调用，所有sha256_update调用完毕后，最后需要调用一次sha256_final，该函数也只能调用一次，最终的消息摘要会存放在输出参数hash中，长度为32字节。

（2）新建一个源文件sha256.cpp，并输入如下代码：

```
/************************** HEADER FILES **************************/
#include <stdlib.h>
#include <memory.h>
#include "sha256.h"

/************************** MACROS **************************/
#define ROTLEFT(a,b) (((a) << (b)) | ((a) >> (32-(b))))
#define ROTRIGHT(a,b) (((a) >> (b)) | ((a) << (32-(b))))

#define CH(x,y,z) (((x) & (y)) ^ (~(x) & (z)))
#define MAJ(x,y,z) (((x) & (y)) ^ ((x) & (z)) ^ ((y) & (z)))
#define EP0(x) (ROTRIGHT(x,2) ^ ROTRIGHT(x,13) ^ ROTRIGHT(x,22))
#define EP1(x) (ROTRIGHT(x,6) ^ ROTRIGHT(x,11) ^ ROTRIGHT(x,25))
#define SIG0(x) (ROTRIGHT(x,7) ^ ROTRIGHT(x,18) ^ ((x) >> 3))
#define SIG1(x) (ROTRIGHT(x,17) ^ ROTRIGHT(x,19) ^ ((x) >> 10))
```

```c
/**************************** VARIABLES ****************************/
static const WORD k[64] = {
    0x428a2f98,0x71374491,0xb5c0fbcf,0xe9b5dba5,0x3956c25b,0x59f111f1,
    0x923f82a4,0xab1c5ed5,0xd807aa98,0x12835b01,0x243185be,0x550c7dc3,
    0x72be5d74,0x80deb1fe,0x9bdc06a7,0xc19bf174,0xe49b69c1,0xefbe4786,
    0x0fc19dc6,0x240ca1cc,0x2de92c6f,0x4a7484aa,0x5cb0a9dc,0x76f988da,
    0x983e5152,0xa831c66d,0xb00327c8,0xbf597fc7,0xc6e00bf3,0xd5a79147,
    0x06ca6351,0x14292967,0x27b70a85,0x2e1b2138,0x4d2c6dfc,0x53380d13,
    0x650a7354,0x766a0abb,0x81c2c92e,0x92722c85,0xa2bfe8a1,0xa81a664b,
    0xc24b8b70,0xc76c51a3,0xd192c819,0xd6990624,0xf40e3585,0x106aa070,
    0x19a4c116,0x1e376c08,0x2748774c,0x34b0bcb5,0x391c0cb3,0x4ed8aa4a,
    0x5b9cca4f,0x682e6ff3,0x748f82ee,0x78a5636f,0x84c87814,0x8cc70208,
    0x90befffa,0xa4506ceb,0xbef9a3f7,0xc67178f2
};

/********************* FUNCTION DEFINITIONS *********************/
void sha256_transform(SHA256_CTX *ctx, const BYTE data[])
{
    WORD a, b, c, d, e, f, g, h, i, j, t1, t2, m[64];

    // initialization
    for (i = 0, j = 0; i < 16; ++i, j += 4)
        m[i] = (data[j] << 24) | (data[j + 1] << 16) | (data[j + 2] << 8) |
(data[j + 3]);
    for (; i < 64; ++i)
        m[i] = SIG1(m[i - 2]) + m[i - 7] + SIG0(m[i - 15]) + m[i - 16];

    a = ctx->state[0];
    b = ctx->state[1];
    c = ctx->state[2];
    d = ctx->state[3];
    e = ctx->state[4];
    f = ctx->state[5];
    g = ctx->state[6];
    h = ctx->state[7];

    for (i = 0; i < 64; ++i) {
        t1 = h + EP1(e) + CH(e, f, g) + k[i] + m[i];
        t2 = EP0(a) + MAJ(a, b, c);
        h = g;
        g = f;
        f = e;
        e = d + t1;
        d = c;
        c = b;
        b = a;
        a = t1 + t2;
    }

    ctx->state[0] += a;
    ctx->state[1] += b;
    ctx->state[2] += c;
    ctx->state[3] += d;
```

```
    ctx->state[4] += e;
    ctx->state[5] += f;
    ctx->state[6] += g;
    ctx->state[7] += h;
}

void sha256_init(SHA256_CTX *ctx)
{
    ctx->datalen = 0;
    ctx->bitlen = 0;
    ctx->state[0] = 0x6a09e667;
    ctx->state[1] = 0xbb67ae85;
    ctx->state[2] = 0x3c6ef372;
    ctx->state[3] = 0xa54ff53a;
    ctx->state[4] = 0x510e527f;
    ctx->state[5] = 0x9b05688c;
    ctx->state[6] = 0x1f83d9ab;
    ctx->state[7] = 0x5be0cd19;
}

void sha256_update(SHA256_CTX *ctx, const BYTE data[], size_t len)
{
    WORD i;

    for (i = 0; i < len; ++i) {
        ctx->data[ctx->datalen] = data[i];
        ctx->datalen++;
        if (ctx->datalen == 64) {
        // 64 byte = 512 bit   意味着缓冲区ctx->data已经完全存储了一个消息块
        // 当前块的SHA256哈希映射也是如此
            sha256_transform(ctx, ctx->data);
            ctx->bitlen += 512;
            ctx->datalen = 0;
        }
    }
}

void sha256_final(SHA256_CTX *ctx, BYTE hash[])
{
    WORD i;

    i = ctx->datalen;

    // 填充缓冲区中剩余的所有数据
    if (ctx->datalen < 56) {
        ctx->data[i++] = 0x80;  // pad 10000000 = 0x80
        while (i < 56)
            ctx->data[i++] = 0x00;
    }
    else {
        ctx->data[i++] = 0x80;
        while (i < 64)
            ctx->data[i++] = 0x00;
        sha256_transform(ctx, ctx->data);
```

```
                memset(ctx->data, 0, 56);
        }

        // 将消息的总长度（以位为单位）附加到填充中并进行转换
        ctx->bitlen += ctx->datalen * 8;
        ctx->data[63] = ctx->bitlen;
        ctx->data[62] = ctx->bitlen >> 8;
        ctx->data[61] = ctx->bitlen >> 16;
        ctx->data[60] = ctx->bitlen >> 24;
        ctx->data[59] = ctx->bitlen >> 32;
        ctx->data[58] = ctx->bitlen >> 40;
        ctx->data[57] = ctx->bitlen >> 48;
        ctx->data[56] = ctx->bitlen >> 56;
        sha256_transform(ctx, ctx->data);

        // 将最终状态复制到输出散列（使用big-endian）
        for (i = 0; i < 4; ++i) {
            hash[i] = (ctx->state[0] >> (24 - i * 8)) & 0x000000ff;
            hash[i + 4] = (ctx->state[1] >> (24 - i * 8)) & 0x000000ff;
            hash[i + 8] = (ctx->state[2] >> (24 - i * 8)) & 0x000000ff;
            hash[i + 12] = (ctx->state[3] >> (24 - i * 8)) & 0x000000ff;
            hash[i + 16] = (ctx->state[4] >> (24 - i * 8)) & 0x000000ff;
            hash[i + 20] = (ctx->state[5] >> (24 - i * 8)) & 0x000000ff;
            hash[i + 24] = (ctx->state[6] >> (24 - i * 8)) & 0x000000ff;
            hash[i + 28] = (ctx->state[7] >> (24 - i * 8)) & 0x000000ff;
        }
    }
```

代码完全按照SHA256算法的原理进行实现，可以和算法原理对照着看，有助于理解算法的具体实现和计算过程。

（3）下面编写测试代码。再新建test.cpp源文件，并输入如下代码：

```
/*************************** HEADER FILES ****************************/
#include <stdio.h>
#include <memory.h>
#include <string.h>
#include "sha256.h"

/********************** FUNCTION DEFINITIONS ***********************/
int sha256_test()
{
    // test data，即测试数据
    BYTE text2[] =
{ "abcdbcdecdefdefgefghfghighijhijkijkljklmklmnlmnomnopnopq" };
    BYTE text3[] = { "aaaaaaaaaa" };
    // SHA256的结果数据

    BYTE hash2[SHA256_BLOCK_SIZE] = { 0x24,0x8d,0x6a,0x61,0xd2,0x06,0x38,0xb8,
                                      0xe5, 0xc0,0x26,0x93,0x0c,0x3e,0x60,0x39,
                                      0xa3,0x3c,0xe4,0x59,0x64,0xff,0x21,0x67,
                                      0xf6,0xec,0xed,0xd4,0x19,0xdb,0x06,0xc1 };
    BYTE hash3[SHA256_BLOCK_SIZE] = { 0xcd,0xc7,0x6e,0x5c,0x99,0x14,0xfb,
                                      0x92,0x81,0xa1,0xc7,0xe2,0x84,0xd7,0x3e,
```

```
                                        0x67,0xf1,0x80,0x9a,0x48,0xa4,0x97,0x20,
                                        0x0e,0x04,0x6d,0x39,0xcc,0xc7,0x11,0x2c,
                                        0xd0 };

    BYTE buf[SHA256_BLOCK_SIZE];
    SHA256_CTX ctx;
    int idx,len;
    int pass = 1;

    sha256_init(&ctx);
    sha256_update(&ctx, text2, strlen((char*)text2));
    sha256_final(&ctx, buf);
    pass = pass && !memcmp(hash2, buf, SHA256_BLOCK_SIZE);

    sha256_init(&ctx);
    for (idx = 0; idx < 100000; ++idx)
        sha256_update(&ctx, text3, strlen((char*)text3));
    sha256_final(&ctx, buf);
    pass = pass && !memcmp(hash3, buf, SHA256_BLOCK_SIZE);

    return(pass);
}

int main()
{
    printf("SHA-256 tests: %s\n", sha256_test() ? "SUCCEEDED" : "FAILED");

    return(0);
}
```

在测试函数sha256_test中，对字节数组text2和text3进行了SHA256运算，并把生成的结果和预期结果（hash2和hash3）相比较，如果结果一致，就说明运算正确。最后，在main中打印出信息。

（4）把sha256.cpp、sha256.h和test.cpp上传到Linux系统，然后编译：

```
gcc *.cpp -o test
```

此时生成可执行文件test，运行结果如下：

```
SHA-256 tests: SUCCEEDED
```

至此，SHA256"手工蛋糕"做完了，下面尝试"机器蛋糕"的制作方法。我们依旧基于GmSSL库来实现SHA256算法，而且使用EVP编程方式。

【例3.6】　基于GmSSL实现SHA256算法

（1）打开编辑器，新建文件sha256.cpp，然后输入如下代码：

```
#include "openssl/evp.h"
#include "sha256.h"

int sha256_hash(const unsigned char *message, size_t len, unsigned char *hash,
unsigned int *hash_len)
{
    EVP_MD_CTX *md_ctx;
    const EVP_MD *md;

    md = EVP_sha256();
```

```
    md_ctx = EVP_MD_CTX_new();
    EVP_DigestInit_ex(md_ctx, md, NULL);
    EVP_DigestUpdate(md_ctx, message, len);
    EVP_DigestFinal_ex(md_ctx, hash, hash_len);
    EVP_MD_CTX_free(md_ctx);
    return 0;
}
```

我们定义了一个名为sha256_hash的函数，该函数有三个参数，message是要进行哈希运算的源数据，len是源数据长度，这两个参数均为输入参数。参数hash是输出参数，用于存放哈希运算的结果。对于SHA256算法，哈希结果长度为32字节，因此参数hash应指向一个32字节的缓冲区。另外，函数还有一个输出参数hash_len，用于存放哈希运算结果的长度。

其中函数EVP_sha256用于指定要使用的哈希算法是SHA256，然后用函数EVP_MD_CTX_new来开辟SHA256算法所需的上下文数据结构的空间，并让指针md_ctx指向这块内存区域。接着，用哈希算法的三部曲来完成哈希运算，这三部曲和前面我们自己实现的SHA256算法一样，也是init-update-final，其中update还可以多次调用，以实现多包哈希功能。如此看来，OpenSSL封装得不错。最后，调用函数EVP_MD_CTX_free释放空间。

接着，在工程中新建一个名为sha256.h的头文件，然后输入如下代码：

```
#ifndef HEADER_C_FILE_SHA256_HASH_H
#define HEADER_C_FILE_SHA256_HASH_H

#ifdef __cplusplus
extern "C" {
#endif
    int sha256_hash(const unsigned char *message, size_t len, unsigned char
*hash, unsigned int *hash_len);
#ifdef __cplusplus
}
#endif
#endif
```

该文件中，我们声明了一个函数sha256_hash，以方便其他程序调用。

（2）编写测试代码来具体调用SHA256函数。打开test.cpp源文件，在其中输入如下代码：

```
#include <stdio.h>
#include <string.h>
#include "sha256.h"

int main(void)
{
    const unsigned char sample1[] = { 'a', 'b', 'c', 0 };
    unsigned int sample1_len = strlen((char *)sample1);
    const unsigned char sample2[] = { 0x61, 0x62, 0x63, 0x64, 0x61, 0x62, 0x63,
                                      0x64, 0x61, 0x62, 0x63, 0x64, 0x61, 0x62,
                                      0x63, 0x64,0x61, 0x62, 0x63, 0x64, 0x61,
                                      0x62, 0x63, 0x64,0x61, 0x62, 0x63, 0x64,
                                      0x61, 0x62, 0x63, 0x64,0x61, 0x62, 0x63,
                                      0x64, 0x61, 0x62, 0x63, 0x64,0x61, 0x62,
                                      0x63, 0x64, 0x61, 0x62, 0x63, 0x64,0x61,
```

```
                                          0x62, 0x63, 0x64, 0x61, 0x62, 0x63, 0x64,
                                          0x61, 0x62, 0x63, 0x64, 0x61, 0x62, 0x63,
                                          0x64 };
    unsigned int sample2_len = sizeof(sample2);
    unsigned char hash_value[64];
    unsigned int i, hash_len;

    sha256_hash(sample1, sample1_len, hash_value, &hash_len);
    printf("raw data: %s\n", sample1);
    printf("hash length: %d bytes.\n", hash_len);
    printf("hash value:\n");
    for (i = 0; i < hash_len; i++)
    {
        printf("%x", hash_value[i]);
    }
    printf("\n\n");

    sha256_hash(sample2, sample2_len, hash_value, &hash_len);
    printf("raw data:\n");
    for (i = 0; i < sample2_len; i++)
    {
        printf("%c", sample2[i]);
    }
    printf("\n");
    printf("hash length: %d bytes.\n", hash_len);
    printf("hash value:\n");
    for (i = 0; i < hash_len; i++)
    {
        printf("%x", hash_value[i]);
    }
    printf("\n");

    return 0;
}
```

我们分别对字节数组sample1和sample2进行了SHA256计算。最后打印出了结果。

（3）把sha256.cpp、sha256.h和test.cpp上传到Linux系统，然后编译：

```
g++ *.cpp -o test -I/usr/local/mygmssl/include -L/usr/local/mygmssl/lib -lcrypto
```

此时生成可执行文件test，运行结果如下：

```
raw data: abc
hash length: 32 bytes.
hash value:
ba7816bf8f1cfea414140de5dae2223b0361a396177a9cb410ff61f2015ad

raw data:
abcdabcdabcdabcdabcdabcdabcdabcdabcdabcdabcdabcdabcdabcdabcdabcd
hash length: 32 bytes.
hash value:
625b4149b883891943c5fa54ad45d7c90b9b6e91e159334e32b1f5215a29
```

【例3.7】 基于OpenSSL 1.0.2m实现SHA256算法

（1）打开编辑器，新建文件sha256.cpp，然后输入如下代码：

```
#include "openssl/evp.h"
#include "sha256.h"

int sha256_hash(const unsigned char *message, size_t len, unsigned char *hash,
unsigned int *hash_len)
{
    EVP_MD_CTX *md_ctx;
    const EVP_MD *md;

    md = EVP_sha256();
    md_ctx = EVP_MD_CTX_create();
    EVP_DigestInit_ex(md_ctx, md, NULL);
    EVP_DigestUpdate(md_ctx, message, len);
    EVP_DigestFinal_ex(md_ctx, hash, hash_len);
    EVP_MD_CTX_destroy(md_ctx);
    return 0;
}
```

我们定义了一个函数sha256_hash，其中有三个参数。第一个参数message，表示需要进行哈希运算的源数据；第二个参数是len，表示源数据的长度，这两个参数都是输入参数。第三个参数是hash，表示存放哈希运算结果的输出参数。对于SHA256算法，哈希结果的长度是32字节，因此参数hash需要指向一个32字节的缓冲区。另外，函数还有一个输出参数hash_len，表示哈希运算结果的长度。

其中，函数EVP_sha256表示要使用的哈希算法是SHA256，然后，调用库函数EVP_MD_CTX_create来开辟SHA256所需的上下文数据结构的空间，并将指针md_ctx指向这块内存区域。接着，用哈希算法的三部曲（init-update-final）来完成哈希运算，其中update还可以多次调用，以实现多包哈希功能。如此看来，OpenSSL封装得不错。最后，调用函数EVP_MD_CTX_destroy释放上下文空间，EVP_MD_CTX_destroy需要和EVP_MD_CTX_create配套使用。

（2）在工程中新建一个名为sha256.h的头文件，然后输入如下代码：

```
#ifndef HEADER_C_FILE_SHA256_HASH_H
#define HEADER_C_FILE_SHA256_HASH_H
#ifdef __cplusplus
extern "C" {
#endif
    int sha256_hash(const unsigned char *message, size_t len, unsigned char *hash,
unsigned int *hash_len);
#ifdef __cplusplus
}
#endif
#endif
```

在该文件中，我们声明了一个函数sha256_hash，以方便其他程序调用。

（3）编写测试代码。测试代码和上例一样，把上例test.cpp中的内容复制到本例的test.cpp中即可，这里不再赘述。把sha256.cpp、sha256.h和test.cpp上传到Linux系统，然后编译：

```
gcc *.cpp -o test -lcrypto
```

此时生成可执行文件test，运行结果也和上例一样，如下所示：

```
raw data: abc
hash length: 32 bytes.
hash value:
ba7816bf8f1cfea414140de5dae2223b0361a396177a9cb410ff61f2015ad

raw data:
abcdabcdabcdabcdabcdabcdabcdabcdabcdabcdabcdabcdabcdabcdabcdabcd
hash length: 32 bytes.
hash value:
625b4149b883891943c5fa54ad45d7c90b9b6e91e159334e32b1f5215a29
```

3.4.7　SHA384和SHA512算法

SHA384和SHA512算法的原理及实现是一样的，只是输出和初始化的向量不一样。这里仅介绍SHA512算法。SHA512算法的输出是长度为512比特（64字节）的哈希值，SHA384的输出是384比特（48字节）的哈希值。它们输入的消息长度范围是0～2^{128}比特，即消息最长不超过2^{128}比特。

1. 基本原理

SHA512算法首先会填充message～1024比特的整数倍。然后将message分成若干1024比特的块（Block）。循环对每一个块进行处理，最终得到哈希值。在算法开始有一个512比特的初始向量IV=H0，然后与一个块进行运算得到H1，接着H1与第二个块进行运算得到H2，经过（len(message)/1024）次的迭代运算后，最终得到512比特的哈希码。

2. 填充消息

填充分为两步：一是填充附加位；二是填充附加长度。

- 填充附加位是对原始消息进行填充，使填充后的长度与896模1024同余。填充内容为一个1，后续全部为0。可以用unsigned char读取数据，此时添加一个128和若干个0即可。填充数的位数为1～1024。需要注意的是，即使message已经是1024位的整数倍，比如一个message的长度正好是1024位，仍然需要继续填充。
- 填充附加长度是添加消息长度信息，在填充后的消息后添加一个128位的块，用来说明填充前消息的长度。这步填充使用大端模式，即最高有效字节在前。至此，产生了一个长度为1024的整数倍的扩展消息，比如第一步填充后的新消息长度是896比特，再加上第二步填充的128比特，一共是896+128=1024比特，即两步填充后的扩展消息长度变为1024比特了，是1024的1倍。

下面举3个例子，如表3-4所示。

表3-4　3个例子

message	原始长度	第一步填充后的长度	第二步填充后的长度
123456	48比特	896比特	1024比特

（续表）

message	原始长度	第一步填充后的长度	第二步填充后的长度
0123456789abcdef0123456789abcdef 0123456789abcdef0123456789abcdef 0123456789abcdef0123456789abcdef 0123456789abcdef0123456789abcdef	1024比特	1920比特	2048比特
0123456789abcdef0123456789abcdef 0123456789abcdef0123456789abcdef 0123456789abcdef0123456789abcdef 0123456789abcdef0123456789abcdef 123456	1030比特	1920比特	2048比特

前两步的结果是产生一个长度为1024的整数倍的消息，以便分组。

3. 设置初始值

SHA512和SHA384算法以1024比特作为一个块，二者的初始向量不同，其他的流程都是一样的，这里只看SHA512算法的初始向量，一共是512比特，这个是固定不变的。

```
A = 0x6a09e667f3bcc908ULL;
B = 0xbb67ae8584caa73bULL;
C = 0x3c6ef372fe94f82bULL;
D = 0xa54ff53a5f1d36f1ULL;
E = 0x510e527fade682d1ULL;
F = 0x9b05688c2b3e6c1fULL;
G = 0x1f83d9abfb41bd6bULL;
H = 0x5be0cd19137e2179ULL;
```

4. 循环运算

每次运算的中间结果H[n]都是H[n−1]和block[n]进行运算得到的。每一次迭代运算都要经过80轮的加工。假设现在是第一轮运算，那么ABCDEFGH就是H[n−1]，然后经过一轮运算后得到temp1[ABCDEFGH]，然后temp1进行第二轮加工得到temp2，如此进行80轮运算之后，最终ABCDEFGH就是我们要得到的H[n]。轮函数每一轮操作过程如图3-7所示。

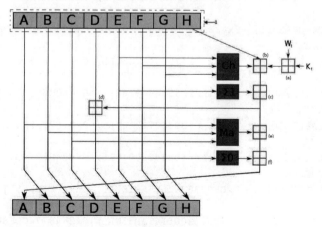

图 3-7

我们再详细解释过程，如图3-8所示。

第一次迭代时，A、B、...、H是8个哈希初始值。

在（a）处：（a） = $\boxplus(W_t, K_t)$。

在（b）处：(b)= $\boxplus$(Ch(E,F,G), H, (a))。

在（c）处：（c） = $\boxplus$(Σ1(E), (b))。

在（d）处：(d)= $\boxplus$(D, (c))。

在（e）处：(e)= $\boxplus$(Ma(A,B,C), (c))。

在（f）处：(f)= $\boxplus$(Σ0(A),(e))。

一次循环可计算得：Bi=A，Ci=B，Di=C，Ei=(d)，Fi=E,Gi=F,Hi=G,Ai=(f)。

图 3-8

图中，+为模2^{64}位加。t代表该轮的轮数，K_t是轮常数，每一轮的轮常数均不相同，用来使每轮的计算不同。获得这些常数的方法如下：对前80个素数开立方根，取小数部分前64位。这些常数提供了64位随机串集合，可以初步消除输入数据中的统计规律。我们可以把K定义为一个固定的5120比特的数组，定义如下：

```
static const uint64_t  K[80] =
{
    0x428A2F98D728AE22ULL,    0x7137449123EF65CDULL,    0xB5C0FBCFEC4D3B2FULL,
0xE9B5DBA58189DBBCULL,
    0x3956C25BF348B538ULL,    0x59F111F1B605D019ULL,    0x923F82A4AF194F9BULL,
0xAB1C5ED5DA6D8118ULL,
    0xD807AA98A3030242ULL,    0x12835B0145706FBEULL,    0x243185BE4EE4B28CULL,
0x550C7DC3D5FFB4E2ULL,
    0x72BE5D74F27B896FULL,    0x80DEB1FE3B1696B1ULL,    0x9BDC06A725C71235ULL,
0xC19BF174CF692694ULL,
    0xE49B69C19EF14AD2ULL,    0xEFBE4786384F25E3ULL,    0x0FC19DC68B8CD5B5ULL,
0x240CA1CC77AC9C65ULL,
    0x2DE92C6F592B0275ULL,    0x4A7484AA6EA6E483ULL,    0x5CB0A9DCBD41FBD4ULL,
0x76F988DA831153B5ULL,
    0x983E5152EE66DFABULL,    0xA831C66D2DB43210ULL,    0xB00327C898FB213FULL,
0xBF597FC7BEEF0EE4ULL,
    0xC6E00BF33DA88FC2ULL,    0xD5A79147930AA725ULL,    0x06CA6351E003826FULL,
0x142929670A0E6E70ULL,
    0x27B70A8546D22FFCULL,    0x2E1B21385C26C926ULL,    0x4D2C6DFC5AC42AEDULL,
0x53380D139D95B3DFULL,
    0x650A73548BAF63DEULL,    0x766A0ABB3C77B2A8ULL,    0x81C2C92E47EDAEE6ULL,
0x92722C851482353BULL,
    0xA2BFE8A14CF10364ULL,    0xA81A664BBC423001ULL,    0xC24B8B70D0F89791ULL,
0xC76C51A30654BE30ULL,
    0xD192E819D6EF5218ULL,    0xD69906245565A910ULL,    0xF40E35855771202AULL,
0x106AA07032BBD1B8ULL,
    0x19A4C116B8D2D0C8ULL,    0x1E376C085141AB53ULL,    0x2748774CDF8EEB99ULL,
0x34B0BCB5E19B48A8ULL,
```

```
        0x391C0CB3C5C95A63ULL,    0x4ED8AA4AE3418ACBULL,    0x5B9CCA4F7763E373ULL,
0x682E6FF3D6B2B8A3ULL,
        0x748F82EE5DEFB2FCULL,    0x78A5636F43172F60ULL,    0x84C87814A1F0AB72ULL,
0x8CC702081A6439ECULL,
        0x90BEFFFA23631E28ULL,    0xA4506CEBDE82BDE9ULL,    0xBEF9A3F7B2C67915ULL,
0xC67178F2E372532BULL,
        0xCA273ECEEA26619CULL,    0xD186B8C721C0C207ULL,    0xEADA7DD6CDE0EB1EULL,
0xF57D4F7FEE6ED178ULL,
        0x06F067AA72176FBAULL,    0x0A637DC5A2C898A6ULL,    0x113F9804BEF90DAEULL,
0x1B710B35131C471BULL,
        0x28DB77F523047D84ULL,    0x32CAAB7B40C72493ULL,    0x3C9EBE0A15C9BEBCULL,
0x431D67C49C100D4CULL,
        0x4CC5D4BECB3E42B6ULL,    0x597F299CFC657E2AULL,    0x5FCB6FAB3AD6FAECULL,
0x6C44198C4A475817ULL
    };
```

W_t是轮消息，也是一个5120比特的向量，它的值是由每一个块（1024比特）计算而来的，这个计算关系是固定的，示例代码如下：

```
        uint64_t W[80];
/* 1. Calculate the W[80] */
for(i = 0; i < 16; i++) {
    sha512_decode(&W[i], block, i << 3 );
}

for(; i < 80; i++) {
    W[i] = GAMMA1(W[i - 2]) + W[i - 7] + GAMMA0(W[i - 15]) + W[i - 16];
}
```

了解了W和K之后，我们再来看一下图3-7中的Ch、Ma、$\Sigma 0$和$\Sigma 1$的定义，如图3-9所示。

One iteration in a SHA-2 family compression function. The blue components perform the following operations:
$$Ch(E, F, G) = (E \wedge F) \oplus (\neg E \wedge G)$$
$$Ma(A, B, C) = (A \wedge B) \oplus (A \wedge C) \oplus (B \wedge C)$$
$$\Sigma_0(A) = (A \ggg 2) \oplus (A \ggg 13) \oplus (A \ggg 22)$$
$$\Sigma_1(E) = (E \ggg 6) \oplus (E \ggg 11) \oplus (E \ggg 25)$$
The bitwise rotation uses different constants for SHA-512. The given numbers are for SHA-256.

图 3-9

折合成C语言，代码如下：

```
#define LSR(x,n) (x >> n)
#define ROR(x,n) (LSR(x,n) | (x << (64 - n)))

#define MA(x,y,z) ((x & y) | (z & (x | y)))
#define CH(x,y,z) (z ^ (x & (y ^ z)))
#define GAMMA0(x) (ROR(x, 1) ^ ROR(x, 8) ^ LSR(x, 7))
#define GAMMA1(x) (ROR(x,19) ^ ROR(x,61) ^ LSR(x, 6))
#define SIGMA0(x) (ROR(x,28) ^ ROR(x,34) ^ ROR(x,39))
#define SIGMA1(x) (ROR(x,14) ^ ROR(x,18) ^ ROR(x,41))
```

了解这些之后，再来看每一轮运算的代码就非常简单了。

```
#define COMPRESS( a, b, c, d, e, f, g, h, x, k)  \
tmp0 = h + SIGMA1(e) + CH(e,f,g) + k + x;                \
tmp1 = SIGMA0(a) + MA(a,b,c); d += tmp0; h = tmp0 + tmp1;
```

5. 保存运算结果

完成迭代运算后，哈希码保存在最终的ABCDEFGH中，然后按照大端模式输出这些向量。

6. SHA512 算法的实现

下面先手动实现SHA384和SHA512算法，然后再基于算法库进行实现。在实现算法之前，我们先看一个手算的例子。

假设原始输入消息为abc，填充后的消息如下：

0x61	0x62	0x63	0x80	0x00	0x00	0x00	0x00
0x00	0x00	0x00	0x00	0x00	0x00	0x00	0x00
0x00	0x00	0x00	0x00	0x00	0x00	0x00	0x00
0x00	0x00	0x00	0x00	0x00	0x00	0x00	0x00
0x00	0x00	0x00	0x00	0x00	0x00	0x00	0x00
0x00	0x00	0x00	0x00	0x00	0x00	0x00	0x00
0x00	0x00	0x00	0x00	0x00	0x00	0x00	0x00
0x00	0x00	0x00	0x00	0x00	0x00	0x00	0x00
0x00	0x00	0x00	0x00	0x00	0x00	0x00	0x00
0x00	0x00	0x00	0x00	0x00	0x00	0x00	0x00
0x00	0x00	0x00	0x00	0x00	0x00	0x00	0x00
0x00	0x00	0x00	0x00	0x00	0x00	0x00	0x00
0x00	0x00	0x00	0x00	0x00	0x00	0x00	0x00
0x00	0x00	0x00	0x00	0x00	0x00	0x00	0x00
0x00	0x00	0x00	0x00	0x00	0x00	0x00	0x18

80个扩展双字（十六进制）如图3-10所示。

w[0]~w[3]:	6162638000000000	0000000000000000	0000000000000000	0000000000000000
w[4]~w[7]:	0000000000000000	0000000000000000	0000000000000000	0000000000000000
w[8]~w[11]:	0000000000000000	0000000000000000	0000000000000000	0000000000000000
w[12]~w[15]:	0000000000000000	0000000000000000	0000000000000000	0000000000000018
w[16]~w[19]:	6162638000000000	0003000000000c0	0a9699a24c700003	00000c0060000603
w[20]~w[23]:	549ef62639858996	00c0003300003c00	1497007a8a0e9dbc	62e56500cc0780f0
w[24]~w[27]:	7760dd475a538797	f1554b711c1c0003	ca2993a4345d9ff2	5e0e66b5c783dd32
w[28]~w[31]:	e25a625d00494b62	9f44486fb1e4fbd2	b31b8c2b06085f2f	0e98766093414f6
w[32]~w[35]:	a4af2cfd09fbb924	ad289e2e0bd53186	3c74563aa2f9673e	6ccdcd14cc14b53f
w[36]~w[39]:	c3f925b337f22bde	5bcc77a75ad95b54	3ec2257adca09a52	28246960001fc5eb
w[40]~w[43]:	04e33a75ce2be88a	7d5314b3c359e0e7	aef7a285ff251266	0b8472581deea04f
w[44]~w[47]:	b174e26eddc7b033	5d63bae58ddd88de	4c044007b744ccbb	e6a9aa4d74dc7d43
w[48]~w[51]:	ebeaf1237248019c	361e80b2d00f3193	2e9839125df3b175	3319629293ad5363
w[52]~w[55]:	9cbc5d89ac1b89d5	275e23ffeeca50b7	3b80d680bf69ef58	0d0696933945a125
w[56]~w[59]:	7533eabcb786ff00	b89826cee6fbf0e5	249b4fbcad623e9f	4aea9df2b02d6f1e
w[60]~w[63]:	2cc57475a55e8d8f	b2574ae938d8be89	c1b35a57b16d6aea	cc4918b5949206bb
w[64]~w[67]:	5099c3add79f90ec	5ea81d78e7660bf1	ebee6267405ac2a9	b01f21926108a4ab
w[68]~w[71]:	786433dd2fe65556	c54a6eaa24a0552c	b3c8f1530bdbaa9e	bb8abfe56f469338
w[72]~w[75]:	f63d4265cc1c5a78	be8355ea73129afb	49e2db8ebdcfbeb5	82269d4a883a3d99
w[76]~w[79]:	fdf53df3011f362b	464af5671d71c12e	e449b68198ec611c	92aeeed1a7bcf7d2

图 3-10

64轮迭代（十六进制）如表3-5所示。

表3-5　64轮迭代

轮	a	b	c	d	e	f	g	h
00	6a09e667f3bcc908	bb67ae8584caa73b	3c6ef372fe94f82b	a54ff53a5f1d36f1	510e527fade682d1	9b05688c2b3e6c1f	1f83d9abfb41bd6b	5be0cd19137e2179
11	f6afceb8bcfcddf5	6a09e667f3bcc908	bb67ae8584caa73b	3c6ef372fe94f82b	58cb02347ab51f91	510e527fade682d1	9b05688c2b3e6c1f	1f83d9abfb41bd6b
22	1320f8c9fb872cc0	f6afceb8bcfcddf5	6a09e667f3bcc908	bb67ae8584caa73b	c3d4ebfd48650ffa	58cb02347ab51f91	510e527fade682d1	9b05688c2b3e6c1f
33	ebcffc07203d91f3	1320f8c9fb872cc0	f6afceb8bcfcddf5	6a09e667f3bcc908	dfa9b239f2697812	c3d4ebfd48650ffa	58cb02347ab51f91	510e527fade682d1
44	5a83cb3e80050e82	ebcffc07203d91f3	1320f8c9fb872cc0	f6afceb8bcfcddf5	0b47b4bb1928990e	dfa9b239f2697812	c3d4ebfd48650ffa	58cb02347ab51f91
55	b680953951604860	5a83cb3e80050e82	ebcffc07203d91f3	1320f8c9fb872cc0	745aca4a342ed2e2	0b47b4bb1928990e	dfa9b239f2697812	c3d4ebfd48650ffa
66	af573b02403e89cd	b680953951604860	5a83cb3e80050e82	ebcffc07203d91f3	96f60209b6dc35ba	745aca4a342ed2e2	0b47b4bb1928990e	dfa9b239f2697812
77	c4875b0c7abc076b	af573b02403e89cd	b680953951604860	5a83cb3e80050e82	5a6c781f54dcc00c	96f60209b6dc35ba	745aca4a342ed2e2	0b47b4bb1928990e
88	8093d195e0054fa3	c4875b0c7abc076b	af573b02403e89cd	b680953951604860	86f67263a0f0ec0a	5a6c781f54dcc00c	96f60209b6dc35ba	745aca4a342ed2e2
99	f1eca5544cb89225	8093d195e0054fa3	c4875b0c7abc076b	af573b02403e89cd	d0403c398fc40002	86f67263a0f0ec0a	5a6c781f54dcc00c	96f60209b6dc35ba
110	81782d4a5db48f03	f1eca5544cb89225	8093d195e0054fa3	c4875b0c7abc076b	00091f460be46c52	d0403c398fc40002	86f67263a0f0ec0a	5a6c781f54dcc00c
111	69854c4aa0f25b59	81782d4a5db48f03	f1eca5544cb89225	8093d195e0054fa3	d375471bde1ba3f4	00091f460be46c52	d0403c398fc40002	86f67263a0f0ec0a
112	db0a9963f80c2eaa	69854c4aa0f25b59	81782d4a5db48f03	f1eca5544cb89225	475975b91a7a462c	d375471bde1ba3f4	00091f460be46c52	d0403c398fc40002
113	5e41214388186c14	db0a9963f80c2eaa	69854c4aa0f25b59	81782d4a5db48f03	cdf3bff2883fc9d9	475975b91a7a462c	d375471bde1ba3f4	00091f460be46c52
114	44249631255d2ca0	5e41214388186c14	db0a9963f80c2eaa	69854c4aa0f25b59	860acf9effba6f61	cdf3bff2883fc9d9	475975b91a7a462c	d375471bde1ba3f4
115	fa967eed85a08028	44249631255d2ca0	5e41214388186c14	db0a9963f80c2eaa	874bfe5f6aae9f2f	860acf9effba6f61	cdf3bff2883fc9d9	475975b91a7a462c
116	0ae07c86b1181c75	fa967eed85a08028	44249631255d2ca0	5e41214388186c14	a77b7c035dd4c161	874bfe5f6aae9f2f	860acf9effba6f61	cdf3bff2883fc9d9
117	caf81a425d800537	0ae07c86b1181c75	fa967eed85a08028	44249631255d2ca0	2deecc6b39d64d78	a77b7c035dd4c161	874bfe5f6aae9f2f	860acf9effba6f61
118	4725be249ad19e6b	caf81a425d800537	0ae07c86b1181c75	fa967eed85a08028	f47e8353f8047455	2deecc6b39d64d78	a77b7c035dd4c161	874bfe5f6aae9f2f
119	3c4b4104168e3edb	4725be249ad19e6b	caf81a425d800537	0ae07c86b1181c75	29695fd88d81dbd0	f47e8353f8047455	2deecc6b39d64d78	a77b7c035dd4c161
220	9a3fb4d38ab6cf06	3c4b4104168e3edb	4725be249ad19e6b	caf81a425d800537	f14998dd5f70767e	29695fd88d81dbd0	f47e8353f8047455	2deecc6b39d64d78
221	8dc5ae65569d3855	9a3fb4d38ab6cf06	3c4b4104168e3edb	4725be249ad19e6b	4bb9e66d1145bfdc	f14998dd5f70767e	29695fd88d81dbd0	f47e8353f8047455
222	da34d6673d452dcf	8dc5ae65569d3855	9a3fb4d38ab6cf06	3c4b4104168e3edb	8e30ff09ad488753	4bb9e66d1145bfdc	f14998dd5f70767e	29695fd88d81dbd0
223	3e2644567b709a78	da34d6673d452dcf	8dc5ae65569d3855	9a3fb4d38ab6cf06	0ac2b11da8f571c6	8e30ff09ad488753	4bb9e66d1145bfdc	f14998dd5f70767e
224	4f6877b58fe55484	3e2644567b709a78	da34d6673d452dcf	8dc5ae65569d3855	c66005f87db55233	0ac2b11da8f571c6	8e30ff09ad488753	4bb9e66d1145bfdc
225	9aff71163fa3a940	4f6877b58fe55484	3e2644567b709a78	da34d6673d452dcf	d3ecf13769180e6f	c66005f87db55233	0ac2b11da8f571c6	8e30ff09ad488753
226	0bc5f791f8e6816b	9aff71163fa3a940	4f6877b58fe55484	3e2644567b709a78	6ddf1fd7edcce336	d3ecf13769180e6f	c66005f87db55233	0ac2b11da8f571c6
227	884c3bc27bc4f941	0bc5f791f8e6816b	9aff71163fa3a940	4f6877b58fe55484	e6e48c9a8e948365	6ddf1fd7edcce336	d3ecf13769180e6f	c66005f87db55233
228	eab4a9e5771b8d09	884c3bc27bc4f941	0bc5f791f8e6816b	9aff71163fa3a940	09068a4e255a0dac	e6e48c9a8e948365	6ddf1fd7edcce336	d3ecf13769180e6f
229	e62349090f47d30a	eab4a9e5771b8d09	884c3bc27bc4f941	0bc5f791f8e6816b	0fcdf99710f21584	09068a4e255a0dac	e6e48c9a8e948365	6ddf1fd7edcce336
330	74bf40f869094c63	e62349090f47d30a	eab4a9e5771b8d09	884c3bc27bc4f941	f0aec2fe1437f085	0fcdf99710f21584	09068a4e255a0dac	e6e48c9a8e948365
331	4c4fbbb75f1873a6	74bf40f869094c63	e62349090f47d30a	eab4a9e5771b8d09	73e025d91b9efea3	f0aec2fe1437f085	0fcdf99710f21584	09068a4e255a0dac
332	ff4d3f1f0d46a736	4c4fbbb75f1873a6	74bf40f869094c63	e62349090f47d30a	3cd388e119e8162e	73e025d91b9efea3	f0aec2fe1437f085	0fcdf99710f21584
333	a0509015ca08c8d4	ff4d3f1f0d46a736	4c4fbbb75f1873a6	74bf40f869094c63	e1034573654a106f	3cd388e119e8162e	73e025d91b9efea3	f0aec2fe1437f085
334	60d4e6995ed91fe6	a0509015ca08c8d4	ff4d3f1f0d46a736	4c4fbbb75f1873a6	efabbd8bf47c041a	e1034573654a106f	3cd388e119e8162e	73e025d91b9efea3
335	2c59ec7743632621	60d4e6995ed91fe6	a0509015ca08c8d4	ff4d3f1f0d46a736	0fbae670fa780fd3	efabbd8bf47c041a	e1034573654a106f	3cd388e119e8162e
336	1a081afc59fdbc2c	2c59ec7743632621	60d4e6995ed91fe6	a0509015ca08c8d4	f098082f502b44cd	0fbae670fa780fd3	efabbd8bf47c041a	e1034573654a106f
337	88df85b0bbe77514	1a081afc59fdbc2c	2c59ec7743632621	60d4e6995ed91fe6	8fbfd0162bbf4675	f098082f502b44cd	0fbae670fa780fd3	efabbd8bf47c041a

（续表）

轮	a	b	c	d	e	f	g	h
338	002bb8e4cd989567	88df85b0bbe77514	1a081afc59fdbc2c	2c59ec7743632621	66adcfa249ac7bbd	8fbfd0162bbf4675	f098082f502b44cd	0fbae670fa780fd3
339	b3bb8542b3376de5	002bb8e4cd989567	88df85b0bbe77514	1a081afc59fdbc2c	b49596c20feba7de	66adcfa249ac7bbd	8fbfd0162bbf4675	f098082f502b44cd
440	8e01e125b855d225	b3bb8542b3376de5	002bb8e4cd989567	88df85b0bbe77514	0c710a47ba6a567b	b49596c20feba7de	66adcfa249ac7bbd	8fbfd0162bbf4675
441	b01521dd6a6be12c	8e01e125b855d225	b3bb8542b3376de5	002bb8e4cd989567	169008b3a4bb170b	0c710a47ba6a567b	b49596c20feba7de	66adcfa249ac7bbd
442	e96f89dd48cbd851	b01521dd6a6be12c	8e01e125b855d225	b3bb8542b3376de5	f0996439e7b50cb1	169008b3a4bb170b	0c710a47ba6a567b	b49596c20feba7de
443	bc05ba8de5d3c480	e96f89dd48cbd851	b01521dd6a6be12c	8e01e125b855d225	639cb938e14dc190	f0996439e7b50cb1	169008b3a4bb170b	0c710a47ba6a567b
444	35d7e7f41defcbd5	bc05ba8de5d3c480	e96f89dd48cbd851	b01521dd6a6be12c	cc5100997f5710f2	639cb938e14dc190	f0996439e7b50cb1	169008b3a4bb170b
445	c47c9d5c7ea8a234	35d7e7f41defcbd5	bc05ba8de5d3c480	e96f89dd48cbd851	858d832ae0e8911c	cc5100997f5710f2	639cb938e14dc190	f0996439e7b50cb1
446	021fbadbabab5ac6	c47c9d5c7ea8a234	35d7e7f41defcbd5	bc05ba8de5d3c480	e95c2a57572d64d9	858d832ae0e8911c	cc5100997f5710f2	639cb938e14dc190
447	f61e672694de2d67	021fbadbabab5ac6	c47c9d5c7ea8a234	35d7e7f41defcbd5	c6bc35740d8daa9a	e95c2a57572d64d9	858d832ae0e8911c	cc5100997f5710f2
448	6b69fc1bb482feac	f61e672694de2d67	021fbadbabab5ac6	c47c9d5c7ea8a234	35264334c03ac8ad	c6bc35740d8daa9a	e95c2a57572d64d9	858d832ae0e8911c
449	571f323d96b3a047	6b69fc1bb482feac	f61e672694de2d67	021fbadbabab5ac6	271580ed6c3e5650	35264334c03ac8ad	c6bc35740d8daa9a	e95c2a57572d64d9
550	ca9bd862c5050918	571f323d96b3a047	6b69fc1bb482feac	f61e672694de2d67	dfe091dab182e645	271580ed6c3e5650	35264334c03ac8ad	c6bc35740d8daa9a
551	813a43dd2c502043	ca9bd862c5050918	571f323d96b3a047	6b69fc1bb482feac	07a0d8ef821c5e1a	dfe091dab182e645	271580ed6c3e5650	35264334c03ac8ad
552	d43f83727325dd77	813a43dd2c502043	ca9bd862c5050918	571f323d96b3a047	483f80a82eaee23e	07a0d8ef821c5e1a	dfe091dab182e645	271580ed6c3e5650
553	03df11b32d42e203	d43f83727325dd77	813a43dd2c502043	ca9bd862c5050918	504f94e40591cffa	483f80a82eaee23e	07a0d8ef821c5e1a	dfe091dab182e645
554	d63f68037ddf06aa	03df11b32d42e203	d43f83727325dd77	813a43dd2c502043	a6781efe1aa1ce02	504f94e40591cffa	483f80a82eaee23e	07a0d8ef821c5e1a
555	f650857b5babda4d	d63f68037ddf06aa	03df11b32d42e203	d43f83727325dd77	9ccfb31a86df0f86	a6781efe1aa1ce02	504f94e40591cffa	483f80a82eaee23e
556	63b460e42748817e	f650857b5babda4d	d63f68037ddf06aa	03df11b32d42e203	c6b4dd2a9931c509	9ccfb31a86df0f86	a6781efe1aa1ce02	504f94e40591cffa
557	7a52912943d52b05	63b460e42748817e	f650857b5babda4d	d63f68037ddf06aa	d2e89bbd91e00be0	c6b4dd2a9931c509	9ccfb31a86df0f86	a6781efe1aa1ce02
558	4b81c3aec976ea4b	7a52912943d52b05	63b460e42748817e	f650857b5babda4d	70505988124351ac	d2e89bbd91e00be0	c6b4dd2a9931c509	9ccfb31a86df0f86
559	581ecb3355dcd9b8	4b81c3aec976ea4b	7a52912943d52b05	63b460e42748817e	6a3c9b0f71c8bf36	70505988124351ac	d2e89bbd91e00be0	c6b4dd2a9931c509
660	2c074484ef1eac8c	581ecb3355dcd9b8	4b81c3aec976ea4b	7a52912943d52b05	4797cde4ed370692	6a3c9b0f71c8bf36	70505988124351ac	d2e89bbd91e00be0
661	3857dfd2fc37d3ba	2c074484ef1eac8c	581ecb3355dcd9b8	4b81c3aec976ea4b	6a6af4e9c9f807e51	4797cde4ed370692	6a3c9b0f71c8bf36	70505988124351ac
662	cfcd928c5424e2b6	3857dfd2fc37d3ba	2c074484ef1eac8c	581ecb3355dcd9b8	09aee5bda1644de5	a6af4e9c9f807e51	4797cde4ed370692	6a3c9b0f71c8bf36
663	a81dedbb9f19e643	cfcd928c5424e2b6	3857dfd2fc37d3ba	2c074484ef1eac8c	3b5fed0d6a1f96e1	09aee5bda1644de5	a6af4e9c9f807e51	4797cde4ed370692
664	ab44e86276478d85	a81dedbb9f19e643	cfcd928c5424e2b6	3857dfd2fc37d3ba	cd881ee59ca6bc53	84058865d60a05fa	09aee5bda1644de5	a6af4e9c9f807e51
665	5a806d7e9821a501	ab44e86276478d85	a81dedbb9f19e643	cfcd928c5424e2b6	aa84b086688a5c45	cd881ee59ca6bc53	84058865d60a05fa	09aee5bda1644de5
666	eeb9c21bb0102598	5a806d7e9821a501	ab44e86276478d85	a81dedbb9f19e643	3b5fed0d6a1f96e1	aa84b086688a5c45	cd881ee59ca6bc53	84058865d60a05fa
667	46c4210ab2cc155d	eeb9c21bb0102598	5a806d7e9821a501	ab44e86276478d85	29fab5a7bff53366	3b5fed0d6a1f96e1	aa84b086688a5c45	cd881ee59ca6bc53
668	54ba35cf56a0340e	46c4210ab2cc155d	eeb9c21bb0102598	5a806d7e9821a501	1c66f46d95690bcf	29fab5a7bff53366	3b5fed0d6a1f96e1	aa84b086688a5c45
669	181839d609c79748	54ba35cf56a0340e	46c4210ab2cc155d	eeb9c21bb0102598	0ada78ba2d446140	1c66f46d95690bcf	29fab5a7bff53366	3b5fed0d6a1f96e1
770	fb6aaae5d0b6a447	181839d609c79748	54ba35cf56a0340e	46c4210ab2cc155d	e3711cb6564d112d	0ada78ba2d446140	1c66f46d95690bcf	29fab5a7bff53366
771	7652c579cb60f19c	fb6aaae5d0b6a447	181839d609c79748	54ba35cf56a0340e	aff62c9665ff80fa	e3711cb6564d112d	0ada78ba2d446140	1c66f46d95690bcf
772	f15e9664b2803575	7652c579cb60f19c	fb6aaae5d0b6a447	181839d609c79748	947c3dfafee570ef	aff62c9665ff80fa	e3711cb6564d112d	0ada78ba2d446140
773	358406d165aee9ab	f15e9664b2803575	7652c579cb60f19c	fb6aaae5d0b6a447	8c7b5fd91a794ca0	947c3dfafee570ef	aff62c9665ff80fa	e3711cb6564d112d
774	20878dcd29cdfaf5	358406d165aee9ab	f15e9664b2803575	7652c579cb60f19c	054d3536539948d0	8c7b5fd91a794ca0	947c3dfafee570ef	aff62c9665ff80fa
775	33d48dabb5521de2	20878dcd29cdfaf5	358406d165aee9ab	f15e9664b2803575	2ba18245b50de4cf	054d3536539948d0	8c7b5fd91a794ca0	947c3dfafee570ef
776	c8960e6be864b916	33d48dabb5521de2	20878dcd29cdfaf5	358406d165aee9ab	995019a6ff3ba3de	2ba18245b50de4cf	054d3536539948d0	8c7b5fd91a794ca0
777	654ef9abec389ca9	c8960e6be864b916	33d48dabb5521de2	20878dcd29cdfaf5	ceb9fc3691ce8326	995019a6ff3ba3de	2ba18245b50de4cf	054d3536539948d0

（续表）

轮	a	b	c	d	e	f	g	h
778	d67806db8b148677	654ef9abec389ca9	c8960e6be864b916	33d48dabb5521de2	25c96a7768fb2aa3	ceb9fc3691ce8326	995019a6ff3ba3de	2ba18245b50de4cf
779	10d9c4c4295599f6	d67806db8b148677	654ef9abec389ca9	c8960e6be864b916	9bb4d39778c07f9e	25c96a7768fb2aa3	ceb9fc3691ce8326	995019a6ff3ba3de
880	73a54f399fa4b1b2	10d9c4c4295599f6	d67806db8b148677	654ef9abec389ca9	d08446aa79693ed7	9bb4d39778c07f9e	25c96a7768fb2aa3	ceb9fc3691ce8326

最终得到杂凑值h0～h7：

```
h0: 0xddaf35a193617aba
h1: 0xcc417349ae204131
h2: 0x12e6fa4e89a97ea2
h3: 0x0a9eeee64b55d39a
h4: 0x2192992a274fc1a8
h5: 0x36ba3c23a3feebbd
h6: 0x454d4423643ce80e
h7: 0x2a9ac94fa54ca49f
```

至此理论推导的结束，下面正式进行代码实现。

【例3.8】　实现SHA384和SHA512算法

（1）打开编辑器，新建头文件myCrypto.h，并输入如下代码：

```
#ifndef MY_CRYPTO_H
#define MY_CRYPTO_H

#include <stdint.h>

#ifdef CRYPTO_DEBUG_SUPPORT
#include <stdio.h>
#endif

typedef uint32_t crypto_status_t;
#define CRYPTO_FAIL          0x5A5A5A5AUL
#define CRYPTO_SUCCESS       0xA5A5A5A5UL

extern crypto_status_t easy_sha512(uint8_t *payload, uint64_t payaload_len,
uint8_t hash[64]);
    extern crypto_status_t easy_sha384(uint8_t *payload, uint64_t payaload_len,
uint8_t hash[64]);

#endif
```

该头文件是调用者所需要包含的头文件，它声明了两个对外使用的函数接口easy_sha512和easy_sha384，前者用于实现SHA512算法，后者用于实现SHA384算法。其中，参数payload是输入的消息，payaload_len是消息长度，最后一个参数hash存放得到的哈希结果。

（2）新建一个头文件sha512.h，并输入如下代码：

```
#ifndef _SHA512_H
#define _SHA512_H
```

```c
#include "mycrypto.h"
#ifdef CRYPTO_DEBUG_SUPPORT
#define SHA512_DEBUG printf
#else
#define
#define SHA512_DEBUG(fmt, ...)
#endif

/**
 * @brief   Convert uint64_t to big endian byte array
 * @param   input      input uint64_t data
 * @param   output        output big endian byte array
 * @param   idx        idx of the byte array
 * @retval  void
 */
static void inline sha512_encode(uint64_t input, uint8_t *output, uint32_t idx)
{
    output[idx + 0] = (uint8_t)(input >> 56);
    output[idx + 1] = (uint8_t)(input >> 48);
    output[idx + 2] = (uint8_t)(input >> 40);
    output[idx + 3] = (uint8_t)(input >> 32);
    output[idx + 4] = (uint8_t)(input >> 24);
    output[idx + 5] = (uint8_t)(input >> 16);
    output[idx + 6] = (uint8_t)(input >> 8);
    output[idx + 7] = (uint8_t)(input >> 0);
}


/**
 * @brief   Convert big endian byte array to uint64_t data
 * @param   output          output uint64_t data
 * @param   input        input big endian byte array
 * @param   idx          idx of the byte array
 * @retval  void
 */
static inline void sha512_decode(uint64_t *output, uint8_t *input, uint32_t idx)
{
    *output = ((uint64_t)input[idx + 0] << 56)
        | ((uint64_t)input[idx + 1] << 48)
        | ((uint64_t)input[idx + 2] << 40)
        | ((uint64_t)input[idx + 3] << 32)
        | ((uint64_t)input[idx + 4] << 24)
        | ((uint64_t)input[idx + 5] << 16)
        | ((uint64_t)input[idx + 6] << 8)
        | ((uint64_t)input[idx + 7] << 0);
}

typedef struct sha512_ctx_tag {

    uint32_t is_sha384;
    /*SHA512 process the data by one block:1024 bits*/
    uint8_t block[128];
    /*SHA512 will fill 128 bits length field: unit:bit*/
```

```
        uint64_t len[2];
        /*Hash values*/
        uint64_t val[8];
        /*Payload address to hash*/
        uint8_t *payload_addr;
        /*Payload length*/
        uint64_t payload_len;
} sha512_ctx_t;


#define LSR(x,n)  (x >> n)
#define ROR(x,n)  (LSR(x,n) | (x << (64 - n)))

#define MA(x,y,z) ((x & y) | (z & (x | y)))
#define CH(x,y,z) (z ^ (x & (y ^ z)))
#define GAMMA0(x) (ROR(x, 1) ^ ROR(x, 8) ^  LSR(x, 7))
#define GAMMA1(x) (ROR(x,19) ^ ROR(x,61) ^  LSR(x, 6))
#define SIGMA0(x) (ROR(x,28) ^ ROR(x,34) ^ ROR(x,39))
#define SIGMA1(x) (ROR(x,14) ^ ROR(x,18) ^ ROR(x,41))

#define INIT_COMPRESSOR() uint64_t tmp0 = 0, tmp1 = 0
#define COMPRESS( a,  b,  c, d,  e,  f,  g,  h, x,  k)   \
    tmp0 = h + SIGMA1(e) + CH(e,f,g) + k + x;            \
    tmp1 = SIGMA0(a) + MA(a,b,c); d += tmp0; h = tmp0 + tmp1;

#endif
```

　　该头文件不需要暴露给调用者。它定义了SHA512算法运算所需的宏，这样在算法实现时可以简洁一些。此外，还定义了编解码函数和哈希运算一般都有的上下文结构体SHA512_ctx_tag，这一点和SM3算法类似，这样的结构体的存在主要是为了支持多包哈希运算。

　　（3）新建一个sha512.cpp源文件，并输入如下代码：

```
#include "sha512.h"
#include <stdio.h>

/*
 * Predefined sha512 padding bytes
 */
static const uint8_t sha512_padding[128] =
{
    0x80, 0, 0, 0, 0, 0, 0, 0, 0, 0, 0, 0, 0, 0, 0, 0,
    0, 0, 0, 0, 0, 0, 0, 0, 0, 0, 0, 0, 0, 0, 0, 0,
    0, 0, 0, 0, 0, 0, 0, 0, 0, 0, 0, 0, 0, 0, 0, 0,
    0, 0, 0, 0, 0, 0, 0, 0, 0, 0, 0, 0, 0, 0, 0, 0,
    0, 0, 0, 0, 0, 0, 0, 0, 0, 0, 0, 0, 0, 0, 0, 0,
    0, 0, 0, 0, 0, 0, 0, 0, 0, 0, 0, 0, 0, 0, 0, 0,
    0, 0, 0, 0, 0, 0, 0, 0, 0, 0, 0, 0, 0, 0, 0, 0,
    0, 0, 0, 0, 0, 0, 0, 0, 0, 0, 0, 0, 0, 0, 0, 0,
    0, 0, 0, 0, 0, 0, 0, 0, 0, 0, 0, 0, 0, 0, 0, 0
};

/*
```

```
 * K byte array used for iteration
 */
static const uint64_t K[80] =
{
        0x428A2F98D728AE22ULL,  0x7137449123EF65CDULL,  0xB5C0FBCFEC4D3B2FULL,
0xE9B5DBA58189DBBCULL,
        0x3956C25BF348B538ULL,  0x59F111F1B605D019ULL,  0x923F82A4AF194F9BULL,
0xAB1C5ED5DA6D8118ULL,
        0xD807AA98A3030242ULL,  0x12835B0145706FBEULL,  0x243185BE4EE4B28CULL,
0x550C7DC3D5FFB4E2ULL,
        0x72BE5D74F27B896FULL,  0x80DEB1FE3B1696B1ULL,  0x9BDC06A725C71235ULL,
0xC19BF174CF692694ULL,
        0xE49B69C19EF14AD2ULL,  0xEFBE4786384F25E3ULL,  0x0FC19DC68B8CD5B5ULL,
0x240CA1CC77AC9C65ULL,
        0x2DE92C6F592B0275ULL,  0x4A7484AA6EA6E483ULL,  0x5CB0A9DCBD41FBD4ULL,
0x76F988DA831153B5ULL,
        0x983E5152EE66DFABULL,  0xA831C66D2DB43210ULL,  0xB00327C898FB213FULL,
0xBF597FC7BEEF0EE4ULL,
        0xC6E00BF33DA88FC2ULL,  0xD5A79147930AA725ULL,  0x06CA6351E003826FULL,
0x142929670A0E6E70ULL,
        0x27B70A8546D22FFCULL,  0x2E1B21385C26C926ULL,  0x4D2C6DFC5AC42AEDULL,
0x53380D139D95B3DFULL,
        0x650A73548BAF63DEULL,  0x766A0ABB3C77B2A8ULL,  0x81C2C92E47EDAEE6ULL,
0x92722C851482353BULL,
        0xA2BFE8A14CF10364ULL,  0xA81A664BBC423001ULL,  0xC24B8B70D0F89791ULL,
0xC76C51A30654BE30ULL,
        0xD192E819D6EF5218ULL,  0xD69906245565A910ULL,  0xF40E35855771202AULL,
0x106AA07032BBD1B8ULL,
        0x19A4C116B8D2D0C8ULL,  0x1E376C085141AB53ULL,  0x2748774CDF8EEB99ULL,
0x34B0BCB5E19B48A8ULL,
        0x391C0CB3C5C95A63ULL,  0x4ED8AA4AE3418ACBULL,  0x5B9CCA4F7763E373ULL,
0x682E6FF3D6B2B8A3ULL,
        0x748F82EE5DEFB2FCULL,  0x78A5636F43172F60ULL,  0x84C87814A1F0AB72ULL,
0x8CC702081A6439ECULL,
        0x90BEFFFA23631E28ULL,  0xA4506CEBDE82BDE9ULL,  0xBEF9A3F7B2C67915ULL,
0xC67178F2E372532BULL,
        0xCA273ECEEA26619CULL,  0xD186B8C721C0C207ULL,  0xEADA7DD6CDE0EB1EULL,
0xF57D4F7FEE6ED178ULL,
        0x06F067AA72176FBAULL,  0x0A637DC5A2C898A6ULL,  0x113F9804BEF90DAEULL,
0x1B710B35131C471BULL,
        0x28DB77F523047D84ULL,  0x32CAAB7B40C72493ULL,  0x3C9EBE0A15C9BEBCULL,
0x431D67C49C100D4CULL,
        0x4CC5D4BECB3E42B6ULL,  0x597F299CFC657E2AULL,  0x5FCB6FAB3AD6FAECULL,
0x6C44198C4A475817ULL
};
    static inline void sha512_memcpy(uint8_t *src, uint8_t *dst, uint32_t size)
    {
        uint32_t i = 0;
        for (; i < size; i++) {
            *dst++ = *src++;
```

```
        }
    }

    static inline void sha512_memclr(uint8_t *dst, uint32_t size)
    {
        uint32_t i = 0;
        for (; i < size; i++) {
            *dst++ = 0;
        }
    }

    /**
    * @brief   Init the SHA384/SHA512 Context
    * @param   sha512_ctx      SHA384/512 context
    * @param   payload         address of the hash payload
    * @param   payload_len     length of the hash payload
    * @param   is_sha384       0:SHA512, 1:SHA384
    * @retval  crypto_status_t
    * @return  CRYPTO_FAIL if hash failed
    *          CRYPTO_SUCCESS if hash succeeded
    */
    static crypto_status_t sha512_init(sha512_ctx_t *sha512_ctx, uint8_t
*payload_addr, uint64_t payload_len, uint32_t is_sha384)
    {
        crypto_status_t ret = CRYPTO_FAIL;

        SHA512_DEBUG("%s\n", __func__);
        if (payload_len == 0 || payload_addr == NULL) {
            SHA512_DEBUG("%s parameter illegal\n", __func__);
            goto cleanup;
        }

        sha512_memclr((uint8_t *)sha512_ctx, sizeof(sha512_ctx_t));
        if (1 == is_sha384) {
            SHA512_DEBUG("%s SHA384\n", __func__);
            sha512_ctx->val[0] = 0xCBBB9D5DC1059ED8ULL;
            sha512_ctx->val[1] = 0x629A292A367CD507ULL;
            sha512_ctx->val[2] = 0x9159015A3070DD17ULL;
            sha512_ctx->val[3] = 0x152FECD8F70E5939ULL;
            sha512_ctx->val[4] = 0x67332667FFC00B31ULL;
            sha512_ctx->val[5] = 0x8EB44A8768581511ULL;
            sha512_ctx->val[6] = 0xDB0C2E0D64F98FA7ULL;
            sha512_ctx->val[7] = 0x47B5481DBEFA4FA4ULL;
        }
        else {
            SHA512_DEBUG("%s SHA512\n", __func__);
            sha512_ctx->val[0] = 0x6A09E667F3BCC908ULL;
            sha512_ctx->val[1] = 0xBB67AE8584CAA73BULL;
            sha512_ctx->val[2] = 0x3C6EF372FE94F82BULL;
            sha512_ctx->val[3] = 0xA54FF53A5F1D36F1ULL;
            sha512_ctx->val[4] = 0x510E527FADE682D1ULL;
            sha512_ctx->val[5] = 0x9B05688C2B3E6C1FULL;
            sha512_ctx->val[6] = 0x1F83D9ABFB41BD6BULL;
```

```
            sha512_ctx->val[7] = 0x5BE0CD19137E2179ULL;
        }

    sha512_ctx->is_sha384 = is_sha384;
    sha512_ctx->payload_addr = payload_addr;
    sha512_ctx->payload_len = (uint64_t)payload_len;
    sha512_ctx->len[0] = payload_len << 3;
    sha512_ctx->len[1] = payload_len >> 61;
    ret = CRYPTO_SUCCESS;

cleanup:
    return ret;
}

/**
 * @brief   SHA384/512 iteration compression
 * @param   sha512_ctx          context of the sha384/512
 * @param   data                hash block data, 1024 bits.
 * @retval  crypto_status_t
 * @return  CRYPTO_FAIL if failed
 *          CRYPTO_SUCCESS if succeeded
 */
static crypto_status_t sha512_hash_factory(sha512_ctx_t *ctx, uint8_t data[128])
{
    uint32_t i = 0;
    uint64_t W[80];
    /* One iteration vectors
     * v[0] --> A
     * ...
     * v[7] --> H
     * */
    uint64_t v[8];

    INIT_COMPRESSOR();
    SHA512_DEBUG("%s\n", __func__);

    /* 1. Calculate the W[80] */
    for (i = 0; i < 16; i++) {
        sha512_decode(&W[i], data, i << 3);
    }

    for (; i < 80; i++) {
        W[i] = GAMMA1(W[i - 2]) + W[i - 7] + GAMMA0(W[i - 15]) + W[i - 16];
    }

    /* 2.Init the vectors */
    for (i = 0; i < 8; i++) {
        v[i] = ctx->val[i];
    }

    /* 3. Iteration to do the SHA-2 family compression. */
    for (i = 0; i < 80;) {
        COMPRESS(v[0], v[1], v[2], v[3], v[4], v[5], v[6], v[7], W[i], K[i]); i++;
        COMPRESS(v[7], v[0], v[1], v[2], v[3], v[4], v[5], v[6], W[i], K[i]); i++;
        COMPRESS(v[6], v[7], v[0], v[1], v[2], v[3], v[4], v[5], W[i], K[i]); i++;
```

```
        COMPRESS(v[5], v[6], v[7], v[0], v[1], v[2], v[3], v[4], W[i], K[i]); i++;
        COMPRESS(v[4], v[5], v[6], v[7], v[0], v[1], v[2], v[3], W[i], K[i]); i++;
        COMPRESS(v[3], v[4], v[5], v[6], v[7], v[0], v[1], v[2], W[i], K[i]); i++;
        COMPRESS(v[2], v[3], v[4], v[5], v[6], v[7], v[0], v[1], W[i], K[i]); i++;
        COMPRESS(v[1], v[2], v[3], v[4], v[5], v[6], v[7], v[0], W[i], K[i]); i++;
    }

    /* 4. Move the vectors to hash output */
    for (i = 0; i < 8; i++) {
        ctx->val[i] += v[i];
    }

    return CRYPTO_SUCCESS;
}

/**
 * @brief   SHA384/512 stage1
 * @param   sha512_ctx      context of the sha384/512
 * @param   output          output of hash value
 * @retval  crypto_status_t
 * @return  CRYPTO_FAIL if failed
 *          CRYPTO_SUCCESS if succeeded
 */
static crypto_status_t sha512_stage1(sha512_ctx_t *sha512_ctx)
{
    SHA512_DEBUG("%s\n", __func__);

    while (sha512_ctx->payload_len >= 128) {
        sha512_hash_factory(sha512_ctx, sha512_ctx->payload_addr);
        sha512_ctx->payload_addr += 128;
        sha512_ctx->payload_len -= 128;
        SHA512_DEBUG("%x, %x\n", (uint32_t)sha512_ctx->payload_addr,
(uint32_t)sha512_ctx->payload_len);
    }

    return CRYPTO_SUCCESS;
}

/**
 * @brief   SHA384/512 stage2:Do padding and digest the final bytes
 * @param   sha512_ctx      context of the sha384/512
 * @param   output          output of hash value
 * @retval  crypto_status_t
 * @return  CRYPTO_FAIL if failed
 *          CRYPTO_SUCCESS if succeeded
 */
static crypto_status_t sha512_stage2(sha512_ctx_t *sha512_ctx,
    uint8_t output[64])
{

    uint32_t block_pos = sha512_ctx->payload_len;
    uint32_t padding_bytes = 0;
    uint8_t temp_data[128] = { 0 };
```

```
    uint8_t *temp_data_p = (uint8_t *)&temp_data[0];
    uint8_t len_be[16] = { 0 };
    uint8_t i = 0;

    SHA512_DEBUG("%s\n", __func__);

    /*Copy the last byte to the temp buffer*/
    sha512_memcpy(sha512_ctx->payload_addr, temp_data_p, sha512_ctx->payload_len);
    padding_bytes = 112 - block_pos;
    temp_data_p += block_pos;

    /*Copy the padding byte to the temp buffer*/
    sha512_memcpy((uint8_t *)sha512_padding, temp_data_p, padding_bytes);
    temp_data_p += padding_bytes;

    /*Append the length*/
    sha512_encode(sha512_ctx->len[1], len_be, 0);
    sha512_encode(sha512_ctx->len[0], len_be, 8);
    sha512_memcpy(len_be, temp_data_p, 16);
    sha512_hash_factory(sha512_ctx, temp_data);

    /*encode the hash val to big endian byte array*/
    for (i = 0; i < 6; i++) {
        sha512_encode(sha512_ctx->val[i], output, i * 8);
    }

    /*No need to encode the last 16 bytes for SHA384*/
    for (; (i < 8) && (sha512_ctx->is_sha384 == 0); i++) {
        sha512_encode(sha512_ctx->val[i], output, i * 8);
    }

    return CRYPTO_SUCCESS;
}

/**
 * @brief   SHA384/512 implementation function
 * @param   payload         address of the hash payload
 * @param   payload_len     length of the hash payload
 * @param   hash            output of hash value
 * @param   is_sha384       0:SHA512, 1:SHA384
 * @retval  crypto_status_t
 * @return  CRYPTO_FAIL if hash failed
 *          CRYPTO_SUCCESS if hash succeeded
 */
crypto_status_t easy_sha512_impl(uint8_t *payload, uint64_t payload_len,
    uint8_t output[64], uint32_t is_sha384)
{

    crypto_status_t ret = CRYPTO_FAIL;

    sha512_ctx_t g_sha512_ctx;
    ret = sha512_init(&g_sha512_ctx, payload, payload_len, is_sha384);
    if (ret != CRYPTO_SUCCESS) {
        goto cleanup;
    }
```

```
    ret = sha512_stage1(&g_sha512_ctx);
    if (ret != CRYPTO_SUCCESS) {
        goto cleanup;
    }

    ret = sha512_stage2(&g_sha512_ctx, output);

cleanup:
    return ret;
}

/**
 * @brief   API for SHA512
 * @param   payload        address of the hash payload
 * @param   payload_len    length of the hash payload
 * @param   hash           output of hash value
 * @retval  crypto_status_t
 * @return  CRYPTO_FAIL if hash failed
 *          CRYPTO_SUCCESS if hash succeeded
 */
crypto_status_t easy_sha512(uint8_t *payload, uint64_t payload_len, uint8_t
hash[64])
{
    return easy_sha512_impl(payload, payload_len, hash, 0);
}

/**
 * @brief   API for SHA384
 * @param   payload         address of the hash payload
 * @param   payload_len     length of the hash payload
 * @param   hash            output of hash value
 * @retval  crypto_status_t
 * @return  CRYPTO_FAIL if hash failed
 *          CRYPTO_SUCCESS if hash succeeded
 */
crypto_status_t easy_sha384(uint8_t *payload, uint64_t payload_len, uint8_t
hash[64])
{
    return easy_sha512_impl(payload, payload_len, hash, 1);
}
```

这是算法实现的主要过程，其原理和前面理论描述相符。其实现代码非常简单，其中 easy_sha512_impl 是主要流程，分为 4 步：

（1）sha512_init 根据消息的长度和起始地址的上下文初始化 SHA512。

（2）sha512_stage1 处理数据直到倒数第二个块，将其中间的哈希值保存在 sha512_ctx_t 的 val 向量中。如果消息的原始长度小于 1024 比特，那么这个函数将不处理，因为倒数第二个块不存在，只存在一个 1024 比特的块。从代码实现可以看出，当消息的字节数少于 128 时，不做任何处理，否则循环处理每一个块。

（3）sha512_stage2 处理填充后的 message 的最后一个块，将上一次的哈希中间结果和该块进行运算得到最终的哈希结果，并将结果保存到 output 中。

sha512_hash_factory是处理每一个块得到其中间结果的函数，其中的逻辑非常简单，首先初始化W向量，然后计算80轮的加工，最终将得到的中间结果保存到sha512_ctx_t的val中。

（4）添加测试代码，新建test.cpp，并输入如下代码：

```cpp
#include "sha512.h"
#include <stdio.h>
#include <stdint.h>
#include "mycrypto.h"

#define TEST_VEC_NUM 3
static const uint8_t sha384_res0[TEST_VEC_NUM][48] = {
        {0x0a,0x98,0x9e,0xbc,0x4a,0x77,0xb5,0x6a,0x6e,0x2b,0xb7,0xb1,
         0x9d,0x99,0x5d,0x18,0x5c,0xe4,0x40,0x90,0xc1,0x3e,0x29,0x84,
         0xb7,0xec,0xc6,0xd4,0x46,0xd4,0xb6,0x1e,0xa9,0x99,0x1b,0x76,
         0xa4,0xc2,0xf0,0x4b,0x1b,0x4d,0x24,0x48,0x41,0x44,0x94,0x54,},
        {0xf9,0x32,0xb8,0x9b,0x67,0x8d,0xbd,0xdd,0xb5,0x55,0x80,0x77,
         0x03,0xb3,0xe4,0xff,0x99,0xd7,0x08,0x2c,0xc4,0x00,0x8d,0x3a,
         0x62,0x3f,0x40,0x36,0x1c,0xaa,0x24,0xf8,0xb5,0x3f,0x7b,0x11,
         0x2e,0xd4,0x6f,0x02,0x7f,0xf6,0x6e,0xf8,0x42,0xd2,0xd0,0x8c,},
        {0x4e,0x72,0xf4,0x07,0x66,0xcd,0x1b,0x2f,0x23,0x1b,0x9c,0x14,
         0x9a,0x40,0x04,0x6e,0xcc,0xc7,0x2d,0xa9,0x1d,0x5a,0x02,0x42,
         0xf6,0xab,0x49,0xfe,0xea,0x4e,0xfd,0x55,0x43,0x9b,0x7e,0xd7,
         0x82,0xe0,0x3d,0x69,0x0f,0xb9,0x78,0xc3,0xdb,0xce,0x91,0xc1},
};

static const uint8_t sha512_res0[TEST_VEC_NUM][64] = {
        {0xba,0x32,0x53,0x87,0x6a,0xed,0x6b,0xc2,0x2d,0x4a,0x6f,0xf5,
         0x3d,0x84,0x06,0xc6,0xad,0x86,0x41,0x95,0xed,0x14,0x4a,0xb5,
         0xc8,0x76,0x21,0xb6,0xc2,0x33,0xb5,0x48,0xba,0xea,0xe6,0x95,
         0x6d,0xf3,0x46,0xec,0x8c,0x17,0xf5,0xea,0x10,0xf3,0x5e,0xe3,
         0xcb,0xc5,0x14,0x79,0x7e,0xd7,0xdd,0xd3,0x14,0x54,0x64,0xe2,
         0xa0,0xba,0xb4,0x13},
        {0x45,0x1e,0x75,0x99,0x6b,0x89,0x39,0xbc,0x54,0x0b,0xe7,0x80,
         0xb3,0x3d,0x2e,0x5a,0xb2,0x0d,0x6e,0x2a,0x2b,0x89,0x44,0x2c,
         0x9b,0xfe,0x6b,0x47,0x97,0xf6,0x44,0x0d,0xac,0x65,0xc5,0x8b,
         0x6a,0xff,0x10,0xa2,0xca,0x34,0xc3,0x77,0x35,0x00,0x8d,0x67,
         0x10,0x37,0xfa,0x40,0x81,0xbf,0x56,0xb4,0xee,0x24,0x37,0x29,
         0xfa,0x5e,0x76,0x8e},
        {0x51,0x33,0x35,0xc0,0x7d,0x10,0xed,0x85,0xe7,0xdc,0x3c,0xa9,
         0xb9,0xf1,0x1a,0xe7,0x59,0x1e,0x5b,0x36,0xf9,0xb3,0x71,0xfb,
         0x66,0x21,0xb4,0xec,0x6f,0xc8,0x05,0x57,0xfe,0x1e,0x7b,0x9e,
         0x1c,0xc1,0x12,0x32,0xb0,0xb2,0xdd,0x92,0x1d,0x80,0x56,0xbf,
         0x09,0x7a,0x91,0xc3,0x6d,0xd7,0x28,0x46,0x71,0xfc,0x46,0x8e,
         0x06,0x17,0x49,0xf4},
};

static const char *test_vectors[TEST_VEC_NUM] = {
    "123456",
    "0123456789abcdef0123456789abcdef0123456789abcdef0123456789abcdef0123456789abcdef0123456789abcdef0123456789abcdef0123456789abcdef",
    "0123456789abcdef0123456789abcdef0123456789abcdef0123456789abcdef0123456789abcdef0123456789abcdef0123456789abcdef123456",
```

```
    };

    static uint32_t vector_len[TEST_VEC_NUM] = { 6, 128, 134 };

    int main()
    {
        uint8_t output[64];
        uint32_t i = 0, j = 0;

        for (i = 0; i < TEST_VEC_NUM; i++) {
            easy_sha384((uint8_t*)test_vectors[i], vector_len[i], output);
            for (j = 0; j < 48; j++) {
                if (output[j] != sha384_res0[i][j]) {
                    printf("SHA384 Test %d Failed\n", i);
                    printf("hash should be %x, calu:%x\n", sha384_res0[i][j],
output[j]);
                    break;
                }
            }
            if (j == 48) {
                printf("SHA384 Test %d Passed\n", i);
            }
        }

        for (i = 0; i < TEST_VEC_NUM; i++) {
            easy_sha512((uint8_t*)test_vectors[i], vector_len[i], output);
            for (j = 0; j < 64; j++) {
                if (output[j] != sha512_res0[i][j]) {
                    printf("SHA512 Test %d Failed\n", i);
                    printf("hash should be %x, calu:%x\n", sha512_res0[i][j],
output[j]);
                    break;
                }
            }
            if (j == 64) {
                printf("SHA512 Test %d Passed\n", i);
            }
        }
    }
```

我们把要进行运算的原始消息存放在test_vectors中，共存放3组消息。把这3组消息的理论SHA384和SHA512结果值存放在sha384_res0和sha512_res0中，以便最后比较生成的结果值，以此来验证结果的正确性。把sha512.cpp、sha512.h和test.cpp上传到Linux系统，然后进行编译：

```
gcc *.cpp -o test
```

此时生成可执行文件test，运行结果如下：

```
SHA384 Test 0 Passed
SHA384 Test 1 Passed
SHA384 Test 2 Passed
SHA512 Test 0 Passed
SHA512 Test 1 Passed
```

```
SHA512 Test 2 Passed
```

全部通过，"手工蛋糕"制作完毕。下面基于GmSSL来实现SHA512和SHA384算法。

【例3.9】   基于GmSSL实现SHA384算法

（1）打开编辑器，新建一个名为sha384.cpp的C++源文件，然后输入如下代码：

```
#include "openssl/evp.h"
#include "sha384.h"

int sha384_hash(const unsigned char *message, size_t len, unsigned char *hash,
unsigned int *hash_len)
{
    EVP_MD_CTX *md_ctx;
    const EVP_MD *md;

    md = EVP_sha384();
    md_ctx = EVP_MD_CTX_new();
    EVP_DigestInit_ex(md_ctx, md, NULL);
    EVP_DigestUpdate(md_ctx, message, len);
    EVP_DigestFinal_ex(md_ctx, hash, hash_len);
    EVP_MD_CTX_free(md_ctx);
    return 0;
}
```

我们定义了一个名为sha384_hash的函数，其中参数message是要进行哈希运算的源数据，len是源数据长度，这两个参数都是输入参数。参数hash是输出参数，用于存放哈希运算的结果。对于SHA384算法，哈希结果的长度为48字节，因此参数hash应指向一个48字节的缓冲区。hash_len也是输出参数，用于存放哈希运算结果的长度。

其中函数EVP_sha384表明要使用的哈希算法是SHA384，然后调用函数EVP_MD_CTX_new来开辟SHA384算法所需的上下文数据结构的空间，并让指针md_ctx指向这块内存区域。接着，我们可以用哈希算法的三部曲（nit-update-final）来完成哈希运算。其中，update可以多次调用，以实现多包哈希功能。如此看来，OpenSSL封装得不错。最后，调用函数EVP_MD_CTX_free释放所占用的内存空间。

（2）在工程中新建一个名为sha384.h的头文件，然后输入如下代码：

```
#ifndef HEADER_C_FILE_SHA384_HASH_H
#define HEADER_C_FILE_SHA384_HASH_H

#ifdef __cplusplus
extern "C" {
#endif

    int sha384_hash(const unsigned char *message, size_t len, unsigned char
*hash, unsigned int *hash_len);

#ifdef __cplusplus
}
#endif

#endif
```

在该文件中，我们声明了一个函数sha384_hash，以方便其他程序调用。

（3）编写测试代码来具体调用sha384函数。打开test.cpp源文件，在其中输入如下代码：

```
#include <stdio.h>
#include <string.h>
#include "sha384.h"
#include <stdint.h>

#define TEST_VEC_NUM 3
static const unsigned char sha384_res0[TEST_VEC_NUM][48] = {
        {0x0a,0x98,0x9e,0xbc,0x4a,0x77,0xb5,0x6a,0x6e,0x2b,0xb7,0xb1,
         0x9d,0x99,0x5d,0x18,0x5c,0xe4,0x40,0x90,0xc1,0x3e,0x29,0x84,
         0xb7,0xec,0xc6,0xd4,0x46,0xd4,0xb6,0x1e,0xa9,0x99,0x1b,0x76,
         0xa4,0xc2,0xf0,0x4b,0x1b,0x4d,0x24,0x48,0x41,0x44,0x94,0x54,},
        {0xf9,0x32,0xb8,0x9b,0x67,0x8d,0xbd,0xdd,0xb5,0x55,0x80,0x77,
         0x03,0xb3,0xe4,0xff,0x99,0xd7,0x08,0x2c,0xc4,0x00,0x8d,0x3a,
         0x62,0x3f,0x40,0x36,0x1c,0xaa,0x24,0xf8,0xb5,0x3f,0x7b,0x11,
         0x2e,0xd4,0x6f,0x02,0x7f,0xf6,0x6e,0xf8,0x42,0xd2,0xd0,0x8c,},
        {0x4e,0x72,0xf4,0x07,0x66,0xcd,0x1b,0x2f,0x23,0x1b,0x9c,0x14,
         0x9a,0x40,0x04,0x6e,0xcc,0xc7,0x2d,0xa9,0x1d,0x5a,0x02,0x42,
         0xf6,0xab,0x49,0xfe,0xea,0x4e,0xfd,0x55,0x43,0x9b,0x7e,0xd7,
         0x82,0xe0,0x3d,0x69,0x0f,0xb9,0x78,0xc3,0xdb,0xce,0x91,0xc1,},
};

static const char *test_vectors[TEST_VEC_NUM] = {
    "123456",
    "0123456789abcdef0123456789abcdef0123456789abcdef0123456789abcdef0123456789a
bcdef0123456789abcdef0123456789abcdef0123456789abcdef",
    "0123456789abcdef0123456789abcdef0123456789abcdef0123456789abcdef0123456789a
bcdef0123456789abcdef0123456789abcdef0123456789abcdef123456",
};

static uint32_t vector_len[TEST_VEC_NUM] = { 6, 128, 134 };

int main()
{
    uint8_t output[64];
    unsigned int hashlen;
    uint32_t i = 0, j = 0;

    for (i = 0; i < TEST_VEC_NUM; i++) {
        sha384_hash((uint8_t*)test_vectors[i], vector_len[i], output,&hashlen);
        if (hashlen != 48)
        {
            printf("sha384_hash failed\n");
            return -1;
        }
        for (j = 0; j < 48; j++) {
            if (output[j] != sha384_res0[i][j]) {
                printf("SHA384 Test %d Failed\n", i);
                printf("hash should be %x, calu:%x\n", sha384_res0[i][j],
output[j]);
                break;
            }
```

```
        }
        if (j == 48) {
            printf("SHA384 Test %d Passed\n", i);
        }
    }
}
```

我们把要进行哈希运算的原始消息存放在test_vectors中，共存放3组消息。把这3组消息的理论SHA384结果值存放在sha384_res0中，以便最后比较生成的结果值，以此来验证结果的正确性。

把文件sha384.cpp、sha384.h和test.cpp上传到Linux系统，然后编译：

```
g++ *.cpp -o test -I/usr/local/mygmssl/include -L/usr/local/mygmssl/lib -lcrypto
```

此时生成可执行文件test，运行结果如下：

```
SHA384 Test 0 Passed
SHA384 Test 1 Passed
SHA384 Test 2 Passed
```

【例3.10】　基于GmSSL实现SHA512算法

（1）打开编辑器，新建一个名为sha512.cpp的C++源文件，然后输入如下代码：

```
#include "openssl/evp.h"
#include "sha512.h"

int sha512_hash(const unsigned char *message, size_t len, unsigned char *hash,
unsigned int *hash_len)
{
    EVP_MD_CTX *md_ctx;
    const EVP_MD *md;

    md = EVP_sha512();
    md_ctx = EVP_MD_CTX_new();
    EVP_DigestInit_ex(md_ctx, md, NULL);
    EVP_DigestUpdate(md_ctx, message, len);
    EVP_DigestFinal_ex(md_ctx, hash, hash_len);
    EVP_MD_CTX_free(md_ctx);
    return 0;
}
```

我们定义了一个名为sha512_hash的函数。该函数包含三个参数：message、len和hash。其中message是要进行哈希运算的源数据，len是源数据的长度，这两个参数都是输入参数。参数hash是输出参数，存放哈希运算的结果，对于SHA512算法，哈希结果的长度是64字节，因此参数hash要指向一个64字节的缓冲区，hash_len也是输出参数，存放哈希运算结果的长度。

其中，函数EVP_sha512表明要使用的哈希算法是SHA512。然后，我们调用函数EVP_MD_CTX_new来开辟SHA512算法所需的上下文数据结构的空间，并让指针md_ctx指向这块内存区域。接着，我们可以用哈希算法的三部曲（init-update-final）来完成哈希运算。这三部曲和前面我们自己实现的哈希512算法一样。其中，update可以多次调用，以实现多包哈希功能。最后，调用函数EVP_MD_CTX_free释放所占用的内存空间。

（2）在工程中新建一个名是sha512.h的头文件，然后输入如下代码：

```
#ifndef HEADER_C_FILE_SHA512_HASH_H
#define HEADER_C_FILE_SHA512_HASH_H
#include "stddef.h"
#ifdef __cplusplus
extern "C" {
#endif
    int sha512_hash(const unsigned char *message, size_t len, unsigned char
*hash, unsigned int *hash_len);
#ifdef __cplusplus
}
#endif
#endif
```

在该文件中，我们声明了一个函数sha512_hash，以方便其他程序调用。

（3）编写测试代码来具体调用sha512函数。打开test.cpp源文件，在其中输入如下代码：

```
#include "sha512.h"
#include <stdio.h>
#include <stdint.h>

#define TEST_VEC_NUM 3

static const uint8_t sha512_res0[TEST_VEC_NUM][64] = {
        {0xba,0x32,0x53,0x87,0x6a,0xed,0x6b,0xc2,0x2d,0x4a,0x6f,0xf5,
         0x3d,0x84,0x06,0xc6,0xad,0x86,0x41,0x95,0xed,0x14,0x4a,0xb5,
         0xc8,0x76,0x21,0xb6,0xc2,0x33,0xb5,0x48,0xba,0xea,0xe6,0x95,
         0x6d,0xf3,0x46,0xec,0x8c,0x17,0xf5,0xea,0x10,0xf3,0x5e,0xe3,
         0xcb,0xc5,0x14,0x79,0x7e,0xd7,0xdd,0xd3,0x14,0x54,0x64,0xe2,
         0xa0,0xba,0xb4,0x13},
        {0x45,0x1e,0x75,0x99,0x6b,0x89,0x39,0xbc,0x54,0x0b,0xe7,0x80,
         0xb3,0x3d,0x2e,0x5a,0xb2,0x0d,0x6e,0x2a,0x2b,0x89,0x44,0x2c,
         0x9b,0xfe,0x6b,0x47,0x97,0xf6,0x44,0x0d,0xac,0x65,0xc5,0x8b,
         0x6a,0xff,0x10,0xa2,0xca,0x34,0xc3,0x77,0x35,0x00,0x8d,0x67,
         0x10,0x37,0xfa,0x40,0x81,0xbf,0x56,0xb4,0xee,0x24,0x37,0x29,
         0xfa,0x5e,0x76,0x8e},
        {0x51,0x33,0x35,0xc0,0x7d,0x10,0xed,0x85,0xe7,0xdc,0x3c,0xa9,
         0xb9,0xf1,0x1a,0xe7,0x59,0x1e,0x5b,0x36,0xf9,0xb3,0x71,0xfb,
         0x66,0x21,0xb4,0xec,0x6f,0xc8,0x05,0x57,0xfe,0x1e,0x7b,0x9e,
         0x1c,0xc1,0x12,0x32,0xb0,0xb2,0xdd,0x92,0x1d,0x80,0x56,0xbf,
         0x09,0x7a,0x91,0xc3,0x6d,0xd7,0x28,0x46,0x71,0xfc,0x46,0x8e,
         0x06,0x17,0x49,0xf4},
};

static const char *test_vectors[TEST_VEC_NUM] = {
    "123456",
    "0123456789abcdef0123456789abcdef0123456789abcdef0123456789abcdef0123456789a
bcdef0123456789abcdef0123456789abcdef0123456789abcdef",
    "0123456789abcdef0123456789abcdef0123456789abcdef0123456789abcdef0123456789a
bcdef0123456789abcdef0123456789abcdef0123456789abcdef123456",
};
```

```
static uint32_t vector_len[TEST_VEC_NUM] = { 6, 128, 134 };

int main()
{
    uint8_t output[64];
    uint32_t i = 0, j = 0;
    unsigned int hashlen;

    for (i = 0; i < TEST_VEC_NUM; i++) {
        sha512_hash((uint8_t*)test_vectors[i], vector_len[i], output,&hashlen);
        if (hashlen != 64)
        {
            puts("sha512_hash failed");
            return -1;
        }
        for (j = 0; j < 64; j++) {
            if (output[j] != sha512_res0[i][j]) {
                printf("SHA512 Test %d Failed\n", i);
                printf("hash should be %x, calu:%x\n", sha512_res0[i][j],
output[j]);
                break;
            }
        }
        if (j == 64) {
            printf("SHA512 Test %d Passed\n", i);
        }
    }
}
```

我们把要进行运算的原始消息存放在test_vectors中，共存放3组消息。把这3组消息的理论SHA512结果值存放在sha512_res0中，以便最后比较生成的结果值，以此来验证结果的正确性。

上传文件sha512.cpp、sha512.h和test.cpp到Linux系统，然后编译：

```
g++ *.cpp -o test -I/usr/local/mygmssl/include -L/usr/local/mygmssl/lib -lcrypto
```

此时生成可执行文件test，运行结果如下：

```
SHA384 Test 0 Passed
SHA384 Test 1 Passed
SHA384 Test 2 Passed
```

为了照顾喜欢OpenSSL 1.0.2m的朋友，下面利用OpenSSL 1.0.2m版本实现SHA512算法。因为主要过程和上例相似，所以有些重复的地方就不再详述了。

【例3.11】   基于OpenSSL1.0.2m实现SHA512算法

（1）打开编辑器，新建一个名为sha512.cpp的C++源文件，然后输入如下代码：

```
#include "openssl/evp.h"
#include "sha256.h"

int sha256_hash(const unsigned char *message, size_t len, unsigned char *hash,
unsigned int *hash_len)
{
```

```
    EVP_MD_CTX *md_ctx;
    const EVP_MD *md;

    md = EVP_sha512();
    md_ctx = EVP_MD_CTX_create();
    EVP_DigestInit_ex(md_ctx, md, NULL);
    EVP_DigestUpdate(md_ctx, message, len);
    EVP_DigestFinal_ex(md_ctx, hash, hash_len);
    EVP_MD_CTX_destroy(md_ctx);
    return 0;
}
```

我们定义了一个名为sha512_hash的函数。该函数包含三个参数：message、len和hash。其中，参数message是要进行哈希运算的源数据，len是源数据的长度，这两个参数都是输入参数。参数hash是输出参数，用于存放哈希运算的结果，对于SHA512算法，哈希结果的长度是64字节，因此参数hash要指向一个64字节的缓冲区，hash_len也是输出参数，用于存放哈希运算结果的长度。

其中函数EVP_sha512表明要使用的哈希算法是SHA512。然后，调用库函数EVP_MD_CTX_create来开辟SHA512算法所需的上下文数据结构的空间，并让指针md_ctx指向这块内存区域。接着，我们就可以用哈希算法的三部曲（init-update-final）来完成哈希运算，这三部曲和前面我们自己实现的SHA512算法一样。其中，update可以多次调用，以实现多包哈希功能。最后，调用函数EVP_MD_CTX_destroy释放上下文空间，需要注意的是，EVP_MD_CTX_destroy必须和EVP_MD_CTX_create配套使用。

（2）在工程中新建一个名为sha512.h的头文件，然后输入如下代码：

```
#ifndef HEADER_C_FILE_SHA512_HASH_H
#define HEADER_C_FILE_SHA512_HASH_H
#include <stddef.h>
#ifdef __cplusplus
extern "C" {
#endif
    int sha512_hash(const unsigned char *message, size_t len, unsigned char
*hash, unsigned int *hash_len);
#ifdef __cplusplus
}
#endif
#endif
```

在该文件中，我们声明了一个函数sha256_hash，以方便其他程序调用。

（3）编写测试代码。测试代码和上例一样，把上例test.cpp中的内容复制到本例的test.cpp中即可，这里不再赘述。然后编译：

```
gcc *.cpp -o test -lcrypto
```

此时生成可执行文件test，运行结果如下：

```
SHA512 Test 0 Passed
SHA512 Test 1 Passed
SHA512 Test 2 Passed
```

如果需要基于OpenSSL 1.0.2m实现SHA384算法，只需要把SHA256_hash函数中的

"EVP_sha512();"改为"EVP_sha384();"，然后修改test.cpp文件（利用例3.9的test.cpp复制一份）即可。限于篇幅，这里不再赘述，相信读者参考本例能自己实现，因为实现过程相似。

3.5 更通用的基于 OpenSSL 的哈希运算

使用OpenSSL算法库进行哈希运算在实际应用开发中经常会用到。在前面介绍哈希算法时，我们也用到了OpenSSL提供的哈希运算函数，但这些函数基本上都是针对某种特定的哈希算法。除此之外，OpenSSL还提供了更加通用的哈希函数接口，即OpenSSL的EVP封装。

OpenSSL EVP（高级密码学函数）提供了丰富的密码学函数。包括各种对称算法、摘要算法以及签名/验签算法。EVP函数将这些具体的算法进行了封装，这些函数的声明包含在evp.h中，这是一系列封装了OpenSSL加密库里的所有算法的函数。通过这样的统一封装，只需要在初始化参数时做很少的改变，就可以使用相同的代码但采用不同的加密算法进行数据的加密和解密。

EVP系列函数主要封装了加密、摘要、编码三大类型的算法。在使用这些算法之前，需要调用OpenSSL_add_all_algorithms函数。其中，加密算法与摘要算法是基础，公开密钥算法采用对称算法对数据加密，采用非对称算法对密钥进行加密（公钥加密，私钥解密）。数字签名采用非对称算法（私钥签名，公钥认证）。

在OpenSSL 1.0.2m中，常用的哈希函数包括EVP_MD_CTX_create、EVP_MD_CTX_destroy、EVP_DigestInit_ex、EVP_DigestUpdate、EVP_DigestFinal ex和EVP_Digest。其中，函数EVP_MD_CTX_create用于创建摘要上下文结构体并进行初始化，当不再需要使用摘要上下文结构体时，需要用EVP_MD_CTX_destroy来销毁。EVP_DigestInit_ex、EVP_DigestUpdate和EVP_Digest_Final_ex用于计算不定长消息摘要（也就是用于多包哈希运算）。EVP_Digest用于计算长度比较短的消息摘要（也就是用于单包哈希运算）。

值得注意的是，这些函数在使用时都需要包含头文件#include <openssl/evp.h>。

3.5.1 获取摘要算法的函数EVP_get_digestbyname

根据字串获取摘要算法（EVP_MD），该函数查询摘要算法哈希表，返回值可以传给其他哈希函数使用。该函数声明如下：

```
const EVP_MD *EVP_get_digestbyname(const char *name);
```

其中，name指向一个字符串，表示哈希算法名称，如SHA256、SHA384、SHA512等。如果函数执行成功，则返回哈希算法的EVP_MD结构体指针，以供后续函数使用；如果函数执行失败，则返回NULL。

3.5.2 创建结构体并初始化的函数EVP_MD_CTX_create

这个函数内部会分配结构体所需的内存空间，然后进行初始化，并返回摘要上下文结构体指针。而EVP_MD_CTX_init只负责初始化已经分配好内存空间的结构体，因此需要在函数外部定义好结构体。

函数EVP_MD_CTX_create声明如下：

```
EVP_MD_CTX *EVP_MD_CTX_create();
```

该函数返回已经初始化的摘要上下文结构体指针。摘要上下文结构体EVP_MD_CTX定义如下：

```
struct env_md_ctx_st {
  const EVP_MD *digest;
  ENGINE *engine;      /* 如果"摘要"是由ENGINE提供的，则返回函数的引用 */
  unsigned long flags;
  void *md_data;
  /* 用于签名、验证的公钥上下文 */
  EVP_PKEY_CTX *pctx;
  /* Update函数：通常从EVP_MD复制而来 */
  int (*update) (EVP_MD_CTX *ctx, const void *data, size_t count);
} /* EVP_MD_CTX */ ;
```

该结构体是在OpenSSL1.0.2m\Crypto\evp.h中定义的，然后在OpenSSL1.0.2m\Crypto\ossl_typ.h中定义了以下宏：

```
typedef struct env_md_ctx_st EVP_MD_CTX;
```

需要注意的是，因为结构体是在函数内部创建的，所以不再需要使用上下文结构体时，就要调用函数EVP_MD_CTX_destroy来销毁该结构体。

3.5.3 销毁摘要上下文结构体的函数EVP_MD_CTX_destroy

当不再需要使用摘要上下文结构体时，需要调用函数EVP_MD_CTX_destroy来销毁该结构体。该函数声明如下：

```
void EVP_MD_CTX_destroy(EVP_MD_CTX *ctx);
```

其中参数ctx是指向摘要上下文结构体的指针，它必须已经分配了空间并初始化过，即必须已经调用EVP_MD_CTX_create。EVP_MD_CTX_destroy和EVP_MD_CTX_create通常是成对使用的。

3.5.4 摘要初始化的函数EVP_DigestInit_ex

该函数用来设置摘要算法、算法引擎等。它要在EVP_DigestUpdate之前调用。该函数声明如下：

```
int EVP_DigestInit_ex(EVP_MD_CTX *ctx, const EVP_MD *type, ENGINE *impl);
```

其中参数ctx[in]指向摘要上下文结构体，该结构体必须已经初始化过；type表示所使用的摘要算法，算法用EVP_MD结构体来表示，type指向这个结构体，该结构体地址可以用如表3-6所示的函数返回来获取。

表 3-6 摘要算法函数

摘要算法函数	说　明
const EVP_MD *EVP_md2(void);	返回MD2摘要算法
const EVP_MD *EVP_md4(void);	返回MD4摘要算法
const EVP_MD *EVP_sha1(void);	返回SHA1摘要算法

（续表）

摘要算法函数	说　　明
const EVP_MD *EVP_sha256(void);	返回SHA256摘要算法
const EVP_MD *EVP_sha384(void);	返回SHA384摘要算法
const EVP_MD *EVP_sha512(void);	返回SHA512摘要算法

也可以调用函数EVP_get_digestbyname来获取，参数impl是指向ENGINE*类型的指针，它表示摘要算法所使用的引擎。应用程序可以使用自定义的算法引擎，如硬件摘要算法等。如果此参数为NULL，则使用默认引擎。如果函数执行成功，则返回1，否则返回0。

3.5.5　摘要Update的函数EVP_DigestUpdate

这是摘要算法的第2步调用的函数，可以被多次调用，这样就可以处理大数据了。该函数声明如下：

```
int EVP_DigestUpdate(EVP_MD_CTX *ctx, const void *d, size_t cnt);
```

其中参数ctx[in]指向摘要上下文结构体，该结构体必须已经初始化过；d指向要进行摘要计算的源数据的缓冲区；cnt表示要进行摘要计算的源数据的长度，单位是字节。如果函数执行成功，则返回1，否则返回0。

3.5.6　摘要Final的函数EVP_Digest_Final_ex

这是摘要算法的第3步要调用的函数，也是最后一步调用的函数，该函数只能调用一次，而且只能在最后调用。调用完该函数，哈希结果也就出来了。该函数声明如下：

```
int EVP_DigestFinal_ex(EVP_MD_CTX *ctx, unsigned char *md, unsigned int *s);
```

其中参数ctx[in]指向摘要上下文结构体，该结构体必须已经初始化过；md[out]存放输出的哈希结果，对于不同哈希算法，哈希结果的长度不同，因此md所指向的缓冲区长度要注意不要开辟小了；s[out]指向整型变量的地址，该变量存放输出哈希结果的长度。如果函数执行成功，则返回1，否则返回0。

3.5.7　单包摘要计算的函数EVP_Digest

该函数独立使用，输入要进行摘要计算的源数据，直接输出哈希结果。该函数适用于小长度的数据，它的声明如下：

```
int EVP_Digest(const void *data, size_t count,unsigned char *md, unsigned int
*size, const EVP_MD *type,ENGINE *impl);
```

其中，参数data[in]指向要进行摘要计算的源数据的缓冲区；count[in]表示要进行摘要计算的源数据的长度，单位是字节；md[out]存放输出的哈希结果，对于不同的哈希算法，哈希结果的长度不同，因此md所指向的缓冲区长度要注意不要开辟小了；size[out]指向整型变量的地址，该变量存放输出哈希结果的长度；type表示所使用的摘要算法，算法用EVP_MD结构体来表示，type指向这个结构体，该结构体的地址可以用如表3-7所示的函数返回来获取。

表 3-7　常用摘要算法函数

常用的摘要算法函数	说　　明
const EVP_MD *EVP_md2(void);	返回MD2摘要算法
const EVP_MD *EVP_md4(void);	返回MD4摘要算法
const EVP_MD *EVP_sha1(void);	返回SHA1摘要算法
const EVP_MD *EVP_sha256(void);	返回SHA256摘要算法
const EVP_MD *EVP_sha384(void);	返回SHA384摘要算法
const EVP_MD *EVP_sha512(void),	返回SHA512摘要算法

参数impl是指向ENGINE*类型的指针，它表示摘要算法所使用的引擎。应用程序可以使用自定义的算法引擎，如硬件摘要算法等，如果此参数为NULL，则使用默认引擎。如果函数执行成功，则返回1，否则返回0。

【例3.12】　基于OpenSSL EVP的多Update的哈希运算

（1）新建一个控制台工程，工程名是test。

（2）打开test.cpp源文件，并输入如下代码：

```
#include "openssl/evp.h"
#include <stdio.h>
#include <openssl/evp.h>
#include <string.h>

int main(int argc, char *argv[])
{
    EVP_MD_CTX mdctx;
    const EVP_MD *md;
    char mess1[] = "Test Message\n";            // 第1次update的消息
    char mess2[] = "Hello World\n";             // 第2次update的消息
    unsigned char md_value[EVP_MAX_MD_SIZE];
    unsigned int md_len, i;

    OpenSSL_add_all_digests();          // 该函数要第一个调用，其功能是加载所有密码摘要函数
    md = EVP_get_digestbyname("sha512");    // 如果要改为其他哈希算法，只需要替换字符串

    if (!md) {
        printf("Unknown message digest %s\n", argv[1]);
        exit(1);
    }
    // 开始哈希运算
    EVP_MD_CTX_init(&mdctx);
    EVP_DigestInit_ex(&mdctx, md, NULL);
    EVP_DigestUpdate(&mdctx, mess1, strlen(mess1));   // update连续两次调用
    EVP_DigestUpdate(&mdctx, mess2, strlen(mess2));
    EVP_DigestFinal_ex(&mdctx, md_value, &md_len);
    EVP_MD_CTX_cleanup(&mdctx);
    // 输出结果
    printf("Digest is(len=%d): ",md_len);
for (i = 0; i < md_len; i++)
    {
```

```
        if (i % 16 == 0) printf("\n");
        else printf("%02x", md_value[i]);
    }
    printf("\n");
    return 0;
}
```

在上述代码中，我们计算了SHA512算法，如果要更换为其他哈希算法，那么只需更改函数 EVP_get_digestbyname 的 参 数 即 可 。 此 外 ， 还 演 示 了 多 包 哈 希 的 调 用 （ 调 用 了 两 次 EVP_DigestUpdate）。多包哈希在很多场合都会用到，比单包哈希使用得更加广泛。最后输出哈希结果，输出时每16字节进行换行，这样看起来整齐一些。

（3）把test.cpp上传到Linux系统，然后编译：

```
gcc test.cpp -o test -lcrypto
```

此时生成可执行文件test，运行结果如下：

```
Digest is(len=64):
c37e0208be19c45906c47bbf09dc07
b9e8614759dd3f85ebe39c1b1e1fcd
804e36ee0be3cf3d3b57d9f28845de
2b641937bbadaf98becacdb0572498
```

第 **4** 章

非对称算法**RSA**的加解密

　　根据加密密钥和解密密钥是否相同或者本质上等同，现有的加密体制可分为两种：一种是单钥加密体制（也叫对称加密密码体制），即从其中一个容易推出另一个，其典型代表是中国的SM4算法和美国的数据加密标准DES（Data Encryption Standard）；另一种是公钥密码体制（也叫非对称加密密码体制），其典型代表是RSA密码体制，其他比较重要的还有McEliece算法、Merkle-Hellman背包算法、椭圆曲线密码算法和ElGamal算法等。

4.1　非对称密码体制概述

　　对称密码体制的特点是加密密钥与解密密钥相同或者很容易从加密密钥推导出解密密钥。在对称密码体制中，加密密钥的泄露会使系统变得不安全。对称密码系统存在一个严重缺陷，即在任何密文传输之前，发送者和接收者都必须通过安全信道预先商定和传送密钥。然而，在实际的通信网中，通信双方很难确保建立一个安全的通道。

　　公钥密码体制由Diffie和Hellman首先引入，克服了对称密码体制的缺点。它是密码学研究中的一项重大突破，也是现代密码学诞生的标志之一。在公钥密码体制中，解密密钥和加密密钥不同，且难以相互计算出彼此，解密运算和加密运算可以分离，通信双方无需事先交换密钥就可以建立起保密通信。公钥密码体制克服了对称密码体制的缺点，特别适合进行计算机网络中的多用户通信，大大减少了多用户通信所需的密钥量，节省了系统资源，并便于密钥管理。1978年，Rivest、Shamir和Adleman提出了第一个比较完善的公钥密码算法，即著名的RSA算法。从那时起，人们基于不同的计算问题提出了大量的公钥密码算法，比较重要的有RSA算法、Merkle-Hellman背包算法、McEliece算法、ElGamal算法、椭圆曲线密码算法ECC和国产SM2算法等。

　　非对称加密为数据的加密与解密提供了一个非常安全的方法，它使用了一对密钥，即公钥（Public Key）和私钥（Private Key）。私钥只能由一方安全保管，不能向外泄露，而公钥则可以发给任何请求它的人。非对称加密使用这对密钥中的一个进行加密，而解密则需要使用另一个密钥。比如，当你向银行请求公钥，银行将公钥发给你，你使用公钥对消息加密，那么只有私钥的持有人——银行才能对你的消息解密。与对称加密不同的是，银行不需要将私钥通过网络发送出去，因此安全性大大提高。

非对称加密算法的优点是安全性更高，公钥是公开的，私钥是自己保存的，不需要将私钥给别人，因此提供了更高的安全性。然而，非对称加密算法的缺点是加密和解密花费时间长、速度慢，只适合对少量数据进行加密。与非对称加密算法相比，对称加密算法加解密的效率要高得多，但是缺陷在于对于密钥的管理上，在非安全信道中通信时，密钥交换的安全性无法得到保障。所以在实际的网络环境中会将对称加密算法和非对称加密算法两者相互配合来使用。

设计公钥密码体制的关键是先要寻找一个合适的单向函数，大多数的公钥密码体制都是基于单向函数求逆的困难性建立的。例如，RSA体制就是典型的基于单向函数模型实现的。这类密码的强度取决于它所依据的问题的计算复杂性。值得注意的是，公钥密码体制的安全性是指计算安全性，而绝不是无条件安全性，这是由它的安全性理论基础（复杂性理论）决定的。

单向函数在密码学中起到中心的作用。它对于公钥密码体制构造的研究至关重要。虽然目前许多函数（包括RSA算法的加密函数）被认为或被相信是单向的，但目前还没有一个函数能被证明是单向的。

目前已经问世的公钥密码算法主要有三大类，下面一一介绍：

第一类公钥密码算法是基于有限域范围内计算离散对数的难度而提出的算法。世界上第一个公钥算法Diffie-Hellman算法就属于此类，它用于在不安全的信道上安全地协商密钥（密钥分发），但不能用于加密解密信息。此外，比较著名的还有ElGamal算法和1991年NIST提出的数字签名算法（Digital Signature Algorithm，DSA）。

第二类公钥密码算法是20世纪90年代后期才得到重视的椭圆曲线密码体制。1985年，美国华盛顿（Washington）大学的Neal Koblitz和IBM Watson研究中心的Victor Miller各自独立地提出：一个称为椭圆曲线的不引人注目的数学分支，可以用于实现公钥密码学。尽管他们没有设计出用椭圆曲线的新的密码算法，但他们在有限域上用椭圆曲线实现了已有的公钥算法，如Diffie-Heuman、ElGamal和Schnor算法等。

第三类公钥密码算法是RSA公钥密码算法。1977年，麻省理工学院（MIT）的R.L.Rivest、A.Shamir和L.M.Adleman教授对Diffie和Hellman的公钥密码学思想进行了深入的研究，开发出了一个能够真正加密数据的算法。1978年，用他们三个人的名字的首字母命名的RSA算法问世。Whitfield Diffie和Martin Hellman提供的ME背包算法于1984年被破译，失去了实际意义，在这种情况下，RSA算法成为真正有生命力的公开密钥加密系统算法，也是第一个既能用于数据加密又能用于数字签名的算法，在过去提出的所有公钥算法中，RSA算法是最易理解和实现的，也是最流行的，自提出后已经经过了多年的广泛应用和相应的密码分析，至今没有发现有严重的安全缺陷，并在现代密码学中发挥着极其重要的作用。

另外，还有由R. Merkle和Hellman设计出的第一个广义的公钥加密算法——背包算法、Rabin算法、细胞自动机算法等许多算法。1988年，Diffie总结了已经出现的所有公钥密码算法，指出大多数公钥算法都基于3个问题：背包问题、离散对数问题和因子分解问题。因此，公钥密码学的数学基础是相当狭窄的，设计出全新的公钥密码算法的难度非常大，无论是数学上对因子分解的突破，还是计算离散对数问题的突破，都有可能使现在看起来安全的所有公钥算法变得不安全。因此，公钥密码算法的安全性是建立在复杂性理论假设之上的，需要密切关注密码学研究的最新进展。

4.2　RSA 概述

由于RSA算法具有完善的数据加密和数字签名功能、良好的安全性、易于实现和理解等特点，因此它已成为一种应用极广的公钥密码体制，也是目前世界上唯一被广泛使用的公钥密码算法。随着RSA算法在广泛应用中的不断完善和安全性逐渐得到证明，人们越发对RSA算法偏爱有加，并提出了许多基于RSA的加强或变形公钥密码体制。根据不同的应用需要，人们基于RSA算法开发了大量的加密方案与产品。例如，Internet所采用的电子邮件安全协议（Pretty Good Privacy，PGP）将RSA作为传送会话密钥和数字签名的标准算法。

RSA算法的安全性基于大数分解问题的难度，该算法使用一对大素数（通常是100～200位的十进制数或更大）来生成公钥和私钥。从一个公钥和密文恢复出明文的难度等价于分解两个大素数之积，这是当前公认的数学难题。因此，只要生成足够长的密钥，RSA算法就可以提供非常高的安全性，保护通信和数据的机密性和完整性。

4.3　RSA 的数学基础

理解RSA算法并不容易，因为它涉及很多基础的数学概念。为了能够深入理解RSA算法，我们需要先打好数学基础，熟悉这些数学概念。当然，数学基础好的读者可以略过本节。

4.3.1　素数

素数，又称质数，是指在大于1的自然数中，只能被1和本身整除的整数。例如，2是一个素数，它只能被1和2整除；3也是。8不是素数，因为它还可以被2或4整除；13是素数，它只能被1和13整除。以此类推，5、7、11、13、17、23等都是素数，4、6、8、10、12、14、16等不是素数。可以发现，2以上的素数必定是奇数，因为2以上所有的偶数都可以被2整除，所以不是素数。

素数具有许多特殊性质，在数论和密码学等领域中举足轻重。按顺序，以下是一个小素数序列：

2，3，5，6，11，13，17，19，23，29，31，37，41，43，47，53，59，…

合数是指在大于1的整数中除了能被1和本身整除外，还能被其他数（0除外）整除的数。例如，4是合数，而且是最小的合数。整数1被称为基数，它既不是质数，也不是合数。类似地，整数0和所有负整数既不是素数，也不是合数。

亚里士多德和欧拉已经用反证法非常漂亮地证明了素数有无穷多个。

4.3.2　素性检测

常用的素数表通常只有几千个素数，这显然无法满足密码学的要求，因为密码体制往往建立在极大的素数基础上。所以我们要为特定的密码体制临时计算符合要求的素数。这就牵涉到素性检测的问题。

判断一个整数是不是素数的过程叫素性检测。目前还没有一个简单有效的办法来确定一个大数是不是素数。理论上常用的方法有：

（1）Wilson定理：若 $(n-1)! = -1(\bmod\ n)$，则n为素数。

（2）穷举检测：若 $\sqrt{n}$ 不为整数，且n不能被任何小于 $\sqrt{n}$ 的正整数整除，则n为素数。

但是这些理论上的方法在n很大时，计算量非常大，不适合在密码学中使用。现在常用的素性检测方法是数学家Solovay和Strassen提出的概率算法，即在某个区间上能经受住某个概率检测的整数，就认为它是素数。

因子分解问题是一个NP难解问题。如果n为200位的十进制数，那么对n进行素数因子分解可能需要花费几十亿年的时间。因此，现代密码体制大都是建立在大数的因子分解的困难性基础上。

4.3.3　倍数

一个整数能够被另一个整数整除，那么这个整数就是另一个整数的倍数。例如，15能够被3或5整除，15就是3的倍数，也是5的倍数。

一个数除以另一个数所得的值叫作商。例如，A÷B=C，就可以说A是B的C倍。注意，倍数不是商，商只能用于表示一个数包含了多少个另一个数。

一个数的倍数有无数个，也就是说一个数的倍数的集合为无限集。注意：不能把一个数单独叫作倍数，只能说一个数是另外一个数的倍数。

4.3.4　约数

约数又称因数或因子。整数a除以整数b（b≠0）所得的商正好是整数且没有余数，我们就说a能被b整除，或b能整除a。a称为b的倍数，b称为a的约数。

4.3.5　互质数

如果两个整数a与b仅有公因数1，即如果gcd(a, b)=1，则a与b称为互质数。例如，8和25是互质数，因为8的约数为1、2、4、8，而15的约数为1、3、5、15。

对于任意整数a、b和p，如果gcd(a, p)=1且gcd(b, p)=1，则gcd(ab, p)=1。这说明如果两个整数中每一个数都与一个整数p互为质数，则它们的积与p互为质数。

如果两个正整数分别表示为素数的乘积，则很容易确定它们的最大公约数。例如，$300=2^2 \times 3 \times 5^2$，$18=2 \times 3^2$，$gcd(18, 300)=2 \times 3 \times 5^0=6$。

确定一个大数的素数因子是不容易的，在实践中通常采用Euclidean和扩展的Euclidean算法来寻找最大公约数和各自的乘法逆元。

对于整数$n_1, n_2, \cdots, n_k$，如果对任何i≠j，都有gcd(n_i, n_j)=1，则说整数$n_1, n_2, \cdots, n_j$两两互质。

4.3.6　质因子

质因子（又称质因数）就是一个数的约数，并且是质数。例如8=2×2×2，2就是8的质因数；12=2×2×3，2和3就是12的质因数。

4.3.7　强素数

在密码学中，一个素数在满足下列条件时被称为强素数：

（1）p 必须是很大的数。

（2）p-1 有很大的质因子，或者说，p-1 有一个大素数因子。我们把这个大素数因子记为 r，那么存在某个整数 a，且有 p-1=a×r。

（3）有很大的质因子。也就是说，对于某个整数 a2 以及大素数 q2，有 q1=a2×q2+1。

（4）p+1 有很大的质因子。也就是说，对于某个整数 a3 以及大素数 q3，有 p=a3×q3-1。

有的时候，当一个素数只满足上面一部分条件时，我们也称它是强素数。而有的时候，则要求加入更多的条件。

或者也可以这样判定：一个十进制形式的 n 位的素数，如果最左边一位数为素数，最左边两位数为素数，以此类推，最左边 n-1 位也为素数，则称该素数为强素数。

例如，3119 为强素数，因为 3119 是素数，而 3、31、311 也是素数。

4.3.8　因子

假如整数 a 除以 b 结果是无余数的整数，我们就称 b 是 a 的因子。需要注意的是，唯有被除数、除数、商皆为整数，余数为零时，此关系才成立。因子不限正负，包括 1 但不包括本身。比如 10 的因子是 1、2、5，因为 10 可以整除 1，也可以整除 2 或 5；7 只有一个因子 1；4 有两个因子：1 和 2。

4.3.9　模运算

模运算也称取模运算。例如，对于两个整数 a 和 b，取 a 除以 b 所得的余数作为结果，就叫取模运算，记为 a%b 或 a mod b。例如，10 mod 3=1，26 mod 6=2，28 mod 2 =0，等等。

已知一个整数 n，所有整数都可以划分为 n 的倍数的整数和不是 n 的倍数的整数两类。对于不是 n 的倍数的那些整数，我们又可以根据它们除以 n 所得的余数来进行分类，这种划分方式是数论中的基础概念之一。

模运算也称时钟运算。比如某人 10 点到达，但他迟到了 13 个小时，则 (10+13) mod 12=11，或者写成 10+13=11(mod 12)。

对于任意整数 a 和任意正整数 n，存在唯一的整数 q 和 r，满足 0<r≤n，并且 a=n×q+r，值 q= ⌊a/n⌋ 称为除法的商，其中向下取整的运算称为 Floor，用数学符号 ⌊⌋ 表示，比如 ⌊x⌋ 表示小于或等于 x 的最大整数。值 r=a mod n 称为除法的余数，因此，对于任一整数，可表示为：

a=⌊a/n⌋×n+(a mod n) 或者　a mod n = a-⌊a/n⌋×n

比如，a=1，n=7，11=1×7+4，r=4，11 mod 7=4。

如果 (a mod n)=(b mod n)，则称整数 a 和 b 模 n 同余，记作 a≡b mod n。比如，73≡4 mod 23。

模运算符具有如下性质：

（1）若 n|ab，则 a≡b mod n。

（2）(a mod n)=(b mod n) 等价于 a≡b mod n。

（3）a≡b mod n等价于b≡a mod n。

（4）若a≡b mod n且b≡c mod n，则a≡b mod n。

4.3.10　模运算的操作与性质

从模运算的基本概念可以看出，模n运算将所有整数映射到整数集合{0, 1, …, (n−1)}，在这个集合内进行的算术运算就是所谓的模运算。模算术类似于普通算术，它也满足交换律、结合律和分配律：

（1）[(a mod n)＋(b mod n)] mod n=(a＋b) mod n。

（2）[(a mod n)−(b mod n)]mod n=(a−b)mod n。

（3）[(a mod n)×(b mod n)]mod n=(a×b)mod n。

指数运算可看作是多次重复的乘法运算。例如，为了计算11^7mod13，可按如下方法进行：

11^2≡121≡4mod13

11^4≡4^2≡3mod13

11^7≡11×4×3≡132≡2mod13

所以说，化简每一个模n的中间结果与整个运算求模再化简模n的结果是一样的。

4.3.11　单向函数

单向函数（One-way Function）的概念是公开密钥密码学的核心之一。尽管它本身并不是一个协议，但它是重要的理论基础，对于很多协议来说，它是一个重要的基本结构模块。单向函数顺向计算起来非常容易，但求逆却非常困难。也就是说，已知x，我们很容易计算出f(x)。但已知f(x)，却很难计算出x。这里的"难"定义为，即使世界上所有的计算机都参与计算，从f(x)计算出x也要花费数百万年的时间。

用一个现实生活中的例子帮助读者理解单向函数的概念：打碎碗碟就是一个很好的例子。我们可以很容易将一个完整的碗碟打碎成几块或者数十块碎片，但是要把这些碎片重新再拼回一个完整无缺的碗碟却是一件非常困难的事情。

如果按照严格的数学定义，目前并没有完美地证明单向函数的存在，同时也没有实际的证据能够构造出单向函数。虽然如此，仍然有很多函数看起来像单向函数，我们可以有效地使用它们，但却没有有效的方法能够容易地求出它们的逆。比如，在有限域中计算x的平方很容易，但计算x的根则难得多。

现在想想，单向函数有什么好处，可以用于加密吗？结论是单向函数一般不用于加密，因为用单向函数进行加密往往是不行的（因为没有人能破解它）。

用上述现实生活中的例子进行说明：假设你要向朋友传递一则信息，你将信息写在了一个盘子上，然后将盘子摔成无数的碎片，并将这些碎片寄给朋友，要求朋友读取你在盘子上写的信息。这是不是一件十分滑稽的事情？因为朋友无法轻松地将这些碎片重新拼成完整的盘子。

单向函数是不是就没有意义了呢？事实当然不是这样，单向函数在密码学领域发挥着非常重要的作用，它是很多应用的理论基础。

Massey称这种困难性为视在困难性（Apparent Difficulty），相应的函数被称为视在单向函数，以此来和本质上（Essentially）的困难性相区分。单向函数是贯穿整个公钥密码体制的一个核心概念，它在密码学的常见应用如下：

（1）一个简单的应用就是口令保护。我们熟知的口令保护方法是用对称加密算法进行加密。然而，对称算法加密一是必须有密钥，二是该密钥对验证口令的系统必须是可知的，因此意味着验证口令的系统总是可以获取口令的明文。这样在口令的使用者与验证口令的系统之间存在严重的信息不对称。我们可以使用单向函数对口令进行保护来解决这一问题。比如，系统方只存放口令经单向函数运算得出的函数值，而验证则是重新计算用户输入口令的函数值，然后和系统中之前存放的函数值进行比对。如果匹配成功，则验证通过。动态口令认证机制很多都是基于单向函数的原理进行设计的。

（2）另一个单向函数的应用是大家熟知的用于数字签名时产生信息摘要的单向散列函数。由于公钥密码体制的运算量往往较大，为了避免对待签文件进行全文签名，一般在签名运算前使用单向散列算法对签名文件进行摘要处理，将待签文件压缩成一个分组之内的定长位串，以提高签名的效率。MD5和SHA-1就是两个曾被广泛使用的、具有单向函数性质的摘要算法。

4.3.12　费马定理和欧拉定理

费马定理和欧拉定理在公钥密码学中有重要的作用。

费马定理：如果p是素数，a是不能被p整除的正整数，则：

$$a^{p-1} \equiv 1 \bmod p$$

费马定理还有另一种等价形式：如果p是素数，a是任意正整数，则：

$$a^p = a \bmod p$$

欧拉定理：对于任何互质的整数a和n，有：

$$a^{\phi(n)} \equiv 1 \ (\bmod\ n)$$

欧拉定理也有一种等价形式：

$$a^{\phi(n)+1} \equiv a \bmod n$$

费马定理和欧拉定理及其推论在证明RSA算法的有效性时非常有用。给定两个素数：p和q，以及整数n=pq和m，其中0<m<n，则：

$$a^{\phi(n)+1} \equiv m^{(p-1)(q-1)} \equiv m \bmod n$$

4.3.13　幂

幂（Power）是指乘方运算的结果。a^b表示b个a相乘。把a^b看作乘方的结果，叫作a的b次幂。a称为底数，b称为指数。在编程语言或电子邮件中，通常写成n^m或n**m。

4.3.14　模幂运算

模幂运算就是先做求幂的运算，取其结果后再做模运算。

4.3.15　同余符号≡

≡是数论中表示同余的符号（注意，这个不是恒等号）。在公式中，≡符号的左边必须和符号的右边同余，也就是两边模运算的结果相同。

同余的定义是这样的：

给定一个正整数n，如果两个整数a和b满足a−b能被n整除，即(a−b) mod n=0，就称整数a与b对模n同余，记作a≡b(mod n)，同时a mod n=b成立。相当于a被n整除，余数等于b。

比如，d×e≡1 mod 96，其中e=11，求d的值。

解答：

96=3×32

观察可知：

3×11=1(mod 32)
2×11=1(mod 3)

所以d=3(mod 32)，d=2(mod 3)
设d=32n+3，则32n+3=2n (mod 3)，n=1，d=35
所以d＝35 mod 96
再次提醒读者注意，同余与模运算是不同的，a≡b(mod m)仅可推出b=a mod m。

4.3.16　欧拉函数

欧拉函数本身需要一系列复杂的推导，这里仅介绍对认识RSA算法有帮助的部分。任意给定正整数n，计算在小于或等于n的正整数中，有多少个与n构成互质关系。计算这个值的方法就叫作欧拉函数，以$\phi(n)$表示。例如，在1～8中，与8形成互质关系的是1、3、5、7，所以$\phi(n)$=4。

在RSA算法中，我们需要明白欧拉函数对以下定理成立：

如果n可以分解成两个互质的整数之积，即n=p×q，则有$\phi(n)=\phi(pq)=\phi(p)\phi(q)$。

根据"大数是质数的两个数一定是互质数"可知：

一个数如果是质数，则小于它的所有正整数与它都是互质数。

所以如果一个数p是质数，则有$\phi(p)=p-1$。

由上可知，若我们知道一个数n可以分解为两个质数p和q的乘积，则有$\phi(n)=(p-1)(q-1)$。

4.3.17　最大公约数

所谓求整数a、b的最大公约数，就是求同时满足a%c=0、b%c=0的最大正整数c，即求能够同时整除a和b的最大正整数c。最大公约数表示成gcd(a, b)。例如，gcd(24, 30)=6，gcd(5, 7)=1。注意：如果a、b为负数，则要先求出a和b的绝对值，再求最大公约数。

gcd函数有以下基本性质：

gcd(a, b)=gcd(b, a)

gcd(a, b)=gcd(-a, b)

gcd(a, b)=gcd(|a|, |b|)

gcd(a, 0)=|a|

gcd(a, ka)=|a|

求最大公约数通常有两种方法：暴力枚举和欧几里得算法（又称辗转相除法）。

1. 暴力枚举

- 若a、b均不为0，则依次遍历不大于a（或b）的所有正整数，试验它们是否同时满足两式，并在所有满足两式的正整数中挑选最大的那个即为所求。
- 若a、b其中有一个为0，则最大公约数即为a、b中非零的那个。
- 若a、b均为0，则最大公约数不存在（任意数均可同时整除它们）。

说明：当a和b的数值较大（如100000000）时，该算法耗时较多。

2. 欧几里得算法

- 若a、b全为0，则它们的最大公约数不存在。
- 若a、b其中有一个为0，则它们的最大公约数为非0的那个。
- 若a、b都不为0，则使新a=b，新b=a%b，然后重复该过程。

4.3.18 实现欧几里得算法

欧几里得算法是一种高效且简单的算法，用于求解两个不全为0的非负整数a和b的最大公约数。该算法来自欧几里得的《几何原本》。数学公式表达如下：

对于两个不全为0的非负整数a和b，不断应用此式：gcd(a,b)=gcd(b,a mod b)，直到a mod b为0时，a就是最大公约数。

下面我们来简单证明一下欧几里得算法。假设有a和b两个不全为0的正整数，令a % b = r，即r是余数，那么有a = kb + r。假设a和b的公约数是d，记作d|a、d|b，表示d整除a和b。r = a-kb，给这个式子两边同除以d，有r/d = a/d-kb/d，由于d是a和b的公约数，因此r/d必将能整除，即b和a%b的公约数也是d，故gcd(a,b) = gcd(b, a%b)。至此，已经证明了a和b的公约数与b和a%b的公约数相等。直到a mod b为0的时候（因为即使b>a，经过a%b后，就变成计算gcd(b,a)，所以a mod b的值会一直变小，最终会变成0），gcd(a,0) = a。因为0除以任何数都是0，所以a是gcd(a,0)的最大公约数。根据上面已经证明的等式gcd(a,b) = gcd(b, a%b)。可得a就是最大公约数。定理得证。

欧几里得算法用较大的数除以较小的数，再用出现的余数（第一余数）去除除数，再用出现的余数（第二余数）去除第一余数，如此反复，直到最后余数是0为止。如果是求两个数的最大公约数，那么最后的除数就是这两个数的最大公约数。用一句话来表达，就是两个整数的最大公约数等于其中较小的那个数和两数相除余数的最大公约数。我们来看一个欧几里得算法的例子，求10和25的最大公约数：

$$25 / 10 = 2 \cdots 5$$

$$10 / 5 = 2 \cdots 0$$

所以10和25的最大公约数为5。

下面用代码实现欧几里得算法。

【例4.1】 实现欧几里得算法

（1）新建test.c源文件，输入如下代码：

```
#include <stdio.h>

int gcd(int a, int b);
int gcd_dg(int a, int b);

int main()
{
    int a, b;
    puts("请输入要计算的两个数,用空格隔开:");
    scanf("%d%d",&a,&b);
    printf("归纳法得到的最大公约数是：%d\n",gcd(a, b));

    puts("请输入要计算的两个数,用空格隔开:");
    scanf("%d%d",&a,&b);
    printf("递归法得到的最大公约数是：%d\n",gcd_dg(a, b));

    return 0;
}

// 以递归法实现欧几里得算法
int  gcd_dg(int a, int b)    // a和b为两个正整数
{
    if (0 == b)  return a;
    else
    {
        int r = gcd_dg(b, a%b);
        return r;
    }
}

int gcd(int a, int b)
{
    int r;
    while (0 != b)
    {
        r = a % b;
        a = b;
        b = r;
    }
    return a;
}
```

我们分别用递归法和非递归法实现了欧几里得算法，这两种实现方式的原理都是欧几里得的数学公式。

（2）把test.c上传到Linux系统，然后编译：

```
gcc test.c -o test
```

运行结果如下：

```
请输入要计算的两个数，用空格隔开：
3 9
归纳法得到的最大公约数是：3
请输入要计算的两个数，用空格隔开：
2 6
递归法得到的最大公约数是：2
```

4.3.19　扩展欧几里得算法

1. 实现扩展欧几里得算法

为了介绍扩展欧几里得算法，我们先介绍一下贝祖定理（也称裴蜀定理）：

对于任意两个正整数a和b，一定存在x, y，使得ax+by=gcd(a,b)成立。

其中，gcd(a,b)表示a和b的最大公约数，x和y可以为负数，注意a和b是正整数，最大公约数和最小公倍数是在自然数范围内讨论的。比如，假设a=17，b=3120，它们的gcd(17, 3120)=1，则一定存在x和y，使得17x+3120y=1。由这条定理可以知道：如果ax+by=m有解，那么m一定是gcd(a,b)的若干倍；如果ax+by=1有解，那么gcd(a,b)=1。

值得注意的是，如果出现ax−by=gcd(a,b)，应该先假设y′=−y，使得算式变为ax+by′=gcd(a,b)，算出y′后再得到y。

本节内容是重点，也是求RSA私钥的关键，务必要重视。首先复习一下二元一次方程的定义。含有两个未知数，并且含有未知数的项的次数都是1的整式方程叫作二元一次方程。所有二元一次方程都可化为ax+by+c=0（a、b≠0）的一般式与ax+by=c（a、b≠0）的标准式，否则不为二元一次方程。

如何解二元一次方程呢？众所周知，解一个单一的二元一次方程是十分困难的，有的读者或许会想到枚举法（暴力出奇迹）。但是这对于CPU来说是不仁道的，因为这样时间复杂度很高，我们需要一种时间复杂度低的算法来解决这个问题。这时就可以使用扩展欧几里得算法。

观察前面的欧几里得算法代码，当到达递归边界（b==0）的时候，gcd(a,b)=a，因此有ax+0×y=a，从而得到x=1，此时x=1、y=0可以是方程的一组解。注意这时的a和b已经不是最开始的那个a和b了，所以如果想要求解x和y，就要回到最开始的模样。

欧几里得算法提供了一种快速计算最大公约数的方法，而扩展欧几里得算法不仅能够求出其最大公约数，而且能够求出a、b和其最大公约数构成的二元一次方程ax+by=d的两个整数x和y（这里x和y不一定为正整数）。

在欧几里得算法中，终止状态是b==0时，这时其实就是gcd(a,0)，我们想从这个最终状态反推出刚开始的状态。由欧几里得算法可知，gcd(a,b) = gcd(b,a mod b)，因此有如下表达式：

gcd(a,b) = a*x1+b*y1　　　　　　　　　　　　　　　　　　　　　　　（1）

gcd(b,a mod b) = b*x2+(a mod b)*y2 = b*x2+(a−a/b*b)*y2　　　　　　（2）

其中，(x1,y1)和(x2,y2)是两组解（此处的a/b表示整除，例如6/4 = 1，所以a mod b = a % b = a−a/b*b）。

我们对式（2）进行化简，有：

gcd(b,a mod b) = b*x2+(a−a/b*b)*y2 = b*x2 + a*y2−a/b*b*y2 = a*y2 + b*(x2−a/b*y2)

与式（1）gcd(a,b) = a*x1+b*y1对比，得出：

x1 = y2

y1 = x2−a/b*y2

根据上面的递归式和欧几里得算法的终止条件b == 0，我们很容易知道最终状态是a*x1+0*y1=a，故x1 = 1。根据上述递推公式和最终状态，下面我们来实现这个过程。

【例4.2】 实现扩展欧几里得算法

（1）新建test.cpp源文件，输入如下代码：

```
#include <stdio.h>
#include <math.h>
#include<iostream>
using namespace std;
int exgcd(unsigned int a, unsigned int b, int &x, int &y);

int main()
{
    int x, y;
    unsigned int a,b;
    int gcd;
    cout << "准备求解ax+by=gcd(a,b)，\n请输入两个数字a,b(用空格隔开)：\n";
    cin >> a >> b;
    cout << "满足贝祖等式" << a << "*x + " << b << "*y = " << (gcd = exgcd(a, b, x, y)) << endl;
    cout << "最大公约数是：" << gcd << endl;
    cout << "其中一组解是：x = " << x << ", y = " << y << endl;
    return 0;
}

int exgcd(unsigned int a, unsigned int b, int &x, int &y)
{
    if (0 == b)                              // 递归终止条件
    {
        x = 1;
        y = 0;
        return a;
    }
    int gcd = exgcd(b, a%b, x, y);           // 递归求解最大公约数
    int temp = x;
    x = y;                                   // 回溯表达式1：x1 = y2;
    y = temp - a / b * y;                    // 回溯表达式2：y1 = x1 - m/n * y2;
    return gcd;
}
```

exgcd函数实现了扩展欧几里得算法，能求出ax+by=gcd(a,b)的一组解，并且返回a和b的最大公约数。

（2）上传test.cpp到Linux系统，然后编译：

```
g++ test.cpp -o test
```

此时生成可执行程序test，运行结果如下：

```
准备求解ax+by=gcd(a,b),
请输入两个数字a,b(用空格隔开)：
5 96
满足贝祖等式5*x + 96*y = 1
最大公约数是：1
其中一组解是：x = -19, y = 1
```

上述方程a*x+b*y=gcd(a,b)也被称为贝祖等式。它说明了对于a、b和它们的最大公约数gcd组成的二元一次方程，一定存在整数x和y（不一定为正整数）使得a*x+b*y=gcd(a,b)成立。

从这里也可以得出一条重要推论：a和b互质的充要条件是方程ax+by = 1必有整数解，即ax+by=1有解时，该等式成立，则gcd(a,b)=1，因此a和b互质。而a和b互质时，gcd(a,b)=1，根据贝祖定理，一定存在x和y，使得ax+by=1成立。

2. 求解 ax+by=gcd(a,b)

上面我们求出了ax+by=gcd(a,b)的一组解，下面继续探讨如何得出ax+by=gcd(a,b)的所有解。先说结论，设(x0,y0)是a*x+b*y=gcd(a,b)的一组解（通过上例的exgcd函数求得），则该方程的通解为：

x1 = x0+kB

y1 = y0−kA

其中B=b/gcd(a,b)，A=a/gcd(a,b)，k是任意的整数。

下面看求解过程。设新的解为x0+s1和y0−s2，则有：

$$a(x0+s1)+b(y0-s2)=ax0+by0$$

$$as1-bs2=0$$

$$\frac{s1}{s2}=\frac{b}{a}=\frac{b/gcd(a,b)}{a/gcd(a,b)}$$

显然，B和A是互质的（没有大于1的公约数），所以取：

$$s1=B*k$$

$$s2=A*k$$

因此，通解为x = x0+kB，y = y0−kA。

问题又来了，方程中的x的最小非负整数解是什么呢？从通解x1=x0+kB上看，应该是x1%B=x0%B。但是由于在递归边界时，y可以取任意值，所得的特解x0可能为负，不能保证x0%B是非负的。如果x0%B是负数，那么其取值范围是（−B, 0），所以x的最小正整数解xmin为：

$$x0\%B+B \qquad if\ x0<0$$

$$x0\%B \qquad\quad if\ x0\geqslant0$$

综上所述，xmin=(x0%B+B)%B，对应的ymin = (g−a*xmin)/ b。下面上机实现。

【例4.3】 求a*x+b*y=gcd(a,b)的最小正整数解和任意解

（1）新建test.cpp源文件，输入如下代码：

```cpp
#include <stdio.h>
#include <math.h>
#include<iostream>
using namespace std;

int exgcd(unsigned int a, unsigned int b, int &x, int &y);
int gcdmin(unsigned int a, unsigned int b);
void gcdany(unsigned int a, unsigned int b, int k, int &x, int &y);

int main()
{
    int x, y,xmin,ymin,k,tmp;
    unsigned int a, b,gcd;
    cout << "准备求解ax+by=gcd(a,b)，请输入两个正整数a,b(用空格隔开)：\n";//比如输入5、96
    cin >> a >> b;
    cout << "满足贝祖等式" << a << "*x + " << b << "*y = " << (gcd = exgcd(a, b, x, y)) << endl;
    cout << "最大公约数是: " << gcd << endl;
    cout << "其中一组解是: x = " << x << ", y = " << y << endl;

    xmin=gcdmin(a, b);
    tmp = (gcd - a * xmin);
    if (tmp < 0)
    {
        tmp = -tmp;
        ymin = tmp / b;
        ymin = -ymin;
    }
    else ymin = tmp / b;

    cout << "x为最小正整数的解是: x = " << xmin << ", y = " << ymin << endl;
    cout << "再求任意一组解，请输入一个整数k的值："; cin >> k;
    gcdany(a, b, k, x, y);
    cout << "对应k的一组解是: x = " << x << ", y = " << y << endl;
    return 0;
}

int exgcd(unsigned int a, unsigned int b, int &x, int &y)
{
    if (0 == b)                           // 递归终止条件
    {
        x = 1;
        y = 0;
        return a;
    }
    int gcd = exgcd(b, a%b, x, y);        // 递归求解最大公约数
    int temp = x;
```

```
        x = y;                                  // 回溯表达式1：x1 = y2;
        y = temp - a / b * y;                   // 回溯表达式2：y1 = x1 - m/n * y2;
        return gcd;
    }

    int gcdmin(unsigned int a, unsigned int b)
    {
        int x0, y0,x_min,B;
        int gcd = exgcd(a, b, x0, y0);

        B = b /gcd;

        if (x0 < 0)  x_min = x0 % B + B;
        else  x_min = x0 % B;

        return x_min;
    }
    void gcdany(unsigned int a, unsigned int b, int k, int &x, int &y)
    {
        int x0, y0, B,A;
        int gcd = exgcd(a, b, x0, y0);

        B = b / gcd;
        A = a / gcd;

        x = x0 + k * B;
        y = y0 - k * A;
    }
```

在上述代码中，gcdmin函数用来求方程a*x+b*y=gcd(a,b)的最小正整数解，gcdany函数用来求任意一组解。值得注意的是，计算ymin的时候有可能出现负数除法，要先化为正数后再除，最后取负数。

（2）上传test.cpp到Linux系统，然后编译：

```
g++ test.cpp -o test
```

此时生成可执行程序test，运行结果如下：

```
准备求解ax+by=gcd(a,b)，请输入两个正整数a,b（用空格隔开）：
5 96
满足贝祖等式5*x + 96*y = 1
最大公约数是：1
其中一组解是：x = -19, y = 1
x为最小正整数的解是：x = 77, y = -4
再求任意一组解，请输入一个整数k的值：2
对应k的一组解是：x = 173, y = -9
```

3. 求解 ax+by=c

现在来讨论一个更一般的方程：ax + by = c（a、b、c、x、y都是整数）。这个方程想要有整数解，根据扩展欧几里得算法可以知道，c一定是gcd(a,b)的倍数，否则无解，而且可以有无穷多组整数解，即ax+by=c有解的充要条件是c%gcd(a,b)==0。如果ax+by=gcd(a,b)有一组解为：(x0,y0)，即：

$$ax0 + by0 = \gcd(a, b)$$

两边同时乘以 $\dfrac{c}{\gcd(a, b)}$:

$$a \frac{cx0}{\gcd(a, b)} + b \frac{cy0}{\gcd(a, b)} = c$$

所以 $\left(\dfrac{cx0}{\gcd(a, b)}, \dfrac{cy0}{\gcd(a, b)} \right)$ 是 $ax + by = c$ 的一个特解。同理可得:

$$a(x' + s1) + b(y' - s2) = c$$
$$ax' + by' = c$$

$$\frac{s1}{s2} = \frac{b}{a} = \frac{b / \gcd(a, b)}{a / \gcd(a, b)}$$

所以通解为:

$$x = x0 * \frac{c}{\gcd(a, b)} + \frac{b}{\gcd(a, b)} * k$$

$$y = y0 * \frac{c}{\gcd(a, b)} + \frac{a}{\gcd(a, b)} * k$$

其中, k 取整数即可。令 $C = c / \gcd(a, b)$, $B = b / \gcd(a, b)$, x 的最小正整数解 $x\min = (x0 * C \% B + B) \% B$, 对应的 $y\min = (c - a * x\min) / b$ 。

【例4.4】　求ax+by=c的最小正解和任意解

(1) 新建test.cpp源文件, 输入如下代码:

```
#include <stdio.h>
#include <math.h>

#include<iostream>
using namespace std;
int exgcd(unsigned int a, unsigned int b, int &x, int &y);
int c_min(unsigned int a, unsigned int b, unsigned int c, int &xmin, int &ymin);
int c_any(unsigned int a, unsigned int b, unsigned int c, int k, int &x, int &y);
int main()
{
    int x, y, xmin, ymin, k;
    unsigned int a, b, c,gcd;
    cout << "准备求解ax+by=c, 请输入两个正整数a,b,c (用空格隔开): \n";//比如求5 96 200
    cin >> a >> b>>c;
    cout << "满足贝祖等式" << a << "*x + " << b << "*y = " << (gcd = exgcd(a, b, x,
y)) << endl;
    cout << "最大公约数是: " << gcd << endl;

    if(0==c_min(a, b,c,xmin,ymin))
        cout << "最小正整数解是: x = " << xmin << ", y = " << ymin << endl;
    else
    {
        cout << "本方程无解" << endl;
```

```cpp
            return -1;
        }

        cout << "再求任意一组解，请输入一个整数k的值："; cin >> k;
        if (0 == c_any(a, b,c, k, x, y))
            cout << "对应k的一组解是: x = " << x << ", y = " << y << endl;
        else
            cout << "本方程无解" << endl;
        return 0;
}
int exgcd(unsigned int a, unsigned int b, int &x, int &y)
{
        if (0 == b)                            // 递归终止条件
        {
            x = 1;
            y = 0;
            return a;
        }
        int gcd = exgcd(b, a%b, x, y);         // 递归求解最大公约数
        int temp = x;
        x = y;                                 // 回溯表达式1: x1 = y2;
        y = temp - a / b * y;                  // 回溯表达式2: y1 = x1 - m/n * y2;
        return gcd;
}

int c_min(unsigned int a, unsigned int b, unsigned int c,int &xmin,int &ymin)
{
        int x0, y0, B,C, tmp;
        int gcd = exgcd(a, b, x0, y0);

        if (c % gcd != 0)                      // 判断是否有解
            return -1;

        B = b / gcd;
        C = c / gcd;

        xmin = (x0*C % B + B)%B;

        tmp = (c - a * xmin);
        if (tmp < 0)
        {
            tmp = -tmp;
            ymin = tmp / b;
            ymin = -ymin;
        }
        else ymin = tmp / b;
        return 0;
}

int c_any(unsigned int a, unsigned int b, unsigned int c,int k, int &x, int &y)
{
        int x0, y0, B, A,C;
```

```
    int gcd = exgcd(a, b, x0, y0);

    if (c % gcd != 0)                        // 判断是否有解
        return -1;

    C = c / gcd;
    B = b / gcd;
    A = a / gcd;

    x = x0*C + k * B;
    y = y0*C - k * A;
    return 0;
}
```

在上述代码中，c_min 函数用来求方程 ax+by=c 的最小正整数解，c_any 函数用来求任意一组解。值得注意的是，计算 ymin 的时候有可能出现负数除法，要先化为正数后再除，最后取负数。

（2）上传 test.cpp 到 Linux 系统，然后编译：

```
g++ test.cpp -o test
```

此时生成可执行程序 test，运行结果如下：

```
准备求解 ax+by=c，请输入两个正整数 a,b,c（用空格隔开）:
5 96 2
满足贝祖等式 5*x + 96*y = 1
最大公约数是：1
最小正整数解是：x = 58, y = -3
再求任意一组解，请输入一个整数 k 的值：2
对应 k 的一组解是：x = 154, y = -8
```

4.4　RSA 算法描述

RSA 算法是一种基于可逆模指数运算的加密算法，它的安全性是基于数论和计算复杂性理论中的一个重要结论：求两个大素数的乘积在计算上是容易的，但要分解两个大素数的积求出它的素因子在计算上是困难的。这个结论被称为"大整数因子分解难题"，至今没有有效的方法予以解决，因此可以确保 RSA 算法的安全性。

下面给出 RSA 算法的描述。

（1）选择两个保密的大素数 p 和 q，实际实现时通常需要大素数，这样才能保证安全性，通常是随机生成大素数 p，直到 gcd(e,p-1)=1，再随机生成不同于 p 的大素数 q，直到 gcd(e,q-1)=1，e 就是第（3）步的公钥指数。

（2）计算 N=p×q，N 通常称为模值或模数，其二进制数的位长度就是密钥的长度。

（3）选择一个整数 e（公钥指数，把 e 和 N 称为公钥，但有时在不正规场合也直接把 e 简称为公钥），使其满足 1<e<(p-1)×(q-1)，且 e 与 (p-1)×(q-1) 互质，即 e 不是 (p-1) 和 (q-1) 的因子。

（4）计算私钥 d，使其满足：(e×d) mod ((p-1)×(q-1))=1。

（5）加密时，先将明文数字化（编码），然后判断明文的十进制数是否大于 N（或明文位长大于N的位长，即密钥的长度），将明文进行分组（可以把明文转为二进制流，然后截取每组位数相等的明文块），使得每个明文分组对应的十进制数小于N，比如N=209，要选择的分组大小可以是7个二进制位，因为$2^7 = 128$，比209小，但$2^8 = 256$，又大于209。分组后，再对每个明文分组M的值进行加密运算：

$$C=M^e \bmod N$$

这个式子做了模幂运算，因为最后做了模运算，根据数学知识，密文的位数一定小于或等于N的位数。其中，C为得到的密文，e是公钥，公钥用于加密。要让别人能加密，必须把自己的公钥公布给对方，也就是必须公开e和N，才能对明文M进行加密，所以e和N是公开的，人们也把(e,N)称为公钥。

（6）解密时，对每个密文分组进行如下运算：

$$M=C^d \bmod N$$

这也是一个模幂运算，其中，d是私钥，用于解密。d是不能公开的，自己要妥善保管。

第三者进行窃听时，他会得到这几个数：密文C和公钥e、N。如果要解密的话，必须想办法得到d，而d又满足$(d×e) \bmod ((p-1)×(q-1))=1$，所以只要知道p和q就能计算出d，虽然N=pq，但对大素数N（比如2048位）进行素因子分解却是非常困难的，这就是RSA的安全性所在。

值得注意的是，e与n应公开，两个素数p和q不再需要，可销毁，但绝不可泄露。此外，RSA是一种分组密码，其中的明文和密文都是相对于N（模数）的从0到N-1的整数，一定要确保每次参与运算的明文分组所对应的十进制整数要小于模数N。

如果明文给出的是字符，则第一步需将明文数字化，也就是对字符取对应的数字码，比如英文字母顺序表、ASCII码、Base64码等。然后对每一段明文进行模幂运算，得到密文段，最后把密文组合起来形成密文。

为了安全性，实际商用软件所使用的RSA算法在运算时需要将数据填充至分组长度（与RSA密钥模长相等），而且对于RSA加密来讲，填充（Padding）也是参与加密的。后面我们会详述填充方面的知识，现在先掌握基本的运算。

4.5　RSA 算法实例

"纸上得来终觉浅，绝知此事要躬行。"这句话告诉我们，理论知识只有通过实践操作才能真正掌握。在之前的讲解中，我们已经介绍了RSA算法的理论基础和原理。但是，要真正掌握RSA算法，还需要进行实践操作。在这里，我们将介绍几个小例子，这些例子中，就是取的p和q值都比较小，以方便演示。实际运用RSA算法时，p和q都要取大素数。这些例子的描述中，大部分内容都是相同的，区别在于我们对私钥d的计算采用不同的方式，而计算私钥d是实现RSA算法的关键步骤，这里我们采用了查找法、简便法和扩展欧几里得算法来实现。

4.5.1 查找法计算私钥d

前面我们描述了RSA算法的原理，现在用实际数字来进行具体的运算，当然为了便于理解，数字都比较简单。

（1）选择两个大素数p和q。

为了方便演示，我们选择两个小素数，这里假设p=13、q=17。

（2）计算模值N，N=p×q。

这里得：N=13×17=221，写成二进制为11011101，一共有8位二进制位，那么本例的密钥长度就是8位，即N的长度是8。在实际应用中，RSA密钥一般是1024位，重要场合则为2048位。

（3）选择一个整数e（公钥指数）。

选择一个整数e作为公钥，使其满足1<e<(p-1)×(q-1)，且e与(p-1)×(q-1)互质，即e不是(p-1)和(q-1)的因子。计算(p-1)×(q-1)=(13-1)×(17-1)=12×16=192，因为192=2×2×2×2×2×2×3，所以192的因子是2、2、2、2、2、2和3，由此可得e不能有因子2和3，比如不能选4（2是4的因子），也不能选15（3是15的因子）或6（2和3都是6的因子）。这里我们选e=7，当然也可以选其他数值，只要所选的数值没有因子2和3。这样，公钥就是（7，221），其中221就是N。

（4）计算私钥d。

计算私钥d，使其满足（d×e) mod ((p-1)×(q-1))=1。这里将e、p和q代入公式，得出(d×5) mod ((7-1)×(17-1))=1。这里可以用查找（试探）法，让d从1开始递增，不停地测试是否满足上面的公式。最终可以得到私钥d=55。

（5）在加密时，对每个明文分组M做如下运算：

$$C=M^e \bmod N$$

其中，C为得到的密文，e是公钥指数，公钥用于加密。

这里假设要加密的明文为20，20<N=221，所以不需要分组。因此密文$C=20^7 \bmod 221 = 45$，45这个数字就是密文。

（6）在解密时，对每个密文分组做如下运算：

$$M=C^d \bmod N$$

其中，d是私钥，用于解密。

这里，C是45，d是55，N是221，因此得到明文$M=45^{55} \bmod 221 = 20$，解密出来的结果和第（5）步中的原明文一致，说明加解密成功。

下面用程序来实现以上加解密过程。

【例4.5】 RSA加密单个数字

（1）新建test.cpp源文件，输入如下代码：

```
#include<iostream>
#include<cmath>
using namespace std;

void main()
```

```
{
    int p, q;

    cout << "输入p、q（p、q为质数，不支持过大）" << endl;
    cin >> p >> q;

    int n = p * q;
    int n1 = (p - 1) * (q - 1);
    int e;

    cout << "输入e（e与" << n1 << "互质）且 1<e<" << n1 << endl;
    cin >> e;

    int d;
    for (d = 1;; d++)
    {
        if (d * e % n1 == 1)
            break;
    }

    cout << "{ " << e << "," << n << " }" << "为公钥" << endl;
    cout << "{ " << d << "," << n << " }" << "为私钥" << endl;

    int before;
    cout << "输入明文，且明文小于" << n << endl;
    cin >> before;

    cout << endl;
    int i;

    cout << "密文为" << endl;
    int after;
    after = before % n;
    for (i = 1; i < e; i++)   //实现Mᵉ mod N运算
    {
        after = (after * before) % n;
    }
    cout << after << endl;

    cout << "明文为" << endl;
    int real;
    real = after % n;
    for (i = 1; i < d; i++)    //实现M=Cᵈ mod N运算
    {
        real = (real * after) % n;
    }
    cout << real << endl;
}
```

以上代码和我们前面推演的步骤一致，可读性非常高。要注意模幂运算，公式虽然只有一行 $M^e \bmod N$，看似很简单，先做幂运算，再做模运算，但编程时要变通一下，因为如果直接做 M^e，那么中间结果会很大，导致无法存储，尤其是数据大的时候。我们可以利用mod的分配律：

$(a * b) \bmod c = (a \bmod c * b \bmod c) \bmod c$

把M^e mod N拆开来运算，M^e mod N=（M*M…M)mod N=(M mod N * M mod N…M mod N)
mod N，从而可以使用for循环。

另外，我们实现的这个算法使用了int类型，最大值是$2.1×10^9$亿。可能出现的最大值是n*n，
所以n要小于$2.1×10^9$的平方根，大致是45000。

（2）上传test.cpp到Linux系统，然后编译：

```
g++ test.c -o test
```

此时生成可执行文件test，运行结果如下：

```
输入p、q （p、q为质数，不支持过大）
13 17
输入e （e与192互质） 且 1<e<192
7
{ 7,221 }为公钥
{ 55,221 }为私钥
输入明文，且明文小于221
20

密文为
45
明文为
20
```

4.5.2　简便法计算私钥d

前面我们描述了RSA算法的原理，也用查找法计算了私钥d，现在用简便法来计算私钥d，当然
为了便于理解，数字都比较简单。简便法通常用于手工计算私钥d，是一种快速、简便的计算
方法。

（1）选择两个大素数p和q。

为了方便演示，我们选择两个小素数，这里假设p=7、q=17。

（2）计算N=p×q。

这里：N=7×17=119，写成二进制为1110111，一共有7位二进制位，那么本例的密钥长度就是
7位，即N的长度是7。在实际应用中，RSA密钥一般是1024位，重要场合则为2048位。

（3）选择一个整数e（公钥）。

选择一个整数e作为公钥，使其满足1<e<(p-1)×(q-1)，且e与(p-1)×(q-1)互质，即e不是(p-1)
和(q-1)的因子。计算(p-1)×(q-1)=(7-1)×(17-1)=6×16=96，因为96=2×2×2×2×2×3，所以96
的因子是2、2、2、2、2和3，由此可得e不能有因子2和3，比如不能选4（2是4的因子），也不能选
15（3是15的因子）或6（2和3都是6的因子）。这里我们选e=5，当然也可以选其他数值，只要所选
的数值没有因子2和3。

（4）计算私钥d。

计算私钥d，使其满足(d×e) mod ((p-1)×(q-1))=1。

这里将e、p和q代入公式，得：

(d×5) mod ((7-1)×(17-1))=1

即：$(d \times 5) \bmod (6 \times 16) = 1$

即：$(d \times 5) \bmod 96 = 1$

d的取值可用扩展欧几里得算法（前面已经介绍过了）求出。然而，手工用此方法求d有些麻烦。笔者有一个简单的办法可以快速求出大部分的d值。

利用$e \times d \bmod ((p-1) \times (q-1)) = 1$可以知道：$e \times d = ((p-1 \times (q-1)))$的倍数$+1$。所以只要使用$((p-1) \times (q-1))$的倍数$+1$除以e，能整除时，商便是d值。这个倍数如何求呢？可以用试探法，从1开始测试，如表4-1所示。

表4-1　使用试控法从 1 开始测试

倍　　数	$((p-1) \times (q-1))$的倍数+1	能否整除 e（本例 e=5）
1	$96 \times 1 + 1 = 97$	97无法整除5
2	$96 \times 2 + 1 = 193$	193无法整除5
3	$96 \times 3 + 1 = 289$	289无法整除5
4	$96 \times 4 + 1 = 385$	385可以整除5，得77

我们试算到倍数为4的时候，就可以得到d=77了。这个试探法比扩展欧几里得算法快得多，但不是正规解法，偶尔用用就行。至此，我们把私钥d计算出来了。公私钥都到位后，就可以开始加解密了。

（5）在加密时，对每个明文分组M做如下运算：

$C = M^e \bmod N$

其中，C为得到的密文，e是公钥（或称公钥指数），公钥用于加密。

这里假设要加密的明文为10，则$C = 10^5 \bmod 119 = 40$，40这个数字就是密文。

（6）在解密时，对每个密文分组做如下运算：

$M = C^d \bmod N$

其中，d是私钥，用于解密。

这里，C是40，d是77，N是119，因此得到明文$M = 40^{77} \bmod 119 = 10$，解密出来的结果和第（5）步中假设的明文一致，说明加解密成功。

最后，再来演示一下简便法计算私钥d。假设p=43、q=59，则$N=pq=34 \times 59=2537$，则$(p-1) \times (q-1)=42 \times 58=2436$。选e=13（13不是42和58的因子），我们知道d满足$e \times d \bmod ((p-1) \times (q-1))=1$，使用试探法来计算d，如表4-2所示。

表4-2　使用试探法计算 d

倍　　数	$((p-1) \times (q-1))$的倍数+1	能否整除 e（本例 e=13）
1	$2436 \times 1 + 1 = 2437$	2437无法整除5
2	$2436 \times 2 + 1 = 4873$	4873无法整除5
3	$2436 \times 3 + 1 = 7309$	7309无法整除5
4	$2436 \times 4 + 1 = 9745$	9745无法整除5
5	$2436 \times 5 + 1 = 12181$	9745可以整除13，得937

得到d=937。

4.5.3　扩展欧几里得算法计算私钥d

扩展欧几里得算法计算私钥d是专业的做法，该算法前面讲数学基础知识的时候实现过了，直接调用即可。实际上，我们用到的求二元一次方程的最小正整数解的函数是c_min，该函数在例4.4中实现过了。

（1）选择两个大素数p和q。

为了方便演示，我们选择两个小素数，这里假设p=7、q=17。

（2）计算N=p×q。

这里：N=7×17=119，写成二进制为1110111，一共有7位二进制位，那么本例的密钥长度就是7位。在实际应用中，RSA密钥一般是1024位，重要场合则为2048位。

（3）选择一个整数e（公钥），使其满足1<e<(p-1)×(q-1)，且e与(p-1)×(q-1)互质，即e不是(p-1)和(q-1)的因子。

这里得：(p-1)×(q-1)=(7-1)×(17-1)=6×16=96。

因为96=2×2×2×2×2×3，所以96的因子是2、2、2、2、2和3，由此可得e不能有因子2和3，比如不能选4（2是4的因子），也不能选15（3是15的因子）或6（2和3都是6的因子）。

这里我们选e=5，当然也可以选其他数值，只要所选的数值没有因子2和3。

（4）计算私钥d，使其满足(d×e) mod ((p-1)×(q-1))=1。

这里将e、p和q代入公式，得：

(d×5) mod ((7-1)×(17-1))=1

即：(d×5) mod (6×16)=1

即：(d×5) mod 96 =1

下面我们用扩展欧几里得算法计算私钥d。设商为k，则(d×5) mod 96 =1可以化为5d-96k=1。原理是，学过数学的朋友都知道：商×除数＋余数=被除数。现在，被除数等于5d，除数等于96，余数等于1，我们设商为k，则有96k+1=5d，即5d-96k=1，令y=-k，则方程可以转为5d+96y=1，这不就是一个二元一次方程吗？这里的d取满足该方程的最小正整数解即可，我们可以用扩展欧几里得算法来求解（前面的例子已经给出代码）。此时，我们可以把5、96和1分别作为a、b和c代入例4.4的c_min函数中，得到d=77。至此，我们把私钥d计算出来了。公私钥都到位后，就可以开始加解密了。

（5）在加密时，对每个明文分组M做如下运算：

$C=M^e \bmod N$

其中，C为得到的密文，e是公钥，公钥用于加密。

这里假设要加密的明文为10，则$C=10^5 \bmod 119 = 40$，40这个数字就是密文。

（6）在解密时，对每个密文分组做如下运算：

$M=C^d \bmod N$

其中，d是私钥，用于解密。

这里，C是40，d是77，N是119，因此得到明文M=40^{77} mod 119 = 10，解密出来的结果和第（5）步中假设的明文一致，说明加解密成功。

4.5.4　加密字母

前面假设的明文是数字10，所以参加解密运算非常自然，代入公式即可。如果明文是字母F呢？不用怕，把字母进行数字化编码，即可参加运算，编码的方法有多种，比如英文字母顺序表、ASCII码、Base64码等。下面对明文（字母F）进行加解密，编码方式按照英文字母顺序表。假设公钥是(6, 119)，私钥d=77，发送方需要对字母F进行加密后发给接收方，发送方手头有公钥(5, 119)和明文F，加密步骤如下：

（1）利用英文字母的顺序（A:1, B:2, C:3, D:4, E:5, F:6, …, Z:26），可把F编码为6。

（2）根据C=M^e mod N，求得密文C=6^5 mod 119=41，因此密文是41，这个密文就可以发给对方了。

对方收到密文后，需要解密，解密步骤如下：

（1）根据M=C^d mod N，求得明文M=41^{77} mod 119=6。

（2）查找英文字母顺序表，把6译码为F，这就是初始明文。

4.5.5　分组加密字符串

前面的例子加密的是单个数字或字母，现在开始加密一个字符串，假设明文为一个字符串"helloworld123"，然后开始加密，加密步骤如下：

（1）选择两个保密的大素数p和q，这里选择p=13、q=23。

（2）计算N=p×q，其中N的长度就是密钥长度，则N=13×23=299。

（3）选择一个整数e，这里选择e=5，则公钥为(5, 299)。

（4）计算私钥d，使其满足(e×d) mod ((p-1)×(q-1))=1，即要满足5d mod((13-1)×(23-1)) = 5d mod 264=1，利用数学知识，可以转为二元一次方程5d-264k=1，令y=-k，方程变为5d+264y=1，我们利用例4.4的c_min函数，把a=5、b=264和c=1代入函数，求得最小正整数解作为私钥d=53。

（5）在加密时，先将明文数字化（编码），再判断明文的十进制数是否大于N，如果大于N，则将明文进行分组，使得每个分组对应的十进制数小于N，然后对每个明文分组进行模幂运算。

首先要对明文编码，明文为helloworld123，这里我们按照ASCII码表进行编码，就是取每个字符的ASCII码值，这个值最大是127，小于N（299），因此我们可以把单个字符作为一组明文进行模幂运算，如果是两个字符，那么合在一起的数值可能会大于299，比如'h'和'e'，它们的值合在一起就是104101，大于299，所以两个字符一组是不行的。编码很简单，查每个字符的ASCII码值即可。接着，对每个ASCII码值进行模幂运算。比如'h'的ASCII码值为104，104^5 mod 299=12166529024 mod 299=156，其他字符类似，最终得到完整的密文：156 238 75 75 11 58 11 160 75 16 82 150 181。

（6）解密也一样，一字节一组，对每个密文值进行解密的模幂运算。

下面上机实现上述的过程。

【例4.6】 RSA分组加密字符串

（1）新建test.cpp源文件，输入如下代码：

```cpp
#include <iostream>
#include <stdlib.h>
#include <time.h>
#include <stdio.h>
using namespace std;
inline int gcd(int a, int b) {
    int t;
    while (b) {
        t = a;
        a = b;
        b = t % b;
    }
    return a;
}
bool prime_w(int a, int b) {
    if (gcd(a, b) == 1)
        return true;
    else
        return false;
}
inline int mod_inverse(int a, int r) {
    int b = 1;
    while (((a*b) % r) != 1) {
        b++;
        if (b < 0) {
            printf("error ,function can't find b ,and now b is negative number");
            return -1;
        }
    }
    return b;
}
inline bool prime(int i) {
    if (i <= 1)
        return false;
    for (int j = 2; j < i; j++) {
        if (i%j == 0)return false;
    }
    return true;
}
void secret_key(int* p, int *q) {
    int s = time(0);
    srand(s);
    do {
        *p = rand() % 50 + 1;
    } while (!prime(*p));
    do {
        *q = rand() % 50 + 1;
```

```
    } while (p == q || !prime(*q));
}
int getRand_e(int r) {
    int e = 2;
    while (e<1 || e>r || !prime_w(e, r)) {
        e++;
        if (e < 0) {
            printf("error ,function can't find e ,and now e is negative number");
            return -1;
        }
    }
    return e;
}
int rsa(int a, int b, int c) {
    int aa = a, r = 1;
    b = b + 1;
    while (b != 1) {              // 运用了模运算的分配律
        r = r * aa;
        r = r % c;
        b--;
    }
    return r;
}
int getlen(char *str) {
    int i = 0;
    while (str[i] != '\0') {
        i++;
        if (i < 0)return -1;
    }
    return i;
}
int main(int argc, char** argv) {
    FILE *fp;
    fp = fopen("prime.dat", "w");
    for (int i = 2; i <= 65535; i++)
        if (prime(i))
            fprintf(fp, "%d ", i);
    fclose(fp);
    int p, q, N, r, e, d;
    p = 0, q = 0, N = 0, e = 0, d = 0;
    secret_key(&p, &q);
    N = p * q;                   // 计算模数
    r = (p - 1)*(q - 1);         // 计算欧拉函数值
    e = getRand_e(r);            // 随机获取公钥指数
    d = mod_inverse(e, r);       // 计算私钥
    cout << "N:" << N << '\n' << "p:" << p << '\n' << "q:" << q << '\n' << "r:"
<< r << '\n' << "e:" << e << '\n' << "d:" << d << '\n';        // 打印各个参数
    char mingwen, jiemi;
    int miwen;
    char mingwenStr[1024], jiemiStr[1024];
    int mingwenStrlen;
```

```
    int *miwenBuff;
    cout << "\n\n输入明文: ";
    cin>>mingwenStr;                              // 用户输入字符串作为明文
    mingwenStrlen = getlen(mingwenStr);
    miwenBuff = (int*)malloc(sizeof(int)*mingwenStrlen);
    for (int i = 0; i < mingwenStrlen; i++) {
        miwenBuff[i] = rsa((int)mingwenStr[i], e, N);// 对每个字符进行加密的模幂运算
    }
    for (int i = 0; i < mingwenStrlen; i++) {
        jiemiStr[i] = rsa(miwenBuff[i], d, N);    // 对每个字符进行解密的模幂运算
    }
    jiemiStr[mingwenStrlen] = '\0';
    cout << "明文: " << mingwenStr << '\n' << "明文长度: " << mingwenStrlen <<
'\n';  //输出结果
    cout << "密文: ";
    for (int i = 0; i < mingwenStrlen; i++)
        cout << miwenBuff[i] << " ";
    cout << '\n';
    cout << "解密: " << jiemiStr << '\n';
    return 0;
}
```

在上述代码中，首先把小于65535的素数全部存放在prime.dat文件中，该文件中的部分内容如图4-1所示。

图 4-1

然后用随机数的方式来生成p和q，所用的函数是secret_key。要注意的是，如果p和q过小，导致N是小于127的某个值，可能某些字符的ASCII码会大于N，这样就无法正确加密了，这个例子也是为了让读者体会明文分组（本例是一个字符是一组明文）必须要小于N。接着，程序随机计算了公钥指数e，再计算私钥d，然后让用户输入一段字符串作为明文，等到所有参数都准备好后，就开始调用rsa函数进行加密的模幂运算，该函数以每个字符作为一个明文分组参与模幂运算，字符的编码采用该字符的ASCII码。加密完成后，同样再解密。

另外值得注意的是，在rsa函数中，依然用了模运算的分配律来计算模幂运算，和上例一样。

（2）上传test.cpp到Linux系统，然后编译：

```
g++ test.cpp -o test
```

此时生成可执行文件，运行结果如下：

```
N:247
p:19
```

```
q:13
r:216
e:5
d:173

输入明文: helloworld123
明文: helloworld123
明文长度: 13
密文: 130 43 166 166 232 123 232 95 166 237 121 46 90
解密: helloworld123
```

运气比较好，N大于129。每个ASCII字符都可以进行加解密了。

4.6　实战前的几个重要问题

前面讲述了RSA算法的基本原理，并列举了几个简单的小例子，这几个例子的数据都非常小。下面慢慢进入实战，实战中涉及的数据都是正规数据，比如1024位的密钥、4096位的密钥等。但在实战前，我们要理清一些重要的概念，好似兵马未动，粮草先行。充分准备好战略物资，才不至于在实战中碰壁。

4.6.1　明文的值不能大于模值N

请提起精神来，这一节是重点。这一节如果搞不明白，以后构造数据测试RSA算法的时候，就搞不清是数据有问题还是算法本身有问题，那时候会抓狂的，笔者就是这样过来的，希望读者不要再走弯路。

这里强调的重点是，进行RSA运算的时候，输入的数据的值一定要小于模数N。这一点很重要，一定要牢记。

RSA算法本身要求加密的内容（也就是明文的值），无论是字符、二进制数据，还是正数等，都必须是有值的，比如字符就是ASCII码值，最终可以全部转化为二进制串，而这个二进制串对应的整数值一定要小于模数N。这句话包含了两层含义：第一层含义是明文的长度不能超过N的长度；第二层含义是如果长度相同，那么要注意明文的值是否会超过N的值。很多人容易忽略第二层含义，后面我们会通过实例来加深读者对这一层含义的理解。知道了这两层含义，我们就能快速判断明文的值是否小于模数N。首先，我们需要比较明文的位长度或字节长度与N的长度。如果明文的长度是1025位，而N的长度是1024位，则明文的值肯定大于N，这种情况相信读者很容易注意到，以后也要注意明文的长度不能超过N的长度。如果明文的长度和N的长度一致，那么也要注意明文的值是否大于N的值，比如明文和N都是16位长（2字节），如果明文是0xFFFF，那么它的值就大于N了。总而言之，首先要判断明文是否小于模数N，如果长度相同，再比较两者的值。

我们来举个例子让明文的值大于N，看看结果会如何。例如，取p=3、q=11，则n=33，$\phi(n)=20$，取e=3，计算出d=7。我们取明文为50，此数大于模数n，利用加密公式$c=m^e \bmod n$，将m=50、e=3、n=33代入公式，得到$c=50^3 \bmod 33$，求得密文c=29。然后利用解密公式$m=c^d \bmod n$，将c=29、d=7、n=33代入公式，得到$m=29^7 \bmod 33$，求得明文m=17，并不是原来的50。但是可以看出，17和50刚好相差模数33的整数倍。由此可以看出，明文的长度要小于模数n，否则解密后，得到的不是原来的数字。

为什么在加密时不一个字符一个字符加密呢，比如字符"123456789000"，为什么不将1、2、3这些字符分别加密，再组合在一起，这样就不会出现明文长度超过模数n的情况？这主要是因为现在一般e取的是65537，单独将某个字符加密，产生的密文的长度大概率也是很长的，单独加密单个字符，会使得最终生成的字符串太大。

通常在一线实战中，我们可能会自己封装RSA算法函数库，也可能会自己构造数据来调用第三方的RSA算法库。如果自己封装了RSA加解密算法函数，当用户把一段明文数据传进来运算的时候，一定要判断这个数据是否大于N，如果大于N，则要毫不留情地返回错误。如果我们调用现成的RSA算法库（比如mbedtls库），通常会自己准备一些数据来测试和使用这些算法库，如果发现传入一段明文后，库函数返回错误，那么一定要考虑我们构造的数据的值是不是大于模数N，而不是先怀疑这个算法库是不是有问题。

4.6.2　明文的长度

一次RSA加密对明文的长度是有限制的。实际上，对于每次参与RSA加解密运算的明文长度m，要求0<m≤密钥长度（N的位数）。如果小于这个长度，就需要进行填充（Padding），通常填充到密钥长度。RSA填充的主要目的是加强算法的安全性。RSA填充在安全上的作用体现在两个方面：一方面，填充后明文长度变长，对应的密文长度也会变长；另一方面，某些填充方式会在明文中加入伪随机信息，将给定的明文消息加密为不同的密文。也就是说，由于有填充，对于同样的数据，用同样的密钥进行RSA加密，每次的输出都会不一样，但是这些加密的结果都能正确地解密，大大增强了安全性。填充技术关系到RSA的安全性的高低。

在一线实战中，通常会把小于密钥长度的明文填充到密钥长度，比如密钥长度为2048位，则会把明文也会填充到2048位。一般使用的填充标准有NoPPadding、OAEPPadding、PKCS1Padding等，其中PKCS#1建议的Padding是专门针对RSA算法设计的，这种方式的填充部分占据11字节。之后，我们会详解PKCS#1填充的原理和流程。

当然，在测试场合，我们也可以自己构造一个密钥长度的数据，而不需要去填充。但要注意数据的值必须小于模数N的值。一个比较简单的方法是将最高字节设置为0。在正规场合下，我们仍然需要进行标准的数据填充操作，常用的填充方式是PKCS1Padding。

与对称加密算法DES、AES一样，RSA算法也是一个块加密算法，总是在一个固定长度的块上进行操作。但跟AES算法等不同的是，块长度是跟密钥长度有关的。通常把密钥长度作为一个块的长度，所以如果明文长度大于密钥长度，则需要分割成多个块（也称分组），每个块的长度就是密钥的长度。当然，最后一块的明文长度加上填充数据，其总长度可能不是密钥长度，但照样可以进行加密，千万别认为RSA算法只能加密密钥长度的数据，小于密钥长度的数据也是可以加密的，例如一字节的数据也可以加密。让每块数据（明文加上填充）正好是密钥长度，是为了可以每次多加密一些数据，因为最长只能到密钥长度，而填充数据的长度是固定的，这样剩余部分就可以全部放明文数据。

当然，如果不考虑效率，我们可以每次取一个字节的明文数据与填充数据合并组成一个分组，然后进行加密，下次再取一个字节的明文数据和填充数据组成一个分组。总之，分组长度可以随便取，只要不超过模数N的长度。但为了提高效率，我们通常让分组长度取足到N的长度。

4.6.3　密钥长度

RSA密钥对包含公钥（模数、公钥指数）和私钥（模数、私钥指数）。RSA密钥长度指的是模数N的位数，如2048位RSA密钥指的是模数为2048比特的RSA密钥对，常规选值为1024、2048、3072、4096等。1024已经慢慢不用了，主流推荐使用2048位，高端安全场合已经要求3072或4096位了。

4.6.4　密文长度

密文长度就是将给定符合条件的明文加密出来的结果位长，这个是可以确定的，加密后的密文长度跟密钥长度是相同的，也就是模数N的长度，当然这是在不分片的情况下。如果明文需要分片，则密文长度=密钥长度×片数。例如96比特的密钥，明文为4字节，采用PKCS#1填充方式（需要填入11字节），则每片明文长度=96/8-11=1字节，那么片数=4/1=4，密文长度=96/8×4=48字节。又如128比特（16字节）的密钥，明文为8字节，每片明文长度=128/8-11=5字节，片数=8/5（取整）+1=2，密文长度=128/8×2=32。注意，对于指定长度的明文，其密文长度与密钥长度并非正比关系，如4字节的明文，在最短密钥为96字节时，密文长度为48字节；密钥长度为128字节时，密文长度为16字节。分片越多，密文长度显然会越大。

如果要对任意长度的数据进行加密，就需要将数据分段后逐一进行加密，并将结果进行拼接。同样，解密也需要分段解密，并将结果进行拼接。

4.7　熟悉 PKCS#1

在前面，我们讲解了RSA算法的基本原理和简单实现。现在，我们将逐步深入商用环境。在实际使用之前，我们要了解一些商用环境中使用RSA相关的背景知识，尤其是标准相关的内容。标准能可以告诉我们如何规范地使用某个算法，以确保其安全性和可靠性。

首先要知道，商用环境所使用的RSA算法都是遵循标准规范的，这个标准规范就是PKCS#1。那么什么是PKCS呢？

PKCS（The Public-Key Cryptography Standards，公钥密码学标准）是由RSA实验室与一个非正式联盟合作开发的一套公钥密码学的标准，这个非正式联盟最初包括Apple、Microsoft、DEC、Lotus、Sun和MIT。PKCS已经被OIW（OSI Implementers Workshop，OSI标准实现研讨会）作为一个OSI标准实现。PKCS是基于二进制和ASCII编码来设计的，也兼容ITU-T X.509标准。目前已经发布的标准有PKCS#1、#3、#5、#7、#8、#9、#10、#11、#12和#15。PKCS#13和#14正在开发中。

PKCS包括算法特定（Algorithm-Specific）和算法独立（Algorithm-Independent）两种实现标准。它支持多种算法，包括RSA算法和Diffie-Hellman密钥交换算法，然而只有后两种算法得到了特别详尽的说明。此外，PKCS还为数字签名、数字信封和可扩展证书定义了一种算法独立（Algorithm-Independent）的语法，这就意味着任何加密算法都可以使用这套标准的语法来实现，并因此实现互操作性。

下面介绍公钥加密标准（PKCS）。

- PKCS#1定义RSA算法的数理基础、公/私钥格式，以及加/解密、签/验章的流程加密和签名机制，主要用于PKCS#7中所描述的数字签名和数字信封。注意，1.5版本曾经遭到攻击。
- PKCS#3定义了Diffie-Hellman密钥协商协议。
- PKCS#5描述了一种通过从密码衍生出密钥来加密字符串的方法。
- PKCS#6被逐步淘汰，取而代之的是X.509的第三版本。
- PKCS#7为信息定义了大体的语法，包括加密增强功能产生的信息，如数字签名和加密。
- PKCS#8描述了私钥信息的格式，这个信息包括某些公钥算法的私钥和一些可选的属性。
- PKCS#9定义了在其他的PKCS标准中可使用的选定的属性类型。
- PKCS#10描述了认证请求的语法。
- PKCS#11为加密设备定义了一个技术独立的（technology-independent）编程接口，称为Cryptoki，比如智能卡、PCMCIA卡这种加密设备。
- PKCS#12为存储或传输用户的私钥、证书、各种秘密等指定了一种可移植的格式。
- PKCS#13的目的是定义使用椭圆曲线加密和签名数据加密机制。
- PKCS#14是伪随机数产生标准。
- PKCS#15是PKCS#11的补充，给出了一个存储在加密令牌上的加密证书的格式的标准。

RSA实验室的意图是要时不时修改PKCS文档以跟得上密码学和数据安全领域的新发展。

建议读者在网上下载一份PKCS#1v2.1 RSA密码学规范，工作中使用到RSA的时候方便随时查询相关知识。限于篇幅，不可能把规范全部叙述一遍。规范需要在工作实践中理解。这里挑选一些重点知识进行阐述。

4.7.1　PKCS#1填充

跟DES、AES一样，RSA也是一个块加密算法，总是在一个固定长度的块上进行操作。但跟AES等不同的是，块长度（分组长度）是跟密钥长度相关的。在实际使用中，每次RSA加密的实际明文的长度是受RSA填充模式限制的，但是RSA每次参与运算的加密的块（填充后的块）的长度就是密钥长度。

填充模式多种多样，RSA默认采用的是PKCS#1填充方式。RSA加密时，需要将原文填充至密钥大小，填充的格式为：EB = 00 + BT + PS + 00 + D。各字段说明如下。

- EB：为转化后十六进制表示的数据块，这个数据块所对应的整数会参与模幂运算。比如密钥为1024位的情况下，EB的长度为128字节（要填充到跟密码长度一样）。
- 00：开头固定为00。
- BT：为处理模式。公钥操作为02，私钥操作为00或01。
- PS：为填充字节，填充数量为k-3-len(D)，k表示密钥的字节长度，比如我们用1024比特的RSA密钥，这个长度就是1024/8=128。len(D)表示明文的字节长度。PS的最小长度为8字节。填充的值根据BT值的不同而不同：BT=00时，填充全00；BT=01时，填充全FF；BT=02时，随机填充，但不能为00。
- 00：在源数据D前一字节用00表示。
- D：实际源数据。

对于BT为00的，数据D中的数据就不能以00字节开头，要不然会有歧义，因为这时PS填充的也是00，就分不清哪些是填充数据，哪些是明文数据了。但如果明文数据就是以00字节开头的怎么办呢？对于私钥操作，可以把BT的值设为01，这时PS填充的是FF，那么用00字节就可以区分填充数据和明文数据；对于公钥操作，填充的都是非00字节，也能够用00字节进行区分。如果使用私钥加密，建议BT使用01，可以保证安全性。

对于BT为02和01的，PS至少要有8字节长（这是RSA操作的一种安全措施），BT为02肯定是公钥加密，01肯定是私钥加密，要保证PS有8字节长，因为EB=00+BT+PS+00+D，设密钥长度是k字节，则D的长度≤k−11，所以当我们使用128字节的密钥（1024位密钥）对数据进行加密时，明文数据的长度不能超过128−11=117字节。当RSA要加密的数据大于k−11字节时，怎么办呢？把明文数据按照D的最大长度分块，然后逐块加密，最后把密文拼起来即可。

下面我们来看一个公钥加密的填充例子。因为是加密，用到的肯定是公钥，所以BT=02。

【例4.7】　公钥加密时的PKCS#1填充

（1）新建test.cpp源文件，输入如下代码：

```cpp
#include <stdio.h>
#include <stdlib.h>
#include <time.h>
#include <string.h>

int rsaEncDataPaddingPkcs1(unsigned char *in, int ilen, unsigned char *eb, int olen)
{
    int i;
    unsigned char byteRand;

    if (ilen > (olen - 11))
        return -1;
    srand(time(NULL));

    eb[0] = 0x0;
    eb[1] = 0x2;                         // 加密用的是公钥

    for (i = 2; i < (olen - ilen - 1); i++)
    {
        do
        {
            byteRand = rand();
        } while (byteRand == 0);         // BT = 02 时，随机填充，但不能为00

        eb[i] = byteRand;
    }
    eb[i++] = 0x0;                       // 明文前是00
    memcpy(eb + i, in, ilen);            // 实际明文

    return 0;
}

void PrintBuf(unsigned char* buf, int len)   // 打印字节缓冲区函数
{
```

```
    int i;

    for (i = 0; i < len; i++) {
        printf("%02x ", (unsigned char)buf[i]);
        if (i % 16 == 15)
            putchar('\n');
    }
    putchar('\n');
}

int main()
{
    int i, lenN = 1024 / 8;
    // 根据1024位的密钥长度来分配空间
    unsigned char *pRsaPaddingBuf =(unsigned char*) new  char[lenN];
    unsigned char plain[] = "abc";
    int ret = rsaEncDataPaddingPkcs1(plain, sizeof(plain), pRsaPaddingBuf, lenN);
    if (ret != 0)
        printf("rsaEncDataPaddingPkcs1 failed:%d\n",ret);

    PrintBuf(pRsaPaddingBuf, lenN);
}
```

我们定义了加密时的明文填充函数rsaEncDataPaddingPkcs1，该函数的填充规则完全按照PKCS#1进行，即前面的EB = 00 + BT + PS + 00 + D，一目了然。在main函数中，我们首选根据密钥长度1024为填充的数据分配所需的缓冲区，并假设明文是abc，然后就可以调用填充函数了。填充完毕后，我们调用函数PrintBuf来打印pRsaPaddingBuf所指的缓冲区内容。读者可以直接将这个填充函数用在以后的工作中，该填充函数久经沙场，也算是笔者送给读者的小礼物。

（2）上传test.cpp到Linux系统，然后编译：

```
    g++ test.cpp -o test
```

此时生成可执行文件，运行结果如下：

```
00 02 1b f5 2e a0 6c e4 fe b8 e5 c7 90 b0 f8 02
6b 03 e2 c0 68 fc b3 a9 55 70 f9 c8 d7 ec bd 62
07 b2 91 a7 1e 75 a5 d7 5a 6d d7 eb 1d cf ed 89
d2 cf 49 3a cb fc e4 21 6d dd e9 44 ca a7 a6 d1
59 37 79 78 ad 1e 4f 07 8b 26 f2 a9 f5 e0 32 c7
af 7b 01 7b 78 e5 9c e5 c3 85 29 8d 2c cf 5e 86
07 d7 fe b4 f6 4d bb 81 73 ae 2a 68 8e 5c 2f 3d
d8 30 b8 50 16 54 35 d9 da 5e 66 00 61 62 63 00
```

想一下，开头固定为00有什么好处？这样可以确保填充后的数据块所对应的数值小于N。

4.7.2　OpenSSL中的RSA填充

如果使用OpenSSL进行RSA加解密，填充函数自然已经帮我们准备好了，而且源码开放，路径为C:\openssl-1.0.2m\Crypto\rsa\rsa_pk1.c，该文件中的RSA_Padding_add_PKCS1_type_1函数用于私钥加密填充，标志为0x01，填充为0xFF，源码如下：

```
int RSA_padding_add_PKCS1_type_1(unsigned char *to, int tlen,
                        const unsigned char *from, int flen)
{
    int j;
    unsigned char *p;

    if (flen > (tlen - RSA_PKCS1_PADDING_SIZE)) {
        RSAerr(RSA_F_RSA_PADDING_ADD_PKCS1_TYPE_1,
            RSA_R_DATA_TOO_LARGE_FOR_KEY_SIZE);
        return (0);
    }

    p = (unsigned char *)to;

    *(p++) = 0;
    *(p++) = 1;                  /* Private Key BT (Block Type) */

    /* pad out with 0xff data, 用0xff数据填充*/
    j = tlen - 3 - flen;
    memset(p, 0xff, j);
    p += j;
    *(p++) = '\0';
    memcpy(p, from, (unsigned int)flen);
    return (1);
}
```

RSA_Padding_add_PKCS1_type_2函数用于公钥加密填充，标志为0x02，填充非零随机数，源码如下：

```
int RSA_padding_add_PKCS1_type_2(unsigned char *to, int tlen,
                        const unsigned char *from, int flen)
{
    int i, j;
    unsigned char *p;
    // 填充条件:数据长度必须小于模数长度-11字节
    if (flen > (tlen - 11)) {
        RSAerr(RSA_F_RSA_PADDING_ADD_PKCS1_TYPE_2,
            RSA_R_DATA_TOO_LARGE_FOR_KEY_SIZE);
        return (0);
    }

    p = (unsigned char *)to;

    *(p++) = 0;
    *(p++) = 2;                  /* Public Key BT (Block Type) */

    /* pad out with non-zero random data */
    j = tlen - 3 - flen;

    if (RAND_bytes(p, j) <= 0)
        return (0);
    for (i = 0; i < j; i++) {
        if (*p == '\0')
            do {
                if (RAND_bytes(p, 1) <= 0)
```

```
                return (0);
        } while (*p == '\0');
    p++;
    }

    *(p++) = '\0';

    memcpy(p, from, (unsigned int)flen);
    return (1);
}
```

4.7.3　PKCS#1中的RSA私钥语法

在PKCS#1中，RSA私钥DER结构的语法如下：

```
RSAPrivateKey ::= SEQUENCE {
version Version,                    // 版本
modulus INTEGER,                    // RSA合数模 n
publicExponent INTEGER,             // RSA公开幂 e
privateExponent INTEGER,            // RSA私有幂 d
prime1 INTEGER,                     // n的素数因子p
prime2 INTEGER,                     // n的素数因子q
exponent1 INTEGER,                  // 值 d mod (p-1)
exponent2 INTEGER,                  // 值 d mod (q-1)
coefficient INTEGER,                // CRT系数 (inverse of q) mod p
otherPrimeInfos OtherPrimeInfos OPTIONAL
}
```

OtherPrimeInfos按顺序包含其他素数r3, …, ru的信息。如果Version是0，则它应该被忽略；而如果Version是1，则它应该至少包含OtherPrimeInfo的一个实例。

```
OtherPrimeInfos ::= SEQUENCE SIZE(1..MAX) OF OtherPrimeInfo
OtherPrimeInfo ::= SEQUENCE {
prime INTEGER,          // ri - n的一个素数因子ri，其中i ≥ 3
exponent INTEGER,       // di - di = d mod (ri ? 1)
coefficient INTEGER     // ti - CRT系数 ti = (r1 · r2 · … · ri-1)-1 mod ri
}
```

RSAPrivateKey和OtherPrimeInfo各字段的意义如注释所示。

商用的RSA密钥通常有两种格式：一种为PKCS#1，另一种为PKCS#8。在OpenSSL中，通过命令生成的公私钥都采用Base64编码，可以通过.pem文件的内容进行区分。PKCS#1首尾分别为：

```
# 公钥
-----BEGIN RSA PUBLIC KEY-----
-----END RSA PUBLIC KEY-----
# 私钥
-----BEGIN RSA PRIVATE KEY-----
-----END RSA PRIVATE KEY-----
```

另一种为PKCS#8，首尾分别为：

```
# 公钥
-----BEGIN PUBLIC KEY-----
```

```
-----END PUBLIC KEY-----
# 私钥
-----BEGIN PRIVATE KEY-----
-----END PRIVATE KEY-----
```

　　OpenSSL工具生成的公/私钥均采用PKCS#1格式，而某些接口请求数据加密所使用的rsa库则需要PKCS#8格式的密钥。因此，必须解决PKCS#1格式的公/私钥与PKCS#8格式的公/私钥的转换问题。不过，不用担心，OpenSSL提供了相应的转换命令。

4.8　在 OpenSSL 命令中使用 RSA

4.8.1　生成RSA公私钥

　　下面我们上机实践，首先生成1024位的RSA私钥，再将其转换为PKCS#8格式。

　　打开操作系统的命令行窗口，然后以cd命令进入D:\openssl-1.1.1b\win32-debug\bin\目录，输入openssl.exe并按回车键即可启动OpenSSL。虽然也可以双击openssl.exe来运行，但此时OpenSSL命令行窗口不支持粘贴操作，这对于程序员来说是不方便的。幸运的是，可以从命令行窗口启动openssl.exe。

　　输入生成私钥的命令：

```
genrsa -out rsa_private_key.pem 1024
```

　　其中，genrsa是生成密钥的命令；-out表示输出到文件rsa_private_key；pem表示存放私钥的文件名；1024表示密钥长度。稍等片刻，密钥生成完成，如图4-2所示。

图4-2

　　此时，在同目录D:\openssl-1.1.1b\win32-debug\bin\下会生成一个名为rsa_private_key.pem的文件，其中存放着私钥内容，且已进行Base64编码。其内容如下所示：

```
-----BEGIN RSA PRIVATE KEY-----
MIICXAIBAAKBgQCzdq65Nr5HVuwQasrVAlEsDB2aOTwfWZ/da43ftS5rmJHA6YVN
U5hb9ueQofhSTWj8CRDaWFrZwqjXFDrJv/2bXqSPK/gCgA4vNEjTVF56ccASd4Q+
HHtEsbJYMv5uvqhSrU7VB9SkLW1Fa80hXjJ5TUkOoOxyCeYLjFkarSwezwIDAQAB
AoGAVXpO6FrhsHr/PyaOa30D+ZXft6hRMaFvmnfzAD182bS2n4raeiU56Xuleecb
rp++RGVRCJ6Szyt/Xcn94kA22y/7vLHRTrLfw32nDe4d7C0OC+P67y1RzFUUDglk
qhWn3kPWsmglmzql+WLnaspa88gGce2L8o35Ln1WaLWKbskCQQDprh/gsofr91KW
iPoyc9Z6rP7fN70LyRaWiTXOB8iC893qo5yzU0n/tkv7Px3MqivOcGgwg8XUL+nP
oTDhBJerAkEAxJrfA6RpWKbKIrHA9lH9SunVToOjsl2+WXyMM9Dz6YeH2NQoiTCI
4dokCaGohVKup7YAIrIKJ7CI52G+N3+hbQJADEmBl5kLmJa6mvu83CZHItAx3p7Z
```

```
q+L48xVn5Nt36ZrVEl9j//HjNDTrrdxVvss73nD+qX5kSpHyY16AaXSKXQJBALIJ
GNkAgpFQAI3ob7ffSUMUeyAtXwh/kYcRnRizKJ2aKK92d/q748i6NJYwOR36YMTo
sDi7By0n1OHLBmjVgAUCQCJL9IpV69Ra9aYa4ojxDXWAR8wtOw5R0axfrdOqXRbm
twXoAR11BkUGmaOggc6OOLbar9f+lkglwZgxT3WEJOc=
-----END RSA PRIVATE KEY-----
```

如果要把该文件转换为PKCS#8格式，可以输入命令：

```
pkcs8 -topk8 -inform PEM -in rsa_private_key.pem -outform pem -nocrypt -out
rsa_private_pkcs8.pem
```

其中，rsa_private_key.pem文件是上一步生成的密钥文件，必须存在，否则会报错。该命令执行后，会在同目录下生成另一个文件rsa_private_pkcs8.pem，其内容如下：

```
-----BEGIN PRIVATE KEY-----
MIICdgIBADANBgkqhkiG9w0BAQEFAASCAmAwggJcAgEAAoGBALN2rrk2vkdW7BBq
ytUDUSwMHZo5PB9Zn91rjd+1LmuYkcDphU1TmFv255Ch+FJNaPwJENpYWtnCqNcU
Osm//ZtepI8r+AKADi80SNNUXnpxwBJ3hD4ce0Sxslgy/m6+qFKtTtUH1KQtbUVr
zSFeMnlNSQ6g7HIJ5guMWRqtLB7PAgMBAAECgYBVek7oWuGwev8/Jo5rfQP5ld+3
qFExoW+ad/MAPXzZtLafitp6JTnpe6V55xuun75EZVEInpLPK39dyf3iQDbbL/u8
sdFOst/DfacN7h3sLQ4L4/rvLVHMVRQOCWSqFafeQ9ayaCWbOqX5YudqylrzyAZx
7YvyjfkufVZotYpuyQJBAOmuH+Cyh+v3UpaI+jJz1nqs/t83vQvJFpaJNc4HyILz
3eqjnLNTSf+2S/s/HcyqK85waDCDxdQv6c+hMOEE16sCQQDEmt8DpGlYpsoiscD2
UflK6dVOg6OyXb5ZfIwz0PPph4fY1CiJMIjh2iQJoaiFUq6ntgAisgonsIjnYb43
f6FtAkAMSYGXmQuYlrqa+7zcJkci0DHentmr4vjzFWfk23fpmtUSX2P/8eM0NOut
3FW+yzvecP6pfmRKkfJjXoBpdIpdAkEAsgkY2QCCkVAAjehvt99JQxR7IC1fCH+R
hxGdGLMonZoor3Z3+rvjyLo0ljA5HfpgxOiwOLsHLSfU4csGaNWABQJAIkv0ilXr
1Fr1phriiPENdYBHzC07DlHRrF+t06pdFua3BegBHXUGRQaZo6CBzo44ttqv1/6W
SCXBmDFPdYQk5w==
-----END PRIVATE KEY-----
```

需要注意的是，每次生成的公/私钥都是不同的（因为每次生成私钥时p1和p2的值都是不同的）。下面我们将生成公钥，而公钥可以从私钥中提取。在OpenSSL命令行提示符后输入命令：

```
rsa -in rsa_private_key.pem -pubout -out rsa_public_key.pem
```

其中，rsa表示提取公钥的命令；-in表示从文件中读取私钥；rsa_private_key.pem表示私钥文件名；-pubout表示输出公钥；-out指定输出文件；rsa_public_key.pem表示输出的公钥文件名。

执行命令后，将在同目录下生成公钥文件rsa_public_key.pem，其内容如下所示：

```
-----BEGIN PUBLIC KEY-----
MIGfMA0GCSqGSIb3DQEBAQUAA4GNADCBiQKBgQCzdq65Nr5HVuwQasrVA1EsDB2a
OTwfWZ/da43ftS5rmJHA6YVNU5hb9ueQofhSTWj8CRDaWFrZwqjXFDrJv/2bXqSP
K/gCgA4vNEjTVF56ccASd4Q+HHtEsbJYMv5uvqhSrU7VB9SkLW1Fa80hXjJ5TUkO
oOxyCeYLjFkarSwezwIDAQAB
-----END PUBLIC KEY-----
```

4.8.2　提取私钥的各个参数

通过OpenSSL命令，可以从私钥的.pem文件中获得RSA私钥中各个参数的值。在OpenSSL命令行提示符后输入以下命令：

```
rsa -in rsa_private_key.pem -text -out private.txt
```

执行该命令后，将在同目录下生成一个名为private.txt的文件，其内容如下所示：

```
RSA Private-Key: (1024 bit, 2 primes)
modulus:
    00:b3:76:ae:b9:36:be:47:56:ec:10:6a:ca:d5:03:
    51:2c:0c:1d:9a:39:3c:1f:59:9f:dd:6b:8d:df:b5:
    2e:6b:98:91:c0:e9:85:4d:53:98:5b:f6:e7:90:a1:
    f8:52:4d:68:fc:09:10:da:58:5a:d9:c2:a8:d7:14:
    3a:c9:bf:fd:9b:5e:a4:8f:2b:f8:02:80:0e:2f:34:
    48:d3:54:5e:7a:71:c0:12:77:84:3e:1c:7b:44:b1:
    b2:58:32:fe:6e:be:a8:52:ad:4e:d5:07:d4:a4:2d:
    6d:45:6b:cd:21:5e:32:79:4d:49:0e:a0:ec:72:09:
    e6:0b:8c:59:1a:ad:2c:1e:cf
publicExponent: 65537 (0x10001)
privateExponent:
    55:7a:4e:e8:5a:e1:b0:7a:ff:3f:26:8e:6b:7d:03:
    f9:95:df:b7:a8:51:31:a1:6f:9a:77:f3:00:3d:7c:
    d9:b4:b6:9f:8a:da:7a:25:39:e9:7b:a5:79:e7:1b:
    ae:9f:be:44:65:51:08:9e:92:cf:2b:7f:5d:c9:fd:
    e2:40:36:db:2f:fb:bc:b1:d1:4e:b2:df:c3:7d:a7:
    0d:ee:1d:ec:2d:0e:0b:e3:fa:ef:2d:51:cc:55:14:
    0e:09:64:aa:15:a7:de:43:d6:b2:68:25:9b:3a:a5:
    f9:62:e7:6a:ca:5a:f3:c8:06:71:ed:8b:f2:8d:f9:
    2e:7d:56:68:b5:8a:6e:c9
prime1:
    00:e9:ae:1f:e0:b2:87:eb:f7:52:96:88:fa:32:73:
    d6:7a:ac:fe:df:37:bd:0b:c9:16:96:89:35:ce:07:
    c8:82:f3:dd:ea:a3:9c:b3:53:49:ff:b6:4b:fb:3f:
    1d:cc:aa:2b:ce:70:68:30:83:c5:d4:2f:e9:cf:a1:
    30:e1:04:97:ab
prime2:
    00:c4:9a:df:03:a4:69:58:a6:ca:22:b1:c0:f6:51:
    fd:4a:e9:d5:4e:83:a3:b2:5d:be:59:7c:8c:33:d0:
    f3:e9:87:87:d8:d4:28:89:30:88:e1:da:24:09:a1:
    a8:85:52:ae:a7:b6:00:22:b2:0a:27:b0:88:e7:61:
    be:37:7f:a1:6d
exponent1:
    0c:49:81:97:99:0b:98:96:ba:9a:fb:bc:dc:26:47:
    22:d0:31:de:9e:d9:ab:e2:f8:f3:15:67:e4:db:77:
    e9:9a:d5:12:5f:63:ff:f1:e3:34:34:eb:ad:dc:55:
    be:cb:3b:de:70:fe:a9:7e:64:4a:91:f2:63:5e:80:
    69:74:8a:5d
exponent2:
    00:b2:09:18:d9:00:82:91:50:00:8d:e8:6f:b7:df:
    49:43:14:7b:20:2d:5f:08:7f:91:87:11:9d:18:b3:
    28:9d:9a:28:af:76:77:fa:bb:e3:c8:ba:34:96:30:
    39:1d:fa:60:c4:e8:b0:38:bb:07:2d:27:d4:e1:cb:
    06:68:d5:80:05
coefficient:
    22:4b:f4:8a:55:eb:d4:5a:f5:a6:1a:e2:88:f1:0d:
    75:80:47:cc:2d:3b:0e:51:d1:ac:5f:ad:d3:aa:5d:
```

```
   16:e6:b7:05:e8:01:1d:75:06:45:06:99:a3:a0:81:
   ce:8e:38:b6:da:af:d7:fe:96:48:25:c1:98:31:4f:
   75:84:24:e7
-----BEGIN RSA PRIVATE KEY-----
MIICXAIBAAKBgQCzdq65Nr5HVuwQasrVA1EsDB2aOTwfWZ/da43ftS5rmJHA6YVN
U5hb9ueQofhSTWj8CRDaWFrZwqjXFDrJv/2bXqSPK/gCgA4vNEjTVF56ccASd4Q+
HHtEsbJYMv5uvqhSrU7VB9SkLW1Fa80hXjJ5TUkOoOxyCeYLjFkarSwezwIDAQAB
AoGAVXpO6FrhsHr/PyaOa30D+ZXft6hRMaFvmnfzAD182bS2n4raeiU56Xuleecb
rp++RGVRCJ6Szyt/Xcn94kA22y/7vLHRTrLfw32nDe4d7C0OC+P67y1RzFUUDglk
qhWn3kPWsmglmzql+WLnaspa88gGce2L8o35Ln1WaLWKbskCQQDprh/gsofr91KW
iPoyc9Z6rP7fN70LyRaWiTXOB8iC893qo5yzU0n/tkv7Px3MqivOcGgwg8XUL+nP
oTDhBJerAkEAxJrfA6RpWKbKIrHA9lH9SunVToOjsl2+WXyMM9Dz6YeH2NQoiTCI
4dokCaGohVKup7YAIrIKJ7CI52G+N3+hbQJADEmBl5kLmJa6mvu83CZHItAx3p7Z
q+L48xVn5Nt36ZrVEl9j//HjNDTrrdxVvss73nD+qX5kSpHyY16AaXSKXQJBALIJ
GNkAgpFQAI3ob7ffSUMUeyAtXwh/kYcRnRizKJ2aKK92d/q748i6NJYwOR36YMTo
sDi7By0n1OHLBmjVgAUCQCJL9IpV69Ra9aYa4ojxDXWAR8wtOw5R0axfrdOqXRbm
twXoAR11BkUGmaOggc6OOLbar9f+lkglwZgxT3WEJOc=
-----END RSA PRIVATE KEY-----
```

其中，prime1和prime2分别对应前面算法描述中的两个素数p1和p2。每次生成私钥时，prime1和prime2都是不同的。modulus则是模数。从上述内容可以看出，私钥的格式符合PKCS#1标准。

4.8.3 使用RSA公钥加密一个文件

要使用RSA公钥加密文件，可以使用rsautl命令。该命令能够使用RSA算法加密/解密数据、签名/验签身份，功能非常强大。该命令的语法格式如下：

```
rsautl [-in file] [-out file] [-inkey file] [-passin arg] [-keyform PEM|DER|NET]
[-pubin] [-certin]
   [-asn1parse] [-hexdump] [-raw] [-oaep] [-ssl] [-pkcs] [-x931] [-sign] [-
verify][-encrypt] [-decrypt] [-rev]
   [-engine e]
```

【参数说明】

- -in file：需要处理的文件，默认为标准输入。
- -out file：指定输出的文件，默认为标准输出。
- -inkey file：指定私有密钥文件，格式必须是RSA私有密钥文件。
- -passin arg：指定私钥包含口令存放方式。比如用户将私钥的保护口令写入一个文件，采用此选项指定此文件，可以免去用户输入口令的操作。比如用户将口令写入文件pwd.txt，输入的参数为-passin file:pwd.txt。
- -keyform PEM|DER|NET：证书私钥的格式。
- -pubin：表明输入的是一个公钥文件，默认输入的是私钥文件。
- -certin：表明输入的是一个证书文件。
- -asn1parse：对输出的数据进行ASN1分析。该指令一般和-verify一起使用的时候功能强大。
- -hexdump：用十六进制输出数据。
- -pkcs、-oaep、-ssl、-raw、-x931：采用的填充模式，这4个值分别代表PKCS#1.5（默认值）、PKCS#1 OAEP、SSLv2、X931里面特定的填充模式或者不填充。如果要签名，只有 -pkcs和-raw可以使用。

- -sign：对输入的数据签名，需要私有密钥文件。
- -verify：对输入的数据进行验证。
- -encrypt：用公共密钥对输入的数据进行加密。
- -decrypt：用RSA的私有密钥对输入的数据进行解密。
- -rev：数据是否倒序。
- -engine e：硬件引擎。

在某个目录（比如d:\test\）下新建一个名为plain.txt文本文件，输入3个字符"abc"。然后使用此前生成的公钥加密文件来加密该文件（注意加密时应使用公钥，解密时应使用私钥）。在OpenSSL命令行提示符后输入如下命令：

```
rsautl -encrypt -in d:\test\plain.txt -inkey rsa_public_key.pem -pubin-out
d:\test\enfile.dat
```

其中，rsa_public_key.pem公钥文件是前面生成的公钥文件；d:\test\enfile.dat是加密后生成的密文文件。

需要注意的是，每次加密的结果都是不同的，因为明文填充时加入了随机数。

4.8.4　使用私钥解密一个文件

在OpenSSL中，RSA私钥解密所使用的命令仍然是rsautl。我们在之前的目录（比如d:\test\）下生成了一个密文文件enfile.dat。在OpenSSL命令行提示符后输入如下命令开始解密：

```
rsautl -decrypt -inkey rsa_private_key.pem -in d:\test\enfile.dat
```

执行该命令后，终端将直接显示解密后的明文：abc。如果要将其输出到文件中，可以这样操作：

```
rsautl -decrypt -inkey rsa_private_key.pem -in d:\test\enfile.dat -out
d:\test\plainheck.txt
```

其中，-in指定被加密的文件，-inkey指定私钥文件，-out为解密后的文件。通过-out选项输出解密结果到文件（d:\test\plainheck.txt）。

4.9　基于 OpenSSL 库的 RSA 编程

RSA命令并非万能的，在一线开发中，需要通过编程实现某些特定功能，将加解密功能融入我们的应用系统中。这就需要使用OpenSSL算法库进行RSA加解密编程。

使用OpenSSL进行RSA加解密编程有两种方式：一种是使用EVP系列函数，这些函数提供了对底层加解密函数的封装；另一种是直接使用RSA相关的函数进行加解密操作。如果需要进行标准应用，如使用RSA公钥加密和私钥解密，则使用EVP函数比较方便；如果需要进行特殊应用，如私钥签名、公钥验签，则EVP函数可能会有问题，则可以直接使用RSA提供的函数。

值得注意的是，使用EVP方式只能采取公钥加密、私钥解密的方式，反之运行会出错。

4.9.1 OpenSSL的RSA实现

OpenSSL的RSA实现源码在Crypto/rsa目录下。它实现了RSA PKCS#1标准。主要源码如下：

1. rsa.h

定义了RSA数据结构以及RSA_METHOD，还定义了RSA的各种函数。

2. rsa_asn1.c

实现了RSA密钥的DER编码和解码，包括公钥和私钥。

3. rsa_chk.c

RSA密钥检查。

4. rsa_eay.c

OpenSSL实现的一种RSA_METHOD，作为其默认的一种RSA计算实现方式。此文件未实现rsa_sign、rsa_verify和rsa_keygen回调函数。

5. rsa_err.c

RSA错误处理。

6. rsa_gen.c

RSA密钥生成，如果RSA_METHOD中的rsa_keygen回调函数不为空，则调用它，否则调用其内部实现。

7. rsa_lib.c

主要实现了RSA运算的4个函数（公钥/私钥、加密/解密），它们都调用了RSA_METHOD中相应的回调函数。

8. rsa_none.c

实现了一种填充和去填充。

9. rsa_null.c

实现了一种空的RSA_METHOD。

10. rsa_oaep.c

实现了OAEP填充与去填充。

11. rsa_pk1.c

实现了PKCS#1填充与去填充。

12. rsa_sign.c

实现了RSA的签名和验签。

13. rsa_ssl.c

实现了SSL填充。

14. rsa_x931.c

实现了一种填充和去填充。

4.9.2　主要数据结构

结构体rsa_st封装了公/私钥信息，它们各自会在不同的函数中被用到。rsa_st结构体定义在Crypto/rsa/rsa.h中。rsa_st结构中包含公/私钥信息（如果仅有n和e，则表明是公钥），定义如下：

```
struct rsa_st {
    /* 第一个参数用于拾取传递的错误，它被设置为0，而不是EVP_PKEY */
    int pad;
    long version;
    const RSA_METHOD *meth;
    /* functional reference if 'meth' is ENGINE-provided */
    ENGINE *engine;
    BIGNUM *n;
    BIGNUM *e;
    BIGNUM *d;
    BIGNUM *p;
    BIGNUM *q;
    BIGNUM *dmp1;
    BIGNUM *dmq1;
    BIGNUM *iqmp;
    /* be careful using this if the RSA structure is shared */
    CRYPTO_EX_DATA ex_data;
    int references;
    int flags;
    /* Used to cache montgomery values */
    BN_MONT_CTX *_method_mod_n;
    BN_MONT_CTX *_method_mod_p;
    BN_MONT_CTX *_method_mod_q;
    /*
     * all BIGNUM values are actually in the following data, if it is not
     * NULL
     */
    char *bignum_data;
    BN_BLINDING *blinding;
    BN_BLINDING *mt_blinding;
};
```

在\include\openssl\ossl_type.h中又定义了：

```
typedef struct rsa_st RSA;
```

4.9.3　主要函数

1. 初始化和释放函数

初始化函数是rsa_new，初始化一个RSA结构，声明如下：

```
rsa * rsa_new(void);
```

释放函数是rsa_free，用于释放一个RSA结构，声明如下：

```
void rsa_free(rsa *rsa);
```

2. 公私钥产生函数 RSA_generate_key

RSA_generate_key函数用于产生一个模为num位的密钥对。该函数声明如下：

```
#include <openssl/rsa.h>
RSA *RSA_generate_key(int num, unsigned long e,void (*callback)(int,int,void *),
void *cb_arg);
```

其中参数num是模数的比特数，e为公开的公钥指数，一般为65537（0x10001）；callback是回调函数，由用户实现，用于干预密钥生成过程中的一些运算，可为空；cb_arg是回调函数的参数，可为空。

3. 公钥加密函数 RSA_public_encrypt

RSA_public_encrypt函数用于公钥加密，声明如下：

```
#include <openssl/rsa.h>
int RSA_public_encrypt(int flen, const unsigned char *from,unsigned char *to,
RSA *rsa, int padding);
```

其中flen是要加密的明文长度；from指向要加密的明文缓冲区；to指向存放密文结果的缓冲区；rsa指向RSA结构体；Padding用于指定填充模式，取值如下：

- RSA_PKCS1_PADDING：使用PKCS#1 v1.5规定的填充模式，这是目前使用最广泛的模式。但是强烈建议在新的应用程序中使用RSA_PKCS1_OAEP_PADDING。
- RSA_PKCS1_OAEP_PADDING：PKCS#1 v2.0中定义的填充模式。对于所有新的应用程序，建议使用此模式。
- RSA_SSLV23_PADDING：PKCS#1 v1.5填充，专门用于支持SSL，表示服务器支持SSL3。
- RSA_NO_PADDING：不填充，用RSA直接加密用户数据是不安全的。

如果函数执行成功，则返回密文的长度，即RSA_size(rsa)，如果出错，则返回−1，此时可以通过ERR_get_error函数获得错误码。

对于基于PKCS#1 v1.5的填充模式，flen不能大于RSA_size(rsa)−11；对于RSA_PKCS1_OAEP_PADDING填充模式，flen不能大于RSA_size(rsa)−42；对于RSA_NO_PADDING填充模式，flen不能大于RSA_size(rsa)。当使用RSA_NO_Padding以外的填充模式时，RSA_public_encrypt函数将在密文中包含一些随机字节，因此密文每次都不同，即使明文和公钥完全相同。to中返回的密文将始终被零填充到RSA_size(rsa)。

4. 私钥解密函数 RSA_private_decrypt

RSA_private_decrypt函数用于私钥加密，声明如下：

```
#include <openssl/rsa.h>
int RSA_private_decrypt(int flen, const unsigned char *from,unsigned char *to,
RSA *rsa, int padding);
```

其中flen是要解密的密文长度；from指向要解密的密文缓冲区；to指向存放明文结果的缓冲区；rsa指向RSA结构体；Padding用于指定填充模式，取值如下：

- RSA_PKCS1_PADDING：使用PKCS#1 v1.5规定的填充模式，这是目前使用最广泛的模式。但是强烈建议在新的应用程序中使用RSA_PKCS1_OAEP_PADDING。
- RSA_PKCS1_OAEP_PADDING：PKCS#1 v2.0中定义的填充模式。对于所有新的应用程序，建议使用此模式。
- RSA_SSLV23_PADDING：PKCS#1 v1.5填充，专门用于支持SSL，表示服务器支持SSL3。
- RSA_NO_PADDING：不填充，用RSA直接加密用户数据是不安全的。

如果函数执行成功，则返回解密出来的明文长度，如果出错，则返回−1，此时可以通过ERR_get_error函数获得错误码。

在解密时，flen应该等于RSA_size(rsa)，但是当密文中存在前导零字节时，flen可能会更小。因此，to必须指向一个足够大的内存段，以容纳可能的最大解密数据。对于RSA_NO_PADDING填充模式，to的大小等于RSA_size(rsa)；对于基于PKCS#1 v1.5的填充模式，to的大小应该等于RSA_size(rsa)−11；对于RSA_PKCS1_OAEP_PADDING填充模式，to的大小等于RSA_size(rsa)−42。

【例4.8】 使用EVP和非EVP两种方式实现RSA加解密

（1）新建test.cpp源文件，输入如下代码：

```
#include <stdio.h>
#include <stdlib.h>
#include <openssl/rand.h>  // 为了使用随机数
#include <openssl/rsa.h>
#include<openssl/pem.h>
#include<openssl/err.h>
#include <openssl/bio.h>
#include <string.h>

#ifdef WIN32
#pragma comment(lib, "libcrypto.lib")
#pragma comment(lib, "ws2_32.lib")
#pragma comment(lib, "crypt32.lib")
#endif
#define RSA_KEY_LENGTH 1024
static const char rnd_seed[] = "string to make the random number generator
initialized";

#ifdef WIN32
#define PRIVATE_KEY_FILE "d:\\test\\rsapriv.key"
#define PUBLIC_KEY_FILE "d:\\test\\rsapub.key"
```

```
#else   // non-win32 system
#define PRIVATE_KEY_FILE "/tmp/avit.data.tmp1"
#define PUBLIC_KEY_FILE  "/tmp/avit.data.tmp2"
#endif

#define RSA_PRIKEY_PSW "123"   // 私钥的密码，通常为了私钥授权使用，都是要带口令的
// 生成公钥文件和私钥文件，私钥文件带密码
int generate_key_files(const char *pub_keyfile, const char *pri_keyfile,
                        const unsigned char *passwd, int passwd_len)
{
    RSA *rsa = NULL;
    RAND_seed(rnd_seed, sizeof(rnd_seed));
    rsa = RSA_generate_key(RSA_KEY_LENGTH, RSA_F4, NULL, NULL);
    if (rsa == NULL)
    {
        printf("RSA_generate_key error!\n");
        return -1;
    }

    // 开始生成公钥文件
    BIO *bp = BIO_new(BIO_s_file());
    if (NULL == bp)
    {
        printf("generate_key bio file new error!\n");
        return -1;
    }

    if (BIO_write_filename(bp, (void *)pub_keyfile) <= 0)
    {
        printf("BIO_write_filename error!\n");
        return -1;
    }

    if (PEM_write_bio_RSAPublicKey(bp, rsa) != 1)
    {
        printf("PEM_write_bio_RSAPublicKey error!\n");
        return -1;
    }
    // 公钥文件生成成功，释放资源
    //printf("Create public key ok!\n");
    BIO_free_all(bp);

    // 生成私钥文件
    bp = BIO_new_file(pri_keyfile, "w+");
    if (NULL == bp)
    {
        printf("generate_key bio file new error2!\n");
        return -1;
    }

    if (PEM_write_bio_RSAPrivateKey(bp, rsa,
        EVP_des_ede3_ofb(), (unsigned char *)passwd,
```

```
                    passwd_len, NULL, NULL) != 1)
    {
        printf("PEM_write_bio_RSAPublicKey error!\n");
        return -1;
    }

    // 释放资源
    // printf("Create private key ok!\n");
    BIO_free_all(bp);
    RSA_free(rsa);

    return 0;
}
// 打开私钥文件，返回EVP_PKEY结构的指针
EVP_PKEY* open_private_key(const char *keyfile, const unsigned char *passwd)
{
    EVP_PKEY* key = NULL;
    RSA *rsa = RSA_new();
    OpenSSL_add_all_algorithms();
    BIO *bp = NULL;
    bp = BIO_new_file(keyfile, "rb");
    if (NULL == bp)
    {
        printf("open_private_key bio file new error!\n");

        return NULL;
    }

    rsa = PEM_read_bio_RSAPrivateKey(bp, &rsa, NULL, (void *)passwd);
    if (rsa == NULL)
    {
        printf("open_private_key failed to PEM_read_bio_RSAPrivateKey!\n");
        BIO_free(bp);
        RSA_free(rsa);

        return NULL;
    }

    //printf("open_private_key success to PEM_read_bio_RSAPrivateKey!\n");
    key = EVP_PKEY_new();
    if (NULL == key)
    {
        printf("open_private_key EVP_PKEY_new failed\n");
        RSA_free(rsa);

        return NULL;
    }

    EVP_PKEY_assign_RSA(key, rsa);
    return key;
}
// 打开公钥文件，返回EVP_PKEY结构的指针
EVP_PKEY* open_public_key(const char *keyfile)
{
```

```
    EVP_PKEY* key = NULL;
    RSA *rsa = NULL;

    OpenSSL_add_all_algorithms();
    BIO *bp = BIO_new(BIO_s_file());;
    BIO_read_filename(bp, keyfile);
    if (NULL == bp)
    {
        printf("open_public_key bio file new error!\n");
        return NULL;
    }

    rsa = PEM_read_bio_RSAPublicKey(bp, NULL, NULL, NULL);// 读取PKCS#1的公钥
    if (rsa == NULL)
    {
        printf("open_public_key failed to PEM_read_bio_RSAPublicKey!\n");
        BIO_free(bp);
        RSA_free(rsa);

        return NULL;
    }

    //printf("open_public_key success to PEM_read_bio_RSAPublicKey!\n");
    key = EVP_PKEY_new();
    if (NULL == key)
    {
        printf("open_public_key EVP_PKEY_new failed\n");
        RSA_free(rsa);

        return NULL;
    }

    EVP_PKEY_assign_RSA(key, rsa);
    return key;
}

// 使用密钥加密，这种封装格式只适用于公钥加密，私钥解密，这里key必须是公钥
    int rsa_key_encrypt(EVP_PKEY *key, const unsigned char *orig_data, size_t
orig_data_len,
                        unsigned char *enc_data, size_t &enc_data_len)
{
    EVP_PKEY_CTX *ctx = NULL;
    OpenSSL_add_all_ciphers();

    ctx = EVP_PKEY_CTX_new(key, NULL);
    if (NULL == ctx)
    {
        printf("ras_pubkey_encryptfailed to open ctx.\n");
        EVP_PKEY_free(key);
        return -1;
    }

    if (EVP_PKEY_encrypt_init(ctx) <= 0)
    {
        printf("ras_pubkey_encryptfailed to EVP_PKEY_encrypt_init.\n");
```

```
            EVP_PKEY_free(key);
            return -1;
    }

    if (EVP_PKEY_encrypt(ctx,
        enc_data,
        &enc_data_len,
        orig_data,
        orig_data_len) <= 0)
    {
        printf("ras_pubkey_encryptfailed to EVP_PKEY_encrypt.\n");
        EVP_PKEY_CTX_free(ctx);
        EVP_PKEY_free(key);

        return -1;
    }

    EVP_PKEY_CTX_free(ctx);
    EVP_PKEY_free(key);

    return 0;
}
// 使用密钥解密，这种封装格式只适用于公钥加密，私钥解密，这里key必须是私钥
int rsa_key_decrypt(EVP_PKEY *key, const unsigned char *enc_data, size_t
enc_data_len,
                    unsigned char *orig_data, size_t &orig_data_len, const
unsigned char *passwd)
{
    EVP_PKEY_CTX *ctx = NULL;
    OpenSSL_add_all_ciphers();

    ctx = EVP_PKEY_CTX_new(key, NULL);
    if (NULL == ctx)
    {
        printf("ras_prikey_decryptfailed to open ctx.\n");
        EVP_PKEY_free(key);
        return -1;
    }

    if (EVP_PKEY_decrypt_init(ctx) <= 0)
    {
        printf("ras_prikey_decryptfailed to EVP_PKEY_decrypt_init.\n");
        EVP_PKEY_free(key);
        return -1;
    }

    if (EVP_PKEY_decrypt(ctx,
        orig_data,
        &orig_data_len,
        enc_data,
        enc_data_len) <= 0)
    {
        printf("ras_prikey_decryptfailed to EVP_PKEY_decrypt.\n");
        EVP_PKEY_CTX_free(ctx);
```

```
            EVP_PKEY_free(key);

            return -1;
        }

        EVP_PKEY_CTX_free(ctx);
        EVP_PKEY_free(key);
        return 0;
    }

    void PrintBuf(unsigned char* buf, int len)    // 打印字节缓冲区函数
    {
        int i;

        for (i = 0; i < len; i++) {
            printf("%02x ", (unsigned char)buf[i]);
            if (i % 16 == 15)
                putchar('\n');
        }
        putchar('\n');
    }

    int NoEvpRsa()
    {
        // 产生RSA密钥对
        RSA *rsaKey = RSA_generate_key(1024, 65537, NULL, NULL);

        int keySize = RSA_size(rsaKey);

        char fData[] = "Jeep car";
        printf("plaintext:%s\n", fData);
        char tData[128];

        int  flen = strlen(fData);
        int ret = RSA_public_encrypt(flen, (unsigned char *)fData, (unsigned char
*)tData, rsaKey, RSA_PKCS1_PADDING);
        //ret = 128

        puts("crytptext:");
        PrintBuf((unsigned char*)tData, ret);

        ret = RSA_private_decrypt(128, (unsigned char *)tData, (unsigned char
*)fData, rsaKey, RSA_PKCS1_PADDING);

        if (ret != -1)
            printf("decrypt result:%s\n", fData);

        RSA_free(rsaKey);
        return 0;
    }

    int main(int argc, char **argv)
    {
        char origin_text[] = "hello world!";
        char enc_text[512] = "";
        char dec_text[512] = "";
```

```
        size_t enc_len = 512;
        size_t dec_len = 512;

        printf("plaintext:%s\n", origin_text);
        // 生成公钥和私钥文件
        generate_key_files(PUBLIC_KEY_FILE, PRIVATE_KEY_FILE, (const unsigned char *)
RSA_PRIKEY_PSW, strlen(RSA_PRIKEY_PSW));

        EVP_PKEY *pub_key = open_public_key(PUBLIC_KEY_FILE);
        EVP_PKEY *pri_key = open_private_key(PRIVATE_KEY_FILE, (const unsigned char *)
RSA_PRIKEY_PSW);

        rsa_key_encrypt(pub_key, (const unsigned char *)&origin_text,
sizeof(origin_text), (unsigned char *)enc_text, enc_len);
        puts("crytptext:");
        PrintBuf((unsigned char*)enc_text, enc_len);
        rsa_key_decrypt(pri_key, (const unsigned char *)enc_text, enc_len,
            (unsigned char *)dec_text, dec_len, (const unsigned char
*)RSA_PRIKEY_PSW);

        printf("decrypt result:%s\n", dec_text);

        puts("--------------No Evp RSA-------------");
        NoEvpRsa();

        return 0;
    }
```

我们分别使用EVP系列函数和不用EVP函数两种方式进行了RSA加解密，其中NoEvpRsa函数是不用EVP系列函数的方式。

（2）上传test.cpp到Linux系统，然后编译：

```
g++ test.cpp -o test -lcrypto
```

此时生成可执行文件test，然后运行：

```
plaintext:hello world!
crytptext:
60 fb c8 cf 63 ca 82 0d 26 7a 22 69 ed 0b 28 03
bd f8 c9 1b 38 1e c1 4c 3e d4 f6 1a 4e 7c 51 d7
1f 58 50 c7 99 63 0c 5d 76 a0 ac 22 8b 08 84 89
57 ee c3 a1 0c 7c 2a 20 6d 6c 15 c1 91 6f 00 b6
2e cc 6f 72 45 43 f5 ee 2f 65 3a 68 c0 bd 76 32
fe 80 86 fa c1 91 3b e1 fe ea c5 80 8d 8d ac 6f
2b f8 d4 99 e9 34 2b 1c 77 e3 c1 f5 b2 97 5b 98
8a cd 19 a4 41 dc 1c 05 72 b1 92 76 d5 57 83 0c

decrypt result:hello world!
--------------No Evp RSA-------------
plaintext:Jeep car
crytptext:
60 d4 00 32 2d 94 bc b3 42 ea cc 46 b6 29 c1 c2
55 26 f7 a2 9f bd 16 8f 8d 3e e0 9a 5a b2 91 bb
a9 86 6e 56 7b 4b 0f e1 84 d7 74 15 21 4d e3 22
```

```
b5 09 fc 2c 95 62 52 c7 17 9f 3e 35 9e 13 a0 b3
f7 09 40 59 23 53 89 59 0b 23 62 b4 74 9c 49 9c
cf 97 bb 62 90 5f 9f 24 96 57 fe 5d 2e b1 23 5d
75 2c d4 08 fc 43 1a fd d6 86 02 7a a9 95 85 26
ba 98 96 03 62 55 01 d9 2c 5c 18 e7 42 a1 dd d6

decrypt result:Jeep car
```

4.10　随机大素数的生成

根据对RSA算法的描述，可以知道该算法的第一步是寻找大素数。选取符合要求的大素数不仅是后续步骤的基础，也是保障RSA算法安全性的基础。在正整数序列中，素数具有不规则分布的性质，无法用固定的公式计算出所需的大素数，也无法证明所选取的数是否为一个素数。从计算量和安全的角度考虑，也不可能事先制作并存储一个备用的大素数表。因此，选取一个固定位数的大素数存在一定的难度。检测素数的方法大致分为确定性检测方法和概率性检测方法两类。确定性检测方法有试除法、Lucas素性检测、椭圆曲线测试法等，这些方式的计算量太大，使用确定性检测方法判定一个100位以上的十进制数的素性，以世界上最快的计算机需要消耗103年，这种方法在实际应用中显然没有意义。在RSA算法的应用中，一般使用概率性检测方法来检测一个大整数的素性。虽然可能会有极个别的合数遗漏，但这种可能性很小，在很大程度上排除了合数的可能性，并且速度比确定性检测方法快得多。常见的概率性检测方法有费马素性检测法、Solovay-Strassen检测法、Miller-Rabin测试法等。其中，Miller-Rabin测试法容易理解，效率较高，实际应用也比较广泛。

4.11　RSA算法的攻击及分析

RSA公钥算法的破译方式主要分为两类：其一是密钥穷举法，即找出所有可能的密钥组合；其二是密码分析法。由于RSA算法的加解密变换具有庞大的工作量，使用密钥穷举法进行破译基本上是行不通的，因此只能利用密码分析法对RSA算法密文进行破译。目前，密码分析法的攻击方式主要包含因子分解攻击、选择密文攻击、公共模数攻击和小指数攻击等。

4.11.1　因子分解攻击

因子分解攻击是针对RSA公钥算法最直接的攻击方式，主要可以从3个角度进行：

（1）将模数n分解成两个素因子p和q。如果分解成功，就可以计算出$\phi(n)=(p-1)(q-1)$，再依据$ed=1\mod\phi(n)$，进而解得d。

（2）不分解模数n的情况下，直接确定$\phi(n)$，同样可以得到d。

（3）不确定$\phi(n)$，直接确定d。

4.11.2　选择密文攻击

由于n是通过公钥传输的，因此恶意攻击者可以先利用公钥对明文进行加密，再通过试用找出其影响因素.如果有任何密文与之匹配，攻击者就可以获取原始消息，从而降低RSA算法的安全系数。选择密文攻击是RSA公钥算法最常用、最有效的攻击方式之一。它是指恶意攻击者事先选择不同的密文，并尝试取得与之对应的明文，由此推算出私钥或模数，进而获得自己想要的明文。例如，如果攻击者想破译消息x获取其签名，可以事先虚构两个合法的消息x_1和x_2，使得$x \equiv (x_1 x_2)$ mod n，并骗取用户对x1和x2的签名$S_1 = x_1^d (\text{mod } n)$和$S_2 = x_2 d(\text{mod } n)$，那么攻击者就可以计算出x的签名，$S = x^d = (((x_1 x_2)(\text{mod } n))^d)(\text{mod } n) = ((x_1^d \text{ mod } n)(x_2^d \text{ mod } n)) \text{mod } n == (S_1 S_2)(\text{mod } n)$。

4.11.3　公共模数攻击

公共模数问题是指在公钥密码的实现过程中，一个系统中的不同用户共享同一个大整数，但却拥有不同的指数，即公钥指数e。对于一个需要频繁加密的用户来说，如果这样的方法能够保证信息的安全，那么将极大地降低运营的成本。实际上，这不但不能保证安全性，而且是致命的。密码攻击者不需要任何私钥就能恢复出明文。最简单的一种情况是在两个用户共享同一个模数n的情况下，又对同一明文M进行加密。假设密码攻击者获得了n、e_1、e_2、C_1、C_2，则根据$C_1 = M^{e1} \text{ mod } n$和$C_2 = M^{e2} \text{ mod } n$，明文就能被破译。这是因为$e_1$和$e_2$互素，所以根据欧几里得算法能够确定r和s，使得$e_1 r + e_2 s = 1$。由于公钥$e_1$和$e_2$都是正整数，故r和s中必然有一个为负数。假设r为负数，再根据欧几里得算法可以计算出$C_1^{(-1)}$，于是有$(C_1^{(-1)})^{(-r)}(C_2)^s = M \text{ mod } n$。由上述分析可以看出，对于同一段明文，如果选择不同的加密指数，不必做复杂的分解就能破译RSA密码体制。

4.11.4　小指数攻击

小指数攻击针对的是RSA算法的实现细节。根据算法原理，假设密码系统的公钥e和私钥d选取较小的值，算法签名和验证的效率可以得到提升，并且对于存储空间的需求也会降低，但是若e、d选取得太小，则可能会受到小指数攻击。例如，同一系统内的3个用户分别选用不同的模数n_1、n_2、n_3，且选取e=3；假设将一段明文M发送给这3个用户，使用各自的公钥加密得：$C_1 = M^3 \text{ mod } n_1$、$C_2 = M^3 \text{ mod } n_2$、$C_3 = M^3 \text{ mod } n_3$。为了保证系统安全性，一般要求$n_1$、$n_2$、$n_3$互素，根据$C_1$、$C_2$、$C_3$可得密文$C = M^3 (\text{mod } n_1 n_2 n_3)$。如果$M < n_1$，$M < n_2$，$M < n_3$，那么$M^3 < n_1 n_2 n_3$，可得$M = \sqrt[3]{C}$。

为了防止小指数攻击，可以使用独立随机数字对明文消息进行填充，或者选择较大位数的指数e和d，这样可以使得算法能够有效地抵御小指数攻击。

第 **5** 章

身份认证和PKI

随着计算机网络技术的发展以及网络应用在各行各业的迅速普及，网络安全越来越受到人们的重视。作为网络安全的第一道门槛，网络身份认证技术已成为网络安全的一个重要课题，它对网络应用的安全性起着至关重要的作用。世界各国经过多年的努力，已初步形成了一套比较完整的身份认证系统解决方案，即公钥基础设施（Public Key Infrastructure，PKI），该方案为网络应用透明地提供了通用的信息安全服务。

5.1 身份认证概述

身份认证理论是一门新兴的理论，它是现代密码学发展的重要分支之一。在设计身份认证系统时，身份认证是系统中的第一道关卡，用户在访问所有系统之前，首先应该经过身份认证系统的身份识别，然后身份认证系统会根据用户的身份和授权数据库来决定用户是否能够访问某个资源。

5.1.1 网络安全与身份认证

21世纪是网络信息的时代，随着微电子、光电子、计算机、通信和信息服务业的发展，Internet已经广泛应用。Internet以惊人的速度改变着人们的工作和生活方式，从机构到个人都通过Internet或其他电子媒介发送电子邮件、互换资料及网上交易，给社会、企业和个人带来前所未有的便利。所有这一切都得益于Internet的开放性和匿名性，然而，这两个特性也决定了单纯的Internet不可避免地存在信息安全隐患。Internet经常会受到各种各样的非法入侵和攻击，因而对Internet的信息安全性要求也越来越高，特别是以Internet为支撑平台的电子商务的出现和蓬勃发展，使人们对信息安全提出了更高的要求，网络安全的重要性日益凸显。

网络安全是一个广泛的概念。在广义上，它指中涉及的所有安全问题，包括系统安全、信息安全和通信安全等内容。网络安全技术一般包括数据机密性（Data Confidentiality）、数据完整性（Data Integrity）、身份认证（Authentication）、授权控制（Authorization）和审计（Audit）等多个方面，这些技术都是以密码学技术为基础的。其中，身份认证技术用于实现网络通信双方身份可靠的身份验证。身份认证技术为其他安全技术提供了基础，例如基于身份的访问控制和计费等。对于大多数网络应用，尤其是电子商务这样的商业应用，身份认证是其服务过程中的关键环节。

身份认证在网络安全中扮演着非常重要的位置，因为它是网络安全系统中的第一道关卡，如图5-1所示。

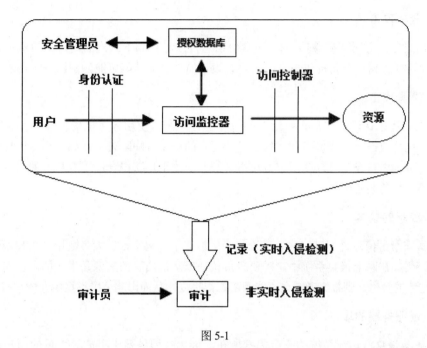

图 5-1

用户在访问网络系统之前，首先需要经过身份认证系统识别身份，然后访问监控器根据用户的身份和授权数据库决定用户是否能够访问某个资源。授权数据库由安全管理员按照需要进行配置。审计系统根据审计设置记录用户的请求和行为，同时入侵检测系统实时或非实时地判定是否有入侵行为。访问控制和审计系统都要依赖于身份认证系统提供的"信息"——用户的身份。可见身份认证是最基本的安全服务，其他的安全服务都要依赖于它。一旦身份认证系统被攻破，那么系统的所有安全措施将形同虚设。网络黑客攻击的目标往往就是身份认证系统。因此，要加快网络信息安全的建设，加强身份认证技术理论及其应用的研究是一个非常重要的课题。

5.1.2　网络环境下身份认证所面临的威胁

网络中非法攻击者采用的攻击手段主要有：非法窃取合法用户的口令，从而可以访问对其未获得授权的系统资源；对合法通信者的通信信息进行窃取、分析并进行破译；截获合法用户的信息，然后传送给接收者；阻止系统资源的合法管理和使用。

1. 中间人攻击

非法用户截获信息后，可能会替换或修改信息后再传送给接收者，或者冒充合法用户发送信息，其目的在于盗取系统的使用权，阻止系统资源的合法管理和使用。导致这种风险的原因主要是认证系统设计结构上的问题，比如一个典型的问题是很多身份认证协议只实现了单向身份认证，其身份信息与认证信息可以相互分离。

2. 重放攻击

网络认证还需要防止认证信息在网络传输过程中被第三方获取并记录下来，然后传送给接收者，这就是重放攻击。重放攻击的主要目的在于实现身份伪造或者破坏合法用户身份认证的同步性。

3. 密码分析攻击

攻击者通过密码分析来破译用户口令/身份信息，或者猜测下一次的用户身份认证信息。系统实现上的简化可能为密码分析提供条件，而系统设计原理上的缺陷可能为密码分析创造条件。

4. 口令猜测攻击

侦听者在知道了认证算法后，对用户的口令进行猜测，使用计算机猜测口令，利用得到的报文进行验证。这种攻击方法直接有效，特别是当用户的口令有缺陷时，比如口令短、使用名字做口令、使用一个单词做口令（可以使用字典攻击）等。非法用户获得合法用户身份的口令，就可以访问对其未获得授权的系统资源。

5. 身份信息的暴露

认证时暴露身份信息是不可取的。尽管某些信息算不上秘密，但大多数用户仍然不希望隐私资料任意扩散。例如在网上报案系统中，需要身份认证以确认信息的来源是真实的。但如果认证过程中暴露了参与者的身份，则报案者完全可能遭受打击报复，从而影响公民举报犯罪的积极性。

6. 对认证服务器的攻击

认证服务器是身份认证系统的安全关键所在。因为在服务器中存放了大量的用户认证信息和配套数据。如果身份认证服务器被攻破了，后果将是灾难性的。

为了抵御网络环境下的身份认证面临的上述威胁，我们在进行网络身份认证技术研究、设计和实现一个网络身份认证系统时，需要满足信息来源的可信性、信息传输的完整性、信息传送的不可抵赖性、控制非法用户对系统资源的访问等目标。同时，身份认证系统还应考虑要达到抵抗重放攻击、抵抗密码分析攻击、实现双向身份认证、提供双因子身份认证、实现良好的认证同步机制、保护身份认证者的身份信息、提高身份认证协议的效率、减少认证服务器的敏感信息等要求。身份认证技术研究及身份认证系统实现都是围绕上述目标和要求进行的。

5.1.3　网络身份认证体系的发展现状

身份认证是网络安全应用系统中的第一道防线，它的目的是验证通信双方的真实身份，防止非法用户假冒合法用户窃取敏感数据。在安全的网络通信中，涉及的通信各方必须通过某种形式的身份验证机制来证明它们的身份，验证用户的身份与所宣称的身份是否一致，然后才能实现对于不同用户的访问控制和记录。

一般来说，用户身份认证可以通过3种基本方式或其组合方式来实现：

（1）用户所知道的某个秘密信息，例如口令或密码。

（2）用户持有的某个秘密信息（硬件），用户必须持有合法的随身携带的物理介质，例如智能卡中存储用户的个人信息，访问系统资源时必须要有智能卡。

（3）用户所具有的生物特征，如指纹、声音、视网膜扫描等，但这种方案一般造价较高，适用于保密程度很高的场合。

传统的认证技术采用简单的口令形式，系统事先保存每个用户的二元组信息（IDX, PwX），进入系统时用户x输入用户名IDx和口令PwX，系统根据保存的用户信息与用户输入的信息进行比较，从而判断用户身份的合法性。这种认证方法操作十分简单，但同时又最不安全，因为其安全性仅基于用户口令的保密性，而用户口令一般较短且容易被猜到，因此这种方案不能抵御口令猜测攻击。另外，其最大的问题是用户名和口令都是以明文方式在网络中传输的，极易遭受重放攻击和字典攻击，因此难以支持交换敏感的、重要的数据应用。目前，一般采用高强度的密码技术来进行身份认证，以提高安全性。

当前互联网上典型的身份认证系统有基于共享密钥（或对称密钥）的集中式认证和以RSA算法为代表的公钥认证两种。前者的代表是美国麻省理工学院（Massachusetts Institute of Technology，MIT）开发的Kerberos协议，后者是基于PKI的系统。

Kerberos提供了一种在开放式网络环境下进行身份认证的方法，是基于可信赖的第三方认证系统。Kerberos基于对称密码学（采用的是DES，但也可以用其他算法代替），它与网络上的每个实体分别共享一个不同的秘密密钥，是否知道该秘密密钥便是身份的证明。采用基于PKI的认证技术类似于 Kerberos技术，它也依赖于共同信赖的第三方来实现认证，不同的是它采用非对称密码体制（公钥体制），并利用数字证书这一静态的电子文件来实施公钥认证。

与共享密钥认证相比，公钥认证的优势主要体现在两个方面：

（1）更高的安全强度。在Kerberos系统中，密钥分发中心（Key Distributed Center，KDC）需要在线参与每一对通信双方的会话密钥协商过程，只要连入Internet，就有可能受到来自网络的攻击，只要KDC被攻破，整个Kerberos系统就会完全崩溃。而且当通信对象很多时，KDC就会成为网络瓶颈。与此不同，基于PKI的系统中，通信方之间的相互认证并不需要证书授权中心（Certificate Authority，CA）的在线参与，管理证书的CA可以离线操作，完全脱离外部Internet的骚扰，只要物理上是安全的，攻击者根本没法接触到CA，更谈不上攻击了，所以CA的安全性比KDC好。

（2）公钥系统便于提供严格意义上的数字签名服务，而这在电子商务中是很重要的，而Kerberos协议最初是设计用来提供认证和密钥交换的，它不能用来进行数字签名，因而也不能提供非否认机制。

在大规模的网络环境下，利用密码学技术进行通信方的身份认证，无论是共享密钥还是公钥体制，理想的途径是有一个权威第三方来协助进行密钥分发及身份鉴别。在PKI体制中，权威第三方不需要在线参与认证过程，采用证书的形式即可使得整个安全体系有很好的扩展性，它对数字签名的良好支持能为交易提供不可否认的仲裁，这些都是共享密钥的认证系统无法达到的，因而以PKI体制为代表的公钥认证技术正逐渐取代共享密钥认证而成为网络身份认证和授权体系的主流。

公钥技术具有签名和加密的功能，可以分别构造基本挑战/响应协议。基于公钥加密的双向挑战/响应协议的认证技术能够提供很可靠的认证服务。公钥认证需要双方事先已经拥有对方的公开密钥，因此公钥的分发成为公钥认证协议的重要环节。公钥系统采用证书授权中心签发证书的方式来分发公钥，X.509协议定义了证书格式。公钥基础设施（PKI）是以公钥技术为基础的，它很好地解决了网络中用户的身份认证，并且保障了网络上信息传送的准确性、完整性和不可否认性。也正是在它的支持下，在线支付得以实施，电子商务才真正得以开展起来。

目前公钥认证技术逐渐成为主流，基于X.509证书和CA的PKI认证系统将是Internet网络认证系统的主要发展方向。利用建立在PKI基础上的X.509数字证书，通过把要传输的数字信息进行加密和签名，可以保证信息传输的机密性、真实性、完整性和不可否认性，从而保证信息的安全传输。但是PKI也存在一些缺点，除了它的完整和庞大使其成本很高和实现技术复杂外，目前重点考虑的还是不同PKI系统之间如何实现相互兼容性和相互操作性，如何建设沟通不同PKI信任体系的管理机制和技术机制，实现CA机构和CA机构的互联互通问题。

5.2　身份认证技术基础

身份认证是指证实被认证对象是否属实和是否有效的一个过程，其基本思想是通过验证被认证对象的属性来达到确认被认证对象是否真实有效的目的。被认证对象的属性可以是口令、数字签名或者像指纹、声音、视网膜这样的生理特征。身份认证通常被用于通信双方相互确认身份，以保证通信的安全。

目前，身份认证技术已经在各个行业领域得到广泛的应用，根据实体间的关系可分为单向认证和双向认证；根据认证信息的性质可分为秘密支持证明、物理介质证明和实体特征证明；根据认证对象可分为实体对象身份认证和信息认证；根据双方的信任关系可分为无仲裁认证和有仲裁认证。

当前，网络上流行的身份认证技术主要有基于口令的认证、基于智能卡的认证、动态口令认证、生物特性认证、USB Key认证等，这些认证技术并非孤立的技术，有很多认证过程同时使用了多种认证机制，互相配置，以达到更加可靠安全的目的。

5.2.1　用户名/密码认证

用户名/密码是最简单、最常用的身份认证方法，是基于what you know的验证手段。每个用户的密码是由用户自己设定的，只有用户自己才知道。只要能够正确输入密码，计算机就认为操作者是合法用户。实际上，许多用户为了防止忘记密码，经常采用诸如生日、电话号码等容易被猜测的字符串作为密码，或者把密码抄在纸上放在一个自认为安全的地方，这样很容易造成密码泄露。即使能保证用户密码不被泄露，由于密码是静态数据，在验证过程中需要在计算机内存和网络中传输，而每次验证使用的验证信息都是相同的，很容易被驻留在计算机内存中的木马程序或网络中的监听设备截获，因此，从安全性上讲，用户名/密码认证方式是一种极不安全的身份认证方式。

5.2.2　智能卡认证

智能卡是一种内置集成电路的芯片，芯片中存有与用户身份相关的数据，智能卡由专门的厂商通过专门的设备生产，是不可复制的硬件。智能卡由合法用户随身携带，登录时必须将智能卡插入专用的读卡器读取其中的信息，以验证用户的身份。智能卡认证是基于what you have的验证手段，通过智能卡硬件不可复制来保证用户身份不会被仿冒。然而由于每次从智能卡中读取的数据是静态的，通过内存扫描或网络监听等技术还是很容易截取到用户的身份验证信息，因此还是存在安全隐患。

5.2.3　生物特征认证

生物识别技术主要是指通过可测量的身体或行为等生物特征进行身份认证的一种技术。生物特征是指唯一的可以测量或可自动识别和验证的生理特征或行为方式。生物特征分为身体特征和行为特征两类。身体特征包括指纹、掌型、视网膜、虹膜、人体气味、脸型、手的血管和DNA等，行为特征包括签名、语音、行走步态等。目前部分学者将视网膜识别、虹膜识别和指纹识别等归为高级生物识别技术，将掌型识别、脸型识别、语音识别和签名识别等归为次级生物识别技术，将血管纹理识别、人体气味识别、DNA识别等归为"深奥的"生物识别技术。

由于不同的人具有不同的生物特征，几乎不可能被仿冒，因此生物特征认证的安全性最高，但各种相关识别技术还不够成熟，没有规模商品化，准确性和稳定性有待提高，生物特征认证基于生物特征识别技术，受到现在的生物特征识别技术成熟度的影响，采用生物特征认证还具有较大的局限性，特别是当生物特征缺失时，就可能没法利用。

5.2.4　动态口令

动态口令技术是一种让用户密码按照时间或使用次数不断变化、每个密码只能使用一次的技术。它采用一种叫作动态令牌的专用硬件，内置电源、密码生成芯片和显示屏，密码生成芯片运行专门的密码算法，根据当前时间或使用次数生成当前密码并显示在显示屏上。认证服务器采用相同的算法计算当前的有效密码，用户使用时只需要将动态令牌上显示的当前密码输入客户端计算机，即可实现身份认证。由于每次使用的密码必须由动态令牌来产生，只有合法用户才持有该硬件，因此只要通过密码验证就可以认为该用户的身份是可靠的。而用户每次使用的密码都不相同，即使黑客截获了一次密码，也无法利用这个密码来仿冒合法用户的身份。

动态口令技术采用一次一密的方法，有效保证了用户身份的安全性。但是如果客户端与服务器端的时间或次数不能保持良好的同步，就可能发生合法用户无法登录的问题。并且用户每次登录时需要通过键盘输入一长串无规律的密码，一旦输错就要重新操作，使用起来非常不方便。国内目前较为典型的有VeriSign VIP动态口令技术和RSA动态口令技术，VeriSign依托本土的数字认证厂商iTrusChina，在密码技术上针对国内进行了改良。

5.2.5　USB Key认证

基于USB Key的身份认证方式是近几年发展起来的一种方便、安全的身份认证技术。它采用软硬件相结合、一次一密的强双因子认证模式，很好地解决了安全性与易用性之间的矛盾。USB Key是一种USB接口的硬件设备，它内置单片机或智能卡芯片，可以存储用户的密钥或数字证书，利用USB Key内置的密码算法实现对用户身份的认证。基于USB Key身份认证系统主要有两种应用模式：一种是基于冲击响应的认证模式；另一种是基于PKI体系的认证模式。

5.2.6　基于冲击响应的认证模式

USB Key 内置单向散列算法（MD5），预先在 USB Key 和服务器中存储一个证明用户身份的密钥。当需要在网络上验证用户身份时，客户端向服务器发出一个验证请求，服务器接收到此请求后生成一个随机数，并将该随机数回传给插在客户端计算机上的 USB Key，此为"冲击"。USB Key 使用该随机数与存储在 USB Key 中的密钥进行 MD5 运算，得到一个运算结果，作为认证证据传送给服务器，此为"响应"。与此同时，服务器使用该随机数与存储在服务器数据库中的该客户的密钥进行 MD5 运算，如果服务器的运算结果与客户端传回的响应结果相同，则认为客户端是一个合法用户，否则认为该用户是非法用户。这种方案利用了 USB Key 的物理随机性和单向散列算法的不可逆性，实现了双向身份验证，提高了认证的安全性。

可以用x代表服务器提供的随机数，Key代表密钥，y代表随机数和密钥经过MD5运算后的结果，通过网络传输的只有随机数x和运算结果y，用户密钥身份认证技术的基础密钥Key既不在网络上传输，也不在客户端计算机内存中出现，网络上的黑客和客户端计算机中的木马程序都无法得到用户的密钥。由于每次认证过程使用的随机数x和运算结果y都不一样，即使在网络传输的过程中认证数据被黑客截获，也无法逆推获得密钥。因此，从根本上保证了用户身份无法被仿冒。

5.2.7　基于PKI体系的认证模式

PKI（Public Key Infrastructure，公钥基础设施）利用一对互相匹配的密钥进行加密、解密，包括一个公共密钥（公钥，Public Key）和一个私有密钥（私钥，Private Key）。其基本原理是：由一个密钥进行加密的信息内容，只能由与之配对的另一个密钥进行解密。公钥可以广泛地发给与自己有关的通信者，私钥则需要十分安全地存放起来，只能由私钥的拥有者使用。

每个用户拥有一个仅为本人所掌握的私钥，用它进行解密和签名；同时拥有一个公钥用于文件发送时加密。当发送一份保密文件时，发送方使用接收方的公钥对数据加密，而接收方则使用自己的私钥解密，这样信息就可以安全无误地到达目的地了，即使被第三方截获，由于没有相应的私钥，因此也无法进行解密。

冲击响应模式可以保证用户身份不被仿冒，但无法保证在认证时数据在网络传输过程中的安全。而基于PKI的数字证书认证方式可以有效保证用户的身份安全和数据传输安全。数字证书是由可信任的第三方认证机构——证书授权中心（Certificate Authority，CA）颁发的一组包含用户身份信息的数据结构，PKI体系通过采用加密算法构建了一套完善的流程，以保证数字证书持有人的身份安全。而使用USB Key可以保障数字证书无法被复制，所有密钥运算在USB Key中实现，用户密钥不在计算机内存中出现，也不在网络中传播，只有USB Key的持有人才能够对数字证书进行操作，安全性有了保障。由于USB Key具有安全可靠、便于携带、使用方便、成本低廉的优点，加上PKI体系完善的数据保护机制，使用USB Key存储数字证书的认证方式已经成为目前主要的认证模式。

5.3　PKI 概述

随着网络信息安全技术的发展，PKI在国内外得到广泛的应用。我国目前已经公布了国家PKI的总体框架，它由国家电子政务PKI体系和国家公共PKI体系组成。PKI是目前解决电子商务安全的主要方案。

PKIX（Public-Key Infrastructure Using X.509）工作组给PKI的定义为："是一组建立在公开密钥算法基础上的硬件、软件、人员和应用程序的集合，它应具备产生、管理、存储、分发和废止证书的能力"。PKI 是一种遵循一定标准的密钥管理平台,它能够为所有网络应用提供加密和数字签名等密码服务及所必需的密钥和证书管理。

5.3.1　PKI的国内外应用状态

美国是最早提出 PKI 概念的国家,并于 1996 年成立了美国联邦 PKI 筹委会。与 PKI 相关的绝大部分标准都由美国制定,其 PKI 技术在世界上处于领先地位。2000 年 6 月 30 日,美国前总统克林顿正式签署美国《全球及全国商业电子签名法》,给予电子签名、数字证书以法律上的保护,这一决定使电子认证问题迅速成为各国政府关注的热点。加拿大在 1993 年就已经开始了政府 PKI 体系雏形的研究工作,到 2000 年已在 PKI 体系方面获得重要的进展,已建成的政府 PKI 体系为联邦政府与公众机构、商业机构等进行电子数据交换时提供信息安全的保障,推动了政府内部管理电子化的进程。加拿大与美国代表了发达国家 PKI 发展的主流。

欧洲在 PKI 基础建设方面也成绩显著,已颁布了 93/1999EC 法规,其中强调技术中立、隐私权保护、国内与国外相互认证以及无歧视等原则。为了解决各国 PKI 之间的协同工作问题,它采取了一系列策略,包括积极资助相关研究所、大学和企业研究 PKI 相关技术,资助 PKI 互操作性相关技术研究,并建立 CA 网络及其顶级 CA。此外,欧洲还于 2000 年 10 月成立了欧洲桥 CA 指导委员会,并于 2001 年 3 月 23 日成立了欧洲桥 CA。

在亚洲,韩国是最早开发 PKI 体系的国家。韩国的认证架构主要分为 3 个等级:最上一层是信息通信部,中间是由信息通信部设立的国家 CA 中心,最下级是由信息通信部指定的下级授权认证机构(LCA)。日本的 PKI 应用体系按公众和私人两个领域来划分,而且在公众领域的市场还要进一步细分,主要分为商业、政府以及公众管理内务、电信、邮政等几大块。此外,还有很多国家都在开展 PKI 方面的研究,并且都成立了 CA 认证机构。较有影响力的国外 PKI 公司有 Baltimore 和 Entrust,其产品如 Entrust/PKI 5.0,已经能较好地满足商业企业的实际需求。VeriSign 公司也已经开始提供 PKI 服务,Internet 上很多软件的签名认证都来自 VeriSign 公司。

被誉为"PK 技术盛会"的亚洲 PKI 论坛第三届国际大会于 2002 年 7 月 8 日到 10 日在韩国首尔举行。会议结果表明:目前 PKI 技术在亚洲各国、各地区已经有了一定的发展与应用,尤其在电子政务与电子商务领域,PKI 技术正在发挥着巨大的作用。但是,PKI 技术在整个亚洲还处于"爬坡"阶段,还存在着许多亟待解决的问题。而在中国,PKI 技术在中国的商业银行、政府采购以及网上购物中得到了广泛应用,PKI 技术在中国有着广泛的应用前景。

我国的 PKI 技术从 1998 年开始起步,由于政府和各有关部门近年来对 PKI 产业的发展给予了高度重视,2001 年 PKI 技术被列为"十五"863 计划信息安全主题重大项目,并于同年 10 月成立了国家 863 计划信息安全基础设施研究中心。国家计委也在制订新的计划来支持 PKI 产业的发展,在国家电子政务工程中明确提出了要构建 PKI 体系。目前,我国已全面推动 PKI 技术研究与应用。

1998 年,国内第一家以实体形式运营的上海 CA 中心(SHECA)成立。目前,国内的 CA 机构分为区域型、行业型、商业型和企业型 4 类,截至 2002 年年底,前 3 种 CA 机构已有 60 余家,58% 的省市建立了区域 CA,部分部委建立了行业 CA。其中全国性的行业 CA 中心有中国金融认证中心(China Financial Certification Authority,CFCA)、中国电信认证中心(China Telecom Certification Authority,CTCA)等。区域型 CA 有一定的地区性,也称为地区 CA,如上海 CA 中心、广东电子商务认证中心等。

我国正在拟订全面发展国内PKI建设的规则，其中包括国家电子政务PKI体系和国家公共PKI体系的建设。从2003年1月7日在北京召开的中国PKI战略发展与应用研讨会可知，我国将组建一个国家PKI协调管理委员会来统管国内的PKI建设，由它来负责制订国家PKI管理政策、国家PKI体系发展规划，监督、指导国家电子政务PKI体系和国家公共PKI体系的建设、运行和应用。据有关机构预测，有关电子政务的外网PKI体系建设即将展开，在电子政务之后，将迎来电子商务这个PKI建设的更大商机。中国的PKI建设即将迎来大发展。

5.3.2　PKI的应用前景

广泛地应用是普及一项技术的保障。PKI支持SSL、IP over VPN、S/MIME等协议，这使得它可以支持加密Web、VPN、安全邮件等应用。而且，PKI支持不同CA间的交叉认证，并能实现证书、密钥对的自动更换，这扩展了它的应用范畴。

一个完整的PKI产品除了主要功能外，还包括交叉认证、支持LDAP、支持用于认证的智能卡等。此外，PKI的特性融入各种应用（如防火墙、浏览器、电子邮件、网络操作系统）正在成为趋势。基于PKI技术的IPSec协议现在已经成为架构VPN的基础。它可以为路由器之间、防火墙之间，或者路由器和防火墙之间提供经过加密和认证的通信。目前，发展很快的安全电子邮件协议是S/MIME，S/MIME是一个用于发送安全报文的IETF标准。它采用了PKI数字签名技术并支持消息和附件的加密，无须收发双方共享相同的密钥。目前该标准包括密码报文语法、报文规范、证书处理以及证书申请语法等方面的内容。基于PKI技术的SSL/TLS是互联网中访问Web服务器最重要的安全协议。当然，它们也可以应用于基于客户机/服务器模型的非Web类型的应用系统。SSL/TLS都利用PKI的数字证书来认证客户机和服务器的身份。

从应用前景来看，随着Internet应用的不断普及和深入，政府部门需要PKI支持管理，商业企业内部、企业与企业之间、区域性服务网络、电子商务网站都需要PKI的技术和解决方案，大企业需要建立自己的PKI平台，小企业需要社会提供商业PKI服务。此外，作为PKI的一种应用，基于PKI的虚拟专用网市场也随着B2B电子商务的发展而迅速膨胀。

总的来说，PKI的市场需求非常巨大，基于PKI的应用包括许多内容，如WWW安全、电子邮件安全、电子数据交换、信用卡交易安全、VPN。从行业应用来看，电子商务、电子政务、远程教育等方面都离不开PKI技术。

5.3.3　PKI存在的问题及发展趋势

尽管取得了很大的进展，但在PKI领域还存在以下问题亟待解决，今后PKI技术将主要在这些方面进行更深入的研究。

1. X.509 属性证书

提起属性证书就不得不提授权管理基础设施（Privilege Management Infrastructure，PMI）。PMI技术的核心思想是以资源管理为核心，将对资源的访问控制权统一交由授权机构进行管理，即由资源的所有者来进行访问控制管理。与PKI技术相比，两者的主要区别在于PKI技术证明用户是谁，并将用户的身份信息保存在用户的公钥证书中；而PMI技术证明这个用户有什么权限、有什么属性、能干什么，并将用户的属性信息保存在授权证书（又称管理证书）中。例如，销售商为了决定一笔订货是否可信，是否应该发货给订货人，他就必须知道定货人的信用情况，而不仅是其名字。为了使上述附加信息能够保存在证书中，X.509v4中引入了公钥证书扩展项，这种证书扩展项可以保存任何类型的附加数据。随后，各个证书系统纷纷引入了自己的专有证书扩展项，以满足各自应用的需求。

2. 漫游证书

到目前为止，能提供证书和其对应的私钥移动性的实际解决方案有两种：第一种是使用智能卡技术，其缺点是易丢失和损坏，并且依赖读卡器；第二种是将证书和私钥复制到一张软盘备用，但软盘不仅容易丢失和损坏，而且安全性也较差。一个更新的解决方案——漫游证书正逐步被采用，它通过第三方软件提供，只需在系统中正确地配置，该软件（或者插件）就允许用户访问自己的公钥/私钥对。它的基本原理很简单，即将用户的证书和私钥放在一个安全的中央服务器上，当用户登录一个本地系统时，从服务器安全地检索出公钥/私钥对，并将其放在本地系统的内存中以备后用，当用户完成工作并从本地系统注销后，该软件自动删除存放在本地系统中的用户证书和私钥。这种解决方案的好处是可以明显提高易用性，降低证书的使用成本，但它与已有的一些标准不一致，因而在应用中受到了一定限制。

3. 无线 PKI

随着无线通信技术的广泛应用，无线通信领域的安全问题也引起了广泛的重视。将PKI技术直接应用于无线通信领域存在两方面的问题：其一是无线终端的资源有限（运算能力、存储能力、电源等）；其二是通信模式不同。为适应这些需求，目前已公布了WPKI草案，其内容涉及WPKI的运作方式、WPKI如何与现行的PKI服务相结合等。WPKI中定义了3种不同的通信安全模式：使用服务器证书的WTLS Class2模式、使用Client证书的ITLS Class3模式以及使用Client证书合并WMLScript的Signet模式。所谓的Class1、Class2及Class3是定义在WTLS标准中的安全需求。在证书编码方面，WPKI证书格式想尽量减少常规证书所需的存储量。采用的机制有两种：其一是重新定义一种证书格式（WTLS证书格式），以此减小X.509证书的尺寸；其二是采用ECC算法减小证书的尺寸，因为ECC密钥的长度比其他算法的密钥要短得多。WPKI也在TETF PKIX证书中限制了一个数据区的尺寸。出于WPKI证书是PKIX证书的一个分支，还要考虑与标准PKI之间的互通性。目前，对WPKI技术的研究与应用正处于探索之中，但它代表了PKI技术发展的一个重要趋势。

4. 信任模型

PKI从根本上说致力于解决通过网络交互的实体之间的信任问题。信任模型的构建是PKI系统在宏观角度上的核心问题。建立一个可以连接Internet，任意实体的全球化的信任体系是PKI研究的一个长期目标。PEW（Privacy Enhanced Mail）的失败证明了严格层次化的信任模型不适合Internet这样灵活的结构；以PGP（Pretty Good Privacy）为代表的以用户为中心的信任模型无法扩展到大规模的应用；依赖于流行浏览器中预安装的信任CA证书的Web信任模型在安全性上一直存在着很大的漏洞；通过交叉认证实现的分布式信任模型应用最广泛，但是路径长度与路径发现问题增加了PKI系统使用时的复杂性。改进和结合各种已有模式的新型信任模型也在不断涌现，但是建立真正的全球化信任体系仍然是PKI研究中的一个难题。

5. 证书撤销

CA如何发布证书撤销信息是影响其是否能被广泛应用的重要因素。1994年，美国的MITRE公司在一个报告中指出，撤销证书信息的发布将潜在地成为运营大规模PKI系统成本最高的部分。同时，MITRE公司提出了一种基本的证书撤销机制，即证书撤销列表机制。证书撤销列表机制的缺陷在于CRL的长度可能很大，由此产生的网络带宽资源消耗在大规模PKI系统中是不可忽视的。同时，因为CRL是周期性发布的，不适用于具有实时性证书撤销信息需求的证书使用环境。针对这些问题，有很多改进的方案被提出，如增量CRL，致力于减小发布CRL的平均带宽和间隔时间；CRL分布点，通过向不同的地点发布CRL分段减小每一个CRL分段的长度；分时CRL，减小发布CRL的峰值带宽。此外，针对实时性问题，目前广泛采取的方案是在线证书状态协议（Online Certificate Status Protocol，OCSP）。基于该协议的证书撤销机制使验证者能够实时地对用于某特定交易的证书进行检查。上述各种方案及其改进方案都致力于解决证书撤销中的一个或几个方面的问题，但是目前尚不存在一种真正适用于大规模PKI系统的高性能的证书撤销方案。

6. 实体命名问题

证书绑定实体身份与实体公钥，而实体身份通过证书上的实体名表示。X.509 V3证书格式定义中的实体名采用X.500可识别名，即通常所说的DN。从理论上考虑，通过X.500 DN区分全球的不同实体是完全可以实现的，但是实际上DN机制并不完全成功。首先X.500目录概念并没有得到充分的推广和接受；其次，在很多场合中，X.500命名机制中各个层次的命名机构并不具有实际的权威性，它们对于名称分配可能是不必要的。证书中的扩展字段（Subject Alternative Name）正是基于这个原因产生的，但是仅通过这个字段增加实体命名方式并不能从根本上解决问题。目前许多PKI研究和标准化活动，比如SDSI（Simple Distributed Security Infrastructure，MIT提出的一种试图解决分布式计算环境中安全问题的信任模型）、SPKI（Simple Public-Key Infrastructure，TETF SPKI工作组以简化证书格式为主要目的建立的PKI信任模型）等，都关注于解决PKI的实体命名问题。

还有相关法律问题、PKI运作成本问题、个人隐私问题、安全公证问题和系统效率问题等。

另外，随着XML应用的深入，如何将PKI技术与XML相结合以保护XML数据的安全受到不少技术人员关注，XML签名和XML加密也是近期工作的重点。

5.4　基于 X.509 证书的 PKI 认证体系

目前，X.509证书已得到广泛的应用，成为开放网络环境中公钥管理的重要手段。公开密钥的管理是一个整体，除了数字证书外，还需要证书签发者（CA）、证书注册中心（RA）、存储库（Reposition）等多种实体参与。各参与方都要维护自己的安全参数，如自己的密钥对、所信任的CA公钥以及所遵循的安全策略等。同时，为保证公钥的有效性，还应有合理的证书撤销机制和证书发布策略。所有这些构成了公开密钥基础设施（PKI），它建立在一套严格定义的标准之上，这些标准用于控制证书生命周期的各个方面。

5.4.1　数字证书

1. 基本定义

数字证书就是互联网通信中标志通信各方身份信息的一系列数据，提供了一种在Internet上验证用户身份的方式，其作用类似于司机的驾驶执照或日常生活中的身份证。它是由一个权威的证书授权机构发行的，人们可以在网上用它来识别对方的身份。数字证书是一个经证书授权中心数字签名的包含公开密钥拥有者信息以及公开密钥的文件。最简单的证书包含一个公开密钥、名称以及证书授权中心的数字签名。

在数字签名过程中，使用发送方的公钥对数字签名进行解密，可以证实文件确实是发送方发送的，但是这并不能证实发送方确实是文件的拥有者。在公钥体制中，公钥本身的保密性并不重要，因为公钥需要公开，不存在监听和泄露的问题，但公钥的发布仍然存在安全性问题。必须确信拿到的公钥确实属于它声明的那个人，否则系统的安全性无法得到保障，攻击者就可能用伪造的公钥进行伪签字行骗。为了防止这种情况的发生，人们采用签发数字证书（Digital Certificate）的方式，把公钥与其真正的拥有者紧密结合起来。数字证书由证书颁发机构（Certificate Authority，CA）颁发，包含了公钥拥有者的身份信息和公钥本身。接收方可以使用证书来验证公钥的真实性和拥有者身份的合法性，从而确保安全地进行数字签名操作。

数字证书是一段包含用户身份信息、用户公钥信息以及身份验证机构的数字签名的数据。身份验证机构的数字签名可以确保证书信息的真实性。通常，数字证书采用公钥体制，即利用一对互相匹配的密钥进行加密、解密，每个用户自己设定一把特定的仅为本人所有的私有密钥（私钥），用它进行解密和签名；同时设定一把公开密钥（公钥）并由本人公开，为一组用户所共享，用于加密和验证签名。当发送一份保密文件时，发送方使用接收方的公钥对数据加密，而接收方则使用自己的私钥解密，这样信息就可以安全无误地到达目的地了。通过数字的手段保证加密过程是一个不可逆过程，即只有用私有密钥才能解密。公开密钥技术解决了密钥发布的管理问题，用户可以公开其公开密钥，而保留其私有密钥。

数字证书颁发的过程一般为：用户首先产生自己的密钥对，并将公开密钥及部分个人身份信息传送给认证中心。认证中心在核实身份后，将执行一些必要的步骤，以确信请求确实由用户发送而来，然后认证中心将发给用户数字证书，该证书内包含用户的个人信息和其公钥信息，同时还附有认证中心的签名信息。用户就可以使用自己的数字证书进行相关的活动。数字证书由独立的证书发行机构发布。数字证书各不相同，每种证书可提供不同级别的可信度。

2. 数字证书的特点

数字证书在一个身份和该身份的持有者所拥有的公私钥对之间建立了一种联系，它具有以下特点。

1）数字证书是 PKI 体系的核心元素

PKI的核心执行机构是CA，CA所签发的数字证书是PKI的核心组织部分，而且是PKI最基本的活动工具，是PKI的应用主体。它完成PKI所提供的全部安全服务功能，可以说PKI体系中的一切活动都是围绕数字证书进行的。

2）数字证书是权威的电子文档

数字证书实际上是由可信、公正的第三方权威认证机构所签发的。数字证书的内容必须包含权威认证机构的数字签名，即将数字证书的内容做散列杂凑值运算后，再用CA的私钥对证书的杂凑值做非对称加密运算，即CA对证书的数字签名。CA对其签发的数字证书内容的签名是具有法律效力的，是符合国家电子签名法要求的，所以，它在网上交易中，在网上实际相互认证的过程中是一个公认的权威的电子文档。

3）数字证书是网上身份的证明

互联网上的身份认证靠证书机制实现身份的识别与鉴别，因为数字证书的主要内容就有证书持有者的真实姓名、身份唯一标识和该实体的公钥信息。电子认证机构CA靠对实体签发的这个数字证书来证明该实体在网上的真实身份。

4）数字证书是 PKI 体系公钥的载体

公钥基础设施是靠公/私钥对的加/解密运算机制完成PKI服务的，私钥严格保密，公钥要方便公布。方便传递和发布公钥是公钥基础设施的优势。公钥发布或传递的方式一是靠LDAP目录服务器，即将CA签发的证书发布在目录服务器上，供需进行通信的证书依赖方索取；二是可由通信双方的一方将公钥证书与加密（签名）后的数据一起发送给依赖方的证书用户。这种公钥的传递载体就是数字证书。

3. 数字证书的格式

数字证书包含一个公开密钥、名称以及证书授权中心的数字签名。一般情况下，证书中还包括密钥的有效时间、发证机关（证书授权中心）的名称、该证书的序列号等信息，数字证书的格式遵循mUTX09国际标准。

X.509目前有3个版本：V1、V2和V3，X.509 V3证书标准是在V2版的基础上扩展而来，能够附带额外信息的扩展项，如表5-1所示。

表 5-1　X.509 的描述

序　　号	项 名 称	描　　述
1	Version	版本号
2	serialNumber	序列号
3	Signature	签名算法
4	Issuer	颁发者
5	Validity	有效日期
6	Subject	主体
7	subjectPublicKeyInfo	主体公钥信息
8	issuserUniqueID	颁发者唯一标识符
9	subjectUniqueID	主体唯一标识符
10	Extensions	扩展项

X.509结构也可通过ASN.1（Abstract Syntax Notation One）标准编码进行描述，它的基本数据结构为：

```
Certificate::=SEQUENCE{
tbsCertificate   TBSCertificate,
signatureAlgorithm  AlgorithmIdentifer,
signatureValue  BIT STRING
}
TBScertificate ::SEQUENCE{
Version [0]EXPLICIT Version DEFAUT V1,
serivalNumber    CertificateSerialNumber
signature  Algorithmldentifier,
Issuer  Name,
validity Validity,
subject Name,
subjectPublicKeyInfo  SubjectPublicKeyInfo,
issuerUniqueID[1] IMPLICIT Uniqueidentifier OPTIONAL,// 如果出现该项，则Version必须
是V2或者V3)
subjectUniqueID[2]  IMPLICIT UniqueIdentifier OPTIONAL,// 如果出现该项，则Version必
须是V2或者V3)
externsion[3] EXPLICIT Extensions OPTIONAL,// 如果出现该项，则Version必须是V3
}
Version::=INTEGER(V1(0),V2(1),V3(2)}
CerificationSerialNumber ::= INTEGER
Validity :=SEQUENCE{
notbefore Time,
notafter Time}
Time::={
utcTime UTCTime,
generalTime GeneralizedTime}
UniqueIdentifier::=BIT STRING
SubjectPublicKeyInfo ::=SEQUENCE{
algorithm AlgorithmIdentifie,
subjectPublicKey BITSTRING}
Extension ::=SEQUENCE SIZE(1..MAX)OF Extension
extnID OBJECT IDENTIFIER,
critical BOOLEAN DEFAULT FALSE,
extn Value OCTET STRING}
```

上述的证书数据结构由tbsCertificate、signatureAlgorithm和signatureValue三个字段构成。这些字段的含义如下：

（1）tbsCertificate字段包含主体名称和签发者名称、主体的公钥、证书的有效期及其他的相关信息。

（2）signatureAlgorithm字段包含证书签发机构签发该证书所使用的密码算法的标识符。一个算法标识符的ASN.1结构如下：

```
Algorithmldentifier:: =SEQUENCE{
Algorithm OBJECT IDENTIFIER,
parameters ANY DEFINED BY algorithm OPTIONAL}
```

算法标识符用来标识一个密码算法，其中的OBJECT IDENTIFIER部分标识了具体的算法，如DSA和SHA-1。可选参数的内容完全依赖于所标识的算法。该字段的算法标识符必须与tbsCertificate中的signatureAlgorithm标识的签名算法相同。

（3）signatureValue字段包含对tbsCertificate字段进行数字签名的结果。数字签名的输入采用ASN.IDER编码的tbsCertificate，而签名的结果则按照ASN.1编码成BIT STRING类型并保存在证书签名值字段内。

5.4.2　数字信封

数字信封是身份认证过程中常用的一种信息保护手段。

数字信封就是信息发送端利用接收端的公钥，将一个通信密钥（对称密钥）加密，生成一个数字信封并传送给对方。只有指定接收方才能用对应的私钥打开数字信封，获取该对称密钥，并用它来解读传送的信息。这就好比在实际生活中，将一把钥匙装在信封里，邮寄给对方，对方收到信件后，将钥匙取出，再用它打开保密箱一样。

数字信封技术结合了对称密钥加密技术和公开密钥加密技术的优点，它可克服对称密钥加密中密钥分发困难和公开密钥加密中加密时间长的问题，使用两个层次的加密来获得公开密钥技术的灵活性和对称密钥技术的高效性，以保证信息的安全。

数字信封的具体实现步骤如下：

（1）信息发送者首先利用随机产生的对称密钥SK加密待发送的信息DE，包括信息明文、数字签名和发送者证书公钥。

（2）发送方利用接收方的公钥加密对称密钥SK，被公钥加密后的对称密钥被称为数字信封DE。

（3）发送方将第（1）步和第（2）步的结果传给接收方，也就是将数字信封DE和加密后的信息E一起发送给接收方。

（4）信息接收方用自己的私钥解密数字信封DE，得到对称密钥SK。

（5）利用对称密钥SK解密所得到的信息。

通过这样的步骤，数字信封保证了数据传输的真实性和完整性。信息发送方使用对称密钥对信息进行加密，从而保证只有规定的收信人才能阅读信的内容。采用数字信封技术后，即使加密文件被他人非法截获，因为截获者无法得到发送方的对称密钥，所以不可能对文件进行解密。

5.4.3　PKI体系结构

1. PKI 结构模型

一个完整的PKI产品通常应具备以下功能：根据X.509标准发放证书，产生密钥对，管理密钥和证书，为用户提供PKI服务，如用户安全登录、增加和删除用户、恢复密钥、检验证书等。其他相关功能还包括交叉认证、支持LDAP、支持用于认证的智能卡等。图5-2是一个典型的PKI实体图。

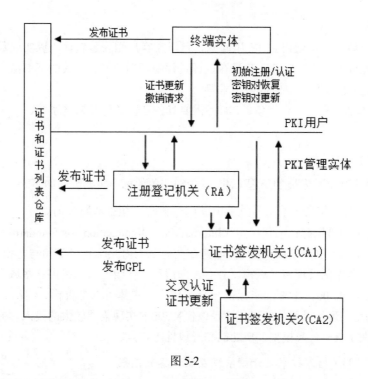

图 5-2

一个典型的完整、有效的PKI应用系统至少应具备以下部分。

1）认证中心（CA）

CA是PKI体系的核心，CA负责管理PKI结构下的所有用户（包括各种应用程序）的证书，把用户的公钥和用户的其他信息捆绑在一起，在网上验证用户的身份，CA还要负责用户证书吊销列表（Certificate Revocation List，CRL）的管理。

2）注册机构（RA）

RA是CA的下属机构，负责收集证书申请者的身份信息并对其进行验证。RA在数字证书申请过程中起到协调作用，帮助CA进行身份验证，确保颁发的数字证书是真实可靠的。RA可以是CA的内部部门或外部机构。

3）证书库

证书库存放了经CA签发的证书和已撤销证书列表，用户可以使用应用程序从证书库中得到对方的证书，验证其真伪，查询证书的状态。证书库通过目录技术实现网络服务。LDAP定义了标准的协议来存取目录系统。支持LDAP的目录系统能够支持大量用户同时访问，对检索请求也有很好的响应。

4）证书的申请者和证书的信任方

证书的申请者也是证书的持有者。PKI可以为证书生成者提供证书请求、密钥对生成、证书生成、密钥更新和证书撤销等功能。PKI为证书信任方提供了检查证书申请者身份以及与证书申请者进行安全数据交换的功能，证书信任方的功能包括接收证书、证书请求、核实证书、数字加密、检查身份和数字签名等功能。

5）客户端软件

为了方便用户操作，解决PKI的应用问题，可以在客户端安装软件，以实现数字签名、加密传输数据等功能。此外，客户端软件还负责在认证过程中查询证书和相关的证书撤销消息，以及进行证书路径处理、对特定文档提供时间戳请求等。

除了上述基本部分外，一个完备的PKI还需要具备密钥备份及恢复系统、证书撤销处理系统、PKI应用接口等。

2. PKI 的标准与协议

从整个PKI体系建立与发展的历程来看，与PKI相关的标准主要说明如下。

1）X.500（1993）信息技术之开放系统互联：概念、模型及服务简述

X.500是一套已经被国际标准化组织（International Organization for Standardization，ISO）接受的目录服务系统标准，它定义了一个机构如何在全局范围内共享其名字和与之相关的对象。X.500采用层次性结构，其中的管理域（机构、分支、部门和工作组）可以提供这些域内的用户和资源信息。在PKI体系中，X.500被用来唯一标识一个实体，该实体可以是机构、组织、个人或一台服务器。X.500被认为是实现目录服务的最佳途径，但X.500的实现需要较大的投入，并且比其他方式速度慢，而其优势在于具有信息模型、多功能和开放性等特点。

2）X.509（1993）信息技术之开放系统互联：鉴别框架

X.509是由国际电信联盟（International Telecommunication Union，ITU）制定的数字证书标准。在X.500确保用名称唯一性的基础上，X.509为X.500用户名称提供了通信实体的鉴别机制，并规定了实体鉴别过程中广泛适用的证书语法和数据接口。X.509的最初版本于1988年公布，X.509证书由用户公开密钥和用户标识符组成。此外，还包括版本号、证书序列号、CA标识符、签名算法标识、签发者名称、证书有效期等信息。这一标准的最新版本是X.509v3，它定义了包含扩展信息的数字证书。这个版本的数字证书提供了一个扩展信息字段，用于提供更多的灵活性及特殊应用环境下所需的信息传送。

3）PKCS 系列标准

由RSA实验室制订的PKCS系列标准是一套针对PKI体系的加解密、签名、密钥交换、分发格式及行为标准，该标准目前已经成为PKI体系中不可缺少的一部分。

4）在线证书状态协议

在线证书状态协议（Online Certificate Status Protocol，OCSP）是IEIF颁布的用于检查数字证书在某一交易时刻是否仍然有效的标准。该标准提供给PKI用户一条方便快捷的数字证书状态查询通道，使PKI体系能够更有效、更安全地在各个领域中被广泛应用。

5）轻量级目录访问协议

轻量级目录访问协议（Lightweight Directory Access Protocol，LDAP）规范（RFC1487）简化了笨重的X.500目录访问协议，并在功能性数据表示、编码和传输方面都进行了相应修改。1997年，LDAP V3成为互联网标准。目前，LDAP V3已广泛应用于PKI体系中的证书信息发布、CRL信息发布、CA政策以及与信息发布相关的各个方面。

除了以上协议外，还有一些构建在PKI体系上的应用协议，包括SET协议和SSL协议。目前，

PKI体系中已经包含众多的标准和标准协议，由于PKI技术的不断进步和完善，及其应用的不断普及，未来还会有更多的标准和协议加入。

3. PKI 的功能

PKI提供了一整套安全机制，其主要包括以下功能。

1）产生、验证和分发密钥

根据密钥生成模式不同，用户公私钥对的产生、验证及分发有两种方式：一种是用户自己产生密钥对，这种方式适用于分布式密钥生成模式；另一种是CA为用户产生密钥对，这种方式适用于集中式密钥生成模式。

2）签名和验证

在PKI体系中，对信息和文件的签名，以及对数字签名的验证都是很普遍的操作。其数字签名和验证可采用多种方法，如RSA、DES等。

3）证书的获取

在验证信息的数字签名时，用户必须事先获取信息发送者的公钥证书，以对信息进行解密验证，并验证发送者身份的有效性。获取证书的方法包括：发送者发送签名信息时，附加发送自己的证书；通过单独的证书信息通道获取；可以访问发布证书的目录服务器来获取；从证书的相关实体处获得。

4）验证证书

在验证证书的过程中，需要迭代寻找证书链中下一个证书及其相应的上级CA证书。在检查每个证书前必须检查相应的CRL。用户检查证书路径时，从最后一个证书的有效性开始，一旦验证通过，则提取该证书的公钥，并用于检查下一个证书，直到验证完发送者的签名证书，并使用该证书的公钥验证签名。这个过程是回溯的。

5）保存证书

保存证书是指PKI实体在本地存储证书，以减少在PKI体系中获得证书的延迟，并提高数字签名的效率。证书存储单元对证书进行定时维护，包括与最新发布的CRL文件比较以清除作废或过期的证书。

6）证书废止的申请

在两种情况下证书应该作废：第一种情况是，当PKI中某实体的私钥被泄密时，与被泄密的私钥对应的公钥证书应该作废。第二种情况是，证书持有者终止该证书的使用或与某组织的关系中止，该证书也应该作废。证书终止的方式有两种：如果是密钥泄露，证书持有者可以直接通知相应的CA；如果是因关系中止，原关系中的组织应出面通知CA。

7）密钥的恢复

在密钥泄密、证书作废后，为了恢复PKI实体的业务处理和产生数字签名，泄密实体需要获得一对新的密钥，并要求CA产生新的证书。每个实体产生新的密钥时，会获得CA用新私钥签发的新证书，而原来使用泄密的密钥签发的旧证书将作废，并放入CRL。

8）CRL 的获取

每个CA均可产生CRL。CRL可以定期产生，也可以每次有证书作废请求后实时产生。CA应该及时将其产生的CRL发送到目录服务器上去。获取CRL有多种方式：CA生成CRL后，可以自动将其发送给下属的各个实体；大多数情况下，使用证书的各个PKI实体从目录服务器中获得相应的CRL。

9）密钥更新

在密钥泄密的情况下，将生成新的密钥和证书。在密钥没有泄密的情况下，密钥也应该定期更换。更换的方式有多种，PKI体系中的各个实体可以在同一时间或不同时间更换密钥。无论使用哪种方式，PKI中的实体都应该在密钥截止日期之前获得新的密钥对和新证书。

10）交叉认证

交叉认证指的是多个PKI域之间实现互操作。交叉认证的实现方法有多种：一种方法是桥接CA，即使用一个第三方CA作为桥梁，将多个CA连接起来，形成一个可信任的统一体；另一种方法是多个CA的根CA（RCA）互相签发根证书，这样当不同PKI域中的终端用户沿着不同的认证链检验认证到根时，就能达到互相信任的目的。通常，网络通信认证关系通过信任关系树来实现，但通过交叉认证机制可以缩短信任关系路径，提高效率。

4. 认证机构 CA

在数字证书认证的过程中，CA作为权威的、公正的、可信赖的第三方，其作用是至关重要的。数字证书认证中心（Certificate Authority，CA）是整个PKI体系的核心。CA作为受信任的第三方，主要负责产生、分配和管理所有参与的实体所需的身份认证数字证书。每一份数字证书都与上一级的数字签名证书相关联，最终通过安全链追溯到一个已知的被广泛认为是安全的、权威的、足以信赖的机构——根认证中心（根CA）。它对网上的数据加密、数字签名、防止抵赖、数据完整性以及身份认证所需的密钥和证书进行统一的集中管理，支持参与的各实体在网络环境中建立和维护信任关系，以保证网络的安全。

CA系统在创建和发布证书时，首先获得用户的请求信息，其中包括公钥。然后，CA根据用户信息生成证书，并使用自己的私钥对证书进行签名。其他实体将使用CA的公钥对证书进行验证。若CA可信，则验证证书的实体可信，证书的公钥属于该实体。

CA还负责维护和发布证书以及证书吊销列表（Certificate Revocation Lists，CRL，又称证书黑名单）。当一个证书的公钥因为其他原因（不是因为到期）无效时，CRL提供了一种通知用户和其他应用的中心管理方式。CA系统产生CRL后，可以将其放置到LDAP服务器或Web服务器的适当位置，以供用户查询和下载。

一个典型的CA系统包括CA服务器、注册机构RA、安全服务器、LDAP服务器和数据库服务器。

1）CA 服务器

CA服务器是整个证书机构的核心，用于签发数字证书。首先，它会生成自身的公私密钥，然后生成数字证书，并将其传送给安全服务器。此外，CA还会为操作员、安全服务器以及注册机构服务器RA生成数字证书，因为安全服务器之间也需要传递证书。考虑到安全因素，CA服务器应与其他服务器相隔离，作为整体的主要机构。

2）注册机构

注册机构（Registration Authority，RA）是数字证书注册审批机构。RA系统是CA机构的证书发放和管理的延伸，它面向操作员，负责证书申请者的信息录入、审核以及证书发放等工作；同时，对发放的证书完成相应的管理功能。RA系统在整个CA体系中具有中介的作用，一方面向CA服务器转发传过来的证书申请请求，另一方面向LDAP服务器和安全服务器转发CA颁发的证书和证书吊销列表。

3）安全服务器

安全服务器面向用户，用于提供证书的申请、浏览、证书的撤销列表以及证书下载等安全服务。安全服务器与用户之间的通信采用安全信道方式，该信道使用安全服务器的数字证书（由CA颁发）进行加密，以传输用户的申请信息，保证证书申请的安全性。

4）LDAP 服务器

LDAP服务器提供目录浏览服务，负责将RA传过来的用户信息及数字证书加入服务器中。这样，用户通过访问LDAP服务器就能够得到其他用户的数字证书。

5）数据库服务器

数据库服务器用于认证机构的数据（如密钥、用户信息等），以及日志和统计信息的存储和管理。数据库服务器可采用磁盘阵列、双机备份和多处理器等方式提高可靠性、稳定性、可伸缩性和高性能。

5.4.4　基于X.509证书的身份认证

X.509是目前实施的PKI系统中唯一的标准。X.509v3是目前的最新版本，它在原有版本的基础上扩展了许多功能。X.509是定义目录服务建设X.500系列的一部分，其核心是建立存放每个用户的公钥证书的目录（仓库）。用户的公钥证书由可信赖的CA创建，并由CA或用户存储在目录中。

目前，以ITU-T的X.509证书格式为基础的PKI体制正在逐渐取代对称密钥认证，成为网络身份认证和授权体系的主流。PKI体制的基本原理是利用数字证书这一静态的电子文件来实施公钥认证。在PKI体制下，通信双方首先交换证书，通过CA公钥检验证书的正确性，可以确定证书中的公钥对应的是一个特定的对象，然后用挑战/应答（Challenge-Response）协议，就可以判断对方是否持有证书中公钥相对应的私钥，从而完成身份认证过程。当然，这种认证的有效性是基于用户的私钥不被泄露的前提下才成立的。

由于这种认证技术采用了非对称密码体制，CA和用户的私钥都不会在网络上传输，从而避免了基于口令的认证中传输口令所带来的问题。攻击者即使截获了用户的证书，但由于无法获得用户的私钥，也就无法解读服务器传给用户的信息，因此有效地保证了通信双方身份的真实性和不可抵赖性。

若用户A想与B通信，A首先查找数据库并得到一个从A到B的证书路径和用户B的公钥。这时，A可使用单向认证、双向认证或三向认证协议。

（1）单向认证（One-Way Authentication）协议是从A到B的单向通信。它确保了A和B双方身份的证明以及从A到B的任何通信信息的完整性，同时可以防止通信过程中的任何重放攻击。单向认证涉及信息从一个用户（A）传送到另一个用户（B），它建立如下要素：

① A的身份标识和由A产生的报文。
② 打算传递给B的报文。
③ 报文的完整性和新鲜性（还没有发送过多次）。

在这个过程中，仅验证发起实体的身份标识，而不验证对应的实体标识。

报文至少要包括一个时间戳Ta、一个现时值Ra、B的身份标识，均用A的私有密钥进行签名。时间戳由一个可选的产生时间和过期时间组成，这将防止报文被延迟传送。现时值用于检测重放攻击。现时值在报文的有效时间和过期时间内必须是唯一的，这样，B能够存储这个现时值直到它过期，并拒绝拥有相同现时值的报文。

（2）双向认证（Two-Way Authentication）协议与单向认证协议类似，但它增加了来自B的应答。它既可以保证是B而不是冒名者发送来的应答，又可以保证双方通信的机密性并可防止重放攻击。与单向认证协议类似，双向认证协议也使用了时间戳。

双向认证协议除了单向认证协议列举的3个要素外，还要建立如下要素：

① B的身份标识和B产生的回答报文。

② 打算传递给A的报文。

③ 回答报文的完整性和新鲜性。

因此，双向认证允许通信双方验证对方的身份。

为了验证回答报文，回答报文包括A的现时值、B产生的时间戳和现时值。和前面一样，报文可能包括签名的附加信息和用A的公钥加密的会话密钥。

（3）三向认证（Three-Way Authentication）协议增加了从A到B的其他消息，并避免了使用时间戳（用鉴别时间代替）。

X.509包括3个可选的认证过程，供不同的应用使用，这些过程都使用公钥签名。它假定双方都知道对方的公钥，要么通过目录获取对方的证书，要么证书被包含在双方的初始报文中。

三向认证协议在三向鉴别中，包括一个从A到B的报文，它含有一个现时值的签名备份。这样设计的目的是避免检查时间戳，因为两个现时值都需要由另一端返回，每一端可以检查返回的现时值来检测重放攻击。当没有时钟同步时，需要采用这种方法。

用户的身份认证可以根据双方的约定选择采用X.509的3种强度的身份认证协议中的一种。这3种协议都能够有效地防止中间人攻击、重发攻击等多种常用的攻击手段。这3种强度的认证是一个逐步完善的过程，三向认证协议的安全性最高。

第**6**章

实战 PKI

第5章讲解了PKI的理论，本章将进行PKI实战。首先，我们将搭建一个CA环境，然后在Linux系统下签发证书，最后编程解析证书。

6.1　只有密码算法是不够的

前面介绍了非对称算法，是不是使用这些密码算法就可以进行安全通信并高枕无忧了呢？答案是否定的。在实际应用中，简单地使用公钥密码算法存在较为严重的安全问题。我们先来看一下公钥密码算法的应用流程。

（1）李四独立地生成自己的密钥对（包括公钥和私钥），并将公钥和私钥完全公开。

（2）当张三需要与李四进行秘密通信时，张三查找到李四的公钥，然后加密消息（在实际应用中一般用对称密钥加密消息，再用公钥加密对称密钥，因为公钥直接加密消息比较慢，这里为了讲述方便，突出重点，假设直接使用公钥加密消息），将密文发送给李四。

（3）李四使用自己的私钥解密消息，得到明文。虽然张三可以通过公开的信道获取李四的公钥，但是，张三如何确定所得到的公钥就属于李四呢？如果攻击者王五生成一对公私密钥对，谎称是李四的公钥，蒙在鼓里的张三用假的李四的公钥去加密自己的消息，那么王五就可以解密密文消息了，从而窃听本来张三发给李四的秘密信息，李四反而不能解密这些信息。由此看出，如何保证张三能够正确地获取李四的公钥是非常重要的。

（4）当利用数字签名来判断数据发送者的身份时，也需要确定公钥的归属。数字签名就是发送者对消息的摘要用自己的私钥加密，然后接收方用发送方的公钥进行解密，如果解密成功，就可以确认发送方的身份（因为私钥只能发送方有）。但是，如果攻击者王五生成一对公私密钥对，然后将公钥公开，并谎称是张三的公钥，王五就能以张三的名义对一份假消息进行加密，然后接收方李四用"张三的公钥"（其实是王五的公钥）进行解密，一看解密成功，李四就可能认为这份消息是张三发来的，以为发送方就是张三了。实际上，张三的身份已经被攻击者王五冒用了。

从上面的分析可以看出，要应用公钥密码算法，首先需要解决公钥归属问题，需要正确地回答公钥到底属于哪个人，或者说正确地回答每一个用户的公钥是什么。需要强调的是，我们所说的公钥归属，或者说公钥属于谁，实际上是指谁拥有与该公钥配对的私钥，而不是简单的公钥持有。

在Diffie和Hellman首次公开提出公钥密码算法的时候，也设想了相应的解决方案：每个人的公钥都存储在专门的可信资料库上。当张三需要获取李四的公钥时，就从该可信资料库查询。

Diffie和Hellman所设想的可信资料库方式要求所有用户都能与其在线通信，每次使用公钥都要从资料库查询。这种方式不方便离线用户的使用，而且当用户大规模应用时，频繁的并发查询会对资料库带来很高的性能要求。在查询过程中也可能存在一定的安全问题，如中间人攻击等。为了更安全地提供公钥的拥有证明并减少在线的集中查询，Kohnfelder在1978年提出了数字证书（Certificate）的概念。由CA签发证书来解决公钥属于谁的问题。

在证书中包含持有者的公钥数据与其身份信息，由CA对这些信息进行审查并进行数字签名。数字签名保证了证书的不可篡改。这样就使得每个人可以有更多的途径来获得其他用户的证书，通过验证证书上的数字签名就可以离线判断公钥拥有的正确性。由于证书上带有CA的数字签名，因此用户可以在不可靠的介质上存储证书而不必担心被篡改，可以离线验证和使用，不必每一次使用都从资料库查询。

有了CA的支持，张三和李四的通信可以按照下列步骤进行：

（1）李四生成自己的公私密钥对，将公钥和自己的身份资料信息提交给CA。

（2）CA检查李四的身份证明后，确认无误后为李四签发数字证书，证书中包含李四的身份信息和公钥，以及CA对证书的签名结果。

（3）当张三需要与李四进行保密通信时，就可以查找李四的证书，然后使用CA的公钥来验证证书上的数字签名是否有效，确保证书不是攻击者伪造的。

（4）验证证书之后，张三就可以使用证书上所包含的公钥与李四进行保密通信和身份鉴别等。

需要注意的是，张三可以从不可信的途径（如没有安全保护的WWW或FTP服务器、匿名的电子邮件等）获取证书，由CA的数字签名来防止证书伪造或篡改。相比于Diffie和Hellman最初设想的在线安全资料库，张三并不需要与CA在线通信，也不必考虑获取途径的安全问题，如通信信道的安全问题。

在上述过程中，主要包括以下3种执行不同功能的实体。

（1）证书认证中心：证书认证中心具有自己的公私密钥对，负责为其他人签发证书，用自己的密钥来证实用户李四的公钥信息。

（2）证书持有者（Certificate Holder）：在上述通信过程中，李四拥有自己的证书和与证书中的公钥匹配的私钥，被称为证书持有者。证书持有者的身份信息和对应的公钥会出现在证书中。

（3）依赖方（Relying Party）：在上述通信过程中，张三可以没有自己的公私密钥对和证书，与李四的安全通信依赖于CA给李四签发的证书以及CA的公钥。我们一般将CA应用过程中使用其他人的证书来实现安全功能（机密性、身份鉴别等）的通信实体称为依赖方，或者证书依赖方，如张三。

证书认证中心、证书持有者和依赖方共同组成了一个基本的安全系统，这个系统被称为PKI系统。

需要注意的是，对于证书持有者与依赖方的区分并不是绝对的，而是相对的。只有对特定的通信过程，区分证书持有者与依赖方才有意义。同一个实体在不同的通信过程中，可能既是证书持有者，又是依赖方。例如，当张三使用李四的证书进行数据加密时，我们将张三称为依赖方，将李四称为证书持有者。如果张三也有自己的证书，李四利用张三的证书给张三发送机密信息时，则张三是证书持有者，李四是依赖方。另一个更显著的例子是SSL/TLS的双向认证（或称为双向鉴别）握手过程。在该握手过程中，服务器和客户端分别持有自己的证书，相互进行身份认证，每一方都既是证书持有者，又是依赖方。虽然张三和李四都会拥有自己的公私密钥对，但是他们只是利用证书来获取PKI的安全服务，并不为其他人提供证书签发服务。我们通常将使用证书服务的实体统称为末端实体（End Entity）。

6.2　利用 OpenSSL 实现 CA 的搭建

前面讲了一堆理论，相信读者已有困意。下面我们将通过实际操作和演示来展示如何利用OpenSSL实现CA的搭建。OpenSSL是一套开源软件，可以很容易地在Linux中安装。它可以用于完成密钥生成以及证书管理等任务。在接下来的演示中，我们将使用OpenSSL搭建CA证书，并实现证书的申请与分发。在搭建过程中，我们需要准备3台Linux虚拟机或者3台Linux主机。在本书的示例中，我们将使用3台Linux虚拟机，这样投资最少，这3台虚拟机安装了CentOS 7系统，OpenSSL也是用其自带的版本1.0.1e（其他版本也可以使用，过程类似）：

```
[root@localhost 桌面]# openssl version
OpenSSL 1.0.1e-fips 11 Feb 2013
```

6.2.1　准备实验环境

首先准备3台Linux虚拟机，分别用来表示根CA证书机构、子CA证书机构和证书申请用户。那么问题来了，用户向子CA证书机构申请证书，子CA机构向根CA机构申请授权，根CA是如何取得证书的呢？答案是根CA自己给自己颁发的证书。实验环境的拓扑结构如图6-1所示。

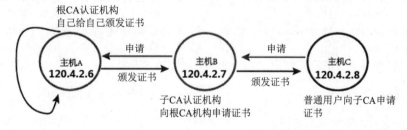

图 6-1

这里采用CentOS 7作为Linux虚拟机的系统，虚拟机软件是VMware Workstation 15，通常可以装完一台虚拟机，其他虚拟机复制即可，网络连接模式都设置为桥接模式，如图6-2所示。

需要注意的是，复制后可能会导致Linux虚拟机的网卡Mac地址相同，从而ping不通对方，此时可以在"虚拟机设置"中把现有网卡删除，再重新添加一块新的网卡。要确保3台虚拟机能够相互ping通，因为我们接下来要在线传送文件。另外，CentOS 7的防火墙默认是开启的，这可能会影响ping通，所以要把它关闭。查看防火墙状态：

```
[root@localhost ~]# firewall-cmd --state
```

如果是Running状态，则将其关闭：

```
[root@localhost ~]# systemctl stop firewalld
```

但这个关闭是临时性的，重启系统后又会打开。

6.2.2　熟悉CA环境

我们的CA准备通过OpenSSL来实现，而CentOS 7已经默认帮我们安装了OpenSSL，因此基本的CA基础环境也就有了。我们既可以用CentOS 7自带的OpenSSL，也可以用第2章建立的OpenSSL 1.0.2。

要手动创建CA证书，就必须先了解OpenSSL中关于CA的配置，配置文件位于/etc/pki/tls/openssl.cnf。我们通过vi命令可以查看其内容，并修改其中的dir变量，命令形式如下：

```
[root@localhost ~]# vi /usr/local/ssl/openssl.cnf
```

然后就可以看到该配置文件的内容（因为内容较多，所以摘取部分，我们对其进行了解释）：

```
####################################################################
[ ca ]
default_ca= CA_default                    #默认CA
####################################################################
[ CA_default ]
dir=/etc/pki/CA    # CA的工作目录，这里我们把它修改为/etc/pki/CA
certs= $dir/certs                         # 证书存储路径
crl_dir= $dir/crl                         # 证书吊销列表
database= $dir/index.txt                  # 证书数据库列表

new_certs_dir= $dir/newcerts              # 新的证书路径
certificate= $dir/cacert.pem              # CA自己的证书，.pem是证书的二进制格式
serial= $dir/serial                       # 当前证书的编号，十六进制，默认为00
crlnumber= $dir/crlnumber                 # 当前要被吊销的证书编号，十六进制，默认为00
crl= $dir/crl.pem                         # 当前CRL
private_key= $dir/private/cakey.pem       # CA 的私钥
RANDFILE= $dir/private/.rand              # 私有的随机数文件
x509_extensions = usr_cert                # 加入证书中的扩展部分


# Comment out the following two lines for the "traditional"
# (and highly broken) format.
# 将以下两行注释掉，以使用传统的（但易受攻击）格式。
name_opt = ca_default                     # 命名方式
cert_opt = ca_default                     # CA的选项


# Extension copying option: use with caution.
# 扩展复制选项：谨慎使用。
```

```
# copy_extensions = copy


# Extensions to add to a CRL. Note: Netscape communicator chokes on V2 CRLs
# so this is commented out by default to leave a V1 CRL.
# crlnumber must also be commented out to leave a V1 CRL.
# 要添加到CRL的扩展。注意：Netscape communicator不支持V2 CRL，
# 因此默认情况下把它注释掉，以保留V1 CRL。
# 必须注释掉crlnumber，以保留V1 CRL
# crl_extensions= crl_ext
default_days= 365                      # 默认证书的有效期限
default_crl_days= 30                   # CRL到下一个CRL前的时间
default_md= default                    # 使用公钥默认的MD算法
preserve= no                           # 保留传递的DN顺序


# A few difference way of specifying how similar the request should look
# for type CA, the listed attributes must be the same, and the optional
# and supplied fields are just that :-)
# 有几种不同的方式可以指定CA类型请求的相似程度，列出的属性必须相同，
# 而可选的和提供的字段仅作为参考。 :-)
policy= policy_match                    # 策略
#这里记录的是将来CA在搭建的时候，以及客户端申请证书的时候，需要提交的信息的匹配程度

# For the CA policy
[ policy_match ]                       # match意味着CA以及子CA必须一致
countryName = match                    # 国家或地区
stateOrProvinceName= match             # 州或者省
organizationName= match                # 组织公司
organizationalUnitName = optional
commonName= supplied
emailAddress= optional

# For the 'anything' policy
# At this point in time, you must list all acceptable 'object'
# types.
# 在此时使用anything策略，您必须列出所有可接受的object类型
[ policy_anything ]                    # 可以对外提供证书申请，这时证书的匹配就可以不用那么严格
countryName= optional
stateOrProvinceName= optional
localityName= optional
organizationName= optional
organizationalUnitName= optional
commonName= supplied
emailAddress= optional
```

注意　把变量dir修改为/etc/pki/CA。另外，我们在/etc/pki/目录下新建了一个目录CA，并在CA目录下建立了子目录private，即确保路径/etc/pki/CA/private存在。再新建文件夹/etc/pki/CA/newcerts和/etc/pki/CA/certs，用来存放签发的证书。

6.2.3 创建所需要的文件

在CA上有两个文件需要预先创建好，分别是/etc/pki/CA/index.txt和/etc/pki/CA/serial。如果不提前创建这两个文件，那么在生成证书的过程中会出现错误。

这里有一点需要注意，我们的实验环境中包含3台主机，其中两台是作为CA认证机构存在的，即位于主机A的根CA、位于主机B的子CA，所以创建所需要的文件时，主机A和主机B都需要创建。

生成证书索引数据库文件：touch /etc/pki/CA/index.txt。

指定第一个颁发证书的序列号：echo 01 > /etc/pki/CA/serial。

6.2.4 CA自签名证书（构造根CA）

首先在主机A上构造根CA的证书。因为没有任何机构能够给根CA颁发证书，所以只能根CA自己给自己颁发证书。首先要生成私钥文件，私钥文件是非常重要的文件，除了私钥文件的拥有者以外，其他任何人都不能取得。因此，在生成私钥文件的同时最好修改该文件的权限，并且采用加密方式来生成。

我们可以执行OpenSSL中的genrsa命令来生成私钥文件，并使用DES3算法对私钥文件进行加密。同时，我们可以临时指定umask，以便生成的私钥文件只对拥有者具有读写权限。具体步骤如下：

```
[root@localhost ~]#(umask 066;openssl genrsa -out /etc/pki/CA/private/cakey.pem
-des3 2048 )
Generating RSA private key, 2048 bit long modulus
................+++
................................+++
e is 65537 (0x10001)
Enter pass phrase for /etc/pki/CA/private/cakey.pem:          #这里需要输入口令
Verifying - Enter pass phrase for /etc/pki/CA/private/cakey.pem:  #这里确认口令
[root@localhost ~]#
```

其中，umask用于设置所创建的文件的权限掩码。openssl genrsa命令用于生成一个RSA私钥，后面指定了2048，因此生成的私钥是2048位的，私钥文件名是cakey.pem，格式为.pem，并且已经加密，因为我们使用了选项-des3。私钥通常用口令来保护，以防别人滥用。在这里，我们输入的口令是123456，但建议在实际应用中使用更复杂的口令，以防被轻易破解。

我们可以查看一下该私钥文件：

```
[root@localhost ~]# cat /etc/pki/CA/private/cakey.pem
-----BEGIN RSA PRIVATE KEY-----
Proc-Type: 4, ENCRYPTED
DEK-Info: DES-EDE3-CBC, 4F6722BEF1EA163C

5Ue9wR5izSC9N+UhU46F1FCvBV7EbNp2wYzbo2nqOVhyjySEIqfwPWzmfp3ztiMB
LWgbRvfMQiTCpwqKw13k3C7yaWClfOkwsMaExPXuaIrdPuDHCXFG4VJhx97HUpv6
9J1Rb2/0HAJVqw8zRdHhX38Da/6JqqZ1EnPAiXEqwnqjj9yCut6RNItEupKFmyE/
FKWOTGklbceaWZboq80mHznwsOQrzhGtz1GwsKc6bBnuSLoqd3w4jCYZI1CUStzW
6kKM9Qwcl6JwZtd61Yc72xsYkmxEW0GFVx9ZAW5t9XCpnuRjlKwS41hJdq1CZIbV
zX++Yi/n4PNSOD/Go+7yvTgfJYNA2u+3wEVcIIeEHxut7ozd9vLDqYum5eR58x0P
RqAQ5nG3AdBN9LILR9Iw6z+ubLQozG+2xzDn7z/cVD+62gS+HO5H+Jiu7WX2o9LJ
```

```
h/R8xzXB8EyySmw4loIXor6+xs9ci1BnUkRfRZ5VBkUYw0b03xltyQYeqJQkfUzM
4hj7UVjXmy5qO2+tkPMR0//797uNFv8Ovi5pF2tkuh2xm4NnYcvrko5XcqUh3F7G
DvVQVjM+D2z9bIoNbJsUSd+CchXgA2qf0qpeXjVRbYEO1CsOA5SopKMZ5qCdPLLQ
uq6pfMbwNnyUg51/ekeIBCjrW7r/+EL3bpnWS+vGWfCGEEX1b2GN53k7hqg8TxGo
2jrH201vkwiWcopwxV8Bz3bq2ibMeg7xDctBQpSLO72MONPs+XKqG4sUXp9Fc2ft
yjY1Xaf8Qf7ypWa2pSd3j4ImtxTZEmAfV94dePyhZBLg3W4+e74Um7DUaNJ+Bsbv
ER6w29fPCZyFvF3aM0zlyrKNwOExEda53hMYyYU5z8qsQk5FNtQ3EoVjKBJ/JM/7
jd4QhQ9cFCXUqo/B+sdpn4yCQ5OcYcUb416WZRAYFCLJxzQx4yUrVV5JTxVodLOq
r/CN2z8Gjhs7kAC1vs6V/UodrT2vV54/NmGPJypw+TZAHYPD9jVLD5JoIpz6FmVK
yaNxIbZiHYuLMOq7jZ8FPUUPUiqQuCBUP/u/ns/XH75UbUc639UHrUXXWsnB1XLK
Hzi5geIy0REjW/65KTXJKOJx/Sy+me+tWIA2gWQ6qVEHV4/et78UVS00/2d//pUb
nSV68oHIi87nCNN3xub3Ql1kzknETVMN74sjgyhZiqUeIJ/3TTmZl+wG4MRSAP9Bp
jrY0vMf0AScn14BeitvwXuKWlM+TNxGFLIQzinijxX5339WArIVsvz92JEmSkid6
QPNBdtZ7Gz1pgS8A57tcAZQk1uBCPDo/6t2wKw+bG0n48RFgxRI1ZBS/r10dmm7z
//rgAfWlSYLzWy1h9njWMMGceBCNcwf9F4PcWv8Ov0G9dUlBORF4O1k8yCWo/dUt
ZOdo83OvqJp4Yhr3MAL9wO6VJEu+dO9heUlItLqzBH2SnunqdmZemPTN25kAWXNi
A9vIiQGHpyOFB3CP+tL8rATSmSYThFh4WnJ8Do2evM6c9io+M0XzTOgp/DDISyLQ
392zZNAn/dvl1qYdRirxU1hYq99bQRXKDzwdljmhH3E5xUG21MdyAg==
-----END RSA PRIVATE KEY-----
[root@localhost ~]#
```

私钥也是随机生成的，因此每次生成的都不同。再次强调，私钥文件是非常重要的文件，除了拥有者以外，其他任何人都不能取得。所以在生成私钥文件的同时，最好修改该文件的权限，并且采用加密的方式生成。

生成私钥后，我们可以生成一张自签名证书。

```
[root@localhost ~]# openssl req -new -x509 -key /etc/pki/CA/private/cakey.pem -days 7300 -out /etc/pki/CA/cacert.pem
Enter pass phrase for /etc/pki/CA/private/cakey.pem:
You are about to be asked to enter information that will be incorporated
into your certificate request.
What you are about to enter is what is called a Distinguished Name or a DN.
There are quite a few fields but you can leave some blank
For some fields there will be a default value,
If you enter '.', the field will be left blank.
-----
Country Name (2 letter code) [XX]:CN
State or Province Name (full name) []:shandong
Locality Name (eg, city) [Default City]:qingdao
Organization Name (eg, company) [Default Company Ltd]:pojun.tech
Organizational Unit Name (eg, section) []:opt
Common Name (eg, your name or your server's hostname) []:ca.pojun.tech
Email Address []:dongjiliange@qq.com
```

其中，openssl req命令的主要功能是生成证书请求文件、查看验证证书请求文件以及生成自签名证书。在这里，我们使用该命令来生成自签名证书cacert.pem。选项说明如下：

-new表示生成一个新的证书请求，并提示用户输入个人信息，比如后面让我们输入的CN、JIANGSU等信息。如果没有指定-key，则会先生成一个私钥文件，再生成证书请求；

-x509表示专用于CA生成自签证书；

-key表示生成请求时用到的私钥文件，该选项只与生成证书请求选项-new配合；

-days n表示证书的有效期限；

-out指定生成的证书请求或者自签名证书名称。

"Enter pass phrase for /etc/pki/CA/private/cakey.pem:" 的意思是生成证书的过程中需要输入之前设定的私钥的保护口令，这里是123456。在上面命令的末尾要求输入一些证书信息，解释如下：

```
Country Name (2 letter code) [XX]:  //输入一个国家或地区的名字，用两字母代码表示，可为空
State or Province Name (full name) []:        //州或省名称，全名，可为空
Locality Name (eg, city) [Default City]:      //地区名称，如城市，可为空
Organization Name (eg, company) [Default Company Ltd]:  //组织名称，默认为有限公司，
可为空
Organizational Unit Name (eg, section) []:   //组织单元名称，可为空
Common Name (eg, your name or your server's hostname) []:www.amber.com   //常见
的名字（例如你的名字或你的服务器的主机名），输入该网址的域名，必填
Email Address []:                            //邮件地址，可为空
```

至此，我们就拥有了一个CA根证书，证书文件为/etc/pki/CA/cacert.pem。有了根证书，就可以向子CA颁发证书，也就是签发一张证书给子CA。

6.2.5　根CA为子CA颁发证书

颁发证书的过程可以分为两个环节：子CA证书机构向根CA证书机构申请证书，以及普通用户向子CA证书机构申请证书。

申请并颁发证书的流程如下：

（1）在需要使用证书的主机（这里是子CA）上生成证书请求。

（2）将证书的申请文件传递给根CA。

（3）根CA签发证书。

（4）将根CA生成的证书发送给子CA。

1. 子 CA 生成证书请求文件

在我们的环境中，B充当子CA，因此在主机B上生成证书请求。首先在B主机上生成私钥，这个过程与前面根CA机构生成私钥的过程是一致的。

这次，我们为子CA生成一个1024位长度的私钥，并且没有采用加密的方式生成。在主机B的终端下输入如下命令：

```
[root@localhost 桌面]# (umask 066;openssl genrsa -out /etc/pki/CA/private/cakey.pem
1024)
Generating RSA private key, 1024 bit long modulus
.....................+++++
..........++++++
e is 65537 (0x10001)
```

然后查看私钥文件cakey.pem：

```
[root@localhost 桌面]# cat /etc/pki/CA/private/cakey.pem
-----BEGIN RSA PRIVATE KEY-----
MIICXAIBAAKBgQDSwWVSyLq4ZI/wZq75HPYfo6RtXOZAj+DNfjAyJmFe5ZN/EJe4
```

```
e913Gh7r/5sJkfJizn1h2POaIeoxTg7TUpdOG6e+xD8A0OQZJuV3YEIdDwaT7I0d
CX3aJH+DTOUec3F/DgNw+hyncXpxOa/afpYlicSoDzwTczdJ8HIHqLhIjwIDAQAB
AoGBANIxU66Wx7KziOMIZiXJfqbbfFgeOP3XASuxWLwLjz0n1kz57XdvAdeRU5mn
maaXyphEvMPjrkDg5kM6SIr2ajMK/0aXJFElmWiBcHqlN8t4cZucD0mrNmfPOZNV
Wbym0t8kq2KZDMZasQvDK5riaSnXeFQXtZQTAZRZmb+D+RnhAkEA64/99pVzI8Lg
IrJ6A4ylB2S3XWwpgrnfyojSTEs3eFGewoaRIpSxSNf5qivliKrPp1Ry190maD5e
L1Z69O4LdwJBAOUKbCe12b7qweRiYX0RBZGYji4wKiNiWvoCFjBzWsdFG6JHVi+I
Zw3m5Z4agTs+aBgukQm+PgtxlmnsMWYCwakCQAEr+DFv0ODOqVrC1ISMAI4m3Bqk
3Rf/YLQbNqCWhzIcBdQl4zbu0mrwWBeWnE+vudS1QNT+DqDaHpHRtk7dmEUCQDNK
RjYOTxil0Y2nSlWLfkfAdfZ56rXJzL23wehPrMB7BVktyGsUjJ9cWYcyQEZYD096
/hfEdnhxk1FdByLk8yECQGDtwaplTf7PcUOd6osgzi6iRN+2NCUwmZ4jlpWjOONg
yUSx870/9QyzYUErtOVYXNEoLJ+n0F/QnALeRUqNpII=
-----END RSA PRIVATE KEY-----
[root@localhost 桌面]#
```

查看私钥文件后，可以发现加密标识已经消失了。同时，因为在生成时指定了1024的长度，私钥的长度明显变短了。

有了私钥，就可以正式生成证书请求文件了。在主机B终端下输入如下命令：

```
[root@localhost 桌面]# openssl req -new -key /etc/pki/CA/private/cakey.pem -days
3650 -out /etc/pki/tls/subca.csr
You are about to be asked to enter information that will be incorporated
into your certificate request.
What you are about to enter is what is called a Distinguished Name or a DN.
There are quite a few fields but you can leave some blank
For some fields there will be a default value,
If you enter '.', the field will be left blank.
-----
Country Name (2 letter code) [XX]:CN

State or Province Name (full name) []:shandong
Locality Name (eg, city) [Default City]:qingdao
Organization Name (eg, company) [Default Company Ltd]:pojun.tech
Organizational Unit Name (eg, section) []:opt
Common Name (eg,  your name or your server's hostname) []:subca.pojun.tech
Email Address []:dongjiliange@qq.com

Please enter the following 'extra' attributes
to be sent with your certificate request
A challenge password []:
Please enter the following 'extra' attributes
to be sent with your certificate request
A challenge password []:123456
An optional company name []:magedu.com
```

到/etc/pki/tls/目录下，可以看到生成的证书请求文件subca.csr。其实，在这里指定时间是没有必要的，因为证书的时间是由颁发机构指定的。因此，申请机构填写时间也是无效的。在填写证书请求的信息时，有些信息必须与根证书的内容相同，因为在根证书的openssl.cnf文件中已经指定了。另外，'extra' attributes后面的信息也可以不填写。

2. 将证书的申请文件传递给根CA

下面将生成的证书的申请文件传递给根CA，我们可以使用scp命令进行网络复制。

```
scp /etc/pki/tls/subca.csr  120.4.2.6:/etc/pki/CA
Are you sure you want to continue connecting (yes/no)? yes
Warning: Permanently added '120.4.2.6' (ECDSA) to the list of known hosts.
root@120.4.2.6's password:
subca.csr                          100% 729    0.7KB/s   00:00
```

其中，120.4.2.6是笔者主机A的IP地址。通过执行上述命令，证书请求文件subca.csr已经传输到主机A的/etc/pki/CA/目录下了。在实际操作中，也可以用离线的方式将证书请求文件导入到根CA主机中，比如使用U盘载体等。

3. 根CA 签发证书

现在，我们回到主机A（根CA所在的主机），为子CA颁发证书。在第一次签发证书前，首先要在主机A上新建两个文件：

```
touch /etc/pki/CA/index.txt
touch /etc/pki/CA/serial
echo "01" > /etc/pki/CA/serial
```

其中，index.txt用来存放新签发证书的记录；serial用来存放序列号，这里指定为01。

下面在主机A的终端上输入证书生成命令：

```
[root@localhost 桌面]# openssl ca -in /etc/pki/CA/subca.csr -out /etc/pki/CA/
certs/subca.crt -days 3650
Using configuration from /etc/pki/tls/openssl.cnf
Enter pass phrase for /etc/pki/CA/private/cakey.pem:
Check that the request matches the signature
Signature ok
Certificate Details:
        Serial Number: 1 (0x1)
        Validity
            Not Before: Aug 19 05:10:43 2019 GMT
            Not After : Aug 16 05:10:43 2029 GMT
        Subject:
            countryName               = CN
            stateOrProvinceName       = shandong
            organizationName          = pojun.tech
            organizationalUnitName    = opt
            commonName                = subca.pojun.tech
        X509v3 extensions:
            X509v3 Basic Constraints:
                CA:FALSE
            Netscape Comment:
                OpenSSL Generated Certificate
            X509v3 Subject Key Identifier:
                A5:91:63:E6:85:BF:73:CB:CB:0B:B2:AE:CD:B5:B5:7D:6A:35:41:84
            X509v3 Authority Key Identifier:
                keyid:38:1D:62:19:59:D7:7B:31:12:CE:85:8E:43:E7:54:87:D6:D7:65:7C
```

```
Certificate is to be certified until Aug 16 05:10:43 2029 GMT (3650 days)
Sign the certificate? [y/n]:y

1 out of 1 certificate requests certified, commit? [y/n]y
Write out database with 1 new entries
Data Base Updated
```

此时在路径/etc/pki/CA/certs/下生成证书文件subca.crt。在签发过程中，会用到根CA的私钥，所以会询问根CA私钥的口令。在后面还会有两次询问，直接输入y即可。生成成功后，查看index.txt文件，会看到增加了一条新的记录：

```
[root@localhost 桌面]# cat /etc/pki/CA/index.txt
 V  290816051043Z  01  unknown  /C=CN/ST=shandong/O=pojun.tech/OU=opt/ CN=
subca.pojun.tech
```

这说明我们的证书签发成功了。

4. 将根 CA 生成的证书传送给子 CA

传送方式依然可以采用离线或在线方式。这里采用在线方式。另外，由于主机B是作为子CA机构存在的，因此证书文件必须是cacert.pem格式（OpenSSL命令需要.pem格式），否则子CA不能给其他用户颁发证书。

在主机A的终端上输入如下命令：

```
[root@localhost 桌面]# scp  /etc/pki/CA/certs/subca.crt 120.4.2.7:/etc/pki/CA/
cacert.pem
```

6.2.6　普通用户向子CA申请证书

这个过程与子CA向根CA申请证书的过程是类似的。基本步骤也是先生成用户私钥文件，再生成证书请求文件，最后把证书请求文件发给子CA让其签发出用户证书。

1. 生成用户私钥

登录主机C的终端，在命令行下输入私钥生成命令：

```
[root@localhost 桌面]# (umask 066; openssl genrsa -out /etc/pki/tls/private/
app.key 1024)
Generating RSA private key, 1024 bit long modulus
.....++++++
.................++++++
e is 65537 (0x10001)
```

在/etc/pki/tls/private/路径下就有另一个用户私钥文件app.key了。

2. 生成证书请求文件

有了私钥文件，才可以生成证书请求文件。登录主机C的终端，在命令行下输入生成证书请求文件的命令：

```
[root@localhost 桌面]# openssl req -new -key /etc/pki/tls/private/app.key  -out
/etc/pki/tls/app.csr
  You are about to be asked to enter information that will be incorporated
```

```
into your certificate request.
What you are about to enter is what is called a Distinguished Name or a DN.
There are quite a few fields but you can leave some blank
For some fields there will be a default value,
If you enter '.', the field will be left blank.
-----
Country Name (2 letter code) [XX]:CN
State or Province Name (full name) []:shangdong
Locality Name (eg, city) [Default City]:qingdao
Organization Name (eg, company) [Default Company Ltd]:pojun.tech
Organizational Unit Name (eg, section) []:dev
Common Name (eg, your name or your server's hostname) []:user.pojun.tech
Email Address []:

Please enter the following 'extra' attributes
to be sent with your certificate request
A challenge password []:123456
An optional company name []:
```

3. 将证书申请文件发送给子 CA

发送方式依然可以采用离线或在线方式。这里采用在线方式。

```
[root@localhost network-scripts]# scp /etc/pki/tls/app.csr 120.4.2.7:/etc/pki/CA
The authenticity of host '120.4.2.7 (120.4.2.7)' can't be established.
ECDSA key fingerprint is 5a:29:ed:4e:08:31:64:84:36:72:c7:28:46:46:58:34.
Are you sure you want to continue connecting (yes/no)? yes
Warning: Permanently added '120.4.2.7' (ECDSA) to the list of known hosts.
root@120.4.2.7's password:
app.csr                                    100% 692    0.7KB/s   00:01
```

4. 子 CA 签发用户证书

在子CA收到用户的证书申请文件后，如果觉得没有问题，就可以为其签发证书。在第一次签发证书之前，首先需要在主机B上新建两个文件：

```
touch /etc/pki/CA/index.txt
touch /etc/pki/CA/serial
echo "01" > /etc/pki/CA/serial
```

其中，index.txt用来存放新签发证书的记录；serial用来存放序列号，这里指定为01。

下面继续在主机B的终端上输入证书生成命令：

```
[root@localhost 桌面]# openssl ca -in /etc/pki/CA/app.csr -out /etc/pki/CA
/certs/app.crt -days 365
Using configuration from /etc/pki/tls/openssl.cnf
Check that the request matches the signature
Signature ok
The stateOrProvinceName field needed to be the same in the
CA certificate (shandong) and the request (shangdong)
```

用户证书app.crt签发成功了。下面我们将生成的证书传送给申请者（这里是用户）。

5. 将生成的证书传送给用户

传送方式依然可以采用离线或在线方式。这里采用在线方式。下面是把主机B上的文件app.crt发送给主机C。

```
[root@localhost 桌面]# scp /etc/pki/CA/certs/app.crt  120.4.2.8:/etc/pki/CA/certs/
The authenticity of host '120.4.2.8 (120.4.2.8)' can't be established.
ECDSA key fingerprint is 5a:29:ed:4e:08:31:64:84:36:72:c7:28:46:46:58:34.
Are you sure you want to continue connecting (yes/no)? yes
Warning: Permanently added '120.4.2.8' (ECDSA) to the list of known hosts
root@120.4.2.8's password:
app.crt                              100%   0     0.0KB/s   00:00
```

此时在主机C上可以看到有证书文件了。

```
[root@localhost ~]# ls /etc/pki/CA/certs/app.crt
/etc/pki/CA/certs/app.crt
```

以上就是利用OpenSSL实现一个小型CA的操作过程，虽然很小型，但基本原理和基本流程与专业CA是类似的。建议读者从小型系统开始学习，逐步深入。

至此，CA操作的基本流程就完成了，证书也生成了。接下来，我们将围绕证书进行操作。

6.3 基于 OpenSSL 的证书编程

在身份认证中，证书非常重要，它的重要性就像我们日常生活中的身份证一样，没有身份证寸步难行。在网络世界中也是如此，没有证书，没人会承认你的身份。

在Windows平台下，解析一个X.509证书文件的最直接办法是使用微软的CryptoAPI。但是，在Linux平台下，只能使用强大的开源跨平台库OpenSSL。一个X.509证书通过OpenSSL解码之后，得到一个X.509类型的结构体指针。通过该结构体，我们可以获取所需的证书项和属性等。

根据封装的不同，X.509证书文件主要有下面3种类型。

（1）*.cer：单个X.509证书文件，不含私钥，可以是二进制和Base 64格式。该类型的证书最常见。

（2）*.p7b：PKCS#7格式的证书链文件，包括一个或多个X.509证书，不含私钥。通常从CA申请RSA证书时，返回的签名证书就是该类型的证书文件。

（3）*.pfx：PKCS#12格式的证书文件，包括一个或多个X.509证书，含有私钥，一般有口令保护。通常从CA申请RSA证书时，加密证书和RSA加密私钥就是该类型的证书文件。

证书如此重要，OpenSSL当然对其提供了强大支持。现有的数字证书大都采用X.509规范，主要由以下信息组成：版本号、证书序列号（在同一CA下是唯一的）、有效期（证书生效和失效的时间）、拥有者信息（姓名、单位、组织、城市、国家/地区等）、颁发者信息、其他扩展信息（证书的扩展用法、CA自定义的扩展项等）、拥有者的公钥、CA对以上信息的签名。

OpenSSL实现了对X.509数字证书的所有操作，包括签发数字证书、解析和验证证书等。在实际应用开发中，针对证书的应用，主要涉及证书的验证（验证其证书链、有效期、吊销列表以及其

他限制规则等）以及证书的解析（获得证书的版本、公钥、拥有者信息、颁发者信息、有效期等）
等操作。这些函数均定义在OpenSSL/x509.h中。

涉及证书操作的函数主要用于验证证书（验证证书链、有效期、CRL）、解析证书（获得证书
的版本、序列号、颁发者信息、主题信息、公钥、有效期等）。在接下来的内容中，我们将介绍这
些函数。

6.3.1　把DER编码转换为内部结构体的d2i_X509函数

该函数将一个DER编码的证书转换为OpenSSL内部结构体（X.509类型），它的声明如下：

```
X509 *d2i_X509(X509 **cert,unsigned char **d,int len);
```

其中cert[in]是指向X.509结构体的指针，表示要转码的证书，其中X.509结构体的定义如下：

```
struct x509_st {
  X509_CINF *cert_info;              // 证书数据信息
  X509_ALGOR *sig_alg;               // 签名算法
  ASN1_BIT_STRING *signature;        // CA对证书的签名值
  int valid;
  int references;
  char *name;
  CRYPTO_EX_DATA ex_data;
  /* These contain copies of various extension values */
  long ex_pathlen;
  long ex_pcpathlen;
  unsigned long ex_flags;
  unsigned long ex_kusage;
  unsigned long ex_xkusage;
  unsigned long ex_nscert;
  ASN1_OCTET_STRING *skid;
  AUTHORITY_KEYID *akid;
  X509_POLICY_CACHE *policy_cache;
  STACK_OF(DIST_POINT) *crldp;
  STACK_OF(GENERAL_NAME) *altname;
  NAME_CONSTRAINTS *nc;
# ifndef OPENSSL_NO_RFC3779
  STACK_OF(IPAddressFamily) *rfc3779_addr;
  struct ASIdentifiers_st *rfc3779_asid;
# endif
# ifndef OPENSSL_NO_SHA
  unsigned char sha1_hash[SHA_DIGEST_LENGTH];
# endif
  X509_CERT_AUX *aux;
} /* X509 */ ;
```

其中，X509_CINF的定义如下：

```
typedef struct x509_cinf_st {
  ASN1_INTEGER *version;             // 证书版本, 0表示V1, 1表示V2*/
  ASN1_INTEGER *serialNumber;        // 证书序列号
  X509_ALGOR *signature;             // 签名算法
```

```
    X509_NAME *issuer;                    // 颁发者信息
    X509_VAL *validity;                   // 有效期
    X509_NAME *subject;                   // 拥有者信息
    X509_PUBKEY *key;                     // 拥有者公钥
    ASN1_BIT_STRING *issuerUID; /* [ 1 ] optional in v2 */
    ASN1_BIT_STRING *subjectUID; /* [ 2 ] optional in v2 */
    STACK_OF(X509_EXTENSION) *extensions; /* [ 3 ] optional in v3 */
    ASN1_ENCODING enc;
} X509_CINF;
```

参数d[in]是指向DER编码的证书数据的指针，len[in]是证书数据长度。如果函数执行成功，则返回X.509结构体的证书数据。

6.3.2　获得证书版本的X509_get_version函数

该函数用于获得证书的版本，它是一个宏定义函数，定义如下：

```
#define X509_get_version(x)   ASN1_INTEGER_get((x)->cert_info->version)
```

其中参数x[in]是指向X.509结构体的指针。该函数返回LONG类型的证书版本号。

6.3.3　获得证书序列号的X509_get_serialNumber函数

该函数用于获得证书序列号，它的声明如下：

```
ASN1_INTEGER *X509_get_serialNumber(X509*x);
```

其中 x[in] 是指向 X.509 结构体的指针，表示要获取序列号的证书。该函数返回 ASN1_INTEGER*类型的证书序列号。

6.3.4　获得证书颁发者信息的X509_get_issuer_name函数

该函数用于获得证书颁发者的信息，它的声明如下：

```
X509_NAME *X509_get_issuer_name(X509 *a);
```

其中a[in]是指向X509*类型的指针，表示证书。该函数返回证书颁发者信息，X509_NAME的定义如下：

```
struct X509_name_st {
    STACK_OF(X509_NAME_ENTRY) *entries;
    int modified;               /* true if 'bytes' needs to be built */
# ifndef OPENSSL_NO_BUFFER
    BUF_MEM *bytes;
# else
    char *bytes;
# endif
/*    unsigned long hash; Keep the hash around for lookups */
    unsigned char *canon_enc;
    int canon_enclen;
} /* X509_NAME */ ;
```

X509_NAME_ENTRY的结构体定义如下:

```
typedef struct X509_name_entry_st {
  ASN1_OBJECT *object;
  ASN1_STRING *value;
  int set;
  int size;                      /* temp variable */
} X509_NAME_ENTRY;
```

X509_NAME结构体包括多个X509_NAME_ENTRY结构体。X509_NAME_ENTRY保存了颁发者的信息，这些信息包括对象和值。对象的类型包括国家或地区、通用名、单位、组织、地区、邮件等。

6.3.5   获得证书拥有者信息的X509_get_subject_name函数

该函数用于获得证书拥有者信息，它的声明如下:

```
X509_NAME *X509_get_subject_ name(X509 *a);
```

其中a[in]是指向X509 *类型的指针，表示证书。该函数返回证书拥有者信息。

6.3.6   获得证书有效期的起始日期的X509_get_notBefore函数

证书有效期从起始日期到结束日期，该函数用来获取证书有效期的起始日期，它是一个宏定义函数，声明如下:

```
#define X509_get_notBefore(x)        ((x)->cert_info->validity->notBefore)
```

其中参数x[in]是指向X509 *类型的指针，表示证书。该函数返回证书有效期的起始日期。

6.3.7   获得证书有效期的终止日期的X509_get_notAfter函数

证书有效期从起始日期到结束日期，该函数用来获取证书有效期的结束日期，它是一个宏定义函数，声明如下:

```
#define X509_get_notAfter(x)        ((x)->cert_info->validity->notAfter)
```

其中参数x[in]是指向X509 *类型的指针，表示证书。该函数返回证书有效期的结束日期。

6.3.8   获得证书公钥的X509_get_pubkey函数

该函数用来获得证书的公钥，它的声明如下:

```
EVP_PKEY *X509_get_pubkey(X509 *x);
```

其中参数x[in]是指向X509 *类型的指针，表示证书。该函数返回证书公钥。

6.3.9   创建证书存储区上下文环境的X509_STORE_CTX函数

该函数用于创建证书存储区上下文环境，它的声明如下:

```
X509_STORE_CTX *X509_STORE_CTX_new();
```

若该函数操作成功，则返回证书存储区上下文环境指针，否则返回NULL。

6.3.10　释放证书存储区上下文环境的X509_STORE_CTX_free函数

该函数用于释放证书存储区上下文环境，它的声明如下：

```
void X509_STORE_CTX_free(X509_STORE_CTX *ctx);
```

其中参数ctx[in]是指向证书存储区上下文环境的指针。

6.3.11　初始化证书存储区上下文环境的X509_STORE_CTX_init函数

该函数用于初始化证书存储区上下文环境，主要功能是设置根证书、待验证的证书、CA证书链等，该函数的声明如下：

```
int X509_STORE_CTX_init(X509_STORE_CTX *ctx, X509_STORE *store, X509 *x509,
STACK_OF(X509) *chain);
```

其中参数ctx[in]是指向证书存储区上下文环境的指针；store[in]表示根证书存储区；chain[in]表示证书链。如果函数执行成功，则返回1，否则返回0。

6.3.12　验证证书的X509_verify_cert函数

该函数用于验证证书，检查证书链，依次验证上级颁发者对证书的签名，一直到根证书。该函数会检查证书是否过期，以及其他策略。如果设置了CRL，还会检查该证书是否在吊销列表内。该函数必须在调用了STORE_CTX_init后才能调用，它的声明如下：

```
int X509_verify_cert(X509_STORE_CTX *ctx);
```

其中参数ctx[in]是指向证书存储区上下文环境的指针。如果函数执行成功，则返回1，否则返回0。

6.3.13　创建证书存储区的X509_STORE_new函数

该函数用于创建一个证书存储区，它的声明如下：

```
X509_STORE *X509_STORE_new(void);
```

该函数返回X509_STORE结构体类型的指针。其中，X509_STORE_CTX定义如下：

```
typedef struct x509_store_ctx_st X509_STORE_CTX;
struct x509_store_st {
    /* The following is a cache of trusted certs */
    int cache;                  /* if true, stash any hits */
    STACK_OF(X509_OBJECT) *objs; /* Cache of all objects */
    /* These are external lookup methods */
    STACK_OF(X509_LOOKUP) *get_cert_methods;
    X509_VERIFY_PARAM *param;
    /* Callbacks for various operations */
    /* called to verify a certificate */
    int (*verify) (X509_STORE_CTX *ctx);
```

```
/* error callback */
int (*verify_cb) (int ok, X509_STORE_CTX *ctx);
/* get issuers cert from ctx */
int (*get_issuer) (X509 **issuer, X509_STORE_CTX *ctx, X509 *x);
/* check issued */
int (*check_issued) (X509_STORE_CTX *ctx, X509 *x, X509 *issuer);
/* Check revocation status of chain */
int (*check_revocation) (X509_STORE_CTX *ctx);
/* retrieve CRL */
int (*get_crl) (X509_STORE_CTX *ctx, X509_CRL **crl, X509 *x);
/* Check CRL validity */
int (*check_crl) (X509_STORE_CTX *ctx, X509_CRL *crl);
/* Check certificate against CRL */
int (*cert_crl) (X509_STORE_CTX *ctx, X509_CRL *crl, X509 *x);
STACK_OF(X509) *(*lookup_certs) (X509_STORE_CTX *ctx, X509_NAME *nm);
STACK_OF(X509_CRL) *(*lookup_crls) (X509_STORE_CTX *ctx, X509_NAME *nm);
int (*cleanup) (X509_STORE_CTX *ctx);
CRYPTO_EX_DATA ex_data;
int references;
} /* X509_STORE */ ;
```

6.3.14　释放证书存储区的X509_STORE_free函数

该函数用于释放证书存储区，它的声明如下：

```
void X509_STORE_free(X509_STORE *v);
```

其中参数v表示一个要释放的证书存储区。

6.3.15　向证书存储区添加证书的X509_STORE_add_cert函数

该函数将信任的根证书添加到证书存储区，它的声明如下：

```
int X509_STORE_add_cert(X509_STORE *ctx, X509 *x);
```

其中参数ctx[in]表示证书存储区；x[in]是受信任的根证书。如果函数执行成功，则返回1，否则返回0。

6.3.16　向证书存储区添加证书吊销列表的X509_STORE_add_crl函数

该函数用于向证书存储区添加证书吊销列表，它的声明如下：

```
int X509_STORE_add_crl(X509_STORE *ctx, X509_CRL *x);
```

其中参数ctx[in]表示证书存储区；x[in]表示证书吊销列表。如果函数执行成功，则返回1，否则返回0。

6.3.17　释放X.509结构体的X509_free函数

该函数用于释放X.509结构体，它的声明如下：

```
void X509_free(X509 *a);
```

其中a是指向X.509结构体的指针，表示要释放的证书。

6.4　证书编程实战

前面已经介绍了OpenSSL库中一些常用的证书函数。现在我们利用这些函数小试牛刀。本次实践的功能很简单，就是解析一个DER编码的RSA证书。

首先要准备好证书，前面搭建CA的时候产生了一个subca.crt证书，这个证书是PEM编码的，现在我们将其转为DER编码的证书。转换很简单，因为OpenSSL提供了相应的转换命令。先进入subca.crt所在目录，然后在终端输入如下命令：

```
openssl x509 -in subca.crt -outform der -out subca.der
```

此时，同目录下生成一个DER编码的证书文件subca.der。下面我们通过编程对其进行解析。

【例6.1】　解析DER编码的证书

（1）打开编辑器，输入如下代码：

```c
#include <stdio.h>
#include <unistd.h>
#include "locale.h"
#include <openssl/x509.h>

// 判断证书中的签名算法是哪种算法
int  get_SignatureAlgOid(X509 *x509Cert,char* lpscOid, int *pulLen)
{
    char oid[128] = {0};
    ASN1_OBJECT* salg = NULL;

    salg = x509Cert->sig_alg->algorithm;
    OBJ_obj2txt(oid, 128, salg, 1);
    if (!lpscOid)
    {
        *pulLen = strlen(oid) + 1;
        return -1;
    }
    if (*pulLen < strlen(oid) + 1)
    {
        return -2;
    }
    strcpy(lpscOid,  oid);
    *pulLen = strlen(oid) + 1;
    return 0;
}
void AnsX509(unsigned char *usrCertificate, unsigned long usrCertificateLen)
{
```

```
    X509 *x509Cert = NULL;                    // X.509证书结构体
    unsigned char *pTmp = NULL;
    X509_NAME *issuer = NULL;                 // X509_NAME结构体，保存证书颁发者信息
    X509_NAME *subject = NULL;                // X509_NAME结构体，保存证书拥有者信息
    int i;
    int entriesNum;
    X509_NAME_ENTRY *name_entry;
    ASN1_INTEGER *Serial = NULL;              // 保存证书序列号
    long Nid;
    ASN1_TIME *time;                          // 保存证书有效期时间
    EVP_PKEY *pubKey;                         // 保存证书公钥
    long Version;                             // 保存证书版本
    unsigned char derpubkey[1024];
    int derpubkeyLen;
    unsigned char msginfo[1024];
    int msginfoLen;
    wchar_t pUtf8[200];

    int nUtf8;
    int rv;

    char szSign[256];
    int ulen = 256;
    char szTmp[256] = "";
    // 把DER证书转化为X.509结构体
    pTmp = usrCertificate;
    x509Cert = d2i_X509(NULL, (const unsigned char**)&pTmp, usrCertificateLen);
    if (x509Cert == NULL)
    {
        printf("解析失败：非DER证书");
        return;
    }


    // 获取证书版本
    Version = X509_get_version(x509Cert);
    printf("X509 Version:V%ld\r\n", Version + 1);
    // 获取证书序列号
    Serial = X509_get_serialNumber(x509Cert);
    // 打印证书序列号
    printf("序列号: ");
    for (i = 0; i < Serial->length; i++)
    {
        printf("%02x", Serial->data[i]);
    }
    printf("\r\n");

    if (-1 == get_SignatureAlgOid(x509Cert, szSign, &ulen))
        return;
    printf("签名算法: %s\r\n", szSign);
```

　　// 获取证书颁发者信息，X509_NAME结构体保存了多项信息，包括国家或地区、组织、部门、通用
名、Mail

```
        issuer = X509_get_issuer_name(x509Cert);
        // 获取X509_NAME条目个数
        entriesNum = sk_X509_NAME_ENTRY_num(issuer->entries);

        // 循环读取各条目信息
        for (i = 0; i < entriesNum; i++)
        {
            // 获取第i个条目值
            name_entry = sk_X509_NAME_ENTRY_value(issuer->entries, i);
            // 获取对象ID
            Nid = OBJ_obj2nid(name_entry->object);
            // 判断条目编码的类型
            if (name_entry->value->type==V_ASN1_UTF8STRING) // 把UTF-8编码数据转化成可见
字符
            {
                setlocale(LC_ALL,"zh_CN.UTF-8");               // 设置转换前的编码
                rv=mbstowcs(pUtf8,(char*)name_entry->value->data,8);
                rv=wcstombs((char*)msginfo,pUtf8,nUtf8);
                msginfoLen = rv;
                msginfo[msginfoLen] = '\0';
            }
            else
            {
                msginfoLen = name_entry->value->length;
                memcpy(msginfo, name_entry->value->data, msginfoLen);
                msginfo[msginfoLen] = '\0';
            }
            // 根据NID打印出信息
            switch (Nid)
            {
            case NID_countryName:                     // 国家或地区
                printf("签发者国家或地区：  %s\r\n", msginfo);
                break;
            case NID_stateOrProvinceName:             // 省
                printf("签发者 省份：  %s\r\n", msginfo);
                break;
            case NID_localityName:                    // 地区
                printf("签发者 localityName:   %s\r\n", msginfo);
                break;
            case NID_organizationName:                // 组织
                printf("签发者 organizationName: %s\r\n", msginfo);
                break;
            case NID_organizationalUnitName:          // 单位
                printf("签发者 organizationalUnitName:%s\r\n", msginfo);
                break;
            case NID_commonName:                      // 通用名
                printf("签发者 commonName:   %s\r\n", msginfo);
                break;
            case NID_pkcs9_emailAddress:              // Mail
                printf("签发者 emailAddress:  %s\r\n", msginfo);
                break;
```

```
        }//end switch
    }
    // 获取证书主题信息
    subject = X509_get_subject_name(x509Cert);
    // 获得证书主题信息条目个数
    entriesNum = sk_X509_NAME_ENTRY_num(subject->entries);
    // 循环读取各条目信息
    for (i = 0; i < entriesNum; i++)
    {
        // 获取第i个条目值
        name_entry = sk_X509_NAME_ENTRY_value(subject->entries, i);
        Nid = OBJ_obj2nid(name_entry->object);
        // 判断条目编码的类型
        if (name_entry->value->type==V_ASN1_UTF8STRING)    // 把UTF-8编码数据转化成
可见字符
        {
            setlocale(LC_ALL,"zh_CN.UTF-8");// 设置转换前的编码
            rv=mbstowcs(pUtf8,(char*)name_entry->value->data,nUtf8);
            rv=wcstombs((char*)msginfo,pUtf8,nUtf8);
            msginfoLen = rv;
            msginfo[msginfoLen] = '\0';
        }
        else
        {
            msginfoLen = name_entry->value->length;
            memcpy(msginfo, name_entry->value->data, msginfoLen);
            msginfo[msginfoLen] = '\0';
        }
        switch (Nid)
        {
        case NID_countryName:                 // 国家或地区
            printf("持有者 countryName:   %s\r\n", msginfo);
            break;
        case NID_stateOrProvinceName:         // 省
            printf("持有者   ProvinceName:%s\r\n", msginfo);
            break;
        case NID_localityName:                // 地区
            printf("持有者 localityName:  %s\r\n", msginfo);
            break;
        case NID_organizationName:            // 组织
            printf("持有者 organizationName:  %s\r\n", msginfo);
            break;
        case NID_organizationalUnitName:      // 单位
            printf("持有者 organizationalUnitName:%s\r\n", msginfo);
            break;
        case NID_commonName:                  // 通用名
            printf("持有者 commonName:     %s\r\n", msginfo);
            break;
        case NID_pkcs9_emailAddress:          // Mail
            printf("持有者 emailAddress:  %s\r\n", msginfo);
```

```
                    break;
            }//end switch
    }
    // 获取证书生效日期
    time = X509_get_notBefore(x509Cert);
    printf("Cert notBefore: %s\r\n", time->data);
    // 获取证书过期日期
    time = X509_get_notAfter(x509Cert);
    printf("Cert notAfter:  %s\r\n", time->data);

    // 获取证书公钥
    if (szSign[4] == '8')                          // 判断是不是RSA公钥
    {
        printf("RSA公钥:\r\n");
        pubKey = X509_get_pubkey(x509Cert);
        if (!pubKey)
            goto end;

        pTmp = derpubkey;
        // 把证书公钥转为DER编码的数据
        derpubkeyLen = i2d_PublicKey(pubKey, &pTmp);
        for (i = 0; i < derpubkeyLen; i++)
        {
            if (i > 0 && i % 16 == 0)
                printf("\r\n");
            printf("%02x", derpubkey[i]);
        }
    }
}
end:
    printf("\r\n");
    X509_free(x509Cert);
}

int main(int argc, char **argv)
{
    unsigned char buf[4096] = "";
    FILE *fp = fopen("/etc/pki/CA/certs/subca.der", "rb");
    if(!fp)
    {
        printf("文件打开失败");
        return;
    }
    int nSize = fread(buf, 1, 4096, fp);
    AnsX509(buf, nSize);
    return EXIT_FAILURE;
}
```

上述代码非常简单，主要是调用OpenSSL提供的库函数。我们为代码提供了详尽的注释。需要注意的是，证书中包含的签名算法可能是不同的。因此，我们定义了get_SignatureAlgOid函数来判断证书中使用了哪种签名算法。结构体x509Cert中的成员字段sig_alg->algorithm包含了算法类型。得到的签名算法名称将保存在输出参数lpscOid中。

（2）保存文件为main.c源文件，然后上传编译：

```
gcc main.c -o main -lcrypto
```

此时生成可执行文件main，运行它，结果如下：

```
[root@localhost ex]# ./main
X509 Version:V3
序列号：01
签名算法：1.2.840.113549.1.1.11
签发者国家或地区：      CN
签发者 省份：   shandong
签发者 localityName:      qingdao
签发者 organizationName:      pojun.te
签发者 organizationalUnitName: opt
签发者 commonName:      ca.pojun
签发者 emailAddress:     dongjiliange@qq.com
持有者 countryName:      CN
持有者    ProvinceName: shandong
持有者 organizationName:      pojun.tech
持有者 organizationalUnitName: opt
持有者 commonName:     subca.pojun.tech
持有者 emailAddress:    dongjiliange@qq.com
Cert notBefore: 230120145515Z
Cert notAfter:  3301117145515Z
RSA公钥：
30818902818100af578818796a313280
b1055357aa0096d16dc265b4dcf8aacb
504bb40c047609f150837c2e2c6136f8
638ee08579fcb662a7a18a0ae866cf79
fd06e84fce7b3f16cb2110dfb5ba7d8d
9960722e8f6645026b77d327ca3fd0ad
a78ef49b4b4ed6e61b404276df108e69
78a9a64b1e3d8382dcd60f7d37533330
8a9c3864bb89c30203010001
```

第 7 章

IPSec VPN 基础知识

随着互联网技术的快速发展，越来越多的人享受到了资源共享的便利，这极大地方便了人们的工作和学习，提高了工作效率和生活水平。然而，在开放的互联网大环境下，信息的传输易受到各种攻击和威胁，数据的安全性难以得到保证。传统的专用网络可以保证数据传输的安全性和可靠性，但其实现和维护成本过高，所以虚拟专用网（Virtual Private Network，VPN）技术应运而生。其中最常用的VPN技术是IPSec VPN技术。目前主流的IPSec VPN技术和设备使用的是国际组织制定的加密技术，其中的算法都是国际标准的算法，一般都在网络上公开，加密的强度也不够。然而，在一些发达国家，很多高安全性和强度的密码算法是不允许出口的，这就可能存在安全性不足的问题。

7.1　概　　述

20世纪60年代，在Internet启蒙阶段，美国国防部高级研究计划署把位于不同研究机构和大学的4台计算机连接起来，形成了互联。到了20世纪70年代，互联进一步扩展到了世界上的其他国家地区，互联网的概念逐渐形成。随着互联网的深入人心和普及，越来越多的网络安全问题也逐渐浮出水面。

网络安全问题，简单地说，就是因为不经意或者恶意的因素，网络系统的硬件、软件、系统中的信息遭到攻击，造成了难以估计的损失。近些年来，世界上一些国家或者地区爆发出了许多次网络安全相关的攻击事件。

（1）在美国，超过10万名纳税人的个人信息被不明身份的人盗用，造成了5000万美元的损失。

（2）在日本，一些地方的养老院发生了年金信息系统泄露事件，大约125万份老人的信息遭到泄露。

（3）同样还是在美国，人事管理的办公室的数据库遭到攻击，超过2000万名前联邦政府雇员及在职员工的数据遭到泄露。

（4）在英国，电信运营商TalkTalk的400万用户信息遭到泄露，包括电子邮件、名字和电话号码，以及数万银行账户信息。

（5）在我国香港，伟易达集团的客户信息遭到泄露，导致遍布全世界超过500万消费者的个人资料被盗。

从以上揭示的安全问题可以看出，随着互联网和通信技术高速发展，信息的传输易受到各种攻击和威胁，数据的安全性难以得到保证。此外，随着政府部门、金融机构、不同的学术团体和各种商业贸易之间互联的次数越来越多，以前的网络互联方式都是通过租用特有的专线来实现的。常年奔波的工作人员有时想要访问自己公司内部的网络，通常只能使用长途拨号的方法连接到企业或金融机构等内部网。但是这种连接方式的价格之高，让人望而却步，并且传输的信息也容易暴露在公网上，使得数据的传输变得很危险。因此，公网上建立专用网络的技术——VPN技术就慢慢地应运而生。

简单来说，VPN是使用专用的网络加密和通信协议，在Internet上构建虚拟的加密通道，实现虚拟安全的专用网络。VPN技术的实现有多种形式，按VPN的协议分类，VPN的隧道协议主要有3种，即PPTP（Point to Point Tunneling Protocol，点对点隧道协议）、L2TP（Layer Two Tunneling Protocol，第二层隧道协议）和IPSec（Internet Protocol Security，Internet协议安全性）。其中，PPTP和L2TP工作在OSI（Open System Interconnection，开放式系统互联）模型的第二层，而IPSec工作在第三层，也被称为第三层隧道协议。

IPSec是一种由IETF（Internet Engineering Task Force，Internet工程任务组）设计的端到端的确保基于IP通信数据安全性的机制。它为Internet上传输的数据提供了安全保证。IPSec是一个协议族，它定义了12个RFC文件与几十个Internet草案，逐步成为满足工业标准的网络安全协议。

7.1.1　IPSec VPN技术现状

经过了多年的演变与发展，目前国际和国内常用的VPN技术主要包括SSL VPN技术、IPsec VPN技术、PPTP VPN技术和L2TP VPN技术。其中IPsec VPN技术是目前使用广泛的VPN技术。

IPSec是安全联网长期发展的方向。它采用端对端加密方式对数据进行加密，旨在防止专用网络与互联网的攻击。IPSec是IETF的IPSec小组建立的一组IP安全协议集，可以实现的功能有：作为隧道协议实现VPN通信；确保数据来源可靠；保证数据的完整性和机密性。IPSec技术的广泛使用显著地提高了局域网和互联网环境中信息的网络传输安全水平。近年来，世界范围内的网络设备商陆续推出了相关的IPSec产品，其中包括国内的网御神州、华为、深信服等公司，以及海外的Cisco、Juniper、F5等著名供应商。最近，国家密码管理局作为带头人，和国内技术先进的网御神州、华为等公司进行合作，共同拟定了技术标准，目的是指导IPSec VPN产品的研制、检测、使用和管理。大多数关键协议的变更任务由网御神州、华为等公司落实，这是国产公司综合能力的突出体现，它们在加强技术创新研发方面付出了很多，在部分领域已经赶上甚至超过了国际品牌厂商。

7.1.2　国密VPN现状

为了解决国际通用的IPSec协议和SSL协议遇到的算法安全、协议安全等一系列难题，国家密码管理局同时制定了几种关于国家密码算法标准的VPN技术规范，其中主要包括《IPSec VPN技术规范》和《SSL VPN技术规范》这两个国家技术标准。这些规范的目的是对国密算法的IPsec或者

SSL VPN产品的制造和使用提出一项规范，每个网络安全从业者都应该深入了解这两个规范。2014年，我国国家密码局在原有基础上升级了这两个技术标准。原来的规范中，规定了身份认证方式主要有两种，一种是预共享密钥方式，另一种是数字证书认证。但这两种方式都存在一些缺点。因此，在新规范中指出，国密标准的IPSec VPN产品必须使用国密数字证书认证方式，从而进一步增强其安全性，并大大提高了产品的扩展性。

基于国密的IPSec VPN主要采用商用密码算法来确保网络通信安全，实现自主可控的IPSec VPN，这符合国家安全和经济发展的需要。常用的商用密码算法有SM2、SM3、SM4，用来替代国际IPSec VPN标准中的国标算法。SM4算法用来确保数据的机密性，SM3算法用来验证数据的完整性，SM2算法可以生成国密数字证书，用来验证IPSec VPN发起方和响应方的身份。IPSec VPN是一种常用的VPN技术，它具有速度快、安全性高等优点。然而，传统的基于国际标准的IPSec VPN不能够满足国民经济发展的需要，而且国密算法在网络产品上的应用相对较少，嵌入式环境实现比普通的Linux实现应用范围更广。相比于OpenSwan，strongSwan在身份认证机制上更加健全，安全性更高，能够完美实现IKEv2协议，因此，它很可能成为未来IPSec VPN市场开源项目的首选。

因此，作为国内网络安全从业者，需要深入了解规范，熟悉各种加密算法，这是微观层面。同时，在宏观层面，需要掌握使用和改造strongSwan，并在常见的应用中进行实践。VPN技术作为一种重要且常见的网络防御手段，我们必须学扎实。

7.2　IPSec 协议研究

IPSec是由IEIF设计的一种端到端的确保IP层通信安全的机制，它不是一个单独的协议，而是由一组协议组成。IPSec是IPv6的组成部分，同时也是IPv4的可选扩展协议。目前IPSec最主要的应用是构造虚拟专用网（VPN），它作为一个第三层隧道协议实现了VPN通信，可以为IP网络通信提供透明的安全服务，保证数据的完整性和机密性，有效抵御网络攻击。它所使用的加密算法和完整性验证算法在目前看来是不可能被破解的。

IPSec包含三个重要的协议：认证头（Authentication Header，AH）协议、封装安全载荷（Encapsulating Security Payload，ESP）协议以及Internet密钥交换（Internet Key Exchange，IKE）协议。

（1）AH协议为IP数据包提供3种服务（统称验证）：数据完整性验证，通过使用哈希函数（如MD5）产生的校验值来实现；数据源认证，则是加入一个共享的会话密钥来实现；防止重放攻击，在认证头中加入序列号可以防止重放攻击。

（2）ESP除了为IP数据包提供认证头协议提供的3种服务外，还能够提供数据加密服务。

（3）Internet密钥交换协议用于交换和管理在VPN中使用的加密密钥。

注意这些协议的使用均可独立于具体的加密算法。

7.2.1　IPSec体系结构

IPSec是一组开放协议的总称，由IETF于1998年11月颁布，并于2005年10月更新。IPSec的目的是利用密码学知识为IPv4或者IPv6提供安全保障。IPsec对于IPv4是可选的，对于IPv6是强制的，如图7-1所示。

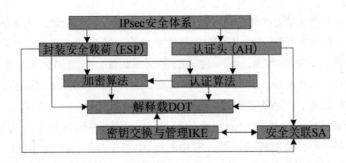

图 7-1

其中，解释域（Domain Of Interpretation，DOI）规定了每个算法的参数要求和计算规则，以及初始向量的计算规则等。

IPSec协议族包含安全协议部分和密钥协商部分。安全协议主要有AH、ESP协议，它们提出了保护通信安全的方法。密钥协商主要包含IKE协议（密钥交换协议），它定义了如何协商保护参数，怎样识别发起方和响应方的身份。在双方发起通信过程中，ESP协议使用加密和验证算法来确保数据的机密性和完整性，而AH协议只使用验证算法对数据进行完整性验证。IPSec使用IKE协议协商由若干安全参数组成的安全联盟（Security Association，SA）。

IPSec支持IPv4和IPv6。在IPv6中，AH和ESP都是扩展首部的一部分。AH协议提供的功能都已包含在ESP协议中，因此使用ESP协议就可以不使用AH协议。使用AH协议或ESP协议的IP数据报称为IP安全数据报（或IPSec数据报）。

IPSec获取密钥的两种途径：

（1）手工配置，管理员为通信双方预先配置静态密钥，这种密钥不便于随时修改，安全性低，不易维护。

（2）通过IKE（Internet Key Exchange，Internet密钥交换协议）协商，IPsec通信双方可以通过IKE动态生成并交换密钥，以获取更高的安全性。

我们也可以从图7-2中更详细地了解协议族的划分。

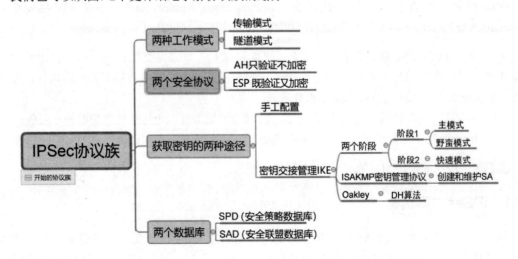

图 7-2

图7-2最好能铭记在心中，因为在以后的开发中，我们经常会接触这些概念。

7.2.2　传输模式和隧道模式

IPSec有两种工作模式，即传输模式（Transport Mode）和隧道模式（Tunnel Mode）。传输模式用来直接加密主机之间的网络通信；隧道模式用来在两个子网之间建造"虚拟隧道"实现两个网络之间的安全通信。

（1）传输模式：只是传输层数据被用来计算AH或ESP头，AH或ESP头以及ESP加密的用户数据被放置在原IP包头后面。传输模式是IPSec的默认模式，又称端到端（End-to-End）模式。通常传输模式应用于两台主机之间的通信，或一台主机和一个安全网关之间的通信。在传输模式下只对IP负载（也就是传输层数据）进行保护，可能是TCP/UDP/ICMP协议，也可能是AH/ESP协议。传输模式只为上层协议提供安全保护，在这种模式下，参与通信的双方主机都必须安装IPSec协议，而且它不能隐藏主机的IP地址。启用IPSec传输模式后，IPSec会在传输层包的前面增加AH/ESP头部或同时增加两种头部，构成一个AH/ESP数据包，然后添加IP头部组成IP包。在接收方，首先处理的是IP，然后再做IPSec处理，最后将载荷数据交给上层协议。

（2）隧道模式：用户的整个IP数据包被用来计算AH或ESP头，AH或ESP头以及ESP加密的用户数据被封装在一个新的IP数据包中。通常，隧道模式应用于两个安全网关之间的通信，即站点到站点（Site-to-Site）的通信。参与通信的两个网关实际上是为两个以其为边界的网络中的计算机提供安全通信的服务。隧道模式为整个IP包提供保护，为IP协议本身而不只是上层协议提供安全保护。通常情况下，只要使用IPSec的双方有一方是安全网关，就必须使用隧道模式，隧道模式的一个优点是可以隐藏内部主机和服务器的IP地址。大部分VPN都使用隧道模式，因为它不仅对整个原始报文加密，还对通信的源地址和目的地址进行部分和全部加密，只需要在安全网关，而不需要在内部主机安装VPN软件，其间所有加密和解密以及协商操作均由前者负责完成。

启用IPSec隧道模式后，IPSec将原始IP看作一个整体作为要保护的内容，前面加上AH/ESP头部，再加上新IP头部组成新IP包。隧道模式的数据包有两个IP头，内部头由路由器背后的主机创建，是通信终点；外部头由提供IPSec的设备（如路由器）创建，是IPSec的终点。事实上，IPSec的传输模式和隧道模式分别类似于其他隧道协议（如L2TP）的自愿隧道和强制隧道，即一个由用户实施，另一个由网络设备实施。

我们可以看出，传输模式和隧道模式的主要区别如下：

（1）传输模式在AH、ESP处理前后IP头部保持不变，主要用于End-to-End（端到端或者PC到PC）的应用场景。

（2）隧道模式则在AH、ESP处理之后又封装了一个外网IP头，主要用于Site-to-Site（站点到站点或者网关到网关）的应用场景。

7.2.3　AH协议概述

认证头（Authentication Header，AH）通过对报文应用一个使用密钥的单向散列函数来创建一个散列或消息摘要来进行身份验证。散列值与报文合在一起传输。接收方对接收到的报文运用同样的单向散列函数并将结果与发送方提供的消息摘要的值比较，从而检测报文在传输过程中是否有部分发生变化，以确保报文的完整性和真实性。由于单向散列包含两个系统之间的一个共享密钥，因此能确保报文的真实性。

AH作用于整个报文，但会在传输中改变的IP头字段除外。例如，沿传输路径的路由器修改的生存时间（Time To Live，TTL）字段是可变字段，不会被AH保护。AH的处理过程如下：

（1）使用共享密钥对IP头和数据载荷进行散列计算。

（2）散列构建一个新的AH头，并插入原始报文中。

（3）新报文路由器使用共享密钥对IP头和数据载荷进行散列计算，从AH头中取出传输的散列值，再比较两个散列值。

散列值必须精确匹配。如果报文传输中有一个比特位发生了变化，则接收到的报文的散列输出将改变，AH头将不能匹配。AH通常支持HMAC-MD5和HMAC-SHA-1算法。在使用NAT的环境中，AH可能会遇到问题。

7.2.4 AH数据包封装

AH协议属于IPSec协议族，它定义在RFC2402中。AH协议并不能像ESP协议那样可以保证数据的机密性，但是它可以完美提供其他特性，例如完整性、抗重放攻击等。

AH协议为IP报文提供数据完整性验证和数据源身份认证，使用的是HMAC算法，HMAC算法一般是由哈希算法演变而来的，也就是将输入报文和双方事先已经共享的对称密钥结合，然后应用哈希算法。采用相同的HMAC算法并共享密钥的双方才能产生相同的验证数据。所有的IPSec必须实现两个算法：HMAC-MD5和HMAC-SHA1。

AH和ESP的最大区别有两个：一个是AH不提供加密服务，另一个是它们验证的范围不同，ESP不验证IP报头，而AH同时验证部分报头，所以需要AH和ESP结合使用才能保证IP报头的机密性和完整性。AH为IP报头提供尽可能多的验证保护，验证失败的包将被丢弃，不交给上层协议解密，这种操作模式可以减少拒绝服务攻击成功的机会。

AH协议是被IP协议封装的协议之一，如果IP协议头部的"下一个头"字段是51，则IP包的载荷就是AH协议，在IP报头后面跟的就是AH协议头部。AH报文头部如图7-3所示。

8位	8位	16位
下一个头	有效载荷长度	保留
安全参数索引（SPI）		
序列号		
验证数据（可变长度）		

图 7-3

- 下一个头（8位）：表示紧跟在AH头部后面的协议类型。在传输模式下，该字段是处于保护中的传输层协议的值，如6（TCP）、17（UDP）或50（ESP）。在隧道模式下，AH保护整个IP包，该值是4，表示是IP-in-IP协议。
- 有效载荷长度（8位）：其值是以32位（4字节）为单位的整个AH数据（包括头部和变长验证数据）的长度再减2。

- 保留（16位）：准备将来对AH协议扩展时使用，目前协议规定这个字段应该被置为0。
- 安全参数索引（SPI，32位）：值为$[256, 2^{32}-1]$。实际上，它是用来标识发送方在处理IP数据包时使用了哪些安全策略，当接收方看到这个字段后就知道如何处理收到的IPsec包。
- 序列号（32位）：一个单调递增的计数器，为每个AH包赋予一个序号。当通信双方建立SA时，初始化为0。SA是单向的，每发送/接收一个包，外出/进入SA的计数器增加1。该字段可用于抗重放攻击。
- 验证数据：可变长，取决于采用哪种消息验证算法。包含完整性验证码，也就是HMAC算法的结果，称为ICV，它的生成算法由SA指定。

在传输模式下，AH协议的数据封装形式如图7-4所示。

AH用于传输模式时，AH头在原有IP头部的后面，在传输层协议或者其他IPSec协议的前面，用于保护这个数据报。由图7-4可知，AH验证的区域是整个IP包，但要去掉可变字段，其他的格式是不能够改变的，这样很容易被发现，所以AH和NAT（Network Address Translation，网络地址转换）是冲突的。

在隧道模式下，AH协议的数据封装形式如图7-5所示。

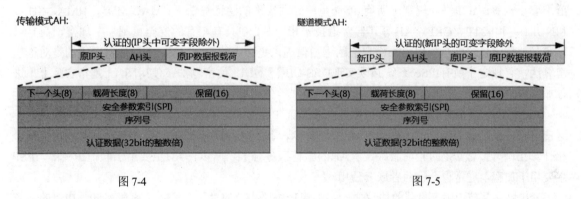

图 7-4　　　　　　　　　　　　　　　　　　图 7-5

在AH的隧道模式中，AH插入原始IP头的前面，在AH之前还会再添加一个新的IP头。和传输一样，AH隧道模式验证的同样是整个IP包，在AH隧道模式中同样存在NAT问题。

7.2.5　ESP协议概述

ESP（Encapsulating Security Payload，封装安全载荷）通过加密载荷实现机密性，它支持多种对称加密算法。如果选择了ESP作为IPSec协议，则必须选择一种加密算法。IPSec协议的默认算法是56位DES。

ESP也能提供完整性和认证。首先对载荷加密，然后对加密过的载荷使用一种散列算法（HMAC-MD5或HMAC-SHA-1）进行散列计算，以确保数据载荷的认证和数据完整性。

作为可选功能，ESP还能进行防重放保护。防重放保护用于验证每个报文是唯一的且没有被复制，以确保黑客不能拦截报文和在数据流中插入改变后的报文。防重放的工作原理是跟踪报文顺序号并在目的端使用一个滑动窗口。当在源端和目的端之间建立了一条连接时，两端的计数器会被初始化为0。每次有报文发送时，源端给报文追加一个顺序号，目的端使用滑动窗口确定预期的顺序号。目的端验证的报文的顺序号是唯一的，并且以正确的顺序被接收。例如，如果目的端的滑动窗口设为1，那么目的端期望接收到顺序号为1的报文。收到这样的报文后，滑动窗口进入2。如果检测到重放的报文，那么重放的报文将被丢弃，并将此事件记录日志。

使用ESP，原始数据可以得到良好的保护，因为完整的原始IP数据报和ESP附加尾部都被加密。当使用ESP认证时，加密的IP数据报和附加尾部以及ESP头都会进入散列计算过程中。最后，一个新的IP头会被附加到经过认证的载荷上，并在Internet中使用新的IP地址路由报文。

如果同时选择了认证和加密，先执行加密。这种处理顺序有助于接收设备快速检测和丢弃重放的或伪造的报文。在解密报文之前，接收方可以认证进入的报文。这样可以快速检测到问题，并间接地降低DoS攻击的影响。

7.2.6 ESP数据包封装

ESP协议是一种IPSec协议，主要用于对IP数据包在传输过程中进行数据完整性度量、来源认证、加密以及防重放攻击。ESP可以单独使用，也可以和AH一起使用。在ESP头部之前的IPV4、IPV6或者拓展头部，应该在Protocol（IPV4）或者Next Header（IPV6、拓展头部）部分包含50，表示引入了ESP协议。

ESP协议提供数据完整性验证和数据源身份认证的原理与AH一样，只是相比AH，ESP的验证范围要小一些。ESP协议规定了所有IPSec系统必须实现的验证算法：HMAC-MD5、HMAC-SHA1和NULL。和L2TP、GRE、AH等其他轨道技术相比，ESP具有特有的安全机制——加密，而且可以和其他隧道协议结合使用，为用户的远程通信提供更强大的安全支持。ESP加密采用的是对称加密算法，它规定了所有IPSec系统必须实现DES-CBC和NULL加密算法，使用NULL是指实际上不进行加密或验证。

ESP提供了灵活的验证方式，可以选择不验证IP头部（传输模式）或新IP头部（隧道模式），这使得它能很好地兼容NAT。然而，这也使得接收端无法检测IP头部被修改的情况（只要保证校验和计算正确），故ESP的验证服务没有AH的验证服务强大。所以，AH主要用于验证IP头部，ESP主要用于加密，通常也会将两者嵌套使用。

ESP协议是被IP协议封装的协议之一。如果IP协议头部的"下一个头"字段是50，IP包的载荷就是ESP协议，在IP报头后面跟的就是ESP协议头部。ESP报文头部如图7-6所示。

8位	8位	16位
安全参数索引（SPI）		
序列号		
报文有效载荷（长度可变）		
填充项（可选）（长度可变）		
填充长度		下一个头
验证数据（可选）		

图 7-6

（1）安全参数索引（SPI，32位）：值为[256, $2^{32}-1$]，SPI值就是告知接收端主机要使用IPSec数据库中的哪一把密钥来加密这个封包。SPI一般在SA（Security Association，安全联盟，协商的结果，类似合约书）协商期间由接收方指定，发送方在发送数据包时，将流量对应的SA所持有的SPI写入安全协议的首部。接收方提取首部中的 SPI，用于为该流量查找合适的SA。SPI可以唯一确定一个SA。SA内包含SPI，可用于区分多个SA。这是一个32比特的数值，在每一个IPsec报文中都携带该数值。

（2）序列号（32位）：一个单调递增的计数器，为每个AH包赋予一个序号。当通信双方建立SA时，初始化为0。SA是单向的，每发送/接收一个包，外出/进入SA的计数器增1。该字段可用于抗重放攻击。

（3）报文有效载荷：是变长的字段，如果SA采用加密，该部分是加密后的密文；如果没有加密，该部分就是明文。

（4）填充项：是可选的字段，为了对齐待加密数据而根据需要将其填充到4字节边界。

（5）填充长度：以字节为单位指示填充项长度，范围为[0，255]，保证加密数据的长度适应分组加密算法的长度，也可以用以掩饰载荷的真实长度对抗流量分析。

（6）下一个头：表示紧跟在ESP头部后面的协议，其中值为6表示后面封装的是TCP。

（7）验证数据：是变长字段，只有选择了验证服务才需要该字段。

很多情况下，AH的功能已经能满足网络安全的需要，ESP由于需要使用高强度的加密算法，因此会消耗更多的计算机运算资源，在使用上有一定限制。

在IPSec协议族中使用两种不同功能的协议使得IPSec具有对网络安全细粒度的功能选择，便于用户依据自己的安全需要对网络进行灵活配置。

ESP和AH一样，同样支持两种工作模式。在传输模式下，ESP协议的数据封装形式如图7-7所示。

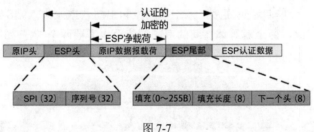

图 7-7

ESP的传输模式保护的是IP包的载荷，ESP插入IP头部后面，任意一个被IP协议所封装的协议之前。ESP加密的是IP数据，没有包含SPI、序列号等。而ESP验证的是ESP头（包含EPS头）和ESP尾部（包含ESP尾部）之间的数据，并不包含IP头，所以并没有NAT冲突这个烦恼。

在隧道模式下，ESP协议的数据封装形式如图7-8所示。

在ESP隧道模式中，ESP头放在原始IP头部的前面，接着在ESP的前面增添一个新的IP头部。ESP头到ESP尾部之间的所有数据都是经过加密的，而认证的范围是从ESP头（包含）到ESP尾部（包含）的数据。ESP隧道模式加密了整个IP包，包含原始IP头和新的IP头。在ESP验证过程中，ESP保护的是ESP头到ESP尾部之间的数据，而不包含新的IP头。

我们可以看出，传输模式都是在原IP头后面加上对应的协议头，而隧道模式都是在原IP头前面加上对应的协议头，为什么呢？因为传输模式是建立在主机上，ESP和AH均为三层协议，在构建好协议加密头部后再构建IP头，才能向下传输IP分组。而隧道模式架设在路由器上，因此，我们仅需在头部加上协议头，但是又得在网络上传输，所以需要在协议头前面加上新的IP头。

隧道模式ESP：

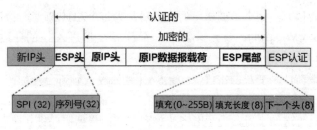

图 7-8

7.2.7　安全联盟

IPSec中通信双方建立的连接叫作安全联盟（Security Association，SA，或称为安全关联）。顾名思义，通信双方结成盟友，使用相同的封装模式、加密算法、加密密钥、验证算法、验证密钥，相互信任，亲密无间。安全联盟是单向的逻辑连接，为了使每个方向都得到保护，总端和分端的每个方向上都要建立安全联盟。总端入方向上的安全联盟对应分端出方向上的安全联盟，总端出方向上的安全联盟对应分端入方向上的安全联盟。

安全联盟定义了IPSec对等体之间将使用的数据封装模式、认证和加密算法、密钥等参数。SA在传输模式下也存在，只是不存在隧道模式下的隧道报头IP。SA表示一种安全环境。IPSec通过SA对数据流提供安全服务。SA是通信双方如何保障安全协商的一个结果，包含协议、算法、密钥等内容，具体确定了如何对IP报文进行处理。每个IPSec SA都是单向的，具有生存周期。一个SA就是两个IPSec系统之间的一个单向逻辑连接，入站数据流和出站数据流由入站SA与出站SA分别处理。安全联盟是单向的，因此，两个对等体之间的双向通信至少需要两个SA，如图7-9所示。

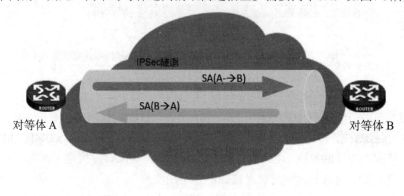

图 7-9

一个SA由一个（SPI安全参数索引，IP目的地址，安全协议标识符）这样的三元组唯一标识。安全联盟可以通过手工和IKE自动协商两种方式来建立，二者的主要区别如下：

（1）在手工方式下，建立SA所需的全部参数，包括加密、验证密钥，都需要用户手工配置，也只能手工刷新。在中大型网络中，这种方式的密钥管理成本很高；而在IKE自动协商方式下，建立SA需要的加密、验证密钥是通过DH算法生成的，可以动态刷新，因而密钥管理成本低，且安全性较高。

（2）生存时间不同，SA的生存时间有两种限制方式：一种是以时间进行限制，另一种是以流量进行限制（达到多少字节进行更新）。手工方式建立的SA，一经建立永久存在；而IKE自动协商方式建立的SA，其生存周期由双方配置的生存周期参数控制，满生存周期，SA就会被删除。

7.2.8　安全策略数据库和安全联盟数据库

安全策略数据库（Security Policy Database，SPD）在RFC4301中定义，用于保存安全策略，以便在处理进入和外出数据包时查阅，以判断为这个包提供哪些安全服务。具体策略包括丢弃、直接转发或应用安全服务处理等。也就是对哪些数据提供哪些服务。

安全联盟数据库（Security Association Database，SAD）用于维护IPSec协议中的所有SA。

我们来看一个例子，在出站口路由器A，首先与SPD中的策略进行比较，有相应的安全服务项目，则对该数据对应的SA及算法进行加密。如果不存在相应的SA，系统就会新建立一个SA。具体步骤如下：

（1）查找安全策略数据库有三种结果：丢弃、旁路安全服务、提供安全服务。

（2）系统从安全联盟数据库中查找IPSec SA。如果找到，则利用该IPSec SA的参数对该数据包提供安全服务，并进行转发；如果没有找到，则系统需要创建一个IPSec SA。

（3）系统转向IKE（互联网密钥交换）协议数据库，查找合适的IKE SA，以便为IPSec协商SA。如果找到，则利用此IKE SA协商IPSec SA；如果没有找到，系统需要启动IKE协商进程，创建一个IKE SA。

过程如图7-10所示。

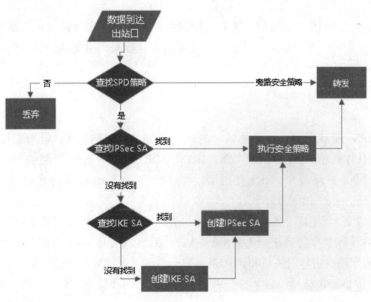

图 7-10

路由器B收到隧道传送的IPSec数据包，系统会提取其SPI、IP地址、协议类型等信息，查找相应的IPSec SA，然后根据SA的协议标识符选择合适的协议（AH或ESP）解封装，获得原IP包后，再将IP包发送到对应IP地址的终端设备，如图7-11所示。

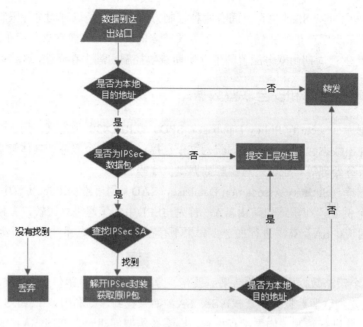

图 7-11

7.3　IKE 协议

　　IKE的精髓在于它永远不会直接在不安全的网络上传送密钥，而是通过一系列的计算，使得双方最终计算出共享密钥。即使第三方截获了交换中的所有数据，也无法计算出真正的密钥。其中的核心技术就是DH交换算法。

7.3.1　IKE概述

　　IKE协议为IPSec提供了自动协商密钥、建立IPSec安全联盟的服务，能够简化IPSec的使用和管理，并且大大简化IPSec的配置和维护工作。IKE是UDP之上的一个应用层协议，是IPSec的信令协议，在没有NAT设备的环境中，IKE使用端口号500，在有NAT设备的环境中，IKE使用端口号4500。IKE与IPSec的关系如图7-12所示。

　　对等体之间建立一个IKE SA完成身份验证和密钥信息交换后，在IKE SA的保护下，根据配置的AH/ESP安全协议等参数协商出一对IPSec SA。此后，对等体间的数据将在IPSec隧道中加密传输。IKE用于在两个通信实体间协商和建立SA（安全联盟，或称为安全关联），并交换密钥，即IKE为IPSec通信双方提供密钥材料，这个材料用于生成加密密钥和验证密钥。另外，IKE也为IPSec协议AH/ESP协商SA。

　　一个SA表示两个或多个通信实体之间经过了身份认证，且这些通信实体都能支持相同的加密算法，成功地交换了会话密钥，可以开始利用IPSec进行安全通信。IPSec协议本身没有提供在通信实体间建立安全关联的方法，而是利用IKE建立SA。IKE 定义了通信实体间进行身份认证、协商加密算法以及生成共享的会话密钥的方法。

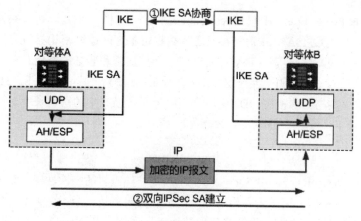

图 7-12

IKE是一个协议族，包括3个协议：ISAKMP、Oakley和SKEME。IKE有两个版本：IKEv1和IKEv2（华为默认），其中IKEv2相对比较简单。

7.3.2　IKE的安全机制

IKE具有一套自保护机制，可以在不安全的网络上安全地认证身份、分发密钥、建立IPsec SA。以下3种技术提供了整套安全保护机制。

1. 身份认证

身份认证确认通信双方的身份（对等体的IP地址或名称），包括预共享密钥（Pre-Shared Key，PSK）认证、数字证书认证和数字信封认证。

- 预共享密钥认证：在预共享密钥认证中，认证字作为一个输入来产生密钥，通信双方采用共享的密钥对报文进行哈希计算，判断双方的计算结果是否相同。如果相同，则认证通过；否则认证失败。

- 数字证书认证：在数字证书认证中，通信双方使用CA证书进行数字证书合法性验证，双方各有自己的公钥（网络上传输）和私钥（自己持有）。发送方对原始报文进行哈希计算，并用自己的私钥对报文计算结果进行加密，生成数字签名。接收方使用发送方的公钥对数字签名进行解密，并对报文进行哈希计算，判断计算结果与解密后的结果是否相同。如果相同，则认证通过；否则认证失败。

- 数字信封认证：在数字信封认证中，发送方首先随机产生一个对称密钥，使用接收方的公钥对此对称密钥进行加密（被公钥加密的对称密钥称为数字信封），发送方用对称密钥加密报文，同时用自己的私钥生成数字签名。接收方用自己的私钥解密数字信封得到对称密钥，再用对称密钥解密报文，同时根据发送方的公钥对数字签名进行解密，验证发送方的数字签名是否正确。如果正确，则认证通过；否则认证失败。

2. DH 交换技术

IKE的精髓在于它永远不在不安全的网络上传送密钥，而是通过一些数据的交换，通信双方最终计算出共享的密钥，并且即使第三方截获了双方用于计算密钥的所有交换数据，也无法计算出真正的密钥。其中的核心技术就是DH（Diffie Hellman）交换技术。DH是一种公共密钥交换方法，它用于产生密钥材料，并通过ISAKMP消息在发送和接收设备之间进行密钥材料交换。然后，两端设备各自计算出完全相同的对称密钥。该对称密钥用于计算加密和验证的密钥。在任何时候，通信双方都不交换真正的密钥。DH密钥交换是IKE的精髓所在。MD5、SHA1、DES、3DES、AES等算法都可以采用DH算法来共享对称密钥。DH使用密钥组定义自己产生的密钥长度。密钥组长度越长，产生的密钥就越强壮。

3. PFS 技术

完善前向保密（Perfect Forward Secrecy，PFS）是一种短暂的一次性密钥系统，如果加密系统中有个密钥是所有对称密钥的衍生者（始祖），便不能认为那是一个"完美前向保密"的系统。在这种情况下，一旦破解了根密钥，就能够获得其他衍生密钥，从而曝光受那些密钥保护的全部数据。在IPsec中，PFS是通过在IPSec SA协商阶段重新进行一个DH交换来实现的。完善前向保密PFS是一种安全特性，指一个密钥被破解，并不影响其他密钥的安全性，因为这些密钥间没有派生关系。IPSec SA的密钥是从IKE SA的密钥导出的，由于一个IKE SA协商生成一对或多对IPSec SA，当IKE的密钥被窃取后，攻击者将可能收集到足够的信息来导出IPSec SA的密钥。因此，PFS通过执行一次额外的DH交换来保证IPSec SA密钥的安全。

7.3.3　ISAKMP

IKEv1的第一阶段的主模式协商包含3次双向交换，用到了6条ISAKMP信息。ISAKMP（Internet Security Association Key Management Protocol，Internet安全关联密钥管理协议）由RFC2408定义，定义了协商、建立、修改和删除SA的过程和包格式。ISAKMP只是为SA协商、修改、删除提供了一个通用的框架，并没有定义具体的SA格式。

ISAKMP没有定义任何密钥交换协议的细节，也没有定义任何具体的加密算法、密钥生成技术或者认证机制。这个通用的框架是与密钥交换独立的，可以被不同的密钥交换协议使用。ISAKMP报文可以利用UDP或者TCP，端口都是500，一般情况下常用UDP。

ISAKMP双方交换的内容称为载荷（Payload）。目前，ISAKMP定义了13种载荷，每个载荷就像积木中的一个"小方块"，这些载荷按照某种规则"叠放"在一起，然后在最前面添加上ISAKMP头部，这样就组成了一个ISAKMP报文。这些报文按照一定的模式进行交换，从而完成SA的协商、修改和删除等功能。

ISAKMP的报文头格式如图7-13所示。

- IP报文头：源地址（Source Address）是本端发起IKE协商的IP地址，可能是物理/逻辑接口IP地址，也可能是通过命令配置的IP地址。目的IP（Destination Address）是对端发起IKE协商的IP地址，由命令配置。
- UDP Header（UDP报文头）：IKE协议使用端口号500发起协商、响应协商。在总部和分布都有固定IP地址时，这个端口在协商过程中保持不变。当总部和分布之间有NAT设备时（NAT穿越场景），IKE协议会有特殊处理。
- Initiator's Cookie(SPI)和Responder's Cookie(SPI)：在IKEv1版本中为Cookie，在IKEv2版本中Cookie为IKE的SPI，标识唯一IKE SA。

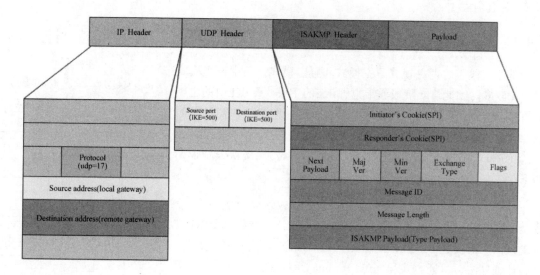

图 7-13

- Next Payload：标识消息中下一个载荷的类型。一个ISAKMP报文可能装载多个载荷，该字段提供载荷之间的"链接"能力。若当前载荷是消息中最后一个载荷，则该字段为0。
- Maj Ver和Min Ver：IKE版本号。IKE诞生以来，有过一次大的改进，老的IKE被称为IKEv1，改进后的IKE被称为IKEv2。
- Exchange Type：IKE定义的交换类型。交换类型定义了ISAKMP消息遵循的交换顺序，后面IKEv1中的主模式、野蛮模式、快速模式，以及IKEv2中的初始交换、子SA交换都属于IKE定义的交换类型。
- ISAKMP Payload(Type Payload)：载荷类型，ISAKMP报文携带的用于协商IKE SA和IPSec SA的参数包。载荷类型有多种，不同载荷携带的参数包不同。

需要注意的是，ISAKMP和IKE是有区别的。ISAKMP规定了IPSec对等体之间如何通信、对等体之间交换的消息的结构以及对等体建立连接时经过的状态变换。ISAKMP提供了验证对等体和交换的方法，然而没有规定如何交换验证密钥，而是由IKE规定。

7.4　IKEv1 协议

IKEv1协议的协商过程比较烦琐，包括两个阶段、3种模式（主模式、野蛮模式或称积极模式、快速模式）。第一阶段包含两种模式：主模式和野蛮模式，在主模式中必须要交换6条消息。第二阶段包含快速模式。其中，第一阶段的作用是认证，IPSec认证的方式通常有3种：预共享密钥、证书认证、RSA加密随机数认证（数字信封认证）。第二阶段的主要作用是基于感兴趣的流（Steam）来协商相应的IPSec SA，第二阶段只有快速模式。

IKE协商跟TCP的3次握手相似，不过比TCP的3次握手复杂一点。IKE协商过程需要经过9个报文的来回才能建立通信双方需要的IKE SA，然后利用该IKE SA进行数据的加密和解密。IKE协商报文采用UDP格式，默认端口是500。

7.4.1 第一阶段

第一阶段包含两种模式：主模式和野蛮模式，其中，主模式用得比较多，因此第一阶段通常也称IKE的主模式。IKEv1的主模式协商包含3次双向交换，用到了6条ISAKMP消息。协商过程如图7-14所示。

IKEv1的主模式协商包含3次双向交换，这3次交换分别说明如下：

（1）消息①和②用于策略交换。发起方发送一个或多个IKE安全提议，响应方查找最先匹配的IKE安全提议，并将这个IKE安全提议回应给发送方。匹配的原则为协商双方具有相同的加密算法、认证算法、认证方式和Diffie-Hellman组标识。其中，认证算法有MD5、SHA1、SHA2-256、SHA2-384、SHA2-512、SM3等；身份认证方式通常有4种，分别是基于数字签名（Digital Signature）、基于公开密钥（Public Key Encryption）、基于修正的公开密钥（Revised Public Key Encryption）以及基于预共享密钥（Pre-Shared Key）。

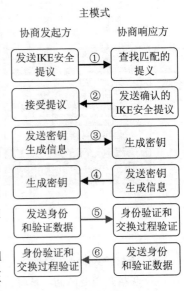

图 7-14

（2）消息③和④用于密钥信息交换。

双方交换Diffie-Hellman公共值和Nonce值，用于IKE SA的认证，加密密钥在这个阶段产生。

（3）消息⑤和⑥用于身份和认证信息交换（双方使用生成的密钥发送信息），双方进行身份认证和对整个主模式交换内容的认证。

IKE安全提议指IKE协商过程中用到的加密算法、认证算法、Diffie-Hellman组及认证方法等。Nonce是一个随机数，用于保证IKE SA存活和抗重放攻击。

如果我们用抓包软件查看IKEv1的协商过程，可以发现IKEv1的协商过程总共用到了9个包，其中主模式是6个包，如图7-15所示。

```
46 858.8750... 10.1.1.1      10.1.1.2      ISAKMP   166 Identity Protection (Main Mode)
47 858.9060... 10.1.1.2      10.1.1.1      ISAKMP   166 Identity Protection (Main Mode)
48 858.9220... 10.1.1.1      10.1.1.2      ISAKMP   190 Identity Protection (Main Mode)
49 858.9370... 10.1.1.2      10.1.1.1      ISAKMP   190 Identity Protection (Main Mode)
50 858.9530... 10.1.1.1      10.1.1.2      ISAKMP   110 Identity Protection (Main Mode)
51 858.9530... 10.1.1.2      10.1.1.1      ISAKMP   110 Identity Protection (Main Mode)
52 858.9690... 10.1.1.1      10.1.1.2      ISAKMP   214 Quick Mode
53 858.9840... 10.1.1.2      10.1.1.1      ISAKMP   214 Quick Mode
54 859.0000... 10.1.1.1      10.1.1.2      ISAKMP    94 Quick Mode
```

图 7-15

在图7-15中，Main Mode就是主模式。

第一阶段的野蛮模式的协商过程如图7-16所示。

野蛮模式只用到3条消息：前两条消息①和②用于协商IKE安全提议，交换Diffie-Hellman公共值、必需的辅助信息以及身份信息，并且消息②中还包括响应方发送身份信息供发起方认证，消息③用于响应方认证发起方。

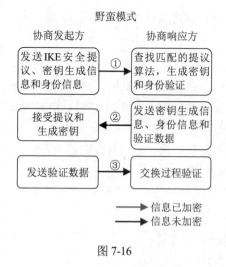

图 7-16

主模式与野蛮模式的区别如下：

（1）交换的消息：主模式为6个包，野蛮模式为3个包，野蛮模式能够更快地创建IKE SA。

（2）NAT支持：主模式不支持NAT转换，而野蛮模式支持。

（3）证书认证的支持：两种模式都支持证书方式认证。

（4）对等体标识：主模式只能采用IP地址方式标识对等体，而野蛮模式可以采用IP地址方式或者Name方式标识对等体。这是由于主模式在交换完消息③、④以后，需要使用预共享密钥来计算SKEYID，当一个设备有多个对等体时，必须查找到该对等体对应的预共享密钥，但是由于其对等体的ID信息在消息⑤、⑥中才会发送，此时主模式的设备只能使用消息③、④中的IP报文源地址来找到与其对应的预共享密钥；如果主模式采用Name方式，Name信息却包含在消息⑤、⑥中，而设备必须在消息⑤、⑥之前找到其对等体的预共享密钥，所以就造成了矛盾，无法完成Name方式的标识。

而在野蛮模式中，ID消息在消息①、②中就已经发送了，设备可以根据ID信息查找到对应的预共享密钥，从而计算SKEYID。但是由于野蛮模式交换的两个消息没有经过加密，因此ID信息也是明文的，也造成了相应的安全隐患。

（5）提议转换对数量：在野蛮模式中，由于第一个消息就需要交换DH消息，而DH消息本身就决定了采用哪个DH组，这样在提议转换对中就确定了使用哪个DH组，如果第一个消息中包含多个提议转换对，那么这多个转换对的DH组必须相同（和DH消息确定的DH组一致），否则消息①中只能携带和确定DH组相同的提议转换对。

（6）协商能力：由于野蛮模式交换次数的限制，因此野蛮模式协商能力低于主模式。

（7）两者之间的协商过程不同。

（8）场景不同。与主模式相比，野蛮模式减少了交换信息的数目，提高了协商的速度，但是没有对身份信息进行加密保护。虽然野蛮模式不提供身份保护，但它可以满足某些特定的网络环境需求，比如当IPSec隧道中存在NAT设备时，需要启动NAT穿越功能，而NAT转化会改变对等体的IP地址，由于野蛮模式不依赖于IP地址标识身份，使得采用预共享密钥验证方式时，NAT穿越只能在野蛮模式中实现。另外，如果发起方的IP地址不固定或者无法预知，而双方都希望采用预共享密钥验证方法来创建IKE SA，则只能采用野蛮模式。如果发起方已知响应方的策略，或者对响应方的策略有全面的了解，采用野蛮模式能够更快地创建IKE SA。在主模式场景中，要求两端都是固定IP地址。

相对而言，主模式常用，野蛮模式已经不推荐使用。

7.4.2　第二阶段

无论第一阶段采用哪种模式，其目的都是进行身份认证并为第二阶段的交换提供保护。第二阶段的目的是生成IPSec SA，采用快速模式交换3个消息。快速模式的1、2、3个包的作用是进行双方的认证，协商IPSec SA的策略，建立IPSec的SA（安全联盟），周期性地更新IPSec的SA，默认一小时一次，ISAKMP默认是一天更新一次，协商双方的感兴趣流。如果有PFS，就会进行新一轮的DH交换，过程与第一阶段的DH交换基本一样。

第二阶段定义了受保护的数据连接是如何在两个IPSec对等体之间构成的，第二阶段关注的内容如下：

（1）哪些感兴趣流需要被保护。

（2）使用什么封装协议来加密流量（AH/ESP）。

（3）基于什么算法来保护数据流量（例如使用什么样的HMAC）。

（4）使用什么工作模式（传输模式还是隧道模式）。

值得注意的是，第二阶段所有的协商流量均使用UDP 500端口，由第一阶段的IKE安全联盟保护。第二阶段协商完成后，产生两条单向的IPSec安全联盟：一条用于本设备发送加密数据（加密作用）；另一条用于本设备接收加密数据（解密作用）。实际的通信数据是通过第二阶段协商的封装协议执行分装的（通常是ESP）。

第二阶段只有一个快速模式，该模式定义通过3个数据包、3次交互来完成第二阶段的协商。快速模式利用第一阶段协商出来的共同的密钥来为这3个报文进行加密。快速模式的主要作用有两个：一是协商安全参数来保护数据连接；二是周期性地对数据连接更新密钥信息。

7.4.3　主模式和快速模式的9个包分析

前面讲了不少理论，下面我们来看抓包分析。这里先不介绍搭建环境，直接来看抓包结果，一共有9个包。

1. 第 1 个包

发起端协商SA，使用的是UDP协议，端口号是500，上层协议是ISAKMP，该协议提供的是一个框架，里面的负载Next payload类似于模块，可以自由使用。可以看到发起端提供了自己的cookie值，以及SA的加密套件，加密套件主要是加密算法、哈希算法、认证算法、生存时间等。第1个包的抓包分析如图7-17所示。

- Initiator cookie: 817622EA01367EC9表示发起者的cookie值，告知响应端主机要使用IPSec的哪一把密钥来加密这个封包。
- Responder cookie: 0000000000000000表示响应者的cookie值，第一个包只有发起者，没有响应者，所以响应者的cookie为空。
- Version: 1.0表示IKE版本号，1.0表示使用IKEv1建立连接。
- Exchange type:Identity Protection (Main Mode) (2)表示IKE协商模式为主模式。

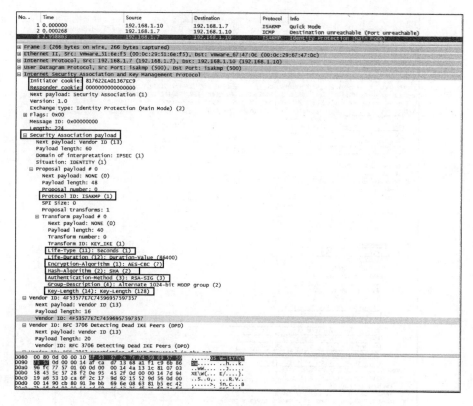

图 7-17

- Life-Type (11): Seconds (1)表示生存期时间的单位为秒。
- Life-Duration (12): Duration-Value (86400)表示密钥周期为86400，密钥周期超过86400后会重新协商IKE。
- Encryption-Algorithm (1): AES-CBC (7)表示IKE使用DES-CBC加密算法加密数据。
- Hash-Algorithm (2): SHA (2)表示IKE使用SHA算法校验数据的完整性。
- Authentication-Method (3): RSA-SIG (3)表示使用RSA方式进行认证，除此之外，还有预共享密钥（Pre-shared key）。
- Group-Description (4): Alternate 1024-bit MODP group (2)表示Diffie-Hellman组在密钥交换进程中使用的1024 bit的密钥的强度。
- Key-Length (14): Key-Length (128)表示密钥长度为128位。

2. 第 2 个包

响应端收到发送端发送的加密套件后，对比自己是否有相对应的加密套件，如果有，就使用和发送端相同的加密套件加密数据，把自己的cookie值和选择好的加密套件发送给发送端；如果没有，则IKE建立失败响应。第2个包的抓包分析如图7-18所示。

- Initiator cookie: 817622EA01367EC9表示发起者的cookie值，告知响应端主机要使用IPSec的哪一把密钥来加密这个封包。
- Responder cookie: 58E452AA5DC6679B表示响应者的cookie值，告知发起端主机要使用IPSec的哪一把密钥来加密这个封包。

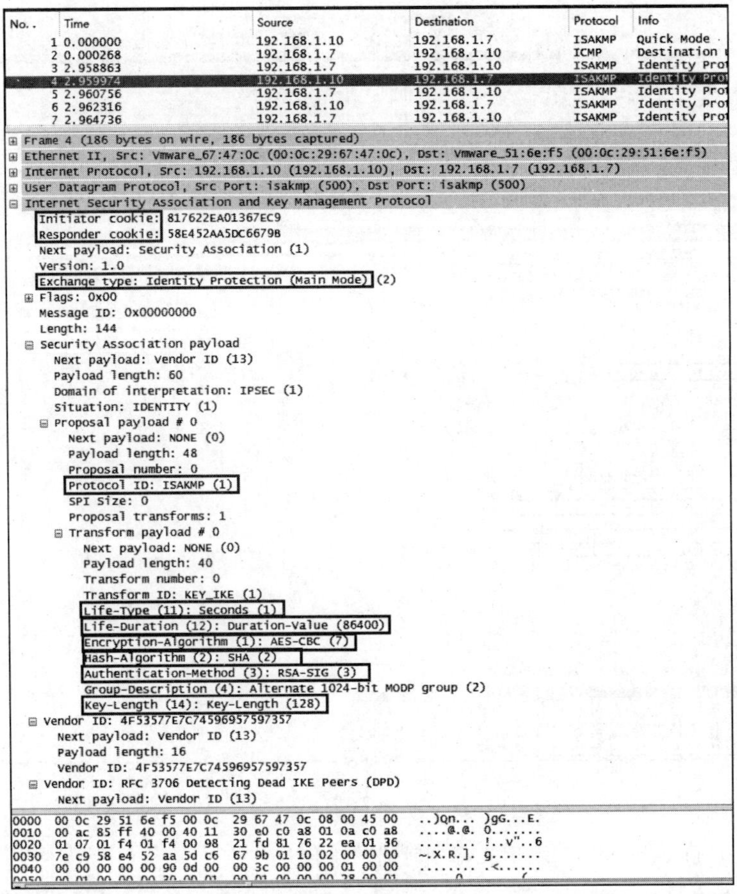

图 7-18

- Version: 1.0表示IKE版本号，1.0表示使用IKEv1建立连接。
- Exchange type:Identity Protection (Main Mode) (2)表示IKE协商模式为主模式。
- Life-Type (11): Seconds (1)表示生存期时间的单位为秒。
- Life-Duration (12): Duration-Value (86400)表示密钥周期为86400，密钥周期超过86400后会重新协商IKE。
- Encryption-Algorithm (1): AES-CBC (7)表示IKE使用DES-CBC加密算法加密数据。
- Hash-Algorithm (2): SHA (2)表示IKE使用SHA算法校验数据的完整性。
- Authentication-Method (3): RSA-SIG (3)表示使用RSA方式进行认证，除此之外，还有预共享密钥（Pre-shared key）。
- Group-Description (4): Alternate 1024-bit MODP group (2)表示使用Diffie-Hellman组在密钥交换进程中使用的1024 bit的密钥的强度。
- Key-Length (14): Key-Length (128)表示密钥长度为128位。

3. 第 3 个包

发送端生成随机数和DH公共值，第3个包的主要目的是向响应端发送自己的DH公共值和Nonce随机数，用于生成加密时所需要的Key值（生成3把钥匙）。第3个包的抓包分析如图7-19所示。

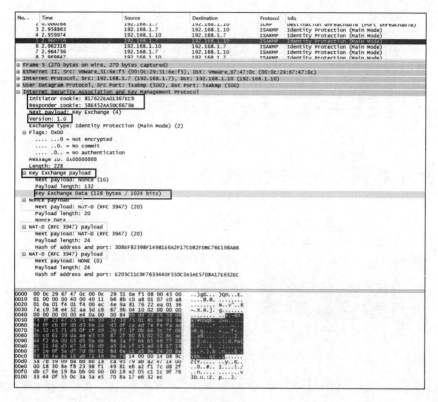

图 7-19

- cookie: 817622EA01367EC9表示发起者的cookie值，告知响应端主机要使用IPSec的哪一把密钥来加密这个封包。

- Responder cookie: 58E452AA5DC6679B表示响应者的cookie值，告知发起端主机要使用IPSec的哪一把密钥来加密这个封包。

- Version: 1.0表示IKE版本号，1.0表示使用IKEv1建立连接。

- Exchange type:Identity Protection (Main Mode) (2)表示IKE协商模式为主模式。

- Key Exchange Data：6bdd2d265808783f234725716b99323d7501818e939a640fcb8fd0d3be2ad3dfc eed7efefaad3e52c371d90fcfd92bf75f0b663c7f06dbcd6139daaee3c9872f808302328cacd4f26a0063d 50ade8e3af764b5467728ec1146d5e71d6bd0a53acfc5adc81719971e0f5ed77d0b628d6ec1a59e24208 e59364e8e16ab71499e79表示DH公共值，DH公共值通过Diffie-Hellman算法计算出来；在第1个包和第2个包中所协商的算法需要一个相同的Key（共享密钥中设置的密码），但这个Key不能在链路中传递。所以，该过程的目的是分别在两个对等体间独立地生成一个DH公共值，然后在报文中发送给对端，对端通过公式计算出相同的Key值。

4. 第4个包

响应端收到第3个包后，自己生成一个随机数，然后通过Diffie-Hellman算法计算出DH公共值，把随机数和DH公共值传输给发送端，这样就会生成3把钥匙。第4个包的抓包分析如图7-20所示。

- Initiator cookie: 817622EA01367EC9表示发起者的cookie值，告知响应端主机要使用IPSec的哪一把密钥来加密这个封包。

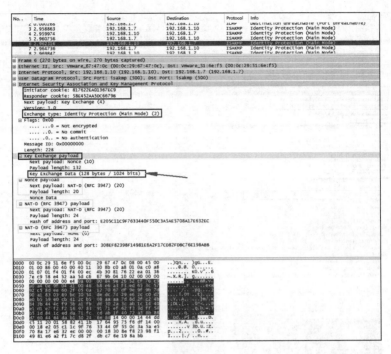

图 7-20

- Responder cookie: 58E452AA5DC6679B表示响应者的cookie值，告知发起端主机要使用IPSec的哪一把密钥来加密这个封包。
- Version: 1.0表示IKE版本号，1.0表示使用IKEv1建立连接。
- Exchange type:Identity Protection (Main Mode) (2)表示IKE协商模式为主模式。Key Exchange Data：9e2652cf76c9a0a40e9f04a10046b8e6a3f3ed653c5792c58dee602f050a127067df9e9f9b7d90a 1830369bc3054dedc7429e62cc0d7e0b559e0cb412cb508aaaa7d6d2fc24b843b444cf95ba1fbd6302a3 cab1c1440e1d1e7f2f21697839171ef62f33dff54b51d841cedda71fccdab1f4072a58b88d7604464dab1 50246e84表示DH公共值，DH公共值通过Diffie-Hellman算法计算出来。注意：图中选中的 0a000084不包括在内。

5. 第5个包

发起方发起身份验证，报文中带有认证的数据（预共享密钥或者数字签名）。由于第1个包和第2个包已经协商好了加密算法，第3个包和第4个包协商好了加密的Key值，所以第5个包的消息被加密了（使用第一把钥匙）。第5个包的抓包分析如图7-21所示。

- Initiator cookie: 817622EA01367EC9表示发起者的cookie值，告知响应端主机要使用IPSec的哪一把密钥来加密这个封包。
- Responder cookie: 58E452AA5DC6679B表示响应者的cookie值，告知发起端主机要使用IPSec的哪一把密钥来加密这个封包。
- Version: 1.0表示IKE版本号，1.0表示使用IKEv1建立连接。
- Exchange type:Identity Protection (Main Mode) (2)表示IKE协商模式为主模式。
- Encrypted payload (304 bytes)表示加密后的数据。

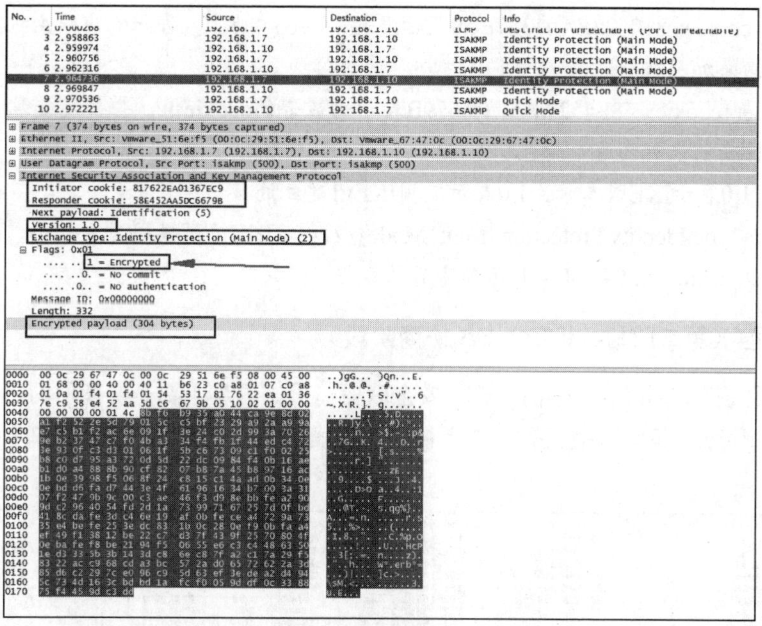

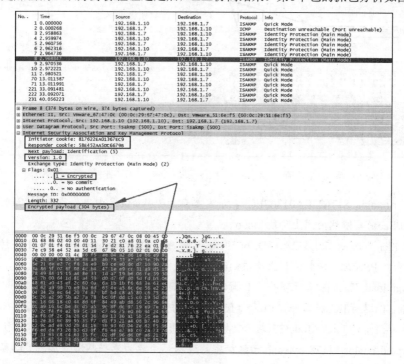

图 7-21

6. 第 6 个包

响应端回应报文，同样发送认证的数据（预共享密钥或者数字签名）验证对方的身份信息。第6个包同样使用第1个包、第2个包协商的算法和第3个包、第4个包协商的Key值加密数据，所以第6个包的认证数据是加密的。双方身份验证通过后，IKE协商结束。第6个包的抓包分析如图7-22所示。

图 7-22

- Initiator cookie: 817622EA01367EC9表示发起者的cookie值，告知响应端主机要使用IPSec的哪一把密钥来加密这个封包。
- Responder cookie: 58E452AA5DC6679B表示响应者的cookie值，告知发起端主机要使用IPSec的哪一把密钥来加密这个封包。
- Version: 1.0表示IKE版本号，1.0表示使用IKEv1建立连接。
- Exchange type:Identity Protection (Main Mode) (2)表示IKE协商模式为主模式。
- Encrypted payload (304 bytes)表示加密后的数据。

7. 第 7 个包（第二阶段：IPSec SA 协商阶段）

发起方主要进行IPSec SA的协商，建立安全联盟，报文内容主要是协商用的封装方式、后面的加密算法以及生存时间和感兴趣流等。由于数据是加密的，因此无法查看。第7个包的抓包分析如图7-23所示。

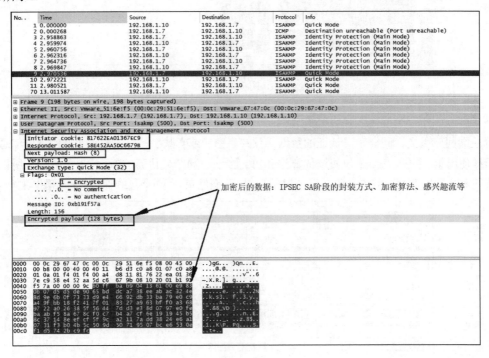

图 7-23

- Initiator cookie: 817622EA01367EC9表示发起者的cookie值是由上阶段IKE协商时已经确定的，所以IPSec协商依然使用上阶段的cookie。
- Responder cookie: 58E452AA5DC6679B表示响应者的cookie值是由上阶段IKE协商时已经确定的，所以IPSec协商依然使用上阶段的cookie。
- Next payload: Hash (8)表示下一个载荷的类型是Hash。
- Version: 1.0表示IKE版本号，1.0表示使用IKEv1建立连接。
- Exchange type: Quick Mode(32)表示交换类型使用快速模式，IPSec协商时只有快速模式。
- Encrypted payload (128 bytes)表示被加密的数据，主要为感兴趣流、加密策略协商（这里使用第二把钥匙进行加密）。

8. 第 8 个包

响应方回包，同意第7个包发送的封装方式、加密算法、生存时间、感兴趣流等，同时也能起到确认收到对端消息的作用。由于数据是加密的，因此无法查看。第8个包的抓包分析如图7-24所示。

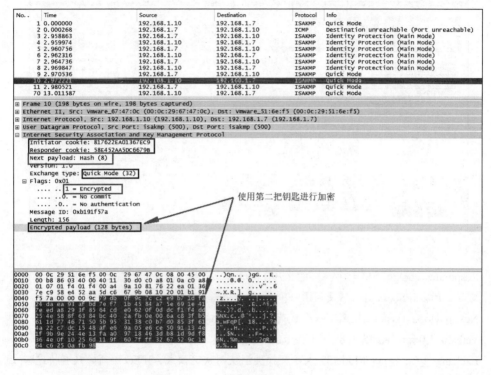

图 7-24

- Initiator cookie: 817622EA01367EC9表示发起者的cookie值是在上一阶段IKE协商时已经确定的，所以IPSec协商依然使用上一阶段的cookie。
- Responder cookie: 58E452AA5DC6679B表示响应者的cookie值是在上一阶段IKE协商时已经确定的，所以IPSec协商依然使用上一阶段的cookie。
- Next payload: Hash (8)表示下一个载荷类型是Hash。
- Version: 1.0表示IKE版本号，1.0表示使用IKEv1建立连接。
- Exchange type: Quick Mode(32)表示交换类型使用快速模式，IPSec协商时只有快速模式。
- Encrypted payload (128 bytes)表示被加密的数据，主要为感兴趣流、加密策略协商（这里使用第二把钥匙进行加密）。

9. 第 9 个包

发送确认报文。其中包含一个哈希值，其作用是确认接收方的消息以及证明发送方处于主动状态（表示发送方的第一条消息不是伪造的）。由于数据是加密的，因此无法查看。第9个包的抓包分析如图7-25所示。

- Initiator cookie: 817622EA01367EC9表示发起者的cookie值是在上一阶段IKE协商时已经确定的，所以IPSec协商依然使用上一阶段的cookie。

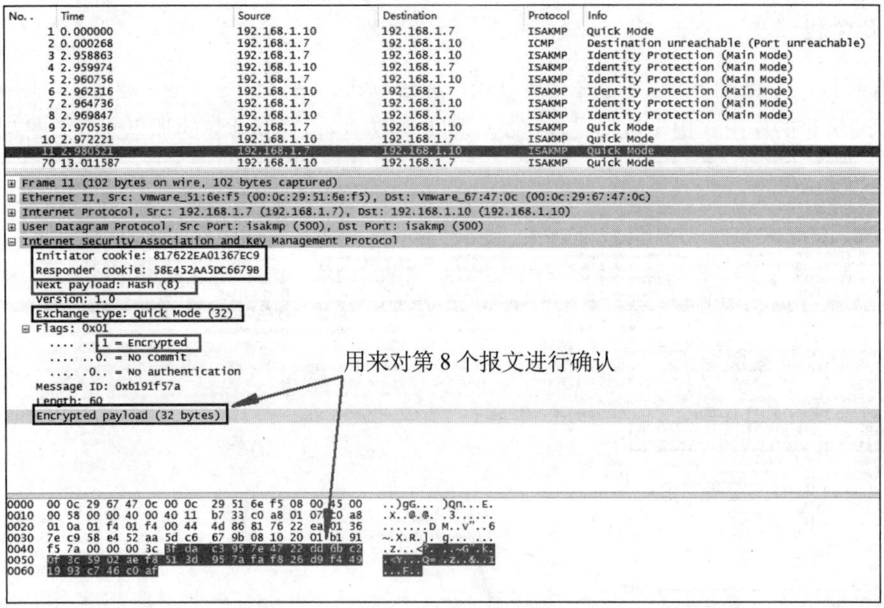

图 7-25

- Responder cookie: 58E452AA5DC6679B表示响应者的cookie值是在上一阶段IKE协商时已经确定的，所以IPSec协商依然使用上一阶段的cookie。
- Next payload: Hash (8)表示下一个载荷类型是Hash。
- Version: 1.0表示IKE版本号，1.0表示使用IKEv1建立连接。
- Exchange type: Quick Mode(32)表示交换类型使用快速模式，IPSec协商时只有快速模式。
- Encrypted payload(128 bytes)表示被加密的数据，主要为感兴趣流、加密策略协商（这里使用第二把钥匙进行加密）。

7.5　IKEv2 协议

IKEv1协议建立一对IPSec SA，使用主动模式需要9个报文，使用野蛮模式需要6个报文，才能协商成功。IKEv2对IKEv1进行了优化，IKEv2只需要进行两次交互，使用4条消息就可以完成一个IKEv2 SA和一对IPsec SA的协商建立。IKEv2定义了3种交互方式：初始交换、创建子SA交换和通知交换。

7.5.1　IKEv2概述

IKEv1的复杂性一直受到批评，因为它存在冗余性和易攻击性等缺点。随着IKEv2的发布，IKEv1中暴露出来的缺点和不足得以解决，IKEv2完美承载了IKEv1的许多特性，包括身份隐藏、完善前向保密（PFS）、两个阶段和密钥协商等。IKEv2精简了IKEv1中复杂的协商过程，加强了协议的安全性，并将多个协议合并到一个文档中，即RFC4306。IKEv2借助公私钥密码体制和杂凑算法提出了多种交换模式的IPSec服务。

采用IKEv2协商安全联盟比IKEv1协商过程要简单得多。要建立一对IPSec SA，IKEv1需要经历两个阶段：主模式＋快速模式或者野蛮模式＋快速模式，主模式＋快速模式至少需要交换9条消息，野蛮模式+快速模式至少需要交换6条消息。而IKEv2正常情况下使用两次来回共4条消息（这两次交换属于初始交换）可以完成一对IPSec SA（也称子SA）的建立，如果要求建立的IPSec SA大于一对，每一对IPSec SA只需额外增加一次创建子SA交换，也就是两条消息就可以完成。

IKEv2中并不存在主模式、野蛮模式、快速模式等交换类型。IKEv2定义了3种交换：初始交换（Initial Exchange）、创建子SA交换（Create_Child_SA Exchange）以及通知交换（Informational Exchange）。

IKEv2协商SA的步骤为：首先，在发起方和响应方之间成功建立起IKE SA；然后，在IKE SA这个安全通道的保护下，为IPsec安全服务协商 SA，即建立IPSec SA。在IKEv2中，IKE SA还叫作IKE SA，而IPSec SA则可以叫作CHILD SA（子SA）。在IKEv2中，将IKEv1中的主模式和野蛮模式换成了初始交换，将快速模式换成了创建子SA交换。

7.5.2　初始交换

正常情况下，IKEv2可以通过初始交换来建立IKE SA。IKEv2初始交换对应IKEv1的第一阶段，初始交换包含两次交换，总共4条消息。初始交换的过程如图7-26所示。

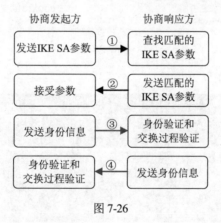

图 7-26

消息①和②属于第一次交换（称为IKE_SA_INIT交换），以明文方式完成IKE SA的参数协商，包括协商加密和验证算法、交换临时随机数和DH交换。IKE_SA_INIT交换后生成一个共享密钥材料，通过这个共享密钥材料可以衍生出IPSec SA的所有密钥，相当于IKEv1的主模式的第1个包和第3个包。

消息③和④属于第二次交换（称为IKE_AUTH交换），以加密方式完成身份认证，对前两条信息进行认证，并协商IPSec SA的参数。IKEv2支持RSA签名认证、预共享密钥认证以及扩展认证协议（Extensible Authentication Protocol，EAP）。EAP认证是作为附加的IKE_AUTH交换在IKE中实现的，发起者通过在第3个消息中省去认证载荷来表明需要使用EAP认证。

如果以报文结构来展示初始交换，则如图7-27所示。

初始化交换通过两次交换共4个报文便可以完成一对IKE SA和IPSec SA的协商。图7-27主要用来描述协商报文的内容和对应的处理函数入口。图7-28则用来说明各接口对应的协商状态。在协商过程中，根据该状态来确定当前的协商阶段。

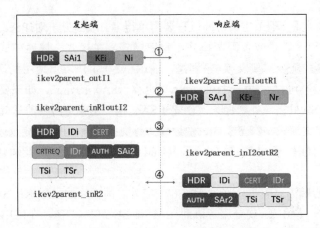

图 7-27

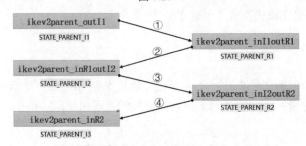

图 7-28

RFC文档中的报文格式如图7-29所示。

```
1  Initiator                        Responder
2  -------------------------------------------------------
3  HDR, SAi1, KEi, Ni  -->
4                                    <-- HDR, SAr1, KEr, Nr, [CERTREQ]
5
6  HDR, SK {IDi, [CERT,] [CERTREQ,]
7      [IDr,] AUTH, SAi2,
8      TSi, TSr} -->
9                                    <-- HDR, SK {IDr, [CERT,] AUTH,
10                                           SAr2, TSi, TSr}
```

图 7-29

各个报文字段解释如下：

- HDR：报文头部。
- SAi1、SAr1：IKE SA建议。
- SAi2、SAr2：IPSEC SA建议载荷。
- KEi、KEr：DH算法公共值。
- Ni、Nr：Nonce随机数。
- CERT、CERTREQ：证书载荷、证书请求载荷。
- IDi、IDr：ID载荷。
- TSi、TSr：流量选择器，使用此载荷完成保护子网的协商。
- AUTH：认证数据载荷。

需要说明的是，报文中的SK并不是一个载荷。SK{...}表示里面的内容被加密和认证保护。在IKEv2中，所有消息交换都是以IKE_SA_INIT和IKE_AUTH开始的，相当于IKEv1中的第一阶段。这些初始交换通常是由4个消息组成，在需要建立多于一对IPSec SA时，可以增加子SA。IKEv2的所有通信都是以request/response对进行的。第一对消息（IKE_SA_INIT）用于协商加密算法、交换随机数（Nonce），并进行Diffie-Hellman交换。生成SKEYSEED后，后续的消息使用密钥进行加密和验证。第二对消息（IKE_AUTH）操作建立在由IKE_SA_INIT创建的IKE_SA之上，对前一对消息进行身份验证，协商SA参数，并建立第一个CHILD_SA。这些消息的一部分是被加密和受到完整性保护的，是通过IKE_SA_INIT交换建立的密钥来加密的。完成初始交换之后，所有的消息都是加密传输的。

下面我们来看初始交换过程的4个消息的抓包，如图7-30开头4行（包含ISAKMP的4行）所示。

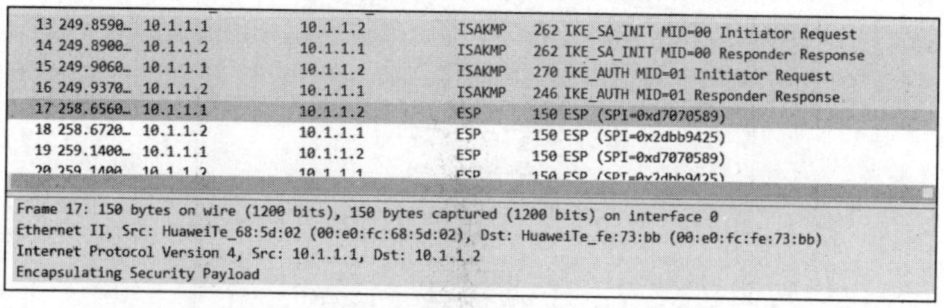

图 7-30

这4个消息包含两个初始（IKE_SA_INIT）信息和两个认证（IKE_AUTH）信息。IKEv2协商过程的第1个包如图7-31所示。

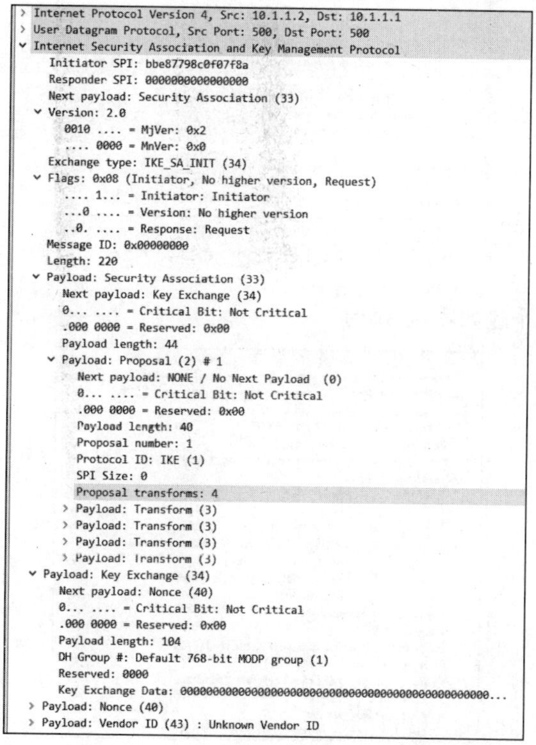

图 7-31

　　发起方提供基本的SA（安全联盟）参数和密钥交换材料。等同于IKEv1的主模式的第1个包和第3个包。发起方发送的消息包HDR，其中包括安全参数索引（SPIs）、版本号和flags。SAi1有效载荷声明了发起方支持的IKE SA加密算法。IKE有效载荷是发送方的DH值，Nonce为发起方的随机数。第1个包中的Responder SPI的值为0，Flags位的Initiator的值为1，用于标记发起方。Message ID的值也为0，该值和下一个响应方的Message ID值相同，用来标记区分一对request/response消息。

　　IKEv2协商过程的第2个包如图7-32所示。

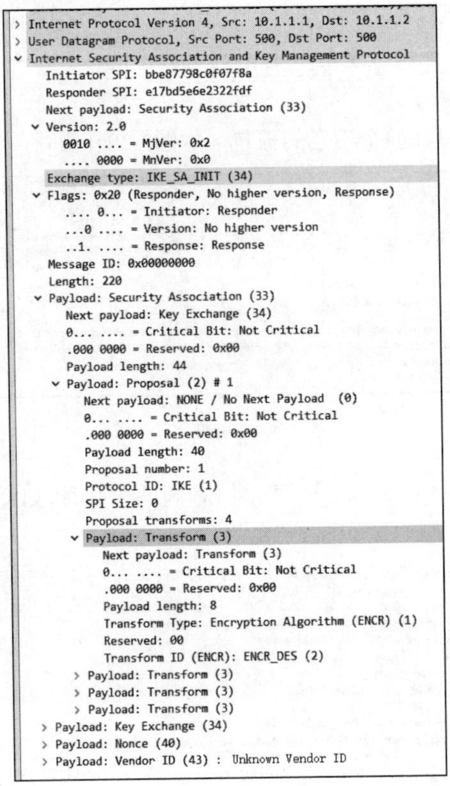

图 7-32

　　IKEv2协商过程的第3个包如图7-33所示。

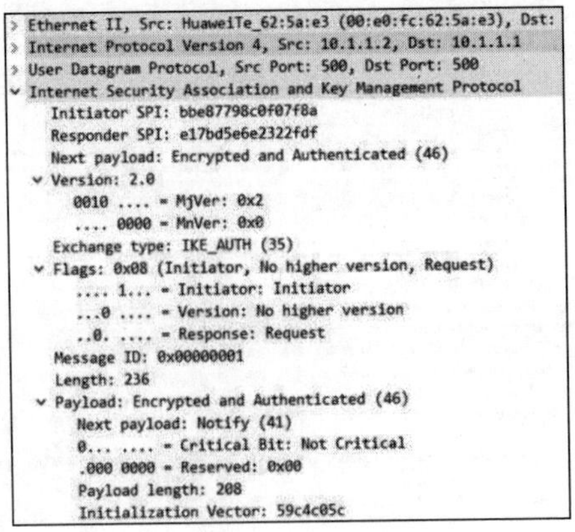

图 7-33

第3个包创建与Child SA相关的认证内容和参数（等同于IKEv1的主模式的第5个包和部分快速模式的包）。RFC中第3个包的报文格式如下：

```
HDR, SK {IDi, [CERT,] [CERTREQ,]
    [IDr,] AUTH, SAi2,
    TSi, TSr}  -->
```

其中，SK表示该负载被加密并且完整性保护；IDi表示发起方的身份信息；CERT表示发起方的证书载荷，可选；CERTREQ表示发起方的证书请求，可选；IDr表示期望的相应方的身份信息，可选；AUTH表示发起方认证数据，没有EAP就没有这个字段，可选；SAi2表示发起方Child SA转换集；TSi/TSr表示Child SA流量选择器。

发起方：除了HDR未加密外，其余都被加密。IDi是发起方的有效身份载荷，用来证明自己的身份和完整性保护。如果包含任何CERT有效载荷，则必须提供第一个证书，包含用于验证AUTH字段的公钥。可选的有效负载IDr使发起者能够指定哪个响应者。在有同一个IP地址的机器上可能有多个身份ID。如果响应者不接受发起方提出的IDr，响应者可能会使用其他一些IDr来完成交换。如果发起方不接收相应方提供的IDr，发起方可以关闭这个SA协商。

TSi和TSr是流量选择器，可以用来协商双方感兴趣的流。在IKEv2中可以协商，取感兴趣流的交集。但是在IKEv1中不能协商，只能双方互相配置为镜像地址。发起方使用SAi2负载来协商Child SA，SAi2用来描述CREATE_CHILD_SA的交换参数。第3个报文中的报文头是明文的，其余都是密文传输。在该报文中的Flags中的Initiator位置1，表示是发起方的报文。Message ID区别于上一对消息，为1。下一个回应的报文的Message ID和这个值相同。其余消息被封装到了Encrypted and Authenticated载荷中。

IEKv2协商过程的第4个包如图7-34所示。

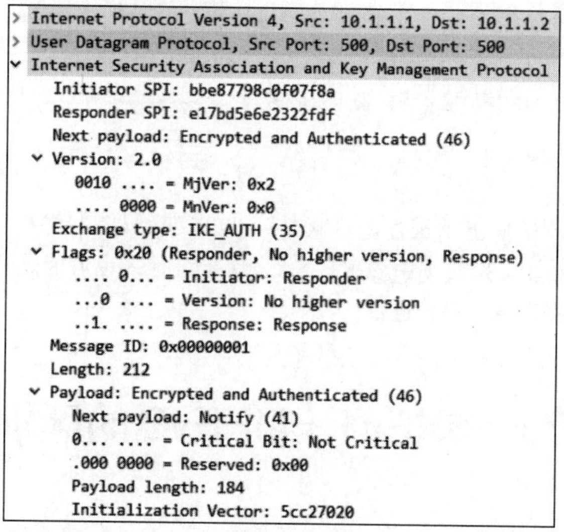

图 7-34

第4个包创建与Child SA相关的认证内容和参数（等同于IKEv1主模式的第6个包和部分快速模式的包）。RFC中第4个包的报文格式如下：

```
<-- HDR, SK {IDr, [CERT,] AUTH, SAr2, TSi, TSr}
```

其中，SK表示负载被加密和完整性保护；IDr表示响应方的身份信息；CERT表示响应方的证书，可选；AUTH表示响应方的认证数据，没有EAP就没有这个字段，可选；SAr2用于发送创建CREATE_CHILD_SA的提议材料；TSi/TSr表示Child SA流量选择器，感兴趣流。

响应方使用IDr有效载荷声明其身份，可选发送一个或多个证书（同样，这个证书需要有助于验证AUTH的公钥）。

7.5.3　创建子SA交换

初始交换完毕后，IKE SA建立起来了，就要创建子SA交换了。当一个IKE SA需要创建多对IPSec SA时，需要创建子SA交换来协商多于一对的IPSec SA。另外，创建子SA交换还可以用于IKE SA的重协商。

创建子SA交换包含一个交换（两条消息），对应IKEv1协商阶段2，交换的发起者可以是初始交换的协商发起方，也可以是初始交换的协商响应方。创建子SA交换必须在初始交换完成后进行，交换消息由初始交换协商的密钥进行保护。类似于IKEv1，如果启用PFS，创建子SA交换需要额外进行一次DH交换，生成新的密钥材料。生成密钥材料后，子SA的所有密钥都从这个密钥材料衍生出来。

7.5.4　通知交换

运行IKE协商的两端有时会传递一些控制信息，例如错误信息或者通告信息，这些信息在IKEv2中是通过通知交换完成的，如图7-35所示。

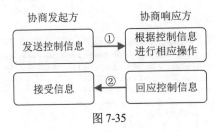

图 7-35

通知交换必须在IKE SA保护下进行，也就是说通知交换只能发生在初始交换之后。控制信息可能是IKE SA的，那么通知交换必须由该IKE SA来保护进行；也可能是某子SA的，那么该通知交换必须由生成该子SA的IKE SA来保护进行。

7.6　IKEv1 与 IKEv2 的区别

IKEv1与IKEv2的区别如下：

（1）协议建立区别。IKEv1有两个阶段，IKEv2没有2个阶段。IKEv1协商安全联盟主要分为两个阶段。IKEv1阶段1的目的是建立IKE SA，它支持两种协商模式：主模式和野蛮模式。主模式用6条ISAKMP消息完成协商。野蛮模式用3条ISAKMP消息完成协商。野蛮模式的优点是建立IKE SA的速度较快，但是野蛮模式密钥交换与身份认证一起进行无法提供身份保护。IKEv1阶段2的目的是建立用来传输数据的IPSec SA，通过快速交换模式（3条ISAKMP消息）完成协商。IKEv2简化了安全联盟的协商过程。IKEv2正常情况下使用两次交换共4条消息就可以完成一个IKE SA和一对IPSec SA，如果要求建立的IPSec SA多于一对，则每一对SA只需额外增加一次交换，也就是两条消息就可以完成。

（2）IKEv2支持EAP身份认证。IKEv2可以借助认证服务器对远程接入的计算机、手机等进行身份认证、分配私网IP地址。IKEv1无法提供此功能，必须借助L2TP来分配私网地址。

（3）IKE SA的完整性算法支持情况不同。IKE SA的完整性算法仅IKEv2支持，IKEv1不支持。

（4）DPD中的超时重传实现不同。retry-interval参数仅IKEv1支持。表示发送DPD报文后，如果超过此时间间隔未收到正确的应答报文，DPD记录失败事件一次。当失败事件达到5次时，删除IKE SA和相应的IPSec SA。直到隧道中有流量时，两端重新协商建立IKE SA。

对于IKEv2方式的IPSec SA，超时重传时间间隔从1到64以指数增长的方式增加。在8次尝试后还未收到对端发送过来的报文，则认为对端已经下线，删除IKE SA和相应的IPSec SA。

（5）IKE SA超时时间手工调整功能支持不同。IKEv2的IKE SA软超时为硬超时的9/10±一个随机数，所以IKEv2一般不存在两端同时发起重协商的情况，故IKEv2不需要配置软超时时间。

7.7 IKEv2 的优点

与IKEv1相比，IKEv2有以下优点：

（1）简化了安全联盟的协商过程，提高了协商效率。IKEv1使用两个阶段为IPSec进行密钥协商并建立IPSec SA：第一阶段，通信双方协商和建立IKE本身使用的安全通道，建立一个IKE SA；第二阶段，利用这个已通过了认证和安全保护的安全通道，建立一对IPSec SA。IKEv2则简化了协商过程，在一次协商中可直接生成IPSec的密钥并建立IPSec SA。

（2）修复了多处公认的密码学方面的安全漏洞，提高了安全性能。

（3）加入对EAP身份认证方式的支持，提高了认证方式的灵活性和可扩展性。EAP是一种支持多种认证方法的认证协议，可扩展性是其最大的优点，即若想加入新的认证方式，则可以像组件一样加入，而不用变动原来的认证体系。当前EAP认证方式已经广泛应用于拨号接入网络中。

（4）通过EAP解决了远程接入用户的认证问题，彻底摆脱了L2TP的牵制。目前IKEv2已经广泛应用于远程接入网络中了。

第 8 章

VPN 实战

现在 IPSec 的主流实现有 3 个：OpenSwan、strongSwan 和 LibreSwan。它们的祖师爷都是 FreeSwan。LibreSwan 是 OpenSwan 的后续分支版本，因为商标问题。从 RHEL7 开始，Red Hat（红帽）Enterprise Linux 和 CentOS 系统自带默认的 IPSec 系统是 LibreSwan，它是 OpenSwan 的分支。用红帽公司的话说，LibreSwan 将作为 OpenSwan 的直接替代品引入。它是一个更稳定和安全的 VPN 解决方案，已在 Red Hat Enterprise Linux 7 中提供。从 14.04 开始，strongSwan 是 Ubuntu 中推荐的默认配置。这三者的 IPSec 实现各有千秋。相对而言，strongSwan 的功能较强大一些，结构更加复杂，可以说，一入 strongSwan 深似海。

与 LibreSwan 相比，strongSwan 具有更全面和完善的文档。strongSwan 支持 EAP 身份验证方法，可以更轻松地集成到异构环境中，例如向 Active Directory 进行身份验证。此外，strongSwan 还可以集群化并实现负载平衡。相比之下，LibreSwan 比 strongSwan 支持更多的硬件加密加速器，但需要内核补丁才能这样做。

使用 strongSwan 对 IPSec 进行研究，是一种很好地理解 IPSec 的实践。首先，我们需要搭建一个 VPN 应用场景的网络拓扑结构，然后开始配置 strongSwan 所需的各种网络和密钥参数。最后，我们可以运行 strongSwan 程序并进行测试。

8.1　准备网络环境

我们准备使用 CentOS 7.6（其他 Linux 发行版也可以，但最好和书上一致）作为 VPN 环境的网关。可以通过下列命令来查看 CentOS 的版本号：

```
[root@localhost network-scripts]# cat /etc/redhat-release
CentOS Linux release 7.2.1511 (Core)
[root@localhost network-scripts]# cat /etc/system-release
CentOS Linux release 7.2.1511 (Core)
```

两条命令效果一样，用一条即可。

因为好多实例都会涉及一个网络拓扑的组网，所以我们单独把它拎出来作为一节。Net2Net的意思是子网到子网，即两个不同的子网，通过两台网关进行加密安全通信。

这里，我们把两台网关主机叫作moon和sun。我们在目标在moon和sun网关（Gateway）后面的子网之间建立连接，采用的身份验证方式是基于预共享密钥（PSK）。这种VPN组网可以简称为Net2Net-PSK，Net是子网的意思。

成功建立IPsec隧道后，为了测试隧道，网关moon后面的客户端alice将和位于网关sun后面的客户端bob相互ping，如果能ping通，则说明测试成功。整个网络拓扑结构如图8-1所示。

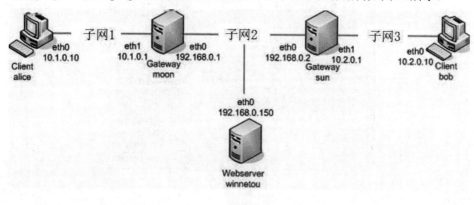

图 8-1

从Net2Net-PSK的组网图可以看到，我们至少需要两个客户机：alice和bob，两个网关：moon和sun。因此，可以创建4台虚拟机A、B、C、D，其中B、C作为两个网关，A、D作为左右子网的客户机。当然，使用4台真实的计算机更好，但笔者为了照顾广大学生朋友，特意用虚拟机，目的是节省投资。虚拟机使用VMware 15创建，也是为了照顾还在使用Windows 7的朋友，VMware 15是最后一个能在Windows 7下使用的版本。在创建完Windows虚拟机A之后，直接复制出虚拟机D即可，在创建完Linux虚拟机B之后，直接复制出虚拟机C即可，比较方便。总体的网络拓扑环境如下：

```
A --子网1(10.1.0.0/24)-- B==子网2(192.168.0.0/24)==C --子网3(10.2.0.0/24)-- D
```

其中，我们为A起的名字是客户端alice，使用的系统是Windows XP或Windows 7，笔者使用的是Windows XP，因为相对Windows 7来说，它占用的资源较少，这样不至于让我们的物理计算机太卡。另外，B（moon）和C（sun）使用的系统是CentOS 7.6。为D起个名字是客户端bob，我们的目标是alice和bob能安全通信，具体步骤如下：

（1）装机。安装一台Windows XP虚拟机当作A，然后复制出一台作为D。安装一台CentOS 7.6的虚拟机当作B，然后复制出一台作为C。

（2）配置网段。在VMware的Edit选项中，选择Virtual Network Editor...，由于类型为Host-Only（仅主机）的VMnet1已经默认存在，因此我们只需要添加两个虚拟网段VMnet2和VMnet3，类型为Host-Only，添加网段为图8-1的子网123的网段，即VMnet1对应子网1，VMnet2对应子网2，VMnet3对应子网3。DHCP选项关掉，不让自主分配IP。最终配置后的对话框如图8-2所示。

我们看到子网123（分别对应VMnet1、VMnet2和VMnet3）的网络类型都是Host-Only。

（3）调整网卡，B、C要作为网关存在，所以需要有两块网卡，因此要在设置中为B、C再添加一块网卡。比如对主机moon添加网卡的设置对话框如图8-3所示。

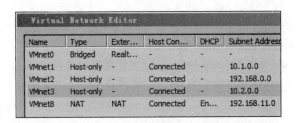

图 8-2

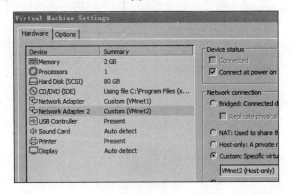

图 8-3

（4）对主机 sun 添加网卡的设置对话框如图 8-4 所示。

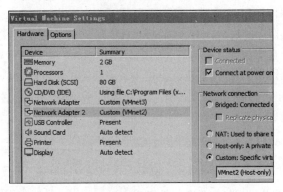

图 8-4

（5）客户端虚拟机接入子网。首先打开虚拟机 D 的设置对话框，将虚拟机 D 的网卡类型设置为
Custom，选择 VMnet3，则 D 接入子网 3，如图 8-5 所示。

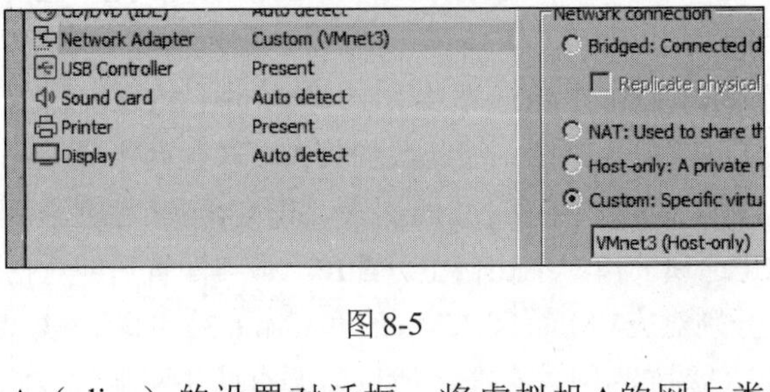

图 8-5

然后，打开虚拟机 A（alice）的设置对话框，将虚拟机 A 的网卡类型设置为 Custom，选择
VMnet1，则 A 接入子网 1（VMnet1）。

（6）配置虚拟机。4台机器都开机，使用图形界面，配置机器的IP地址和子网掩码，其中A和D别忘了配置默认网关为B和C的IP，毕竟B和C是充当网关的。其中A的IP配置界面如图8-6所示。

主机B（moon）的IP配置后如图8-7所示。

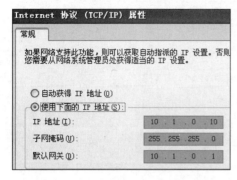

图 8-6

```
[root@localhost ~]# ifconfig
ens33: flags=4163<UP,BROADCAST,RUNNING,MULTICAST
        inet 10.1.0.1   netmask 255.255.255.0   br
        inet6 fe80::6a9f:7bd9:a3e7:9552   prefixl
        ether 00:0c:29:f8:3d:27  txqueuelen 1000
        RX packets 241  bytes 25857 (25.2 KiB)
        RX errors 0  dropped 0  overruns 0  fram
        TX packets 114  bytes 14413 (14.0 KiB)
        TX errors 0  dropped 0  overruns 0  carri

ens37: flags=4163<UP,BROADCAST,RUNNING,MULTICAST
        inet 192.168.0.1  netmask 255.255.255.0
```

图 8-7

另外，要注意让主机B的防火墙都关闭，查询防火墙的命令如下：

```
[root@localhost ~]# firewall-cmd --state
not running
```

把客户机A的防火墙也关闭。此时在B中ping A，可以ping通了：

```
[root@localhost ~]# ping 10.1.0.10
PING 10.1.0.10 (10.1.0.10) 56(84) bytes of data.
64 bytes from 10.1.0.10: icmp_seq=1 ttl=128 time=0.710 ms
64 bytes from 10.1.0.10: icmp_seq=2 ttl=128 time=1.00 ms
```

在A中ping B，也可以ping通了：

```
C:\Documents and Settings\Administrator>ping 10.1.0.1

Pinging 10.1.0.1 with 32 bytes of data:

Reply from 10.1.0.1: bytes=32 time<1ms TTL=64
Reply from 10.1.0.1: bytes=32 time=3ms TTL=64
Reply from 10.1.0.1: bytes=32 time<1ms TTL=64
Reply from 10.1.0.1: bytes=32 time<1ms TTL=64
```

以同样的方法，设置主机C（sun）的两个网卡IP，配置后如图8-8所示。

客户机D的IP配置情况如图8-9所示。

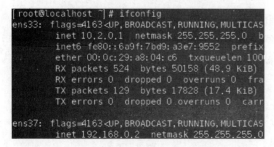

图 8-8

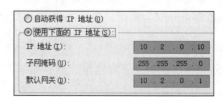

图 8-9

然后把两者的防火墙都关闭。这样，主机C可以ping通客户机D了：

```
[root@localhost ~]# ping 10.2.0.10
PING 10.2.0.10 (10.2.0.10) 56(84) bytes of data.
64 bytes from 10.2.0.10: icmp_seq=1 ttl=128 time=0.750 ms
64 bytes from 10.2.0.10: icmp_seq=2 ttl=128 time=0.668 ms
```

在客户机D中也可以ping通主机C了：

```
C:\Documents and Settings\Administrator>ping 10.2.0.1

Pinging 10.2.0.1 with 32 bytes of data:

Reply from 10.2.0.1: bytes=32 time=2ms TTL=64
```

并且，主机B和C也能相互ping通。

（7）sun和moon两端分别开启转发。这一步非常重要，既然B和C充当网关，需要在B和C中开启路由转发，这样才能发挥其路由器的功能。以编辑方式打开文件sysctl.conf：

```
vim /etc/sysctl.conf
```

输入以下内容：

```
net.ipv4.ip_forward=1
```

然后保存，也可以不用vi，直接用echo：

```
echo "net.ipv4.ip_forward = 1" >> /etc/sysctl.conf
```

随后，使用sysctl -p加载生效：

```
[root@localhost ~]#

net.ipv4.ip_forward = 1
```

这种方式在系统重启后依旧有效。如果只是想临时生效，也可以用以下两条命令之一：

```
echo 1 > /proc/sys/net/ipv4/ip_forward
```

或者：

```
sysctl -w net.ipv4.ip_forward=1
```

以上两种方法都可以立即开启路由功能，但如果系统重启，或执行了service network restart，则所设置的值会丢失。

最后可以用cat /proc/sys/net/ipv4/ip_forward命令查看一下输出结果是否为1。

（8）在sun和moon两端添加默认路由和对端子网路由。不添加默认路由的话，IPSec的配置文件中写%defaultroute会报错。在moon中添加默认路由，命令如下：

```
route add default gw 192.168.0.2
```

在moon中添加对端子网路由，命令如下：

```
route add -net 10.2.0.0/24 gw 192.168.0.2
```

意思是如果网络包要去子网10.2.0.0，则应该走网关192.168.0.2。

同样，在sun中添加默认路由：

```
route add default gw 192.168.0.1
```

在sun中添加对端子网路由：

```
route add -net 10.1.0.0/24 gw 192.168.0.1
```

意思是如果网络包要去子网10.1.0.0，则应该走网关192.168.0.1。

此时，我们在alice中ping bob，在bob中ping alice，就可以相互ping通了。在bob中ping alice，结果如下：

```
C:\Documents and Settings\bush>ping 10.1.0.10

Pinging 10.1.0.10 with 32 bytes of data:

Reply from 10.1.0.10: bytes=32 time<1ms TTL=126
Reply from 10.1.0.10: bytes=32 time<1ms TTL=126
Reply from 10.1.0.10: bytes=32 time=3ms TTL=126
Reply from 10.1.0.10: bytes=32 time=3ms TTL=126
```

在alice中ping bob，结果如下：

```
C:\Documents and Settings\bush>ping 10.2.0.10

Pinging 10.2.0.10 with 32 bytes of data:

Reply from 10.2.0.10: bytes=32 time=3ms TTL=126
Reply from 10.2.0.10: bytes=32 time=3ms TTL=126
Reply from 10.2.0.10: bytes=32 time<1ms TTL=126
Reply from 10.2.0.10: bytes=32 time=1ms TTL=126
```

至此，两个客户端能相互ping通（明文通信）了。后面将搭建VPN，使得两个客户端能相互ping通（密文通信）。

8.2　strongSwan 实战

现在，我们组网的工作就算完成了。下面正式开始接触strongSwan。

8.2.1　编译安装strongSwan

在线安装strongSwan很简单，一条命令即可：

```
yum install strongswan
```

但企业中不少主机都是不能连互联网的，所以我们需要学会离线编译安装，安装之前最好对虚拟机做一些快照，以防安装失败，可以重新恢复到安装前。具体编译安装的步骤如下：

（1）升级相关依赖。

需要对pam库进行升级，这个依赖比较重要，如果不升级，下一步配置结束会提示PAM library not found，而且无法自定义安装路径。

在线升级需要联网，但我们目前CentOS系统中的两个网卡都是仅主机模式，所以还需要添加一块可以和宿主机同一网段的网卡，打开sun的虚拟机设置，然后添加网卡，网络连接选择桥接模式式，如图8-10所示。

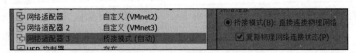

图 8-10

单击"确定"按钮，稍等片刻，用ifconfig命令查看一下是否有3个网卡了，然后打开火狐浏览器，随便打开一个网址看是否能打开网站，如果可以，就说明连接互联网成功了，此时我们可以在线升级PAM，在命令行下输入命令：

```
yum install -y pam-devel
```

稍等片刻，出现提示：

```
作为依赖被升级:
  pam.x86_64 0:1.1.8-23.el7
```

完毕！

说明升级成功。

（2）下载解压并配置。首先从官方网站下载源码压缩包，比如strongswan-5.9.6.tar.gz，放到Linux某个目录下解压：

```
tar zxvf strongswan-5.9.6.tar.gz
```

进入strongSwan目录进行配置，在命令行下进入strongSwan-5.9.6目录，然后在命令行下执行：

```
./configure --enable-eap-identity --enable-eap-md5 --enable-eap-mschapv2 --
enable-eap-tls --enable-eap-ttls --enable-eap-peap --enable-eap-tnc --enable-eap-
dynamic --enable-eap-radius --enable-xauth-eap --enable-xauth-pam --enable-dhcp --
enable-openssl --enable-addrblock --enable-unity --enable-certexpire --enable-
radattr --enable-swanctl --enable-openssl --disable-gmp --with-dev-headers
```

其中，enable选项表示启用某个功能；--with-dev-headers表示安装时要生成strongSwan二次开发时所需的相关头文件，如果不带这个选项，是看不到include目录的，为了以后我们二次开发strongSwan更方便，笔者通常喜欢将include文件夹也生成好。这个命令带有很多选项（如果不带选项就执行，则采用选项的默认值），我们可以用"./configure -h"进行查看，其他比较重要的选项有--prefix=PREFIX，PREFIX为编译完成后的可执行文件、库文件以及配置文件等的安装目录、运行目录，其默认值是/usr/local。严格地讲，应该是DESTDIR/usr/local，DESTDIR可以是一个环境变量，也可以在执行make install时通过这个选项指定安装路径，也就是说，如果DESTDIR没有设置为环境变量，或者执行make install时没有使用选项DESTDIR，则默认的安装路径才是/usr/local，否则默认的安装路径应该是DESTDIR/usr/local。当然，如果prefix也修改了自定义路径，比如/home

/strongswan，那么最终安装路径就是DESTDIR/home/strongswan。一定要留意DESTDIR，否则安装后会找不到strongSwan相关文件的，笔者就吃过这个亏。prefix指定的目录会被硬编码到可执行文件中，IPSec启动时，会在该目录下查找配置文件。如果进行移植，则务必保证该目录和开发板上的运行目录路径相同，避免IPSec找不到配置文件。再直白点说，比如--prefix=/home/strongswan，在宿主机make && make install后，把strongSwan这个文件夹整体复制到开发板的/home目录下才行。在PREFIX中通常安装独立于体系结构的文件。在上面的configure命令中没有使用prefix，因此会安装在默认目录/usr/local/下，如果DESTDIR为空的话，则可以到/usr/local/下去看看现在各个目录的情况：

```
[root@localhost ~]# cd /usr/local/
[root@localhost local]# ls
bin etc games include lib lib64 libexec python3 sbin share src
[root@localhost local]# cd bin
[root@localhost bin]# ls
pip3 python3
[root@localhost bin]# cd etc
-bash: cd: etc: 没有那个文件或目录
[root@localhost bin]# cd ../etc
[root@localhost etc]# ls
[root@localhost etc]# cd ../include/
[root@localhost include]# ls
[root@localhost include]# cd ../lib
[root@localhost lib]# ls
[root@localhost lib]# cd ../libexec
[root@localhost libexec]# ls
[root@localhost libexec]# cd ../sbin
[root@localhost sbin]# ls
[root@localhost sbin]#
```

可以看出，基本都是空的，/usr/local通常就是第三方软件默认安装的地方。待会我们make install后，就会向etc、libexec和sbin等目录复制文件和文件夹。

- --exec-prefix=EPREFIX，在EPREFIX中安装与体系结构相关的文件，如果不设定，则其默认值就是PREFIX。
- --bindir=DIR，用户可执行文件的路径，默认值是EPREFIX/bin。make && make install后，可执行文件被放在这里，优先级高于--prefix选项，直白点说，同时设置了--prefix和--bindir，除可执行文件外，其他安装文件依然被放置到--prefix指定的位置。DIR的意思是这个选项需要一个文件夹路径的值。
- --sbindir=DIR，存放系统管理可执行文件，默认路径是EPREFIX/sbin。
- --libexecdir=DIR，存放程序可执行文件，默认路径是EPREFIX/libexec。
- --sysconfdir=DIR，存放配置文件，默认路径是PREFIX/etc。
- --includedir=DIR，存放C头文件，默认路径是PREFIX/include。

这些路径相关的选项只需要了解即可，一般也不会去用。

稍等片刻，配置结束，如图8-11所示。

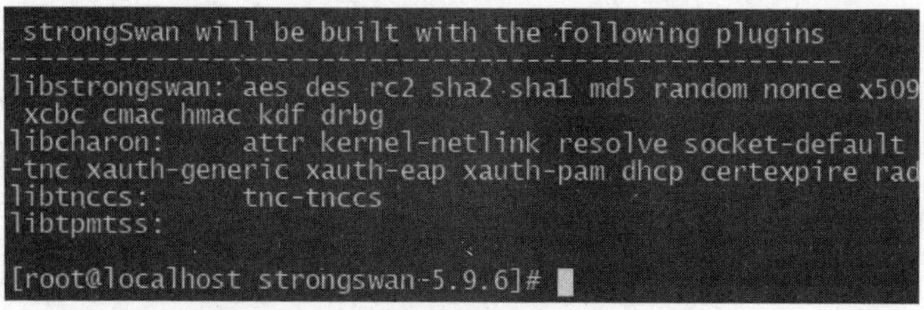

图 8-11

（3）编译，输入命令：

```
make
```

时间有点长，可以休息一会儿。

（4）消除环境变量DESTDIR，这是因为最终安装后的路径是DESTDIR/home/strongswan，所以为了不让以前可能设定的DESTDIR干扰我们，最好先删除DESTDIR这个环境变量，查看和删除DESTDIR的命令如下：

```
env|grep DESTDIR
unset DESTDIR
```

注意 执行unset后，只会对当前会话有效，如果用source/etc/profile，又可以恢复出DESTDIR。如果想要永久删除DESTDIR，则要打开文件/etc/profile，然后删除DESTDIR的定义，再保存该文件，最后重启操作系统即可。source命令通常用于重新执行刚修改的初始化文件，使之立即生效，而不必注销并重新登录。

（5）准备安装。现在我们开始安装，如果想让最终安装后的路径就是前面配置时prefix指定的路径，即/home/strongswan，那么直接执行命令：

```
make install
```

如果想让最终安装后的路径是DESTDIR/home/strongswan，那么执行命令：

```
make install DESTDIR=/myvpn/
```

这样最终的安装路径就是/myvpn/home/strongswan。笔者这里就不用DESTDIR=/myvpn/了，直接执行make install进行安装，那么最终安装的路径是/home/strongswan。

这里需要强调，最终安装后存放strongSwan文件的路径是DESTDIR/home/strongswan，DESTDIR有两种设置方式：一种是使用make install DESTDIR=/myvpn/，另一种是直接设置DESTDIR为一个环境变量。比如玩过DPDK的读者，可能会把DESTDIR设置为路径环境变量，可以通过env|grep DESTDIR命令查看DESTDIR是否已经存在。如果存在，那么home/strongswan这个路径最终会出现在DESTDIR目录下。笔者当初的环境变量中就有DESTDIR，所以安装后就找不到/home/strongswan了。后来发现是DESTDIR在作怪，把它删除即可。然后重新安装，即再执行make install，就不受DESTDIR的影响了。

总之，最终安装路径就是DESTDIR/home/strongswan，它是由执行configure命令时的prefix和执行make install命令时的DESTDIR两者合起来而形成的，这都是宝贵的经验。

安装完毕后，我们可以到/usr/local/目录下查看一下：

```
[root@localhost strongswan-5.9.6]# cd /usr/local/
[root@localhost local]# ls
bin etc games include lib lib64 libexec python3 sbin share src
[root@localhost local]# cd etc
[root@localhost etc]# ls
ipsec.conf ipsec.d ipsec.secrets strongswan.conf strongswan.d swanctl
[root@localhost etc]# cd ../include/
[root@localhost include]# ls
strongswan
[root@localhost include]# ls ../lib
ipsec
[root@localhost include]# ls ../libexec
ipsec
[root@localhost include]#
```

可以看出，这些目录都有内容了。其中，bin和sbin存放一些命令程序，etc目录存放配置文件，include存放二次开发所需的头文件，lib存放二次开发所需的库文件。starter程序和charon程序的路径是/usr/local/libexec/IPSec，我们可以看一下该路径下的内容：

```
[root@localhost ipsec]# ls
charon _copyright scepclient starter stroke _updown xfrmi
```

另外，我们可以简单测试一下程序能否执行：

```
[root@localhost sbin]# ./ipsec
ipsec command [arguments]

Use --help for a list of commands, or refer to the ipsec(8) man page.
See <http://www.strongswan.org> for more general information.
[root@localhost sbin]#
```

看来执行成功了。保持默认安装的读者，直接在任意目录下输入IPSec就可以呈现这个结果，比如：

```
[root@localhost local]# cd /root
[root@localhost ~]# ipsec
ipsec command [arguments]

Use --help for a list of commands, or refer to the ipsec(8) man page.
See <http://www.strongswan.org> for more general information.
```

还可以查看一下版本号：

```
[root@localhost ~]# ipsec version
Linux strongSwan U5.9.6/K3.10.0-957.el7.x86_64
University of Applied Sciences Rapperswil, Switzerland
See 'ipsec --copyright' for copyright information.
```

（6）针对非默认安装的情况，默认安装的读者可以直接略过这一步。如果strongSwan没有安装在默认路径下，则现在的IPSec命令前的"./"不要少，如果直接输入IPSec，此时执行的并不是当前目录下的IPSec程序，而是CentOS自带的VPN软件LibreSwan提供的命令程序，可以试一下：

```
[root@localhost sbin]# ipsec
Usage: ipsec {command} [argument] ...>
```

```
Use --help for a list of commands, or see the ipsec(8) manual page
Most commands have their own manual pages, e.g. ipsec_auto(8).
See <https://libreswan.org> for more general info.
Linux Libreswan U3.25/K(no kernel code presently loaded) on 3.10.0-957.el7.x86_64
[root@localhost sbin]#
```

　　LibreSwan是一个基于FreeS/WAN和OpenSwan的开源IPSec实现。大多数Linux发行版都包含LibreSwan，使其易于安装。读者可以将其安装在本地网络或云提供商网络的主机上。无论是LibreSwan还是strongSwan都有一个swan字样，其实它们是同源项目的不同分支。Redhat（红帽）公司喜欢LibreSwan，所以将让CentOS自带了LibreSwan。这里我们先不管它，只需了解即可，以后有机会再和读者一起学习LibreSwan，其实学会strongSwan，LibreSwan也很容易上手，毕竟"一理通，百理融"，更何况它们是同源兄弟，且都是基于IPSec协议的。这两款IPSec产品使用者都不少，相对而言，LibreSwan更活跃一些，我们可以在国家信息安全漏洞共享平台（https://www.cnvd.org.cn）上看到LibreSwan的漏洞更新更为勤快，如图8-12和图8-13所示。

⊹ libreswan拒绝服务漏洞（CNVD-2015-07581）	中	0/0	2015-11-17
⊹ Libreswan拒绝服务漏洞（CNVD-2016-02380）	中	0/0	2016-04-20
⊹ Libreswan IKEv1协议拒绝服务漏洞	高	0/0	2016-06-14
⊹ Libreswan拒绝服务漏洞（CNVD-2017-13245）	中	0/0	2017-07-07
⊹ Libreswan代码问题漏洞		0/0	2019-05-30
⊹ Libreswan缓冲区溢出漏洞		0/0	2020-07-22
⊹ Libreswan代码问题漏洞（CNVD-2022-15522）		0/0	2022-03-01
共 13 条			

图 8-12

漏洞标题	危害级别	点击数	评论	关注	时间↓
⊹ strongSwan GMP插件缓冲区溢出漏洞	高	761	0	0	2018-10-12
⊹ strongSwan缓冲区溢出漏洞	中	899	0	0	2018-08-15
⊹ strongSwan拒绝服务漏洞（CNVD-2018-1426 0）...	中	957	0	0	2018-07-31
⊹ strongSwan rsa_pss_params_parse函数拒绝服...	中	976	0	0	2018-03-20
⊹ strongSwan拒绝服务漏洞	中	680	0	0	2017-10-12

图 8-13

　　通过对比可以看出，LibreSwan的漏洞更新一直持续到2022年，而strongSwan似乎在2018年之后就没有了，也不知道是不是没有人能发现其漏洞了，或许是因为strongSwan太优秀了吧。另外，提醒一下做安全产品的朋友，要多关注漏洞发布的最新情况，及时打上漏洞补丁。

　　如果想知道LibreSwan的IPSec命令程序的位置，可以通过whereis IPSec进行查看，其实它就在/usr/sbin目录下，为了避免LibreSwan对我们造成干扰，可以将它删除（如果使用默认安装strongSwan，则不需要删除）：

```
yum remove libreswan*
```

删除以后，/usr/sbin下就没有IPSec了：

```
[root@localhost sbin]# ll ipsec
ls: 无法访问ipsec: 没有那个文件或目录
```

如果前面执行配置命令时使用prefix指定某个路径（比如/home/strongswan），则要创建一个软链接，注意与安装目录对应，输入如下命令：

```
ln -s /home/strongswan/sbin/* /usr/local/sbin
ln -s /home/strongswan/bin/* /usr/local/bin
```

/usr/sbin的目录通常存放root权限下的基本系统命令，如shutdown、reboot，用于启动系统和修复系统。而root权限的用户放置自己的可执行程序的地方通常是/usr/local/sbin，推荐将程序放在这里，这样不会被系统升级而覆盖同名文件。现在，我们可以重新开启一个终端会话窗口，然后输入以下命令：

```
[root@localhost ~]# whereis ipsec
ipsec: /usr/local/sbin/ipsec
```

可以看到IPSec命令现在指向/usr/local/sbin/下的链接了。再查看版本：

```
[root@localhost ~]# ipsec --version
Linux strongSwan U5.9.6/K3.10.0-957.el7.x86_64
University of Applied Sciences Rapperswil, Switzerland
See 'ipsec --copyright' for copyright information.
[root@localhost ~]#
```

现在直接在命令行下输入IPSec就能执行我们的strongSwan的IPSec命令程序，以后就方便多了，基本上任意目录下都可以执行strongSwan的IPSec命令程序了。至此，strongSwan安装完成。

另外，strongSwan使用插件方式来实现各个功能，插件所在的目录为/usr/local/lib/IPSec/plugins/，插件的配置文件所在的目录是/usr/local/etc/strongswan.d/charon/。

8.2.2　常用程序概述

strongSwan提供了一些工具程序来支持我们在命令行下实现IPSec和IKE功能，我们来认识一下常用的几个程序。

1. charon 程序

charon程序位于/usr/local/libexec/IPSec/目录下。strongSwan的主进程为charon进程，这个进程通常以后台方式运行，是一个后台程序，它负责IKE SA、IPSec SA的建立、拆除、更新及其他相关的操作。charon进程默认通过socket-default插件与内核交互，用于IKE协议报文的收发。socket-default插件被编译为动态库，charon进程启动的时候，在初始化阶段动态加载，代码如图8-14所示。

```
/* initialize daemon */
if (!charon->initialize(charon,
            lib->settings->get_str(lib->settings, "charon.load", PLUGINS)))
{
    DBG1(DBG_DMN, "initialization failed - aborting charon");
    goto deinit;
}
lib->plugins->status(lib->plugins, LEVEL_CTRL);
```

图 8-14

该段代码在strongswan-5.9.6\src\charon\charon.c的main函数中。

socket-default通过poll机制阻塞等待内核收到的IKE协议报文，代码如图8-15所示。

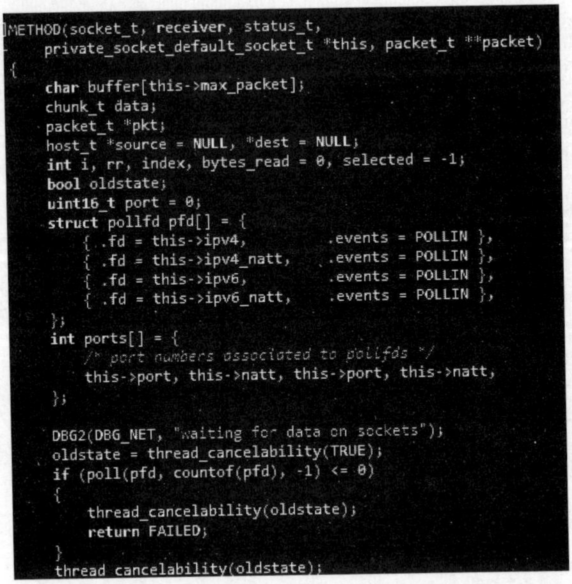

```
METHOD(socket_t, receiver, status_t,
    private_socket_default_socket_t *this, packet_t **packet)
{
    char buffer[this->max_packet];
    chunk_t data;
    packet_t *pkt;
    host_t *source = NULL, *dest = NULL;
    int i, rr, index, bytes_read = 0, selected = -1;
    bool oldstate;
    uint16_t port = 0;
    struct pollfd pfd[] = {
        { .fd = this->ipv4,          .events = POLLIN },
        { .fd = this->ipv4_natt,     .events = POLLIN },
        { .fd = this->ipv6,          .events = POLLIN },
        { .fd = this->ipv6_natt,     .events = POLLIN },
    };
    int ports[] = {
        /* port numbers associated to pollfds */
        this->port, this->natt, this->port, this->natt,
    };

    DBG2(DBG_NET, "waiting for data on sockets");
    oldstate = thread_cancelability(TRUE);
    if (poll(pfd, countof(pfd), -1) <= 0)
    {
        thread_cancelability(oldstate);
        return FAILED;
    }
    thread_cancelability(oldstate);
```

图 8-15

这段代码在strongswan-5.9.6\src\libcharon\plugins\socket_default\socket_default_socket.c中。

如果使用的内核是裁剪过或二次开发过的内核，要特别注意是否支持poll机制。比如说，如果仅支持select机制，则charon进程不能正常工作，IKE的建立过程会一直阻塞在poll函数调用处。

2. IPSec 程序

IPSec程序位于/usr/local/sbin目录下，这个程序具有多种功能，结合不同的子命令可以实现不同的操作。常用的子命令有：

- ipsec leases：显示存储在易失性存储器中的虚拟IP地址的分配情况。
- ipsec pool：管理存储在SQL数据库中并由attr SQL插件提供的虚拟IP地址池和属性。
- ipsec scepclient：实现简单证书注册协议（SCEP）。
- ipsec start/stop/restart/reload：启动/停止/重启/重载 IKE守护进程，IKE守护进程就是charon。
- ipsec up/down <connection name>：建立/断开指定conn链接，connection name是链接名。
- ipsec status/statusall/listall：IPsec相关查看命令。
- ipsec stroke：控制IKE charon守护进程。

这里，我们可以做个小实验，看看IPSec start是否会启动IKE守护进程charon，首先在主机sun的终端窗口中查看一下charon是否正在运行：

```
[root@localhost ~]# ps -e|grep charon
[root@localhost ~]#
```

然后再打开一个主机sun的终端窗口，运行IPSec start命令：

```
[root@localhost ipsec]# ipsec start
Starting strongSwan 5.9.6 IPsec [starter]...
[root@localhost ipsec]#
```

然后回到刚才的终端窗口中再次查看charon是否正在运行：

```
[root@localhost ~]# ps -e|grep charon
11305 ?        00:00:00 charon
[root@localhost ~]#
```

可以发现，charon已经运行，这说明IPSec start的作用的确是启动IKE后台程序charon，既然如此，我们以后就不需要手动去运行charon程序了，可以直接通过IPSec start来启动。如果想结束charon，可以执行IPSec stop命令。有兴趣的读者可以试试，即在一个窗口中运行：

```
[root@localhost ipsec]# ipsec stop
Stopping strongSwan IPsec...
[root@localhost ipsec]#
```

再到另一个窗口中查看charon是否正在运行：

```
[root@localhost ~]# ps -e|grep charon
[root@localhost ~]#
```

没有charon了，说明它被IPSec stop关掉了。

3. swanctl 进程

这个程序位于/usr/local/sbin下，它用于配置、控制和监视charon IKE守护进程。比如加载etc/swanctl/conf.d目录下的名为xxxx.conf的配置文件：

```
swanctl --load-all
```

其他用法如下：

```
swanctl --initiate         (-i)   发起连接
    --terminate            (-t)   终止连接
    --rekey                (-R)   重新输入IKE或CHILD_SA
    --install              (-p)   安装trap或分流策略
    --uninstall            (-u)   卸载trap或分流策略
    --redirect             (-d)   重定向IKE_SA
    --list-sas             (-l)   列出当前活动的IKE_SAs
    --list-pols            (-P)   列出当前安装的策略
    --list-conns           (-L)   列出已加载的配置
    --list-authorities     (-B)   列出已加载的证书颁发机构信息
    --list-certs           (-x)   列出存储的证书
    --list-pools           (-A)   列出已加载的池配置
    --list-algs            (-g)   列出已加载的算法及其实现
    --load-all             (-q)   （重新）加载凭据、池权限和连接
    --load-authorities     (-b)   （重新）加载证书颁发机构信息
    --load-conns           (-c)   （重新）加载连接配置
    --load-creds           (-s)   （重新）加载凭据
    --load-pools           (-a)   （重新）加载池配置
    --log                  (-T)   跟踪日志记录输出
    --flush-certs          (-f)   刷新缓存的证书
    --reload-settings      (-r)   重新加载 strongswan.conf 配置
    --stats                (-S)   显示守护进程信息和统计信息
    --counters             (-C)   列出或重置IKE事件计数器
    --version              (-v)   显示版本信息
    --help                 (-h)   显示该命令的使用信息
```

4. pki 程序

这个程序位于/usr/local/bin目录下。pki命令套件允许用户运行简单的公钥基础设施。用户可以使用该套件生成RSA、ECDSA或EdDSA公钥对，创建包含subjectAltNames的PKCS#10证书请求，创建X.509自签名的最终实体和根CA证书，颁发由CA私钥签名的最终实体和中间CA证书，并包含OCSP服务器的subjectAltNames、CRL分发点和URI。用户还可以从私钥、证书请求和证书中提取原始公钥，并计算两种基于SHA1的密钥ID。该程序的用法如下：

```
pki --gen          (-g)    生成一个新的私钥
pki --self         (-s)    创建自签名证书
pki --issue        (-i)    使用CA证书和密钥颁发证书
pki --signcrl      (-c)    使用CA证书和密钥颁发CRL
pki --acert        (-z)    颁发属性证书
pki --req          (-r)    创建PKCS#10证书请求
pki --pkcs7        (-7)    PKCS#7包装/展开函数
pki --pkcs12       (-u)    PKCS#12函数
pki --keyid        (-k)    计算密钥/证书的密钥标识符
pki --print        (-a)    以可读形式打印凭证
pki --dn           (-d)    提取X.509证书的主题DN
pki --pub          (-p)    从私钥/证书中提取公钥
pki --verify       (-v)    使用CA证书验证证书
pki --help         (-h)    显示该命令的使用信息
```

每个子命令都有其他选项。传递help给子命令，可以获取更多帮助信息。读者不需要特意去记这些命令，用多了就会逐渐掌握了。

8.2.3　配置文件概述

安装完毕后，可以在/home/strongswan/etc目录下找到一些配置文件。这些配置文件可以分为三类，其中第一类是必需的，而第二类或者第三类根据配置方式的不同而使用。具体分类如下：

- 第一类是通用配置文件，包括文件strongswan.conf和文件夹strongswan.d下的一些文件。strongswan.conf是strongSwan各组件的通用配置，对strongSwan的运行和加载做了基本的设定，具有灵活性且良好的扩展性。
- 第二类是swanctl的配置文件，包括文件夹swanctl和该文件夹下的swanctl.conf。swanctl是一个命令行实用程序，用于通过vici接口插件配置，控制和监视IKE charon守护程序。swanctl是一个可执行程序，位于/home/strongswan/sbin/目录下。
- 第三类是/home/strongswan/etc/下的文件ipsec.conf、文件ipsec.secret和文件夹ipsec.d等，它们用于starter程序和弃用的stroke插件，这类配置方式目前已是一种过时的配置方式。自5.2.0以来，官方提供了一个新的配置和控制程序，即swanctl命令。ipsec.conf用于IPsec相关的配置，定义IKE版本、验证方式、加密方式、连接属性等。

在使用swanctl和starter工具时，需要的配置文件是完全不同的。第一类的配置是必需的，而第二类和第三类的配置用户可以选择其中之一。建议使用强大的vici接口和swanctl命令行工具来配置strongSwan。swanctl.conf配置文件被swanctl用于存储证书和相应的私有密钥。全局的strongSwan设置信息被定义在strongswan.conf中。

strongSwan 通常是被 swanctl 命令管理的，而 IKE 进程 charon 是被 systemd 控制的。以前，strongSwan 是通过 IPSec 命令控制的，IPSec start 命令将依次启动 starter 进程并配置密钥进程 charon。但现在这种方式过时了。连接和 CHILD_SAs 在 swanctl.conf 中定义。常用的有以下几个：

```
usr/local/etc/ipsec.conf        # IPsec配置文件
usr/local/etc/ipsec.secret      # 密钥认证配置文件
usr/local/etc/ipsec.d           # 用于存放认证证书等文件
usr/local/etc/strongswan.conf   # strongSwan配置文件
usr/local/etc/strongswan.d      # strongSwan子配置文件
```

8.2.4　使用ipsec.conf文件

前面提到，strongSwan 有 3 类配置文件，ipsec.conf 属于第 3 类，虽然这种配置方式慢慢地在过时，但一些旧系统依旧在使用 ipsec.conf，所以我们不得不学，万一进公司让我们维护旧系统呢？一句话，技多不压身。

可选的 ipsec.conf 文件指定了 strongSwan IPSec 子系统的大多数配置和控制信息。该文件是一个文本文件，由一个或多个部分组成。"#"后的内容（到本行行尾）表示注释，而被忽略。目前有 3 个部分：①config 部分指定 IPSec 的一般配置信息；②conn 部分指定 IPSec 连接；③ca 部分指定证书颁发机构的特殊属性。

1. config 部分

目前，IPSec 软件已知的唯一配置部分是名为 setup 的 config 部分，即 config setup，其中包含软件启动时使用的信息。在 config setup 部分，当前接受的参数名称为：

```
cachecrls = yes | no
```

如果启用了 CRL 缓存，通过 HTTP 或 LDAP 获取的证书吊销列表（CRL）将缓存在 /etc/ipsec.d/crls/ 目录中，在从证书颁发机构的公钥派生的唯一文件名下。

```
charondebug = <debug list>
```

需要根据实际情况决定记录多少 charon 调试输出。可以通过指定包含 type/level 对的逗号分隔列表来控制输出内容，例如 dmn 3，ike 1，net -1。可接受的 type 值有 dmn、mgr、ike、chd、job、cfg、knl、net、asn、enc、lib、esp、tls、tnc、imc、imv、pts；可接受的 level 有：−1、0、1、2、3、4（silent、audit、control、controlmore、raw、private）。默认情况下，所有 type 的 level 都设置为 1。

```
strictcrlpolicy = yes | ifuri | no
```

该选项定义是否必须有新的 CRL 才能使基于 RSA 签名的对等身份验证成功。对于 IKEv2，还可以使用 ifuri 选项，如果至少定义了一个 CRL URI，则为 yes，如果不知道 URI，则为 no。

```
uniqueids = yes | no | never | replace | keep
```

该选项定义参与者 ID 是否应该保持唯一，yes 是默认值。参与者 ID 通常是唯一的，因此使用相同 ID 的新 IKE_SA 几乎总是用于替换旧 ID。no 和 never 之间的区别在于，如果选项为 no，守护程序将在接收 INITIAL_CONTACT 通知时替换旧的 IKE_SAs，但如果从未配置，则将忽略这些通知。守护进程还接受与 yes 相同的值 replace，它会拒绝新的 IKE_SA 设置并保持先前建立的副本。

2. conn 部分

conn部分包含连接规范，定义使用IPSec进行的网络连接。给定的name是任意的，用于标识连接。下面是一个简单的例子：

```
conn snt
    left=192.168.0.1
    leftsubnet=10.1.0.0/16
    right=192.168.0.2
    rightsubnet=10.1.0.0/16
    keyingtries=%forever
    auto=add
```

为了避免对配置文件进行微不足道的编辑以适应连接中涉及的每个系统，连接规范是按照左右参与者的方式编写的，而不是根据本地和远程方式编写的。哪个参与者被认为左或右是任意的，对于每个连接描述，尝试确定本地端点是否应该充当左端点或右端点。这是通过为两个端点定义的IP地址与分配给本地网络接口的IP地址进行匹配来完成的。如果找到匹配项，则匹配的角色（左或右）将被视为本地角色。如果在启动期间未找到匹配项，则将左侧视为本地匹配项。这允许在两端使用相同的连接规范。在一些情况下没有对称性，一个很好的约定是左侧用于本地侧，右侧用于远侧（第一个字母是一个很好的助记符）。许多参数涉及一个参与者或另一个参与者，这里仅列出了左边的那些，但是名称以left开头的每个参数都有一个right对应物，其描述相同，但左右颠倒。除非标记为"（必需）"，否则参数是可选的。

3. conn 的参数

除非另有说明，否则对于工作连接，通常两端必须完全同意这些参数的值。

```
also = <name>
```

该行表示引入conn部分<name>。

```
aaa_identity = <id>
```

定义IKEv2 EAP身份验证期间使用的AAA后端的标识。如果EAP客户端使用验证服务器标识的方法（例如EAP-TLS），但它与IKEv2网关标识不匹配，则这是必需的。

```
aggressive = yes | no
```

是否使用IKEv1 Aggressive或Main Mode（默认值）。

```
ah = <cipher suites>
```

用于连接的以逗号分隔的AH算法列表，例如sha1-sha256-modp1024。对于IKEv2，可以在单个提议中包含相同类型的多个算法（由"-"分隔）。IKEv1仅包含提案中的第一个算法。只能使用ah或esp关键字，不支持AH+ESP包。

没有默认的AH密码套件，因为默认使用ESP。守护程序将其广泛的默认提议添加到配置的值中。要将其限制为已配置的提议，可以在末尾添加感叹号（!）。

如果指定了dh-group，则会设置CHILD_SA/Quick模式并且重新加密，包括单独的Diffie-Hellman交换。

```
auth = <value>
```

pluto IKEv1守护程序可以使用ah关键字来为ESP加密数据包提供AH完整性保护，但在charon不支持。关键字ah指定用于AH的完整性保护的算法，但不提供加密功能。此外，charon不支持AH + ESP捆绑包。

```
authby = pubkey | rsasig | ecdsasig | psk | secret | never | xauthpsk |
xauthrsasig
```

这两个安全网关应该如何相互验证，可使用以下值：

- * ***psk, secret**，用于预共享密钥。
- * ***pubkey**，（默认）公钥签名。
- * ***rsasig**，RSA数字签名。
- * ***ecdsasig**，椭圆曲线DSA签名。
- * **never**，如果永远不会尝试或接受协商，则可以使用never（对于仅有分流的conn非常有用）。
- * **xauthpsk, xauthrsasig**，IKEv1还支持xauthpsk和xauthrsasig值，除了基于共享机密或数字RSA签名的IKEv1主模式之外，还可以启用扩展认证（XAUTH）。数字签名在各方面都优于共享机密。不过，不推荐使用此参数，因为两个对等方不需要就IKEv2中的身份验证方法达成一致。可以改用leftauth参数来定义身份验证方法。

```
auto = ignore | add | route | start
```

在IPSec启动时，应该自动完成哪些操作（如果有的话），当前接受的值是add、route、start、ignore（默认值）：

- * ***add**，加载连接而不启动它。
- * **route**，加载连接并安装内核陷阱。如果在leftsubnet和rightsubnet之间检测到流量，则建立连接。
- * ***start**，加载连接并立即启动。
- * ***ignore**，忽略连接。这等于从配置文件中删除连接。

```
closeaction = none | clear | hold | restart
```

定义远程对等方意外关闭CHILD_SA时要采取的操作（有关值的含义，请参阅dpdaction）。如果对等方使用reauthentication或uniquids检查，则不应使用closeaction，因为这些事件可能在不需要时触发定义的操作。

```
compress = yes | no
```

是否建议在连接时进行IPComp压缩内容（链路级压缩对加密数据无效，因此必须在加密前进行压缩才能有效），可接受的值是yes和no（默认值为no）。如果值为yes，守护程序同时提出压缩和解压缩，并更倾向于压缩。如果值为no，守护程序不会提出或接受压缩。

```
dpdaction = none | clear | hold | restart
```

控制死亡对等检测（Dead Peer Detection，DPD，RFC 3706）协议的使用，该协议会周期性地发送R_U_THERE通知消息（IKEv1）或空的INFORMATIONAL消息（IKEv2）以检测IPSec对等体的活跃性。可以使用值clear、hold、restart来激活DPD，并确定在超时时执行的操作。使用clear时，在连接后关闭DPD，并不再采取进一步措施。使用hold时，将安装陷阱策略，该策略将捕获匹配的流量并尝试按需重新协商连接。使用restart时，将立即触发尝试重新协商连接。默认值为none，即禁用DPD消息的主动发送。

```
dpddelay = 30s | <time>
```

该参数用于定义向对等体发送R_U_THERE messages/INFORMATIONAL消息的周期时间间隔。仅在未收到其他流量时才会发送这些消息。在IKEv2中，将该值设置为0，将不会发送任何其他INFORMATIONAL消息，仅使用标准消息来检测死亡对等体。

```
dpdtimeout = 150s | <time>
```

该参数用于定义超时间隔，在此时间间隔内若没有活动，则删除与对等体的所有连接。该参数仅适用于IKEv1。在IKEv2中，默认的重传超时用于检测死亡对等体，因此不需要此参数。

```
inactivity = <time>
```

该参数用于定义超时间隔，如果CHILD_SA未发送或接收任何流量，则在此时间间隔后关闭该CHILD_SA。在CHILD_SA重新加密期间，不活动计数器将重置。因此，不活动超时时间必须小于重新加密间隔才能产生效果。

```
eap_identity = <id>
```

该参数用于定义客户端在回复EAP身份请求时使用的身份标识。如果在EAP服务器上定义，则该标识将在EAP身份验证期间用作对等标识。特殊值%identity使用EAP Identity方法向客户端询问EAP身份。如果未定义，则IKEv2标识将用作EAP标识。

```
esp = <cipher suites>
```

用于连接的以逗号分隔的ESP加密/认证算法列表，例如aes128-sha256。对于IKEv2，可以在单个提议中包含相同类型的多个算法（这些算法由"-"分隔）。在IKEv1中，仅包含提议中的第一个算法。此参数只能使用ah或esp关键字，不支持AH+ESP组合。

该参数默认为aes128-sha256。如果未配置，则守护程序将广泛使用该默认提议。如果要将提议限制为已配置的提议，可以在末尾添加感叹号（！）。

> **注意** 作为响应者，守护程序默认选择同级也支持的第一个已配置的提议。可以通过配置strongswan.conf（5）中的参数，更改为选择由对等方发送的第一个可接受的提议。为了限制响应者只接受特定的密码套件，可以在提议中使用严格的标志（！，感叹号），例如"aes256-sha512-modp4096！"。

如果指定了dh-group，则在CHILD_SA/Quick模式重新加密和初始协商中，将使用指定的组进行单独的Diffie-Hellman交换。但是，在IKEv2中，使用IKE_SA隐式创建的CHILD_SA的密钥将始终从IKE_SA的密钥材料派生。因此，此处指定的任何DH组仅在稍后重新生成CHILD_SA或使用单独的CREATE_CHILD_SA交换创建时才会生效。因此，建立SA时可能不会立即注意到不匹配，但可能会在以后导致重新生成失败。对于esnmode参数，有效值是esn和noesn。如果指定esn，则协商对等体的扩展序列号支持；如果指定noesn，则不支持扩展序列号，默认为noesn。

```
forceencaps = yes | no
```

该参数用于强制对ESP数据包进行UDP封装，即使没有检测到NAT情况。这可能有助于克服限制性防火墙。为了强制对等体封装数据包，NAT检测有效负载是伪造的。

```
fragmentation = yes | accept | force | no
```

该参数用于确定是否使用IKE分片（根据RFC 7383的专有IKEv1扩展或IKEv2分段）。可接受的值是yes（默认值）、accept、force、no。如果设置为yes，并且对等体支持该功能，则当出现超大IKE消息时，消息将被分成片段发送。如果设置为accept，则会向对等方通知对碎片的支持，但守护程序不会以碎片形式发送自己的消息。如果设置为force（仅支持IKEv1），则初始IKE消息将在必要时进行分段。最后，将该选项设置为no将禁用宣布对此功能的支持。需要注意的是，无论此选项的值如何（即使设置为no），始终接受对等方发送的碎片化IKE消息。

```
ike = <cipher suites>
```

该参数用于以逗号分隔的 IKE/ISAKMP SA 加密/认证算法列表，例如 AES128-SHA256-modp3072。表示法为：encryption-integrity[-prf]-dhgroup。如果未给出PRF，则定义的完整性算法用于PRF。其中，prf关键字与完整性算法相同，但具有prf前缀（例如prfsha1、prfsha256、prfaesxcbc）。

在IKEv2中，可以包括多个算法和提议，例如aes128-aes256-sha1-modp3072-modp2048,3des-sha1-md5-modp1024。如果未配置该参数，则守护程序将广泛使用默认提议：aes128-sha256-modp3072。可以在该默认值或配置的值中添加感叹号（！）以将其限制为已配置的提议。需要注意的是：作为响应者，守护程序将接受从对等方收到的第一个支持的提议。为了限制响应者只接受特定的密码套件，可以使用严格的标志"!"（感叹号），例如"aes256-sha512-modp4096！"。

```
ikedscp = 000000 | <DSCP field>
```

该参数用于设置从此连接发送的IKE数据包的差分服务字段代码点。该值是一个六位二进制编码字符串，用于定义要设置的Codepoint。

```
ikelifetime = 3h | <time>
```

该参数用于确定连接的密钥信道（ISAKMP或IKE SA）在重新协商之前应该持续的时间。另见下面的EXPIRY/REKEY。

```
installpolicy = yes | no
```

该参数用于确定是否使用charon守护程序在内核中安装IPSec策略。如果需要与其他守护程序（如Mobile IPv6守护程序mip6d）合作，并希望该守护程序控制内核策略，则可以将该参数设置为no。可接受的值是yes（默认值）和no。

```
keyexchange = ike | ikev1 | ikev2
```

应该使用哪个密钥交换协议来启动连接？标记为ike的连接在启动时使用IKEv2，但在响应时接受任何协议版本。

```
keyingtries = 3 | <number> | %forever
```

在放弃之前，应该进行多少次尝试来协商连接或替换连接（默认为3），可以是整数或永远不变（使用值%forever）。

```
type = tunnel | transport | transport_proxy | passthrough | drop
```

连接的类型，当前接受的值如下：

- * **tunnel**（默认值），表示主机到主机、主机到子网、子网到子网的隧道。
- * **transport**，表示主机到主机的传输方式。
- * **transport_proxy**，表示特殊的Mobile IPv6传输代理模式。
- * **passthrough**，表示根本不应该进行IPsec处理。
- * **drop**，表示应丢弃数据包。

预共享密钥是最简单的VPN实现方式，只需要两端密钥相同，就可以开始建立连接。预共享密钥验证不需要在公钥结构（PKI）方面进行硬件投资或配置，只在IPSec验证时需要用到它。在远程访问服务器上配置预共享密钥非常简单，并且在远程访问客户端上配置它也相对容易。如果预共享密钥是通过放置在连接管理器配置文件内的方式发行的，则对用户来说可以是透明的。

单个远程访问服务器对需要预共享密钥进行身份验证的所有IPSec连接只使用一个预共享密钥。因此，必须向连接到远程访问服务器的所有IPSec VPN客户端分发相同的预共享密钥。除非预共享密钥是通过放置在连接管理器配置文件中的方式分发的，否则每个用户必须手动输入预共享密钥。这种限制进一步降低了部署的安全性，并增加了发生错误的概率。此外，如果远程访问服务器上的预共享密钥发生更改，则手工配置预共享密钥的客户端将无法连接到该服务器，除非客户端上的预共享密钥也进行更改。如果预共享密钥是通过将其放置在连接管理器配置文件内的方式分发给客户端的，则必须重新发行包括新预共享密钥的配置文件，并在客户端计算机上进行重新安装。与证书不同，预共享密钥的起源和历史都无法确定。由于这些原因，因此使用预共享密钥验证IPSec连接被认为是一种安全性相对较差的身份验证方法。如果需要一种长期、可靠的身份验证方法，则应考虑使用PKI。

作为学习，我们应该从简单的方式开始，下面来看预共享密钥方式实现IPSec VPN的实例。

【例8.1】 预共享密钥实现VPN

（1）通过虚拟机建立Net-Net的网络拓扑，网络拓扑如图8-16所示。

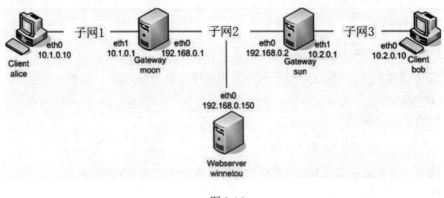

图 8-16

（2）编辑VPN设备moon的/usr/local/etc/ipsec.conf，添加以下内容：

```
conn %default
     ikelifetime=1440m
```

```
        keylife=60m
        rekeymargin=3m
        keyingtries=0
        keyexchange=ikev1          # IKE版本
        authby=secret

conn n2n
    left=192.168.0.1
    leftid=192.168.0.1             # 本端公网IP
    leftsubnet=10.1.0.0/24         # 本端私有网络地址
    right=192.168.0.2              # 对端公网IP
    rightsubnet=10.2.0.0/24        # 对端私有网络地址
    auto=start                     # 进程主动时立即建立 IPsec 安全连接
    type=tunnel
    ike=3des-md5-modp1024
    esp=3des-md5
```

注意 左侧（left）用于本地侧，右侧（right）用于远侧，这里本地VPN主机是moon，因此在这个配置文件中，主机moon是左侧一方的。

（3）配置VPN设备moon的私钥文件ipsec.secrets，使用vi打开ipsec.conf文件：

```
vi /usr/local/etc/ipsec.secrets
```

添加如下内容：

```
#本地公网出口IP   #对端公网出口IP    #双方约定的密钥
192.168.0.1    192.168.0.2 :    PSK qcloud123
```

（4）配置VPN设备moon的转发，使用vi打开sysctl.conf文件：

```
vi /etc/sysctl.conf
```

添加以下内容：

```
net.ipv4.ip_forward = 1
```

使配置生效：

```
sysctl -p
```

至此，moon端的配置基本完成了。下面开始配置sun端，其过程与上述步骤类似。

（5）编辑VPN设备sun的/usr/local/etc/ipsec.conf，添加以下内容：

```
conn %default
    ikelifetime=1440m
    keylife=60m
    rekeymargin=3m
    keyingtries=0
    keyexchange=ikev1              # IKE版本
    authby=secret

conn n2n
    left=192.168.0.2
```

```
leftid=192.168.0.2              # 本端公网IP
leftsubnet=10.2.0.0/24          # 本端私有网络地址
right=192.168.0.1               # 对端公网IP
rightsubnet=10.1.0.0/24         # 对端私有网络地址
auto=start                      # 进程主动时立即建立 IPsec 安全连接
type=tunnel
ike=3des-md5-modp1024
esp=3des-md5
```

> **注意** 左侧用于本地侧，右侧用于远侧，这里本地VPN主机是sun，因此在这个配置文件中，sun是左侧一方的。

（6）配置VPN设备sun的私钥文件ipsec.secrets，使用vi打开ipsec.conf文件：

```
vi /usr/local/etc/ipsec.secrets
```

添加以下内容：

```
#本地公网出口IP  #对端公网出口IP      #双方约定的密钥
192.168.0.2 192.168.0.1 : PSK qcloud123
```

（7）配置VPN设备sun的转发，使用vi打开sysctl.conf文件：

```
vi /etc/sysctl.conf
```

添加以下内容：

```
net.ipv4.ip_forward = 1
```

使配置生效：

```
sysctl -p
```

（8）关闭moon和sun的防火墙，分别在两端输入永久关闭命令：

```
systemctl disable firewalld
```

（9）打起精神来，起飞的时刻到了。首先分别启动sun端和moon端的IKE后台进程charon，输入如下命令：

```
[root@localhost ipsec]# ipsec start
Starting strongSwan 5.9.6 IPsec [starter]...
```

IPSec start 实际上会执行 /usr/local/libexec/IPSec/ 目录下的 starter 程序，继而会加载 /usr/local/lib/IPSec/ 目录下的libcharon.so.0.0.0动态库，查看某个.so文件被哪些可执行程序调用，可以通过命令lsof ***.so来查看，比如：

```
[root@localhost ipsec]# lsof libstrongswan.so.0.0.0
COMMAND    PID USER FD   TYPE DEVICE SIZE/OFF     NODE NAME
starter 42151 root mem    REG  253,0 2508928 104554659 libstrongswan.so.0.0.0
[root@localhost ipsec]# lsof libcharon.so.0.0.0
COMMAND    PID USER FD   TYPE DEVICE SIZE/OFF     NODE NAME
starter 42151 root mem    REG  253,0 5958640 105380897 libcharon.so.0.0.0
```

接下来，在sun或moon任意一端开始建立连接，命令如下：

```
[root@localhost ~]# ipsec up n2n
generating QUICK_MODE request 2543326410 [ HASH SA No ID ID ]
sending packet: from 192.168.0.2[500] to 192.168.0.1[500] (220 bytes)
received packet: from 192.168.0.1[500] to 192.168.0.2[500] (172 bytes)
parsed QUICK_MODE response 2543326410 [ HASH SA No ID ID ]
selected proposal: ESP:3DES_CBC/HMAC_MD5_96/NO_EXT_SEQ
CHILD_SA n2n{3} established with SPIs c7c02baa_i c5fcd267_o and TS 10.2.0.0/24
=== 10.1.0.0/24
generating QUICK_MODE request 2543326410 [ HASH ]
sending packet: from 192.168.0.2[500] to 192.168.0.1[500] (52 bytes)
connection 'n2n' established successfully
```

这个IPSec程序的具体路径位于/usr/local/sbin/下。看到connection 'n2n' established successfully就知道连接建立成功，其中n2n是我们在ipsec.conf中定义的连接名称。如果连接建立失败，可以查看charon是否启动：

```
[root@localhost ~]# ps -e|grep charon
11602 ?        00:00:00 charon
```

我们可以用命令查看一下建立起来的隧道，命令如下：

```
[root@localhost ~]# ipsec status
Security Associations (1 up, 0 connecting):
     n2n[4]:            ESTABLISHED        3        seconds        ago,
192.168.0.1[192.168.0.1]...192.168.0.2[192.168.0.2]
     n2n{6}: INSTALLED, TUNNEL, reqid 1, ESP SPIs: cd10560b_i ca9d4983_o
     n2n{6}:   10.1.0.0/24 === 10.2.0.0/24
[root@localhost ~]#
```

至此，alice和bob之间的秘密鹊桥已经建立好了，它们可以安全地通信了。在bob虚拟机上ping alice虚拟机之前，我们需要先在宿主机中开启Wireshark，并选择VMnet2，如图8-17所示。

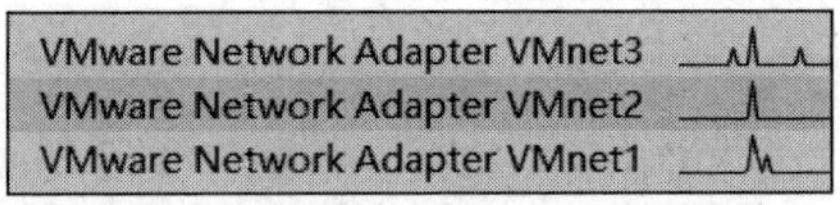

图 8-17

这是因为sun和moon两台VPN设备都通过VMnet2这台虚拟交换机连接着。此时进入Wireshark主界面并自动进入捕获状态，但现在没有数据，所以列表框中空空如也。我们开始在bob虚拟机上ping alice虚拟机，bob虚拟机如下：

```
C:\Documents and Settings\bush>ping 10.1.0.10

Pinging 10.1.0.10 with 32 bytes of data:

Reply from 10.1.0.10: bytes=32 time=13ms TTL=126
Reply from 10.1.0.10: bytes=32 time<1ms TTL=126
Reply from 10.1.0.10: bytes=32 time=4ms TTL=126
Reply from 10.1.0.10: bytes=32 time=2ms TTL=126
```

ping通了，马上再去Wireshark上去看，发现有数据了，如图8-18所示。

No.	Source	Time	Destination	Protocol	Length	Info
1	VMware_c0:00:02	0.000000	LLDP_Multicast	LLDP	58	MA/00:50:56:c0:00:02
2	192.168.0.2	86.035004	192.168.0.1	ESP	126	ESP (SPI=0xca80e0bc)
3	192.168.0.1	86.036156	192.168.0.2	ESP	126	ESP (SPI=0xc0704944)
4	192.168.0.2	87.058654	192.168.0.1	ESP	126	ESP (SPI=0xca80e0bc)
5	192.168.0.1	87.059098	192.168.0.2	ESP	126	ESP (SPI=0xc0704944)
6	192.168.0.2	88.083686	192.168.0.1	ESP	126	ESP (SPI=0xca80e0bc)
7	192.168.0.1	88.086138	192.168.0.2	ESP	126	ESP (SPI=0xc0704944)
8	192.168.0.2	89.097814	192.168.0.1	ESP	126	ESP (SPI=0xca80e0bc)
9	192.168.0.1	89.098711	192.168.0.2	ESP	126	ESP (SPI=0xc0704944)
10	VMware_71:e9:dc	91.036534	VMware_f0:55:8d	ARP	60	Who has 192.168.0.1?

图 8-18

其中，第1条和第10条不算，那是VMware导致的。我们看第2~9条即可。我们看编号（No.）为2的那一行，当在 sun 和 moon 之间抓包时，会发现 sun 主机（192.168.0.2）给 moon 主机（192.168.0.1）发ESP包了，这些包的真正来源其实就是和sun主机连着的bob虚拟机中发出来的。这个ESP包到了moon后，开始解密，然后发给alice虚拟机，alice一看是ping包，然后就回复了，回复的包先到moon主机上，进行加密封装变为ESP包，然后发给sun主机，所以我们能看到编号3的那一行记录，sun主机收到后进行解密，得到明文包后传给bob虚拟机，这个ping过程就完成了。由于bob一共发了4个ping包，因此我们抓到了4对ESP包，即8个（编号2到编号9）ESP包，过程完全正确。

通过这个抓包过程，可以清楚地了解到通信过程，以及每个包的协议和内容，这是一个重要的学习和工作手段，有兴趣的读者也可以抓一下IKE协商过程中的包。过程如下：

首先开启Wireshark，开始等待抓包，此时如果有一些无用数据的干扰，也可以同时过滤掉，比如：

```
ip.src != 192.168.0.150 & ip.dst != 192.168.0.150
```

然后在sun或moon任意一端断开连接，比如在sun上运行命令：

```
ipsec down n2n
```

此时在Wireshark上可以抓到3个包，如图8-19所示。

No.	Source	Time	Destination	Protocol	Length	Info
46	192.168.0.2	3.882367	192.168.0.1	ISAKMP	110	Informational
48	192.168.0.2	3.884431	192.168.0.1	ISAKMP	110	Informational
49	192.168.0.2	3.884468	192.168.0.1	ISAKMP	126	Informational

图 8-19

再在sun主机上建立连接，输入命令：

```
ipsec up n2n
```

此时我们可以在Wireshark抓到数据了，如图8-20所示。

No.	Source	Time	Destination	Protocol	Length	Info
	ip.src != 192.168.0.150 & ip.dst != 192.168.0.150					
6	192.168.0.2	0.358670	192.168.0.1	ISAKMP	290	Identity Protection (Main Mode)
9	192.168.0.1	0.359394	192.168.0.1	ISAKMP	202	Identity Protection (Main Mode)
10	192.168.0.2	0.361132	192.168.0.1	ISAKMP	278	Identity Protection (Main Mode)
12	192.168.0.1	0.362585	192.168.0.2	ISAKMP	278	Identity Protection (Main Mode)
13	192.168.0.2	0.364288	192.168.0.1	ISAKMP	134	Identity Protection (Main Mode)
16	192.168.0.1	0.364833	192.168.0.2	ISAKMP	110	Identity Protection (Main Mode)
17	192.168.0.2	0.365778	192.168.0.1	ISAKMP	262	Quick Mode
19	192.168.0.1	0.367607	192.168.0.2	ISAKMP	214	Quick Mode
20	192.168.0.2	0.369869	192.168.0.1	ISAKMP	94	Quick Mode

图 8-20

可以看到6个野蛮模式的包和3个快速模式的包。我们知道，野蛮模式下交换了6个消息，快速模式下交换了3个模式的包。至此，理论和实践联系起来了。

8.2.5　使用swanctl.conf

strongSwan发展到现在，ipsec.conf已经过时，通常只在维护旧系统时才会碰到，现在官方提供了更好的配置方式，即通过swanctl.conf配置文件。在主机到主机（host-host）建立IPSec AH传输模式连接时，两台计算机需要分别配置自己的swanctl.conf文件。这些文件的主要区别在于两者的IP地址以及用于标识的ID。在主机moon和sun之间建立IPsec AH传输模式连接，swanctl配置文件包括swanctl.conf以及swanctl.d目录下的文件。在本实验中，我们只需要修改swanctl.conf文件。swanctl.conf文件一般在安装目录的etc目录下，比如/usr/local/etc/swanctl/。两台计算机需要分别配置各自的conf文件，主要区别在于两者的IP地址以及用于标识的ID。在使用时，需要将测试示例中的IP地址更改为实际的IP地址。

【例8.2】　主机到主机的预共享密钥配置

（1）把主机sun（192.168.0.2）中的/usr/local/etc/swanctl/目录下的swanctl.conf备份为一个不同的名字，然后把swanctl.conf拖到Windows下（也可以直接在Linux编辑），然后输入如下内容：

```
#Section defining IKE connection configurations.

connections {

 h2h {
   local_addrs = 192.168.0.2      # 用于IKE通信的本地地址，这里是sun的地址
   remote_addrs = 192.168.0.1     # 用于IKE通信的远端地址，这里是moon的地址

   local {
     auth = psk                   # 本地身份验证方式，比如pubkey、psk、xauth等
     id = sun.strongswan.org      # 用于身份验证的IKE标识
   }
   remote {
     auth = psk                   # 远程身份验证方式，比如pubkey、psk、xauth等
     id = moon.strongswan.org     # 用于身份验证的IKE标识
   }
   children {    # 子SA配置小节
     h2h_child {
       updown = /usr/local/libexec/ipsec/_updown iptables
       rekey_time = 5400          # 计划子SA密钥更新的时间
       rekey_bytes = 500000000
       rekey_packets = 1000000
       esp_proposals = aes128gcm128-x25519      # ESP建议的算法
     }
   }
   version = 2              # 用于连接的IKE主要版本，这里使用IKEv2
   mobike = no             # 在IKEv2连接上启用MOBIKE
   reauth_time = 10800     # 安排IKE重新验证的时间
   proposals = aes128-sha256-x25519            # 接受IKE的协议
 }
}
```

```
secrets{      # 定义IKE/EAP/XAuth身份验证和私钥的机密部分
  ike-h2h{
     id-vir = moon.strongswan.org
     id-tpc3 = sun.strongswan.org
     secret = mysecret  # EAP/XAuth密钥值
  }
}
```

其中，h2h是连接的名字，启动协商等时经常会用到，所以名字自然起得越短越方便。secrets下是用于认证的密钥信息，本例中使用PSK（预共享密钥）方式，就好比用账号和密码登录。所以两个id字段代表可接受的用户名，secret是双方共享的密钥，这里的密钥值是mysecret，这个密钥值两端主机必须相同。

注意SA配置中的rekey相关的字段（比如rekey_time），rekey是指IPSec的通信两端定期更换加密信道密钥的机制。为了安全性考虑，随着密钥使用时间的延迟，对称密钥被破解的可能性会逐渐增大。所以，定期更换对称密钥是保证IPSec安全性的必要手段。我们知道两个Key，IKE SA的Key和Child SA（IPSec SA）的Key。所以rekey也有两个，IKE rekey和Child rekey。

编辑完毕后，依旧保存到名为swanctl.conf的文件中，然后放到sun主机的/usr/local/etc/swanctl/目录下。再编辑moon主机的/usr/local/etc/swanctl/目录下的swanctl.conf文件，内容基本类似：

```
# Section defining IKE connection configurations.
connections {
  h2h {
      local_addrs  = 192.168.0.1
      remote_addrs = 192.168.0.2

      local {
        auth = psk
        id = moon.strongswan.org
      }
      remote {
        auth = psk
        id = sun.strongswan.org
      }
      children {
        h2h_child {
            updown = /usr/local/libexec/ipsec/_updown iptables
            rekey_time = 5400
            rekey_bytes = 500000000
            rekey_packets = 1000000
            esp_proposals = aes128gcm128-x25519
        }
      }
      version = 2
      mobike = no
      reauth_time = 10800
      proposals = aes128-sha256-x25519
  }
}
```

```
secrets{
   ike-h2h{
      id-tpc3 = sun.strongswan.org
      id-vir = moon.strongswan.org
      secret = mysecret
   }
}
```

可以看出，该文件的内容和sun主机的swanctl.conf文件的内容相比，无非就是ip和id这两个字段有所区别。编辑完毕后，保存该文件后放到moon主机的/usr/local/etc/swanctl/目录下。至此，两端的配置文件准备好了。下面启动加载配置文件，并开始初始交换以建立IPsec SA。

（2）在两端主机开启主进程charon。该进程负责IKE SA、IPSec SA的建立、拆除、更新及其他相关的操作。为了抓包方便，建议不要在Windows下用SSH终端输入命令，可以直接在虚拟机Linux中开启一个终端窗口，然后输入命令：

```
[root@localhost ~]# /usr/local/libexec/ipsec/charon &
[1] 9417
[root@localhost ~]# 00[DMN] Starting IKE charon daemon (strongSwan 5.9.6, Linux
3.10.0-957.el7.x86_64, x86_64)
00[LIB] OpenSSL FIPS mode(0) - disabled
00[CFG] loading ca certificates from '/usr/local/etc/ipsec.d/cacerts'
00[CFG] loading aa certificates from '/usr/local/etc/ipsec.d/aacerts'
00[CFG] loading ocsp signer certificates from '/usr/local/etc/ipsec.d/ocspcerts'
00[CFG] loading attribute certificates from '/usr/local/etc/ipsec.d/acerts'
00[CFG] loading crls from '/usr/local/etc/ipsec.d/crls'
00[CFG] loading secrets from '/usr/local/etc/ipsec.secrets'
00[CFG] loaded 0 RADIUS server configurations
00[LIB] loaded plugins: charon aes des rc2 sha2 sha1 md5 random nonce x509
revocation constraints pubkey pkcs1 pkcs7 pkcs12 pgp dnskey sshkey pem openssl pkcs8
fips-prf curve25519 xcbc cmac hmac kdf drbg attr kernel-netlink resolve socket-
default stroke vici updown eap-identity eap-md5 eap-mschapv2 eap-dynamic eap-radius
eap-tls eap-ttls eap-peap eap-tnc xauth-generic xauth-eap xauth-pam tnc-tnccs dhcp
certexpire radattr addrblock unity counters
00[JOB] spawning 16 worker threads
```

出现上述这些提示，表示成功开启charon了。值得注意的是，如果操作系统重启，则要重新开启charon进程。

（3）在两端主机加载配置文件。由于我们以后台方式开启charon进程，因此，当前终端窗口无法再输入命令时，可以在虚拟机Linux中再打开一个终端窗口，在命令行下输入如下命令：

```
swanctl --load-all
```

该命令加载配置文件swanctl.conf，并读取相关参数。出现下列提示表示成功：

```
[root@localhost ~]# swanctl --load-all
loaded ike secret 'ike-h2h'
no authorities found, 0 unloaded
no pools found, 0 unloaded
loaded connection 'h2h'
successfully loaded 1 connections, 0 unloaded
[root@localhost ~]#
```

这里要注意：在执行这个命令之前，要先开启charon进程，否则会出现错误提示：

```
connecting to 'unix:///var/run/charon.vici' failed:
```

（4）IKE协商建立SA。下面我们只需在一台主机上运行IPSec命令，就可以进行IKE协商并建立SA，前提是确保两端主机都已经成功执行了swanctl --load-all。在sun主机的虚拟机Linux的终端窗口执行命令：

```
[root@localhost ~]# ipsec up h2h
initiating IKE_SA h2h[2] to 192.168.0.1
generating IKE_SA_INIT request 0 [ SA KE No N(NATD_S_IP) N(NATD_D_IP) N(FRAG_SUP)
N(HASH_ALG) N(REDIR_SUP) ]
sending packet: from 192.168.0.2[500] to 192.168.0.1[500] (240 bytes)
received packet: from 192.168.0.1[500] to 192.168.0.2[500] (248 bytes)
parsed IKE_SA_INIT response 0 [ SA KE No N(NATD_S_IP) N(NATD_D_IP) N(FRAG_SUP)
N(HASH_ALG) N(CHDLESS_SUP) N(MULT_AUTH) ]
selected proposal: IKE:AES_CBC_128/HMAC_SHA2_256_128/PRF_HMAC_SHA2_256/
CURVE_25519
authentication of 'sun.strongswan.org' (myself) with pre-shared key
establishing CHILD_SA h2h_child{1}
generating IKE_AUTH request 1 [ IDi N(INIT_CONTACT) IDr AUTH SA TSi TSr
N(MULT_AUTH) N(EAP_ONLY) N(MSG_ID_SYN_SUP) ]
sending packet: from 192.168.0.2[500] to 192.168.0.1[500] (288 bytes)
received packet: from 192.168.0.1[500] to 192.168.0.2[500] (224 bytes)
parsed IKE_AUTH response 1 [ IDr AUTH SA TSi TSr ]
authentication of 'moon.strongswan.org' with pre-shared key successful
IKE_SA h2h[2] established between 192.168.0.2[sun.strongswan.org]...192.168.0.1
[moon.strongswan.org]
scheduling reauthentication in 10202s
maximum IKE_SA lifetime 11282s
selected proposal: ESP:AES_GCM_16_128/NO_EXT_SEQ
CHILD_SA h2h_child{1} established with SPIs cf83a173_i c9993257_o and TS
192.168.0.2/32 === 192.168.0.1/32
connection 'h2h' established successfully
```

执行成功。执行IPSec up h2h后，可以抓到4个包，如图8-21所示。

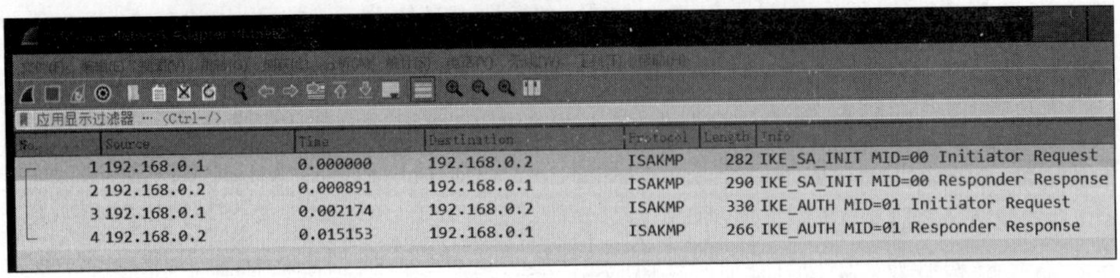

图 8-21

如果moon主机没有执行成功swanctl --load-all，则sun主机会发送5个包后提示建立连接失败，比如：

```
[root@localhost ~]# ipsec up h2h
initiating IKE_SA h2h[1] to 192.168.0.1
```

```
generating IKE_SA_INIT request 0 [ SA KE No N(NATD_S_IP) N(NATD_D_IP) N(FRAG_SUP)
N(HASH_ALG) N(REDIR_SUP) ]
    sending packet: from 192.168.0.2[500] to 192.168.0.1[500] (240 bytes)
    retransmit 1 of request with message ID 0
    sending packet: from 192.168.0.2[500] to 192.168.0.1[500] (240 bytes)
    retransmit 2 of request with message ID 0
    sending packet: from 192.168.0.2[500] to 192.168.0.1[500] (240 bytes)
    retransmit 3 of request with message ID 0
    sending packet: from 192.168.0.2[500] to 192.168.0.1[500] (240 bytes)
    received packet: from 192.168.0.1[500] to 192.168.0.2[500] (36 bytes)
    parsed IKE_SA_INIT response 0 [ N(NO_PROP) ]
    received NO_PROPOSAL_CHOSEN notify error
    establishing connection 'h2h' failed
```

至此，通过swanctl.conf实现VPN连接成功了。

8.2.6　strongSwan签发证书

strongSwan不但能实现VPN，还提供了一些工具来实现简单的PKI功能，比如签发证书等。数字证书是一线开发中比较常用的，必须理解，本节我们通过strongSwan工具来签发服务器证书。简单地讲，证书也称数字证书或公钥证书，它相当于我们现实生活中的身份证，用来证明你的身份，比如有了身份证就可以证明你是中国某地区的公民，从而享有相应的公民权利。而证书必须是由权威可信的机构颁发的，就像身份证必须由权威的机构（公安机关）来颁发一样，证书也有这样的机构，称为CA（Certificate Authority），它是公钥基础设施（Public Key Infrastructure，PKI）的核心。CA负责签发证书、认证证书、管理已颁发的证书。CA拥有一个证书（内含公钥和私钥），网上的公众用户通过验证CA的签字从而信任CA，任何人都可以得到CA的证书（含公钥），用以验证它所签发的证书。

我们还可以把公钥证书比作驾照，要开车得先考驾照。驾照上面记有本人的照片、姓名、出生日期等个人信息，以及有效期、准驾车辆的类型等信息，并由公安局在上面盖章。我们只要看到驾照，就可以知道公安局认定此人具有驾驶车辆的资格。公钥证书（Public-Key Certificate，PKC）其实和驾照很相似，里面记有姓名、组织、邮箱地址等个人信息，以及属于此人的公钥，并由CA施加数字签名。只要看到公钥证书，我们就可以知道认证机构认定该公钥的确属于此人。公钥证书也简称为证书（Certificate）。可能很多人都没听说过认证机构，认证机构就是能够认定"公钥确实属于此人"，并能够生成数字签名的个人或者组织。认证机构中有国际性组织和政府所设立的组织，也有通过提供认证服务来盈利的一般企业，此外个人也可以成立认证机构。

数字证书在用户公钥后附加了用户信息及CA的签名。公钥是密钥对的一部分，另一部分是私钥。公钥公之于众，谁都可以使用。私钥只有自己知道。由公钥加密的信息只能由与之相对应的私钥解密。为确保只有某个人才能阅读自己的信件，发送者要用收件人的公钥加密信件；收件人便可用自己的私钥解密信件。同样，为证实发件人的身份，发送者要用自己的私钥对信件进行签名；收件人可使用发送者的公钥对签名进行验证，以确认发送者的身份。在线交易中，用户可使用数字证书验证对方的身份。用数字证书加密信息，可以确保只有接收者才能解密、阅读原文，以及信息在传递过程中的保密性和完整性。有了数字证书网上安全才得以实现，电子邮件、在线交易和信用卡购物的安全才能得到保证。

　　证书是由认证机构颁发的，使用者需要对证书进行验证，因此如果证书的格式千奇百怪，那就不方便了。于是，人们制定了证书的标准规范，其中使用最广泛的是由国际电信联盟（International Telecommunication Union，ITU）和国际标准化组织（International Organization for Standardization，ISO）制定的X.509规范。很多应用程序都支持X.509并将其作为证书生成和交换的标准规范。X.509是一种非常通用的证书格式，X.509定义了两种证书：公钥证书和属性证书，PKCS#7和PKCS#12使用的都是公钥证书。所有的证书都符合ITU-T X.509国际标准，因此为一种应用创建的证书可以用于任何其他符合X.509标准的应用（理论上）。X.509证书的结构是用ASN1（Abstract Syntax Notation One）描述其数据结构的，并使用ASN.1语法进行编码。在一份证书中，必须证明公钥及其所有者的姓名是一致的。对X.509证书来说，认证者总是CA或由CA指定的人，一份X.509证书是一些标准字段的集合，这些字段包含有关用户或设备及其相应公钥的信息。X.509标准定义了证书中应该包含哪些信息，并描述了这些信息是如何编码的（数据格式）。一般来说，一个数字证书内容可能包括基本数据（版本、序列号）、所签名对象的信息（签名算法类型、签发者信息、有效期、被签发人、签发的公开密钥）、CA的数字签名等。

　　在实战之前，我们先了解一下证书的内容规范。目前使用最广泛的标准为ITU和ISO联合制定的X.509的v3版本规范（RFC5280），其中定义了如下证书信息字段（或称为域）：

　　（1）版本号（Version Number）：规范的版本号，目前为版本3，值为0x2。

　　（2）序列号（Serial Number）：由CA维护的为其所颁发的每个证书分配的序列号，用来追踪和撤销证书。只要拥有签发者信息和序列号，就可以唯一标识一个证书，最大不超过20字节。

　　（3）签名算法（Signature Algorithm）：数字签名所采用的算法，如sha256-with-RSA-Encryption、ccdsa-with-SHA256等。

　　（4）颁发者（Issuer）：发证书单位的标识信息，如"C=CN，ST=Beijing，L=Beijing，O=org.example.com，CN=ca.org.example.com"。

　　（5）有效期（Validity）：证书的有效期限，包括起止时间。

　　（6）主体（Subject）：证书拥有者的标识信息（Distinguished Name，DN），如"C=CN，ST=Beijing，L=Beijing，CN=person.org.example.com"。DN（Distinguished Name）唯一标识证书用户的名称，体现用户的唯一性。其中，CN（Common Name）表示通用名称；OU（Organization Unit）表示组织单元，组织单元类似于公司架构下的部门；O（Organization）表示组织；C（Country）表示国家或地区；ST（State）表示州或省；L（Location）表示地区；POSTALCODE表示邮政编码。

　　（7）主体的公钥信息（Subject Public Key Info）：所保护的公钥相关的信息。

　　（8）公钥算法（Public Key Algorithm）：公钥采用的算法，也就是非对称加密算法，比如RSA、ECC等。

　　（9）主体公钥（Subject Unique Identifier）：公钥的内容。

　　（10）颁发者唯一号（Issuer Unique Identifier）：代表颁发者的唯一信息，仅2、3版本支持，可选。

　　（11）主体唯一号（Subject Unique Identifier）：代表拥有证书实体的唯一信息，仅2、3版本支持，可选。

　　（12）扩展部分（Extensions）：可选的一些扩展。可能包括：

- Subject Key Identifier：实体的密钥标识符，区分实体的多对密钥。
- Basic Constraints：指明是否属于CA。
- Authority Key Identifier：证书颁发者的公钥标识符。
- CRL Distribution Points：撤销文件的颁发地址。
- Key Usage：证书的用途或功能信息。

此外，证书的颁发者还需要对证书内容利用自己的私钥添加签名，以防止别人对证书的内容进行篡改。X.509是国际电信联盟-电信（ITU-T）部分标准和国际标准化组织（ISO）的证书格式标准。使用ASN.1描述，我们可以将其抽象为以下结构：

```
Certificate::=SEQUENCE{
    tbsCertificate      TBSCertificate,
    signatureAlgorithm  AlgorithmIdentifier,
    signatureValue      BIT STRING
}

TBSCertificate::=SEQUENCE{
    version             [0]   EXPLICIT Version DEFAULT v1,
    serialNumber              CertificateSerialNumber,
    signatureAlgorithm        AlgorithmIdentifier,
    issuer                    Name,
    validity                  Validity,
    subject                   Name,
    subjectPublicKeyInfo      SubjectPublicKeyInfo,
    issuerUniqueID      [1]   IMPLICIT UniqueIdentifier OPTIONAL,
    subjectUniqueID     [2]   IMPLICIT UniqueIdentifier OPTIONAL,
    extensions          [3]   EXPLICIT Extensions OPTIONAL
}
```

字段解释如表8-1所示。

表 8-1　字段解释

字　　段	含　　义	备　　注
tbsCertificate.version	证书协议版本	当前一般使用v3版本
tbsCertificate.serialNumber	证书序列号	用于唯一标识证书，特别在吊销证书的时候有用
tbsCertificate.signatureAlgorithm	ID签名算法	—
tbsCertificate.issuer	颁发者信息	国家或地区（Country，C），州/省（State，S），地域/城市（Location，L），组织（Organization，O），通用名称（Common Name，CN）
tbsCertificate.validity	生效/失效时间	—
tbsCertificate.subject	证书所有人信息	国家或地区（Country，C），州/省（State，S），地域/城市（Location，L），组织（Organization，O），通用名称（Common Name，CN）

（续表）

字　段	含　义	备　注
tbsCertificate.subjectPublicKeyInfo	证书所有人的公钥	—
tbsCertificate.issuerUniqueID	颁发者唯一标识符（可选）	—
tbsCertificate.subjectUniqueID	证书所有人唯一标识符（可选）	—
tbsCertificate.extensions	扩展信息（可选）	—
signatureAlgorithm	证书签名算法	—
signatureValue	签名数据	—

X.509规范中一般推荐使用PEM（Privacy Enhanced Mail）格式来存储证书相关的文件。证书文件的文件名后缀一般为.crt或.cer。对应私钥文件的文件名后缀一般为.key。证书请求文件的文件名后缀为.csr。有时也统一用.pem作为文件名后缀。PEM格式采用文本方式进行存储。一般包括首尾标记和内容块，内容块采用Base64进行编码。

数字证书是一种权威性的电子文档，可以由权威公正的第三方机构，即CA（例如中国各地方的CA公司）中心签发，也可以由企业级CA系统签发。

一般证书分为3类，即根证书、服务器证书和客户端证书。根证书是生成服务器证书和客户端证书的基础，是信任的源头，也可以叫自签发证书，即CA证书。服务器证书由根证书签发，配置在服务器上，用于在网络通信中标识和验证服务器的身份，这样客户端就不会访问到假冒服务器了。客户端证书是相对于服务器端而言的，是用于证明客户端用户身份的数字证书，使客户端用户在与服务器端通信时可以证明其（客户端）真实身份，也可对电子邮件进行数字签名及加密，适用于各种涉密系统、网上应用和网络资源的客户端强身份认证。客户端通常由根证书签发，并发送给客户，用于标记客户端的身份，这样服务器就知道这个客户端是合法用户了。

数字证书是由权威认证机构（CA）数字签名的数字文件，其中包含公开密钥拥有者信息、公开密钥、签发者信息、有效期以及一些扩展信息。服务器向CA申请证书，需要把公钥交给CA机构。然后，CA为该服务器创建数字证书。数字证书通常分为两个部分：第一部分包括服务器的公钥、服务器名称、授权中心名称、有效期、序列号等；第二部分则是第一部分的哈希值的数字签名。具体地，先使用哈希算法对第一部分进行哈希运算，得到固定长度的哈希值，然后CA机构使用自己的CA私钥对哈希值进行加密，得到数字签名，数字签名的过程实际上是使用私钥进行加密的过程，其结果为使用私钥加密后的密文。我们可以使用对应的公钥来解密数字签名，从而解密得到第一部分的哈希值。如果对第一部分再做一次哈希运算，就可以比较这两个哈希值，从而判断第一部分内容是否被篡改。

我们来看一下服务器的数字证书在HTTPS中是怎样应用的：

（1）三次握手建立TCP连接。

（2）服务端向客户端发送服务器证书。

（3）客户端收到证书，将证书上的CA根证书与操作系统内置的CA根证书进行匹配。

（4）如果匹配失败，则说明证书不合法；如果匹配成功，则继续。

（5）客户端对证书第一部分内容进行哈希运算，得到固定长度的哈希值。

（6）客户端使用浏览器内置的 CA公钥解密证书的数字签名，其解密结果就是证书第一部分的哈希值。

（7）将两个哈希值对比，如果相同，则代表证书内容没有被篡改过，即证书没问题。如果不同，则证书可能被修改过或者不是使用CA私钥加密的，通信结束，不再执行后续步骤。

（8）如果证书没问题，则客户端生成随机对称密钥，使用服务端的公钥（通过证书获取）给这个密钥加密，发送给服务端。然后通过客户端生成的对称密钥进行HTTP通信。

在学习中，我们不需要寻找一个权威的CA，可以为自己签发一张证书。strongSwan可以实现这样的功能，可以使用/usr/local/bin目录下的PKI程序来实现。

【例8.3】　证书方式实现VPN

（1）生成CA私钥，命令如下：

```
pki --gen --outform pem > ca.key.pem
```

运行后，在当前目录下生成一个ca.key.pem文件，这个文件就是CA私钥文件。其中子命令gen的意思是生成证书，pki --gen生成的私钥默认是2048位的RSA私钥。outform表示生成私钥的编码，默认值是DER编码格式，这里是PEM格式，PEM格式通常用于数字证书认证机构（CA），扩展名为 .pem、.crt、.cer 或 .key，内容为 Base64 编码的 ASCII 码文件，有类似于 " -----BEGIN CERTIFICATE-----" 和 "-----END CERTIFICATE-----" 的头尾标记。在服务器认证证书中，中级认证证书和私钥都可以储存为PEM格式。例如：

```
[root@localhost ~]# cat ca.key.pem
-----BEGIN RSA PRIVATE KEY-----
MIIEowIBAAKCAQEA7XHyIXAqfwpi1/sI3SoMrDetWyP63EKVNz0ZyqspSjepKUSa
U2DomtLUrXyV3lH76aHfL1ouhuwEAGNhjLGgft44I0LL+MdVjGnghp2NT+vGFTqG
...
cwa48iN+M/B5uwF3Tpc6CCxqJ91edBM4wPBgEHQwOTD7wiWElJQr
-----END RSA PRIVATE KEY-----
```

可以看出是一个Base64编码的ASCII码文件，从第一行也可以看出是一个RSA私钥。

（2）自签发CA证书。CA证书通常就是根证书，是顶级的证书，也是CA认证中心与用户建立信任关系的基础，用户的数字证书必须有一个受信任的根证书，用户的数字证书才是有效的。除了根证书外，其他证书都要依靠上一级的证书来证明自己。下面我们在sun服务器上自签出一张CA证书，命令如下：

```
pki --self --in ca.key.pem --dn "C=CN, O=one, CN=one t CA" --ca --lifetime 3650
--outform pem > ca.cert.pem
```

其中，pki --self用于创建自签名证书。数字证书中的DN号是可识别名（DN），即主题和发行人的可识别名称，这里通过选项--dn来指定DN，这里的DN内容是 "C=CN，O=one，CN=one t CA"，C表示国家或地区，O表示组织，CN表示通用名称。选项--ca表示包括CA基本约束。选项--lifetime表示证书的有效天数，默认值是1095天，这里设置了3650天。选项--outform表示生成证书的编码格式，默认值是DER，这里使用PEM格式。ca.cert.pem是生成证书的文件名。运行后，会在当前目录下生成一个证书文件ca.cert.pem，这个证书就是根证书。

由于签发moon服务器证书也需要用到这个CA证书，因此我们需要把这个CA证书复制到moon服务器上，命令如下：

```
scp -r /root/ca.cert.pem root@192.168.0.1:/root
```

该处的scp命令在本地服务器上将/root/目录下的文件ca.cert.pem传输到服务器192.168.0.1的/root目录下。另外，签发moon服务器证书还需要用到这个CA私钥，因此我们需要把这个CA私钥文件也复制到moon服务器上，命令如下：

```
scp -r /root/ca.key.pem root@192.168.0.1:/root
```

（3）生成sun服务器的公私钥并签发证书。在生成服务器证书前，要先生成服务器私钥，命令如下：

```
pki --gen --outform pem > sun.key.pem
```

运行后，当前目录下就会生成一个私钥文件sun.key.pem，我们可以从这个私钥文件中提取出公钥，命令如下：

```
[root@localhost ~]# pki --pub --in sun.key.pem --outform pem
-----BEGIN PUBLIC KEY-----
MIIBIjANBgkqhkiG9w0BAQEFAAOCAQ8AMIIBCgKCAQEA0F7I5EDe9/CiMD+Qvfq5
+DWD2WmwluJhuOMV6tTlKSAt9cywF7VW82LpNfryUlEw1D6FVmmQNnF7WsboMWOM
pGAJuBG9E3ief6UIbKfEqSr9U51pTW6Tyg2ECmDlZZJBlCNSNXhMqjx7Gfl9fee9
XoF47xXNQ+aOmNmdjkt0nE775mz6WeV08Fc9/xO9wNT4CEr2u31XN6w7AWrupYBO
zRHuxDY3cfMl+RKeaW4p4AtDpDFBy1SqYbZh43/rJAD7ZAa4Vt8a211+I5JqTDDi
0ujfqVP9Rgi5LnGucRXPp5HTWhtebpdkW11zpBEG45QvKxTUrkHThjA9k3C81lMR
bwIDAQAB
-----END PUBLIC KEY-----
```

这里我们用选项--outform指定了编码格式为PEM格式，而默认的格式是DER，下面两条命令输出结果是一样的：

```
pki --pub --in sun.key.pem --outform der
pki --pub --in sun.key.pem
```

第二条命令没有用--outform，所以使用默认的编码格式输出结果。因为DER是二进制编码，所以输出是一堆乱码，读者可以试试，限于篇幅，这里不再演示。

那我们得到服务器公钥做什么呢？当然是为了签发证书。我们可以把提取公钥和签发证书放在一起运行，命令如下：

```
pki --pub --in sun.key.pem | ipsec pki --issue --cacert ca.cert.pem --cakey
ca.key.pem --dn "C=CN, O=NetworkLab, CN=sun.com" --san="sun.com" --flag serverAuth -
-flag ikdeIntermediate --outform pem > sun.server.cert.pem
```

其中，pki --pub --in sun.key.pem的意思是从刚生成的私钥里把公钥提取出来，然后用公钥去参与后面的服务器证书签发。选项issue表示使用CA证书及其密钥颁发证书；选项cacert是issue的子选项，用来指定CA的证书文件，这里就是ca.cert.pem；选项cakey也是issue的子选项，用来指定CA的私钥文件，这里就是ca.key.pem；选项dn也是issue的子选项，用来指定证书的可识别名（Distinguished Name），它是证书持有人的唯一标识符，X.509使用DN来唯一标识一个实体，其功能类似于我们平常使用的ID，通常包括CN（Common Name）、OU（Organization Unit）、O（Organization）、C（Country）等组成部分，不过不同的是，DN不再是类似于123456这样的数字标识，而是采用多个字段来标识一个实体，例如"CN=sun.com，C=CN"，这样做的好处在于方便进行诸如 LDAP 的目录服务的匹配和查询，这里的 DN 值是 " C=CN，O=NetworkLab，CN=sun.com"，注意 C=CN，C 表示国家或地区，CN 经常作为 China 的缩写来使用，中文表示中国，不要把 C= 后面的 CN 误解为 Common Name；选项 san 也是 issue 的子选项，用来设置要包含在证书中的主题名称，san 通常设置为服务器的 IP 地址或者 IP 对应的域名，这里是 sun.com；选项 flag 也是 issue 的子选项，用来指定扩展型密钥的用法（extendedKeyUsage）。extendedKeyUsage 是 X.509 中的一个扩展项，用来表示证书中的公钥及其对应私钥的一个或多个用途，该扩展项只用于终端实体证书，该扩展项可以设置为关键项和非关键项，由证书签发者决定，其值包括 serverAuth、clientAuth、crlSign、ocspSigning、msSmartcardLogon 等，其中 serverAuth 表示证书用于服务器身份验证，clientAuth 表示客户端身份验证，ocspSigning 表示 OCSP 响应包签名。--flag ikdeIntermediate 指定启用 IP 安全网络密钥互换居间（IP Security IKE Intermediate）这种增强型密钥用法；选项 outform 也是 issue 的子选项，用于指定生成证书的编码，默认值是 DER 编码，这里指定的是 PEM 编码。最后用符号 ">" 指定生成的 sun 服务器证书文件为 sun.server.cert.pem。该命令执行后，就可以在当前目录下看到新生成的文件 sun.server.cert.pem。

这里要注意一些操作系统的特殊要求，比如 iOS 客户端要求 CN（也就是通用名）必须是用户的服务器的 URL 或 IP 地址；Windows 7 不但有此要求，还要求必须显式说明这个服务器证书的用途（用于与服务器进行认证），即 --flag serverAuth；非 iOS 的 Mac OS X 要求使用 IP 安全网络密钥互换居间（IP Security IKE Intermediate）这种增强型密钥用法，所以要使用 --flag ikdeIntermediate；Android 和 iOS 都要求服务器别名（serverAltName）就是服务器的 URL 或 IP 地址，通过选项 --san 来指定。

证书生成完毕后，我们需要安装证书，也就是把证书文件和私钥文件放在特定目录下，复制命令如下：

```
[root@localhost ~]# cp -r ca.cert.pem /usr/local/etc/ipsec.d/cacerts/
[root@localhost ~]# cp -r sun.server.cert.pem /usr/local/etc/ipsec.d/certs/
[root@localhost ~]# cp -r sun.key.pem /usr/local/etc/ipsec.d/private
```

（4）生成 moon 服务器的公私钥并签发证书。在生成服务器证书前，要先生成服务器私钥，命令如下：

```
pki --gen --outform pem > moon.key.pem
```

运行后，当前目录下就会生成一个私钥文件 moon.key.pem，接着，我们可以把提取公钥和签发证书放在一起运行，命令如下：

```
pki --pub --in moon.key.pem | ipsec pki --issue --cacert ca.cert.pem --cakey
ca.key.pem --dn "C=CN, O=NetworkLab, CN=moon.com" --san="moon.com" --flag serverAuth
--flag ikdeIntermediate --outform pem > moon.server.cert.pem
```

证书生成完毕后，我们需要安装证书，也就是把证书文件放在特定目录下，复制命令如下：

```
[root@localhost ~]# cp -r ca.cert.pem /usr/local/etc/ipsec.d/cacerts/
[root@localhost ~]# cp -r moon.server.cert.pem /usr/local/etc/ipsec.d/certs/
[root@localhost ~]# cp -r moon.key.pem /usr/local/etc/ipsec.d/private
```

至此，我们完整地演示了证书的产生和安装过程，这个过程相当于实现了一个基本的 PKI 功能。

8.3 OpenSwan 实战

8.3.1 OpenSwan概述

OpenSwan是Linux下IPSec的最佳实现方式。它支持和IPSec相关的大多数的扩展。OpenSwan项目起源于FreeS/WAN 2.04项目,该项目功能很强大,可以大大提高数据跨网传输的安全性和完整性。特别是,结合OpenVPN（SSL VPN的实现）工具的使用,可以实现多机房之间的互访并提供更加全面和强大的VPN解决方案。

OpenSwan自带有IPSec功能的实现模块KLIPS,同时也和支持使用Linux内核自带的IPSec模块代码,方便易用。如果使用2.6及以上内核,无需打补丁,即可启用NAT功能。OpenSwan已经内置了对X.509和NAT遍历的支持,使用起来非常方便。

OpenSwan支持Linux 2.0、2.2、2.4以及2.6或以上的内核,同时也可以运行在不同的系统平台下,包括X86、X86_64、IA64、MIPS以及ARM。

OpenSwan支持Net-to-Net和RoadWarrior两种应用模式。Net-to-Net模式是网关对网关的通信。所在的Linux主机为通信的网关,作为其子网的出口,对于子网的用户来说是透明的,远程的子网在通信后可以像自己的局域网一样访问。RoadWarrior模式客户端对网关的连接方式,相当于公司员工带着笔记本电脑出差或在家,需要用IPSec连接到公司的内部网络。

OpenSwan支持许多不同的安全认证方式,包括RSA Keys（RSA密钥方式）、Pre-Shared Keys（预共享密钥）或X.509证书方式。

相对于strongSwan,OpenSwan架构设计得更加简洁优美。它支持与IPsec相关的大多数扩展（RFC+IETF草案）,包括IKEv2、X.509数字证书、NAT遍历和其他许多扩展。自2005年以来,OpenSwan一直是Linux社区事实上的虚拟专用网络软件。OpenSwan适用于多种Linux发行版,包括Fedora、Red Hat、Ubuntu、Debian（Wheezy）、Gentoo等,目前的最新版本是2021年1月22日发布的3.0.0版本。

8.3.2 OpenSwan的整体架构

OpenSwan主要由应用层和内核层两大模块构成,其中应用层主要提供面向用户操作的一些服务,而内核层主要提供对网络数据包的处理服务。

应用层分为Whack模块和Pluto模块,Whack模块重点提供了IPSec VPN建立连接前的参数的配置和管理、配置文件的解析和读取以及保存系统日志的功能,为IPSec VPN生成可用的初始化参数。Pluto模块主要实现密钥交换和协商流程,主要包括IKE协商、SA和SP的管理、连接保活机制的实现。如果要实现协商流程的完全国密化,那么需要对协商流程框架进行修改,实现对协商过程中的消息载荷的构造及加密算法的实现。

在内核层中,策略管理模块的核心功能是通过对SAD和SPD进行管理,实现对网络数据包的过滤处理。IP数据包封装/解封模块与操作系统内核协议栈进行数据交互,由于ESP需要对IP数据包进行解封、加密和再封装,因此需要提供与操作系统内核协议栈相似的功能来实现对数据包的重新封装和解封。数据加解密模块基于操作系统内核提供的加解密框架，负责协商流程和数据传输过程中使用到的加密算法。

OpenSwan的整体架构图如图8-22所示。

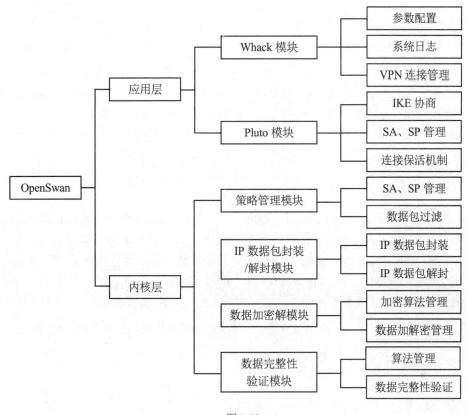

图 8-22

应用层和内核层使用各自的加密设备实现应用层和内核层的加密设备的分离，避免使用一个设备所带来的冲突和效率低的问题，为应用层和内核层的安全提供了灵活性。

8.3.3　OpenSwan的下载和编译

我们可以到官方网站下载最新源码，下载下来的文件是Openswan-master.tar.gz，如果不想下载，也可以到文件夹somesofts卜直接获得。

我们把文件Openswan-master.tar.gz上传到Linux，比如sun服务器中，然后解压：

```
tar zxvf Openswan-master.tar.gz
```

在编译安装之前，我们先要消除环境变量DESTDIR，否则最终安装到DESTDIR所指的目录下，为了不让以前可能设置的DESTDIR干扰我们，最好先删除DESTDIR这个环境变量。查看和删除DESTDIR的命令如下：

```
env|grep DESTDIR
unset DESTDIR
```

> **注意** 执行unset后，只会对当前会话有效，使用source /etc/profile又可以恢复 DESTDIR。如果想要永久删除DESTDIR，则要打开文件/etc/profile，然后删除DESTDIR的定 义，再保存该文件，最后重启操作系统即可。

接着进入源码目录，进行编译安装：

```
make programs install
```

这实际上是两个命令make programs和make install，也可以分开单独执行。笔者这里是一次执 行成功。有些读者可能会出现一些错误提示，通常是缺少一些依赖库（比如libgmp-dev、bison和 flex等）造成的，我们只需要在线安装它们，然后执行make programs install即可。

编译安装完成后，我们要查看是否安装成功，可以通过查看版本号来验证，命令如下：

```
[root@localhost Openswan-master]# ipsec --version
Linux Openswan U3.0.0/K(no kernel code presently loaded)
See 'ipsec --copyright' for copyright information.
```

可以看出安装的是Linux OpenSwan U3.0.0/K。这个IPSec其实就是位于/usr/local/sbin/目录下的 IPSec脚本程序，我们可以到/usr/local/sbin/目录下用cat IPSec命令查看IPSec脚本的内容。

默认情况下，OpenSwan安装在/usr/local/下的一些子文件夹中，我们可以看一下安装之前这些 子文件夹下的内容，include、lib、libexec、lib64、etc等目录都是空的，如果不是空的，则可能是 前面做了strongSwan实验后遗留下来的，这里强烈建议做OpenSwan实验的时候，要基于干净的虚 拟机Linux，否则strongSwan遗留下来的程序会干扰OpenSwan实验，笔者就是因此吃了大亏，切 记！bin目录下只有两个程序：

```
[root@localhost local]# cd bin
[root@localhost bin]# ls
pip3  python3
```

> **注意** 这些目录可能会因不同的用户而导致内容不同，比如用户安装过其他软件，那 么这些目录就不一定是空的，这里只是为了对比OpenSwan安装前后的目录变化。安装后， 在/usr/local/sbin目录下会出现脚本程序文件IPSec；在/etc/init.d目录下会生成脚本程序文件 IPSec，这个脚本文件和/usr/local/sbin目录下的脚本文件的内容是不同的，启动、重启、停止 IPSec服务使用/etc/init.d目录下的IPSec脚本程序；在/usr/local/lib/IPSec目录下会生成一些辅助 程序；在/usr/local/libexec/IPSec/目录下会生成一些不同功能的可执行程序，比如：

```
[root@localhost ipsec]# ls
addconn  barf    ikeping  klipsdebug newhostkey pluto  ranbits  secrets
showdefaults spi   status  verify
 auto    eroute  initnss  look       pf_key     policy rsasigkey setup
showhostkey  spigrp tncfg   whack
```

而/usr/local下的include、etc和lib64等子目录依旧是空的。bin目录下依旧没变化。另外，/etc下 有两个重要的配置文件：

```
/etc/ipsec.secrets      用来保存private RSA keys 和 preshared secrets (PSKs)
/etc/ipsec.conf         配置文件(settings,options, defaults, connections)
```

/etc/ipsec.d下新增了一些文件夹，比如：

```
[root@localhost ipsec.d]# ls
aacerts  cacerts  certs  crls  examples  ocspcerts  policies  private
```

这里，只有policies目录是安装之前就有的，其他都是安装之后生成的。这些文件夹的用处如下：

```
/etc/ipsec.d/cacerts      存放X.509认证证书（根证书—"rootcertificates"）
/etc/ipsec.d/certs        存放X.509客户端证书（X.509client Certificates）
/etc/ipsec.d/private      存放X.509认证私钥（X.509Certificate private keys）
/etc/ipsec.d/crls         存放X.509证书撤销列表（x.509Certificate Revocation Lists）
/etc/ipsec.d/ocspcerts    存放X.500 OCSP证书（OnlineCertificate Status Protocol
certificates）
/etc/ipsec.d/passwd       XAUTH密码文件（XAUTH password file）
/etc/ipsec.d/policies     存放Opportunistic Encryption策略组（The Opportunistic
Encryption policy groups）
```

8.3.4 OpenSwan连接方式

OpenSwan有两种连接方式，即Network-to-Network方式和RoadWarrior方式。

1. Network-to-Network 方式

顾名思义，Network-to-Network方式是把两个网络连接成一个虚拟专用网络。当连接建立后，每个子网的主机都可透明地访问远程子网的主机。要实现这种连接方式，要满足以下两个条件：

（1）每个子网各自拥有一台安装有OpenSwan的主机作为其子网的出口网关。
（2）每个子网的IP段不能有叠加。

2. Road Warrior 方式

当使用Network-to-Network方式时，作为每个子网网关的主机不能像子网内部主机那样透明地访问远程子网的主机，也就是说，如果你是一个使用Laptop的移动用户，经常出差或是在不同的地点办公，你的Laptop将不能用Network-to-Network方式与公司网络进行连接。

8.3.5 OpenSwan的认证方式

OpenSwan支持许多不同的认证方式，包括RSA数字签名（RSASIG）、预共享（对称）密钥、XAUTH、X.509证书方式。

8.3.6 配置文件ipsec.conf

OpcnSwan使用的配置文件是/etc/ipsec.conf，这个文件也是CentOS自带的（安装完CentOS就有了），其实是因为CentOS自带了LibreSwan这个VPN软件，所以/etc/ipsec.conf也就有了，/etc/ipsec.conf是配合LibreSwan使用的，正好现在OpenSwan也需要用到它。OpenSwan和LibreSwan其实就是师兄弟关系，师父都是FreeSwan。另外，/etc/ipsec.d也是安装了CentOS就有了。

ipsec.conf中的内容和strongSwan用到的ipsec.conf的内容基本类似。这里要注意ipsec.conf的结尾字符，以防在Windows下编辑保存了ipsec.conf后再上传到Linux系统而不能用。

第一个要注意的点是，在Linux系统的编辑器中，每行结尾只有"<换行>"（\nc$），在Windows中，每行结尾使用的是"\r\n"（回车符+换行符，显示为^M$），有一些Windows下的编辑器，比如WinSCP自带的内置编辑器，如果在Windows下编辑，再上传到Linux中，使用cat -A查看ipsec.conf，会发现末尾是^M$，如图8-23所示。

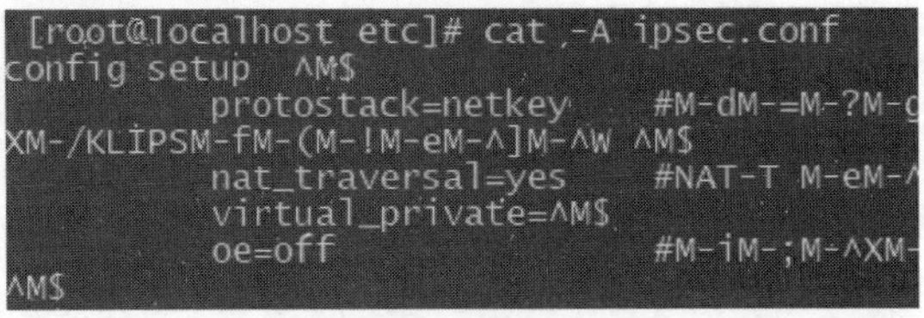

```
[root@localhost etc]# cat -A ipsec.conf
config setup   ^M$
       protostack=netkey      #M-dM-=M-?M-g
XM-/KLIPSM-fM-(M-!M-eM-^]M-^W ^M$
       nat_traversal=yes      #NAT-T M-eM-^
       virtual_private=^M$
       oe=off                 #M-iM-;M-^XM-
^M$
```

图 8-23

此时，可以用sed命令来删除文件中的^M，命令如下：

```
sed -i 's/^M//g' ipsec.conf,
```

注意 ^M的输入方式是Ctrl+V，然后按Ctrl+M快捷键。或者使用工具dos2unix，但需要下载。还可以上传到Linux后，用WinSCP自带的内置编辑器在Linux中编辑后保存（也就是在WinSCP的右边窗口直接双击/etc下的ipsec.conf即可编辑），保存后就可以自动删除^M。

第二个要注意的是，要成功解析ipsec.conf，必须确保使用cat-A查看ipsec.conf的时候，有内容的每行的结尾必须是$，如何产生cat -A ipsec.conf显示模式下的$符号呢？很简单，就是在每行结尾按回车键即可，而且如果$处于注释之内的话，则需要$和前一个字符之间有一个空格。特别要注意，最后一行如果全是空格且没有$的话，就会报错，如图8-24所示。

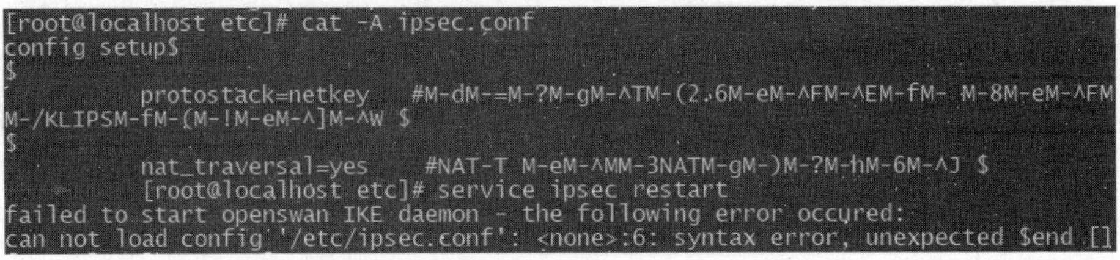

```
[root@localhost etc]# cat -A ipsec.conf
config setup$
$
       protostack=netkey      #M-dM-=M-?M-gM-^TM-(2.6M-eM-^FM-^EM-fM- M-8M-eM-^FM-
M-/KLIPSM-fM-(M-!M-eM-^]M-^W $
       nat_traversal=yes      #NAT-T M-eM-^MM-3NATM-gM-)M-?M-hM-6M-^J $
       [root@localhost etc]# service ipsec restart
failed to start openswan IKE daemon - the following error occured:
can not load config '/etc/ipsec.conf': <none>:6: syntax error, unexpected $end []
```

图 8-24

图中箭头所指的那一行（最后一行）有内容（空格），但没有以$结尾，所以报错了。解决方法是把这行删除。

每次修改ipsec.conf后，如果想测试是否正确，可以使用service ipsec restart来启动IPSec，它会解析ipsec.conf，命令如下：

```
[root@localhost etc]# service ipsec restart
ipsec_setup: Stopping Openswan IPsec...
ipsec_setup: Starting Openswan IPsec U3.0.0/K3.10.0-957.el7.x86_64...
```

但出现"Starting Openswan IPsec U3.0.0/K3.10.0-957.el7.x86_64..."这样的提示时，说明ipsec.conf没有语法格式错误了。

还有一个要注意的是，ipsec.conf中的left和right。连接规范是根据左右参与者而不是本地和远程来编写的。哪个参与者被认为是左或右是任意的，对于每个连接描述，都会尝试确定本地端点应该充当左端点还是右端点。这是通过将两个端点定义的IP地址与分配给本地网络接口的IP地址相匹配来完成的。如果找到匹配项，则匹配的角色（左或右）将被视为本地角色。也就是说，right也是可以作为本地角色的。

如果在启动过程中没有找到匹配项，则left被认为是本地的。这允许在两端使用相同的连接规范。

【例8.4】　基于预共享密钥认证的VPN

（1）确保alice和bob之间能相互ping通。这一步不再赘述了。尤其要注意两端开启了转发：

```
echo 1 > /proc/sys/net/ipv4/ip_forward
```

另外，VPN主机两端都要添加默认网关，在moon端添加默认网关的命令如下：

```
route add default gw 192.168.0.2
```

在sun端添加默认网关的命令如下：

```
route add default gw 192.168.0.1
```

（2）准备预共享密钥。预共享密钥就是两个VPN主机（sun和moon）使用相同的密钥。密钥存放在/etc/ipsec.secrets中，ipsec.secrets是OpenSwan的关键配置，文件保存了openswanIPsec子系统用于IKE身份验证的密钥表信息。这些密钥被OpenSwan互联网密钥交换（Internet Key Exchange，IKE）守护程序用于验证其他主机。这些密钥必须被妥善保管，该文件应为超级用户所有，其权限应设置为阻止其他人的所有访问。文件/etc/ipsec.secrets是CentOS 7.6自带的，不是说安装了OpenSwan才有的。该文件的格式如下：

```
"Local Ip address" "remote ip address" : PSK "your key"
```

在sun上编辑/etc/ipsec.secrets，内容如下：

```
include /etc/ipsec.d/*.secrets
192.168.0.2 0.0.0.0 : PSK "123"
```

这里any表示任何对端地址，即从192.168.0.2到任何地址，都使用密钥为123的密码来进行IPSec验证，如果有需要，也可以修改对端地址为IP段或者具体的IP地址。然后保存文件。同样，在moon上编辑/etc/ipsec.secrets，内容如下：

```
include /etc/ipsec.d/*.secrets
192.168.0.1 0.0.0.0 : PSK "123"
```

（3）准备配置文件。配置文件就是/etc/ipsec.conf，这个文件在8.3.6节开始介绍过，此处不再赘述。

在moon主机上编辑/etc/ipsec.conf，输入如下内容：

```
## 基本的配置参数##

config setup

    protostack=netkey

    nat_traversal=yes


conn test
```

```
authby=secret     # 认证方式是预共享密钥，如果不设置，则使用默认的RSA密钥认证
auto=add          # add代表只是添加，但并不会连接，如果为start，则代表启动自动连接
pfs=no            # PFS(Perfect Forward Secrecy)
compress=no       # IP Compression
type=tunnel       # 隧道模式
keyingtries=0
disablearrivalcheck=no

## phase 1 ##
ike=aes128-sha1;modp1024     # 第一阶段的参数，加密算法是AES128，认证算法是SHA1
ikelifetime=86400s           # 第一阶段的生存时间
keyexchange=ike
## phase 2 ##
phase2alg=aes128-sha1             # 第二阶段的参数
salifetime=3600s                  # 第二阶段的参数
phase2=esp

left=192.168.0.1                  # moon主机作为left端
leftid=mymoon                     # moon主机的id，可以随便填写，只是标识
leftsubnet=10.1.0.0/24            # moon保护的内网段
leftnexthop=%defaultroute         # 使用默认的路由

right=192.168.0.2                 # 对端地址，需要主动去连接的主机
rightid=mysun                     # id，可以随便填写，只是标识
rightsubnet=10.2.0.0/24           # 对端的内网段
rightnexthop=%defaultroute        # 对端使用默认的路由
```

left表示将数据包发送到此链路的另一侧时，此主机要使用的IP地址。该选项仅与本地相关，另一端无须同意。当使用作为左子网的本地子网内部IP地址与右子网通信时，该选项将被使用。否则，它将使用其最近的IP地址，即其公共IP地址。此选项主要用于定义子网到子网的连接，以便网关可以相互通信。left支持IPv4和IPv6地址。leftid用于识别左侧参与者以进行身份验证，rightid用于识别右侧参与者以进行身份验证。

笔者故意写的不是很规整，比如有的地方空了一行，有的地方又没空一行，有的地方开头是一个Tab键的距离，有的地方又不止一个Tab键的距离。这都是为了向读者证明ipsec.conf不在乎这些格式，最重要的是每行的结尾必须是换行符，而且在注释中（#后面）的换行符必须和前一个字符有空格。这是笔者耗费一天得出的结论。ipsec.conf很重要，一定要搞明白。

再在sun主机上编辑/etc/ipsec.conf，输入如下内容：

```
## 基本的配置参数##
config setup

    protostack=netkey

    nat_traversal=yes


conn test
    authby=secret
      auto=add
      pfs=no                      # PFS(Perfect Forward Secrecy)
      compress=no                 # IP Compression
```

```
            type=tunnel
            keyingtries=0
            disablearrivalcheck=no

            ## phase 1 ##
            ike=aes128-sha1;modp1024        # 第一阶段的参数
            ikelifetime=86400s              # 第一阶段的生存时间
            keyexchange=ike
            ## phase 2 ##
            phase2alg=aes128-sha1           # 第二阶段的参数
            salifetime=3600s                # 第二阶段的参数
            phase2=esp

            left=192.168.0.1
            leftid=mymoon                   # left方moon主机的id，名字随便取
            leftsubnet=10.1.0.0/24
            leftsourceip=192.168.0.1
            leftnexthop=%defaultroute

            right=192.168.0.2
            rightid=mysun                   # right方sun主机的id，名字随便取
            rightsubnet=10.2.0.0/24
            rightsourceip=192.168.0.2
            rightnexthop=%defaultroute
```

两个主机上的/etc/ipsec.conf内容类似。

（4）加载和解析配置文件ipsec.conf。在sun和moon两端的命令下执行service IPSec restart：

```
[root@localhost etc]# service ipsec restart
ipsec_setup: Stopping Openswan IPsec...
ipsec_setup: Starting Openswan IPsec U3.0.0/K3.10.0-957.el7.x86_64...
[root@localhost etc]#
```

restart表示重启IPSec。如果没有报错，则说明重启成功。也可以执行/etc/init.d/IPSec restart，效果一样：

```
[root@localhost etc]# /etc/init.d/ipsec restart
ipsec_setup: Stopping Openswan IPsec...
ipsec_setup: Starting Openswan IPsec U3.0.0/K3.10.0-957.el7.x86_64...
[root@localhost etc]#
```

IPSec restart先执行stop，再执行start。start到底执行的是什么呢？我们可以进入/etc/init.d/IPSec脚本中看一下，找到start()函数，内容如下：

```
start() {
  verify_config

  # Pick up IPsec configuration (until we have done this, successfully, we
  # do not know where errors should go, hence the explicit "daemon.error"s.)
  # Note the "--export", which exports the variables created.
  variables='ipsec  addconn  $IPSEC_CONFS/ipsec.conf  --varprefix  IPSEC  --
configsetup'
  eval $variables

  IPSEC_confreadsection=${IPSEC_confreadsection:-setup}
```

```
export IPSEC_confreadsection

IPSECsyslog=${IPSECsyslog:-daemon.error}
export IPSECsyslog

# remove for: @cygwin_END@
(
ipsec _realsetup start
RETVAL=$?
) 2>&1 | logger -s -p $IPSECsyslog -t ipsec_setup 2>&1
return $RETVAL
}
```

基本流程是先执行addconn程序加载配置文件，然后执行_realsetup程序，此时控制台上才会出现"ipsec_setup: Starting Openswan IPsec..."这样的输出。_realsetup程序也是一个脚本程序，它的路径是/usr/local/lib/ipsec/_realsetup，这里，它接受选项参数start。

看variables那一行，组织了一个命令行，然后用eval来执行该命令行，eval命令首先会扫描命令行进行所有的替换，然后执行命令，eval最常见的用法是对动态生成的命令行计算并执行。在variables所存储的命令行中，先执行ipsec这个脚本程序，并把addconn这个程序作为其参数传入，同时解析了ipsec.conf。命令行中的ipsec所在的路径是/usr/local/sbin/ipsec，它也是一个脚本程序，我们可以通过which命令查看其所在路径：

```
[root@localhost ~]# which ipsec
/usr/local/sbin/ipsec
```

which命令会在PATH变量指定的路径中搜索某个系统命令的位置，并返回第一个搜索结果。脚本程序/usr/local/sbin/ipsec的最后有这样一段代码：

```
path="$IPSEC_EXECDIR/$cmd"

if test ! -x "$path"
then
  path="$IPSEC_LIBDIR/$cmd"
  if test ! -x "$path"
  then
    echo "$0: unknown IPsec command \'$cmd' (\'ipsec --help' for list)" >&2
    exit 1
  fi
fi

exec $path "$@"
```

最后一句exec执行了传进来的参数，这里是addconn，那就是执行了addconn程序，addconn程序解析配置文件并添加配置信息。如果要分析这个程序的原理，那么只能查看其源码了，源码文件的路径是Openswan-master\programs\addconn\addconn.c，限于篇幅，这里不再赘述。

注意，sun和moon两端都要执行service ipsec restart。如果都没错误的话，接下来就可以在一端发起连接了。

（5）发起VPN连接，在sun或moon一端执行即可，比如在moon一端执行命令：

```
ipsec auto --up test
```

注意 只需在一端运行这个命令即可，而且注意两端的虚拟机系统不要休眠。运行结果如下：

```
[root@localhost etc]# ipsec auto --up test
002 "test" #1: initiating Main Mode
105 "test" #1: STATE_MAIN_I1: initiate
003 "test" #1: received Vendor ID payload [Openswan (this version) 3.0.0 ]
003 "test" #1: received Vendor ID payload [Dead Peer Detection]
003 "test" #1: received Vendor ID payload [RFC 3947] method set to=115
002 "test" #1: enabling possible NAT-traversal with method RFC 3947 (NAT-
Traversal)
002 "test" #1: transition from state STATE_MAIN_I1 to state STATE_MAIN_I2
107 "test" #1: STATE_MAIN_I2: sent MI2, expecting MR2
003 "test" #1: NAT-Traversal: Result using draft-ietf-ipsec-nat-t-ike
(MacOS X): no NAT detected
002 "test" #1: transition from state STATE_MAIN_I2 to state STATE_MAIN_I3
109 "test" #1: STATE_MAIN_I3: sent MI3, expecting MR3
003 "test" #1: received Vendor ID payload [CAN-IKEv2]
002 "test" #1: Main mode peer ID is ID_IPV4_ADDR: '192.168.0.2'
002 "test" #1: transition from state STATE_MAIN_I3 to state STATE_MAIN_I4
004 "test" #1: STATE_MAIN_I4: ISAKMP SA established
{auth=OAKLEY_PRESHARED_KEY oursig= theirsig= cipher=aes_128 prf=oakley_sha
group=modp1024}
002 "test" #2: initiating Quick Mode PSK+ENCRYPT+TUNNEL+UP+IKEv2ALLOW+
SAREFTRACK {using isakmp#1 msgid:dbbd8776 proposal=aes_cbc(12)_128-
hmac_sha1_96(2)_160 pfsgroup=no-pfs}
118 "test" #2: STATE_QUICK_I1: initiate
002 "test" #2: transition from state STATE_QUICK_I1 to state STATE_QUICK_I2
004 "test" #2: STATE_QUICK_I2: sent QI2, IPsec SA established tunnel mode
{ESP=>0x4e500cf3 <0x386cfa8a xfrm=aes_cbc_128-hmac_sha1_96 NATOA=none NATD=none
DPD=none}
[root@localhost etc]#
```

最后出现established这样的提示，说明连接成功了。此时我们可以用Wireshark对VMNet2进行抓包，然后让两个客户端alice和bob互相ping（使用ping -t，这样可以一直不停地ping）。这样，在Wireshark上可以抓到ESP的包了，如图8-25所示。

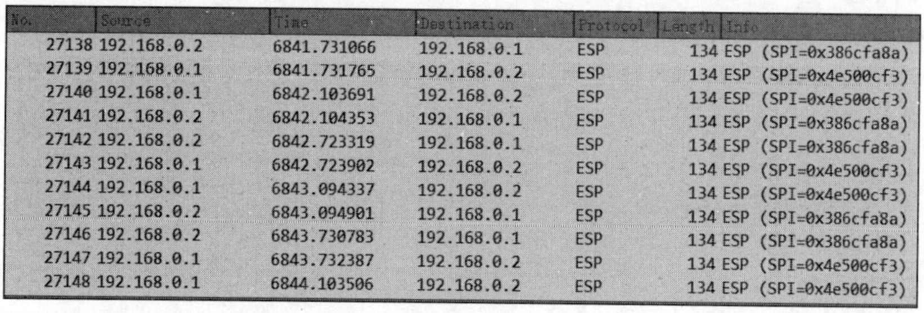

No.	Source	Time	Destination	Protocol	Length	Info
27138	192.168.0.2	6841.731066	192.168.0.1	ESP	134	ESP (SPI=0x386cfa8a)
27139	192.168.0.1	6841.731765	192.168.0.2	ESP	134	ESP (SPI=0x4e500cf3)
27140	192.168.0.1	6842.103691	192.168.0.2	ESP	134	ESP (SPI=0x4e500cf3)
27141	192.168.0.2	6842.104353	192.168.0.1	ESP	134	ESP (SPI=0x386cfa8a)
27142	192.168.0.2	6842.723319	192.168.0.1	ESP	134	ESP (SPI=0x386cfa8a)
27143	192.168.0.1	6842.723902	192.168.0.2	ESP	134	ESP (SPI=0x4e500cf3)
27144	192.168.0.1	6843.094337	192.168.0.2	ESP	134	ESP (SPI=0x4e500cf3)
27145	192.168.0.2	6843.094901	192.168.0.1	ESP	134	ESP (SPI=0x386cfa8a)
27146	192.168.0.2	6843.730783	192.168.0.1	ESP	134	ESP (SPI=0x386cfa8a)
27147	192.168.0.1	6843.732387	192.168.0.2	ESP	134	ESP (SPI=0x4e500cf3)
27148	192.168.0.1	6844.103506	192.168.0.2	ESP	134	ESP (SPI=0x4e500cf3)

图 8-25

这就说明，alice和bob之间的消息被加密了，外界无法探测到它们的通信内容了。如果要在sun和moon端都停止IPSec，命令如下：

```
[root@localhost etc]# service ipsec stop
ipsec_setup: Stopping Openswan IPsec...
```

由于停掉IPSec就没有加密功能了，因此Wireshark又能抓到明文ping包了，如图8-26所示。

No.	Source	Time	Destination	Protocol	Length	Info
29155	10.1.0.10	7342.840563	10.2.0.10	ICMP	74	Echo (ping) request id=0x0200
29156	10.2.0.10	7342.840954	10.1.0.10	ICMP	74	Echo (ping) reply id=0x0200
29157	10.2.0.10	7343.105998	10.1.0.10	ICMP	74	Echo (ping) request id=0x0200
29158	10.1.0.10	7343.106497	10.2.0.10	ICMP	74	Echo (ping) reply id=0x0200
29159	10.1.0.10	7343.847926	10.2.0.10	ICMP	74	Echo (ping) request id=0x0200
29160	10.2.0.10	7343.848301	10.1.0.10	ICMP	74	Echo (ping) reply id=0x0200
29161	10.2.0.10	7344.126534	10.1.0.10	ICMP	74	Echo (ping) request id=0x0200
29162	10.1.0.10	7344.127009	10.2.0.10	ICMP	74	Echo (ping) reply id=0x0200
29163	10.1.0.10	7344.870650	10.2.0.10	ICMP	74	Echo (ping) request id=0x0200
29164	10.2.0.10	7344.872347	10.1.0.10	ICMP	74	Echo (ping) reply id=0x0200
29165	10.2.0.10	7345.133154	10.1.0.10	ICMP	74	Echo (ping) request id=0x0200

图 8-26

至此，基于预共享密钥的VPN演示完毕。

【例8.5】　RSA签名认证方式实现VPN

（1）确保alice和bob之间能相互ping通。这一步不再赘述了。尤其要注意两端开启了转发：

```
echo 1 > /proc/sys/net/ipv4/ip_forward
```

另外，VPN主机两端都要添加默认网关，在moon端添加默认网关的命令如下：

```
route add default gw 192.168.0.2
```

在sun端添加默认网关的命令如下：

```
route add default gw 192.168.0.1
```

（2）在moon上编辑配置文件ipsec.conf。在moon上编辑/etc/ipsec.conf，并输入如下内容：

```
config setup
  protostack=netkey
  nat_traversal=yes


# Add connections here.
conn %default
  authby=rsasig
  compress=no
  pfs=no


conn net-to-net
  left=192.168.0.1
  leftsubnet=10.1.0.0/24
  leftid=@left
  leftnexthop=%defaultroute
  right=192.168.0.2
  rightsubnet=10.2.0.0/24
  rightid=@right
  rightnexthop=%defaultroute
```

```
auto=add
ike=aes256-sha1-modp1024
esp=aes256-sha1;modp1024
type=tunnel
```

认证方式现在是rsasig了。我们把moon作为左端，sun作为右端。

（3）在moon上生成RSA公私钥对，并导出公钥到配置文件。RSA认证需要RSA公钥和私钥，我们需要先生成公私钥对。OpenSwan提供了生成密钥对的脚本子程序newhostkey，该程序位于/usr/local/libexec/ipsec/下，说它是子程序，是因为要和IPSec一起使用，比如生成一个新的RSA密钥对，命令如下：

```
ipsec newhostkey --output /etc/ipsec.secrets
```

选项output用来指定输出内容到目标文件，这里把生成的RSA密钥对输出到文件/etc/ipsec.secrets中。公私钥生成后，我们需要把公钥导出到配置文件ipsec.conf中，命令如下：

```
ipsec showhostkey --left >>/etc/ipsec.conf
```

该命令输出公钥到左方的配置文件ipsec.conf中。这里，我们把moon作为左端。这个命令执行后，将会把公钥内容添加到ipsec.conf结尾处。

现在，ipsec.conf中已经有了moon的公钥，但还不够，如果要相互认证，还需要sun的公钥，因此我们先把ipsec.conf复制到sun主机的/etc下。复制方法用scp命令和可视化方法都可以。

（4）在sun上生成RSA公私钥对，并导出公钥到配置文件。生成公私钥的命令如下：

```
ipsec newhostkey --output /etc/ipsec.secrets
```

再导出公钥到配置文件，命令如下：

```
ipsec showhostkey --right >>/etc/ipsec.conf
```

这里我们把sun作为右端，因此使用了选项--right。至此，sun主机的ipsec.conf中有了两端的公钥，我们把它复制到moon主机的/etc下，使得moon主机的ipsec.conf也有两端的公钥。

此时，sun和moon的ipsec.conf的内容是相同的：

```
config setup
  protostack=netkey
  nat_traversal=yes

# Add connections here.
conn %default
  authby=rsasig
  compress=no
  pfs=no

conn net-to-net
  left=192.168.0.1
  leftsubnet=10.1.0.0/24
  leftid=@left
  leftnexthop=%defaultroute
  right=192.168.0.2
  rightsubnet=10.2.0.0/24
  rightid=@right
```

```
rightnexthop=%defaultroute
auto=add
ike=aes256-sha1-modp1024
esp=aes256-sha1;modp1024
type=tunnel

    # rsakey AQOAVPV1h
    leftrsasigkey=0sAQOAVPV1hIwFCm+N96TUv7JEkb++uQIHh0tiDKiugLMzbFKafFbNEQgVf
FqOyePCxvkAgPT1QMvlQi4hRU6Nqk+WQDYa9HKBTJYwQYeFeCkQN6dBGbTMdUfq+HzDPbR4ndupOUZGJ0ba
VgCbbeQXt6qea60VCKSexoBDsx1Yn1euu9FG8NmTbFNgTaQWumufh465JDRnxtvmlOnKSPUmyf0cAPIcm/N
EPNcYv3N3Q8rveN+5BEJ9hRJPLsgl8ZCT2h6xan8UAUT5JKw8B6gxDhJWGQxg2JuwnRLoHAuCo4jAVdhumF
ZwFDwuFAPL3X/zR73z7j1Jik4v0dnVajwfjZjE+I9XVAHtgmTCaHeUFJ9Gq0WD
    # rsakey AQOKpd9hV
    rightrsasigkey=0sAQOKpd9hVhW8ap1fOmKEgWKqRyNLlchy4aIBFfdn0Fv3xdkLi9xlSrOj
PXnYgAZB+Af+McRcS6stQJv7GKLghT4wY33XZf1tESRmkv17GmDWtQQXDzcDRj4apbVgI4GgWlJkrBGyqcNi
N6o/0i8/6yRKOye3u7TC0/Cj9Q+0v47q9etnB6mEMOBSqqVJ60GX5SGccujIETFt8dkr6hsQxVoB6RXNGKWp
/AmSRB1QTT0jkpAH2vqldaWUg3RTrBOsc18DksZX4VAHlLlZcSdnQUKoGv4CWFT5Jn6TqjN3P53StS4g7nNJ
OD/DoOWDiaimI00cwZDpBUGuUeBAe4zu8kXn3irInyl8C3i7iVnSMYfqkonX
```

注意，每次生成的公私钥内容不同，因此笔者这里的公钥也和读者的不同。

（5）两端启动服务。分别在moon和sun端执行：

```
[root@localhost etc]# service ipsec restart
ipsec_setup: Stopping Openswan IPsec...
ipsec_setup: Starting Openswan IPsec U3.0.0/K3.10.0-957.el7.x86_64...
```

（6）在任意一端发起连接，比如在sun下输入如下命令：

```
[root@localhost etc]# ipsec auto --up net-to-net
002 "net-to-net" #1: initiating Main Mode
105 "net-to-net" #1: STATE_MAIN_I1: initiate
003 "net-to-net" #1: received Vendor ID payload [Openswan (this version) 3.0.0 ]
003 "net-to-net" #1: received Vendor ID payload [Dead Peer Detection]
003 "net-to-net" #1: received Vendor ID payload [RFC 3947] method set to=115
002 "net-to-net" #1: enabling possible NAT-traversal with method RFC 3947 (NAT-
Traversal)
002 "net-to-net" #1: transition from state STATE_MAIN_I1 to state STATE_MAIN_I2
107 "net-to-net" #1: STATE_MAIN_I2: sent MI2, expecting MR2
003 "net-to-net" #1: NAT-Traversal: Result using draft-ietf-ipsec-nat-t-ike
(MacOS X): no NAT detected
002 "net-to-net" #1: transition from state STATE_MAIN_I2 to state STATE_MAIN_I3
109 "net-to-net" #1: STATE_MAIN_I3: sent MI3, expecting MR3
003 "net-to-net" #1: received Vendor ID payload [CAN-IKEv2]
002 "net-to-net" #1: Main mode peer ID is ID_FQDN: '@left'
002 "net-to-net" #1: transition from state STATE_MAIN_I3 to state STATE_MAIN_I4
004 "net-to-net" #1: STATE_MAIN_I4: ISAKMP SA established {auth=OAKLEY_RSA_SIG
oursig= theirsig=AQOAVPV1h cipher=aes_256 prf=oakley_sha group=modp1024}
002      "net-to-net"      #2:      initiating      Quick      Mode
RSASIG+ENCRYPT+TUNNEL+UP+IKEv2ALLOW+SAREFTRACK    {using    isakmp#1    msgid:0382e77a
proposal=aes_cbc(12)_256-hmac_sha1_96(2)_160 pfsgroup=no-pfs}
118 "net-to-net" #2: STATE_QUICK_I1: initiate
002 "net-to-net" #2: transition from state STATE_QUICK_I1 to state STATE_QUICK_I2
```

```
    004 "net-to-net" #2: STATE_QUICK_I2: sent QI2, IPsec SA established tunnel mode
{ESP=>0x8e4cfb7f  <0xefc9d854  xfrm=aes_cbc_256-hmac_sha1_96  NATOA=none  NATD=none
DPD=none}
    [root@localhost etc]#
```

非常成功，一气呵成。

（7）抓包验证。打开Wireshark，对vm2抓包，然后在两个客户端bob和alice上相互ping对方，此时在Wireshark中发现抓到的包是ESP包了，这说明加密成功了，如图8-27所示。

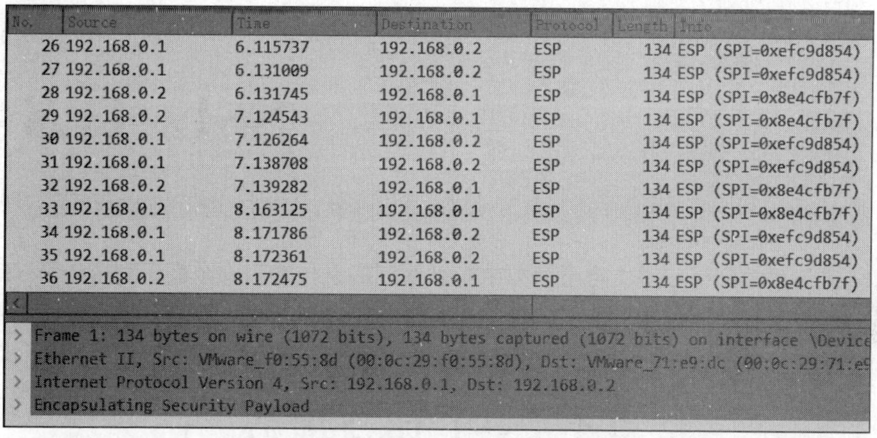

No.	Source	Time	Destination	Protocol	Length	Info
26	192.168.0.1	6.115737	192.168.0.2	ESP	134	ESP (SPI=0xefc9d854)
27	192.168.0.1	6.131009	192.168.0.2	ESP	134	ESP (SPI=0xefc9d854)
28	192.168.0.2	6.131745	192.168.0.1	ESP	134	ESP (SPI=0x8e4cfb7f)
29	192.168.0.2	7.124543	192.168.0.1	ESP	134	ESP (SPI=0x8e4cfb7f)
30	192.168.0.1	7.126264	192.168.0.2	ESP	134	ESP (SPI=0xefc9d854)
31	192.168.0.1	7.138708	192.168.0.2	ESP	134	ESP (SPI=0xefc9d854)
32	192.168.0.2	7.139282	192.168.0.1	ESP	134	ESP (SPI=0x8e4cfb7f)
33	192.168.0.2	8.163125	192.168.0.1	ESP	134	ESP (SPI=0x8e4cfb7f)
34	192.168.0.1	8.171786	192.168.0.2	ESP	134	ESP (SPI=0xefc9d854)
35	192.168.0.1	8.172361	192.168.0.2	ESP	134	ESP (SPI=0xefc9d854)
36	192.168.0.2	8.172475	192.168.0.1	ESP	134	ESP (SPI=0x8e4cfb7f)

```
> Frame 1: 134 bytes on wire (1072 bits), 134 bytes captured (1072 bits) on interface \Device
> Ethernet II, Src: VMware_f0:55:8d (00:0c:29:f0:55:8d), Dst: VMware_71:e9:dc (90:0c:29:71:e9
> Internet Protocol Version 4, Src: 192.168.0.1, Dst: 192.168.0.2
> Encapsulating Security Payload
```

图 8-27

至此，基于RSA签名认证方式的IPSec VPN实现成功。

第 9 章

SSL–TLS 编程

SSL/TLS协议已经广泛应用于电子商务中，以保证信息传输的安全性。利用OpenSSL进行安全套接字编程与普通套接字编程类似，在信息安全编程中经常会遇到。

9.1 SSL 协议规范

SSL（Secure Sockets Layer，安全套接字层）协议是一个中间层协议，它位于TCP/IP层和应用层之间，为应用层程序提供一条安全的网络传输通道，它的主要目标是在两个通信应用之间提供私有性和可靠性。SSL协议由两层组成，最低层是SSL记录层协议（SSL Record Protocol），它基于可靠的传输层协议（如TCP），用于封装各种高层协议。高层协议主要包括SSL握手协议（Handshake Protocol）、改变加密约定协议（Change Cipher Spec Protocol）、告警协议（Alert Protocol）等。

9.1.1 SSL协议的优点

SSL协议的一个优点是它与应用层协议无关，一个高层的协议可以透明地位于SSL协议层的上方。SSL协议提供的安全连接具有以下几个基本特性：

（1）连接是安全的，在初始化握手结束后，SSL协议使用加密方法来协商一个秘密的密钥，数据加密使用对称密钥技术（如DES、RC4等）。

（2）可以通过非对称（公钥）加密技术（如RSA、DSA）等认证对方的身份。

（3）连接是可靠的，传输的数据包含有数据完整性的校验码，使用安全的哈希函数（如SHA、MD5等）计算校验码。

9.1.2 SSL协议的发展

SSL v1.0最早由网景公司（Netscape，以浏览器闻名）在1994年提出，该方案第一次解决了安全传输的问题。1995年公开发布了SSLv2.0，该方案于2011年弃用（RFC6176 - Prohibiting Secure

Sockets Layer（SSL）Version 2.0）。1996年发布了SSLv3.0（2011年才补充的RFC文档：RFC 6101 - The Secure Sockets Layer（SSL）Protocol Version 3.0），被大规模应用，于2015年弃用（RFC7568 - Deprecating Secure Sockets Layer Version 3.0）。这之后经过几年发展，于1999年被IETF纳入标准化（RFC2246 - The TLS Protocol Version 1.0），改名叫TLS（Transport Layer Security，安全传输层）协议，和SSLv3.0相比几乎没有做什么改动。2006年提出了TLSv1.1（RFC4346 - The Transport Layer Security（TLS）Protocol Version 1.1），修复了一些BUG，支持更多参数。2008年提出了TLS v1.2（RFC5246 - The Transport Layer Security（TLS）Protocol Version 1.2），做了更多的扩展和算法改进，是截至2019年几乎所有新设备的标配。TLS v1.3在2014年已经提出，2016年开始草案制定，然而由于TLSv1.2的广泛应用，必须考虑到支持v1.2的网络设备能够兼容v1.3，因此反复修改直到第28个草案才于2018年正式纳入标准。TLSv1.3改善了握手流程，减少了时延，并采用完全前向安全的密钥交换算法。

图9-1演示了SSL的发展。

1994年	SSL 1.0	网景公司提出 SSL 第一版，未公开
1995年	SSL 2.0	公开发布了第二版，于 2011 年弃用
1996年	SSL 3.0	第三版得到了大规模应用，于 2015 年弃用
1999年	TLS 1.0	RFC2246：被 IETF 纳入标准化，没太大改动，改名 TLS
2006年	TLS 1.1	RFC4346：修复 bug，增加参数
2008年	TLS 1.2	RFC5246：更多扩展和算法改进
2018年	TLS 1.3	RFC8446：减少时延，完全前向安全

图 9-1

9.1.3　SSLv3/TLS提供的服务

1. 客户端和服务器的合法性认证

保证通信双方能够确信数据将被发送到正确的客户端或服务器上。客户端和服务器都有各自的证书。为了验证用户，SSL/TLS要求双方交换证书，以确保进行身份认证的同时能够获取对方的公钥。

2. 对数据进行加密

使用的加密技术既有对称算法，也有非对称算法。具体地说，在安全的连接建立起来之前，双方先用非对称算法加密握手信息和进行对称算法密钥交换，安全连接建立之后，双方用对称算法加密数据。

3. 保证数据的完整性

采用消息摘要函数（MAC）提供数据完整性服务。

9.1.4　SSL协议层次结构模型

SSL协议是一个分层的协议，由两层组成，分别是握手协议层（Handshake Protocol Layer）和记录协议层（Record Protocol Layer），如图9-2所示。

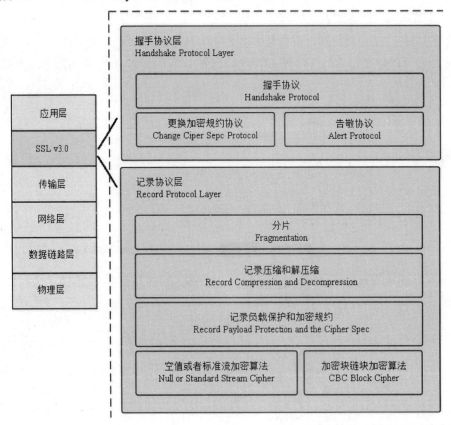

图 9-2

握手协议层建立在SSL记录协议之上，用于在实际的数据传输开始前，通信双方进行身份认证、协商加密算法、交换加密密钥等。SSL协议实际上是SSL握手协议、SSL修改密文协议、SSL告警协议和SSL记录协议组成的一个协议族。SSL握手协议是SSL协议的核心。

记录协议层建立在可靠的传输协议（如TCP）之上，为高层协议提供数据封装、压缩、加密等基本功能的支持。

9.1.5　SSL记录协议层

SSLv3/TLS记录协议层每一层都包含长度、描述和数据内容。记录协议层把要传送的数据、消息进行分段，可能还会进行压缩，最后进行加密传送。对输入数据解密、解压、校验，然后传送给上层调用者。

协议中定义了4种记录协议层的调用者：握手协议、告警协议、加密修改协议、应用程序数据协议。为了允许对协议的扩展，对其他记录类型也可以支持。任何新类型都必须另外分配其他的类型标志。如果一个SSLv3/TLS实现接收到它不能识别的记录类型，则必须将其丢弃。运行于SSLv3/TLS之上的协议必须注意防范基于这点的攻击。因为长度和类型字段是不受加密保护的，所以必须小心非法用户可能针对这一点进行流量分析。

SSL记录协议层可以为SSL连接提供保密性和消息完整性的服务。保密性是指通信双方通过握手协议建立一个共享密钥，用于对SSL负载的单钥（即对称密钥）加密消息，从而保证消息在传输过程中不被窃听。完整性则是通过握手协议建立一个用于计算MAC的共享密钥，用于验证消息在传输过程中是否被篡改。我们来看一个记录层协议的执行过程，如图9-3所示。

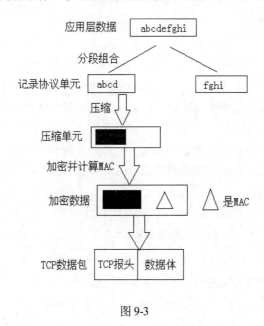

图 9-3

SSL将被发送的数据分为可供处理的数据段（这个过程称为分片或分段），它没有必要去解释这些数据，并且这些数据可以是任意长度的非空数据块。接着对这些数据进行压缩、加密，然后把密文交给下一层网络传输协议处理。对收到的数据，处理过程与之相反，即解密、验证、解压缩、拼装，然后发送到更高层的用户。

1. 分片

SSL记录协议层把上层送来的数据块切分成以16KB为单位的SSL明文记录块，最后一块可能不足16KB。在记录层中，并不保留上层协议的消息边界，也就是说，同一内容类型的多个上层消息可以被连接起来，封装在同一SSL明文记录块中。不同类型的消息内容还是会被分离处理，应用层数据的传输优先级一般比其他类型的优先级低。

2. 记录压缩和解压缩

被切分后的记录块，将使用当前会话状态中定义的压缩算法来压缩。一般来说，都会有一个压缩算法被激活，但在初始化时都被设置成使用空算法（不使用数据压缩）。压缩算法将SSL明文记录转化为SSL压缩记录。使用的压缩必须是无损压缩，而且不能使压缩后的数据长度增加超过1024字节（在原来的数据就已经是压缩数据时，再使用压缩算法就可能因添加了压缩信息而增大）。

3. 记录负载保护和加密规约

所有的记录都会用当前的密码规约中定义的加密算法和MAC算法来保护。通常都会有一个激活的加密规约，但是在初始化时，加密规约被定义为空，这意味着并不提供任何安全保护。

一旦握手成功，通信双方就共享一个会话密钥，这个会话密钥用来加密记录，并计算它们的消息校验码（MAC）。加密算法和MAC函数把SSL压缩记录转换成SSL密文记录；解密算法则进行反向处理。在传输过程中，SSL记录协议层还会为SSL记录添加一个序列号，用于监测数据的丢失、改变或加插了消息。

9.1.6　SSL握手协议层

1. 握手协议

握手协议层在记录协议层之上，它产生会话状态的密码参数。当SSL客户端和服务器开始通信时，它们协商一个协议版本，选择密码算法，对彼此进行验证，使用公开密钥加密技术产生共享密钥。这些过程在握手协议中进行。

SSL协议既用到了公钥加密技术（非对称加密），又用到了对称加密技术，SSL对传输内容的加密采用的是对称加密，然后对对称加密的密钥使用公钥进行非对称加密。这样做的好处是，对称加密技术比公钥加密技术的速度快，可用来加密较大的传输内容，公钥加密技术相对较慢，提供了更好的身份认证技术，可用来加密对称加密过程使用的密钥。

SSL握手协议能够非常有效地让客户端和服务器之间完成相互之间的身份认证，其主要过程如下：

（1）客户端的浏览器向服务器传送客户端SSL协议的版本号、加密算法的种类、产生的随机数，以及其他服务器和客户端之间通信所需要的各种信息。

（2）服务器向客户端传送SSL协议的版本号、加密算法的种类、随机数以及其他相关信息，同时服务器还将向客户端传送自己的证书。

（3）客户端利用服务器传送过来的信息验证服务器的合法性，服务器的合法性包括证书是否过期、发行服务器证书的CA是否可靠、发行者证书的公钥能否正确解开服务器证书的"发行者的数字签名"、服务器证书上的域名是否和服务器的实际域名相匹配。如果合法性验证没有通过，则通信将断开；如果合法性验证通过，则将继续进行第（4）步。

（4）客户端随机产生一个用于后面通信的对称密码，用服务器的公钥（服务器的公钥从第（2）步的服务器的证书中获得）对其加密，然后将加密后的预主密码传给服务器。

（5）如果服务器要求客户端进行身份认证（在握手过程中为可选），客户端的用户可以建立一个随机数，然后对其进行数据签名，将这个含有签名的随机数和客户端自己的证书以及加密过的预主密码一起传给服务器。

（6）服务器必须检验客户端证书和签名随机数的合法性，具体的合法性验证过程包括：客户端的证书使用日期是否有效、为客户端提供证书的CA是否可靠、发行CA的公钥能否正确解开客户端证书的发行CA的数字签名、检查客户端的证书是否在证书废止列表（CRL）中。如果验证没有通过，则通信立刻中断；如果验证通过，则服务器将用自己的私钥解开加密的预主密码，然后执行一系列步骤来产生主通信密码（客户端也将通过同样的方法产生相同的主通信密码）。

（7）服务器和客户端用相同的主密码（通话密码），一个对称密钥用于SSL协议的安全数据通信的加解密通信。同时，在SSL通信过程中还要完成数据通信的完整性，防止数据通信中的任何变化。

（8）客户端向服务器发出信息，指明后面的数据通信将使用第（7）步中的主密码为对称密钥，同时通知服务器客户端的握手过程结束。

（9）服务器向客户端发出信息，指明后面的数据通信将使用第（7）步中的主密码为对称密钥，同时通知客户端服务器的握手过程结束。

（10）SSL 的握手部分结束，SSL安全通道的数据通信开始，客户端和服务器开始使用相同的对称密钥进行数据通信，同时进行迪信的完整性检验。

简而言之，握手过程可以用图9-4来表示。

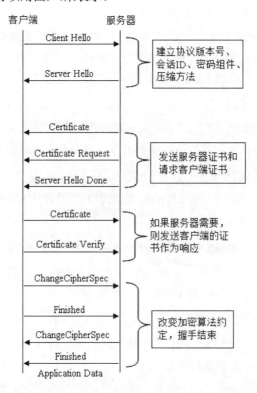

图 9-4

在客户端发送Client Hello信息后，对应的服务器回应Server Hello信息，否则产生一个致命错误，导致连接失败。Client Hello和Server Hello用于在客户端和服务器之间建立安全增强功能，并建立协议版本号、会话标识符、密码组和压缩方法。此外，产生和交换两组随机值：ClientHello.random和ServerHello.random。

在Hello信息之后，如果需要被确认，服务器将发送其证书信息。如果服务器被确认，并且适用于所选择的密码组，就需要对客户端请求证书信息。

现在，服务器将发送Server Hello Done信息，表示握手阶段的Hello信息部分已经完成，服务器将等待客户端响应。

如果服务器已发送了一个证书请求（Certificate Request）信息，客户端可回应证书信息或无证书（No Certificate）警告。然后发送 Client Key Exchange信息，信息的内容取决于在Client Hello和Server Hello之间选定的公开密钥算法。如果客户端发送一个带有签名能力的证书，则服务器会发送一个数字签名的Certificate Verify信息用于检验这个证书。

这时，客户端发送一个ChangeCipherSpec信息，将 PendingCipherSpec（待密码参数）复制到CurrentCipherSpec（当前密码参数），然后客户端立即在新的算法、密钥和密码下发送结束（Finished）信息。对应地，如果服务器发送自己的 ChangeCipherSpec 信息，并将PendingCipherSpec 复制到 CurrentCipherSpec，然后在新的算法、密钥和密码下发送结束（Finished）信息。这一时刻，握手结束。客户端和服务器可开始交换其应用层数据。

下面对Handshake Type的各类信息一一进行介绍。

1）Hello Request（问候请求）

服务器可在任何时候发送该信息，如果客户端正在一次会话中或者不想重新开始会话，客户端可以忽略这条信息。如果服务器没有和客户端进行会话，发送了Hello Request，而客户端没有发送Client Hello，就会发生致命错误，关闭与客户端的连接。

2）Client Hello（客户端问候）

当客户端第一次连接到服务器时，应将Client Hello作为第一条信息发给服务器。Client Hello包含客户端支持的所有压缩算法，如果服务器均不支持，则本次会话失败。

3）Server Hello（服务器问候）

Server Hello信息的结构类似于Client Hello，它是服务器对客户端的Client Hello信息的回复。

4）Server Certificate（服务器证书）

如果要求验证服务器，则服务器立刻在Server Hello信息后发送其证书（Certificate）。Certificate的类型必须适合密钥交换算法，通常为X.509v3 Certificate或改进的X.509 Certificate。

5）Certificate Request（证书请求）

如果和所选的密码组相适应，则服务器可以向客户端请求一个证书（Certificate），如果服务器是匿名的，则在请求客户端 Certificate时会导致致命错误。

6）Server Hello Done（服务器问候结束）

服务器发出该信息表明Server Hello结束，然后等待客户端响应。客户端收到该信息后，检查服务器提供的 Certificate是否有效，以及服务器的Hell参数是否可接受。

7）Client Certificate（客户端证书）

该信息是客户端收到服务器的Server Hello Done后可以发送的第一条信息。只有当服务器请求Certificate时才需要发此信息。如果客户端没有合适的Certificate，则发送"没有证书"的警告信息，如果服务器要求有客户端验证，则收到警告后宣布握手失败。

8）Client Key Exchange（客户端密钥交换）

信息的选择取决于采用哪种公开密钥算法。

9）Certificate Verify（证书检查）

该信息用于提供客户端Certificate的验证。它仅在具有签名能力的客户端Certificate之后发送。

10）Finished（结束）

该信息在 ChangeCipherSpec之后发送，以证明密钥交换和验证的过程已顺利进行。发送方在发出Finished信息后可立即开始传送秘密数据，接收方在收到Finished信息后必须检查其内容是否正确。

2. 更换加密规约协议

更换加密规约协议是为了及时通知密码策略的更改。该协议只包含一个消息，即一个字节的数值。该消息在传输过程中使用当前的加密约定进行加密和压缩，而不是使用已更改的加密约定。

客户端和服务器都会发送改变加密约定消息，通知接收方后续发送的记录将使用刚刚协商的加密约定来保护。客户端会在发送握手密钥交换和证书检验消息（如果需要）后发送改变加密约定消息，服务器则在成功处理从客户端接收到的密钥交换消息后发送改变加密约定消息。如果在协商过程中意外收到改变加密约定消息，将会导致一个unexpected message告警。当恢复之前的会话时，改变加密约定消息将在问候消息后发送。

3. 告警协议

告警协议是SSL记录协议层支持的协议之一。告警消息传送该消息的严重程度和该告警的描述。SSL告警协议的严重级别分为Fatal和Waning两种，其中Fatal级告警即致命级告警，它要求通信双方都要采取紧急措施，并终止会话。例如在数据传输过程中，若发现有错误的MAC，双方就需要立即中断会话，同时消除自己缓冲区相应的会话记录；Warning级告警即警告级告警的处理，通常它要求通信双方都只进行日志记录，对通信过程不造成影响。

在Fatal级告警的情况下，同一会话的其他连接可能还将继续，但必须使会话的标识符失效，以防止失败的会话继续建立新的连接。与其他消息一样，告警消息也经过加密和压缩，使用当前连接状态的约定。

1）关闭告警

为了防止截断攻击（Truncation Attack），客户端和服务器必须都知道连接已经结束了。任何一方都可以发起关闭连接，发送Close Notify告警消息，在关闭告警之后收到的数据都会被忽略。

2）错误告警

SSL握手协议中的错误处理很简单：当检测到错误时，检测的这一方就发送一个消息给另一方，传输或接收到一个致命告警消息，双方都马上关闭连接，要求服务器和客户端都清除会话标识、密钥以及与失败连接有关的秘密。错误告警包括意外消息告警、记录MAC错误告警、解压失败告警、握手失败告警、缺少证书告警、已破坏证书告警、不支持格式证书告警、证书已作废告警、证书失效告警、不明证书发行者告警以及非法参数告警。

9.2　OpenSSL 中的 SSL 编程

在了解了SSL协议的基本原理后，我们就可以进入实战环节了。OpenSSL实现了SSL协议1.0、2.0、3.0以及 TLS协议1.0。我们可以利用OpenSSL提供的函数进行安全编程，这些函数定义在openssl/ssl.h文件中。

　　我们利用SSL编程主要是为了开发安全的网络程序。在网络编程中，最常见的套路是套接字编程，而基于OpenSSL进行SSL编程就相当于安全的套接字编程，它的过程和普通的套接字编程类似。

　　OpenSSL中提供和普通Socket类似的函数，如常用到的connect、accept、write、read对应OpenSSL中的SSL connect、SSL_accept、SSL_write、SSL_read。不同的是，OpenSSL还需要设置其他环境参数，如服务器端证书等。

9.3　SSL 函数

9.3.1　初始化SSL算法库的函数SSL_library_init

　　该函数用于初始化SSL算法库，在调用SSL系列函数之前，必须先调用该函数。该函数声明如下：

```
int SSL_library_init();
```

　　若该函数执行成功，则返回1，否则返回0。

　　也可以用下列两个宏定义：

```
#define OpenSSL_add_ssl_algorithms()    SSL_library_init()
#define SSLeay_add_ssl_algorithms()    SSL_library_init()
```

9.3.2　初始化SSL上下文环境变量的函数SSL_CTX_new

　　该函数用于初始化SSL CTX结构体，设置SSL协议算法。可用于设置SSL协议的版本，客户端的算法或服务器端的算法。该函数的声明如下：

```
SSL_CTX *SSL_CTX_new(SSL METHOD *meth);
```

　　其中参数meth[in]表示使用的SSL协议算法。OpenSSL支持的函数及说明如表9-1所示。

表 9-1　OpenSSL 支持的函数及说明

函　　数	说　　明
SSL_METHOD *SSLv2_server_method();	基于SSL V2.0协议的服务器端算法
SSL_METHOD *SSLv2_client_method();	基于SSL V2.0协议的客户端算法
SSL_METHOD *SSLv3_server_method();	基于SSL V3.0协议的服务器端算法
SSL_METHOD *SSLv3_client_method();	基于SSL V3.0协议的客户端算法
SSL_METHOD *SSLv23_server_method();	同时支持SSL V2.0和V3.0协议的服务器端算法
SSL_METHOD *SSLv23_client_method();	同时支持SSL V2.0和V3.0协议的客户端算法
SSL_METHOD *TLSv1_server_method();	基于TLSV1.0协议的服务器端算法
SSL_METHOD *TLSv1_client_method();	基于TLSV1.0协议的客户端算法

　　如果函数执行成功，则返回SSL_CTX结构体的指针，否则返回NULL。

9.3.3　释放SSL上下文环境变量的函数SSL_CTX_free

该函数用于释放SSL_CTX结构体，要和SSL_CTX_new配套使用。该函数的声明如下：

```
void SSL_CTX_free(SSL_CTX *ctx);
```

其中ctx[in]是已经初始化的SSL上下文的SSL_CTX结构体指针，表示SSL上下文环境。

9.3.4　以文件形式设置SSL证书的函数SSL_CTX_use_certificate_file

该函数以文件的形式设置SSL证书。对于服务器端，用来设置服务器证书；对于客户端，用来设置客户端证书。该函数的声明如下：

```
int SSL_CTX _use_certificate_file(SSL_CTX *ctx,const char *file,int type);
```

其中参数ctx[in]是指向已经初始化的SSL上下文的SSL_CTX结构体指针，表示SSL上下文环境；file[in]表示证书路径；type[in]表示证书的类型，type取值如下。

- SSL_FILETYPE_PEM：PEM格式，即Base64编码格式的文件。
- SSL_FILETYPE_ASN1：ASN1格式，即DER编码格式的文件。

如果函数执行成功，则返回1，否则返回0。

9.3.5　以结构体方式设置SSL证书的函数SSL_CTX_use_certificate

该函数用于设置证书。该函数的声明如下：

```
int  SSL_CTX_use_ certificate (SSL_CTX *ctx,X509 *x);
```

其中参数ctx[in]是指向已经初始化的SSL_CTX结构体的指针，表示SSL上下文环境；X509[in]表示数字证书。如果函数执行成功，则返回1，否则返回0。

9.3.6　以文件形式设置SSL私钥的函数SSL_CTX_use_PrivateKey_file

该函数以文件形式设置SSL私钥。该函数的声明如下：

```
int  SSL_CTX_use_PrivateKey_file(SSL_CTX *ctx,const char *file,int type);
```

其中参数ctx[in]是指向已经初始化的SSL上下文的SSL_CTX结构体的指针，表示SSL上下文环境；file[in]表示私钥文件路径；type[in]表示私钥的编码类型，支持的参数如下。

- SSL_FILETYPE_PEM：PEM格式，即Base64编码格式的文件。
- SSL_FILETYPE_ASN1：ASN1格式，即DER编码格式的文件。

如果函数执行成功，则返回1，否则返回0。

9.3.7　以结构体方式设置SSL私钥的函数SSL_CTX_use_PrivateKey

该函数以结构体方式设置SSL私钥。该函数的声明如下：

```
int  SSL_CTX_use_PrivateKey (SSL_CTX *ctx,EVP_PKEY *pkey);
```

其中，参数ctx[in]是指向已经初始化的SSL_CTX结构体的指针，表示SSL上下文环境；pkey[in]是EVP_PKEY结构体的指针，表示私钥。

如果函数执行成功，则返回1，否则返回0。

9.3.8　检查SSL私钥和证书是否匹配的函数SSL_CTX_check_private_key

该函数检查私钥和证书是否匹配，必须在设置了私钥和证书后才能调用。该函数的声明如下：

```
int SSL_CTX_check_private_key(const SSL_CTX *ctx);
```

其中，参数ctx[in]是指向已经初始化的SSL_CTX结构体的指针，表示SSL上下文环境。

如果函数执行成功，则返回1，否则返回0。

9.3.9　创建SSL结构的函数SSL_new

该函数用于申请一个SSL套接字，即创建一个新的SSL结构，用于保存TLS/SSL连接的数据。新结构继承了底层上下文ctx、连接方法（SSLv2/v3/TLSv1）、选项、验证设置和超时设置。该函数的声明如下：

```
SSL *SSL_new(SSL_CTX *ctx);
```

其中参数ctx[in]表示上下文环境。

如果函数执行成功，则返回SSL结构体指针，否则返回NULL。

9.3.10　释放SSL套接字结构体的函数SSL_free

该函数用于释放由SSL_new建立的SSL结构体，在内部，该函数会减少SSL的引用计数，并删除SSL结构，如果引用计数已达到0，则释放分配的内存。该函数的声明如下：

```
void SSL_free(SSL *ssl);
```

其中参数ssl[in]表示要删除释放的SSL结构体指针。

9.3.11　设置读写套接字的函数SSL_set_fd

该函数用于设置SSL套接字为读写套接字。该函数的声明如下：

```
int SSL_set_fd(SSL *s,int fd);
```

其中参数ssl[in]是指向SSL套接字（结构体）的指针；fd表示读写文件描述符。

如果函数执行成功，则返回1，否则返回0。

9.3.12　设置只读套接字的函数SSL_set_rfd

该函数用于设置SSL套接字为只读套接字。该函数的声明如下：

```
int SSL_set_rfd(SSL *s,int fd);
```

其中参数ssl[in]是指向SSL套接字（结构体）的指针；fd表示只读文件描述符。如果函数执行成功，则返回1，否则返回0。

9.3.13　设置只写套接字的函数SSL_set_wfd

该函数用于设置SSL套接字为只写套接字。该函数的声明如下：

```
int SSL_set_wfd(SSL *s,int fd);
```

其中参数ssl[in]是指向SSL套接字（结构体）的指针；fd表示只写文件描述符。如果函数执行成功，则返回1，否则返回0。

9.3.14　启动TLS/SSL握手的函数SSL_connect

该函数用于发起SSL连接，即启动与TLS/SSL服务器的TLS/SSL握手。该函数的声明如下：

```
int SSL_connect(SSL *ssl);
```

其中参数ssl[in]是指向SSL套接字（结构体）的指针。

如果函数执行成功，则返回1，否则返回0。

9.3.15　接受SSL连接的函数SSL_accept

该函数用在服务器端，表示接受客户端的SSL连接，类似于Socket编程中的accept函数。该函数的声明如下：

```
int SSL_accept(SSL *ssl);
```

其中参数ssl[in]是指向SSL套接字（结构体）的指针。如果函数执行成功，则返回1，表示TLS/SSL握手已成功完成，已建立TLS/SSL连接；如果返回0，则表示TLS/SSL握手不成功，但已被关闭，由TLS/SSL协议的规范控制，此时可以调用SSL_get_error()函数找出原因；如果返回值小于0，则表示TLS/SSL握手失败，原因是在协议级别发生了致命错误，或者发生了连接故障，此时可以调用SSL_get_error()函数找出原因。

9.3.16　获取对方的X.509证书的函数SSL_get_peer_certificate

该函数用于获取对方的X.509证书。根据协议定义，TLS/SSL服务器将始终发送证书（如果存在）。只有在服务器明确请求时，客户端才会发送证书。如果使用匿名密码，则不发送证书。

如果返回的证书不指示有关验证状态的信息，请使用SSL-get-verify-result检查验证状态。该函数将导致X.509对象的引用计数递增一，这样在释放包含对等证书的会话时，它不会被销毁，必须使用X509_free()显式释放X.509对象。

该函数的声明如下：

```
X509 *SSL_get_peer_certificate(const SSL *ssl);
```

其中参数ssl[in]是指向SSL套接字（结构体）的指针。如果函数执行成功，则返回对方提供的证书结构体的指针；如果返回NULL，则表示对方未提供证书或未建立连接。

9.3.17　向TLS/SSL连接写数据的函数SSL_write

该函数将缓冲区buf中的num字节写入指定的SSL连接，即发送数据。该函数的声明如下：

```
int SSL_write(SSL *ssl, const void *buf, int num);
```

其中参数ssl[in]是指向SSL套接字（结构体）的指针；buf表示要写入的数据；num表示写入数据的字节长度。如果返回值大于0，则表示实际写入的数据长度；如果返回值等于0，则表示写入操作未成功，原因可能是基础连接已关闭，此时可以调用SSL_get_error()查明是否发生错误或连接已完全关闭（SSL_error_ZERO_return），SSLv2（已弃用）不支持关闭告警协议，因此只能检测是否关闭了基础连接，无法检查为什么关闭；如果返回值小于0，则表示写入操作未成功，原因要么是发生错误或者调用进程必须执行某个操作，调用SSL_get_error()可以找出原因。

9.3.18　从TLS/SSL连接上读取数据的函数SSL_Read

该函数尝试从指定的SSL连接中读取num字节到缓冲区buf。该函数的声明如下：

```
int SSL_read(SSL *ssl, void *buf, int num);
```

其中参数ssl[in]是指向SSL套接字（结构体）的指针；buf[in]指向一个缓冲区，该缓冲区用于存放读到的数据；如果值大于0，则表示读取操作成功，此时返回值是从TLS/SSL连接中实际读取到的字节数；如果返回值为0，则表示读取操作未成功，原因可能是由于对方发送的关闭通知告警而导致完全关闭（在这种情况下，设置了处于SSL关闭状态的SSL_RECEIVED_SHUTDOWN标志，也有可能对方只是关闭了底层传输，而关闭是不完整的，调用SSL_get_error()函数可以获得错误信息，以查明是否发生错误或连接已完全关闭（SSL_ERROR_ZERO_RETURN）；如果返回值小于0，则表示读取操作未成功，原因可能是发生错误或进程必须执行某个操作，此时可以调用SSL_get_error()找出原因。

9.4　准备 SSL 通信所需的证书

由于SSL网络编程需要用到证书，因此我们需要搭建环境建立CA，并签发证书。

9.4.1　准备实验环境

严格来讲，应该准备3套Linux系统，CA端一套，服务器端一套，客户端一套，然后在服务器端生成证书请求文件，将其复制到CA端去签发，再把签发出来的服务器证书复制到服务器端，保存好。同样，客户端也是先生成证书请求文件，但考虑到有些读者的机器性能或者没有那么多计算机，所以我们就用一台物理机来完成所有证书签发工作。对于实验而言方便一些，避免在多个Linux系统下安装OpenSSL。

9.4.2 熟悉CA环境

我们的CA准备通过OpenSSL来实现，而编译安装OpenSSL1.0.2m后，基本的CA基础环境也就有了。

要手动创建CA证书，就必须首先了解OpenSSL中关于CA的配置，配置文件的位置在/etc/pki/tls/openssl.cnf。我们通过cat命令可以查看其内容，并修改其中的dir变量，命令形式如下：

```
[root@localhost ~]# vi /usr/local/ssl/openssl.cnf
########################################################################
[ ca ]
default_ca= CA_default          # 默认CA
########################################################################
[ CA_default ]
dir=/etc/pki/CA                 # CA的工作目录，这里我们把它修改为/etc/pki/CA
certs= $dir/certs               # 证书存储路径
crl_dir= $dir/crl               # 证书吊销列表
database= $dir/index.txt        # 证书数据库列表
...
```

> **注意** 把变量dir修改为/etc/pki/CA。另外，我们在/etc/pki/下新建一个目录CA，并在CA目录下建立子目录 private，即确保路径/etc/pki/CA/private 存在。再新建文件夹/etc/pki/CA/newcerts和/etc/pki/CA/certs，用来存放签发的证书。

9.4.3 创建根CA的证书

首先在物理主机上构造根CA的证书。因为没有任何机构能够给根CA颁发证书，所以只能根CA自己给自己颁发证书。首先要生成私钥文件，私钥文件是非常重要的文件，除了自己本身以外，其他任何人都不能取得。所以在生成私钥文件的同时最好修改该文件的权限，并且采用加密的形式生成。

在/root下新建目录myca，然后在命令行下切换到这个路径（/root/myca/）。我们可以通过执行OpenSSL中的genrsa命令生成私钥文件，并采用DES3的方式对私钥文件进行加密，过程如下。

1. 生成根 CA 证书私钥

在命令行提示符下输入命令：

```
openssl genrsa -des3 -out root.key 1024
```

其中genrsa表示采用RSA算法生成根证书私钥；-des3表示使用3DES给根证书私钥加密；1024表示根证书私钥的长度，建议使用2048，越长越安全。genrsa命令用来生成1024位的RSA私钥，并在当前目录下自动新建一个root.key，私钥就保存到该文件中。在命令中，私钥用3DES对称算法来保护，所以我们需要输入保护口令，这里输入123456。此时，在当前目录下可以发现多了一个root.key文件，这就是我们加过密的私钥文件，它是Base64编码的PEM格式的文件。

2. 生成根证书请求文件

下面准备生成根证书，如果我们的根证书需要别的签名机构来签名，则需要先生成根证书签名请求文件.csr，然后拿这个签名请求文件给该签名机构，让该签名机构来帮我们签名，签名完后会返回一个.crt的证书，生成证书请求文件的命令如下：

```
openssl req -new  -key  root.key -out root.csr
```

其中，req命令用来生成证书请求文件，注意生成证书请求文件需要用到私钥；-key这里需要指向上一步生成的根证书私钥；-out这里就会生成根证书签名请求文件。

如果不想这样麻烦，那么可以自签根证书。这里我们采用自签根证书的方法。

3. 生成 CA 的自签证书

要生成自签证书，直接利用私钥即可。在OpenSSL提示符下输入如下命令：

```
openssl  req -new -x509 -key root.key -out root.crt
```

该命令执行后，首先会要求输入root.key的保护口令（这里是123456），然后会要求输入证书的信息，比如国家名（或地区名）、组织名等，代码如下：

```
[root@localhost myca]# openssl req -new  -key  root.key -out root.csr
Enter pass phrase for root.key:
You are about to be asked to enter information that will be incorporated
into your certificate request.
What you are about to enter is what is called a Distinguished Name or a DN.
There are quite a few fields but you can leave some blank
For some fields there will be a default value,
If you enter '.', the field will be left blank.
-----
Country Name (2 letter code) [AU]:CN
State or Province Name (full name) [Some-State]:^C
[root@localhost myca]# openssl  req -new -x509 -key root.key -out root.crt
Enter pass phrase for root.key:
You are about to be asked to enter information that will be incorporated
into your certificate request.
What you are about to enter is what is called a Distinguished Name or a DN.
There are quite a few fields but you can leave some blank
For some fields there will be a default value,
If you enter '.', the field will be left blank.
-----
Country Name (2 letter code) [AU]:CN
State or Province Name (full name) [Some-State]:JIANGSU
Locality Name (eg, city) []:NANJIN
Organization Name (eg, company) [Internet Widgits Pty Ltd]:COM
Organizational Unit Name (eg, section) []:MYUNIT
Common Name (e.g. server FQDN or YOUR name) []:MYSERVER
Email Address []:dongjiliange@qq.com
```

此时，在当前目录下可以发现多了一个root.crt文件，这就是我们的根证书文件。有了根证书，我们就可以为服务器端和客户端签发它们的证书了。同样，首先要在两端分别生成证书请求文件，然后到CA去签发证书。

9.4.4　生成服务端的证书请求文件

生成证书请求需要用到私钥，所以要先生成服务端的私钥。在命令行下输入命令：

```
openssl genrsa -des3 -out server.key 1024
```

我们用了3DES算法来加密保存私钥文件server.key，该命令执行过程中，会提示输入3DES算法的密码，这里输入123456。执行后会在当前目录下看到server.key，这个文件就是服务器端的私钥文件。

然后，准备生成证书请求文件，在命令行下输入如下命令：

```
openssl req -new -key server.key -out server.csr
```

在命令执行过程中，首先要求输入3DES的密码来对server.key解密，然后生成证书请求文件server.csr，生成证书请求文件同样需要输入一些信息，比如国家名（或地区名）、组织名等，注意输入的组织名信息要跟根证书一致，这里都是COM，代码如下：

```
[root@localhost myca]# openssl req -new -key server.key -out server.csr
Enter pass phrase for server.key:
You are about to be asked to enter information that will be incorporated
into your certificate request.
What you are about to enter is what is called a Distinguished Name or a DN.
There are quite a few fields but you can leave some blank
For some fields there will be a default value,
If you enter '.', the field will be left blank.
-----
Country Name (2 letter code) [AU]:CN
State or Province Name (full name) [Some-State]:JIANGSU
Locality Name (eg, city) []:SUZHOU
Organization Name (eg, company) [Internet Widgits Pty Ltd]:COM
Organizational Unit Name (eg, section) []:MYUNIT
Common Name (e.g. server FQDN or YOUR name) []:SRV
Email Address []:SRV@QQ.COM

Please enter the following 'extra' attributes
to be sent with your certificate request
A challenge password []:123456
An optional company name []:
```

此时，如果在当前目录下查看，可以发现多了一个server.csr文件，这就是我们的服务器端的证书请求文件，有了它就可以到CA那里签发证书了。

9.4.5　签发服务端证书

在命令行下输入如下命令：

```
[root@localhost myca]# openssl ca -in server.csr -out server.crt -keyfile
root.key -cert root.crt -days 365
    Using configuration from /usr/local/ssl/openssl.cnf
```

```
Enter pass phrase for root.key:
Check that the request matches the signature
Signature ok
Certificate Details:
      Serial Number: 2 (0x2)
      Validity
          Not Before: Jan 23 01:54:02 2023 GMT
          Not After : Jan 23 01:54:02 2024 GMT
      Subject:
          countryName               = CN
          stateOrProvinceName       = JIANGSU
          organizationName          = COM
          organizationalUnitName    = MYUNIT
          commonName                = SRV
          emailAddress              = SRV@QQ.COM
      X509v3 extensions:
          X509v3 Basic Constraints:
              CA:FALSE
          Netscape Comment:
              OpenSSL Generated Certificate
          X509v3 Subject Key Identifier:
              CD:A7:2A:0B:93:E3:5E:22:AF:6C:AB:96:B2:B8:6F:D2:3A:6E:4F:A5
          X509v3 Authority Key Identifier:
              keyid:50:B9:BF:AD:DE:17:CB:AB:11:FD:2B:D4:DA:03:E0:14:49:9A:4A:CF
Certificate is to be certified until Jan 23 01:54:02 2024 GMT (365 days)
Sign the certificate? [y/n]:y

1 out of 1 certificate requests certified, commit? [y/n]y
Write out database with 1 new entries
Data Base Updated
```

其中ca命令就是用来签发证书的；-in表示输入给CA的文件，这里需要输入证书请求文件server.csr；-out表示CA输出的证书文件，这里输出的是server.crt；-days表示所签发的证书有效期，这里是365天。该命令执行过程中，首先要求输入root.key的保护口令，然后要求确认两次信息，输入y即可。

此时，在当前目录下可以发现多了一个server.crt文件，这就是我们的服务器端的证书文件。

9.4.6　生成客户端的证书请求文件

生成证书请求文件需要用到私钥，所以要先生成服务端的私钥。在命令行下输入如下命令：

```
openssl genrsa -des3 -out client.key 1024
```

我们用了3DES算法来加密保存私钥文件client.key，该命令执行过程中，会提示输入3DES算法的密码，这里输入123456。执行后会在当前目录下看到client.key，这个文件就是服务端的私钥文件。然后准备生成证书请求文件，在命令行下输入如下命令：

```
openssl req -new -key client.key -out client.csr
```

在命令执行过程中，首先要求输入3DES的密码来对client.key解密，然后生成证书请求文件client.csr，生成证书请求文件同样需要输入一些信息，比如国家名（或地区名）、组织名等，注意输入的组织名信息要跟根证书一致，这里都是COM，代码如下：

```
[root@localhost myca]# openssl req -new -key client.key -out client.csr
Enter pass phrase for client.key:
You are about to be asked to enter information that will be incorporated
into your certificate request.
What you are about to enter is what is called a Distinguished Name or a DN.
There are quite a few fields but you can leave some blank
For some fields there will be a default value,
If you enter '.', the field will be left blank.
-----
Country Name (2 letter code) [AU]:CN
State or Province Name (full name) [Some-State]:JIANGSU
Locality Name (eg, city) []:NANJIN
Organization Name (eg, company) [Internet Widgits Pty Ltd]:COM
Organizational Unit Name (eg, section) []:MYUNIT
Common Name (e.g. server FQDN or YOUR name) []:CLIENT
Email Address []:CLIENT@QQ.COM

Please enter the following 'extra' attributes
to be sent with your certificate request
A challenge password []:123456
An optional company name []:
```

此时，如果在当前目录下查看，可以发现多了一个client.csr文件，这就是我们的服务器端的证书请求文件，有了它就可以到CA那里签发证书了。

9.4.7　签发客户端证书

在命令行下输入如下命令：

```
openssl ca -in client.csr -out client.crt -keyfile root.key -cert root.crt -days 365
```

其中ca命令就是用来签发证书的；-in表示输入给CA的文件，这里需要输入的是证书请求文件server.csr；-out表示CA输出的证书文件，这里输出的是client.crt；-days表示所签发的证书有效期，这里是365天。该命令执行过程中，首先要求输入root.kcy的保护口令，然后要求确认两次信息，输入y即可，代码如下：

```
[root@localhost myca]# openssl ca -in client.csr -out client.crt -keyfile
root.key -cert root.crt -days 365
Using configuration from /usr/local/ssl/openssl.cnf
Enter pass phrase for root.key:
Check that the request matches the signature
Signature ok
Certificate Details:
        Serial Number: 3 (0x3)
        Validity
```

```
       Not Before: Jan 23 02:00:34 2023 GMT
       Not After : Jan 23 02:00:34 2024 GMT
   Subject:
       countryName              = CN
       stateOrProvinceName      = JIANGSU
       organizationName         = COM
       organizationalUnitName   = MYUNIT
       commonName               = CLIENT
       emailAddress             = CLIENT@QQ.COM
   X509v3 extensions:
       X509v3 Basic Constraints:
           CA:FALSE
       Netscape Comment:
           OpenSSL Generated Certificate
       X509v3 Subject Key Identifier:
           7A:2B:18:18:43:C7:33:B6:54:C4:6A:11:05:BE:1E:65:31:78:A8:BB
       X509v3 Authority Key Identifier:
           keyid:50:B9:BF:AD:DE:17:CB:AB:11:FD:2B:D4:DA:03:E0:14:49:9A:4A:CF

Certificate is to be certified until Jan 23 02:00:34 2024 GMT (365 days)
Sign the certificate? [y/n]:y


1 out of 1 certificate requests certified, commit? [y/n]y
Write out database with 1 new entries
Data Base Updated
```

此时，在当前目录下可以发现多了一个client.crt文件，这就是我们的客户端的证书文件。至此，服务端和客户端的证书全部签发成功，双方有了证书就可以进行SSL通信了。

9.5　实战 SSL 网络编程

我们的程序是一个安全的网络程序，分为两部分，分别是客户端和服务器端。我们的目的是利用SSL/TLS的特性保证通信双方能够互相验证对方的身份（真实性），并保证数据的完整性、私密性，这3个特性是安全系统中最常见的要求。

对程序来说，OpenSSL将整个SSL握手过程用一对函数体现，即客户端的SSL_connect函数和服务端的SSL_accept函数，而后的应用层数据交换则用SSL_read函数和SSL_write函数来完成。

SSL通信的一般流程如图9-5所示。

基本上，编程流程就是按照这个模型来的。

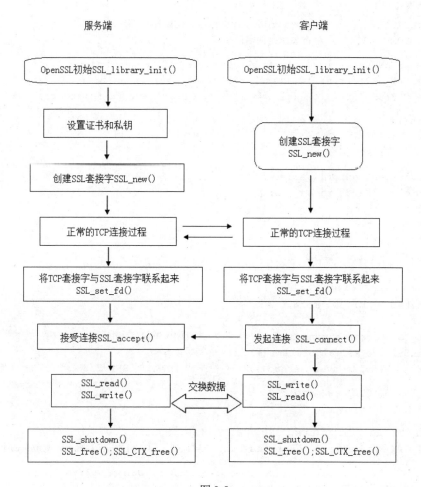

图 9-5

【例9.1】　SSL服务端和客户端通信

（1）实现SSL服务端的代码。打开编辑器并输入如下代码：

```
#include <stdio.h>
#include <stdlib.h>
#include <memory.h>
#include <errno.h>
#include <sys/types.h>
#include <sys/socket.h>
#include <netinet/in.h>
#include "openssl/rsa.h"
#include "openssl/crypto.h"
#include "openssl/x509.h"
#include "openssl/pem.h"
#include "openssl/ssl.h"
#include "openssl/err.h"

/*所有需要的参数信息都在此处以#define的形式提供*/
#define CERTF   /root/myca/server.crt"   /*服务端的证书（需经CA签名）*/
#define KEYF    "/root/myca/server.key"  /*服务端的私钥（建议加密存储）*/
```

```
#define CACERT  "/root/myca/root.crt"     /*CA 的证书*/
#define PORT   1111    /*准备绑定的端口*/

#define CHK_NULL(x) if ((x)==NULL) exit (1)
#define CHK_ERR(err,s) if ((err)==-1) { perror(s); exit(1); }
#define CHK_SSL(err) if ((err)==-1) { ERR_print_errors_fp(stderr); exit(2); }

int main()
{
    int err,listen_sd,sd;

    struct sockaddr_in sa_serv;
    struct sockaddr_in sa_cli;
    int client_len;
    SSL_CTX* ctx;
    SSL*     ssl;
    X509*    client_cert;
    char*    str;
    char     buf[4096];
    const SSL_METHOD *meth;

    SSL_load_error_strings();          /*为打印调试信息作准备*/
    OpenSSL_add_ssl_algorithms();      /*初始化*/
    meth = TLSv1_server_method();      /*采用什么协议（SSLv2/SSLv3/TLSv1）在此指定*/

    ctx = SSL_CTX_new(meth);
    CHK_NULL(ctx);

    SSL_CTX_set_verify(ctx, SSL_VERIFY_PEER, NULL);    /*验证与否*/
    SSL_CTX_load_verify_locations(ctx, CACERT, NULL); /*若验证，则放置CA证书*/

    if (SSL_CTX_use_certificate_file(ctx, CERTF, SSL_FILETYPE_PEM) <= 0) {
        ERR_print_errors_fp(stderr);
        exit(3);
    }
    if (SSL_CTX_use_PrivateKey_file(ctx, KEYF, SSL_FILETYPE_PEM) <= 0) {
        ERR_print_errors_fp(stderr);
        exit(4);
    }

    if (!SSL_CTX_check_private_key(ctx)) {
        printf("Private key does not match the certificate public key\n");
        exit(5);
    }
    SSL_CTX_set_cipher_list(ctx, "RC4-MD5");
    printf("I am ssl-server\n");
    /*开始正常的TCP socket过程*/
    listen_sd = socket(AF_INET, SOCK_STREAM, 0);
    CHK_ERR(listen_sd, "socket");

    memset(&sa_serv, '\0', sizeof(sa_serv));
    sa_serv.sin_family = AF_INET;
    sa_serv.sin_addr.s_addr = INADDR_ANY;
    sa_serv.sin_port = htons(PORT);
    err = bind(listen_sd, (struct sockaddr*) &sa_serv,sizeof(sa_serv));
```

```
    CHK_ERR(err, "bind");
    /*接受TCP连接*/
    err = listen(listen_sd, 5);
    CHK_ERR(err, "listen");

    client_len = sizeof(sa_cli);
    sd = accept(listen_sd, (struct sockaddr*) &sa_cli, &client_len);
    CHK_ERR(sd, "accept");
    close(listen_sd);

printf("Connection from %lx, port %x\n",sa_cli.sin_addr.s_addr, sa_cli.sin_port);
    /*TCP连接已建立, 进行服务端的SSL过程*/
    printf("Begin server side SSL\n");

    ssl = SSL_new(ctx);
    CHK_NULL(ssl);
    SSL_set_fd(ssl, sd);
    err = SSL_accept(ssl);
    printf("SSL_accept finished\n");
    CHK_SSL(err);

    /*打印所有加密算法的信息（可选）*/
    printf("SSL connection using %s\n", SSL_get_cipher(ssl));

    /*得到服务端的证书并打印一些信息（可选）*/
    client_cert = SSL_get_peer_certificate(ssl);
    if (client_cert != NULL) {
        printf("Client certificate:\n");

        str = X509_NAME_oneline(X509_get_subject_name(client_cert), 0, 0);
        CHK_NULL(str);
        printf("\t subject: %s\n", str);
        OPENSSL_free(str);

        str = X509_NAME_oneline(X509_get_issuer_name(client_cert), 0, 0);
        CHK_NULL(str);
        printf("\t issuer: %s\n", str);
        OPENSSL_free(str);

        X509_free(client_cert);/*如不再需要, 需将证书释放 */
    }
    else
        printf("Client does not have certificate.\n");

    /* 数据交换开始, 用SSL_write,SSL_read代替write、read */
    err = SSL_read(ssl, buf, sizeof(buf) - 1);
    CHK_SSL(err);
    buf[err] = '\0';
    printf("Got %d chars:'%s'\n", err, buf);

    err = SSL_write(ssl, "I hear you.", strlen("I hear you."));
    CHK_SSL(err);

    /*收尾工作*/
    shutdown(sd, 2);
    SSL_free(ssl);
```

```
    SSL_CTX_free(ctx);

    return 0;
}
```

（2）保存为serv.c源文件，然后编译：

```
gcc serv.c -o serv -lcrypto -lssl
```

此时生成可执行文件serv。如果现在运行它，会发现此时服务端在等待连接了。

（3）打开编辑器，输入如下代码：

```c
#include <stdio.h>
#include <stdlib.h>
#include <memory.h>
#include <errno.h>
#include <sys/types.h>
#include "openssl/rsa.h"
#include "openssl/crypto.h"
#include "openssl/x509.h"
#include "openssl/pem.h"
#include "openssl/ssl.h"
#include "openssl/err.h"
#include "openssl/rand.h"
#include <sys/socket.h>
#include <netinet/in.h>

/*所有需要的参数信息都在此处以#define的形式提供*/
#define CERTF "/root/myca/client.crt"    /*客户端的证书（需经CA签名）*/
#define KEYF  "/root/myca/client.key"    /*客户端的私钥（建议加密存储）*/
#define CACERT "/root/myca/root.crt"     /*CA的证书*/
#define PORT  1111                       /*服务端的端口*/
#define SERVER_ADDR "127.0.0.1"          /*服务端的IP地址*/

#define CHK_NULL(x) if ((x)==NULL) exit (-1)
#define CHK_ERR(err,s) if ((err)==-1) { perror(s); exit(-2); }
#define CHK_SSL(err) if ((err)==-1) { ERR_print_errors_fp(stderr); exit(-3); }

int main()
{
    int         err;
    int         sd;
    struct sockaddr_in sa;
    SSL_CTX*        ctx;
    SSL*            ssl;
    X509*    server_cert;
    char*           str;
    char            buf[4096];
    const SSL_METHOD    *meth;
    int   seed_int[100];             /*存放随机序列*/

    /*初始化*/
```

```
OpenSSL_add_ssl_algorithms();
/*为打印调试信息作准备*/
SSL_load_error_strings();

/*采用什么协议(SSLv2/SSLv3/TLSv1)在此指定*/
meth = TLSv1_client_method();
/*申请SSL会话环境*/
ctx = SSL_CTX_new(meth);
CHK_NULL(ctx);

/*验证与否，是否要验证对方*/
SSL_CTX_set_verify(ctx, SSL_VERIFY_PEER, NULL);
/*若验证对方，则放置CA证书*/
SSL_CTX_load_verify_locations(ctx, CACERT, NULL);

/*加载自己的证书*/
if (SSL_CTX_use_certificate_file(ctx, CERTF, SSL_FILETYPE_PEM) <= 0)
{
    ERR_print_errors_fp(stderr);
    exit(-2);
}

/*加载自己的私钥，用于签名*/
if (SSL_CTX_use_PrivateKey_file(ctx, KEYF, SSL_FILETYPE_PEM) <= 0)
{
    ERR_print_errors_fp(stderr);
    exit(-3);
}
/*调用了以上两个函数后，检验一下自己的证书与私钥是否配对*/
if (!SSL_CTX_check_private_key(ctx))
{
    printf("Private key does not match the certificate public key\n");
    exit(-4);
}

/*构建随机数生成机制*/
srand((unsigned)time(NULL));
for (int i = 0; i < 100; i++)
    seed_int[i] = rand();
RAND_seed(seed_int, sizeof(seed_int));

printf("I am ssl-client\n");
/*开始正常的TCP socket过程*/
sd = socket(AF_INET, SOCK_STREAM, 0);
CHK_ERR(sd, "socket");

memset(&sa, '\0', sizeof(sa));
sa.sin_family = AF_INET;
sa.sin_addr.s_addr = inet_addr(SERVER_ADDR);        /* 服务器IP */
sa.sin_port = htons(PORT);                          /* 服务器端口号 */
```

```
err = connect(sd, (struct sockaddr*) &sa, sizeof(sa));
CHK_ERR(err, "connect");

/* TCP连接已建立，开始 SSL 握手过程*/
printf("Begin SSL negotiation \n");

/*申请一个SSL套接字*/
ssl = SSL_new(ctx);
CHK_NULL(ssl);

/*绑定读写套接字*/
SSL_set_fd(ssl, sd);
err = SSL_connect(ssl);
CHK_SSL(err);

/*打印所有加密算法的信息（可选）*/
printf("SSL connection using %s\n", SSL_get_cipher(ssl));

/*得到服务端的证书并打印一些信息（可选）*/
server_cert = SSL_get_peer_certificate(ssl);
CHK_NULL(server_cert);
printf("Server certificate:\n");

str = X509_NAME_oneline(X509_get_subject_name(server_cert), 0, 0);
CHK_NULL(str);
printf("\t subject: %s\n", str);
OPENSSL_free(str);

str = X509_NAME_oneline(X509_get_issuer_name(server_cert), 0, 0);
CHK_NULL(str);
printf("\t issuer: %s\n", str);
OPENSSL_free(str);

X509_free(server_cert);   /*如不再需要，需将证书释放 */

/* 数据交换开始，用SSL_write,SSL_read代替write、read */
printf("Begin SSL data exchange\n");

err = SSL_write(ssl, "Hello World!", strlen("Hello World!"));
CHK_SSL(err);

err = SSL_read(ssl, buf, sizeof(buf) - 1);
CHK_SSL(err);

buf[err] = '\0';
printf("Got %d chars:'%s'\n", err, buf);
SSL_shutdown(ssl);   /* send SSL/TLS close_notify */

/* 收尾工作 */
shutdown(sd, 2);
SSL_free(ssl);
```

```
    SSL_CTX_free(ctx);

    return 0;
}
```

保存为client.c源文件，然后编译：

```
gcc client.c -o client -lcrypto -lssl -std=gnu99
```

此时生成可执行文件client。先确保运行服务端，再运行客户端。服务端运行结果如下：

```
[root@localhost ex]# ./serv
Enter PEM pass phrase:
I am ssl-server
Connection from 100007f, port 5ec2
Begin server side SSL
SSL_accept finished
SSL connection using RC4-MD5
Client certificate:
        subject: /C=CN/ST=JIANGSU/O=COM/OU=MYUNIT/CN=CLIENT/emailAddress=
CLIENT@QQ.COM
        issuer: /C=CN/ST=JIANGSU/L=NANJIN/O=COM/OU=MYUNIT/CN=MYSERVER/
emailAddress=dongjiliange@qq.com
    Got 12 chars:'Hello World!'
```

客户端运行结果如下：

```
[root@localhost ex]# ./client
Enter PEM pass phrase:
I am ssl-client
Begin SSL negotiation
SSL connection using RC4-MD5
Server certificate:
        subject: /C=CN/ST=JIANGSU/O=COM/OU=MYUNIT/CN=SRV/emailAddress=SRV@QQ.COM
        issuer:                 /C=CN/ST=JIANGSU/L=NANJIN/O=COM/OU=MYUNIT/CN=MYSERVER/
emailAddress=dongjiliange@qq.com
    Begin SSL data exchange
    Got 11 chars:'I hear you.'
```

可以发现此时和服务端能通信了，并且打印出了服务端的证书。

第 10 章

内核和文件系统

首先，要明确本章使用的网络环境，物理计算机上运行的是Windows 10系统，然后用VMware虚拟机运行Ubuntu。在Ubuntu中，使用QEMU运行了aarch64系统。因此，相对于aarch64系统而言，Ubuntu是宿主机，aarch64系统是Ubuntu的客户机。相对于Windows 10系统而言，Ubuntu是Windows 10开发板的客户机。这个环境在整个学习过程中自始至终如此，希望读者在学习时也能保持相同的环境。

搞安全，肯定要涉及内核。我们开发的安全设备通常是一个嵌入式系统，比如VPN设备、防火墙设备、单向网闸等。通常需要对内核进行裁剪和定制，然后将其放到专门的嵌入式主板（比如ARM开发板）上。这就需要我们具备一定的内核开发功底。记得某位前辈说过，一个网络安全系统的开发者，首先必须是一个嵌入式开发高手。因此，我们有必要了解嵌入式和系统内核的开发。

在公司开发项目时，由于参与人员比较多，如果人手一块ARM开发板，资源会比较紧张，因此，我们希望能够用模拟器来代替。由于不少网络安全设备的开发都基于ARM开发板开发的，因此我们需要熟悉ARM模拟系统，以便在没有足够多的开发板的情况下进行开发。

基于ARM平台的网络安全软件开发工作可以划分为以下两类。

1. 应用程序的开发

在开发嵌入式项目时，一般都是先在x86平台上开发大部分的功能，然后交叉编译，生成在ARM平台上可执行的程序或者库文件。再通过scp指令或者NFS远程挂载的方式，把这些文件复制到ARM开发板上执行。

一般而言，应用程序就是利用硬件产品的各种资源和外设来完成特定的功能，比如数据采集、控制外部设备、网络传输等，其主要特征就是与外部的各种设备进行交互。

2. 系统开发（内核、文件系统、驱动程序）

系统开发的最终目的是为应用程序的执行准备一个基本的环境，其中包括系统引导程序（Bootloader），内核（Kernel），文件系统（rootfs）和系统中所有设备的驱动程序。在实际的项目开发中，系统开发难度更大一些，一旦开发完成，对于一块板子来说，代码的使用寿命通常更长，变动的可能性较小。因此，在系统开发中需要更加注重代码的可维护性、可扩展性和可靠性，确保系统的稳定性和安全性。

以上这两种分类主要是从开发工作的内容角度来划分的。可以看出:

（1）应用程序开发具有更高的灵活性，因为需求变动更加频繁（产品经理或项目经理经常会更改需求）。

（2）系统软件开发的需求更稳定，很多代码都是官方提供或者开源的，工作内容就是进行定制和裁剪。但是，对于系统软件开发人员来说，每次编译出一个系统引导程序或者内核后都要在ARM开发板上进行验证，这的确比较麻烦。如果能有一个ARM模拟系统，可以直接在x86上进行模拟，这将大大提高工作效率。

10.1 认识 QEMU

QEMU是一个开源的托管虚拟机，通过纯软件来实现虚拟化模拟器，可以模拟几乎任何硬件设备。比如QEMU可以模拟出ARM系统中的CPU、内存、IO设备等。然后，在这个模拟层之上可以创建一台ARM虚拟机，该ARM虚拟机认为自己在和硬件打交道，但实际上这些硬件都是QEMU模拟出来的。

正因为QEMU是纯软件实现的，所有的指令都要经过它的转换，所以性能非常低。在生产环境中，通常会与KVM配合使用，以实现更高效的虚拟化。KVM是硬件辅助的虚拟化技术，主要负责CPU和内存虚拟化，而QEMU则负责I/O虚拟化。两者合作，各自发挥自身的优势，相得益彰。然而这部分内容并不是本书的重点，因此不会深入介绍。

QEMU本身是一个非常强大的虚拟机，在Xen、KVM等虚拟机产品中都少不了QEMU的身影。在QEMU的官方文档中也提到，QEMU可以利用Xen、KVM等技术来加速运行。为什么需要加速呢？因为单纯使用QEMU模拟出的计算机，包括它的CPU等都是模拟出来的，甚至可以模拟不同架构的CPU，比如在使用Intel x86架构的CPU的计算机中模拟ARM或MIPS架构CPU的计算机。这样模拟出的CPU的运行速度肯定赶不上物理CPU。使用加速技术可以把客户操作系统的CPU指令直接转发到物理CPU，自然运行效率大增。

QEMU同时也是一个非常简单易用的虚拟机，只需给它一个硬盘镜像就可以启动一个虚拟机，如果想定制这个虚拟机的配置，比如用什么样的CPU、显卡、网络配置等，只需要指定相应的命令行参数即可。QEMU支持许多格式的磁盘镜像，包括VirtualBox创建的磁盘镜像文件。此外，QEMU还提供一个创建和管理磁盘镜像的工具qemu-img，方便用户管理虚拟机的磁盘镜像。

10.1.1 QEMU的两种执行模式

QEMU有两种执行模式，分别是用户模式和系统模式。

（1）用户模式（User Mode）利用动态代码翻译机制来执行不同主机架构的代码，例如在x86平台上模拟执行ARM代码，也就是说：我们写一条ARM指令，传入整个模拟器中，模拟器会把整个指令翻译成x86平台的指令，然后在x86的CPU中执行，如图10-1所示。

（2）系统模式（System Mode）模拟整个计算机系统，利用其他虚拟机监视器（Virtual Machine Monitor，VMM），比如Xen、KVM等来使用硬件提供的虚拟化支持，创建接近主机性能的全功能虚拟机。总体结构如图10-2所示。

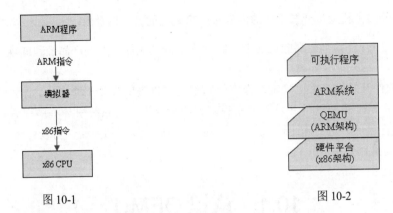

图 10-1   图 10-2

总之，QEMU用户模式可在Host主机下直接执行程序，QEMU系统模式可以模拟启动Linux系统，以及在Linux系统正常执行程序。

10.1.2   QEMU的用途

QEMU最大的用途之一是可以帮助用户省钱。因为QEMU是使用纯软件模拟的，它的强项是模拟那些不涉及外部具体硬件设备的场景，比如想学习如何定制Bootloader；想在ARM系统中进行文件系统的裁剪，学习文件系统的挂载过程；想体验一下如何配置、裁剪Linux Kernel；想学习Linux系统中的设备树；等等。

10.1.3   使用QEMU虚拟机的几种选择

利用QEMU来运行ARM虚拟机有以下两个选择：

（1）简单方式：直接下载别人编译好的映像文件（包含内核、根文件系统），直接执行即可。缺点是别人编译好的映像文件也许不适合你的需求，无法定制。

（2）复杂方式：自己下载内核代码、根文件系统代码（例如BusyBox），然后进行编译。优点是可以按照自己的实际需求对内核、根文件系统进行裁剪。

在第2种复杂模式中，又可以有两个选择：

（1）内核代码、根文件系统代码全部自己手动编译，最后把这些编译结果组织在一个文件夹中，形成自己的根目录。

（2）利用Buildroot构建整个框架，只需要手动进行配置（比如交叉编译器在本机上的位置、输出路径、系统的裁剪），就可以一键编译出一个完整的系统，可以直接"烧写"到机器中。

以上这两种操作方式，可以根据自己的实际需要来选择。如果对构建系统的整个流程已经非常熟悉，就可以利用Buildroot工具；如果想更深入地学习制作一个系统，可以手动一步一步地编译、操作，多练几次就会逐渐熟悉。

嵌入式开发中，需要使用开发板、外设等硬件设备进行开发和验证，但如果只是想研究Linux内核的架构、工作模式并修改一些代码，然后"烧写"到开发板中验证，则显得有些麻烦。此时可以使用QEMU来解决这个问题，QEMU可以避免频繁在开发板上烧写版本。如果仅是内核方面的调试，QEMU完全可以胜任。通过仿真，可以解决上述痛点：

（1）当真实的开发板难以获取时，使用QEMU可以快速上板，无需排队等待硬件的使用。

（2）QEMU提供了源码级的GDB功能，这是一个超级强大的调试工具。使用该功能，开发效率会直线上升。

（3）QEMU可以快速进行单元测试和开发者测试，方便开发者及时发现和修复问题。

（4）在QEMU中运行业务代码无需打桩（或只需要少量打桩），因为QEMU提供了各种模拟硬件设备的功能，可以模拟完整的开发环境。。

我们的目标是使用QEMU运行自己编译的Linux系统，并能够进行简单的调试。本章不会对QEMU做过多的分析，而是着重介绍如何快速搭建开发环境。

QEMU可运行在多个平台上，如Linux、Windows、Mac等。通常嵌入式开发是基于开源Linux的，因此我们也基于Linux环境开展实验。为了节省投资，我们可以尽量使用一台物理计算机。基本步骤如下：

（1）在Windows下安装VMware，然后在VMware上创建CentOS版本的虚拟机（这个步骤前面已经多次提到过）。

（2）在CentOS虚拟机上安装QEMU软件。

（3）使用QEMU模拟运行arm64 Linux系统。

10.2　安装 Linux 版的 QEMU

QEMU的安装方式有两种：软件包安装和源码安装。

1. 软件包安装

QEMU软件包越来越大，因此被拆分为多个软件包。不同的软件包提供不同的功能，比如qemu-system-ARCH提供全系统模拟（根据硬件架构的不同，ARCH可以替换为ARM、MIPS等不同的硬件架构名），而qemu-utils则提供了一些工具。安装qemu-system-arm的命令如下：

```
apt install qemu-system-arm
```

安装完成后，可以查看一下版本号，命令如下：

```
root@myub:~# qemu-system-aarch64 --version
QEMU emulator version 4.2.1 (Debian 1:4.2-3ubuntu6.23)
Copyright (c) 2003-2019 Fabrice Bellard and the QEMU Project developers
```

2. 源码安装

可以在QEMU官方网站下载最新的源码。QEMU的版本号会持续更新。需要注意的是，如果之前已经通过软件包方式安装了QEMU，则可以先使用VMware的快照功能恢复到安装QEMU软件包之前的状态，然后再使用源码安装。

这里下载下来的文件是qemu-7.1.0.tar.xz，将它放到Linux中解压：

```
tar xvJf qemu-7.1.0.tar.xz
```

然后进入源码目录进行配置和编译：

```
cd qemu-7.1.0
./configure
```

如果出现ERROR：Cannot find Ninja，则需要安装ninja-build。Ninja是Google公司一名程序员推出的注重速度的构建工具。在以前，在UNIX/Linux上的程序大都通过make/makefile来构建编译，而Ninja通过并行化构建任务的组织，大大提高了构建速度。在qemu-5.1版本之前的版本中，不需要安装Ninja等依赖库；而在qemu-5.2之后的版本中，则需要安装Ninja依赖库。安装ninja-build的命令如下：

```
apt install ninja-build
```

再次运行配置，可能出现如下错误：

```
ERROR: glib-2.56 gthread-2.0 is required to compile QEMU
```

首先我们使用apt-cache search glib2来查看应该安装哪个库：

```
root@myub:~/soft/qemu-7.1.0# apt-cache search glib2
gvfs-bin - userspace virtual filesystem - deprecated command-line tools
...
libglib2.0-dev - Development files for the GLib library
libglib2.0-dev-bin - Development utilities for the GLib library
...
ruby-glib2 - GLib 2 bindings for the Ruby language
```

编译开发需要安装的是libglib2.0-dev，安装命令如下：

```
apt-get install libglib2.0-dev
```

此时再运行配置命令，又会报错：

```
../meson.build:522:2: ERROR: Dependency "pixman-1" not found, tried pkgconfig
```

安装libpixman-1-dev：

```
apt-get install libpixman-1-dev
```

此时再运行配置命令就可以顺利完成了，结果如下：

```
root@myub:~/soft/qemu-7.1.0# ./configure
...
Found ninja-1.10.0 at /usr/bin/ninja
Running postconf script '/usr/bin/python3 /root/soft/qemu-7.1.0/scripts/symlink-
install-tree.py'
root@myub:~/soft/qemu-7.1.0#
```

如果需要编译QEMU时支持共享文件夹，则需要重新编译QEMU，编译时添加额外的configure参数：

```
--enable-virtfs
```

现在暂不使用共享文件夹。根据不同的需要，./configure还可以包含其他参数：

- --enable-debug：启用debug。
- --disable-werror：关闭warning导致的error报错。
- --extra-cflags=-ldl：make时添加额外cflags，-ldl指代码中可识别动态链接库。
- --enable-trace-backends=log：启用qemu trace功能。

这些参数现在了解即可。下面进行编译，命令如下：

```
make
```

要等好长时间，才会最终停止：

```
[9607/9608] Compiling C object tests/qtest/prom-env-test.p/prom-env-test.c.o
[9608/9608] Linking target tests/qtest/prom-env-test
make[1]: 离开目录"/root/soft/qemu-7.1.0/build"
changing dir to build for make ""...
make[1]: 进入目录"/root/soft/qemu-7.1.0/build"
[1/150] Generating qemu-version.h with a custom command (wrapped by meson to capture output)
[2/34] Generating QAPI test (include) with a custom command
make[1]: 离开目录"/root/soft/qemu-7.1.0/build"
root@myub:~/soft/qemu-7.1.0#
```

编译了9608个文件。编译生成的可执行二进制文件在源码目录的子目录build下，这个目录编译前就有了，但内容不多：

```
root@myub:~/soft/qemu-7.1.0/build# ls
auto-created-by-configure  config.log  config-temp
```

展现快速编译方法的时候到了。编译速度慢的主要原因是我们在配置时没有添加参数，导致编译时会生成所有的目标模拟平台。下面我们使用VMware的快照功能恢复到安装QEMU之前的状态，在重新配置并指定目标模拟平台后再编译。具体步骤如下：

```
cd qemu-7.1.0
mkdir mybuild
cd mybuild
../configure --target-list=aarch64-linux-user,aarch64-softmmu
make -j
```

mkdir mybuild命令的意思是新建一个名为mybuild的目录，其作用是将编译生成的文件保存在该目录下。--target-list参数表示要生成的目标模拟平台，aarch64-linux-user表示aarch64用户模式，aarch-softmmu表示aarch64系统模式。aarch64是ARMv8架构的一种执行状态，它不是一个单纯的32位ARM构架扩展，而是ARMv8内部全新的构架，使用全新的A64指令集。

make -j使用了-j这个选项，这样可以将项目进行并行编译，比如在一台双核的机器上，完全可以用make -j4让make最多允许4个编译命令同时执行，这样可以更有效地利用CPU资源。在多核CPU上，适当地进行并行编译可以明显提高编译速度，但并行的任务不宜太多，一般以CPU的核心数目的两倍为宜。现在编译速度快了很多，编译结果如下：

```
...
[2850/2852] Compiling C object tests/qtest/qos-test.p/vhost-user-blk-test.c.o
[2851/2852] Linking target tests/qtest/readconfig-test
```

```
[2852/2852] Linking target tests/qtest/qos-test
root@myub:~/soft/qemu-7.1.0/mybuild#
```

可以看到，只需要编译2852个文件。编译成功后会在mybuild目录下生成qemu-aarch64和qemu-system-aarch64两个程序文件。其中，qemu-aarch64可在当前x86_64的Ubuntu虚拟机主机下直接执行aarch64程序。如果有兴趣的话，可以从aarch64主机系统中复制一个可执行程序（最好是静态链接的程序），然后将它放到我们的Ubuntu系统下，就可以直接运行了。为了演示，我们提供了一个基于aarch64架构的可执行程序供读者使用，读者就不需要自己去寻找aarch64主机了。

【例10.1】　在x64虚拟机中运行aarch64的程序

在aarch64主机系统中（大家一般没有这种主机，别去找了，笔者已经帮大家编译好了一个二进制程序，可以直接用），用vi编辑以下代码：

```
void main()
{
    printf("hello,I am from aarch!!\n");
}
```

保存后编译：

```
gcc -static test.c -o  test
```

默认情况下生成的可执行程序会链接动态链接库，如果需要强制链接静态链接库，可以使用-static选项。这样我们就可以将生成的test可执行文件复制到x86_64架构的Ubuntu虚拟机中执行。

提供的源码目录下已经包含了基于aarch64的可执行程序test，把test复制到Ubuntu虚拟机的/root目录下（或其他路径），并赋予执行权限，然后可以通过模拟运行来测试该程序的功能：

```
root@myub:~/soft/qemu-7.1.0/mybuild# chmod +x /root/test
root@myub:~/soft/qemu-7.1.0/mybuild# ./qemu-aarch64 /root/test
hello,I am from aarch!!
```

在x86_64架构的Ubuntu虚拟机中，我们可以使用qemu-aarch64程序来运行aarch64架构下的可执行程序。但实际上，我们使用QEMU并不是为了执行aarch64架构下的某个小程序。我们希望使用QEMU来模拟启动Linux系统，并在Linux系统中运行各种程序。

qemu-system-aarch64可以实现这个功能，包括模拟启动Linux系统、加载文件系统等。

10.3　下载和编译内核

现在开始准备内核编译，步骤如下。

1. 下载并解压 Kernel 源码

到Kernel官方网站下载最新的Kernel源码，这里下载下来的文件是linux-5.19.8.tar.xz，把它上传到Linux中。然后在命令行下解压：

```
tar -xvf linux-5.19.8.tar.xz
```

随后就得到一个源码目录linux-5.19.8。

2. 安装 GCC 交叉编译工具链

交叉编译器的作用就不详细解释了，因为我们是在x86平台上编译的，而运行的平台是ARM系统，这两个平台的指令集不一样，所以需要交叉编译得到ARM系统上可以执行的程序。

我们要在x86_64 Ubuntu系统下编译arm64镜像，因此需要交叉编译工具链，安装命令如下：

```
apt install gcc-aarch64-linux-gnu
```

安装完毕后，还可以用命令来验证结果，命令如下：

```
dpkg -l gcc-aarch64-linux-gnu
```

3. 安装依赖工具

初装的Ubuntu缺少很多编译工具，但不急于全部安装以下工具，如果make menuconfig在哪出错了，再安装对应的软件包即可。这里我们全部安装上，命令如下：

```
apt-get install git fakeroot build-essential ncurses-dev xz-utils libssl-dev bc
flex libelf-dev bison
```

以上两个步骤蛮耗时的，建议此时创建一个Ubuntu快照，避免以后出现问题要恢复时又要重复执行这两个步骤。

4. 配置环境变量

要在x86_64的主机编译arm64的镜像，需要安装arm64的GCC工具。我们需要设置环境变量以便系统能找到这些工具的路径。为了避免每次都进行环境变量的设置，可以一次性的永久设置。可执行以下命令：

```
vi /etc/profile
```

在文件末尾增加下面两行的内容：

```
export ARCH=arm64
export CROSS_COMPILE=/usr/bin/aarch64-linux-gnu-
```

注意　等于号两边不要有空格。其中/usr/bin是aarch64-linux-gnu-开头的编译和链接工具的安装位置，可以使用以下命令获得：

```
whereis aarch64-linux-gnu-gcc
```

接着，保存文件并退出编辑器，最后执行下面的命令以使设置生效：

```
source /etc/profile
```

查看环境变量是否设置成功：

```
root@myub:~# env|grep ARCH
ARCH=arm64
```

5. 生成.config 文件

在源码顶层目录下生成arm64的默认配置.config，其实是把arch/arm64/configs/defconfig复制到

Kernel源码顶层目录。在内核源码目录下执行以下命令：

```
root@myub:~/soft/linux-5.19.8# make defconfig
*** Default configuration is based on 'defconfig'
#
# configuration written to .config
#
```

在编译内核时就根据这个config中的配置进行编译。

6. 在.config 的基础上配置其他特性开关

根据自己的实际需要对内核进行定制。比如可以配置网络和NFS，在系统启动的时候就自动挂载宿主机中的某个目录。在内核源码目录下执行以下命令：

```
make menuconfig
```

现在保持默认设置即可。

7. 编译镜像

使用10个job（工作线程）来加快内核编译速度。命令如下：

```
make -j 10
```

编译内核镜像时间较长。最终生成的内核镜像文件在内核源码目录的arch/arm64/boot/路径下，该内核镜像文件名是Image。在编译镜像之前，路径arch/arm64就有，所以在配置ARCH这个环境变量时，必须指定为arm64。如果以后要编译其他处理器架构，也要和arch目录下的架构名称一致。arch目录下包括x86、arm、ia64、mips等处理器架构对应的名称。

8. 启动裸内核

启动内核就要用到QEMU的qemu-system-aarch64程序。它位于qemu-7.1.0/mybuild下，笔者的内核文件位于/root/soft/linux-5.19.8/arch/arm64/boot/Image，因此命令如下：

```
root@myub:~/soft/qemu-7.1.0/mybuild#  /root/soft/qemu-7.1.0/mybuild/qemu-system-
aarch64 -M virt -cpu cortex-a57 -m 1024 -nographic -kernel /root/soft/linux-
5.19.8/arch/arm64/boot/Image
```

里面的路径需要改为读者实际使用的路径。其中，-M用于指定要模拟的主机类型；-m用于指定内存RAM的大小，单位为MB，这里分配1024MB内存；-cpu指定要模拟成的CPU型号，这里我们指定模拟为Cortex-A57这个CPU，Cortex-A57是ARM公司针对2013年、2014年和2015年设计的CPU产品系列的旗舰级CPU，它也是ARM首次采用64位ARMv8A架构的CPU；-nographic表示禁用图形界面支持；-kernel指定内核文件。

如果一切顺利，可看到Linux的启动日志，但是大概率会运行到根文件系统初始化时挂死。不过到这里证明我们成功了一半。最后出现的内容如下：

```
...
[    0.932521] prepare_namespace+0x130/0x170
[    0.932656] kernel_init_freeable+0x24c/0x290
[    0.932837] kernel_init+0x24/0x130
[    0.932972] ret_from_fork+0x10/0x20
```

```
[    0.933613] Kernel Offset: 0x3a3725e00000 from 0xffff800008000000
[    0.933863] PHYS_OFFSET: 0xffff9d51c0000000
[    0.934173] CPU features: 0x1100,04067810,00001086
[    0.934447] Memory Limit: none
[    0.934828] ---[ end Kernel panic - not syncing: VFS: Unable to mount root fs
on unknown-block(0,0) ]---
```

最后一句的意思是无法挂载（mount）根文件系统。这很正常，因为我们还没制作文件系统。

10.4　制作简易的文件系统

首先，需要明白什么是文件系统。文件系统是一种组织存储设备上的数据和元数据的机制，有利于用户和操作系统的交互。尽管内核是Linux的核心，但文件是用户与操作系统交互的主要工具。在Linux系统中，使用文件I/O机制管理硬件设备和数据文件。如果Linux没有文件系统，用户和操作系统之间的交互也就断开了，例如我们使用最多的交互Shell，包括其他的一些用户程序，都无法运行。因此，文件系统对于Linux操作系统至关重要。

根文件系统之所以在前面加一个根，是因为它是加载其他文件系统的根，既然是根，如果没有这个根，其他的文件系统也就无法加载。根文件系统包含Linux系统引导和使其他文件系统得以挂载（mount）的必要文件，它们是Linux启动时所必需的目录和关键性的文件，任何包括这些Linux系统启动所必需的文件都可以成为根文件系统的一部分。在Linux启动时，第一个必须挂载的是根文件系统，若系统不能从指定设备上挂载根文件系统，则系统会出错而退出启动。根文件系统挂载成功之后，可以自动或手动挂载其他的文件系统。因此，在一个系统中可以同时存在不同的文件系统。在Linux中，将一个文件系统与一个存储设备关联起来的过程称为挂载。

当我们在Linux下输入"ls /"时，见到的目录结构以及这些目录下的内容都大同小异，这是因为所有的Linux发行版在根文件系统布局上都遵循文件系统层级标准（Filesystem Hierarchy Standard，FHS）的建议和规定。该标准规定了根目录下各个子目录的名称及其存放的内容，如表10-1所示。

表 10-1　Linux 根目录的名称及其存放的内容

目录的名称	存放的内容
/bin	必备的用户命令，例如ls、cp等
/sbin	必备的系统管理员命令，例如ifconfig、reboot等
/dev	设备文件，例如mtdblock0、tty1等
/etc	系统配置文件，包括启动文件，例如inittab等
/lib	必要的链接库，例如C链接库、内核模块
/home	普通用户主目录
/root	root用户主目录
/usr/bin	非必备的用户程序，例如find、du等
/usr/sbin	非必备的管理员程序，例如chroot、inetd等
/usr/lib	库文件
/var	存放守护程序和工具程序

（续表）

目录的名称	存放的内容
/proc	用来提供内核与进程信息的虚拟文件系统，由内核自动生成目录下的内容
/sys	用来提供内核与设备信息的虚拟文件系统，由内核自动生成目录下的内容
/mnt	文件系统挂载点，用于临时安装文件系统
/tmp	临时性的文件，重启后将自动清除

制作根文件系统需要创建以上目录，也不是全部都要创建，但有些是必须创建的。制作根文件系统的过程大致如下：

（1）编译/安装BusyBox，生成BusyBox程序和/bin、/sbin、/usr/bin、/usr/sbin等目录。

（2）利用交叉编译工具链构建/lib目录。

（3）手工构建/etc目录。

（4）手工构建最简化的/dev目录。

（5）创建其他空目录。

（6）配置系统自动生成/proc目录。

（7）利用udev构建完整的/dev目录。

（8）制作根文件系统的映像文件。

这些步骤也是根据具体的需求而定的。如果不需要交叉编译工具，则可以跳过第（2）步。但第（1）步和最后一步都是必需的。接下来，我们将建立一个简单的文件系统，并逐步增加其他内容进行完善。因此，讲述顺序并不是严格按照这些步骤来进行。

在无法加载根文件系统时，之前的裸内核会报错而停止运行。为了启动完整的内核程序，我们需要制作一个根文件系统并将它传递给内核。文件系统和内核是完全独立的两个部分，文件则是用户与内核交互的主要工具。根文件系统是内核启动时所挂载的第一个文件系统，是挂载其他文件系统的根。一套Linux体系只有内核本身是无法工作的，必须rootfs（etc目录下的配置文件、/bin/sbin等目录下的shell命令，还有/lib目录下的库文件等）相配合才能工作。

下面准备制作一个简易的根文件系统，该文件系统包含的功能极其简单，仅为了验证QEMU启动Linux内核后挂载根文件系统的过程。以后我们会进一步完善该文件系统。

简单地讲，制作根文件系统就是创建各种目录，并在目录中创建相应的文件。例如，在/bin目录下放置可执行程序，在/lib下放置各种库等。这里，我们使用BusyBox工具来制作文件系统。

10.4.1　BusyBox简介

BusyBox是一个集成了一百多个常用Linux命令和工具的软件，它甚至还集成了一个HTTP服务器和一个Telnet服务器，而所有这一切功能只占用1MB左右的存储空间。我们平时使用的那些Linux命令就好比是分立式的电子元件，而BusyBox就好比是一个集成电路，把常用的工具和命令集成压缩在一个可执行文件中，功能基本不变，但文件却小了很多。在嵌入式Linux应用中，BusyBox有非常广的应用。另外，大多数Linux发行版的安装程序中都包含BusyBox的身影，用户在安装Linux时按Ctrl+Alt+F2快捷键就能进入一个控制台，其中的所有命令都是指向BusyBox的链接。

简单来说，BusyBox就好像是一个大工具箱，它集成压缩了Linux的许多工具和命令，还包含了Linux系统自带的Shell。此外，它还可以用来制作文件系统。

BusyBox最初是由Bruce Perens在1996年为Debian GNU/Linux安装盘编写的，其目标是在一张软盘上创建一个可引导的 GNU/Linux系统，用作安装盘和急救盘。

BusyBox是一个开源项目，遵循GPLv2协议。它将众多的UNIX命令集合到一个很小的可执行程序中，可以用来替代GNU FileUtils、ShellUtils等工具集。BusyBox中的各种命令与相应的GNU工具相比，所能提供的选项比较少，但一般也足够使用了。BusyBox主要用于嵌入式系统。

BusyBox在编写过程中对文件大小进行了优化，同时也考虑了系统资源有限（比如内存等）的情况。与一般的GNU工具集动辄几MB的体积相比，动态链接的BusyBox只有几百千字节大小，即使采用静态链接也只有1MB左右。BusyBox按模块设计，可以很容易地添加、删减某些命令或增减命令的某些选项。BusyBox实际上就是把ls、cd、mkdir等多个Linux中常用的Shell命令集成在一起。这样集成后，BusyBox程序的大小要比BusyBox中实现的那些命令的大小加起来小很多，具有很大的体积优势。

BusyBox体积变小的原因主要有两个：一是BusyBox本身提供的Shell命令是阉割版的，也就是说，BusyBox中的命令支持的参数选项比发行版中要少。例如，ls在发行版中可以有几十个"-x"选项，但是在BusyBox中只保留了几个常用的选项，不常用的都被删除了。二是BusyBox中所有命令代码都在一个程序中实现，而各个命令中有很多代码函数是通用的。例如ls、cd、mkdir等命令都需要操作目录，在BusyBox中实现目录操作的函数可以被这些命令共用，这样共用会降低重复代码出现的次数，从而减少总的代码量和体积。BusyBox的体积优势源于嵌入式系统本身的要求和特点。

在创建根文件系统时，如果使用BusyBox，只需要在/dev目录下创建必要的设备节点，在/etc目录下增加一些配置文件即可。当然，如果BusyBox使用动态链接，那么还需要在/lib目录下包含库文件。

10.4.2 编译和安装BusyBox

现在我们开始构建自己的根文件系统，根文件系统是内核启动时所挂载的第一个文件系统，也是加载其他文件系统的根，因此必须认真制作。首先下载并编译BusyBox，从官方网站下载最新的源码（在官网我们可以找到与BusyBox相关的所有资料）。这里我们下载的文件是busybox-1.35.0.tar.bz2，将它放到Linux系统中进行解压：

```
tar xvf busybox-1.35.0.tar.bz2
```

解压后，就可以配置和编译了，步骤如下。

1. 配置环境变量

主要还是配置处理器架构名称和交叉编译路径，也就是ARCH和CROSS_COMPILE，这两个环境变量会在BusyBox的Makefile中用到，因此我们需要配置一下，在命令行下执行这两个命令：

```
export ARCH=arm64
export CROSS_COMPILE=/usr/bin/aarch64-linux-gnu-
```

这是临时配置法，下次重新打开Shell时，需要再次设置。不过我们前面编译内核的时候，已经在/etc/profile中设置过了，这是永久设置法，因此这里不执行这两个命令也可以。此外，如果不想设置这两个环境变量，还可以直接在BusyBox的Makefile中写成固定代码。我们进入BusyBox的源码根目录，然后备份Makefile文件：

```
cp -p Makefile Makefile_bak
```

然后打开Makefile，搜索ARCH ?=，就可以修改了：先把原来的注释掉，然后修改结果为ARCH ?= arm64。同样，再搜索CROSS_COMPILE ?=，然后修改为CROSS_COMPILE ?= /usr/bin/aarch64-linux-gnu-。最后保存并退出。这里主要是让读者多了解一些知识，笔者不准备修改Makefile，因为笔者已经设置好环境变量了。

2. 配置 BusyBox

BusyBox的配置和内核配置类似，都是通过Kconfig管理的。BusyBox提供了3种配置：defconfig（默认配置）、allyesconfig（最大配置）和allnoconfig（最小配置），一般选择默认配置即可。这一步结束后，将生成.config。这里使用默认配置，命令如下：

```
make defconfig
```

另外，还可以使用make menuconfig命令进行图形化配置，这一步是可选的，当读者认为上述配置中还有不尽如人意的地方，可以通过这一步进行微调，加入或去除某些命令。这一步实际上是修改.config。现在配置静态编译，在命令行输入：

```
make menuconfig
```

在第一个出现的界面中，选择"Settings --->"，然后按回车键，进入下一个界面，找到Build static binary (no shared libs)并选中，然后按空格键，此时前面的方括号内会出现一个星号，就表示选择成功了，如图10-3所示。

我们可以静态或者动态编译BusyBox，BusyBox支持Glibc和Uclibc。选择动态编译方式，可使得BusyBox可执行文件更小，但稍微麻烦一些，这里采用静态编译方式。

经过上述步骤之后，基本的裁剪工作已经完成了。这个时候选择配置界面的Exit退出，也可以按ESC键回到初始界面，再按ESC键退出，这个时候会弹出对话框，询问是否保存刚刚的配置，如图10-4所示。

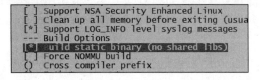

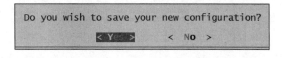

图 10-3　　　　　　　　　　　　　　　　　　图 10-4

当然要保存了，默认就是YES，我们直接按空格键即可。之后可以看到在源码目录下多了一个.config文件：

```
root@myub:~/soft/busybox-1.35.0# ls .config
.config
```

.config配置文件里面的内容记录了我们刚刚选中了哪些功能，每一个都是"名-值对"的形式，名称是一个环境变量，后面的值如果为y，就代表选中，注释行代表裁减掉的功能。比如里面有这样一行：

```
CONFIG_STATIC=y
```

3. 开始编译和安装

我们选择并行编译，如果觉得自己计算机的线程数够用，可以适当调大或减小，这里选择4，命令如下：

```
make -j4
```

如果不想并行编译，直接执行make命令也可以，即不用-j。编译完成之后，会生成名为busybox和busybox_unstripped的两个可执行文件，编译阶段的工作也就做完了。

编译之后是安装，安装就是把目录集合、软链接、BusyBox程序放到一个路径下，这个路径默认在源码目录的_install子目录下。在BusyBox源码路径下运行安装命令：

```
make install
```

执行后，在BusyBox根目录下会有_install目录，该目录是编译好的一些命令集合，我们可以看一下：

```
root@myub:~/soft/busybox-1.35.0/_install# ls
bin linuxrc sbin usr
```

bin、sbin和usr都是目录，读者应该知道其作用。linuxrc似乎有点眼生，来认识它一下，在Linux内核启动过程中会挂载文件系统，在文件系统挂载后，运行的第一个程序就是根目录下的linuxrc，而这是一个指向/bin/busybox的链接：

```
root@myub:~/soft/busybox-1.35.0/_install# ls -l linuxrc
lrwxrwxrwx 1 root root 11 9月  21 10:10 linuxrc -> bin/busybox
```

也就是说，系统启动后运行的第一个程序就是BusyBox本身。

我们进入子目录bin，看看该目录下的内容，用ll来查看ls、ed这两个命令：

```
root@myub:~/soft/busybox-1.35.0/_install/bin# ll ls
lrwxrwxrwx 1 root root 7 9月  16 17:06 ls -> busybox*
root@myub:~/soft/busybox-1.35.0/_install/bin# ll ed
lrwxrwxrwx 1 root root 7 9月  16 17:06 ed -> busybox*
```

可以看出，虽然在bin目录下有很多命令，但是其实只有一个真正的可执行文件，也就是前面生成的BusyBox程序，其他文件都是到BusyBox的软链接（可以在配置界面设置为硬链接，这对于系统对inode数量有限制的情况下特别有用）。说到底，以后用户在文件系统下运行命令，其实都是在执行程序BusyBox，这个BusyBox程序以后也会一起放到文件系统中。

另外，如果不想放在_install下，想指定目录，可以使用CONFIG_PREFIX来指定安装路径，比如：

```
make install CONFIG_PREFIX=/home/rootfs
```

/home/rootfs是自己设置的路径，也可以改为其他路径。执行成功后，bin、linuxrc、sbin、usr等文件夹就保存到/home/rootfs下了。

10.4.3　制作根文件系统的映像文件

这一步相当于把前面生成的各个目录放到一个磁盘映像文件中去，我们这里创建一个空文件作为要制作的系统的磁盘映像文件，然后把根文件系统复制到这个空文件中。生成空文件的命令如下：

```
dd if=/dev/zero of=/root/rootfs.ext4 bs=1M count=32
```

dd命令是Linux下功能强大的数据复制工具，主要功能是复制文件（默认从标准输入复制到标准输出，这意味着dd可以在管道中使用）。常见的用法：dd if=输入文件名 of=输出文件名。这里输入文件是/dev/zero，/dev/zero是输出一直为零的设备，输出文件是/root/rootfs.ext4，文件名可以自己设定；bs=bytes，表示同时设置读入/输出的块大小为bytes字节，这里是1MB；count=blocks，表示仅复制blocks个块，块大小等于bs指定的字节数，这里设置的是32个块，总大小就是32MB。

除了dd命令外，还可以使用/root/soft/qemu-7.1.0/mybuild/qemu-img来创建镜像文件。qemu-img是管理镜像文件最常用的命令，它是QEMU推荐的磁盘管理工具，在QEMU源码编译后就会默认编译好qemu-img这个二进制文件。它可以用来创建镜像文件，查看镜像文件信息，对磁盘镜像文件进行一致性检查，查找镜像文件中的错误。目前，它仅支持对QCOW2、QED、VDI格式文件的检查，并支持不同格式的镜像文件之间的转换，比如可以将VMware使用的VMDK格式文件转换为QCOW2文件，这对从其他虚拟化方案转移到KVM上的用户非常有用。下面是创建一个1GB大小的、镜像文件格式为QCOW2的磁盘镜像文件的命令示例：

```
/root/soft/qemu-7.1.0/mybuild/qemu-img create -f qcow2 ubuntu.img 1G
```

参数-f用于指定镜像文件的格式，这里指定的是QCOW2，QCOW2镜像文件格式是QEMU支持的磁盘镜像文件格式之一。它可以使用一个文件来表示一个固定大小的块设备。

与RAW镜像文件格式相比，QCOW2镜像文件格式具有如下优点：

- 更小的文件大小，即便不支持holes（稀疏文件）的文件系统，也同样适用。
- 支持写时复制（Copy-On-Write，COW），QCOW2镜像文件格式只反映底层磁盘镜像所做的修改。
- 支持快照，QCOW2镜像文件格式可以包含镜像历史的多重快照。
- 支持基于ZLIB的数据压缩。
- 支持AES加密等。

限于篇幅，这里先不使用该命令，以后是否使用就看情况了。

dd命令执行后，会在/root目录下生成一个rootfs.ext4文件，然后将文件格式化为EXT4格式，命令如下：

```
mkfs.ext4 /root/rootfs.ext4
```

注意，和Windows下的格式化磁盘类似，一旦执行了格式化命令，这个映像文件中的内容将会被清空。

最后将BusyBox编译生成的_install目录下的文件全部复制到initrd。过程如下：

```
root@myub:~# mkdir /root/mymnt
root@myub:~# mount /root/rootfs.ext4 /root/mymnt/
root@myub:~# cd mymnt
root@myub:~/mymnt# cp -rf /root/soft/busybox-1.35.0/_install/* /root/mymnt
root@myub:~/mymnt# ls
bin linuxrc lost+found sbin usr
root@myub:~/mymnt# cd ..
root@myub:~# umount /root/mymnt
```

注意　里面的路径要改为读者各自的实际路径。笔者喜欢带着绝对路径为读者演示，这样看起来一目了然。至此，简易版根文件系统就制作完成了，该根文件系统只含有基本的功能，一些其他功能在以后的操作中再进行添加和完善。

注意　若要在文件系统中添加内容，最好先取消挂载，即执行unmount mymnt命令，然后重新挂载（mount）后，再添加内容。

10.5　非嵌入式方式启动内核

有了内核和文件系统，下面开始尝试启动。非嵌入式启动是指通过qemu-system-aarch64程序启动，我们前面已经使用过这个程序，只是当时没有加入文件系统，导致内核在启动到一半时停止了。现在我们加入了文件系统，命令如下：

```
/root/soft/qemu-7.1.0/mybuild/qemu-system-aarch64 -machine virt -cpu cortex-a57
-nographic -m 2048 -smp 2 -kernel /root/soft/linux-5.19.8/arch/arm64/boot/Image  -
append "root=/dev/vda" -hda /root/rootfs.ext4
```

运行后，发现没有出现无法加载根文件系统的错误（Unable to mount root fs），但最后出现了下列提示：

```
[    1.159883] Freeing unused kernel memory: 6976K
[    1.161427] Run /sbin/init as init process
can't run '/etc/init.d/rcS': No such file or directory

can't open /dev/tty4: No such file or directory
can't open /dev/tty2: No such file or directory
...
```

这些提示会一直打印下去，只能关闭终端窗口。我们先不管这些提示，先来看命令选项：

- -machine同-M，用于指定要模拟的板卡类型或机器类型，这里使用通用虚拟平台（Virt），可以认为Virt是一块虚拟的板卡，它是与任何真实硬件不相关的平台，用于虚拟机。如果只想简单运行一下Linux操作系统，并且不关心真实硬件才拥有的一些特性，建议使用Virt板类型。
- -cpu选项执行要模拟成的CPU型号，这里指定模拟为Cortex-A57这个CPU。
- -m选项用于指定内存（RAM）的大小，单位为MB，这里分配2048MB的内存。
- -smp选项用来设置模拟的SMP架构中CPU的个数。
- -nographic选项表示禁用图形界面支持。
- -kernel选项指定要启动的内核文件。
- -append "root=/dev/vda"表示传递给内核的参数，双引号内的内容就是要传递的参数内容，root表示根文件系统的设备为/dev/vda；
- -hda选项表示使用文件作为第一块硬盘映像，hd表示硬盘，a表示第一块盘，这里指定了文件/root/rootfs.ext4，这个文件是前面刚刚制作的。

下面处理上面的错误提示"can't run '/etc/init.d/rcS': No such file or directory",可以看出,是因为找不到/etc/init.d/rcS,我们可以手动添加这个文件和目录。在_install目录下创建目录etc/init.d,并进入该路径,命令如下:

```
cd /root/soft/busybox-1.35.0/_install
mkdir -p etc/init.d
cd etc/init.d
```

然后在etc/init.d下用vi新建文件rcS,输入如下内容:

```
#! /bin/sh
```

Shell编程中使用"#"作为注释,但"#! /bin/sh"不是注释,它是对Shell的声明,用于说明用户所用的Shell的类型及其路径,"#! /bin/sh"是指此脚本使用"/bin/sh"来解释执行,"#!"是特殊的表示符,其后面跟的是解释此脚本的Shell的路径。

保存rcS文件,再为rcS文件增加执行权限:

```
chmod 777 rcS
```

然后格式化原来的映像文件,格式化之前可以先取消挂载,如果还挂载着,则格式化可能不会成功:

```
umount /root/mymnt
mkfs.ext4 /root/rootfs.ext4
```

这样映像文件里面的内容就没有了,我们再挂载到目录mymnt,然后向里面复制内容,命令如下:

```
mount /root/rootfs.ext4 /root/mymnt/
cp -rf /root/soft/busybox-1.35.0/_install/* /root/mymnt
```

赋予权限并启动内核:

```
chmod 777 /root/mymnt/bin/busybox
/root/soft/qemu-7.1.0/mybuild/qemu-system-aarch64 -machine virt -cpu cortex-a57
-nographic -m 2048 -smp 2 -kernel /root/soft/linux-5.19.8/arch/arm64/boot/Image -
append "root=/dev/vda" -hda /root/rootfs.ext4
```

此时启动后,最终结果如下:

```
[   1.062443] Run /sbin/init as init process

can't open /dev/tty4: No such file or directory
can't open /dev/tty2: No such file or directory
...
```

可以看到错误提示"can't run '/etc/init.d/rcS': No such file or directory"消失了。我们再准备处理"can't open /dev/tty4: No such file or directory"这个提示。解决方法是在文件系统中添加dev目录。在_install目录下新建dev目录,命令如下:

```
cd /root/soft/busybox-1.35.0/_install
mkdir dev
```

然后格式化原来的映像文件,格式化之前可以先取消挂载,如果挂载着,则格式化可能不会成功:

```
umount /root/mymnt
mkfs.ext4 /root/rootfs.ext4
```

这样映像文件里面的内容就没有了，我们再挂载到目录mymnt，然后向里面复制内容，命令如下：

```
mount /root/rootfs.ext4 /root/mymnt/
cp -rf /root/soft/busybox-1.35.0/_install/* /root/mymnt
chmod 777 /root/mymnt/bin/busybox
```

最后一行是给BusyBox程序赋最高权限，在Linux下复制文件会产生文件权限变化，从而导致这个程序无法执行，所以我们最好在复制后添加执行权限。下面启动内核：

```
/root/soft/qemu-7.1.0/mybuild/qemu-system-aarch64 -machine virt -cpu cortex-a57
-nographic -m 2048 -smp 2 -kernel /root/soft/linux-5.19.8/arch/arm64/boot/Image  -
append "root=/dev/vda" -hda /root/rootfs.ext4
```

最终提示如下：

```
[    1.053073] Freeing unused kernel memory: 6976K
[    1.054374] Run /sbin/init as init process

Please press Enter to activate this console.
```

可以看到没有报错了。根据提示，按回车命令提示符#，执行成功。尝试输入ls命令，发现工作正常，这个命令其实也是一个软链接，指向/bin/busybox这个程序，其他命令也是如此，都是指向BusyBox程序。但有一些命令却没能执行，还需要其他条件，比如poweroff：

```
/ # poweroff
poweroff: can't open '/proc': No such file or directory
```

提示没有目录/proc，那就再往文件系统中添加/proc。重新制作文件系统的命令如下：

```
cd /root/soft/busybox-1.35.0/_install
mkdir proc
umount /root/mymnt
mkfs.ext4 /root/rootfs.ext4
mount /root/rootfs.ext4 /root/mymnt/
cp -rf /root/soft/busybox-1.35.0/_install/* /root/mymnt
chmod 777 /root/mymnt/bin/busybox
/root/soft/qemu-7.1.0/mybuild/qemu-system-aarch64 -machine virt -cpu cortex-a57
-nographic -m 2048 -smp 2 -kernel /root/soft/linux-5.19.8/arch/arm64/boot/Image  -
append "root=/dev/vda" -hda /root/rootfs.ext4
```

最后，按回车键进入命令提示符下，然后尝试输入命令，发现可以执行了，比如输入reboot命令，可以重启aarch64系统了。输入poweroff命令后，会关闭aarch64系统，并返回虚拟机Ubuntu的命令提示符下。是不是很神奇？其实，这一切都是QEMU的功劳。

至此，简易的文件系统就启动起来了。但每次内核启动到最后，都会出现一个提示"Please press Enter to activate this console."，就是要按回车键后才能激活命令行，有些读者可能会觉得麻烦。如何去掉这个提示，直接出现命令提示符呢？不难，在文件系统的/etc下新建一个名为inittab的脚本文件（注意inittab中有两个t），并输入如下内容：

```
::respawn:-/bin/sh
```

这行语句的意思是将sh启动的控制程序交给console。文本文件/etc/inittab是BusyBox程序运行时要读取的配置文件（控制BusyBox执行的一些行为），注意这个文件不是脚本文件，只是一个文本配置文件。软链接linuxrc（嵌入式中就是指向BusyBox程序）会按行为来读取并解析/etc/inittab文件。BusyBox程序是在parse_inittab()函数中解析/etc/inittab的。inittab文件的解读是按行为来读取的，字段之间以冒号分隔，字段的内容可以省略，但是冒号不可以省略。如果inittab文件读取成功，则BusyBox程序不会执行/etc/init.d/rcS脚本，稍后会为读者证明。

当BusyBox程序解析到/etc/inittab中有respawn这个字段的时候，提示"Please press Enter to activate this console."就不显示了。如果又想显示，改为ASKFIRST即可。命令如下：

```
cd /root/soft/busybox-1.35.0/_install
vi etc/inittab
```

注意etc前面没有"/"，这是_install下的etc。输入如下内容：

```
::respawn:-/bin/sh
```

注意不要输入错误，否则BusyBox程序将无法解析，导致BusyBox无法运行，系统也就无法启动。一定要确保BusyBox成功运行。保存inittab，由于文件etc/inittab需要被BusyBox程序读取，因此需要确保文件夹etc和inittab都有读权限，为了保险起见，可以直接赋予它们最高权限：

```
chmod 777 etc
chmod 777 /etc/inittab
```

再执行：

```
umount /root/mymnt
mkfs.ext4 /root/rootfs.ext4
mount /root/rootfs.ext4 /root/mymnt/
cp -rf /root/soft/busybox-1.35.0/_install/* /root/mymnt
chmod 777 /root/mymnt/bin/busybox
/root/soft/qemu-7.1.0/mybuild/qemu-system-aarch64 -machine virt -cpu cortex-a57
-nographic -m 2048 -smp 2 -kernel /root/soft/linux-5.19.8/arch/arm64/boot/Image  -
append "root=/dev/vda" -hda /root/rootfs.ext4
```

注意，由于复制可能会改变文件权限，建议对于关键文件（比如inittab、BusyBox）增加更高的权限。启动到最后就可以直接显示程序提示符#了：

```
...
[    1.031303] Freeing unused kernel memory: 6976K
[    1.033341] Run /sbin/init as init process
/ #
```

至此，非嵌入式启动带文件系统的aarch64内核成功了，而且没有要求按回车键后才能出现命令提示符，我们并没有买开发板，却能在普通x86计算机的虚拟机Ubuntu中启动一个AARCH64系统，是不是很酷？

如果有读者不想直接出现命令提示符，又想先按回车键怎么办？很简单，编辑/etc/inittab，把"::respawn:-/bin/sh"修改为：

```
:: askfirst:-/bin/sh
```

　　然后保存，重新制作文件系统即可，有兴趣的读者可以试试。其实，respawn和askfirst在BusyBox源码中都是传给函数的宏定义。代码如下：

```
/* Start these after ONCE are started, restart on exit */
#define RESPAWN    0x08
/* Like RESPAWN, but wait for <Enter> to be pressed on tty */
#define ASKFIRST   0x10
```

这里就不演示了，因为我们有更重要的事情要分析。

10.5.1　BusyBox启动过程简要分析

　　讲点背后的故事吧。还是先看前面的错误提示"can't run '/etc/init.d/rcS': No such file or directory"，这是因为找不到/etc/init.d/rcS。这个文件的作用是什么？简单地讲，这个文件是开机脚本文件，它允许用户在启动时运行其他程序，也就是开机要执行的命令、程序或脚本可以放在这个脚本文件中。

　　前面提到，Linux内核启动过程中会挂载文件系统，在文件系统挂载后，运行的第一个程序就是根目录下的linuxrc，而这是一个指向/bin/BusyBox的链接，也就是说，系统启动后运行的第一个程序就是BusyBox程序本身。然后，BusyBox会根据"情况"来解析/etc/inittab配置文件，或执行/etc/init.d/rcS。这个"情况"就是，我们在编译BusyBox的时候，若没定义宏ENABLE_FEATURE_USE_INITTAB为非0或定义了ENABLE_FEATURE_USE_INITTAB为非0，但/etc/inittab文件不存在，则BusyBox默认执行的初始化脚本是/etc/init.d/rcS。我们可以看一下源码：

```
static void parse_inittab(void)
{
#if ENABLE_FEATURE_USE_INITTAB
    char *token[4];
    parser_t *parser = config_open2("/etc/inittab", fopen_for_read);

    if (parser == NULL)
#endif
    {
        /* No inittab file - set up some default behavior */
        /* Sysinit */
        new_init_action(SYSINIT, INIT_SCRIPT, "");
        /* Askfirst shell on tty1-4 */
        new_init_action(ASKFIRST, bb_default_login_shell, "");
//TODO: VC_1 instead of ""? "" is console -> ctty problems -> angry users
        new_init_action(ASKFIRST, bb_default_login_shell, VC_2);
        new_init_action(ASKFIRST, bb_default_login_shell, VC_3);
        new_init_action(ASKFIRST, bb_default_login_shell, VC_4);
    ...
```

　　在代码中，INIT_SCRIPT的定义如下：

```
# define INIT_SCRIPT  "/etc/init.d/rcS"
```

　　可以很清楚地看到，当宏ENABLE_FEATURE_USE_INITTAB为非0时，就用config_open2函数来读取/etc/inittab，如果文件不存在，则parser == NULL，可以用new_init_action来执行INIT_SCRIPT，即

/etc/init.d/rcS。当宏ENABLE_FEATURE_USE_INITTAB为0时，也是执行/etc/init.d/rcS。所以，满足这两个条件之一就会执行/etc/init.d/rcS。另外，默认情况下，宏ENABLE_FEATURE_USE_INITTAB是定义为非0的，我们可以到源码目录下的.config文件中查找到，如下所示：

```
CONFIG_FEATURE_USE_INITTAB=y
```

或者，运行make menuconfig，在Init Utilities下可以发现Support reading an inittab file前是有星号的，也就是选中的，如图10-5所示。

图 10-5

最后，简单证明有了/etc/inittab，系统就不会再执行/etc/init.d/rcS脚本了。我们删除/etc/init.d/rcS脚本，然后重新启动，看看是否报错"can't run '/etc/init.d/rcS': No such file or directory"。先关闭aarch64系统，然后到虚拟机Ubuntu下执行命令，过程如下：

```
cd /root/soft/busybox-1.35.0/_install
rm -Rf /etc/init.d
umount /root/mymnt
mkfs.ext4 /root/rootfs.ext4
mount /root/rootfs.ext4 /root/mymnt/
cp -rf /root/soft/busybox-1.35.0/_install/* /root/mymnt
chmod 777 /root/mymnt/bin/busybox
/root/soft/qemu-7.1.0/mybuild/qemu-system-aarch64 -machine virt -cpu cortex-a57
-nographic -m 2048 -smp 2 -kernel /root/soft/linux-5.19.8/arch/arm64/boot/Image  -
append "root=/dev/vda" -hda /root/rootfs.ext4
```

执行结果一气呵成：

```
...
[    1.091379] Run /sbin/init as init process
/ #
```

可见，当我们创建了/etc/inittab文件后，BusyBox这个程序就不会执行/etc/init.d/rcS脚本了。但存在/etc/inittab文件只是条件之一，BusyBox程序的源码中还有一个宏ENABLE_FEATURE_USE_INITTAB也在控制着是否去读/etc/init.d/rcS脚本，但默认条件下该宏是非0的，即默认是使用/etc/inittab文件的。其实，可以在/etc/inittab中配置rcS，从而让rcS得以执行，比如在/etc/inittab中加入这样一行：

```
::sysinit:/etc/init.d/rcS
```

这句话的意思是要BusyBox程序在系统启动时解析/etc/init.d/rcS文件。sysinit对应的BusyBox源码也是一个宏，其定义如下：

```
/* Start these actions first and wait for completion */
#define SYSINIT    0x01
```

如果我们不创建rcS，内核启动后就会出现找不到文件的提示：

```
...
[    1.197207] Run /sbin/init as init process
```

```
can't run '/etc/init.d/rcS': No such file or directory
```

这是笔者测试的结果，有兴趣的读者可以试一下。

现在我们的根文件系统基本制作完成了。接下来测试我们制作的根文件是否可以使用。

10.5.2　在新内核系统中运行C程序

我们制作了一个aarch64系统，是想运行我们的C程序。通常有两种方式：一种是交叉编译方式，即在虚拟机Ubuntu中用ARM编译器编译C代码为可执行程序（这个可执行程序是aarch64格式的，无法在x86机器的Ubuntu中直接运行），然后复制到aarch64系统中运行；另一种是在aarch64系统中安装编译工具，直接编译运行。前者是主流方式，因为可以为aarch64系统节省存储空间。

【例10.2】　交叉编译开发aarch64程序

在虚拟机Ubuntu系统中，用vi编辑下列代码：

```
#include <stdio.h>
void main()
{
    printf("hello,I am from aarch64!!\n");
}
```

保存后编译：

```
aarch64-linux-gnu-gcc -static test.c -o test
```

默认情况下，生成的可执行程序会链接动态链接库，如果需要强制链接静态链接库，需要加上-static选项，如果不加，直接复制test到aarch64中运行，就会出现not found的报错提示。如果我们不确定某个二进制可执行文件是不是静态链接的，可以用file命令来查看一下，比如：

```
root@myub:~# file test
test: ELF 64-bit LSB executable, ARM aarch64, version 1 (GNU/Linux), statically
linked, BuildID[sha1]=a74cae4f4a2e1bfe3f34b097007acd74d1cb0e66, for GNU/Linux 3.7.0,
not stripped
```

里面有提示statically linked，说明是静态链接的。我们把test程序放到文件系统中，命令如下：

```
umount /root/mymnt/
mount /root/rootfs.ext4 /root/mymnt/
cp /root/test /root/mymnt
umount /root/mymnt/
chmod 777 /root/mymnt/bin/busybox
/root/soft/qemu-7.1.0/mybuild/qemu-system-aarch64 -machine virt -cpu cortex-a57
-nographic -m 2048 -smp 2 -kernel /root/soft/linux-5.19.8/arch/arm64/boot/Image -
append "root=/dev/vda" -hda /root/rootfs.ext4
```

启动内核后，直接运行根目录下的test，运行结果如下：

```
/ # ./test
hello,I am from aarch64!!
```

第一个交叉编译的C程序在我们制作的aarch64系统下运行成功了。

10.6   基本功能的完善

前面我们制作的文件系统非常简单，简单到一些命令运行不起来，例如ps、lspci、ifconfig -a 等命令都没有显示结果。本节一步一步来完善我们的文件系统。

10.6.1   挂载proc支持ifconfig

在Linux中存在着一类特殊的伪文件系统，用于使用与文件接口统一的操作来完成各种功能，例如ptyfs、devfs、sysfs和procfs。procfs是Linux内核信息的抽象文件接口，大量内核中的信息以及可调参数都被作为常规文件映射到一个目录树中，这样我们就可以简单地通过echo或cat这样的文件操作命令对系统信息进行查取和调整。使用mount挂载文件系统的命令如下：

```
mount [-t vfstype] [-o options] device dir
```

其中，-t vfstype用于指定文件系统的类型，通常不必指定。mount会自动选择正确的类型。常用的类型如下：

- 光盘或光盘镜像：iso9660。
- DOS fat16文件系统：msdos。
- Windows 9x fat32文件系统：vfat。
- Windows NT ntfs文件系统：ntfs。
- Mount Windows文件网络共享：smbfs。
- UNIX(LINUX)文件网络共享：nfs。

-o options主要用来描述设备或文件的挂载方式。常用的参数如下：

- loop：用来把一个文件当成硬盘分区挂载上系统。
- ro：采用只读方式挂载设备。
- rw：采用读写方式挂载设备。
- iocharset：指定访问文件系统所用的字符集。
- device表示要挂载的设备；dir表示设备在系统上的挂载点，通常是一个目录。

在前面的简单文件系统中，如果我们尝试使用ps命令来查看当前系统的进程，会发现不能使用：

```
/ # ps
PID  USER    TIME  COMMAND
ps: can't open '/proc': No such file or directory
```

如果使用ifconfig命令，也是如此：

```
/ # ifconfig -a
ifconfig: /proc/net/dev: No such file or directory
```

这是因为名为proc的虚拟文件系统还未挂载。我们将把proc虚拟文件系统挂载到/proc目录，这个目录目前没有，所以我们关闭（poweroff）QEMU系统（这里把qemu-system-aarch64启动的系统简称为QEMU系统）。然后在_install下新建文件夹proc，再格式化镜像文件，再复制内容到镜像文件，如果已经添加过proc文件夹，现在就不需要重新制作文件系统了，但笔者为了讲述的完整性，所以再啰唆一些。这个过程的命令如下：

```
cd /root/soft/busybox-1.35.0/_install
mkdir proc
ls
bin dev etc linuxrc proc sbin usr
chmod 777 proc
umount /root/mymnt
mkfs.ext4 /root/rootfs.ext4
mount /root/rootfs.ext4 /root/mymnt/
cp -rf /root/soft/busybox-1.35.0/_install/* /root/mymnt
chmod 777 /root/mymnt/bin/busybox
/root/soft/qemu-7.1.0/mybuild/qemu-system-aarch64 -machine virt -cpu cortex-a57
-nographic -m 2048 -smp 2 -kernel /root/soft/linux-5.19.8/arch/arm64/boot/Image -
append "root=/dev/vda" -hda /root/rootfs.ext4
```

我们对文件夹proc赋予了777权限，建议新建的文件夹赋予高权限，这样以后需要读写文件夹时就不会出现因为权限而导致失败的问题了。

启动后，手工执行挂载，命令如下：

```
mount -t proc none /proc
```

然后执行ifconfig -a命令，发现有结果显示：

```
/ # ifconfig -a
eth0     Link encap:Ethernet  HWaddr 52:54:00:12:34:56
         BROADCAST MULTICAST  MTU:1500  Metric:1
         RX packets:0 errors:0 dropped:0 overruns:0 frame:0
         TX packets:0 errors:0 dropped:0 overruns:0 carrier:0
         collisions:0 txqueuelen:1000
         RX bytes:0 (0.0 B)  TX bytes:0 (0.0 B)

lo       Link encap:Local Loopback
...
```

如果输入ps命令，发现也有结果了：

```
/ # ps
PID  USER     TIME  COMMAND
   1 0        0:00 init
   2 0        0:00 [kthreadd]
   3 0        0:00 [rcu_gp]
   4 0        0:00 [rcu_par_gp]
...
```

打开/proc目录，发现里面有按数字命名的文件夹，它们实际上就是进程号。然后使用reboot重启系统，发现这次虽然有proc文件夹，但是没有自动挂载，所以不能正确显示。我们需要想办法开机自动挂载。设置自动挂载的步骤如下：

（1）在/etc/inittab中配置脚本/etc/init.d/rcS，在虚拟机Ubuntu中，进入_install/etc/，然后编辑inittab文件，在末尾添加：

```
::sysinit:/etc/init.d/rcS
```

注意，这里的sysinit是小写的，大写是不识别的。BusyBox程序读取到sysinit后，就会执行后面的/etc/init.d/rcS文件。sysinit好比是一个动作（action），BusyBox中还定义了其他动作，代码如下：

```
static const char actions[] ALIGN1 =
        "sysinit\0""wait\0""once\0""respawn\0""askfirst\0"
        "ctrlaltdel\0""shutdown\0""restart\0";
```

respawn和askfirst前面也接触过了。然后保存文件/etc/inittab。

（2）在脚本/etc/init.d/rcS中调用mount挂载命令。新建文件/etc/init.d/rcS，在/etc/init.d/rcS中添加如下内容：

```
#! /bin/sh
mount -t proc none /proc
```

然后保存，并赋予它最高权限：

```
chmod 777 /etc/init.d/rcS
```

以上两步的意思是告诉BusyBox程序帮我们启动执行脚本文件/etc/init.d/rcS。这里，再强调一下，/etc/inittab文件是供BusyBox程序使用的配置文件，/etc/init.d/rcS才是被BusyBox启动执行的脚本文件。

下面就可以重新制作映像文件并启动系统了，命令如下：

```
umount /root/mymnt
mkfs.ext4 /root/rootfs.ext4
mount /root/rootfs.ext4 /root/mymnt/
cp -rf /root/soft/busybox-1.35.0/_install/* /root/mymnt
chmod 777 /root/mymnt/bin/busybox
/root/soft/qemu-7.1.0/mybuild/qemu-system-aarch64 -machine virt -cpu cortex-a57
-nographic -m 2048 -smp 2 -kernel /root/soft/linux-5.19.8/arch/arm64/boot/Image -
append "root=/dev/vda" -hda /root/rootfs.ext4
```

启动后，马上执行ps命令，发现有结果输出了，说明开机自动加载proc文件系统成功。另外，ifconfig -a命令也能正确执行了。

另外，我们也可以使用cat /proc/mounts命令查看已经挂载的文件系统。

10.6.2　挂载sysfs支持lspci

Linux 2.6的内核引入了sysfs文件系统。sysfs被看成是与proc、devfs和devpty同类别的文件系统。sysfs把连接到系统上的设备和总线组织成一个分层的文件，用户可以从用户空间访问它。sysfs的设计初衷是为了处理以前存储在/proc/中的设备和驱动程序选件，以及处理以前由devfs支持的动态加载设备。在早期的sysfs实现中，一些驱动和应用仍然被视为旧的proc条目，但sysfs是未来的发展方向。

sysfs是2.6内核引入的一个特性，它允许内核代码经由一个in-memory的文件系统把信息导出

（export）到用户进程中。sysfs文件系统的目录层次（hierarchy）组织是严格的，构成了内核数据结构的内部组织的基础。在这种文件系统中，产生的文件大多数是ASCII文件，通常每个文件有一个值。这些特性保证了被导出的信息的准确性和易于访问，因此sysfs成为2.6内核最直观、最有用的特性之一。

sysfs是一种用于表现内核对象、属性及它们之间相互关系的机制。它提供了两个组件：一个是内核编程接口，用于通过sysfs来导出这些条目；一个用户接口，用于查看和操作映射到内核对象的条目。

sysfs是一个面向用户空间导出内核对象（kobject）的文件系统，它不仅提供了查看内核内部数据结构的能力，还可以修改这些数据结构。Sysfs的数据项来源于内核对象，而内核对象的层次化组织直接反映了sysfs的目录布局。sysfs始终与kobject的底层结构紧密相关。与proc的区别是，新设计的内核机制应该尽量使用sysfs机制，而将proc保留给纯粹的进程文件系统。

从驱动开发的角度来看，/sysfs为用户提供了除了设备文件/dev和/proc之外的另一种通过用户空间访问内核数据的方式。

下面我们准备解决执行lspci命令报错的问题：

```
/ # lspci
lspci: /sys/bus/pci/devices: No such file or directory
```

这是因为我们没有挂载sysfs文件系统。sysfs像其他基于内存的文件系统一样可以从用户空间挂载。只要内核配置中定义了CONFIG_SYSFS，sysfs就能被编译进内核。现在我们通过mount -t sysfs sysfs /sys命令来挂载sysfs到/sys目录。注意sysfs被挂载的目录/sys，这是sysfs挂载点的事实标准位置，各主流发行版都采用这个做法。因此，需要回到虚拟机Ubuntu中，在_install下新建sys文件夹：

```
cd /root/soft/busybox-1.35.0/_install
mkdir sys
umount /root/mymnt
mkfs.ext4 /root/rootfs.ext4
mount /root/rootfs.ext4 /root/mymnt/
cp -rf /root/soft/busybox-1.35.0/_install/* /root/mymnt
chmod 777 /root/mymnt/bin/busybox
/root/soft/qemu-7.1.0/mybuild/qemu-system-aarch64 -machine virt -cpu cortex-a57
-nographic -m 2048 -smp 2 -kernel /root/soft/linux-5.19.8/arch/arm64/boot/Image -
append "root=/dev/vda" -hda /root/rootfs.ext4
```

成功启动后，就可通过以下命令挂载它：

```
mount -t sysfs sysfs /sys
```

然后执行lspci命令就有正确结果了：

```
/ # lspci
00:01.0 Class 0200: 1af4:1000
00:00.0 Class 0600: 1b36:0008
00:02.0 Class 0100: 1af4:1001
```

lspci命令用来查看当前系统连接的所有PCI/PCIe设备，一行表示一个设备，上面有3个设备。在PCI或者PCIe中，每个设备有3个编号，分别是总线编号（Bus Number）、设备编号（Device Number）和功能编号（Function Number）。对应上面的00:01.0，第一行的设备的总线编号是00，设备编号是01，功能编号是0，这3个编号都是十六进制表示的，有些配置中需要填十进制数，这时需要做一下转换；0200表示当前设备的DeviceClass，也就是设备类型，而后面的1af4:1000代表的是设备的厂商ID（VendorID）和设备ID（DeviceID）。利用DeviceClass、VendorID：DeviceID来匹配相应的设备，这个设备清单是由https://pci-ids.ucw.cz/维护的，我们也可以直接在网站上查询。登录网站，单击首页上的一个链接PCI device classes，进入子页面，然后可以查询到DeviceClass前两位02是一个Network controller：

```
02  Network controller
```

再在网页上单击链接02，进入子页面，然后可以看到00表示这个设备是一个Ethernet controller：

```
00  Ethernet controller
```

这就说明0200设备是一个以太网卡。我们再准备查1af4:1000，在首页上单击链接pci.ids，进入子页面，直接按Ctrl+F键搜1af4，出现了不少1af4，但我们最终定位到这一段：

```
1af4  Red Hat, Inc.
    1000  Virtio network device
        01de fffb  Propolis Virtio network device
```

可以看到厂商1af4属于Red Hat这个厂商，设备ID为1000表示是一个虚拟化网络设备（Virtio network device）。Virtio是一种标准的半虚拟化IO设备模型。这么看来，QEMU会提供一个默认的虚拟网卡供我们的系统使用。

其实，在Linux中还有一个编号，叫作域编号（Domain Number），不过上面的输出中没有，因为都是0，所以就忽略了，理论上，在PCIe的拓扑结构中，最多支持256个Bus，每条Bus最多支持32个Device，每个Device最多支持8个Function，所以由Bus:Device:Function（BDF）构成了每个Function的唯一的"身份证号"。在一些场景下，比如设备特别多，是会有多个域编号的，在硬件层面对应多个PCI结构，在这种情况下，执行lspci -D命令，输出就会带上域编号，比如我们在虚拟机Ubuntu下执行lspci -D命令就可以看到开头的域编号：

```
root@myub:~# lspci -D
0000:00:00.0 Host bridge: Intel Corporation 440BX/ZX/DX - 82443BX/ZX/DX Host
bridge (rev 01)
0000:00:01.0 PCI bridge: Intel Corporation 440BX/ZX/DX - 82443BX/ZX/DX AGP
bridge (rev 01)
...
```

每行前面4个0组成的编号就是域编号。这么多的Function，主机怎么知道它们具有什么本领？答案是，每个Function都有一个大小为4KB的配置空间（Configuration Space）。在系统上电的过程中，在枚举整个PCI Bus之后，就会将所有的BDF的配置空间到Host内存中。在Host内存中有一个大小为256MB的Memory Block，专门用来存放所有的配置空间。为什么是256MB？我们计算一下：256（Bus）×32（Dev）×8（Func）×4KB=64×1024×4KB=256MB。

总线、设备、驱动程序和类是使用kobject机制的主要内核对象，因而占据了sysfs中几乎所有的数据项。我们可以查看下/sys目录：

```
/ # ls /sys
block    class    devices    fs          kernel   power
bus      dev      firmware   hypervisor  module
```

- block：表示块设备的存放目录，这是一个过时的接口，按照sysfs的设计理念，所有的设备都存放在sys/devices/，同时在sys/bus/或（和）sys/class/存放相应的符号链接，所以现在这个目录只是为了提高兼容性而存在，里面的文件已经全部被替换成符号链接。只有在编译内核时勾选CONFIG_SYSFS_DEPRECATED选项才会有这个目录。

- bus：bus是总线的意思，包含系统中所有总线的信息。每个总线类型都有一个子目录，比如pci、scsi、usb、spi等，这些总线类型在内核中注册而得到支持（可以通过统一编译或通过模块来加载）。每个总线类型的子目录又包含两个目录：devices和drivers。devices目录列出了该总线类型下的所有设备，这些设备在全局设备树中都有对应的设备目录软链接。drivers目录包含了注册在该总线类型下所有驱动程序的目录，每个驱动程序的目录允许查看和操作设备参数的属性，以及指向该设备目录所绑定的物理设备（在全局设备树上）的软链接。

- class：class是类的意思，class目录包含了内核中注册的每个设备类。一个设备类描述了一个设备的功能类型。每个设备类包含了分配并注册了该设备类的类对象的子目录。大多数设备类对象的目录都包含指向与该类对象关联的设备和驱动程序目录的软链接，它们分别位于全局设备层次与总线层次上。需要注意的是，在设备与物理设备之间不一定是1:1的映射关系，一个物理设备可能包含多个类对象，执行不同的逻辑功能。例如，一个物理鼠标会映射一个内核鼠标对象，也会映射一个泛输入事件设备，以及一个输入调试设备。每个类与类对象都会包含各种属性，用于描述并控制该类对象的参数。这些属性的内容与格式完全取决于该类对象，并依赖于内核中所存储的支持。按照设备功能对系统设备进行分类的结果放在该目录下，例如，系统所有输入设备都会出现在/sys/class/input目录下。和/sys/bus目录一样，/sys/class目录下的文件最终都是符号链接，这样可以确保整个系统中的每一个设备都只有一个实例。

- dev：按照设备号对字符设备和块设备进行分类。该目录下的文件依然使用符号链接的形式链接到sys/devices/中相应的文件。

- devices：所有的设备文件实例都在sys/devices/目录下。

- fs：按照设计用于描述系统中所有的文件系统，包括文件系统本身和按文件系统分类存放的已挂载点。然而，目前只有fuse、gfs2等少数文件系统支持sysfs接口。一些传统的虚拟文件系统（VFS）层次的控制参数仍然在sysctl（/proc/sys/fs）接口中。

- kernel：内核中所有可调整参数的位置。目前，只有uevent_helper、kexec_loaded、mm和新式的slab分配器等几项较新的设计在使用它。其他内核可调整参数仍然位于sysctl（/proc/sys/kernel）接口中。

- module：这里有系统中所有模块的信息，不论这些模块是以内联（inlined）方式编译到内核映像文件（vmlinuz）中的，还是编译为外部模块（.ko文件）。编译为外部模块（.ko文件）后，在加载后会在/sys/module/目录下出现相应的目录。

- power：这是系统中的电源选项，该目录下有几个属性文件可用于控制整个机器的电源状态，例如，可以向其中写入控制命令让机器关机、重启等。

sys/class/、sys/bus/和sys/devices是设备开发中最重要的几个目录。它们之间的关系如图10-6所示。

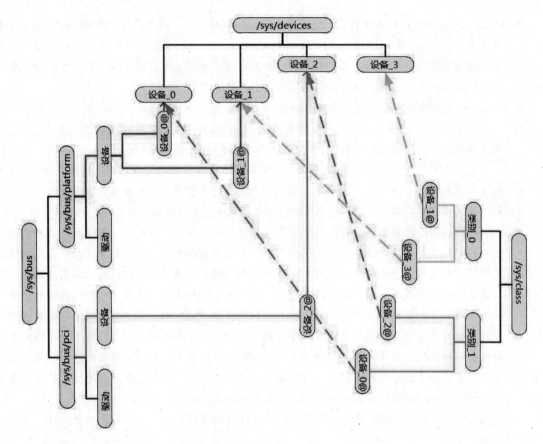

图 10-6

手工挂载 sysfs 成功后，我们还要让它开机自动挂载。和自动挂载 proc 的方法一样，在 _install/etc/init.d/rcS 文件的末尾添加挂载语句：

```
mount -t sysfs sysfs /sys
```

保存文件，然后重新制作映像文件并启动系统，命令如下：

```
umount /root/mymnt
mkfs.ext4 /root/rootfs.ext4
mount /root/rootfs.ext4 /root/mymnt/
cp -rf /root/soft/busybox-1.35.0/_install/* /root/mymnt
chmod 777 /root/mymnt/bin/busybox
/root/soft/qemu-7.1.0/mybuild/qemu-system-aarch64 -machine virt -cpu cortex-a57
-nographic -m 2048 -smp 2 -kernel /root/soft/linux-5.19.8/arch/arm64/boot/Image  -
append "root=/dev/vda" -hda /root/rootfs.ext4
```

启动成功，马上执行 lspci，可以发现结果正确了：

```
/ # lspci -k
00:01.0 Class 0200: 1af4:1000 virtio-pci
00:00.0 Class 0600: 1b36:0008
00:02.0 Class 0100: 1af4:1001 virtio-pci
```

至此，自动挂载 sysfs 成功。

10.6.3　实现文件系统可写

默认情况下，QEMU虚拟机启动后，文件系统是只读的，导致无法新建文件、文件夹和修改文件，比如我们尝试新建一个文件夹：

```
/ # mkdir 1
mkdir: can't create directory '1': Read-only file system
```

提示只读文件系统，无法创建文件夹。不能新建文件和文件夹有时非常不方便。为了解决这个问题，我们可以使用到一条命令让文件系统切换到可读写模式，从而实现自由修改。命令如下：

```
mount -o remount,rw /
```

然后就可以在文件系统的任意目录下新建文件或文件夹了，而且重启后依旧存在。但要注意的是，如果系统重启，将依旧是只读的，因此我们可以将这个命令加在/etc/init.d/rcS文件的末尾，再制作镜像文件。加上后，再启动系统即可对文件系统进行读写。

基本功能完善后，接下来要完善网络功能。为了使QEMU的虚拟机能够与外界通信，QEMU需要为它的虚拟机提供网络设备。网络是现代计算机系统不可或缺的一部分，QEMU也对虚拟机提供丰富的网络支持。QEMU向客户机提供了4种不同模式的网络，分别是QEMU内置的用户网络模式（user mode networking，简称user模式）、基于网桥（Bridge）的虚拟网卡模式（简称tap模式）、基于NAT（Network Address Translation，网络地址转换）的虚拟网络模式以及直接分配网络设备的网络模式（包括VT-d和SR-IOV）。用得较多的是user模式和tap模式。

10.7　QEMU 的用户网络模式

我们的目标是在用户网络模式下，在QEMU虚拟机中能访问并删除其宿主机Ubuntu中的文件，同时打造一个方便使用的交叉编译运行环境。这里所说的方便并不是夸大其词，相比传统的交叉编译运行环境，一般在虚拟机（比如Ubuntu）中使用ARM编译器进行编译，然后再将编译好的文件上传到目标机系统（比如ARM系统）中运行。而我们打造的系统无需上传这个步骤，避免了窗口来回切换的麻烦。

在QEMU命令行中，对客户机网络的配置（除了网络设备直接分配之外）都是通过使用-net参数进行的。如果没有设置-net参数，则默认使用-net nic -net user参数，从而使用完全基于QEMU内部实现的用户模式下的网络协议栈。使用用户模式的客户机可以连通宿主机及外部网络。用户模式网络完全由QEMU模拟实现整个TCP/IP协议栈，并使用此协议栈提供虚拟的NAT网络。它不依赖于宿主机上的网络工具组件（如bridge-utils、tunctl、dnsmasq、iptables等），因此不需要root用户权限。当然，用户模式网络的缺点也是明显的，由于其在QEMU内部实现了所有网络协议栈，因此性能相对较差。

QEMU提供了对一系列主流和兼容性良好的网卡的模拟，通过使用-net nic,model=?参数，可以查询当前QEMU实现了哪些网卡的模拟，如下命令显示了QEMU能模拟的网卡种类。

```
root@myub:~/soft/qemu-7.1.0/mybuild#  ./qemu-system-aarch64  -M  virt  -net  nic,
model=?
Supported NIC models:
e1000
e1000-82544gc
e1000-82545em
e1000e
i82550
...
vmxnet3
```

其中的e1000系列提供了对Intel e1000系列网卡的模拟。在纯的QEMU环境下（非qemu-kvm），默认提供的事Intel e1000系列的虚拟网卡。如果未指定网络选项，QEMU将默认模拟一个Intel e1000 PCI网卡，该网卡具有桥接到主机网络的用户模式网络堆栈。

下面我们分两种情况来学习：一种是不使用-net选项，另一种是使用-net选项。

10.7.1 不使用-net选项

在用户网络模式下，QEMU提供一个固定的IP地址用于宿主机和虚拟机之间的通信，这个IP地址为10.0.2.2。默认情况下，QEMU虚拟机所在子网为10.0.2.0/24，并且提供了一个内嵌的DHCP服务器，该DHCP服务器有16个IP地址可供分配，默认地址范围是10.0.2.15～10.0.2.30。也就是说，我们既可以在QEMU虚拟机中用ifconfig设置IP地址，也可以在让QEMU内嵌的DHCP服务器给QEMU虚拟机自动分配一个IP地址。要自动分配IP地址，需要进行一定的设置。首先在Ubuntu下，进入BusyBox的源码目录的example/udhcp子目录，这里是/root/soft/BusyBox-1.35.0/examples/udhcp/，把simple.script文件复制到根文件系统的/usr/share/udhcpc/目录下，命令如下：

```
cp simple.script /root/soft/busybox-1.35.0/_install/usr/share/udhcpc/
```

然后更名为default.script：

```
mv simple.script default.script
```

再将default.script中的RESOLV_CONF="/etc/resolv.conf"更改为RESOLV_CONF="/tmp/resolv.conf"。在/root/soft/busybox-1.35.0/_install下新建目录tmp：

```
mkdir tmp
chmod 777 tmp
```

然后重新制作映像文件并启动系统，命令如下：

```
umount /root/mymnt
mkfs.ext4 /root/rootfs.ext4
mount /root/rootfs.ext4 /root/mymnt/
cp -rf /root/soft/busybox-1.35.0/_install/* /root/mymnt
chmod 777 /root/mymnt/bin/busybox
/root/soft/qemu-7.1.0/mybuild/qemu-system-aarch64 -machine virt -cpu cortex-a57
-nographic -m 2048 -smp 2 -kernel /root/soft/linux-5.19.8/arch/arm64/boot/Image  -
append "root=/dev/vda" -hda /root/rootfs.ext4
```

启动后，因为udhcpc命令需要创建配置文件，所以我们先让文件系统可写：

```
/ # mount -o remount,rw /
[  189.480246] EXT4-fs (vda): re-mounted. Quota mode: none.
[  189.482038] ext4 filesystem being remounted at / supports timestamps until
2038 (0x7fffffff)
```

然后就可以执行udhcpc命令从DHCP服务器那里得到IP地址了：

```
/ # udhcpc
udhcpc: started, v1.35.0
Clearing IP addresses on eth0, upping it
udhcpc: broadcasting discover
udhcpc: broadcasting select for 10.0.2.15, server 10.0.2.2
udhcpc: lease of 10.0.2.15 obtained from 10.0.2.2, lease time 86400
Setting IP address 10.0.2.15 on eth0
Deleting routers
route: SIOCDELRT: No such process
Adding router 10.0.2.2
Recreating /tmp/resolv.conf
Adding DNS server 10.0.2.3
/ #
```

udhcpc是一个动态分配IP地址的命令，使用它可以为系统动态地获得一个IP地址。udhcpc是集成在BusyBox中的。需要注意的是，如果缺少default.script文件，直接使用udhcpc只能分配IP地址，而不能将其写入设备中，即这个IP地址并不会生效。因为udhcpc需要一个默认的配置文件default.script，它的实际作用是通过ifconfig命令将分配到的IP地址写入设备中。接着，我们可以输入ifconfig命令，可以看到eth0已经获得了IP地址：

```
/ # ifconfig
eth0    Link encap:Ethernet  HWaddr 52:54:00:12:34:56
        inet addr:10.0.2.15  Bcast:10.0.2.255  Mask:255.255.255.0
        UP BROADCAST RUNNING MULTICAST  MTU:1500  Metric:1
        RX packets:148 errors:0 dropped:0 overruns:0 frame:0
        TX packets:152 errors:0 dropped:0 overruns:0 carrier:0
        collisions:0 txqueuelen:1000
        RX bytes:17252 (16.8 KiB)  TX bytes:16024 (15.6 KiB)
```

可以看到自动分配的IP地址是10.0.2.15，这表明默认的子网IP地址范围是10.0.2.15～10.0.2.30。至此，我们已成功获取了动态分配的IP地址。如果想要快速设置IP地址，也可以不使用动态分配的方式，直接执行ifconfig eth0 10.0.2.15命令来设置IP地址。

设置完IP地址后，我们就可以和Ubuntu共享文件了。首先需要将Ubuntu的IP地址设置为10.0.2.2，这样QEMU虚拟机就和Ubuntu在同一个网段中。虽然QEMU虚拟机可以ping通Ubuntu，但是Ubuntu却无法ping通QEMU虚拟机，这是正常的。因为QEMU虚拟机是通过计算机模拟出的网卡，是受保护的，外部无法访问虚拟机，但是虚拟机可以通过计算机访问外网，这并不影响我们共享文件。

共享文件的方式有很多，其中一种是使用NFS（Network File System，网络文件系统）。NFS的基本原理是容许不同的客户端和服务端通过一组RPC分享相同的文件系统，它是独立于操作系统的，容许不同硬件和操作系统进行文件分享。首先，在某个路径下新建一个目录，比如：

```
mkdir /home/rootfs
```

然后，在/home/rootfs/下新建一些文件夹或文件，例如文件夹1、文件夹2和文件hello.txt。接着，为文件系统所在的目录设置权限，命令如下：

```
chmod 777 /home/rootfs -R
```

如果不修改共享目录的权限，则会导致NFS共享服务无法正常启动。然后，在Ubuntu上安装NFS服务器，命令如下：

```
apt-get install nfs-kernel-server
```

安装后，编辑配置文件，用vi或gedit打开/etc/exports，在最后添加一行：

```
/home/rootfs        10.*.*.*(insecure,rw,sync,no_root_squash)
```

/home/rootfs是刚才文件系统安装的路径，也是NFS服务器提供给客户机进行访问的目录，供访问者（客户机）映射访问。其中，10.*.*.*表示访问者（客户机）的IP形式，即NFS共享服务器（Ubuntu系统）上的/home/rootfs目录只有IP形式为10开头的主机可以访问，并且这些主机具有读写权限。当使用root用户身份访问该共享目录时，不映射root用户（no_root_squash），即相当于在服务器上用root身份访问该目录。另外，也可以具体指定客户端的IP地址，比如：

```
/home/rootfs        10.0.2.15 (insecure,rw,sync,no_root_squash)
```

这样就只有IP为10.0.2.15的客户机可以访问NFS服务器了。甚至还可以不指定任何IP地址，比如：

```
/home/rootfs         *(insecure,rw,sync,no_root_squash)
```

其中，*表示所有网段都可以访问；insecure选项允许从这台机器过来的非授权访问。NFS可以通过1024以上的端口发送，这对于使用NAT环境非常重要。对应的还有一个secure选项，它要求mount客户端请求源端口小于1024。然而，在使用NAT网络地址转换时，端口一般总是大于1024的，默认情况下，secure选项是开启的。如果要禁止secure选项，则需要使用insecure选项。Sync选项表示数据同步写入内存与硬盘中。no_root_squash选项表示客户端以root用户身份访问该共享文件夹时，不映射root用户。

在修改/etc/exports文件后，该文件不会立即生效。需要使用如下命令来重新加载exports文件：

```
exportfs -a
```

或者直接重启nfs服务：

```
service nfs-kernel-server restart
```

执行成功后，就可以准备在ARCH64系统中用mount命令将/home/rootfs挂载到本地某个目录，通常是挂载到/mnt目录。因此，我们要为文件系统增加/mnt目录，然后启动系统，命令如下：

```
cd /root/soft/busybox-1.35.0/_install
mkdir mnt
chmod 777 mnt
umount /root/mymnt
mkfs.ext4 /root/rootfs.ext4
mount /root/rootfs.ext4 /root/mymnt/
```

```
cp -rf /root/soft/busybox-1.35.0/_install/* /root/mymnt
chmod 777 /root/mymnt/bin/busybox
/root/soft/qemu-7.1.0/mybuild/qemu-system-aarch64 -machine virt -cpu cortex-a57
-nographic -m 2048 -smp 2 -kernel /root/soft/linux-5.19.8/arch/arm64/boot/Image  -
append "root=/dev/vda" -hda /root/rootfs.ext4
```

AArch64系统启动后，设置一下IP地址：

```
ifconfig eth0 10.0.2.15
```

再回到Ubuntu系统中，把Ubuntu的IP地址改为10.0.2.2，命令如下：

```
ifconfig ens33 10.0.2.2
```

10.0.2.2是默认供外部系统使用的，从而可以和AArch64系统通信。然后到AArch64系统中进行挂载，命令如下：

```
mount -t nfs -o nolock 10.0.2.2:/home/rootfs  /mnt/
```

其中10.0.2.2是NFS服务器的IP地址；/mnt也是NFS服务器的目录。然后进入/mnt并查看：

```
/mnt # ls
1         2              hello.txt
```

可以看到文件夹1、文件夹2以及文件hello.txt，这些都是以前在Ubuntu系统中的/home/rootfs路径下的内容。这表明挂载已经成功了。如果有兴趣，还可以删除hello.txt。回到Ubuntu系统中的/home/rootfs路径下查看，我们会发现hello.txt已经被删除了。成功共享文件夹后，我们就可以在Ubuntu下使用ARM编译器编译程序，然后将编译后的可执行文件复制到/home/rootfs下，并将其移动到AArch64系统的/mnt目录下，然后就可以直接执行可执行文件了。

10.7.2 使用-net选项

QEMU默认使用-net nic-net user参数为客户机配置网络，这是一种用户模式的网络模拟。使用用户模式的客户机可以连通宿主机及外部网络。用户网络模式完全由QEMU模拟实现整个TCP/IP协议栈，并使用这个协议栈提供虚拟的NAT网络。它不依赖于宿主机上的网络工具组件，如bridge-utils、tunctl、dnsmasq、iptables等，因此也不需要root用户权限。当然，用户网络模式的缺陷也很明显，因其在QEMU内部实现所有网络协议栈，所以性能相对较差。

QEMU命令使用-net user参数配置用户模式网络，命令格式如下：

```
qemu-system-aarch64 -net nic -net user [, option[, option[, ... ] ] ]
```

用户网络模式的参数选项描述如下。

- vlan=vlan编号：将用户模式网络栈连接到编号为n的VLAN中（默认值为0）。
- name=名称：分配一个网络名称，可以用来在QEMU monitor中识别该网络。
- net=地址[/掩码]：设置客户机所在的子网，默认值是10.0.2.0/24。
- host=地址：用于设置客户机能看到的宿主机IP地址，默认值为客户机所在网络的第2个IP地址10.0.2.2。
- restrict=开关：如果将此选项打开（y或yes），则客户机不能与宿主机通信，也不能通过宿主机路由到外部网络。默认设置为n或no。

- hostname=名称：设置在宿主机DHCP服务器中保存的客户机主机名。
- dhcpstart=地址：设置能够分配给客户机的第一个IP地址，QEMU内嵌的DHCP服务器有16个 IP地址可供分配，默认地址范围是10.0.2.15～10.0.2.30。
- dns=地址：指定虚拟DNS的地址，其默认值是网络中的第3个IP地址10.0.2.3，不能与 "host= "中指定的相同。
- hostfwd=[tcpludp] [宿主机地址]：宿主机端口-[客户机地址]：客户机端口，将访问宿主机指定 端口的TCP/UDP连接重定向到客户机端口上。该选项可以在一个命令行中多次重复使用。

熟悉了选项后，我们就可以在Ubuntu中启动客户机了（这里是aarch64系统），命令如下：

```
/root/soft/qemu-7.1.0/mybuild/qemu-system-aarch64 -machine virt -cpu cortex-a57
-nographic -m 2048 -smp 2 -kernel /root/soft/linux-5.19.8/arch/arm64/boot/Image  -
append "root=/dev/vda" -hda /root/rootfs.ext4  -net nic -net user,
net=192.168.11.0/24, host=192.168.11.129
```

其中，192.168.11.129是Ubuntu中的IP地址。启动成功后，在aarch64系统中设置同网段的IP地址，就可以ping通Ubuntu了，命令如下：

```
/ # ifconfig eth0 192.168.11.3
/ # ping 192.168.11.129
PING 192.168.11.129 (192.168.11.129): 56 data bytes
64 bytes from 192.168.11.129: seq=0 ttl=255 time=21.931 ms
64 bytes from 192.168.11.129: seq=1 ttl=255 time=0.811 ms
```

然后用mount命令加载到/mnt，再到/mnt下查看，命令如下：

```
/ # mount -t nfs -o nolock 192.168.11.129:/home/rootfs  /mnt
/ # cd /mnt
/mnt # ls
1  2
```

其中文件夹1和文件夹2是Ubuntu系统中/home/rootfs/下的两个文件夹。至此，使用-net方式建立用户网络成功了，并且可以和宿主机共享文件夹。

用户网络模式是在QEMU进程中实现一个协议栈，负责在虚拟机VLAN和外部网络之间转发数据。可以将该协议栈视为虚拟机与外部网络之间的一个NAT服务器，宿主机和外部网络不能主动与虚拟机通信。虽然用户网络模式不需要root权限，使用简单，但也有一些限制：数据包需要经过QEMU自带的网络协议栈，性能较差，部分网络协议不一定有效（如ICMP）。

10.8　QEMU 桥接网络模式

桥接模式也称为TAP（Terminal Access Point）模式，该模式在宿主机上创建一个虚拟网卡设备tap0，tap0在宿主机中通过网桥br0和宿主机的物理网卡绑定，客户机通过这个虚拟网卡设备tap0进行网络通信，虚拟机发出的数据包通过tap0设备先到达br0，然后经过宿主机的物理网卡发送到物理网络中，数据包不需要经过主机的协议栈，效率是比较高的。

10.8.1　网桥的概念

同TUN/TAP、Veth-pair一样，网桥（Bridge）也是一种虚拟网络设备，所以具备虚拟网络设备的所有特性，比如可以配置 IP、MAC等。除此之外，网桥还是一个交换机，具备交换机所有的功能。普通的网络设备就像一个管道，只有两端，数据从一端进，从另一端出。而网桥有多个端口，数据可以从多个端口进，从多个端口出。网桥的这个特性让它可以接入其他的网络设备，比如物理设备、虚拟设备、VLAN设备等。网桥通常充当主设备，其他设备为从设备，这样的效果就等同于物理交换机的端口连接了一根网线。

所谓桥接，就是在两个网卡之间搭一座桥，这样一端有数据就可以通过桥走到另一端，对于实现QEMU虚拟机通信正合适。桥接技术在VMware中很常用，我们设置虚拟机网络的时候就能看见桥接选项，实际上 VMware 在物理机上虚拟化了3个网卡，分别负责桥接网络、仅主机网络、共享网络。

10.8.2　TUN/TAP的工作原理

TAP是虚拟网络设备，它仿真了一个数据链路层设备（ISO七层网络结构的第二层），它像以太网的数据帧一样处理第二层数据报。而TUN与TAP类似，也是一种虚拟网络设备，它是对网络层设备的仿真。TAP被用于创建一个网桥，而TUN与路由相关。

TAP其实就是一个虚拟网卡，虽然虚拟网卡无法将数据传输到外界网络，但可以将数据传输到本机的另一个网卡（虚拟网卡或物理网卡）或其他虚拟设备（如虚拟交换机）上，并且可以在用户空间运行一个可读写虚拟网卡的程序，该程序可对流经虚拟网卡的数据包进行处理，比如OpenVPN程序。

TUN/TAP驱动程序实现了虚拟网卡的功能，TUN表示虚拟的是点对点设备，TAP表示虚拟的是以太网设备，这两种设备针对网络包实施不同的封装。利用TUN/TAP驱动，可以将TCP/IP协议栈处理好的网络分包传给任何一个使用TUN/TAP驱动的进程，由进程重新处理后再发到物理链路中。开源项目OpenVPN和VTun都是利用TUN/TAP驱动实现的隧道封装。作为虚拟网卡驱动，TUN/TAP驱动程序的数据接收和发送并不直接和真实网卡打交道，它在Linux内核中添加了一个TUN/TAP虚拟网络设备的驱动程序和一个与之相关联的字符设备/dev/net/tun，字符设备TUN作为用户空间和内核空间交换数据的接口。当内核将数据包发送到虚拟网络设备时，数据包被保存在一个和设备相关的队列中，直到用户空间程序通过打开的字符设备TUN的描述符读取时，它才会被复制到用户空间的缓冲区中，其效果就相当于数据包直接发送到了用户空间。通过系统调用write发送数据包时的原理与此类似。TUN/TAP设备是一种让用户态程序向内核协议栈注入数据的设备，TUN工作在三层，TAP工作在二层，使用较多的是TAP设备。TAP设备的工作原理如图10-7所示。

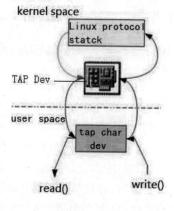

图 10-7

如图10-7所示，当一个TAP设备被创建时，在Linux设备文件目录下会生成一个对应字符（char）设备，用户程序可以像打开普通文件一样打开这个文件进行读写。当执行write()操作时，数据进入TAP设备，此时对于Linux网络层来说，相当于TAP设备收到了一个数据包，请求内核接受它，如同普通的物理网卡从外界收到一个数据包一样，不同的是数据来自Linux上的一个用户程序。Linux收到此数据后将根据网络配置进行后续处理，从而完成用户程序向Linux内核网络层注入数据的功能。当用户程序执行read()请求时，相当于向内核查询TAP设备上是否有需要被发送出去的数据，有的话取出到用户程序中，完成TAP设备的发送数据功能。针对TAP设备的一个形象的比喻是：使用TAP设备的应用程序相当于另一台计算机，TAP设备是本机的一个网卡，它们之间相互连接。应用程序通过read()/write()操作和本机的网络核心进行通信。

从结构上来说，TUN/TAP驱动并不单纯是实现网卡驱动，同时它还实现了字符设备驱动部分，以字符设备的方式连接用户空间和内核空间，如图10-8所示。

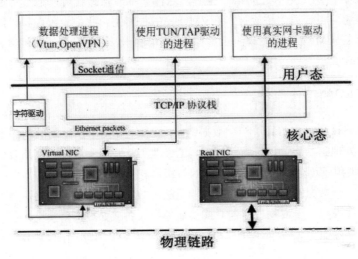

图 10-8

TUN/TAP驱动程序中包含两个部分：一部分是字符设备驱动，另一部分是网卡驱动。网卡驱动部分用于接收来自TCP/IP协议栈的网络分组并将其发送，或者反过来将接收到的网络分组传给协议栈处理；而字符驱动部分则将网络分组在用户空间和内核空间之间传送，模拟物理链路的数据接收和发送。TUN/TAP驱动很好地实现了两种驱动的结合。

10.8.3　带TAP的QEMU系统架构

TAP模式的优点是客户机网卡设备与真实网卡相似，但缺点是需要在宿主机上进行大量配置，网络拓扑结构也比较复杂。TAP模式是QEMU推荐的虚拟机联网的虚拟网络设备的后端实现，可以把虚拟网卡直接与其相连。TAP接口的行为应该与真实的网络设备一样，一旦将TAP绑定到网桥上，就可以与外部进行网络通信了。

QEMU可以使用TAP接口为GuestOS（客户机操作系统）提供完整的网络功能。这在Guest OS运行多个网络服务并且必须通过标准端口连接时非常有用，比如需要TCP和UDP以外的协议时，以及QEMU的多个实例需要相互连接时（尽管这也可以通过端口重定向或套接字在用户模式网络中实现）。

采用TAP设备和网桥的虚拟网络的性能应该比使用用户模式网络或VDE要好，原因在于TAP设备和网桥是在内核中实现的。使用TAP方式的前提是宿主机（Host）的内核支持TUN/TAP。现在的

Linux发行版一般都通过内核模块的方式支持TUN/TAP。如果宿主机存在/dev/net/tun设备文件，则说明它支持TUN/TAP。在Ubuntu中，我们可以使用以下命令来检查：

```
ls /dev/net/tun
```

如果结果中包含了/dev/net/tun，则说明该系统支持TAP/TUP。如果不存在这个设备文件，则可以尝试执行modprobe tun命令来加载相关模块。如果要使用TUN/TAP方式，则需要确保QEMU宿主机（这里是Ubuntu 20.04）的内核支持TUN/TAP功能。如果用户使用的操作系统内核不支持TUN/TAP，则需要下载源码并编译相应的模块，然后再将其加载。

使用TAP设备的QEMU虚拟机和宿主机的逻辑拓扑图如图10-9所示。

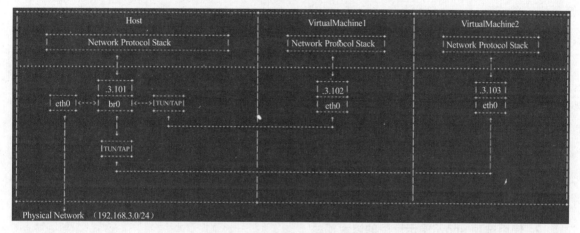

图 10-9

这里的Host可以是直接运行在物理计算机上的Linux系统，也可以是在Windows 10系统上用VMware运行的虚拟机Ubuntu。如果是虚拟机Ubuntu，只需要将其和Windows系统之间用VMware桥接模式相连即可。图10-9中VirtualMachine1和VirtualMachine2都是Host中通过QEMU软件运行的虚拟机（也称Host的客户机）。然后，VirtualMachine1和VirtualMachine2中的网卡eth0分别和Host中的TUN/TAP相连。TUN/TAP被认为是后端。在图10-9中，br0是网桥接口，网桥是一种在链路层实现中继、对帧进行转发的技术（或设备），可根据MAC地址分割网段，隔离网络数据包的碰撞，并将网络的多个网段在数据链路层连接起来。br0可以连接两个接口，如将两个以太网接口eth0连接起来，并对帧进行转发。

针对实际的系统，现在VMware虚拟机Ubuntu的ens33网卡已经能够连接到互联网了。在安装虚拟网桥和TAP虚拟网卡后，Ubuntu里面会有三个实体，分别是虚拟网桥br0、虚拟网卡tap0和网卡ens33。外部网络会通过ens33连接到虚拟网桥，虚拟网桥的一个端口连接到TAP网卡，TAP网卡再和QEMU的网卡相连。这样，NIC网卡就能够和外部网络相连了。因此，在分析Linux网络时，关键的实体是网卡（无论是物理网卡还是虚拟网卡）、虚拟网桥、路由器和交换机。正是它们之间的网络拓扑才使得机器能够连接到互联网。

现在我们已经了解了使用TAP的基本网络架构，那么就需要在宿主机上创建两个虚拟设备，一个是虚拟网桥，另一个是虚拟网卡。创建虚拟网桥可以使用bridge命令。创建虚拟网卡有两种方式：一种是使用QEMU的辅助程序qemu-bridge-helper来自动创建，另一种是手动使用tunctl命令来创建。

10.8.4　brctl命令的简单用法

在Linux中，brctl命令可用于创建和操作以太网桥。通常在服务器上具有多个以太网接口（即多个网卡），如果希望将它们组合成某种逻辑网络时，则可以使用brctl命令。比如，Ubuntu默认具有一个网卡ens33，然后我们可以在VMware中为Ubuntu再添加一个网卡ens38，这样在Ubuntu中就有两个网卡了。现在可以将它们组合成一个网桥设备br0，并在处理网络流量时，同时使用ens33和ens38。

首先安装虚拟网桥工具bridge-utils，这个工具可以用来创建网桥，在线安装命令如下：

```
apt install bridge-utils
```

安装成功后，就可以使用brctl命令了。常用的方法如下。

1. 使用选项 addbr 创建新的以太网桥

brctl addbr可以用来创建网桥。下面的例子创建了名为dev、stage以及prod的3个以太网桥：

```
brctl addbr dev
brctl addbr stage
brctl addbr prod
```

此时，这3个以太网桥还是空白的网桥，没有其他的以太网网卡依附在上面。此时执行ifconfig -a命令可以看到创建的网桥。

2. 使用选项 show 展示可用的以太网桥

执行brctl show命令可以看到当前服务器上可用的以太网桥：

```
root@myub:~# brctl show
bridge name      bridge id              STP enabled      interfaces
dev              8000.000000000000      no
prod             8000.000000000000      no
stage            8000.000000000000      no
```

可以看到，现在interfaces下面的内容为空，这意味着这些网桥现在还没有以太网设备（网卡）。

3. 使用选项 delbr 删除以太网桥

执行brctl delbr命令可以删除已经存在的网桥。下面删除以太网桥stage：

```
root@myub:~# brctl delbr stage
root@myub:~# brctl show
bridge name      bridge id              STP enabled      interfaces
dev              8000.000000000000      no
prod             8000.000000000000      no
```

需要注意的是，如果网桥处于up状态，那么在删除网桥之前，需要先将网桥置为down状态。

4. 使用选项 addif 把网络接口添加到网桥

这里的网络接口通常就是网络适配器，即网卡。下面的例子是将以太网卡ens38添加到网桥dev：

```
brctl addif dev ens38
```

注意，如果用户的主机上只有一个网卡，且通过这个网卡远程连接着主机，则最好不要在这个主机上执行这个命令，因为把网卡添加到网桥后，会使这个设备的网络连接断开。笔者现在通过ens33网卡进行远程连接，所以把ens38网卡添加到网桥不会影响主机。

在这个例子中，将会使ens38成为dev桥设备的一个端口，因此所有到达ens38的数据帧将被认为是到达该网桥。同时，当有数据帧从dev网桥发出时，将使用ens38，当dev具有多个网络接口时，ens38将是将数据帧从网桥发送出去的潜在候选者之一。在把ens38网卡添加到网桥之后，brctl show命令显示的结果如下：

```
bridge name        bridge id              STP enabled       interfaces
dev                8000.000c29c64add      no                ens38
prod               8000.000000000000      no
```

如果在把网络接口添加到网桥之后机器出现了问题，则可执行下面的命令进行恢复：

```
brctl delbr dev
```

也就是删除网桥。另外，如果用户尝试添加一个回环接口到网桥，则会有如下提示（说明添加无效）：

```
# brctl addif dev lo can't add to bridge dev: Invalid argument
```

同样，用户也不能够把系统中不存在的网络接口添加到网桥：

```
root@myub:~# brctl addif dev eth123
interface eth123 does not exist!
```

此外，如果一个以太网接口已经是一个网桥的一部分，那么不能把它添加到另一个网桥。一个网络接口只能是单个网桥的一部分：

```
root@myub:~# brctl addif prod ens38
device ens38 is already a member of a bridge; can't enslave it to bridge prod.
```

还可以一次性把多个网络接口添加到网桥，比如：

```
brctl addif dev ens33 ens38
```

5. 为网桥分配一个 IP 地址

和其他网络设备接口一样，网桥也需要一个IP地址。我们可以使用dhclient命令从DHCP服务器处获得网桥的IP地址，比如：

```
dhclient br0
```

设置后，就可以用ifconfig -a命令看到IP地址了：

```
root@myub:~# dhclient br0
root@myub:~# ifconfig -a
br0: flags=4419<UP,BROADCAST,RUNNING,PROMISC,MULTICAST>  mtu 1500
        inet 192.168.11.131  netmask 255.255.255.0  broadcast 192.168.11.255
        inet6 fe80::20c:29ff:fec6:4add  prefixlen 64  scopeid 0x20<link>
        ether 00:0c:29:c6:4a:dd  txqueuelen 1000
        RX packets 301  bytes 31857 (31.8 KB)
        RX errors 0  dropped 0  overruns 0  frame 0
```

```
TX packets 66 bytes 8701 (8.7 KB)
TX errors 0 dropped 0 overruns 0 carrier 0 collisions 0
```

这里，得到了IP地址为192.168.11.131。另外，也可以直接使用ifconfig命令为网桥设置静态IP地址，比如：

```
ifconfig br0 192.168.11.125/24
```

10.8.5   3个网络配置选项

在配置网络时，QEMU可以使用-net命令行参数来配置前端和后端设备。在QEMU虚拟机系统中，网卡是前端设备，而在Ubuntu中的TAP虚拟网卡则是相对于QEMU虚拟机系统来说的后端设备。

后来，QEMU官方又添加了一个新的选项-netdev。限于篇幅，这里不再举例，读者可以自行了解。在QEMU 2.12版本中，引入了第3种方式来配置NIC，即-nic选项。从QEMU的changelog可以看出，-nic选项可以快速创建一个网络前端和Host后端。为什么需要第3种方式呢？这3种方式有什么差别呢？我们先来看一下QEMU中的网络虚拟化接口。QEMU的网络接口分成两部分：Guest和Host。

- Guest（客户机，也就是QEMU虚拟机系统）看到的仿真硬件叫作NIC，中文翻译为网络接口控制器，又称网络适配器，网卡等，常见的有e1000网卡、rt8139网卡和virtio-net设备。这些统称为网络前端。
- Host（宿主机，这里是Ubuntu系统）上的网卡叫后端，最常见的后端是user，用来提供NAT的主机网络访问。TAP后端可以让Guest直接访问主机的网络。还有Socket类型的后端，用来连接多个QEMU实例来仿真一个共享网络。

按照以上两点，可以简单区分一下这3种方式。

1. -net 选项

-net选项可以定义前端和后端。QEMU最初的Guest网络配置方式是-net选项。可以通过"-net nic,model=xyz,…"来配置Guest NIC，然后通过"-net <backend>,…"来配置Host后端（例如-net user）。但是，仿真的NIC和Host的后端并不是直接相连的。它们通过一个相同的仿真HUB连在一起，这个组件在以前的QEMU里面叫作VLAN。以"-net nic,model=e1000 -net user -net nic,model=virtio -net tap"为例，启动QEMU，它们的连接如图10-10所示。

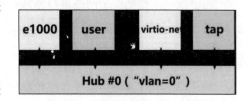

图 10-10

这意味着e1000网卡可以看到其他3个的网络流量，这种并不是用户期望的。用户更期望看到两个独立的Guest网络和两个独立的Host后端，它们一一对应。为了达到这个目的，用户不得不告诉QEMU，自己要使用两个单独的HUB。通过vlan参数可以指定不同的VLAN，例如"-net nic,model=e1000,vlan=0 -net user,vlan=0 -net nic,model=virtio,vlan=1 -net tap,vlan=1"。这样，Virtio NIC和TAP后端就连到第二个HUB了。注意，vlan参数将在QEMU 3.0版本被移除。因为这个VLAN术语跟现在常用的网络中的VLAN不是一个概念，会带来很多误解。-net选项依然是保留的。-net可以分别配置前端和后端，可以做到一对一或者多对一，例如"-net nic,model=e1000 -net nic,model= virtio -net l2tpv3"。

2. -netdev 选项

-netdev选项只能定义后端。上面提到的-net配置前后端，它们中间必须有一个HUB相连。有了这个HUB，Vhost就没法在Virtio上启用。为了配置Guest NIC和后端直接相连的网络，需要将-netdev和-device搭配使用。例如，需要配置同-net一样的网络，使用-netdev和-device的方式如下：

```
-netdev user,id=n1 -device e1000,netdev=n1 -netdev tap,id=n2 -device virtio-net,netdev=n2
```

它们的连接方式是一对一的直接连接，如图10-11所示。

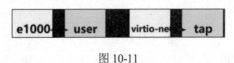

图 10-11

-netdev/-device存在两个弊端：一是使用起来比较麻烦，在某些场景下不如-net方便。例如，要创建默认的TAP网络，可以使用定义好的/etc/qemu-ifup和/etc/qemu-ifdown脚本。而使用-net nic -net tap命令就很简单。如果使用-netdev/-device，命令就很长了，还需要指定一个ID：-netdev tap,id=n1 -device e1000, netdev=n1。另外，板载的NIC不能配置成-netdev/-device方式。

3. 新的-nic 选项

使用-nic选项可以一条命令定义前端和后端。前面提到的两种方式都有各自的局限性，而新的-nic选项则具有比-netdev选项更易于使用的优势，因为NIC和Host后端可以直接相连，并可以通过一条命令来配置它们。例如"-netdev tap,id=n1 -device e1000,netdev=n1"可以替换成"-nic tap,model=e1000"，model参数也可以省略。这个也比"-net nic -net tap"更方便。可以通过运行"qemu-system-x86_64 -nic model=help"来查看支持的model列表。

总之，新的-nic选项为用户提供了更方便和更快速的方式来配置QEMU的前后端网络。如果需要更详细地配置网络NIC的特性，则可以使用-device/-netdev选项；如果需要一个HUB，则可以使用-net选项，对于维护一些旧系统来说，掌握-net选项的用法是必要的，因此我们也将重点介绍-net选项的用法。

10.8.6　实战桥接模式网络

原理和基础知识讲述得差不多了，本小节进入实战环节。我们的目标是让启动的QEMU虚拟机能够与其宿主机（这里是VMware创建的Ubuntu系统）相互ping通。如果能相互ping通，那么后续的文件夹共享、FTP传文件等需求也就能够轻松实现。在这里，Ubuntu系统通过NAT方式与其宿主机Windows 10系统相连，并通过DHCP方式获取IP地址，网段是192.168.11.0/24。

首先，我们要为Ubuntu系统准备好三种设备：第一种设备是网卡ens38。尽管Ubuntu默认只有ens33，但我们可以在VMware中添加一块网卡。虽然可以直接使用ens33，但ens33目前用于远程终端连接，因此不使用它。第二种设备是网桥，可以通过命令来创建；第三种设备是虚拟网卡TAP，可以在QEMU虚拟机启动时自动创建，也可以使用命令手动创建。接下来，我们将分别进行演示。

这里我们先不用命令创建虚拟网卡TAP，而是让QEMU在启动虚拟机时自动创建虚拟网卡TAP。具体步骤如下：

（1）在Ubuntu中创建网桥，然后绑定网卡ens38，并设置网桥IP，命令如下：

```
root@myub:~# brctl addbr br0
root@myub:~# ifconfig br0 up
root@myub:~# brctl addif br0 ens38
root@myub:~# dhclient br0
root@myub:~# ifconfig
br0: flags=4163<UP,BROADCAST,RUNNING,MULTICAST>  mtu 1500
      inet 192.168.11.131  netmask 255.255.255.0  broadcast 192.168.11.255
      ...
```

注意，前3条命令不要分开使用，否则在执行dhclient命令时会导致网络断开。我们通过dhclient命令从DHCP服务器处动态获得了一个IP地址192.168.11.131。网桥类似于交换机，此时可以认为ens38只是该交换机上的一个端口，可以认为所有数据包都从ens38进或出，但是最终由网桥决定包的流向，因此只要标记网桥的IP地址即可，端口并不需要IP地址，也就是说，绑定后，ens38的IP地址就没意义了，即ens38不需要IP地址了，只要网桥有IP地址即可。

（2）启动QEMU虚拟机，命令如下：

```
/root/soft/qemu-7.1.0/mybuild/qemu-system-aarch64 -machine virt -cpu cortex-a57 -
nographic -m 2048 -smp 2 -kernel /root/soft/linux-5.19.8/arch/arm64/boot/Image  -append
"root=/dev/vda" -hda /root/rootfs.ext4 -net nic -net tap,script=no,downscript=no
```

选项-net nic表示希望QEMU在其虚拟机中创建一个虚拟网卡，-net tap表示网络连接模式为TAP模式。script的作用是告诉QEMU在启动系统时是否调用脚本来自动配置网络环境，downscript则是系统退出时是否调用脚本清理环境，如果这两个选项为空，则不调用脚本，否则在启动时调用脚本qemu-ifup，虚拟机退出时调用脚本qemu-ifdown，因此我们需要准备好这两个脚本文件，后面会进行演示，这里先不用这两个脚本，因此都赋值no即可。

该命令执行后，QEMU虚拟机系统启动成功，然后回到宿主机系统中，用ifconfig -a命令来查看，可以看到有tap0这个虚拟网卡了：

```
root@myub:~# ifconfig -a
br0: flags=4163<UP,BROADCAST,RUNNING,MULTICAST>  mtu 1500
      inet6 fe80::d489:8fff:fe42:a8bf  prefixlen 64  scopeid 0x20<link>
      ...

ens33: flags=4163<UP,BROADCAST,RUNNING,MULTICAST>  mtu 1500
      inet 192.168.11.129  netmask 255.255.255.0  broadcast 192.168.11.255
      ...

ens38: flags=4163<UP,BROADCAST,RUNNING,MULTICAST>  mtu 1500
      inet 192.168.11.130  netmask 255.255.255.0  broadcast 192.168.11.255
      ...

tap0: flags=4098<BROADCAST,MULTICAST>  mtu 1500
      ether b2:6a:7a:40:3d:39  txqueuelen 1000
      ...
```

我们也看到了网桥br0。为了节省篇幅，我们用省略号代替不重要的信息。在Ubuntu下启用tap0，命令如下：

```
ifconfig tap0 up
```

以后直接执行ifconfig命令就可以看到tap0了。

（3）绑定tap0到网桥。在Ubuntu下把tap0绑定到网桥br0，命令如下：

```
brctl addif br0 tap0
```

这样tap0也相当于交换机（这里是网桥）上的一个端口，它其实不需要IP地址。最后查看网桥的绑定状态，命令如下：

```
root@myub:~# brctl show
bridge name        bridge id              STP enabled     interfaces
br0                8000.000c29c64add      no              ens38
                                                          tap0
```

可见，ens38和tap0都绑定到br0了。至此，宿主机上设置完毕了。下面可以进入QEMU虚拟机系统。

（4）设置虚拟机网卡的IP地址。在QEMU虚拟机系统中，首先启用网卡：

```
/ # ifconfig eth0 up
/ # ifconfig
eth0      Link encap:Ethernet  HWaddr 52:54:00:12:34:56
          UP BROADCAST RUNNING MULTICAST  MTU:1500  Metric:1
    ...
```

然后为eth0设置IP地址，注意要和宿主机的网桥IP地址在同一网段：

```
/ # ifconfig eth0 192.168.11.135
```

然后ping宿主机网桥：

```
/ # ping 192.168.11.131
PING 192.168.11.131 (192.168.11.131): 56 data bytes
64 bytes from 192.168.11.131: seq=0 ttl=64 time=10.600 ms
64 bytes from 192.168.11.131: seq=1 ttl=64 time=2.170 ms
...
```

可以发现ping通了。再到Ubuntu中ping 虚拟机的eth0：

```
root@myub:~# ping 192.168.11.135
PING 192.168.11.135 (192.168.11.135) 56(84) bytes of data.
64 bytes from 192.168.11.135: icmp_seq=1 ttl=64 time=1.97 ms
64 bytes from 192.168.11.135: icmp_seq=2 ttl=64 time=0.982 ms
...
```

可以发现，能ping通QEMU虚拟机。如果ping不通，可以尝试在虚拟机中设置默认网关：

```
route add default gw 192.168.11.131
```

当然，如果能互相ping通，则不必添加路由。

下面我们再来ping物理机Windows系统的网卡VMnet8，这个网卡的IP也是DCHP分配的。我们在Windows的命令行窗口用ipconfig命令查看其IP地址，这里是192.168.11.1。然后在QEMU虚拟机系统中ping这个地址：

```
/ # ping 192.168.11.1
PING 192.168.11.1 (192.168.11.1): 56 data bytes
```

```
64 bytes from 192.168.11.1: seq=0 ttl=128 time=1.868 ms
64 bytes from 192.168.11.1: seq=1 ttl=128 time=4.079 ms
```

　　发现也是可以ping通的。同样，在Windows下也可以ping通QEMU虚拟机系统。既然能互相ping通，那么我们可以让QEMU虚拟机系统和Windows之间通过FTP协议互相传文件。FTP协议传输需要客户端和服务端，我们让Windows充当服务端，QEMU虚拟机充当客户端。

　　在Windows上安装自己系统的FTP服务端软件，这里使用小型的tftpd32.exe软件，可以在源码目录的somesofts文件夹中找到。双击运行Tftpd32，然后单击Browse按钮，选择FTP的当前目录，这样客户端有文件传来时，就会默认存放到这个目录下，这里选择的是D:/test。然后选择服务器接口（Server Interface），也就是监听的IP地址，这里选择的是VMnet8的IP地址，即192.168.11.1，全部选择完毕后的界面如图10-12所示。

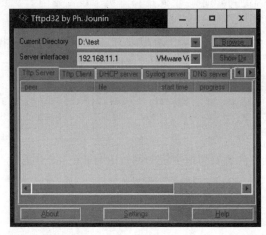

图 10-12

　　这个窗口就不用去管了，可以最小化。

　　下面回到QEMU虚拟机系统中，因为QEMU虚拟机系统已经自带了TFTP这个小程序，所以我们可以直接使用它。TFTP（Trivial File Transfer Protocol，简单文件传输协议）是TCP/IP协议族中的一个用来在客户机与服务器之间进行简单文件传输的协议，提供不复杂、开销不大的文件传输服务，默认端口号为69。由于传输文件需要可靠的传输协议，但TFTP是基于UDP的，UDP是不可靠的传输协议，因此只能通过人为的手段来保证可靠性。

　　要传文件到Windows，首先要有文件，/etc目录下就有文件，我们进入/etc目录，就可以把文件inittab传输到Windows中了，命令如下：

```
/ # cd /etc
/etc # ls
init.d   inittab  network
/etc # tftp -pr inittab 192.168.11.1
inittab          100% |*******************************|   46  0:00:00 ETA
```

　　TFTP的-pr选项表示将本地文件传送到远端系统。直接输入tftp可以看到TFTP的各个选项的含义。然后到Windows的D:\test下，可以看到有inittab文件了。我们在D:\test随便新建一个文件，比如hello.txt，然后回到QEMU虚拟机中，把Windows的文件传输到QEMU虚拟机中。但要注意把QEMU虚拟机系统的文件设置为可写，命令如下：

```
mount -o remount,rw /
```

然后就可以获取Windows的文件了，命令如下：

```
/ # tftp -gr hello.txt 192.168.11.1
hello.txt          100% |********************************|   13  0:00:00 ETA
/ # ls
bin         etc        linuxrc    mnt         sbin        tmp
dev         hello.txt  lost+found proc        sys         usr
```

其中-gr选项就是从远处FTP服务端获取文件到本地。然后我们用ls命令查看，可以发现有hello.txt了。至此，QEMU虚拟机系统和物理机Windows之间互传文件成功。

趁热打铁，我们再来实现Ubuntu和QEMU虚拟机系统之间的FTP文件互传。通常，Ubuntu已经默认安装了TFTP的服务端，其配置文件是/etc/default/tftpd-hpa，如果没有这个文件，可能没安装，可以安装一下，安装命令如下：

```
apt-get install tftp-hpa tftpd-hpa
```

tftpd-hpa是服务端程序，tftp-hpa是客户端程序。在使用之前先配置，用vi打开服务端配置文件/etc/default/tftpd-hpa，然后编辑如下内容：

```
# /etc/default/tftpd-hpa

TFTP_USERNAME="tftp"
TFTP_DIRECTORY="/tmp/"
TFTP_ADDRESS="192.168.11.131:69"
TFTP_OPTIONS="-l -c -s"
```

TFTP_DIRECTORY表示TFTP服务器端的根目录，也就是客户端发文件过来时存放的路径，客户端要下载文件时，在此目录中寻找。TFTP_ADDRESS用于指定FTP服务的IP地址和端口号，也可以设置为TFTP_ADDRESS="0.0.0.0:69"，这样就可以在本机任意可用的IP地址上监听。TFTP_OPTIONS用于选项设置，-l表示以standalone/listen模式启动TFTP服务，而不是从inetd启动；-c表示可以在TFTP服务器上创建新文件，这样才能接收客户端传来的文件，默认情况下，TFTP只允许覆盖原有文件，不能创建新文件；-s是指定tftpd-hpa服务目录，上面已经指定了/tmp，加了-s后，客户端使用TFTP时，不再需要输入指定目录，填写文件的完整路径，而是使用配置文件中写好的目录。这样也可以增加安全性。

修改完配置之后保存，然后使用命令重启服务：

```
service tftpd-hpa restart
```

启动后，可以用ps命令确认是否运行成功：

```
root@myub:/tmp# ps -ef |grep tftp
root         2926       1  0 15:57 ?        00:00:00 /usr/sbin/in.tftpd --listen --
user tftp --address 192.168.11.131:69 -l -c -s /tmp/
root         2998    1836  0 16:24 pts/1    00:00:00 grep --color=auto tftp
```

这样就是启动成功了。再回到QEMU虚拟机系统中，进入/etc目录，然后发送文件：

```
/etc # tftp -pr inittab 192.168.11.131
inittab            100% |********************************|   46  0:00:00 ETA
```

到Ubuntu的/tmp目录下查看，发现有inittab文件了。接着，在Ubuntu的/tmp下随便新建一个文件，这里是winter.txt，然后到QEMU虚拟机系统中输入命令获取该文件：

```
/etc # tftp -gr winter.txt 192.168.11.131
winter.txt         100% |*******************************|   16  0:00:00 ETA
/etc # ls
init.d     inittab    network    winter.txt
```

看来是成功获取到winter.txt了。至此，QEMU虚拟机系统和Ubuntu之间互传文件成功。

看来TAP模式的网络实验成功了，如果要重新做实验，可重启Ubuntu操作系统，这样创建的网桥就会消失，然后可以重新练习一遍。

10.8.7   手工命令创建TAP网卡

10.8.6节我们没用命令创建虚拟网卡，而是QEMU虚拟机系统启动时自动在宿主机中创建虚拟网卡。现在通过tunctl命令来创建虚拟网卡，然后在QEMU虚拟机启动时指定使用该网卡。如果已经创建了网桥，则可以重启Ubuntu，然后网桥和一些配置就会消失，这样方便我们在一个干净的环境中做本节的实验。要使用tunctl命令，先要安装uml-utilities：

```
apt install uml-utilities
```

安装完毕后，创建网桥，把ens38网卡绑定网桥，再为网桥获取IP地址，命令如下：

```
brctl addbr br0
ifconfig br0 up
brctl addif br0 ens38
dhclient br0
```

接着，创建虚拟网卡tap0，命令如下：

```
tunctl -t tap0 -u root
```

这里，为用户root创建了一个名为tap0接口，且只允许root用户访问，-t用来指定网卡名称，-u指定允许访问的用户。tunctl命令允许主机系统管理员预先配置一个TUN/TAP设备以供特定用户使用。该用户可以打开和使用设备，但不能更改主机接口的配置，即这个接口发生的事不会影响系统的接口。

接着，在虚拟网桥中增加一个tap0接口，并启用tap0接口，命令如下：

```
brctl addif br0 tap0
ifconfig tap0 up
```

显示br0的各个接口，命令如下：

```
root@myub:~# brctl showstp br0
br0
bridge id            8000.000c29c64add
designated root      8000.000c29c64add
root port            0                    path cost            0
max age              20.00                bridge max age       20.00
hello time           2.00                 bridge hello time    2.00
forward delay        15.00                bridge forward delay 15.00
```

```
ageing time              300.00
hello timer              0.00               tcn timer          0.00
topology change timer    0.00               gc timer           253.83
flags

ens38 (1)
port id                  8001               state              forwarding
designated root          8000.000c29c64add  path cost          4
designated bridge        8000.000c29c64add  message age timer  0.00
designated port          8001               forward delay timer 0.00
designated cost          0                  hold timer         0.00
flags

tap0 (2)
port id                  8002               tate               disabled
designated root          8000.000c29c64add  path cost          100
designated bridge        8000.000c29c64add  message age timer  0.00
designated port          8002               forward delay timer 0.00
designated cost          0                  hold timer         0.00
flags
```

这样就相当于把两个网卡通过网桥连接起来了，如图10-13所示。

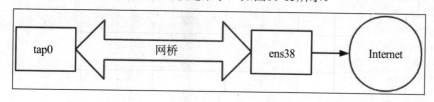

图 10-13

现在启动镜像（QEMU虚拟机系统），指定网络连接模式是TAP，并且通过选项ifname来指定tap0，命令如下：

```
/root/soft/qemu-7.1.0/mybuild/qemu-system-aarch64 -machine virt -cpu cortex-a57
-nographic -m 2048 -smp 2 -kernel /root/soft/linux-5.19.8/arch/arm64/boot/Image  -
append "root=/dev/vda" -hda /root/rootfs.ext4 -net nic -net tap,ifname=tap0,
script=no, downscript=no
```

其中，-net nic表示希望QEMU在虚拟机中创建一个虚拟网卡，-net tap表示连接类型为TAP，并且使用参数ifname指定了网卡接口名称，就是刚才创建的tap0，相当于把虚拟机接入网桥。另外，如果tap0被占用了，则QEMU会创建一个新的TAP。

启动后，在QEMU虚拟机系统中启用eth0，并设置IP地址，然后就可以ping通Ubuntu的网桥了，命令如下：

```
/ # ifconfig eth0 up
/ # ifconfig eth0 192.168.11.135
/ # ping 192.168.11.131
PING 192.168.11.131 (192.168.11.131): 56 data bytes
64 bytes from 192.168.11.131: seq=0 ttl=64 time=11.944 ms
64 bytes from 192.168.11.131: seq=1 ttl=64 time=1.249 ms
...
```

注意，要设置同一网段的IP地址，并且Ubuntu中的tap0要处于已经启用状态。接着，在Ubuntu中ping QEMU虚拟机的eth0，也是通的：

```
root@myub:~# ping 192.168.11.135
PING 192.168.11.135 (192.168.11.135) 56(84) bytes of data.
64 bytes from 192.168.11.135: icmp_seq=1 ttl=64 time=2.44 ms
...
```

至此，双方能互相ping通了。然后准备互相传输文件，这里不再赘述，10.8.6节已经详述过了。

10.8.8　使用qemu-ifup

除了用命令来准备网络环境（创建网桥、TAP接口、绑定网卡等）外，我们还可以把这些操作命令放在一个脚本中，每次启动镜像时自动执行该脚本。qemu-system-aarch64程序的选项script的作用就是告诉QEMU在启动系统的时候是否调用脚本自动配置网络环境。我们在Ubuntu的/etc下用vi新建一个文件qemu-ifup，并输入内容：

```
#!/bin/sh

brctl addbr br0
ifconfig br0 up
brctl addif br0 ens38
dhclient br0
tunctl -t tap0 -u root
brctl addif br0 tap0
ifconfig tap0 up
```

保存文件后，赋予执行权限：

```
chmod +x /etc/qemu-ifup
```

然后就可以启动镜像了，命令如下：

```
/root/soft/qemu-7.1.0/mybuild/qemu-system-aarch64 -machine virt -cpu cortex-a57
-nographic -m 2048 -smp 2 -kernel /root/soft/linux-5.19.8/arch/arm64/boot/Image  -
append "root=/dev/vda" -hda /root/rootfs.ext4 -net nic -net tap,script=/etc/qemu-
ifup,downscript=no
```

这次，我们为script设置了脚本文件/etc/qemu-ifup。启动后，在Ubuntu中可以看到网桥和tap0网卡都存在：

```
root@myub:~# ifconfig
br0: flags=4163<UP,BROADCAST,RUNNING,MULTICAST>  mtu 1500
        inet 192.168.11.131  netmask 255.255.255.0  broadcast 192.168.11.255
...

    ens33: flags=4163<UP,BROADCAST,RUNNING,MULTICAST>  mtu 1500
        inet 192.168.11.129  netmask 255.255.255.0  broadcast 192.168.11.255
...

    ens38: flags=4163<UP,BROADCAST,RUNNING,MULTICAST>  mtu 1500
        inet 192.168.11.130  netmask 255.255.255.0  broadcast 192.168.11.255
...
```

```
lo: flags=73<UP,LOOPBACK,RUNNING>  mtu 65536
      inet 127.0.0.1  netmask 255.0.0.0
...

tap0: flags=4163<UP,BROADCAST,RUNNING,MULTICAST>  mtu 1500
      inet6 fe80::cdc:fdff:fec5:84f0  prefixlen 64  scopeid 0x20<link>
...
```

使用脚本是不是很方便？而且脚本可以重复利用。在QEMU虚拟机系统中启用eth0，并设置好IP地址，就可以ping通Ubuntu的网桥了，命令如下：

```
/ # ifconfig eth0 up
/ # ifconfig eth0 192.168.11.135
/ # ping 192.168.11.131
PING 192.168.11.131 (192.168.11.131): 56 data bytes
64 bytes from 192.168.11.131: seq=0 ttl=64 time=9.626 ms
64 bytes from 192.168.11.131: seq=1 ttl=64 time=3.423 ms
```

同样，在Ubuntu中也可以ping通QEMU虚拟机的eth0：

```
root@myub:~# ping 192.168.11.135
PING 192.168.11.135 (192.168.11.135) 56(84) bytes of data.
64 bytes from 192.168.11.135: icmp_seq=1 ttl=64 time=1.60 ms
64 bytes from 192.168.11.135: icmp_seq=2 ttl=64 time=0.417 ms
```

另外，如果想在QEMU虚拟机系统退出后自动注销网桥，则可以在downscript所指定的脚本文件qemu-ifdown中写入注销网桥的命令，这样可以达到退出QEMU后重置网络配置的效果。/etc/qemu-ifdown内容如下：

```
#Remove tap interface tap0 from bridge br0
brctl delif br0 tap0
#Delete tap0
ip link del tap0
#Remove ens38 from bridge
brctl delif br0 ens38
#Bring bridge down
ifconfig br0 down
#Remove bridge
brctl delbr br0
```

这样，QEMU虚拟机系统poweroff退出后，QEMU会执行这个脚本，然后可以把宿主机中的网桥和TAP网卡删掉。当然，为了照顾初学者，这里的脚本写的比较简单，灵活性不够。

10.9 QEMU 运行国产操作系统

近几年，中国的国产化产业链的发展，在IT领域的芯片、操作系统、数据库三大领域都有了突破性的进展，一批国产公司逐渐成长起来，比如芯片领域的龙芯，操作系统领域的麒麟与统信，以及众多的国产数据库厂商。

因此，我们也要尽早学习和熟悉不同CPU架构的国产操作系统，为将来在国产系统下开发做好准备。现在我们就来学习在Windows下用QEMU软件运行aarch64架构的银河麒麟操作系统。前面我们学会了在Ubuntu下使用QEMU，现在换个环境来学习一下。

10.9.1　安装Windows版的QEMU

　　首先到QEMU官方网站下载Windows版本的QEMU。请注意，最新版本的QEMU不再适用于Windows XP。这里我们下载64位的QEMU安装包，下载下来的文件是qemu-w64-setup-20220831.exe。下载下来后，直接双击安装，然后单击"下一步"按钮，保持默认配置即可，但安装路径中最好不要有空格，否则以后运行命令行会因为空格需要进行特殊处理。这里的安装路径是C:\qemu，如图10-14所示。

图 10-14

　　然后单击Install按钮开始安装。安装结束后，以管理员身份打开命令行窗口，然后到C:\qemu下运行命令qemu-system-aarch64.exe -version来查看版本，运行结果如下：

```
C:\qemu>qemu-system-aarch64.exe -version
QEMU emulator version 7.1.0 (v7.1.0-11925-g4ec481870e-dirty)
Copyright (c) 2003-2022 Fabrice Bellard and the QEMU Project developers
```

　　出现类似的提示，就说明安装成功了，可以正常使用QEMU。

10.9.2　UEFI固件下载

　　UEFI（Unified Extensible Firmware Interface，统一可扩展固件接口）是一种个人计算机系统规格，用来定义操作系统与系统固件之间的软件界面，作为BIOS的替代方案。UEFI接口负责加电自检（POST）、联系操作系统以及提供连接操作系统与硬件的接口。

　　UEFI的前身是Intel在1998年开始开发的Intel Boot Initiative，后来被重命名为可扩展固件接口（Extensible Firmware Interface，EFI）。Intel在2005年将其交由统一可扩展固件接口论坛（Unified Extensible Firmware Interface Forum）来推广与发展，为了凸显这一点，EFI更名为UEFI。UEFI论坛的创始者是11家知名的计算机公司，包括Intel、IBM等硬件厂商，软件厂商Microsoft，以及BIOS厂商AMI、Insyde及Phoenix。

　　以前系统的启动过程可以简化为BIOS固件→引导程序→操作系统，但是由于传统的BIOS启动方式存在许多问题，如BIOS运行在16位模式、寻址空间小、运行慢等，所以现在x86、ARM等架构都采用改进的UEFI启动方式（当然有兼容传统BIOS启动方式的考虑），这种情况下系统启动过程如图10-15所示。

　　UEFI启动中最开始执行的是专门的UEFI固件。因此，我们要想引导到安装光盘（支持UEFI模式）进一步安装aarch64架构的系统，先要下载对应架构（这里是aarch64）的UEFI固件。UEFI固件区分架构，在UEFI引导模式下，通常只能运行特定架构的UEFI操作系统和特定架构的EFI应用程序（EBC程序除外）。比如，采用64位UEFI固件的计算机，在UEFI引导模式下只能运行64位操作系统启动程序；而在Legacy引导模式（BIOS兼容引导模式）下，通常不区分操作系统的比特数，既可以运行16位的操作系统（如DOS），也可以运行32位或64位的操作系统，和BIOS一样。

　　这里，我们可以到网页上去下载QEMU_EFI.fd文件，下载完成后，可以放到D盘下或者其他自定义路径，后面要用到这个路径。

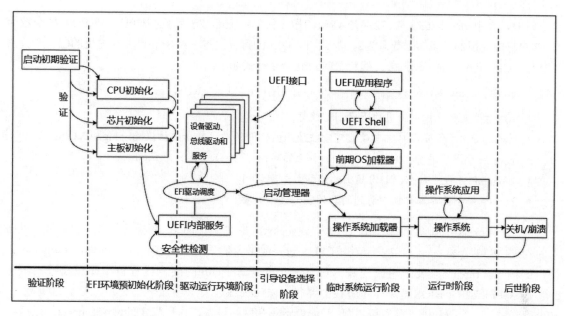

图 10-15

10.9.3 安装麒麟操作系统

这里准备运行aarch64架构的麒麟系统。首先在网上下载麒麟系统，下载下来的文件是Kylin-Server-10-SP1-Release-Build20-20210518-aarch64.iso。然后创建磁盘镜像，以管理员身份打开命令行窗口，然后到C:\qemu下运行命令：

```
C:\qemu>qemu-img create d:\myky.img 20G
Formatting 'd:\myky.img', fmt=raw size=21474836480
```

我们开辟了20GB的磁盘空间作为新系统的磁盘镜像。然后使用qemu-system-aarch64.exe程序来启动安装，命令如下：

```
C:\qemu>qemu-system-aarch64.exe -m 6333 -cpu cortex-a72 -smp 2,cores=2,threads=1,
sockets=1 -M virt -bios d:\QEMU_EFI.fd -net nic,model=pcnet -device nec-usb-xhci -
device usb-kbd -device usb-mouse -device VGA -drive if=none,file=d:\soft\os\Kylin-
Server-10-SP1-Release-Build20-20210518-aarch64.iso,id=cdrom,media=cdrom -device
virtio-scsi-device -device scsi-cd,drive=cdrom -drive file=d:\myky.img,if=none,
format=raw,id=hd0 -device virtio-blk-device,drive=hd0
```

该命令运行后，出现了一些提示，然后命令行就停止了：

```
qemu-system-aarch64.exe: warning: hub 0 is not connected to host network

 (qemu:10216): Gtk-WARNING **: 11:08:46.222: Could not load a pixbuf from icon
theme.
 This may indicate that pixbuf loaders or the mime database could not be found.
```

随后会出现一个Windows窗口，开始安装旅程。其中，qemu-system-aarch64.exe是一个二进制程序文件，提供模拟aarch64架构的虚拟机进程；-m 6333表示分配6333MB内存；-M virt表示模拟成什么服务器，我们一般选择virt就可以了，它会自动选择最高版本的virt；-cpu cortex-a72表示模拟成什么CPU，其中cortex-a53\a57\a72都是ARMv8指令集的；-smp 2表示虚拟CPU（VCPU）的个数为2，客户机中使用的逻辑CPU数量为2，默认=1，QEMU可以通过参数-smp设置客户机的CPU个数，以及每个CPU上运行的sockets数，线程数等，其命令格式如下：

```
-smp n[,maxcpus=cpus][,cores=cores][,threads=threads][,sockets=sockets]
```

- n用于设置客户机中使用的逻辑CPU数量，默认=1。
- maxcpus用于设置客户机中最大可能被使用的CPU数量，包括热插拔hot-plug加入CPU。
- cores用于设置每个CPU插槽（socket）上的内核（core）数量，默认=1。
- threads用于设置每个CPU内核上的线程数，默认=1。
- sockets用于设置客户机中看到的总的CPU插槽数量。

因此，sockets=1表示CPU插槽的数目为1，socket就是主板上插CPU的槽的数目，也就是可以插入的物理CPU的个数；cores=2表示双核CPU，core就是我们平时说的核，每个物理CPU可以为双核、四核等。threads=1表示超线程数为1，thread就是每个core的硬件线程数，即超线程；-bios d:\QEMU_EFI.fd指定BIOS固件程序所在的路径；-device xxx表示添加一个设备，参数可重复；-drive表示添加一个驱动器，参数可重复；-net表示添加网络设备，这里指定的网卡是pcnet，以后在麒麟系统下可以用lspci|grep Eth看到这个网卡设备，另外下一次启动时也可以重新设定网卡或其他硬件设备。最后，注意将代码中几个路径替换成自己的。

qemu-system-aarch64提供了aarch64架构的虚拟机在x86架构上的运行支持，帮我们节省了学习投资，不用买开发板就可以使用非x86的CPU。但是，物理机配置也不能太低，毕竟既要运行宿主机Windows 10，又要运行麒麟系统，还要让qemu-system-aarch64作为中介，翻译AArch64指令到x86_64，因此安装过程会比较慢。笔者的内存有16GB，也感觉有些慢。等了一会，出现图形安装向导界面，如图10-16所示。

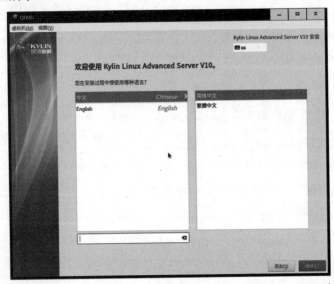

图 10-16

这是在Windows 10下出现的窗口。单击"继续"按钮，然后出现安装信息摘要界面，这里进入"软件选择（S）"下，选择"开发工具"，其他选项保持默认即可，如图10-17所示。

然后单击"开始安装"就可以正式安装了，同时可以设置一个root密码，比如1qaz@1234，还可以创建一个用户。接着可以休息一会。安装完毕后，重启，然后单击"登录"按钮，输入root口令，就可以进入桌面了，如图10-18所示。

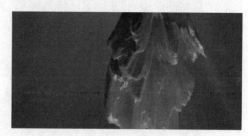

图 10-17　　　　　　　　　　图 10-18

在桌面上右击，打开终端窗口，用uname -a查看一下信息，如图10-19所示。

```
Linux localhost.localdomain 4.19.90-23.8.v2101.ky10.aarch64 #1 SMP Mon May 17 17
:07:38 CST 2021 aarch64 aarch64 aarch64 GNU/Linux
```

图 10-19

可以看出是aarch64的麒麟系统。最后输入poweroff关闭麒麟系统。至此，我们通过QEMU运行aarch64的国产操作系统麒麟成功。

10.9.4　运行麒麟系统

刚才我们安装并关闭了麒麟系统，现在来学习如何启动已经安装好的麒麟系统。启动麒麟系统不需要再指定ISO文件，ISO文件只是安装时需要，以后只需要IMG镜像文件即可。在Windows下，以管理员身份打开命令行窗口，然后输入如下命令：

```
C:\qemu>c:\qemu\qemu-system-aarch64.exe -m 8192 -cpu cortex-a72 -smp 2, cores=2,
threads=1,sockets=1 -M virt -bios d:\QEMU_EFI.fd -device nec-usb-xhci -device usb-
kbd -device usb-mouse -device VGA -device virtio-scsi-device -drive if=none,
file=d:\myky.img,id=hd0 -device virtio-blk-device,drive=hd0
```

这里内存设置为8192，和前面安装时不同，我们可以在启动系统时修改硬件配置。另外，这里并没有使用-net选项指定网卡，因此会得到一个默认网卡。

稍等片刻，出现登录界面，输入root及其口令就可以登录。这次我们启动麒麟系统的主要目的是和宿主机联网，所以重点关注网卡的识别。在麒麟系统中，在桌面上右击，打开终端窗口，然后输入lspci|grep Eth命令，结果如图10-20所示。

```
00:01.0 Ethernet controller: Virtio: Virtio network device
```

图 10-20

看来识别到网卡了。然后输入ifconfig命令，结果如图10-21所示。

看来网络配置也没问题。我们重新设置一个和Windows宿主机同网段的IP地址，然后互相ping。

```
enp0s1: flags=4163<UP,BROADCAST,RUNNING,MULTICAST>  mtu 1500
        inet 10.0.2.15  netmask 255.255.255.0  broadcast 10.0.2.255
        inet6 fec0::8b4b:1157:9fc1:7d90  prefixlen 64  scopeid 0x40<site>
        inet6 fe80::449f:3721:3336:1531  prefixlen 64  scopeid 0x20<link>
        ether 52:54:00:12:34:56  txqueuelen 1000  (Ethernet)
        RX packets 20113  bytes 20876064 (19.9 MiB)
        RX errors 0  dropped 0  overruns 0  frame 0
        TX packets 4825  bytes 272860 (266.4 KiB)
        TX errors 0  dropped 0 overruns 0  carrier 0  collisions 0

lo: flags=73<UP,LOOPBACK,RUNNING>  mtu 65536
        inet 127.0.0.1  netmask 255.0.0.0
        inet6 ::1  prefixlen 128  scopeid 0x10<host>
        loop  txqueuelen 1000  (Local Loopback)
        RX packets 36  bytes 2824 (2.7 KiB)
        RX errors 0  dropped 0  overruns 0  frame 0
        TX packets 36  bytes 2824 (2.7 KiB)
        TX errors 0  dropped 0 overruns 0  carrier 0  collisions 0
```

图 10-21

10.10　开发一个内核模块

驱动和内核模块的开发几乎在所有Linux安全设备开发中都会存在，比如密码卡、防火墙模块等，都需要通过Linux驱动模块和上层应用程序进行交互。

刚接触Linux设备驱动时，初学者往往连如何编译驱动程序都不懂，更别说编译进内核或加载测试了。一般都是在网上找一个简单的 helloworld驱动程序，然后严格按照网上所说的步骤编译，结果却得到一大堆见都没见过的错误，更不要说根据错误信息来解决问题了，很多人到这里就不知道如何往下进行了。笔者当初也卡在这里很长时间，因此知道哪里是痛点。

一个基本的Linux设备驱动开发环境通常由宿主机和目标机组成，宿主机就是用来做驱动开发工作的主机，目标机就是用来运行和测试设备驱动的主机，在宿主机上需要有开发工具（GCC、GDB、Make等）和Linux源码（版本要对应目标机上的Linux内核），而目标机上只要运行Linux系统即可。

在Linux的驱动开发中，宿主机和目标机可以是一台主机，即在本机上开发编译，然后在本机上加载运行。为了方便初学者做实验，这里就在本机上开发编译，然后在本机上加载运行。

Linux设备驱动也可以直接编译进内核，但为了开发工作方便，一般采用动态加载的方式。当然也可以是两台主机，如果是两台主机，要保证宿主机上的Linux源码内核的版本号与目标机的Linux内核的版本号一致。普通Linux设备驱动开发的步骤如下：

（1）在宿主机上安装开发工具和下载Linux源码（要求版本号和目标机上的Linux内核版本号一致）。开发工具主要有GCC、GDB、Make等，这些工具在RedHat、CentOS或FC中默认就安装了，在Debian或Ubuntu中可以通过以下命令安装：

```
apt-get install build-essential
```

Linux源码可以通过以下几种途径获得：第一种途径是直接在www.kernel.org下载；第二种途径是通过包管理工具下载，在Debian和Ubuntu中可以通过以下命令下载：

```
apt-get install linux-source-（版本号）
```

下载后的文件在/usr/src目录中，解压到该目录即可。将源码解压到/usr/src/目录后，进入linux-source-（版本号）目录中执行下面几个命令：

```
make oldconfig
make prepare
make scripts
```

如果用当前操作系统自带的源码，则不需要下载源码和编译源码。

（2）编写Linux驱动程序，并用insmod命令加载驱动。

现在，我们在CentOS 7.6下开发一个内核模块。要想知道CentOS的源码目录，可以先用uname -r查看一下内核版本：

```
# uname -r
3.10.0-957.el7.x86_64
```

可以看到源码目录是/usr/src/kernels/3.10.0-957.el7.x86_64/。下面以一个简单的hello.c为例进行讲解。

【例10.3】 第一个内核模块程序

（1）打开VScode，新建文件hello.c，然后输入如下代码：

```
#include <linux/init.h>
#include <linux/module.h>
MODULE_LICENSE("Dual BSD/GPL");

static int hello_init(void)
{
    printk(KERN_ALERT "hello world enter\n");
    return 0;
}

static void hello_exit(void)
{
    printk(KERN_ALERT "hello world exit\n");
}
module_init(hello_init);
module_exit(hello_exit);

MODULE_AUTHOR("cb");
MODULE_DESCRIPTION("A simple Hello world module");
MODULE_ALIAS("A simplest module");
```

当加载模块（insmod）的时候，将调用hello_init函数，当卸载模块（rmmod）的时候，将调用hello_exit函数。printk是内核打印函数，也是常用的调试手段。

然后把hello.c上传到Linux系统。再编写一个Makefile文件，内容如下：

```
#sample driver module
obj-m := hello.o
KDIR = /usr/src/kernels/3.10.0-957.el7.x86_64/

all:
        $(MAKE) -C $(KDIR) M=$(PWD)
```

```
.PHONY:clean
clean:
        rm -f *.mod.c *.mod.o *.ko *.o *.tmp_versions
```

注意，路径/usr/src/kernels/3.10.0-957.el7.x86_64/要改为读者自己系统中的源码路径。同样，把Makefile也上传到Linux系统，并和hello.c同一个目录。注意，Makefile文件不要用空格控制步进，要用Tab键，特别是gcc、rm、cp前面是Tab分隔符，不能用空格。

在hello.c和Makefile所在目录下执行 make 即可，编译后在当前目录生成hello.ko文件，这个就是内核模块文件，也就是运行在内核模式下的二进制程序文件。

另外，也可以只在Makefile写obj-m := hello.o，然后编译时写：

```
make -C /usr/src/kernels/3.10.0-957.el7.x86_64/ M=$(pwd) modules
```

此时也可以生成hello.ko文件。

（2）加载并测试。加载使用insmod或modprobe命令来实现，如在当前路径执行如下代码：

```
insmod hello.ko
```

或者用modprobe hello。另外用modinfo hello.ko可以看到该模块的信息。

（3）查看模块程序中的打印结果。

在hello.c中使用打印函数printk，我们可以通过命令来查看其打印的结果，命令如下：

```
# cat /var/log/messages | tail
    ...
Jan 11 21:49:38 localhost kernel: hello world enter
```

如果要卸载模块，可以使用以下命令：

```
rmmod hello
```

此时从内核中移除hello驱动模块，并自动调用hello_exit函数，我们通过cat /var/log/messages |tail可以看到打印信息：

```
Jan 11 21:52:28 localhost kernel: hello world exit
```

更简单的是用dmesg | tail，效果与cat /var/log/messages | tail一样。

第 **11** 章

Kali Linux 的渗透测试研究

在当今的分布式计算机领域中，网络是一种便捷的信息交换媒介。然而，随着互联网环境的快速变化，网络攻击问题也日益突出，严重影响个人信息的安全性。信息安全已经成为当今社会人们的基本需求之一，但是计算机系统本身就存在安全漏洞。在任何规模的组织机构中，提高计算机基础设施的安全等级已经成为网络系统管理员的工作之一。然而，由于网络安全漏洞的迅速出现，即使一个系统经过完全修复，也会存在安全缺陷。虽然管理员可以部署各种安全措施来保护网络系统，但是最佳的办法是执行渗透测试。通过渗透测试，可以识别网络基础设施中的潜在威胁和漏洞，为网络系统管理员提供真实的安全态势评估。测试人员会使用与攻击者相同的手段来渗透目标网络系统，从而验证目标存在的威胁与漏洞，并帮助其巩固安全措施。

本章将首先介绍渗透测试的理论背景和方法，以确保渗透测试的成功执行。接着，我们将确定并解释整个渗透测试的过程，模拟网络系统管理员使用各种攻击手段对目标网络进行渗透测试。在测试期间，我们会使用网络探测工具、端口扫描器、漏洞扫描器和漏洞利用框架等工具。本章还将介绍一些常用的渗透测试方法，以帮助测试人员在执行任务前做好规划与设计，避免浪费不必要的精力和时间。

执行渗透测试的最佳系统通常是通用的Linux系统。在众多的Linux发行版中，Kali Linux是一款专门为渗透测试与安全审计人员设计的系统。它集成了600多种网络安全工具，并对它们进行了优化。在实验环节中，我们设计了一种基于Kali Linux操作系统的渗透测试平台，模拟了一个包括DHCP服务器、FTP服务器、Web服务器和用户计算机的小型组织网络。在实验阶段，我们将详细研究各种网络工具的原理和功能，并使用众所周知的开源工具与框架（例如端口扫描工具Nmap、漏洞扫描工具Open VAS和Nessus、漏洞利用框架Meatsploit等）对目标网络执行渗透测试。

11.1 渗透测试的概念

渗透测试并没有一个标准的定义，通常的说法是针对目标网络或应用程序的真实攻击的仿真，并包含多种变化和功能。渗透测试是由专业渗透测试人员或安全审计人员执行的。从技术上讲，渗透测试是系统内部或外部全面的安全性检测，是为了发现可能被攻击者所利用的潜在漏洞。换言之，它是评估系统IT基础设施组件（包括操作系统、通信媒介、应用程序、网络设备、物理安全和人类心理）的行为，使用与攻击者相同或相似的方法，由授权的IT专业人员操作。

渗透测试的一个简单实例就是搜索引擎的使用，Johnny Long所写的《谷歌渗透测试人员》一书中介绍了诸多技巧，比如介绍了如何从谷歌海量的数据库中获取信息，为安全专家和渗透测试人员提供资源，如何使用指令发现与目标相关联的信息（例如员工的联系方式、电子邮件地址等），如何寻找易遭受攻击的软件，如何绘制网络地图等。另外，当在一个Web应用程序中发现BUG时，谷歌通常可以在几秒钟之内提供一个全球范围内脆弱的服务器列表，向训练有素的攻击者提供信息。

渗透测试是保障网络系统安全的关键，它不仅需要实践操作，而且需要整体的规划与设计。常规的渗透测试过程包括扫描IP地址、识别有漏洞的服务器、发现未打补丁的操作系统、记录测试结果、编写报告并提交。测试过程中需要使用各种手动或自动的工具进行全面分析，改善系统的脆弱性，提供有价值的信息，在整个渗透测试期间，人们的安全意识也尤为重要。不当的渗透测试可能会导致一些严重的后果，例如网络拥塞、系统崩溃、触发IDS告警，甚至导致设备的宕机。最糟糕的情况是，渗透测试可能会导致原本想要预防的事情发生。

渗透测试的思想早在人类第一次试图理解敌人的思维过程就存在了。在古代，世界各地军队为了查明军队缺陷和战略弱点，模拟战争游戏。这种情况一直持续了几个世纪，直到科技行业不可避免地加入了这一行为。

20世纪60年代，渗透测试的概念首次被确立。当时，蓬勃发展的科技行业意识到，在一个计算机系统上拥有多个用户已经成为常态，这对系统的安全构成了固有的风险。在20世纪70年代初期，美国国防部首次使用渗透测试技术检测计算机系统中的安全漏洞，防止攻击者对其网络造成破坏，并希望在漏洞暴露之前将其修复。1972年，James.P.Anderson在报告中提出了渗透测试的一系列方法，他的方法包含寻找系统弱点、设计攻击方法、实施攻击并建立威胁对抗措施，这个根本方法至今仍在使用。直到1995年，基于UNIX的漏洞扫描器SANTA被引入时，渗透测试的术语与技术得到了确立，从此渗透测试的实践活动开始受到互联网社区的广泛关注。

2017年5月12日，蠕虫勒索病毒Wanna Cry利用微软的"永恒之蓝"漏洞向全球蔓延。据统计，至少有150个国家、30万台计算机受到感染，造成的经济损失高达80亿美元。其影响波及全球政府、高等院校、医院等各种组织机构，这无疑是当年影响最大的网络安全事件之一。 2018年网络攻击依旧活跃，伴随着区块链等新型技术发展的同时，新型的挖矿病毒与勒索病毒一体化趋势明显，网络安全形势更为严峻。Wanna Cry的各种变种病毒（如Msra Miner挖矿病毒、Satan勒索病毒、Lucky勒索病毒等）通过发送特制的数据包触发漏洞执行代码以破坏目标系统。可见"永恒之蓝"漏洞依然是影响最严重的漏洞之一，其危害一直持续至今。

现有的网络安全机制已经不足以应对当今不断发展的网络犯罪，被动的安全解决方案只能解决安全问题的一部分。如果结合主动的渗透测试技术，对于全面评估网络安全态势具有非常实用的价值。当今的渗透测试技术已经发展成为一门科学与艺术，可以利用各种前沿工具系统地识别计算机网络中所存在的安全风险，它是一种成熟的方法与技术。

网络安全的威胁不仅会影响组织机构的声誉，而且会造成不可预估的损失。网络安全机制与策略（包括非军事区（DMZ），提供隧道和加密的虚拟专用网（VPN），端点验证、密码策略、防火墙和入侵检测系统等）通常由网络系统管理员负责部署。网络安全机制和安全策略都是基于网络系统管理员的知识与经验来建立的，主要用于保障信息数据的可用性、机密性和完整性。

　　然而，被动的安全机制可能存在许多误报。假阴性或假阳性报告可能会使网络系统管理员难以确定安全事件的级别。另外，管理员的工作量巨大，很容易出现人为性错误，例如错误配置系统访问权限，脆弱的密码策略，不当的访问控制，等等。信息对于任何组织来说都是至关重要的资产，它需要额外的保护，防止未经授权的访问和来自网络的攻击。因此，网络系统管理员需要站在攻击者的立场对系统进行测试，尝试理解他们的企图，确定他们的行踪与目标。

　　渗透测试可以提供一个俯瞰目标IT基础设施的安全视角，判断攻击发生的概率。这是一个针对网络系统主动分析的过程，可以找出已知或未知的软硬件缺陷以及在操作系统中存在的漏洞。渗透测试有助于缩小安全风险，可以确认当前系统的安全策略是否有效。下面简述几点执行渗透测试的原因。

1. 可以确定安全风险等级

　　渗透测试不仅有助于组织了解安全风险，还可以对风险影响进行评估及优先级排序，提出减轻风险的建议。

2. 可以提高计算机系统的安全性

　　提高计算机系统的安全性主要是提高防火墙、路由器和服务器的安全性，使用不同的安全机制来保护数据。由攻击者、恶意病毒或心怀不满的员工引起的网络入侵和数据盗窃的相关风险成本不断增加，执行渗透测试则有助于解决这些问题。例如发现不必要开放的端口、脆弱的Web应用程序与存在漏洞的操作系统版本。

3. 可以改善组织机构的整体安全性

　　渗透测试除了可以保护网络基础设施外，还可以提高管理人员与员工的安全意识。例如，使用社会工程学通过电话请求密码，假扮或尾随进入关键区域（例如数据中心）。执行渗透测试可以评估组织整体的安全意识水平、安全策略以及用户协议的有效性。

4. 可以进行尽职调查和安全审计

　　通过安全审计可以将组织内部资源集中利用在最需要的地方。安全审计还可以保护数据资产的尽职调查证据，以最大限度地避免组织资产的损失。独立的安全审计正在迅速成为网络安全保护的必要条件。

5. 可以减少经济损失

　　一旦组织的安全风险和安全级别得到确认，渗透测试就在业务计划和安全框架之间提供关键性的验证反馈，从而减少财务损失，实现风险最小化。

　　综上所述，渗透测试是通过评估计算机系统在特定环境下的安全等级，在威胁与漏洞被利用之前解决它们。渗透测试不仅可以用来评估计算机系统的脆弱性，还可以用来提高非技术人员的安全意识。在给定的时间期限内，渗透测试可以确定组织的安全状态。这是一个循序渐进且逐步深入的过程，是在不影响业务系统正常运行的情况下执行的测试。渗透测试还可以追踪网络系统上的关键性漏洞，帮助客户组织改进他们的技术来提高安全等级。

　　在信息安全领域，前人已经完成了大量的工作，建立起了强大的知识库、各种在线工具和软件应用程序。本章旨在超越计算机软件设计的范畴，给渗透测试人员提供一个直观且实用的启示。

后文中所使用的实验测试平台和工具框架为测试人员提供了很好的参考，对于想要从事渗透测试的初级人员与学生都是很好的开端。

11.2　渗透测试的分类

为了确保渗透测试的有效性，测试人员必须考虑测试过程中的各种因素，例如用什么样的标准来进行渗透测试，标准之间有什么区别，如何根据标准确定目标系统的范围和安全级别等。渗透测试分类如图11-1所示。

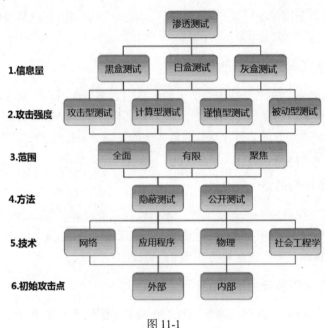

图 11-1

图11-1左边是渗透测试的分类标准，右边是相对应的类别。渗透测试的所有过程都可以用图11-1来进行分类。分类可以任意选择组合，但它们并不是全部有用的，测试人员必须谨慎选择，避免浪费资源与时间。比如，在黑盒测试中使用拒绝服务攻击（DoS）的组合就是一个不当的选择，因为DoS攻击非常容易被发现。下面简要讨论这6种分类类别。

11.2.1　基于信息量的测试

根据渗透测试人员在测试开始之前收集到的信息量，可以将渗透测试分为黑盒测试、白盒测试与灰盒测试。

1. 黑盒测试

黑盒测试也称为外部测试或远程测试。渗透测试人员对目标系统的信息完全一无所知，需要从头开始进行所有测试。在此类方法中，测试人员需要部署实际的攻击策略，利用社会工程学、网络扫描、远程访问和木马注入等手段执行测试。黑盒测试的典型步骤包括网络发现、提取操作系统指纹、枚举共享服务等。黑盒测试的主要目的是验证网络的完整性，主动降低所有可能存在的攻击风险，它是评估系统安全性最有效的方法。

2. 白盒测试

白盒测试也称为内部测试。在这类方法中，测试人员具有目标系统的完整信息，通常包括操作系统版本、IP地址、端口开放情况、网络规划布局、源代码，甚至员工的密码等。在测试人员攻破目标系统后，可设置后门来获取远程访问权限。白盒测试的主要目的是降低内部人员造成的威胁。

3. 灰盒测试

顾名思义，灰盒测试是黑盒测试与白盒测试的结合。在灰盒测试中，测试人员只有目标系统的一部分信息。这种测试方法并不经常使用，但它可以节省渗透测试收集信息的时间。当经济成本成为客户组织需要考虑的因素时，灰盒测试是首选的方法，可用信息包括服务器IP地址和一些应用程序的源代码。测试人员可能不会从目标网络内部开始测试，而是假扮成攻击者来评估目标系统的健壮性。

11.2.2　基于攻击强度的测试

渗透测试可以在不同的攻击强度下进行，这可以帮助组织在攻击初期就做出快速的响应。按照攻击强度可将渗透测试分为以下4类。

1. 进攻型测试

这是最引人注目的测试类型，它会产生大量的网络流量。渗透测试人员尝试利用目标所有的潜在漏洞，使用缓冲区溢出攻击或拒绝服务攻击攻破系统。但是由于这种类型的测试被目标响应识别的速度很快，因此与其他渗透测试类别结合使用并不理想。

2. 计算型测试

执行计算型测试时，渗透测试人员可能会利用导致系统中断的漏洞，例如密码尝试、模糊输入与缓冲区溢出等。

3. 谨慎型测试

执行谨慎型测试时，渗透测试人员只使用那些不干扰目标系统正常运行的漏洞或缺陷。例如，使用默认密码登录访问Web服务器目录等。

4. 被动型测试

被动型测试与目标系统的交互很少，因此目标系统的任何漏洞都不会被利用。

11.2.3　基于范围的测试

渗透测试的范围是指目标环境中应该包含哪些设备、网络、服务以及在不同的测试阶段需要确定的目标。范围可分为3个度量标准，即全面的、有限的或聚焦的。选择合适的范围可降低解决方案的复杂性与成本。由于范围与目标系统直接相关，因此需要根据经验与系统配置来确定。

（1）在全面测试中，目标的整个系统都将被测试。但是，外包和外部托管的系统可能无法进行测试。

（2）在有限测试中，只测试目标网络的一部分。例如，DMZ、服务器系统、包含操作单元或功能单元的系统等。

（3）在聚焦测试中，只测试操作系统的一个部分或一个服务。例如，评估更改环境变量带来的影响。聚焦测试只能提供关于操作系统或服务的部分信息，它不能提供关于目标网络安全性的整体信息。

11.2.4　基于方法的测试

从渗透测试人员所使用的方法的角度出发，可将渗透测试分为隐蔽测试和公开测试。

（1）隐蔽测试不能与攻击型测试同时使用，因为测试人员需要隐藏他们的身份。通常，隐蔽测试是针对次级安全系统的，例如组织框架、人员结构及晋升程序等。隐蔽测试一般在渗透测试初期执行，使用那些不容易被系统识别的方法，从而规避系统告警。

（2）当隐蔽测试失败时，应该部署公开测试。公开测试将涉及大范围的端口扫描，所以应该与内部系统管理员协作进行。组织内部人员可以成为渗透测试团队中的成员一起执行公开测试。公开测试可以帮助目标组织对意外情况做出快速响应。

11.2.5　基于技术的测试

基于技术的测试可按照技术类别分为基于网络的测试、基于应用程序的测试、基于物理的测试和基于社会工程学的测试。下面简要概述这几种类型的测试。

1．基于网络的测试

基于网络的测试也称基于IP地址的测试，这是最常见的测试程序。真实网络可能疏忽在配置过程中的安全漏洞。为了确保网络牢不可破，测试人员需要对路由器、交换机、调制解调器和集线器等设备进行渗透测试。测试人员会使用各种攻击手段，想方设法找出操作系统和网络协议中的漏洞。例如使用拒绝服务攻击、缓冲区溢出攻击、ARP欺骗、网络嗅探和端口扫描技术等。

2．基于应用程序的测试

此类测试主要是针对应用程序中的漏洞，包括C/S架构的应用程序、B/S架构的应用程序、防火墙等。C/S架构的应用程序中可能存在对目标系统造成破坏的漏洞，B/S架构的应用程序的漏洞更是广泛存在，防火墙配置错误也可能造成系统故障。

3．基于物理的测试

在大多数组织机构中，未经授权的物理访问是被禁止的。测试人员需要对授权或非授权的访问进行全面的安全审计。测试人员可能会扮演一个重要的角色收集目标系统的信息，在获得非授权的访问之后，评估目标系统中的数据，从而判断其安全级别。绕过物理防范设施获取所需的数据相对容易，此类测试主要是为了验证授权和身份对物理系统访问的有效性。

4．基于社会工程学的测试

人通常被认为是安全系统中最薄弱的环节，社会工程学是利用人性的弱点来获取目标系统中有价值的信息。在特定的环境下，社会工程学会有出其不意的效果。攻击者可以扮演IT部门员工，欺骗用户以获取他们的账户和密码信息，还有可能说服那些安全意识薄弱的用户，尾随其进入受限区域搜索敏感信息。此外，通过使用搜索引擎也可以轻松在社交网站上找到目标。随着微信、微博、Facebook和Twitter等社交网站的发展，大量的个人信息被共享，这些都可能被攻击者所利用。

11.2.6　基于初始攻击点的测试

完整的渗透测试会确定渗透测试人员的初始攻击点。初始攻击点通常选择的是防火墙、远程访问服务、Web服务器或无线网络。根据初始攻击点可进一步分为内部测试和外部测试。

1. 内部测试

在内部环境进行渗透测试时，测试人员直接与内网相连，获得最基本的计算机网络访问权限。内部测试是为了保护目标组织免受内部人员（如心怀不满的员工）的攻击。在测试期间，渗透测试人员会评估防火墙的配置与物理访问权限所带来的影响。

2. 外部测试

在外部环境进行渗透测试时，测试人员尝试从外部网络进入系统。测试人员将置身于互联网，模拟真实的攻击者。这种攻击通常是从零开始的，无论组织是否对渗透测试人员公开信息。IDC、防火墙、VPN端点、远程访问服务器和DMZ都可以成为攻击测试的目标。

11.3　渗透测试的局限性

渗透测试的实践性很强，对于组织机构有极大的应用价值。然而，渗透测试也有它的局限性：由于时间限制或项目限制，渗透测试可能无法识别出所有的漏洞；或者因为资金问题，组织无法进行全面的渗透测试。但是在现实世界中，攻击者可能发现组织机构中存在的任何漏洞。他们有足够长的时间来计划他们的攻击，而大多数常规渗透测试持续的时间却很短。另外，虽然可以采用一种合适的渗透测试方法，但渗透测试并不是一门精准的科学。例如，测试人员可能会检查出许多低风险漏洞，但是当他再次复查时，风险却不存在了；或者测试人员根据经验将低风险漏洞独立处理，而不考虑系统的完整性，导致的结果可能会严重破坏生产环境。除了时间限制和项目限制外，公开的漏洞数据库也会阻碍渗透测试的有效性。通常，渗透测试人员通常不会去编写自己的漏洞利用代码，而是依赖于他人编写的代码，即使对于有能力编写漏洞的测试人员而言，在给定的目标环境下也没有足够的时间去编写新的漏洞利用代码，因此还没有一种十全十美的渗透测试方法来预防基于零日漏洞的攻击。

渗透测试对计算机网络系统的安全性并不提供任何实质性改善，但它确实可以预防并明显减少攻击的概率。虽然渗透测试不能替代常规的被动安全测试，也不能替代已有的安全机制和策略，但它补充了现有的审查程序，可以拦截许多新的威胁，为组织机构减少了许多不必要的损失。如果组织需要更高的安全防护等级，就应该执行更多的渗透测试，因为渗透测试的持续效果是相对短暂的。

11.4　渗透测试方法

有许多众所周知的渗透测试方法广泛被渗透测试人员采纳，他们利用这些测试方法建立合适的渗透测试过程。下面是几种常见的测试方法：①开源安全测试方法手册；②信息系统安全评估架构；③信息安全测试与评估技术指南；④开放式Web应用安全项目；⑤渗透测试执行标准。前两种方法提供了几乎所有针对信息资产安全性测试的指导性原则，第3种方法是应用于高级别渗透测试的方法，第4种方法是评估Web应用程序安全的方法，最后一种方法定义了渗透测试中要遵循的标准程序。这些方法能帮助测试人员选择最适合客户的需求策略与测试模型。然而，网络安全本身是一个持续性的过程，目标组织环境中的任何微小变化都可能影响渗透测试的整个流程，最终导致错误的结果。因此，在使用这些测试方法之前，应该确保目标环境的完整性。此外，单独采取任何一种测试方法或许不能保证风险评估报告的完整性，所以，渗透测试人员选择的渗透测试方法应该是与目标组织环境相一致的最佳策略。

11.4.1　开源安全测试方法手册

开源安全测试方法手册（OSSTMM）是用于执行渗透测试和衡量网络安全性的同行评审的方法。它提供了具体的技术细节，定义了渗透测试过程的前、中、后期的具体任务，以及度量测试结果的方法。OSSTMM是一个渗透测试框架，是执行渗透测试的最佳实践。从技术角度可将其划分为范围、通道、索引和向量4个类别。范围是指收集目标所有可用资产信息的过程；通道是指与这些资产信息通信与交互的类型，通道描述了在评估过程中必须被测试的安全组件的配置，安全组件包含信息、数据控制、人员安全意识等级、欺诈等级、社会工程学等级、计算机、电信网络、无线设备、移动设备、物理安全访问控制、程序安全、物理安全等；索引是一种分类的方法，是将目标资产与特定的标识相对应，例如IP地址和MAC地址的对应；向量指出了审计人员评估分析所有功能性资产的方向。

OSSTMM着重于提高目标组织的安全质量。它是一种保证渗透测试的一致性与重复性的方法。为此，OSSTMM定义了4个相互关联的阶段，即调节阶段、定义阶段、信息阶段和交互控制测试阶段。每个阶段都是可重复的，在OSSTMM定义的通道中均可使用。OSSTMM还以其交战规则（RoE）而闻名，该规则保证了测试项目正常运作，内容包括测试项目范围、机密性担保、紧急联系信息、工作变更程序声明、测试计划、测试过程和客户报告等。OSSTMM是一个有关测试分类的方法，但没有指定的命令和工具集。OSSTMM也是一种审计方法，可以满足组织资产的监管与行业的要求。其功能和优点如下：

（1）OSSTMM方法适用于各种类型的安全测试，例如白盒审计和脆弱性评估等。

（2）采用OSSTMM方法可以减少假阳性和假阴性的误报，并能为安全质量提供准确的度量。

（3）OSSTMM会定期更新与安全相关的法律法规和伦理约束方面的内容。

11.4.2　信息系统安全评估框架

　　信息系统安全评估框架（ISSAF）是另一个同行评审的方法。它将渗透测试分为不同的领域，并为每个领域制定了相关的测试标准，每个域都会对目标系统的不同部分进行评估。ISSAF将渗透测试任务和渗透测试工具关联起来。ISSAF只检查网络、系统或应用程序的安全性，它关注的是特定的技术目标，例如防火墙、入侵检测系统、路由器、交换机、存储区域网络、虚拟专用网、操作系统、Web应用服务器以及数据库等。此方法包括3个阶段：①计划和准备阶段；②评估阶段；③报告与清理销毁阶段。每个阶段都有通用的指导方针，这些指导方针适用于任何组织机构环境。其功能和优点如下：

　　（1）ISSAF适用于信息安全的各个领域，例如风险评估、业务结构管理、安全控制评估、商业契约管理、安全策略开发等。

　　（2）ISSAF通过必要的措施将渗透测试技术和渗透测试管理任务关联起来。

　　（3）ISSAF提供了评估威胁与漏洞的杰出方案。

11.4.3　信息安全测试与评估技术指南

　　信息安全测试与评估技术指南（NIST 800-115）是美国国家标准与技术研究院出版的渗透测试指南，它取代了原有的技术指南（NIST 800-42）。此方法属于高级别的网络渗透测试方法。文档内容着重于测试框架、安全工具与交战规则，具体包括安全测试策略、角色管理、测试方法、安全审查技术、系统识别和分析、脆弱性扫描评估、渗透测试计划、测试执行方案和测试后的行为等。

11.4.4　开放式Web应用程序安全项目

　　开放式Web应用安全项目（OWASP）是为了解决Web应用程序安全性测试方面的问题。它是一种基于HTTP应用程序的测试框架。与其他标准相比，它的测试范围更有限，但包含的信息更详细。OWASP提供了在Web应用安全性测试过程中所使用工具的详细信息。OWASP通过对项目风险的全面描述，将排名前10的项目提出来，以提高组织之间的安全意识。OWASP并不关注程序整体的安全性，而是通过安全编码原则只实现必要的安全性。它通过识别攻击载体、业务与技术的安全缺陷对应用程序安全风险进行分类。OWASP的内容包含信息收集、配置管理、认证检测、授权检测、业务逻辑检测、数据有效性检测、拒绝服务攻击检测、会话管理检测、Web服务检测、风险严重性、AJAX检测等。

11.4.5　渗透测试执行标准

　　2009年，由6名信息安全顾问提出了渗透测试执行标准（PTES），他们的目标是创建一种有关通用渗透测试过程的标准，包含工具、技术和原理的介绍。PTES的内容非常全面，分为6个部分：包括工具需求、情报收集、漏洞分析、利用、利用后与报告。另外，还有5个附录供测试人员进一步参考，每部分都深入讨论了在特定阶段应考虑的因素，例如射频监控、物理监控、挖掘网络钓鱼和社会工程学等。PTES还阐述了在每个阶段所使用的工具与资源的列表，例如用于背景研究的国家商业注册搜索网站的链接。但PTES的内容描述有时过于笼统，与实时信息可能存在相当大的差距，尽管介绍了一些渗透测试技术，但技术的细节缺乏时效性。

11.5　渗透测试过程

　　渗透测试过程就像一幅路线图。为了正确评估系统的安全性，应该非常谨慎地规划。渗透测试应该遵守目标组织的管理规定，考虑时间期限等方面的问题，分析潜在风险与成本效益。虽然有不同的渗透测试方法可供选择，但是适用的组织范围不尽相同。这些方法提供了实际的参考依据，适用于不同的测试类型，一些方法侧重于技术方面，另一些方法侧重于管理方面，很少有适用于两个方面的方法。在规划渗透测试的过程中可以明确评估责任、成本、有效性与最佳测试等级。如何选择正确的测试策略取决于多种因素，例如目标环境、资源可用性、测试人员经验与业务目标等。设计良好的渗透测试过程可以使测试人员快速完成目标，否则可能导致测试结果不完整，浪费时间与精力。

　　本节的内容为后续章节提供了理论背景。为了达到渗透测试的目的，设计合适的渗透测试过程是非常必要的。本文后续将重点介绍渗透测试技术方面的内容，从系统管理员的角度分析并解决安全问题。渗透测试过程如图11-2所示。

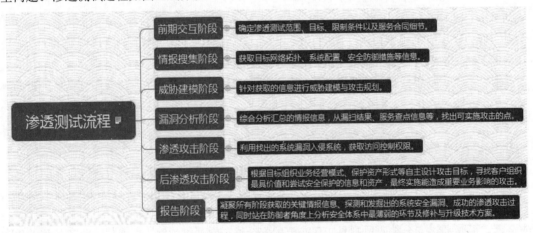

图 11-2

11.5.1　计划与准备阶段

　　一次成功的渗透测试需要做大量的计划与准备工作。计划与准备阶段描述了任务的目标、范围、法律限制与时间限制等方面的内容。渗透测试范围通过现有的安全策略、行业标准和最佳实践来确定。测试团队的一些输入与扩展功能也必须是测试范围的一部分。此外，法律规定的程序必须遵循，要事先确定无须测试的应用程序与端口，避免带来严重的法律后果。关于时间、地点、测试人员以及测试方式的讨论，必须在测试开始时进行，以保证组织机构的正常业务运营不受干扰。关于组建团队、收集文档、获得测试账户、预订设备等任务也属于计划和准备阶段。总而言之，在渗透测试开始之前的所有准备工作都应包括在这一阶段。在行动之前应当获得客户组织机构的正式授权许可，这种许可通常被称为RoE，它一般包含以下内容：特定的IP地址和测试范围；所有受限的主机；测试技术清单（例如社会工程学、拒绝服务攻击、密码破解、网络嗅探等）；测试执行时间；测试周期与时限；渗透测试主机的IP地址（帮助管理员区分模拟攻击与恶意攻击）；防止虚假告警调用执法人员的措施；测试团队联络点、目标系统与网络；处理渗透测试团队收集的信息。

11.5.2　发现阶段

在确定了目标范围、法律约束和时间期限之后，就进入发现阶段。此阶段可进一步划分为目标发现与侦察阶段、扫描与枚举阶段。

1. 目标发现与侦察阶段

目标发现是渗透测试人员使用技术或非技术手段尽可能多地收集公开可用的信息，例如操作系统版本、易受攻击的通信区域和公开的安全漏洞等。

侦察可分为被动侦察和主动侦察。在被动侦察中需要收集与组织相关的所有信息，例如员工个人信息、物理位置和业务活动范围等。主动侦察发现的信息与被动侦察相似，主动侦察通常用于确认被动侦察发现的信息。渗透测试人员使用开源的技术与工具，以获取组织中特定视角的信息。在大多数侦察阶段中，ISSAF和SANS测试方法中列出的技术常被使用，分别说明如下。

（1）社会工程学：模仿、贿赂、欺骗、尾随、肩窥、从众和逆向工程等技术手段可以用来获取目标的特定信息。这些技术是通过进入目标组织机构的物理区域或通过与目标组织中的人员交互来实现的。社会工程学之所以有效，是因为人本身就有彼此信任和乐于助人的属性。社会工程学的成败取决于渗透测试人员操纵人类心理的能力。

（2）垃圾搜索：垃圾搜索可以为测试人员提供有关软件或硬件的敏感信息。通常情况下，像信件草稿、邮件合并文件、公司名录、通信录、政策手册等不敏感的文件会被丢弃到垃圾桶。这些文件可以作为信息发现的来源，用于查找姓名、地址、电话号码和员工ID等。

（3）网络踩点：这是一种安全合规的侦察方法。使用网络踩点的4种方法：Web发现、网络枚举、基于域名系统（DNS）的侦察和基于网络的侦察。Web发现是指渗透测试人员可以通过浏览组织网页和有关的在线文档收集目标组织的大量信息，使用的工具包括浏览器、网络新闻、Dogpile.com、Alexa.org、搜索引擎、相关网站和即时通信工具等。网络枚举是标识目标网络域名和其他资源的过程。渗透测试人员利用WHOIS工具来收集这些数据，WHOIS数据库包含网络地址、域名和个人签名信息等。WHOIS信息是具有层次结构的，手动WHOIS查询的最佳起点是ICANN树的顶部。WHOIS一旦在注册数据库中找到查询所匹配的条目，它就会显示相关信息，其结果包括注册人的地址、域名、行政与技术联系信息、域名服务器列表、创建的日期和时间以及最后一次修改的日期和时间等。基于域名系统的侦察是使用DNS服务器所提供的目标IP地址或目标的备用域名信息进行侦察。该方法使用DNS查找和DNS区域传输等工具，例如Nslookup、Dig、Host。基于网络的侦察是使用Ping、Traceroute和Netstat等工具识别目标网络中活动的计算机和服务。

2. 扫描和枚举阶段

在目标发现和侦察结束后，测试人员进入扫描和枚举阶段。扫描阶段包含识别目标网络中的活动系统，发现开放或过滤的端口和端口上运行的服务，识别操作系统指纹与发现网络路径等。一般来说，通过系统指纹识别获取的信息包括目标系统上运行的服务和版本。在此阶段，渗透测试人员可以帮助消除各种假阴性和假阳性误报。

枚举的信息包括账户名称、共享文件和已知安全漏洞等。在此阶段，注意不要使用过多的流量淹没目标系统或网络。一些常用的工具有Nmap、Netcat、Hping2和SuperScan等。

11.5.3　评估阶段

确定了目标系统版本与所用技术等信息之后，就进入了评估阶段。此阶段与发现阶段密切相关。发现阶段获得的信息是评估阶段的信息输入，反之亦然。在之前的阶段中，操作系统、IP地址、服务和应用程序的数据主要从网络上收集，而在评估阶段，收集到的信息将被细化，确认并分析目标的潜在威胁。这些威胁通常包括软件漏洞、系统配置错误、不安全的账户和不必要的服务等。评估将系统地检查目标网络，确定必要的安全措施，识别安全威胁并为后续测试过程提供数据。评估阶段又可分为漏洞识别与漏洞分析两个阶段。

1. 漏洞识别

漏洞识别具有目标发现的特征。测试人员从侦察目标开始，使用主动或被动侦察可识别的操作系统，然后进行分析，寻找潜在的威胁和漏洞。Security Focus和Packet Storm漏洞数据库可提供公开漏洞的详细信息。

2. 漏洞分析

渗透测试人员需要了解目标网络系统的安全状态，找出哪些漏洞是真实的，哪些是假阳或假阴性误报。通过漏洞分析可以得出，哪些漏洞有助于分析组织环境中的安全风险。测试人员使用手动或自动化的扫描工具寻找漏洞。这些工具一般都有它们自己的数据库，并提供了有关漏洞的详细信息。

11.5.4　攻击阶段

该阶段选择合适的攻击方法，并在漏洞分析之后确定攻击目标，然后执行具体攻击。如果漏洞利用成功，则进一步尝试获取更高的权限。攻击阶段可以进一步分为漏洞利用和权限提升两个阶段。

1. 漏洞利用

渗透测试人员已经获得了有关目标大量的信息，测试人员应该考虑使用工具的类型与具体的执行时间。此阶段将验证所发现的漏洞，因此它的风险性最高，需要非常谨慎地执行每一个步骤。漏洞利用阶段的所有操作都需要在受控的环境中进行全面测试后，才能启动关键性的测试程序。由于时间期限的原因，测试人员应该利用渗透测试框架，而不是自己编写漏洞利用代码，这样有助于缩短整个渗透测试过程的时间。Metasploit是在渗透测试中广泛使用的开源框架之一。

2. 权限提升

在初步攻破目标网络系统之后，渗透测试人员应该进一步提高他们的系统访问权限。如果测试人员只获得了本地系统访问权限，则应该进一步分析目标系统，以获得root权限。如果测试人员拿到了网络访问权限，则应该监控网络流量，以获得更多的敏感信息。成功的漏洞利用并不能保证获得最高权限，测试人员应该不断地尝试提升权限。例如在目标系统上安装Rootkit或后门，帮助测试人员获取最高权限。除了漏洞利用外，社会工程学也可以用于权限提升，它已经被证明是获取公司及员工敏感信息的有效方式之一。

攻击阶段结束时，测试人员将确定目标网络系统中存在的漏洞与组织的安全等级，并开始编写最后的测试报告。渗透测试的最终目的并不是破坏目标网络系统，因此在测试结束后，需要告知组织的利益相关者和计算机专业人员，从而提高他们的安全意识。

11.5.5　报告阶段

报告阶段可以与其他阶段同时进行，也可以在攻击阶段之后单独进行。渗透测试报告包含潜在的风险与漏洞的评估，以及防御措施的相关建议。最终的报告必须保证测试结果的准确性与透明性。总之，渗透测试报告应该详细描述目标组织的整体安全状况。准备报告时必须考虑的事项包括：找出并解释漏洞重复利用的关键步骤，找出包含假阴性和假阳性的报告，执行纲要，针对业务与功能的影响，建议，结论。

11.6　渗透测试平台与工具

工欲善其事，必先利其器。为了达到渗透测试的目的，市场上有许多软件工具可以用于执行渗透测试。Linux系统中的大多数软件都属于自由开源软件，有些是专为渗透测试人员开发的。使用恰当的工具可以达到事半功倍的效果，本节将简要介绍一些众所周知的开源软件与渗透测试框架。

11.6.1　Kali Linux

2006年，一款名为Back Track的Linux发行版应运而生，Back Track是基于Ubuntu Linux发行版开发而成的。直到2013年，由于其修改系统工程显得过于庞大，难以达到研发团队Offensive Security的设计目的，因此替换成Debian GNU/Linux（Debian是一个致力于创建自由操作系统和软件的合作组织）作为它的基础操作系统，后将Back Track重新命名为Kali Linux。

Kali Linux系统旨在执行高级渗透测试和安全审计。它可用于执行各种信息安全任务，为安全研究人员、渗透测试人员、计算机取证分析师和逆向工程师创建了一个整合的工具集，系统界面如图11-3所示。

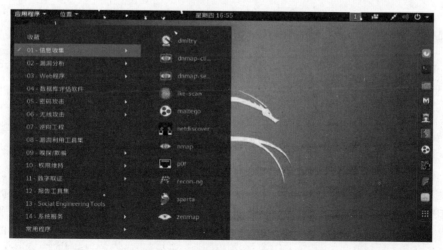

图 11-3

Kali Linux提供了关于所有渗透测试任务的脚本、工具和框架。这也是将Kali Linux系统平台作为研究目标的主要原因之一。这里所涉及的多数工具已经包含在Kali Linux最新的发行版中。Kali Linux系统完全遵循Debian Linux系统的开发标准，可根据测试环境的需要自定义功能，也可避免工具软件在安装与使用过程中的各种BUG，下面简述Kali Linux的一些特点。

（1）包含600种以上的渗透测试工具：Kali Linux重新审查了Back Track中的所有工具，并且去掉了许多功能重复或无效的工具。

（2）完全免费：Kali Linux与Back Track一样，用户无须为Kali Linux付费。

（3）开源：Kali Linux致力于开源的开发模型，并且开发树是对所有人可见的，Kali中所有的源代码，任何人都可以调整或者重建，可以满足他们的特定需求。

（4）遵循文件层次标准（FHS）：Kali Linux遵循FHS，让Linux用户方便查找二进制文件、支持文件、库文件等。

（5）支持更多的无线设备：能否支持无线接口是Linux发行版中的常见问题。Kali Linux支持尽可能多的无线设备，让它在各种硬件上能正常运行。

（6）定制的内核：网络安全研究人员往往要做无线评估，Kali Linux的内核中包含最新的补丁。

（7）在安全的环境下开发：Kali Linux的开发人员是一群值得信赖的人，在多种安全协议下，只有他们可以与库文件进行交互，提交变更程序包。

（8）GPG签名的程序包和库：Kali Linux中的每个程序包均由其建立与提交的个人开发者所签署，随后的代码也会对其签署。

（9）支持各种语言：尽管渗透测试软件一般是由英语编写而成的，但是Kali Linux包含多语言支持，让更多的用户使用母语操作，并可以找到工作所需要的工具。

（10）完全可定制：并不是每个人都认同Kali Linux的设计决策，所以Kali Linux允许具有创新精神的用户按照自己的喜好定制Kali Linux，包括内核。

（11）ARMEL与ARMHF支持：由于像Raspberry Pi和BeagleBone Black这样的基于ARM的单片机系统正在变得越来越普遍和廉价，因此Kali对ARM的支持非常强大，ARM版本的工具会与其他版本一起发布，并且具有与主线版本整合的ARM库。Kali Linux可以在ARMEL和ARMHF系统下良好地运行。

11.6.2　Metasploit

Metasploit是一款开源的渗透测试框架，最初由H.D.Moore在2003年用Perl语言开发，2007年用Ruby语言重写，2009年被Rapid7公司收购。它包含Metasploit Framework、Metasploit Pro、Express、Community和Nexpose Ultimate等版本。Kali Linux系统中默认集成了Metasploit Framework版本，俗称MSF。Metasploit提供了从侦察阶段到报告阶段的各种功能。它作为一个框架，而不仅是一个简单的工具，为用户提供了构建自定义工具和重写现有功能的条件。Metasploit的这些特性使它成为一种非常流行的渗透测试框架，被大量安全专业人员使用。

当使用Metasploit攻击远程目标时，渗透测试人员需要提前收集目标的信息。Metasploit包含大量针对应用程序、协议、服务和操作系统的漏洞利用代码，一旦确定目标漏洞的存在，则由渗透测试人员选择与漏洞相匹配的利用模块执行攻击。如果漏洞利用成功，测试人员就可以在目标机器上执行有效载荷模块。Metasploit框架包含许多有效载荷，可根据结果与环境（如操作系统类型和版本）选择合适的有效载荷。有效载荷可以为渗透测试人员提供一个反弹型Shell（一个可以连接到目标计算机并可以返回测试人员机器的接口，它允许测试人员在目标机器上执行操作指令）。在攻击执行前，漏洞利用模块必须配置确定的有效载荷。为了逃避IDS和IPS的检测，可以在攻击执行之前将有效载荷编码为几种可能的形式之一。另外，使用合适的脚本，Metasploit可以自动化完成整个过程。Metasploit框架结构如图11-4所示。

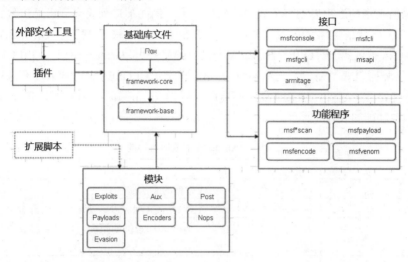

图 11-4

基础库文件支撑Metasploit的运行，用于完成日常基本任务。外部安全工具通过开放的插件接口连接其他第三方工具，通过Metasploit框架加以利用。例如load nessus就可以调用Nessus扫描工具。接口提供进入及使用Metasploit的方法，包括控制台、图形化、命令行、远程调用等。Metasploit还提供了一系列可直接运行的功能程序，支持渗透测试者与安全人员快速地利用Metasploit框架内部能力完成一些特定任务，比如msfpayload、msfencode和msfvenom可以将攻击载荷封装为可执行文件、C语言、JavaScript语言等多种形式，并可以进行各种类型的编码。

Metasploit可以简单分为以下几个工作步骤：

（1）选择并配置漏洞利用模块。

（2）验证目标系统是否可以被所选择的漏洞代码攻击。

（3）选择并配置有效载荷。

（4）选择并配置编码模式，确保有效载荷能够规避入侵检测系统。

（5）执行漏洞利用模块。

在渗透攻击之前需要进行信息收集工作，可以使用端口扫描工具（如Nmap）来执行，使用漏洞扫描器（例如OpenVAS、Nessus或Nexpose）检测目标系统漏洞，Metasploit可以导入漏洞扫描器的数据，并将所识别的漏洞与现有漏洞利用模块进行比较，以进行精准的利用。

11.6.3　Nmap

端口扫描工具Nmap是由Fyodor开发的一款自由软件，遵循GPL 2.0协议。Nmap由于其开源属性广受好评，因此在渗透测试社区中非常流行。Nmap的灵活性、稳定性、兼容性和可伸缩性使它从众多扫描软件中脱颖而出。Nmap提供了良好的维护与支持，使它成为开发人员和网络系统管理员执行网络扫描和监视主机的优秀工具。Nmap的主要功能包括扫描网络上的主机、服务、操作系统、包过滤器和防火墙等。Nmap的高级选项可以规避防火墙和IDS的检测。Nmap还有许多隐藏选项，可以集成到脚本和程序中运行。它还附带了许多其他工具，例如用于调试的Ncat，用于扫描结果比较的Ndiff，用于数据包生成和响应分析的Nping，等等。

Nmap根据所使用的选项以列表形式输出扫描结果。例如端口列表会列出端口号、协议、服务名称和状态。端口状态包括OPEN（打开）、FILTERED（被过滤）、CLOSED（关闭）和UNFILTERED（未被过滤）。OPEN表示目标主机上的服务可以被Nmap探测；FILETERED表示防火墙或其他网络障碍阻塞了端口，无法响应Nmap的探测；CLOSED表示端口没有应用程序监听，但是它可以随时打开；UNFILETERED表示端口可以被Nmap探测，但是无法确定端口的状态。Nmap常用选项与功能如表11-1所示。

表 11-1　Nmap 常用选项与功能

扫描类型	选　　项	功能描述
TCP connect	-sT	所扫描的每个端口实现完整的三次握手
TCP SYN	-sS	仅发送初始SYN并等待SYN-ACK响应以确定端口是否开放
TCP SYN	-sA	发送至每个端口带有一个ACK标志位的报文，以确定被建立连接的包过滤规则
TCP FIN	-sF	发送TCP FIN到每个端口。RST标志位响应表示端口已关闭，而没有响应，端口可能已打开
UDP scan	-sU	发送UDP数据包到目标端口以确定UDP服务是否正在侦听
ICMP Ping	-sP	向目标网络上的每台机器发送ICMP Echo请求以定位活动主机
操作系统探测	-O	通过远程指纹扫描以确定操作系统和网络设备的硬件特性
服务器版本探测	-sV	询问侦听远程设备的网络服务以确定应用程序名称和版本
主动模式	-A	此选项可启用其他高级和主动选项，目前包括操作系统探测-O、服务版本探测-s V、脚本扫描-s C和路由跟踪--traceroute选项

Nmap提供了一种用于完成各种网络任务的脚本引擎NSE。NSE可以用于网络发现、复杂的版本探测、漏洞扫描、后门检测，甚至可以用来进行漏洞利用。用户可以使用NSE自动化完成各种任务，并且这些脚本以Nmap所期望的速度和效率并行执行。用户也可以使用Nmap开发的脚本集满足自己的需求。自定义开发脚本对于渗透测试人员非常有价值。

11.6.4　OpenVAS

OpenVAS（Open Vulnerability Assessment System，开放式漏洞评估系统）最初作为Nessus的一个分支，被称为GNessUs。OpenVAS是由多个服务和工具组成的框架，提供了全面而强大的漏洞扫描和漏洞管理解决方案。该框架是绿骨网络（Greenbone Network）商业漏洞管理解决方案的一部分，自2009年以来，该方案为开源社区做出了卓越的贡献。OpenVAS扫描器定期更新一个公共订阅的网络漏洞测试NVTs，NVTs的数量总共超过50 000个，并在持续增长。所有OpenVAS产品都是自由软件。大多数组件是根据GNU通用公共许可证GPL授权的。OpenVAS最大的特点是可以使用插件实现对漏洞的匹配。

OpenVAS是一套优秀的、开源的漏洞检测工具。OpenVAS可以不断从NVT、SCAP、CERT更新漏洞库，针对已知的漏洞，远程检测资产中存在的安全问题。OpenVAS从版本10开始，被改名为GVM（Greenbone Vulnerability Management）。

OpenVAS的体系结构可以分为客户层、服务层、数据层3层。OpenVAS的体系结构如图11-5所示。

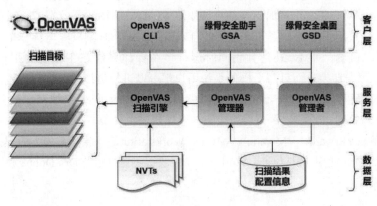

图 11-5

其关键组件与模块说明如下：

- 管理器：将漏洞扫描全部整合到漏洞管理解决方案的中央服务。
- 扫描引擎：通过OpenVAS NVT feed执行实际的网络漏洞测试NVTs。
- 管理者：命令行工具或一个全方位服务的守护进程，提供了OpenVAS管理者协议（OAP）。
- 绿骨安全助手（GSA）：Web服务，为Web浏览器提供用户界面，运行于443或9392端口。
- 绿骨安全桌面（GSD）：基于Qt的桌面客户端，用于OpenVAS管理协议（OMP）。
- OpenVAS CLI：一个命令行接口工具，允许批处理程序创建并驱动OpenVAS管理器。

OpenVAS的最新特性还包括报表格式插件框架、主从模式、改进的扫描引擎。OpenVAS管理器的扩展OMP使所有客户都能很好地使用这些新特性。

11.6.5　VMware Workstation

VMware Workstation（中文名为"威睿工作站"）是一款功能强大的桌面虚拟计算机软件，提供用户可在单一的桌面上同时运行不同的操作系统，以及进行开发、测试、部署新的应用程序的最佳解决方案。VMware Workstation可在一部实体机器上模拟完整的网络环境，以及可便于携带的虚拟机器，其更好的灵活性与先进的技术胜过了市面上其他的虚拟计算机软件。对于企业的IT开发人员和系统管理员而言，VMware在虚拟网络、实时快照、拖曳共享文件夹、支持PXE等方面的特点使它成为必不可少的工具。

VMware Workstation允许操作系统（OS）和应用程序（Application）在一台虚拟机内部运行。虚拟机是独立运行主机操作系统的离散环境。在VMware Workstation中，用户可以在一个窗口中加载一台虚拟机，它可以运行自己的操作系统和应用程序。用户可以在运行于桌面上的多台虚拟机之间切换，通过一个网络共享虚拟机（例如一个公司局域网），挂起和恢复虚拟机，以及退出虚拟机，这一切不会影响用户的主机操作和任何操作系统，或者其他正在运行的应用程序。

VMware Workstation的开发商为VMware（VMware Workstation就是以开发商VMware为开头名称，Workstation的含义为工作站，因此VMware Workstation的中文名为"威睿工作站"），VMware成立于1998年，为EMC公司的子公司，总部设在美国加利福尼亚州帕罗奥多市，是全球桌面到数据中心虚拟化解决方案的领导厂商，全球虚拟化和云基础架构的领导厂商，全球第一大虚拟机软件厂商，多年来，VMware开发的VMware Workstation产品一直受到全球广大用户的认可，它的产品可以使用户在一台机器上同时运行两个或更多Windows、DOS、Linux、Mac系统。与多启动系统相比，VMware采用了完全不同的概念。多启动系统在一个时刻只能运行一个系统，在系统切换时需要重新启动机器。VMware是真正同时运行多个操作系统在主系统的平台上，就像标准Windows应用程序那样切换。而且每个操作系统用户都可以进行虚拟的分区、配置而不影响真实硬盘的数据，用户甚至可以通过网卡将几台虚拟机用网卡连接为一个局域网，极其方便。因此，VMware坐上了全球第四大系统软件公司的宝座，全球第一大计算机软件提供商微软公司董事长比尔·盖茨曾经评价过VMware：VMware的VMware Workstation是一款非常强大的虚拟机软件，我们也有很多的工作人员在使用。VMware Workstation曾获得美国IT杂志Dr. Dobb's颁发的Jolt Awards 2013最佳编程工具奖。

11.6.6　VirtualBox

VirtualBox是一种虚拟机管理程序，可以在现有操作系统之上运行虚拟操作系统。VirtualBox在不断地发展，不断地实现新的功能。它具有Qt GUI的用户界面和用于运行VBoxSDL命令行的管理工具。为了将主机系统的功能集成到虚拟操作系统中，VirtualBox提供了具有共享文件夹和剪贴板、视频加速和无缝窗口的额外扩展包功能。

VirtualBox支持x86和AMD64/intel64架构的各种操作系统，它不仅是一款功能丰富、性能卓越的产品，而且是唯一一款使用GNU通用公共许可协议GPL 2.0的免费开源虚拟机软件。VirtualBox可以在Linux、Windows、Macintosh和Solaris系统上很好地运行，而且支持大量的客户操作系统，包括但不限于Windows（Windows NT 4.0、Windows 2000、Windows XP、Windows Server、Windows Vista、Windows 7、Windows 8、Windows 10）、DOS/Windows 3.x、Linux（Linux 2.4、Linux 2.6、Linux 3.x和Linux 4.x）、Solaris和OpenSolaris、OS/2和OpenBSD。随着VirtualBox的不断发展，VirtualBox将拥有越来越多的新特性，支持更多的操作系统和平台。VirtualBox是由甲骨文（Oracle）公司支持的社区项目，每个人都可以为VirtualBox做出贡献，而Oracle公司可以确保产品始终符合专业的质量标准。

相比VMWare虚拟机软件而言，VirtualBox更适合专业的个人用户。对于网络安全研究人员来说，使用VirtualBox搭建目标组织网络是很好的选择。在VirtualBox中有4种网络连接方式，可以满足不同用户的组网需求，它们分别是：网络地址转换（NAT）模式、桥接（Bridged）网卡模式、内部（Internal）网络模式和仅主机（Host-only）网络模式。

11.7　实验平台的设计

本节将阐述渗透测试实验平台的设计方案与具体实现，渗透测试技术方面的研究是本章的主要内容。由于渗透测试的不可预知性，在综合考虑了法律、时间与资金等条件限制因素的基础上，本文搭建了一种用于模拟实验的渗透测试平台。实验使用Kali Linux平台系统作为渗透测试使用的攻击主机，在该平台系统中将详细描述实验环节的渗透测试方法，并使用渗透测试平台与工具中介绍的开源软件对实验平台展开研究，说明实验的全部过程。

　　综合考虑法律与时间限制的因素，需要将实验环境与生产环境完全隔离开来，因此使用两台独立的计算机来搭建渗透测试实验平台。实验环境是完全独立的，没有使用任何其他的网络设备。其中一台计算机作为渗透测试人员的攻击主机，安装Kali Linux系统；另一台计算机使用VirtualBox创建一个虚拟的局域网作为实验的目标主机。虚拟局域网模拟了一个小型的组织网络，包含各种服务器与用户主机。渗透测试实验平台环境如图11-6所示。

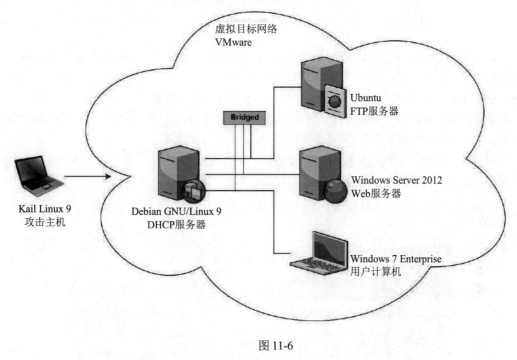

图 11-6

下面简要说明实验环境的系统配置与硬件配置。

1. 攻击主机的系统配置

　　用于渗透测试实验的攻击主机只安装Kali Linux系统。值得注意的是，在安装系统时，应选择合适的镜像，使用命令行工具验证镜像的完整性（例如Windows系统可使用certuntil -hashfile命令，Linux系统使用md5sum或sha256sum命令等），可以有效避免木马或者病毒感染，并防止在下载过程中丢包的问题。

2. 目标网络的系统配置

　　目标网络环境模拟了一个小型组织的网络，使用VMWare创建DHCP服务器、FTP服务器、Web服务器、客户端计算机，分别安装Debian、Ubuntu、Windows Server 2012-R2、Windows 7-Enterprise系统。使用不同的系统创建虚拟局域网络，可以帮助渗透测试人员了解不同系统之间安全机制的区别。

3. 硬件说明

良好的硬件配置可以提高渗透测试实验的效率。但是由于实验环境与生产环境适用范围的区别，加之法律与资金条件的限制，本文选择了性能适中的硬件配置。另外，Kali Linux系统的驱动程序发展得较为完善，对于大多数计算机硬件都支持良好，因此攻击主机的硬件没有硬性要求。而目标主机系统需要同时模拟多台虚拟设备，应该采用多核心处理器以及大容量内存，才能保证渗透测试实验的顺利进行。

11.8 实验过程设计

在真实的生产环境中执行渗透测试是诱人的，但却是有风险的，它可能会导致系统或网络功能的中断甚至资金的损失。因此，为了掌握渗透测试的方法和技术，这里设计了一种用于实验的渗透测试过程方法。根据渗透测试的分类，并考虑到实验环境的范围限制，我们选择灰盒测试进行实验。灰盒测试是在对目标网络环境有一定了解的基础上进行的，它可以有效减少无关的测试项目，缩短测试时间，并将网络系统受损的可能性降到最低。

针对实验环境的渗透测试过程包括信息收集、漏洞扫描与评估、漏洞利用、后期利用、报告5个阶段。渗透测试实验过程如图11-7所示。

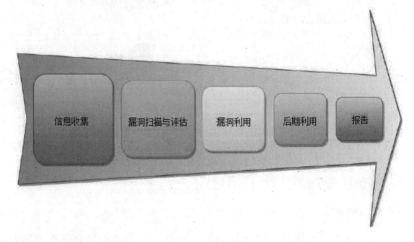

图 11-7

1. 信息收集阶段

在信息收集阶段，利用Nmap端口扫描工具执行网络侦察、端口扫描、操作系统和服务枚举等操作。通常，信息收集阶段占据了整个渗透测试过程60%以上的时间，所收集的信息质量会直接影响后续的测试结果。收集到的信息都将作为下一阶段的输入参数。例如网络范围、主机IP地址、操作系统与服务端口版本等信息都可以作为漏洞扫描与评估阶段的参数。

2. 漏洞扫描与评估阶段

在此阶段，所收集到的信息都经过精心调整，使用自动或手动扫描技术，但是手动扫描技术需要花费更多的时间。例如被测试网络系统是具有数百个子系统的大型网络时，手动扫描就不是一种有效的方法。在实验过程中将采用开源的漏洞扫描器OpenVAS。OpenVAS可以根据漏洞数据库识别出因配置错误或其他因素导致的任何漏洞。

3. 漏洞利用阶段

漏洞利用阶段将对OpenVAS所识别的漏洞进行验证，以确认这些漏洞是否可以被利用。此阶段是渗透测试过程中最令人激动的阶段，也是执行风险最高的阶段。事实上，在真实的生产环境中被公开的漏洞很难被利用，利用漏洞攻击的结果也可能会影响生产环境的正常运行；而在实验环境中，使用Metasploit框架可以对公开的已知漏洞进行利用，而无须担心是否会破坏目标系统。

4. 后期利用阶段

后期利用阶段是在攻破目标网络系统之后进行的，目的是深入挖掘网络系统的缺陷，通过安装Rootkit或后门来保证渗透测试人员获取访问权限的持续性。Kali Linux系统与Metasploit框架集成了各种用于后渗透测试阶段的工具，以帮助渗透测试人员完成测试。一般而言，渗透测试不会对目标组织产生实质性的改善，只会提出建议性的报告。具体的改进措施则由目标客户组织自行决定，根据渗透测试报告的内容在安全与效率之间找到一个平衡点。

5. 报告阶段

在完成所有执行阶段后，需要编写一份书面报告提交给目标客户组织，报告中应详细说明执行阶段的结果和改进建议。报告阶段的内容应包含所有渗透测试的执行文档、工具列表、需要改善的防御性措施及针对性建议等。渗透测试报告是对整个渗透测试过程的总结。

总之，渗透测试也不是神秘的东西，本质上就是一些工具的使用，比如OpenVAS、Nmap、Kali Linux等。限于篇幅，这些工具的具体使用方法就不展开了，最权威的方法就是参考这些工具的官方帮助手册。有兴趣的读者可以直接下载Kali Linux的虚拟机版本，解压后可以直接使用，前提是有VMware。

这里下载下来的文件是kali-linux-2022.4-vmware-amd64.7z，解压后，可以用VMware Player 15编辑其处理器个数为1（默认是4，但如果主机CPU核数小于4，则无法启动）。然后启动Kali虚拟机，出现登录框，如图11-8所示。

图 11-8

默认账号和密码是kali/kali。这里提示一下，现在新版本的root密码笔者没找到，可以直接用官方网站给的账号进去更改：sudo passwd root。

至此就可以使用各个工具了。单击左上角的Application菜单，就可以看到各个网络工具，如图11-9所示。

图 11-9

如果觉得工具版本旧，也可以进行更新：

```
apt update && apt upgrade && apt dist-upgrade
```